タイ鉄道と日本軍

鉄道の戦時動員の実像 1941〜1945年

柿崎一郎 著

目　次

序章　鉄道の戦時動員研究の意義 ……………………………………… 1
　　　コラム　戦争の痕跡①　バンコク　29

第1章　日本軍による鉄道の動員──軍用列車の運行状況 … 31
　第1節　軍用列車の運行開始　34
　第2節　軍事輸送の制度化　41
　第3節　軍用列車の運行と輸送　55
　第4節　軍事輸送の推移　71
　第5節　軍事輸送の特徴　87
　　　コラム　戦争の痕跡②　プラチュアップキーリーカン　96

第2章　日本軍の軍事輸送──何をどの程度運んでいたのか … 99
　第1節　軍用列車の輸送品目　102
　第2節　旅客輸送の状況　116
　第3節　貨物輸送の状況　130
　第4節　一般旅客列車の使用　149
　第5節　軍事輸送の実像　166
　　　コラム　戦争の痕跡③　ピッサヌローク／サワンカローク～メーソー
　　　　　　　　　　　　　　ト間道路　174

第3章　日本軍のタイ国内での展開①
　　　　──通過地から駐屯地へ ………………………………… 177
　第1節　マレー進攻作戦　180
　第2節　ビルマ攻略作戦　194
　第3節　軍用鉄道・道路の建設　210
　第4節　警備部隊の復活　230
　第5節　日本軍の通過と駐屯　245
　　　コラム　戦争の痕跡④　泰緬鉄道その1　258

第4章　日本軍のタイ国内での展開②——後方から前線へ ‥ 261
　第1節　インパール作戦への対応　264
　第2節　飛行場と軍用道路の建設　283
　第3節　タイの防衛強化　297
　第4節　日本軍の全面展開　309
　第5節　前線化するタイ　322
　　　コラム　戦争の痕跡⑤　泰緬鉄道その2　338

第5章　タイ側の対応——鉄道の奪還と維持 ‥‥‥‥‥‥‥‥ 341
　第1節　マラヤ残留車両の返還　344
　第2節　軍用列車の削減　354
　第3節　潤滑油の調達　369
　第4節　鉄道運営権の維持　383
　第5節　タイはいかに鉄道を奪還・維持したか？　398
　　　コラム　戦争の痕跡⑥　クラ地峡鉄道　404

第6章　一般輸送への影響——鉄道輸送の変容 ‥‥‥‥‥‥ 407
　第1節　旅客輸送の急増　410
　第2節　貨物輸送の激減　421
　第3節　食料輸送——備蓄のための輸送の継続　435
　第4節　家畜輸送——主役の交代　444
　第5節　木材輸送——一般輸送の壊滅　453
　第6節　石油輸送——水運の限界　462
　第7節　一般輸送の変容　473
　　　コラム　戦争の痕跡⑦　チエンマイ～タウングー間道路　480

第7章　日本軍による鉄道の戦時動員とタイ ‥‥‥‥‥‥‥ 483
　第1節　日本軍にとってのタイ鉄道　486
　第2節　タイの役割の変化　496
　第3節　鉄道争奪戦の結末　505
　　　コラム　戦争の痕跡⑧　トランとカンタン　511

終章　鉄道の戦時動員の実像と今後の課題 ……………………… 513
　　　コラム　戦争の痕跡⑨　ナコーンナーヨックとサラブリー　　523

附表　　525

引用資料　　569

引用文献　　570

あとがき　　577

事項索引　　583

人名索引　　589

地名索引　　590

図・表・写真一覧

図

図序-1　タイの地域区分と主要都市（1945 年）　6
図序-2　鉄道輸送分析の区間と地点　20
図 1-1　日本軍の未払額の推移　54
図 1-2　1 日あたり軍用列車本数の推移（月平均）　56
図 1-3　路線別の国別使用車両比率の推移　64
図 1-4　一般貨物輸送と日本軍の軍事輸送の輸送車両数の推移　74
図 1-5　日本軍の軍事輸送量（週平均）（第 1 期）　75
図 1-6　日本軍の軍事輸送量（週平均）（第 2 期）　78
図 1-7　日本軍の軍事輸送量（週平均）（第 3 期）　81
図 1-8　日本軍の軍事輸送量（週平均）（第 4 期）　85
図 2-1　兵の輸送状況（物資輸送報告・鉄道局報告ベース）　117
図 2-2　労務者の輸送状況（物資輸送報告・運行予定表ベース）　123
図 2-3　捕虜の輸送状況（物資輸送報告・運行予定表ベース）　126
図 2-4　軍需品の輸送状況（物資輸送報告・請求書・鉄道局報告ベース）　131
図 2-5　自動車の輸送状況（物資輸送報告・請求書・鉄道局報告ベース）　134
図 2-6　軍馬の輸送状況（物資輸送報告・請求書・鉄道局報告ベース）　136
図 2-7　石油の輸送状況（物資輸送報告・運行予定表・請求書・鉄道局報告ベース）　139
図 2-8　食料・生鮮品の輸送状況（物資輸送報告・鉄道局報告ベース）　143
図 2-9　米の輸送状況（物資輸送報告・運行予定表・請求書・鉄道局報告ベース）　145
図 2-10　日本軍の一般旅客列車利用者数（週平均）（第 1 期）　154
図 2-11　日本軍の一般旅客列車利用者数（週平均）（第 2 期）　157
図 2-12　日本軍の一般旅客列車利用者数（週平均）（第 3 期）　160
図 2-13　日本軍の一般旅客列車利用者数（週平均）（第 4 期）　164
図 3-1　カンボジア国境発の軍事輸送量の推移（第 1 期）　182
図 3-2　ソンクラー発の軍事輸送量の推移（第 1 期）　186
図 3-3　タイに侵攻した日本軍（開戦時）　189
図 3-4　バンコク発ハートヤイ着の軍事輸送量の推移（第 1 期）　194
図 3-5　ビルマ攻略作戦　196
図 3-6　軍用鉄道・道路建設計画　211
図 3-7　トラン・カンタン着旅客列車利用者数の推移（第 2 期）　242
図 3-8　日本軍の駐屯状況（1942 年 6 月）　250
図 3-9　日本軍の駐屯状況（1943 年 10 月）　256
図 4-1　インパール作戦期のビルマへの進軍ルート　265
図 4-2　チエンマイの日本兵数の推移（1943 年 9 月～1944 年 4 月）　278
図 4-3　泰国駐屯軍の配置（1944 年 1 月）　280
図 4-4　日本軍の駐屯状況（1944 年 6 月）　281
図 4-5　日本軍の要請した飛行場整備（1943 年 7 月～1944 年 8 月）　285

図・表・写真一覧 | v

図 4-6　ターグリー・ノーンプリン・ピッサヌローク着軍事輸送量の推移
　　　（1943 年 8 月～1944 年 12 月）　287
図 4-7　ウボン・ウドーンターニー着軍事輸送量の推移（第 3 期）　289
図 4-8　日本軍が要請した軍用道路整備（1944 年 2 月）　294
図 4-9　第 39 軍の配置（1944 年 12 月）　298
図 4-10　プラーチーンブリー着軍事輸送量の推移（第 4 期）　303
図 4-11　日本軍の駐屯状況（1945 年 4 月）　305
図 4-12　ウボン・ウドーンターニー着軍事輸送量の推移（第 4 期）　307
図 4-13　日本軍の移動状況（1945 年）　313
図 4-14　第 18 方面軍の作戦計画（1945 年 7 月）　321
図 4-15　日本軍の駐屯状況（1944 年 12 月）　328
図 4-16　日本軍の駐屯状況（1945 年 8 月）　336
図 5-1　日本・タイ双方の主張するマラヤ残留車両数の推移　348
図 5-2　旅客列車の運転区間（戦前）　355
図 5-3　旅客列車の運転区間（1943 年）　356
図 5-4　貨物列車の運転区間の変化（戦前～1943 年）　357
図 5-5　旅客列車の運転区間（1944 年 5 月）　375
図 5-6　旅客列車の運転区間（1945 年）　382
図 5-7　鉄道の被害状況（1945 年）　392
図 6-1　一般旅客・貨物輸送量の変化（1941～1945 年）　411
図 6-2　路線別旅客乗車数の変化（1941～1944 年）　413
図 6-3　路線別平均乗車距離の変化（1941～1944 年）　417
図 6-4　路線別貨物発送量の変化（1941～1944 年）　424
図 6-5　路線別貨物到着量の変化（1941～1944 年）　426
図 6-6　主要品目輸送量の推移（1937/38～1945 年）　431
図 6-7　旅客・貨物収入の推移（1931/32～1945 年）　475
図 7-1　東南アジア鉄道の営業キロあたり輸送密度（1940 年頃）　492
図 7-2　軍事輸送ルートの変遷　499
図 7-3　バンコクに入港した日本船数の推移（1941 年 12 月～1945 年 8 月）　500
図 7-4　日本軍の主要な軍事輸送ルートと大メコン圏の経済回廊　502

表

表 1-1　鉄道局の日本軍への請求額　50
表 1-2　日本軍への請求の内訳　52
表 1-3　日本軍の支払額　53
表 1-4　日本軍の車種別使用車両の内訳　60
表 1-5　日本軍の国別使用車両の内訳　62
表 1-6　日本軍の軍事輸送車両数量の推移（運行予定表ベース）　66
表 1-7　日本軍の軍事輸送車両数量の推移（請求書ベース）　70
表 1-8　日本軍の軍事輸送車両数量の推移（集計）　72
表 1-9　マレー戦線とビルマ戦線向け輸送量の推移　92
表 2-1　日本軍用列車の輸送品目（物資輸送報告ベース）
　　　（1943 年 2 月～1944 年 8 月）　103

表 2-2　日本軍用列車の輸送品目（運行予定表ベース）
　（1941 年 12 月〜1945 年 2 月）　106
表 2-3　日本軍用列車の輸送品目（請求書ベース）（1941 年 12 月〜1943 年 5 月）　108
表 2-4　日本軍用列車の輸送品目（鉄道局報告ベース）（1942 年 4 月〜12 月）　111
表 2-5　泰緬鉄道ノーンプラードゥック発の輸送品目（物資輸送報告ベース）
　（1944 年 6〜11 月）　114
表 2-6　APC 発の石油輸送量の推計（1942 年 2〜9 月）　141
表 2-7　米輸送量の推計（1942 年 3 月〜1945 年 1 月）　147
表 2-8　日本軍の一般旅客列車利用者数　152
表 3-1　ピッサヌローク・サワンカローク着軍事輸送量の推移（第 1 期）　201
表 3-2　ノーンプリン・ラムパーン・チエンマイ着軍事輸送量の推移（第 1 期）　205
表 3-3　バーンポーン着軍事輸送量の推移（第 2 期）　213
表 3-4　ノーンプラードゥック着軍事輸送量の推移（第 2 期）　214
表 3-5　バーンポーンを発着する日本兵・労務者・捕虜数の推移
　（1942 年 6 月〜1943 年 4 月）　215
表 3-6　泰緬鉄道沿線の日本兵・捕虜・労務者数（1943 年 9 月 15 日）　220
表 3-7　チュムポーン着軍事輸送量の推移（第 2 期）　223
表 3-8　チュムポーンを発着する日本兵・インド兵・労務者数の推移
　（1943 年 6〜10 月）　225
表 3-9　ラムパーン・チエンマイ着軍事輸送量の推移（第 2 期）　228
表 3-10　タイ国内に駐屯している日本軍部隊（1943 年 1 月）　232
表 3-11　地方における日本人の偵察状況（1943 年 1〜6 月）　236
表 3-12　日本軍の駐屯状況（1942 年 6 月）　248
表 3-13　日本軍の駐屯状況（1943 年 10 月）　254
表 4-1　ノーンプラードゥック発着軍事輸送量の推移（第 3 期）　266
表 4-2　チュムポーン着軍事輸送量の推移（第 3 期）　270
表 4-3　チュムポーンを発着する日本兵・インド兵・労務者数の推移
　（1943 年 11 月〜1944 年 8 月）　272
表 4-4　ラムパーン着軍事輸送量の推移（第 3 期）　276
表 4-5　ラムパーンを発着する日本兵数の推移（1943 年 11 月〜1944 年 7 月）　276
表 4-6　日本軍の駐屯状況（1944 年 12 月）　326
表 4-7　日本軍の駐屯状況（1945 年 8 月）　331
表 4-8　終戦時の第 18 方面軍の兵力　334
表 5-1　タイ側の主張に基づくマラヤ残留車両数の推移　347
表 5-2　タイの蒸気機関車の使用状況（1943 年）　359
表 5-3　タイの貨車の使用状況（1943 年）　360
表 5-4　日本軍から提供された潤滑油量の推移（1944 年 6〜12 月）　377
表 5-5　鉄道局の過熱シリンダー油の状況（1944 年 6 月〜1945 年 4 月）　379
表 5-6　鉄道局のディーゼルエンジン油の状況（1944 年 6 月〜1945 年 4 月）　381
表 5-7　橋梁の被災状況　391
表 6-1　一般旅客・貨物輸送量の推移（1935/36〜1945 年）　410
表 6-2　区間別旅客乗車数の変化（1941〜1944 年）　412
表 6-3　区間別平均乗車距離の変化（1941〜1944 年）　415
表 6-4　旅客乗車数の変化の大きい主要駅（1941〜1944 年）　418

図・表・写真一覧 vii

表 6-5　平均乗車距離の変化の大きい主要駅（1941〜1944 年）　419
表 6-6　区間別貨物発送量の変化（1941〜1944 年）　422
表 6-7　区間別貨物到着量の変化（1941〜1944 年）　425
表 6-8　貨物発送量の変化の大きい主要駅（1941〜1944 年）　427
表 6-9　貨物到着量の変化の大きい主要駅（1941〜1944 年）　429
表 6-10　路線別主要品目輸送量の変化（1941〜1944 年）　432
表 6-11　小荷物の品目別輸送量の変化（1943〜1945 年）　434
表 6-12　南部各県の余剰米量（1931・1943 年）　436
表 6-13　家畜輸送頭数の変化（1941〜1945 年）　444
表 6-14　家畜飼育頭数の変化（1941〜1944 年）　452
表 6-15　タイ軍用の木材輸送量の推移（1943 年 12 月〜1944 年 2 月）　455
表 6-16　検材所別丸太通過量の変化（1941〜1945 年）　457
表 6-17　シンガポールでのタイ向け石油売却量の推移
　　　　（1942 年 8 月〜1945 年 4 月）　467
表 7-1　東南アジア占領地における軍事・一般輸送量（1942 年 10〜11 月）　489
附表 1　日本軍の軍事輸送量（週平均）（第 1 期）　527
附表 2　日本軍の軍事輸送量（週平均）（第 2 期）　528
附表 3　日本軍の軍事輸送量（週平均）（第 3 期）　529
附表 4　日本軍の軍事輸送量（週平均）（第 4 期）　530
附表 5　品目・区間別日本軍用列車輸送量（物資輸送報告ベース）
　　　　（1943 年 2 月〜1944 年 8 月）　531
附表 6　品目・区間別日本軍用列車輸送量（運行予定表ベース）
　　　　（1941 年 12 月〜1945 年 2 月）　532
附表 7　品目・区間別日本軍用列車輸送量（請求書ベース）
　　　　（1941 年 12 月〜1943 年 5 月）　533
附表 8　品目・区間別日本軍用列車輸送量（鉄道局報告ベース）
　　　　（1942 年 4〜12 月）　535
附表 9　日本軍の一般旅客車利用者数（週平均）（第 1 期）　536
附表 10　日本軍の一般旅客列車利用者数（週平均）（第 2 期）　537
附表 11　日本軍の一般旅客列車利用者数（週平均）（第 3 期）　538
附表 12　日本軍の一般旅客列車利用者数（週平均）（第 4 期）　539
附表 13　タイ国内の日本兵・捕虜・労務者数（1944 年 6 月 30 日）　540
附表 14　タイ国内の日本兵・捕虜・労務者数（1945 年 4 月 24 日）　542
附表 15　終戦時の第 18 方面軍の駐屯状況（1945 年 8 月 25 日）　545
附表 16　主要駅の旅客乗車数の推移（1937/38〜1944 年）　555
附表 17　主要駅の平均乗車距離の推移（1937/38〜1944 年）　558
附表 18　主要駅の貨物発送量の推移（1937/38〜1944 年）　561
附表 19　主要駅の貨物到着量の推移（1937/38〜1944 年）　564
附表 20　路線別主要貨物輸送量の推移（1937/38〜1945 年）　567

写　真

写真 1　ピブーン首相と守屋武官　43
写真 2　チャイ・プラティーパセーン　43

写真3　バンコクを発つ日本兵　122
写真4　泰緬鉄道沿線の労務者キャンプ　122
写真5　バンコク・ルムピニー公園での露営　183
写真6　バンコクで訓練中の日本兵　183
写真7　ソンクラーに上陸した日本軍　187
写真8　マラヤ国境に到着した日本兵　187
写真9　ターク〜メーソート間道路の建設　199
写真10　ターク〜メーソート間道路での軍事輸送　199
写真11　ムーイ川を越えてビルマへと進軍する日本軍　203
写真12　モールメインを行進する日本軍　203
写真13　クリアンクライでの泰緬鉄道建設　219
写真14　泰緬鉄道の橋梁建設　219
写真15　泰緬鉄道のレール敷設　221
写真16　泰緬鉄道開通式の記念列車　221
写真17　泰緬鉄道の軍用列車　269
写真18　泰緬鉄道の木造桟道　269
写真19　バンコクからラムパーンへの軍事輸送　277
写真20　空襲被害を受けたフアラムポーン駅付近　388
写真21　パークナーム線フアラムポーン駅の空襲被害　388
写真22　ラーマ6世橋を警備中の日本兵　389
写真23　空襲で被災したサイアム・セメント社バーンスー工場　463
写真24　機雷の被害を受けたワライ丸　471

凡　例

1：1939 年までは，仏暦の年号が西暦の該当年（543 年前）の 4 月から翌年 3 月までの期間を指していたため，表や本文中で必要な場合には，西暦の年号に / を用いて示している（例：仏暦 2482 年 = 1939/40 年：1939 年 4 月から 1940 年 3 月まで）。1940 年は原則として 4 月から 12 月までの期間となり，1941 年以降は暦通りとなる。

2：引用資料で年が（　）で示されている場合は，その年度分の該当資料であることを意味する（例：SYB（1939/40-1944）：『タイ統計年鑑 1939/40〜1944 年版』）。

3：表中で数値が空欄になっている場合は，原則として該当する数値が存在しないことを，一の場合は 0 を，0 の場合は四捨五入して 0 になることを示す。

4：輸送量を車両数で表示する場合は 2 軸車を単位とし，4 軸車（ボギー車）の場合は 2 軸車 2 両分として換算している。

5：タイ語の地名や人名の日本語表記は，原則として長母音と短母音の区別を行っているが，バンコク，メコン川のように日本語で一般的に広く流布している語はそのままにしてある。表記は，理論上の発音に近い音をカタカナで表わしているため，有気音，無気音の差異など，区別されていない音もある。なお，東北部の都市名ナコーンラーチャシーマーは，通称のコーラートが用いられることが多く，鉄道の駅名も 1930 年代まではこれを用いていたことからコーラートに統一してある。同様に，バンコクの南の都市名サムットプラーカーンについても，通称のパークナームが用いられることが多く，かつての鉄道もパークナームを駅名にしていたことから，パークナームに統一してある。東北部の都市名ウボンラーチャターニーは，通常呼称されるウボンの略称で統一している。

6：本論中で用いられる略称は以下の通りである。
APC: Asiatic Petroleum Company.
ARA: Annual Report on the Administration of the Royal State Railways.
JACAR: Japan Center for Asian Historical Records
NA: National Archives of Thailand.
PCC: Prachachat.
RKT: Raingan Pracham Pi Krom Thang.
SYB: Statistical Year Book, Siam.
防衛研：防衛省防衛研究所

序章
鉄道の戦時動員研究の意義

（1）タイと第 2 次世界大戦

　タイは第 2 次世界大戦時に日本軍と同盟を結び，枢軸国の一員として戦った。しかしながら，終戦後は敗戦国としての扱いを受けず，1946 年には元枢軸国としては初の国際連合への加盟を果たしていた[1]。本来は「敗者」となるべきタイを「勝者」へと導いたのは，抗日運動の担い手であった自由タイ（Free Thai, Seri Thai）であったと，タイでは一般に理解されている。1994年に出版された中学校 3 年生用の社会科教科書『私たちの国 4（Prathet khong Rao 4）』に記載された「タイと第 2 次世界大戦（Thai kap Songkhram Lok Khrang thi 2）」という節が，タイの第 2 次世界大戦に関する典型的な見方を示しているので，少し長くなるが紹介しよう［Kramon et.al. 1994, 175-176］（筆者訳。なお，原文に若干の事実誤認が見られる点などは〈　〉内に訳注を示した）。

　……フランスが第 2 次世界大戦でドイツに敗北し，1939 年〈1940 年〉6 月 22 日に休戦協定に調印すると，フランス政府はタイに対して不可侵協定に直ちに調印して効力を持たせるよう求めてきた。

　ルアン・ピブーンソンクラーム政権下のタイは，タイはフランスが以下の 3 つの条件を承諾すれば不可侵協定を受け入れる用意があると答えた。3 つの条件とは，①国際法に基づきメコン川の最も深い流路を国境線とする，②北から南のカンボジア国境までメコン川をタイとフランス領インドシナの国境線とし，タイにルアンプラバーンとパークセー対岸のメコン川右岸の領土を返還すること，③もしインドシナがフランスの主権を離れる際にはタイにラオスとカンボジアの領土を返還することをフランス政府が約束すること，であった。

　フランスがタイとの合意を拒んだことから国境での衝突が続き，次第に激しさを増したことから，タイは 1941 年 1 月 2 日にフランス領インドシナに対して宣戦布告を行い〈事実なし〉，フランス領インドシナに軍勢を派遣して一部を占領することに成功した。

　その後，日本が仲介役として手を差し伸べてきて紛争の仲裁を行い，1941 年 2 月7 日に〈から〉東京で合同の会議を開き，交渉の結果フランスがシーソーポン，モンコンブリー，バッタンバン付近の領土をタイに割譲し，タイがフランスに対して戦

---

1)　第 2 次世界大戦中のタイの立ち振る舞いについては，Reynolds［1994］が最も詳しい。

争の賠償を一部支払うことで合意した。

　その後まもなく，日本はアメリカとイギリスに宣戦布告を行い，1941 年 12 月 7 日
〈8 日〉の未明に日本軍がイギリスの植民地を攻撃するためにタイに上陸してきた。
中立国でありどちらの側にもつかないと宣言していたタイは，タイの主権を守るた
めに兵を派遣して日本兵と戦わせた。

　最終的に 1941 年 12 月 8 日にタイ政府はタイ人の命を守るために休戦命令を出し，
タイの主権はそのまま保ちつつ，日本軍のタイ国内の通過のみを認めることで日本
と合意した。

　その後，タイが強制的に日本に協力させられることに反対であった大蔵大臣のプ
リーディー・パノムヨンが，タイとタイ人が 1941 年 12 月 8 日までの状況のように
自由な権利を取り戻すべく戦うために秘密裏に自由タイを組織した。プリーディー・
パノムヨンが大蔵大臣の職を辞して国王の摂政となったことは，自由タイの活動に
とってさらに有益であった。

　1941 年 12 月 21 日にタイはタイを防衛するためにタイ日友好条約を結び，ついに
方針を転換して 1942 年 1 月 25 日にアメリカとイギリスとの交戦国となった。

　タイ政府の方針転換に対して，タイの損失になる恐れがあるとしてアメリカと
イギリスにいたタイ人は異議を唱えた。アメリカではワシントン D.C. にいたタイ大使
セーニー・プラーモートが日本に抵抗するために自由タイを設立し，当時のタイ政
府の方針は一部の集団の意見でしかないとして，これを受け入れないことを宣言し
た。イギリスでも，政府の方針に反対のタイ人が同じように自由タイを設立した。

　国内外の自由タイの活躍によって，1945 年 8 月 14 日に日本軍が連合軍に降伏を宣
言した後も，タイは連合軍に占領されずに済んだ。これは連合軍が日本軍に抵抗し
た自由タイに同情したためであり，とくにアメリカがタイを盛大に支援したことか
ら，イギリスをはじめとする他の連合国もタイに対して強硬な措置を取ろうとはし
なかったのである……。

　これを若干補足しながらまとめると，以下のようになる。1938 年からタ
イを率いていたプレーク・ピブーンソンクラーム（Plaek Phibunsongkhram，以
下ピブーン）首相は，大タイ主義を唱えてナショナリズムを鼓舞し，1940 年
に日本軍がフランス領インドシナ（仏印）北部進駐を果たすと，フランスに
対してメコン川右岸の「失地」を返還するよう要求した[2]。これを拒んだフ
ランスとの間で仏印紛争が発生し，日本が介入してタイに恩を売るべくタイ

に有利な形で「失地」を回復させたものの，ピブーン首相は最後まで枢軸国側に付くことを決断しなかった（図序-1 参照）。

　このため，1941 年 12 月 8 日未明に日本軍がタイ東部の仏印国境とマレー半島各地からタイに侵入を開始し，双方の衝突が起きた後でピブーン首相は日本軍の通過を認めるという態度を取った[3]。その後，日本と軍事条約を締結し，翌年 1 月には英米に対して宣戦布告を行い，ビルマ（ミャンマー）のシャン州に進軍するなど，一旦は日本と運命を共にすることを決めた。しかし，枢軸国側の劣勢に伴い抗日組織の自由タイが勢力を拡大し，1944 年のピブーン首相が退陣後に成立したクアン・アパイウォン（Khuang Aphaiwong）政権も自由タイの活動を裏で支援した。終戦後の 1945 年 8 月 16 日に，自由タイの首謀者であったプリーディー・パノムヨン（Pridi Phanom-yong）が，英米への宣戦布告には摂政であった自らの署名がないので無効であると宣言し，宣戦布告は日本に強制されたやむを得ないものであると強調した。これが連合国側に受け入れられ，タイは 1946 年末に国連加盟を果たしたのであった。

　上記の教科書では，開戦時の日本軍の侵攻と通過の話しか書かれていないが，1941 年 12 月に日本軍がタイに侵攻してから 1945 年 8 月に終戦を迎え，最終的に翌年 10 月に帰還が完了するまで，タイ国内に少なからぬ数の日本軍人・軍属（以下，日本兵）[4] が駐屯していたことはまぎれもない事実である[5]。

---

2) 　日本は 1937 年から日中戦争を行っており，中国の蒋介石率いる国民党政権は内陸の重慶に後退して抵抗を続けており，蒋介石を支援する英米などからの支援物資が仏印北部のハイフォンから昆明に至る滇越鉄道を経由して重慶に送られていた。他方で，ヨーロッパでは 1939 年から第 2 次世界大戦が始まり，フランスがドイツに敗れて傀儡のヴィシー政権が置かれていた。このため，日本は援蒋ルートの遮断を目的にヴィシー政権に対して日本軍の駐屯を要求し，これを認めさせた。これを見たピブーン首相は，フランスに対してメコン川をタイと仏印の国境線とするよう求め，1904 年と 1907 年に割譲したメコン川右岸とカンボジア北西部の「失地」をタイに返還するよう要求した。詳しくは，Stowe［1991］: 143-173，Aldrich［1993］: 256-297 を参照。ピブーンについては，Thiamchan［1978］，Phanit［1978］，Kobkua［1995］，村嶋［1996］，Anan［1997］，Chan ed.［1997］などを参照。
3) 　開戦当日の日タイ間の衝突は，タイの第 2 次世界大戦史の中では欠かせないトピックであり，Sorasan［2000］のようにこの衝突のみに焦点を当てた書籍も存在する。
4) 　軍属とは軍に所属をしていた文官や技官などの非軍人であり，厳密には軍人とは身分が異なるが，本書では煩雑を避けるために両者の総称として日本兵という語を用いる。
5) 　最後の日本兵がバンコク港を出港したのは 1946 年 10 月 28 日のことであった［田村 1988，48］。

図序-1　タイの地域区分と主要都市（1945年）

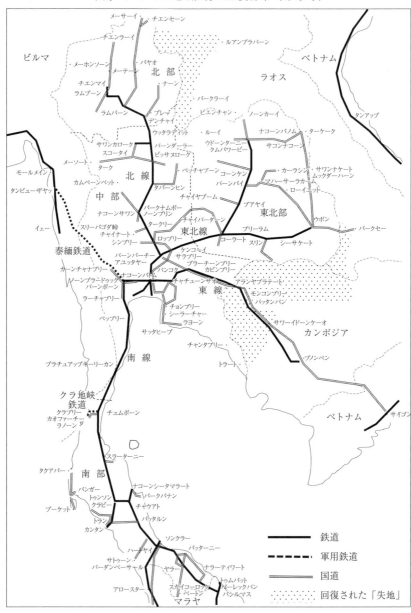

出所：筆者作成

そして，日本兵が駐屯していれば，そこには必然的に日本軍の軍事輸送が発生し，当時最も重要な陸上輸送手段であった鉄道が軍事輸送に巻き込まれていたことを意味した。第2次世界大戦中のタイの鉄道と言えば，日本軍が連合軍捕虜を用いてタイとビルマを結ぶために建設した泰緬連接鉄道（泰緬鉄道）があまりにも有名であるが，日本軍の軍事輸送は泰緬鉄道のみならず，事実上タイ国内のすべての路線で発生していた。本書は，この第2次世界大戦中のタイの鉄道をめぐって繰り広げられたタイと日本の鉄道をめぐる争奪戦に焦点を当てるものである。

(2) 戦争と鉄道

そもそも鉄道とは，大量の人やモノを迅速かつ廉価に運ぶために生み出された輸送手段である。2本のレールを敷いてその上に石炭や鉱石を載せた車を走らせる類の貨車軌道（wagonway）は既に16世紀頃から出現しており，主にヨーロッパで内陸の鉱山と最寄りの河川の間を結んでいた［湯沢 2014，22-23］。これらの貨車軌道では主に家畜が用いられていたが，18世紀に入って新たな動力源として蒸気機関が実用化されると，これを輸送手段に搭載して動力源とする試みがなされた。その結果出現したものが蒸気船と蒸気機関車であり，それぞれ18世紀末と19世紀初めに実現した［Ibid., 80-133］。蒸気機関車の発明によりレール上を走行する乗り物，すなわち鉄道の速度と輸送力は格段に向上し，陸上交通の主役として世界中に広まっていくことになった。

大量輸送手段としての鉄道の特性は，当然ながら戦争の際にも重宝されることとなった。戦争の際には多数の兵を移動させる必要がある他，戦闘を遂行するために武器，弾薬，食料など様々な物資を前線に輸送する必要がある。これらの移動や輸送は迅速かつ短期間で行う必要があることから，新たに陸上輸送の主役となった鉄道は，従来の人力や畜力を用いた輸送手段よりも有効であると認識された。このため，鉄道は大量の人やモノの輸送が求められる戦時においても主に兵站（logistics）の面で重要な役割を果たすことになり，世界各地で戦争に鉄道が用いられることになった。

実際に，鉄道は誕生後直ちに軍事輸送に用いられることになった。鉄道が

最初に軍事輸送に貢献したのは，1830年に開業したイギリス最初の本格的な鉄道であるリヴァプール・マンチェスター鉄道が，アイルランドで起きた内乱の鎮圧に向かう部隊をマンチェスターからリヴァプールまで輸送した際であったという [Westwood 1981, 6][6]。鉄道開通前には約50kmのこの間を移動するのに2日は掛かっていたが，鉄道はわずか2時間強で部隊を送り届けたのである。これが世界で最初の鉄道の戦時動員であった。

その後，鉄道はイギリスからヨーロッパ各国やアメリカへと広まり，鉄道が軍事輸送に駆り出される事例も増加していった。例えば，1853年に始まったクリミア戦争では，オスマン・トルコを支援したフランスがクリミア半島に送る部隊を鉄道でマルセイユまで輸送した [Mitchell 2000, 32]。この時には，クリミア半島で世界初の軍事目的のための軍用鉄道も建設された [Wolmar 2012, 25-27][7]。その後，1859年の第2次イタリア独立戦争の際には，オーストリア，フランス，イタリアがそれぞれ鉄道を利用して部隊の輸送を行い，イタリアを支援するフランスの部隊がクリミア戦争の時と同じく鉄道でマルセイユを目指した後，地中海を船で東に進んでジェノヴァに上陸し，今度はイタリアの鉄道を用いて前線へと進んでいった [Schram 1997, 18-19][8]。

1861年から始まったアメリカの南北戦争において，鉄道は初めて本格的に戦争に巻き込まれることになった。南北戦争では北軍，南軍とも部隊や軍需品の輸送に鉄道を用いたが，北部のほうが南部よりも鉄道網の密度が高く，軍事輸送面では北軍のほうが有利であった [Turner 1992, 32-33]。アメリカの鉄道は民営であったが，北軍は民営鉄道会社の協力を取り付けて迅速な軍事輸送を実現させた [Angevine 2004, 147]。これに対し，南部では鉄道

---

6) 世界で最初に蒸気機関車を使用して営業を行ったのは1825年に開業したストックトン・ダーリントン鉄道であったが，この鉄道は一部区間の貨物輸送にしか蒸気機関車を使用していなかった [ウォルマー 2012, 33]。このため，全線で蒸気機関車を使用したリヴァプール・マンチェスター鉄道が最初の本格的な鉄道と見なされている。

7) この鉄道はクリミア半島のバラクラヴァ港に駐屯していた英軍が前線への輸送改善を目的に建設したもので，11kmの路線を7週間で完成させたという [Wolmar 2012, 24-25]。

8) この時にはパリ～マルセイユ間の鉄道で約60万人の兵士と13万頭の馬が輸送された [Neilson and Otte ed. 2006, 10]。

会社が必ずしも軍事輸送に協力せず，軍事輸送よりも一般輸送を優先するようなこともあった [Wolmar 2012, 58]。さらに，双方とも鉄道を軍事輸送に利用したことから，敵の進軍を妨害するための線路の破壊工作も積極的に行われ，また破壊された線路の迅速な復旧もなされた。このように，南北戦争では鉄道を効率的に利用できたか否かが，戦争の勝敗を決める大きな要素の1つとなった [Clark Jr. 2001, 25]。

　一方，ヨーロッパで鉄道が戦争に大きな影響を与えたのは，1870 年の普仏戦争であった。プロイセンは既に 1866 年の普墺戦争の際にも鉄道を駆使してオーストリア国境への迅速な部隊輸送を行っており，プロイセンの圧勝をもたらした [松永 2012, 233-234]。この時にプロイセンでは鉄道の迅速な復旧や軍用鉄道の建設のための野戦鉄道部隊が初めて設置され，破壊された線路の復旧に活躍していた [松永 2010, 71]。普仏戦争の際には軍事輸送体制はさらに強化され，プロイセン側は事前に綿密な軍事輸送計画を立て，計画通りに確実に部隊を国境へと送り込んでいた [松永 2012, 236][9]。これに対し，フランス側も国境へと部隊を輸送したが，綿密な計画を立てていなかったことからフランス軍の進軍は緩慢であった [松井 2013, 64]。さらに，フランスの鉄道網はパリから放射状に延びていたことから，国境を越えて入ってきたプロイセン軍はそのまま鉄道沿いにパリへと進軍することができた [Ibid., 405-406]。このように，鉄道を効率的に用いたプロイセンが勝利したことから，この後戦争のために鉄道を有効に使用することが各国の主要な課題となった [菅 2010, 105]。

　鉄道が戦争で最も活躍したのは，1914 年から始まった第 1 次世界大戦であった。ドイツ軍は今回も鉄道によって迅速に部隊を輸送してパリに攻め入る計画を立てたが，ドイツ国内では計画通りに進んだものの，ベルギーは事前に鉄道を破壊して進軍を滞らせる計画を立てていた [Hooper and Portillo 2014, 44-48]。その結果，ドイツ軍はパリに到達することはなかった [Wolmar 2012, 151-152]。西部戦線はマルヌ会戦の後膠着したが，イギリスとアメリ

---

9)　1867 年の時点ではプロイセン兵の前線への輸送には 32 日間掛かる計画となっていたが，1870 年には 20 日に短縮され，実際に 7 月 15 日から始まった輸送では 19 日間で部隊の進軍を可能としていた [Showalter 2006, 34-35]。

カからの援軍がフランスの鉄道で前線へと運ばれ，最終的に膠着状況を打破した［Hooper and Portillo 2014, 172-180］。一方，東部戦線では利用可能な鉄道は少なかったものの，ドイツ軍は鉄道を利用してロシア方面へと進軍した。しかし，ロシアの軌間は標準軌ではなかったため，ドイツ軍は標準軌への改軌を迫られた［Wolmar 2012, 194-195］[10]。この戦争では通常の鉄道の他に，狭軌の仮設軽便鉄道が多数建設され，鉄道の通じていない前線への補給輸送に活躍していた［Westwood 1981, 161-165］。このように，第1次世界大戦は陸上輸送の主役としての鉄道が軍事輸送の主役となり，まさに鉄道戦争とも呼べる戦争となったのである。

(3) 日本軍と鉄道

　明治以降，富国強兵を国是に列強に追いつこうと邁進してきた日本もまた，戦時において鉄道の動員によって軍事輸送を行ってきた[11]。日本で最初に鉄道が軍事輸送に用いられたのは1877年の西南戦争の時であり，開通したばかりの新橋〜横浜間の鉄道が兵や軍需品の輸送に用いられた［老川 1986, 63］。軍事輸送の重要性を認識した軍は，東京〜京都間の鉄道を海岸沿いではなく内陸ルートで建設するよう要求し，1883年には東海道ルートではなく中山道ルートが優先されることとなった［原田 2001, 62-63］[12]。1894年からの日清戦争の際には，当時広島まで開通していた山陽鉄道を用いての軍事輸送が行われ，広島では宇品港までの軍用鉄道も建設された。そして，1904年からの日露戦争では日本軍は朝鮮半島での軍用鉄道建設を進め，京城（ソウル）〜義州間の京義線，安東（丹東）〜奉天（瀋陽）間の安奉線を建設することで，釜山〜奉天間で軍事輸送を行った［長谷川編 1978, 2］[13]。

---

10)　ロシア鉄道の軌間は1,524mmと標準軌（1,435mm）よりも広い広軌であった。

11)　一般書ではあるが，西南戦争から日露戦争までの日本軍と鉄道との関係は，竹内［2010］に簡潔にまとめられている。

12)　しかし，急峻な山岳地帯を貫く鉄道建設は難しかったことから，1886年には中山道鉄道に代わって東海道鉄道の整備を優先することに変更され，1889年に東京〜神戸間が全通した［原田 2001, 78-79］。

13)　日露戦争ではロシア側もシベリア鉄道を用いた軍事輸送を行っており，鉄道が重要な役割を果たした戦争であった［Wolmar 2012, 110-123］。

このように鉄道が軍事面でも重要な役割を果たすようになったことから，日清戦争後の 1896 年には初の鉄道部隊として鉄道大隊が設置された [Ibid.]。1902 年には鉄道大隊は鉄道隊に拡充され，日露戦争では上述した朝鮮半島での軍用鉄道建設に従事した [吉田他編 1983, 5-6]。その後，1907 年には鉄道連隊へと改組され，第 1 次世界大戦時にはドイツ領の青島に派遣されて山東鉄道の占領と運行を行い，シベリア出兵の際にも活躍した [Ibid., 6]。この鉄道隊は台湾や朝鮮半島において列車の運行にも従事し，軍用鉄道の建設のみならず占領地の鉄道の運営や軍事輸送の遂行も担うようになった [石井 1986, 127-131]。鉄道連隊はシベリア出兵中の 1918 年に 2 つに分けられ，その後 1930 年代以降次々に新しい連隊が設置されていき，最終的に第 2 次世界大戦末までに計 20 の鉄道連隊が出現することとなった [吉田他編 1983, 5-30]。

　第 2 次世界大戦においても，日本軍にとって鉄道は重要な役割を果たしていた。日本軍は既に満州や中国に展開しており，各地の鉄道で軍事輸送を行っていた。1940 年には仏印北部へも進駐を行い，仏印の鉄道もとくに 1941 年後半に北部から南部へと日本軍が移動を開始した際に重要な役割を果たしていた[14]。1941 年 12 月 8 日未明の開戦以降，日本軍はタイ，マラヤ，フィリピンを皮切りに東南アジア各国への進軍を始め，タイについてはタイ側の協力を取り付けて軍事輸送を開始したものの，それ以外の場所では鉄道隊が鉄道を占拠して復旧し，列車運行が可能となった区間から軍事輸送に使用することになった[15]。このため，事実上東南アジアのすべての鉄道は，日本軍の軍事輸送に駆り出されることになったのである。また，タイとビルマを結ぶ泰緬鉄道が典型例のように，日本軍は軍用鉄道の建設も東南アジアの各地で行っていた[16]。

　ところが，この第 2 次世界大戦中に日本軍が鉄道でどのような軍事輸送を行っていたのかについては，これまでの先行研究では限定的にしか扱われていない。軍事輸送に関する研究については，そもそも第 2 次世界大戦中の大

---

14)　防衛研　陸軍―中央―全般鉄道 11「軍事鉄道記録　第五巻」（JACAR: C14020316400）
15)　東南アジアの占領地における日本軍の鉄道の運営方法については，第 7 章を参照のこと。

東亜共栄圏内における研究が海運に偏重しているという問題点が挙げられる。近年の研究例でも，例えば荒川憲一は大東亜共栄圏内の物流について，船舶の喪失が鉱物資源や食料輸送に大きな影響を及ぼしたことを明らかにしている［荒川 2011, 121-162］。また，山本有造は東南アジアからの資源の日本への輸送について，やはり海上輸送力の喪失が決定的な打撃を与えたと述べている［山本 2011, 230-235］。いずれも物資動員計画の一環としての日本への資源輸送に焦点を当てているため，鉄道輸送にほとんど言及がないのはある意味当然である[17]。しかしながら，例えばタイから大東亜共栄圏内への米の輸出について考える際には，内陸部から積出港のバンコクまでの輸送や，バンコクからマラヤ方面への輸送に鉄道が少なからぬ役割を果たしていたことも忘れてはならない。

　また，数少ない鉄道による物流についての研究では，日本軍の軍事輸送の存在については言及しているものの，それをめぐって鉄道事業者側とどのような軋轢が発生していたのかについては触れられていない。例えば，日本の植民地鉄道の歴史を扱った高橋泰隆は，満州事変以降の満州における軍事輸送の増加について，軍事輸送の増加が農産物，とくに稼ぎ頭であった大豆輸送量を大きく減少させ，満鉄の経営状況に影響を与えたことを明らかにしている［高橋 1995, 392-442］[18]。また，倉沢愛子はジャワにおける米不足に関

---

16)　第2次世界大戦中に日本軍が建設した軍用鉄道の中で，タイとビルマを結ぶために1942年に着工されて1943年10月に完成した泰緬鉄道は，総延長415kmの路線を人家も稀な密林を切り開いて約1年強で完成させたのみならず，その建設と運営に総計25万人ほどの日本人，アジア人労務者，連合軍捕虜を用い，過酷な環境と待遇によって多くの人が犠牲となったことから，戦後「死の鉄道」と呼ばれるようになった。このため，泰緬鉄道関係の研究は吉川［1994］を始め例外的に多く，また建設に従事した日本人や連合軍捕虜の回想録も数多い。なお，泰緬鉄道関係の資料としては，各国の公文書館に保管されている資料をまとめた Kratoska ed.［2006］が便利である。

17)　ただし，荒川は石炭輸送について，船舶不足の解消のために日本国内での石炭輸送が海運から鉄道へと転移していたことに言及している［荒川 2011, 155-157］。他にも，山崎志郎の物資動員計画に関する研究では，船舶の節約のために大陸からの物資輸送の際に朝鮮半島南部まで鉄道輸送を極力使用するなど，日満支ブロック内での鉄道輸送の重要性についても言及している［山崎 2016, 901］。

18)　高橋は華中鉄道，華中鉄道における軍事輸送量についても触れており，華北鉄道については林［2016］も同様の数値を記載している。なお，満州事変の際の日本軍の軍事輸送については，南満州鉄道の手で詳細な記録が残されているほか［南満州鉄道株式会社編 1974］，朝鮮半島については林［2005］が日中戦争以降の軍事輸送量に関する統計を示している。

する研究の中で鉄道輸送力の問題に言及しており，ジャワの鉄道では軍事輸送が最優先されたために民需輸送に影響が出ていたと指摘している［倉沢1995, 660-662］。どちらも軍事輸送が民需輸送に影響を与えたことは指摘しているものの，それに対して鉄道事業者が反発したのかについては明らかにしていない[19]。

　満州もジャワも事実上日本が鉄道事業を行っていたことから，これはある意味当然のことと言えよう。しかし，タイは日本が直接支配した領土ではなかったことから，日本軍の軍事輸送がすべて日本の意向通りに行われるとは限らなかった。大東亜共栄圏内ではタイと仏印以外の地域は日本軍が占領した地域であり，鉄道の運営自体も日本側が完全に掌握していたのに対し，タイと仏印では鉄道の運営自体は当該国が担当し，日本側が鉄道を直接管理できたわけではなかった。このため，他地域では日本軍の軍事輸送は事実上日本側の意向に従って「自由」に行うことができたのに対し，タイでは「不自由」であった可能性が高い。本書の目的の一つはこの点の解明にある。

(4) 第2次世界大戦中の日タイ関係

　この第2次世界大戦の際には，タイ国内でも日本軍の軍事輸送が行われたものの，これについても先行研究で明らかにされてきたものは断片的な部分に過ぎない。第2次世界大戦中のタイの鉄道に関する研究は泰緬鉄道関係のものばかりといっても過言ではなく，その代表作である吉川利治の研究は，マラヤからバーンポーンへの泰緬鉄道建設のための捕虜や労務者の輸送に言及している［吉川 1994, 105-118, 193-235][20]。また，日本軍がタイからマラ

---

[19]　戦時中の各地の軍事輸送量に関する資料は非常に乏しいが，防衛省防衛研究所所蔵の「南方鉄道状況書綴」にビルマ，マラヤ，スマトラ，ジャワ，ボルネオにおける 1942 年 10〜11 月の日本軍の一般軍事輸送量（軍政向けも含む），対日資源輸送，民需品輸送の品目別輸送量が記載されている［防衛研　陸軍―中央―全般鉄道 46「南方鉄道状況書綴」（アジア歴史資料センター：C14020337500）］。詳しくは，第 7 章を参照のこと。

[20]　吉川は本書でも用いた軍最高司令部文書から捕虜の輸送状況を明らかにしており，本書の表3-5 の原資料を用いている。吉川の研究は，軍最高司令部文書を用いた先駆的研究である。なお，戦時中の泰緬鉄道以外の鉄道を扱った研究例としては，次に述べるセーンとプアンティップを除けば，戦争中の鉄道局職員の回想を用いて鉄道職員と日本軍との関係に焦点を当てたPiyanat［2009］くらいしか存在しない。

ヤへ米を輸送していた事実については，マラヤでの米の需給状況を明らかに
した倉沢の一連の研究が明らかにしている［倉沢編 2001, 143-160; 倉沢他編
2006, 130-148; 倉沢 2012, 281-311］[21]。軍用列車の運行については，後にタイ
国有鉄道（State Railways of Thailand）総裁も務めたセーン・チュラチャーリッ
ト（Saeng Chulacharit）の回想録に具体的な記述があるが，残念ながら仏印紛
争の際のことしか扱われていない［Saeng 1996］[22]。一方，プアンティップ・
キアットサハクン（Phuangthip Kiatsahakun）は，本書で筆者が用いた日本軍の
軍事輸送に関する資料を用いて第2次世界大戦中のタイの南線に関する研究
を行っているが，一部期間の数値のみを紹介しているに過ぎず，全体像を解
明するまでには至っていない［Phuangthip 2004, 130-132, 156-164, 290-319］[23]。

　そもそも，第2次世界大戦下のタイを扱った研究は数多く存在するもの
の，日本軍による軍事輸送の存在はおろか，タイ国内に駐屯した日本軍の状
況についても十分に解明されてはいない。例えば，タイ軍が編纂した第2次
世界大戦時の公式戦史『大東亜戦争におけるタイの戦史（Prawattisat Kan
Songkhram khong Thai nai Songkhram Maha Echia Burapha)』についても，扱ってい
る内容は開戦前の日タイ両軍の準備，開戦時の日タイ間の衝突，シャン進
軍，抗日運動，終戦とその後の処理に限られる［Yutthasueksa Thahan 1997, 13
-347］[24]。タイで出版された第2次世界大戦中のタイに関する一般書も，基
本的には同様の傾向にある[25]。

　もっとも，特定の地域における日本軍の状況について明らかにした研究は

---

21)　倉沢の一連の研究は日本軍が記録したマラヤ側の統計に依拠している。

22)　彼は陸軍士官学校を卒業後軍人となり，1938 年から鉄道局に移っており，1941 年 12 月 8 日
　　の開戦と同時に軍最高司令部の鉄道局代表となった。その後，1965〜1974 年まで国鉄総裁を務
　　めた。なお，鉄道局は 1951 年にタイ国有鉄道という公企業体に改組された。

23)　プアンティップの研究のタイトルは「戦時中の日本軍と南線」であるが，実際には泰緬鉄道
　　の話題が全体の半分程度を占めている。本書で筆者が使用する軍用列車運行予定表や請求書を
　　利用した最初の研究であるが，それぞれ一部期間のみを用いており，南線の軍用列車にしても
　　全体像の解明には至っていない。例えばバンコク〜パーダンベーサール間の米輸送については
　　運行予定表を用いて 1944 年 6〜7 月のみの数値を，泰緬鉄道でノーンプラードックを出発す
　　る輸送については物資輸送報告を用いて 1944 年 7〜10 月の数値のみを集計している。また，請
　　求書については巻末の附表として 1942 年 6 月分のみが掲載されている。なお，これは彼女の博
　　士論文であり，これをベースに出版された本についても使用している資料は変わらない
　　［Phuangthip 2011］。彼女はタイ国立公文書館に軍最高司令部文書が戻される前に，軍最高司令部
　　に赴いてこれらの文書を閲覧したと述べている。

近年増えており，例えば泰緬鉄道沿線に駐屯した日本軍の状況については上述の吉川やプアンティップの研究が利用可能であり，他にもピッサヌロークを中心とした中部上部を扱ったチラーポーン・サターパナワッタナ（Chiraphon Sathapanawatthana），自らの出身地バーンポーンを取り上げたチャーンウィット・カセートシリ（Chanwit Kasetsiri），バンコク市内のチャオプラヤー川西岸のトンブリー（バンコクノーイ）駅周辺のバーンブを対象としたスパーポーン・チンダーマニーロート（Suphaphon Chindamanirot）の著作も存在する［Chiraphon 2007, 71-84; Chanwit and Nimit 2014, 79-206; Suphaphon 2010, 250-278］。しかしながら，いつ，どこに，どの程度の日本兵がいたのかを包括的に明らかにしたものはなく，全体像の解明にはほど遠い状況である。

　また，タイは第2次世界大戦中に日本と同盟を結んで英米に宣戦布告をしたにもかかわらず，終戦後に宣戦布告は無効であると宣言して事実上敗戦国の扱いを受けずに済んだことから，上述の教科書の記述のように，日本との同盟を軽視して，連合軍と手を組んで抗日運動を進めた自由タイを重視する傾向にある。例えば，当事者として自分の経験を元に書かれたディレーク・チャイナーム（Direk Chainam）の著作は，タイの第2次世界大戦史に関する代表ともいえるものであるが，彼自身は開戦当時ピブーン政権下の副首相であったものの，後年抗日運動を主導した自由タイのメンバーとなったことから，自由タイの活動と戦後の英仏との交渉に重点を置き，タイが敗戦国とならずに済んだ過程を描写している［Direk 1970, 116-435］[26]。実際に，上述の

---

24)　タイでは第2次世界大戦のことを一般に「大東亜戦争（Songkhram Maha Echia Burapha）」と呼んでいる。空軍も独自に第2次世界大戦の戦史をまとめているが，基本的な傾向は後から刊行された軍の公式戦史と変わりない［Kongthap Akat 1982］。なお，1940〜1941年に起こった仏印紛争（「失地」回復紛争）についても軍による公式の戦史が編纂されている［Yutthasueksa Thahan 1998］。

25)　第2次世界大戦下のタイの状況について，主に外交，政治，軍事関係について扱ったものはThaemsuk［2001］，Suphot［2003］，Nonglak［2006］，Saiyut［2007］，Thatsana［2010］，住民の生活への影響に焦点を当てたものはSorasan［1996］，Kowit［2000］がある。また，アユッタヤーから1970年代までの日タイ関係に焦点を当てたThawi［1981］も第2次世界大戦中の日タイ関係について言及しているが，扱っている内容は大差ない。

26)　彼は1942年初めに駐日大使を命じられて東京に赴き，1943年7月に帰国後は自由タイの活動に関与することになる。なお，本書の英語版がDirek［2008］である。

ような第2次世界大戦を扱った一般書でも自由タイに関する記述は常に重視されており，自由タイの抗日活動に特化した本も少なくない[27]。

　村嶋英治は，自由タイ運動の指導者プリーディーが終戦直後に英米への宣戦布告は無効であると宣言した「平和宣言史観」がタイでは主流となっており，そこでは意に反して日本と同盟させられたことからタイ国民は自由タイを組織して連合軍に協力して抗日運動を行ったと説明されている，と指摘している［村嶋 1999, 49-50][28]。村嶋が批判の対象としているのは，上述のタイ軍編纂の大東亜戦争史であるが，他にも例えば戦時中の日タイ関係を扱った代表作であるテームスック・ヌムノン（Thaemsuk Numnon）も，日本に積極的に協力したのはピブーン首相などピブーン政権の一部要人のみであり，彼らが日本側に遠慮しすぎたために日本の影響力が大きく見えたのであると指摘している［Thaemsuk 2005, 116-117］。また，プアンティップも日本は軍事輸送も含めて様々な面でタイより有利に立ってタイの主権を踏みにじっていたと「被害者」としてのタイの立場を強調している［Phuangthip 2011, 235］。このような論調は，現在のタイではごく普通に見られることであり，中にはタイが日本と同盟したことをすっかり忘れ，タイに空襲したのは日本軍であったと誤解しているタイ人も見受けられる。

　しかし，タイの鉄道をめぐる日本側とタイ側の駆け引きを見ると，ピブーン政権下でも単に日本の言いなりになっていたわけではなく，自らの利益を最大限に引き上げようとするしたたかな戦略が存在していたことが確認できる。タイでは「被害者」としての側面が強調されるが，実際には常に日本が「加害者」としてタイを虐めていたわけではなく，タイ側も時には日本に反発し，自らの要求を突き付けていたのである。すなわち，本書はタイで流布する「平和宣言史観」を根本から見直す意味も持つのである。

---

27)　自由タイに焦点を当てた研究としては，日本語では市川［1987］，英語では Reynolds［2005］が代表的であり，タイ語では Wichitwong［2003］，Sorasak［2012］を始め多数の書籍が存在する。
28)　村嶋は「平和宣言史観」ではシャン進軍を日本軍に強制されて行ったかのように描きながら，実際にはタイが自ら積極的に進軍を計画して渋る日本側を説得していたことを明らかにしている［村嶋 1999, 34-49］。

(5) 目的と課題

　以上のような研究状況を踏まえて，本書では第2次世界大戦中のタイにおける日本軍による鉄道の戦時動員の実像を解明し，それがタイ側にどのような影響を与えたのか，それにタイ側はどのように対応したのかを分析することを目標とする。この分析にあたり，筆者は①日本軍による鉄道の戦時動員の全体像の構築，②タイ国内における日本軍の動向の解明，③タイの対応と一般輸送への影響の解明，という3つの課題を設定する。

　第1の日本軍による鉄道の戦時動員の全体像の構築については，タイ国内で日本軍が鉄道を用いて行った軍事輸送の具体的な内容，すなわち，どの程度の鉄道車両を用いて，いつ，どこで，何を，どの程度輸送していたのかを解明することが主要な課題となる。先行研究では既にタイ側の資料や日本側の資料を用いて，泰緬鉄道建設のための捕虜や労務者の輸送や，タイからマラヤへの米輸送など，日本軍の軍事輸送の断面については明らかにされているものの，全体像の構築までは至っていない。幸いなことに，次に述べるように日本軍の軍事輸送についてはタイ国立公文書館（National Archives of Thailand: NA）の軍最高司令部（Ekkasan Kong Banchakan Thahan Sungsut）文書（NA Bo Ko. Sungsut）の中に計4種の輸送状況を示す資料が保存されており，これを用いることで開戦から終戦までの日本軍の軍事輸送の具体的な内容をかなりの程度解明することが可能である。上述のようにプアンティップは既にこれらの資料の一部を紹介しているが，そのすべてを利用して全体像を構築するのは筆者が初めてであることから，本書は，現時点で最も詳細な第2次世界大戦中のタイ鉄道における日本軍の軍事輸送の全体像を示すものになる。

　第2のタイ国内における日本軍の動向の解明については，日本軍の通過と駐屯状況の全体像，すなわち，いつ，どこで，どの程度日本軍が通過あるいは駐屯していたのかを明らかにすることになる。日本軍の軍事輸送が発生する背景には，タイ国内を通過したりタイ国内に駐屯したりする日本兵の存在が関係している。例えば，開戦時にタイに入ってマラヤやビルマに進軍していった部隊の存在は，タイからマラヤやビルマへの軍事輸送をそのまま生み出すことになる。日本軍の各部隊の移動の軌跡は，同時に軍事輸送の軌跡と

捉えることができる。また，タイ国内の各地に駐屯している日本兵の存在
は，その駐屯地と他地域との間の人やモノの往来，すなわち軍事輸送の需要
を発生させることになる。たとえ数人でも日本兵が駐屯する場所が出現する
と，その場所に向かう人やモノの流れが必ず発生する。つまり，タイ国内の
日本軍の動向を把握することは，日本軍の軍事輸送の発生要因を探ることな
のである。この課題については，後述するようにタイ側と日本側の双方の資
料を用いて解明することになる。

　そして，第3のタイの対応と一般輸送への影響の解明については，タイが
日本軍による鉄道の動員に対してどのような対応をしたのか，またそれがタ
イの一般輸送にどのような影響を与えたのかを解明することが主要な課題と
なる。タイの鉄道を用いた日本軍の軍事輸送は，当然ながらそれまで一般輸
送のみを行ってきたタイの鉄道の輸送力を奪うことになり，一般輸送に向け
られる輸送力を減退させることになる。このため，タイの一般輸送が打撃を
受け，平時と同じような人やモノの輸送が難しくなることが想定される。鉄
道による一般輸送が滞るとタイ社会・経済に大きな影響が出ることから，タ
イ側は何とか鉄道輸送力を回復しようと画策し，日本軍の軍用列車に向けら
れた輸送力を取り返そうとした。このような鉄道をめぐる日本側とタイ側の
駆け引きの結果，タイ側が日本軍の軍用列車を削減するという「成果」を得
たこともあった。すなわち，日本軍による鉄道の動員に対するタイ側の対応
を分析することで，単なる日本軍の「被害者」ではないタイの実像が浮かび
上がってくるのである。

　なお，軍事輸送の解明を行う際には，軍事輸送の状況を考慮して開戦から
終戦までの対象期間を以下の4つの期間，すなわち第1期（戦線拡大期：
1941年12月〜1942年6月），第2期（泰緬鉄道建設期：1942年7月〜1943年10

---

29)　実際には，第3期と第4期の輸送傾向の変化は南線の寸断の影響で明確に判別されるが，第
　1期から第3期までは徐々に輸送傾向の変化が現れるため，境界点の設定が難しい。このため，
　それぞれの時期の輸送上の主要なターニングポイントとして，泰緬鉄道の着工と完工をそれぞ
　れ境界点として採用した。なお，泰緬鉄道の建設命令が大本営から出されたのは1942年11月
　であったので，泰緬鉄道の着工をこの時点とする解釈もあるが，1942年6月の南方軍命令によっ
　て泰緬鉄道建設準備が命じられたことで事実上建設は始まっていた。このため，第1期は1942
　年6月まで，第2期は同年7月からとしてある。

月），第3期（泰緬鉄道開通期：1943年11月～1944年12月），第4期（路線網分断期：1945年1月～9月）に分けて分析を行う[29]。また，軍事輸送，一般輸送とも鉄道輸送状況を分析する際には，図序-2のようにタイ国内の鉄道路線をいくつかの区間と特定の地点に分けて，それぞれの発着量を集計することで相互間の輸送状況を分析する[30]。なお，一般輸送については，東岸線（北線，東北線，東線）と西岸線（南線）の輸送量の数値が利用可能なため，この2つの路線網を比較する形の分析も行う[31]。

(6) 資料の所在

　本書が基づく主要な資料は，タイ国立公文書館に所蔵されている公文書となる。中でも軍最高司令部文書が最も重要であり，上述した3つの課題のすべてにこの資料が用いられることになる。タイ側では他に若干の年次報告書，統計集が利用できるが，筆者がこれまで行ってきた研究と比べても，公文書資料への依存度が最も高くなるのが特徴である。一方，日本側の資料もタイ国内での日本軍の状況を把握する際には有効であり，とくに日本軍の通過や駐屯状況の大枠を掴むのに適している。このため，具体的に各地に展開する日本兵の状況を示すタイ側の資料と突き合わせることで，当時のタイ国内の日本軍の状況は把握されることになる。

---

30)　各区間に含まれる駅は，北線1：クローンランシット～カオトーン，バーンパーチー～ムアクレック間，北線2：ノーンプリン～パーントンプン間，サワンカロオーク支線，北線3：カオプルン～チエンマイ間，東北線1：クラーンドン～タノンチラ間，東北線2：バーンパライ～ウボン間，バーンポームーン支線，東北線3：バーンコ～ウドーンターニー間，東線1：プレーン～アランヤプラテート間，東線2：セーリールーンルット～クラムパック間，カンボジア：サワーイドーンケーオ，バンコク：バンコク（フアラムポーン）～ドームアン，バンコク～クローンルアンペン間，メーナーム貨物線，トンブリー～サーラータムマソップ，バーンスー～タリンチャン間，南線1：サーラーヤー～フアイサック間（ノーンプラードゥック，バーンポーン除く），泰緬：ノーンプラードゥック，バーンポーン，南線2：カオチャイラート～クローンチャン間（チュムポーン除く），クラ地峡：チュムポーン，南線3：トゥンソン～コークサヤー，ハートヤイ～バーンターコイ間，カンタン支線，ナコーンシータマラート支線，ソンクラー支線，マラヤ：パーダンベーサール，スガイコーロック，である。軍事輸送については，第4期のみ南線1区間は泰緬区間を境に南北に二分してある。一般輸送については，東線2区間の数値が得られないため除外し，泰緬区間，クラ地峡もそれぞれ南線1区間，南線2区間に含める。
31)　これはチャオプラヤー川の東岸と西岸という意味であり，ラーマ6世橋を境にその東西で路線網を分割したものである。

図序-2　鉄道輸送分析の区間と地点

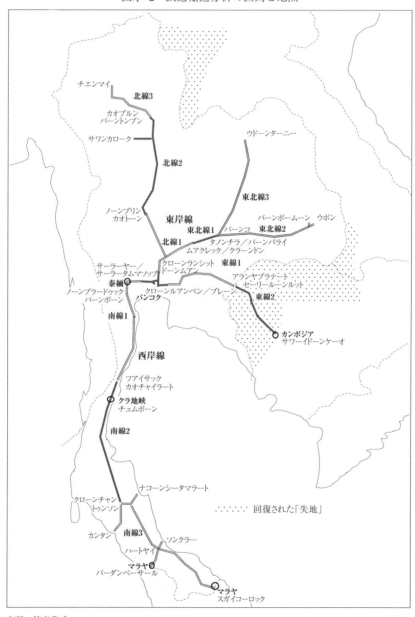

出所：筆者作成

序章　鉄道の戦時動員研究の意義 21

タイ国立公文書館所蔵の軍最高司令部文書は，まず大きく4つに区分され
ており，このうち「軍最高司令部業務（Ratchakan nai Kong Banchakan Thahan
Sungsut: NA Bo Ko. Sungsut 1.）」と「同盟国連絡局（Krom Prasan-ngan Phanthamit:
NA Bo Ko. Sungsut 2.）」の2つの区分が本書で用いる資料となる[32]。中でも「同
盟国連絡局」の文書が重要であり，この中の下位区分である「交通課・鉄道
（Phanaek Khamanakhom, Rotfai: NA Bo Ko. Sungsut 2. 4. 1）」に鉄道関係の資料が集
中している。この交通課・鉄道はさらに，「政策・原則」，「泰緬鉄道」，「ク
ラ地峡横断鉄道（クラ地峡鉄道）」，「その他の路線」，「鉄道資材」，「日本軍の
軍用列車」，「日本軍への請求書」，の7つに分類されている。

この中で，「日本軍の軍用列車（Kan Chat Rot Hai Thahan Yipun: NA Bo Ko.
Sungsut 2. 4. 1. 6）」，と「日本軍への請求書（Bai Chaeng Ni Kongthap Yipun: NA Bo
Ko. Sungsut 2. 4. 1. 7）」が軍事輸送を解明する主要な資料となる。最初の「日
本軍の軍用列車」には，「軍用列車運行予定表（Banchi Sadaeng Krabuan Rot
sueng cha Chat Hai Chaonathi Fai Thahan Yipun, 以下，運行予定表）」と「日本軍物
資輸送報告（Raingan Kan Banthuek Singkhong Tangtang Thahan Yipun, 以下，物資輸
送報告）」の2種類の資料が存在している。運行予定表は日本軍の軍用列車
の運行予定を一覧表にしたものであり，開戦直後の1941年12月9日から
1945年9月13日までほぼ毎日分が保存されており，運行列車，輸送区間，
使用車両数と車種，積荷の有無が把握できる[33]。いわば日本軍の軍用列車の
時刻表であり，途中駅での貨車の切り離しや連結などの情報も含まれ，い
つ，どこからどこまで，何両の貨車で輸送を行ったのかを明らかにするもの
である。また，中には積荷が記載されている場合も存在する。

---

32)　軍最高司令部文書はタイ国立公文書館に所蔵される前は軍最高司令部教育研究局（Krom Kan
Sueksa Wichai）歴史・博物館部（Kong Prawattisat lae Phiphitthaphan）に保管されていたようであ
り，同盟国連絡局文書（Ekkasan Krom Prasan-ngan Phanthamit）として1987年にシンラパコーン
大学に提出されたチャイナロン・パンプラチャー（Chainarong Phanpracha）の修士論文に使用さ
れていた［Chainarong 1987］。国立公文書館に移された後に吉川がこれを用いて泰緬鉄道に関す
る研究を行い，吉川［1994］として公表したが，その後しばらくこの資料の一部は軍最高司令
部が引き上げたとのことで使用ができなくなっており，筆者が初めて存在を確認したのは2005
年9月のことであった。

33)　この運行予定表は，この間ほぼ毎日分が存在しており，おそらくは日本側から提出された予
定表をタイ側でタイ語に直したものと思われる。

一方，物資輸送報告については，タイ側が日本軍の軍用列車の積荷を密かに調べたもので，1943 年 2 月 10 日から 1944 年 8 月 16 日までの分が存在する。第 2 章で詳しく説明するが，時期によって対象となる輸送が異なっており，基本的にはバンコク駅を発着する輸送のみが対象となっていたものの，一部期間のみバンコク駅発着以外の輸送についても記載が見られる。この資料には毎日の軍用列車の発着時間，列車番号，車両数，車種，発地，着地，輸送品目が示されており，運行予定表とは異なり積荷の内容や乗車していた旅客数が分かるのが特徴である。また，泰緬鉄道についても同様の報告が残っており，1944 年 6 月 25 日から 11 月 9 日までの期間にノーンプラードゥック駅を発車した軍用列車の車両数，車種，輸送品目が記録されている。

　もう 1 つの主要な資料である「日本軍への請求書」は，具体的には日本軍未払分請求書（Bin Kongthap Yipun Khang Chamra，以下，請求書）である。これは日本軍の軍用列車運行費や一般列車を利用した際の運賃を請求するために鉄道局が作成した請求書であり，第 1 章で述べるように月単位でまとめて請求がなされていた。この請求書にはいくつかの種類があるが，軍事輸送関係としては軍用列車運行経費，旅客輸送運賃，貨物輸送運賃の 3 種の請求書が利用可能である。軍用列車運行経費については，日本軍の軍用列車を貸切列車として運行した際に請求されるもので，得られる情報は運行日，発地，着地，車両数（軸数），運行距離，料金となる[34]。これに対して，旅客輸送運賃，貨物輸送運賃は通常の一般輸送と同じ扱いで請求がなされており，旅客の場合は月日，発地，着地，人数，乗車等級，運賃が，貨物の場合は月日，発地，着地，品目，車両数，運賃が記載されていた[35]。軍用列車運行経費は 1941 年 12 月 9 日から 1945 年 9 月 24 日まで，旅客輸送運賃は 1941 年 12 月 11 日から 1945 年 9 月 29 日まで，貨物輸送運賃は 1941 年 12 月 11 日から 1943 年 5 月 3 日までの分がそれぞれ対象となっている[36]。軍用列車運行経費

---

34) 軍用列車の運行については，貸切列車の扱いとして車両数（軸数）と距離から料金を計算していた。詳しくは，第 1 章を参照。

35) これは，通常貨物運賃は輸送品目によって異なっていたことから，鉄道局で輸送品目を記録していたためと思われる。ただし，実際には通常の賃率ではなく品目を問わず一律の賃率を課していた。

については，上述の運行予定表に記載されていない南線上り列車の運行状況の把握に用いられるほか，旅客輸送運賃は日本兵の一般旅客列車の使用状況の解明に，貨物輸送運賃は輸送品目の解明にそれぞれ利用可能である。ただし，第1章で説明するように，請求書は欠落期間が多いのが欠点である[37]。

　以上3種類の資料は軍最高司令部文書の目録からその存在を知ることは比較的容易であったが，筆者の調査過程において「軍最高司令部業務」の区分で保管された文書の中にも上述の物資輸送報告に匹敵する資料が存在することが判明した。この資料はNA Bo Ko. Sungsut 1/134という文書番号が振られており，文書名は「軍・民間への便宜供与のための列車運行（Kan Chat Khabuan Rotfai Phuea Amnuai Khwam Saduak kae Ratchakan Thahan lae Phokha Prachachon.)」としか書かれていなかったことから，目録からはその内容を知ることはできなかった。これは，当時軍最高司令部に鉄道局代表として出向していたセーンが軍最高司令官宛に送っていた軍用列車の運行に関する文書（以下，鉄道局報告）であり，1942年4月1日から12月28日までの，バンコクを発着する軍用列車の品目別車両数，兵の人数，発地，着地，実際の発車あるいは到着時刻が得られる。この内容は前述の物資輸送報告とほぼ同一であり，両者を組み合わせることで1942年4月から1944年8月までのバンコクを発着する軍用列車の積荷の内容がほぼ把握できることになる。

　これら4種の軍事輸送状況を示す資料以外にも，軍最高司令部文書には戦時中に関する多数の資料が保管されており，日本軍と関係するものは上述の「同盟国連絡局」の区分の中に含まれていることが多い。その中でも「軍事課（Phaneak Thahan: NA Bo Ko. Sungsut 2. 5.)」の区分にはタイ国内の日本兵の動向や地方で設けられた日本側との連絡会議に関する文書が，「経済課（Phanaek

---

36)　これはそれぞれ請求書に記載されている最初の輸送と最後の輸送が行われた月日であり，この間の輸送すべてが網羅されているわけではない。

37)　軍用列車運行経費の請求書からも，日本軍の軍事輸送の全体像を把握することは可能である。実際に運行予定表と請求書を比較してみると，同じ日時でも双方の輸送区間や車両数が異なっている場合もあり，とくに第4期にその傾向が強い。このため，運行予定表よりも請求書のほうが実際の軍事輸送量をより的確に示しているとも考えられるが，請求書は特定の期間にまとまって欠落している箇所があるので，単純に請求書から軍事輸送量を計算できる訳ではない。このため，本書では原則として運行予定表を基に軍事輸送量を計算し，運行予定表から欠落している南線上り列車と第4期の北線の一部列車のみ請求書の数値から補うこととする。

Setthakan: NA Bo Ko. Sungsut 2. 6.)」には日本軍の建物や土地の借用に関する文書が，「タイ日間会談録（Banthuek Kan Sonthana Thai-Yipun: NA Bo Ko. Sungsut 2. 9.)」には日本との間で行われた様々な交渉に関する文書が含まれており，本研究でも重要な役割を果たしている。

軍最高司令部文書以外では，内閣官房（Samnak Lekhathikan Khana Ratthamontri）文書（NA [2] So.Ro., NA [3] So. Ro.）の中にも若干戦時中に関する資料が存在する。中でも「大東亜戦争（Songkhram Maha Echia Burapha: NA [2] So Ro. 0201. 98.)」という下位区分には戦時中の状況や日本軍との関係を示す文書も含まれており，一部は軍最高司令部文書と重複しているものの，こちらにしか所蔵されていない資料も存在する。とくに，軍最高司令部文書は全面的にコピーが不可能であるのに対し，こちらは一部を除きコピーが可能であることから，文書の利用はこちらのほうが断然容易である。しかし，含まれる文書数は軍最高司令部文書に比べればはるかに少ない。

公文書資料以外には，一次資料として若干の年次報告書，統計集が利用可能である。戦前の鉄道輸送に関する研究では『鉄道局年次報告書（Annual Report on the Administration of the Royal State Railways of Siam: ARA，以下，鉄道局年報)』が最も重要な資料となるが，この『鉄道局年報』は1936/37年版の後は1947年版までの間が欠落しており，肝心の戦時中の一般輸送の状況を『鉄道局年報』から明らかにすることができない[38]。このため，欠落期間については『タイ統計年鑑（Statistical Year Book, Siam: SYB)』に記載されている統計を用いることになり，1944年までの主要駅の切符販売枚数（旅客乗車数）と一般貨物発着量の数値を得ることができる。

一方，日本側の資料では防衛省防衛研究所（防衛研）所蔵の戦史資料が一次資料として重要である。タイについては陸軍―南西―泰仏印という下位区分の中に，終戦まで駐屯していた部隊の状況や，当時駐屯していた日本兵の回想録などが含まれている。とくに重要なものは，後述する泰国駐屯軍司令官として1943年1月から終戦までタイの日本軍の最高指揮官となった中村

---

38)　『鉄道局年報』が保管されているのはタイ国内ではタイ国立公文書館のみであり，1897/98年版から1936/37年版までが存在する。その後については，1947年版のみがかつてタイ国鉄の資料室に存在し，筆者はコピーを入手してある（現在は不明）。

明人中将の回想録「駐泰四年回想録（陸軍―南西―泰仏印―5～10）」である。これは彼がタイに赴任してから帰還するまでの経験をまとめたものであり，彼の管轄下に置かれていた部隊の変遷についても詳しく記述されており，タイ国内のどこにどの師団や大隊が置かれていたのかも把握することができる[39]。また，戦後復員局が取りまとめた各部隊の移動記録も存在し，いつ部隊がタイを通過したのか，またいつからいつまでタイに駐屯していたのかなどを知ることができる。ただし，この場合は最終的に終戦の際に各部隊が所在した場所ごとに記録がまとめられているため，先の「泰仏印」という下位区分以外に所蔵されている資料も確認しなければならない。なお，この防衛研の資料は一部が国立公文書館アジア歴史資料センター（Japan Center for Asian Historical Records: JACAR）のホームページにてオンラインで閲覧可能となっており，そちらを利用した場合はそちらのレファレンスコードを付記してある。

　これ以外にも，二次資料として様々なレベルの戦史が利用可能である。最も体系的なものは，上述の防衛研究所が所蔵する資料を基に同所戦史部によって編纂された『戦史叢書』であり，これまでに刊行された計102巻の中にはタイにおける日本軍の状況を記述したものが何冊か存在する[40]。また，タイを通過したりタイに駐屯したりした部隊が戦後回想録を刊行している場合もあり，その中にもタイに関する記述が出てくることがある。ただし，タイに駐屯していた部隊よりもタイを通過した部隊のほうが多いことから，実際にはタイは通過地として描かれている場合が多い[41]。

(7) 本書の構成

　本書は以下計7章で構成される。全体は大きく4つの部分に分けられ，最初の3つが上述の3つの課題に対応し，それぞれ2章ずつとなり，最後の第

39）　この資料の一部は，中村［1958］としても刊行されており，本書のタイ語訳が Murashima & Nakharin tr.［2003］であり，タイ語に翻訳された唯一の日本側から見た駐タイ日本軍に関する資料となっている。

40）　具体的には巻末の引用文献欄を参照のこと。

41）　とくに多いのはインパール作戦に参加した部隊の戦史であり，泰緬鉄道で進軍していった時期と，最後にタイに逃れてきた時の話が中心となる。

7章で総括する形となる。なお，冒頭からいきなり本書の主要なトピックである軍事輸送の解明が扱われることに違和感を覚える読者もいるかもしれないが，第2次世界大戦中の日本軍と鉄道との関係をあらかじめ概観することで，個別の事象も理解しやすくすることを目的として，この編成を採用した。実際に，この構成は筆者が研究を進めた順番とも一致する。

最初の第1章と第2章が，日本軍による鉄道の戦時動員の全体像の構築を行う部分となる。第1章「日本軍による鉄道の動員——軍用列車の運行状況」では，日本軍の軍用列車の運行状況を解明することを主要な課題とする。ここでは上述した運行予定表を主要な資料として開戦から終戦までの軍用列車の運行状況を手掛かりに，日本軍がどの程度の鉄道車両を用いて，いつ，どこで，どの程度の軍事輸送を行っていたのかを明らかにすることで，最終的に日本軍の軍事輸送の特徴を描き出すことを目標とする。また，開戦時の軍用列車の運行開始の経緯や，日本側との連絡を行う機関の設置，軍事輸送に関する合意など，実際に軍事輸送が行われる際の基本的枠組みの形成過程についても本章で説明する。

次の第2章「日本軍の軍事輸送——何をどの程度運んでいたか」では，日本軍の軍事輸送の具体的な内容を解明することが主要な作業となる。ここでは物資輸送報告を中心とする資料から明らかになる日本軍の軍事輸送の輸送品目と，請求書から明らかになる日本兵の一般旅客列車の利用状況をそれぞれ解明することになる。輸送品目については，資料の制約から解明できる期間に限定はあるものの，各資料から得られる情報を基に日本兵，連合軍捕虜，労務者の輸送状況や，主要品目の輸送区間とその量を明らかにすることで，軍事輸送の質的な側面を解明する。そして，日本兵の輸送については一般旅客列車を利用しての移動状況も明らかとなることから，車両単位の輸送状況からは判然しない，よりミクロな日本兵の動きを把握することになる。

第3章と第4章は，第2の課題であるタイ国内における日本軍の動向を解明する部分となる。第3章「日本軍のタイ国内での展開①——通過から駐屯へ」では，上述した第1期と第2期を対象とし，この間の日本軍のタイ国内の通過と駐屯の状況を解明することを目的とする。第1期はタイを経由してマラヤとビルマへと日本軍が進軍する時期であったことから，タイを通過す

る日本兵が多数存在した。一方で，第2期に入ると進軍が終わってタイを通過する日本兵は減るが，この時期には泰緬鉄道の建設が始まることから，鉄道建設部隊を中心にこの沿線での日本兵の駐屯が増えていくことになる。すなわち，この章ではタイが通過地から駐屯地と変化していく過程を，タイ側と日本側の資料を用いながら解明していくことになる。

　第4章「日本軍のタイ国内での展開②──後方から前線へ」では，第3章に引き続き第3期，第4期を対象に日本軍のタイ国内の通過と駐屯の状況を解明する。第3期は泰緬鉄道が開通してインパール作戦向けの部隊や軍需品の輸送が増えていく時期であるが，第4期に入ると今度はビルマから撤退する部隊が流入してくることになる。加えて，戦況の悪化とともにタイは徐々に前線としての機能を担わされるようになり，タイ国内に駐屯する部隊が急増していった。この時期は後方としてのタイの機能が徐々に前線化していく時期であり，タイ国内に駐屯する日本兵の数と駐屯箇所が増えていく過程を，同じくタイ側と日本側の資料を用いて明らかにしていく。

　そして，第3の課題となるタイ側の対応と一般輸送への影響の解明については，第5章と第6章で取扱う。第5章「タイ側の対応──鉄道の奪還と維持」では，タイ側が日本軍の軍事輸送に対してどのように対応したのかを分析することが主要な課題となる。日本軍の軍事輸送がタイの一般輸送向けの輸送力を削いだのは事実であるが，タイ側もただ単に日本側の言いなりになっていたのではなく，一般輸送力を高めるための軍事輸送に使用される車両の返還を日本側に対して要求していた。また，鉄道運行に必要な資材が不足すると，日本側に対して軍用列車の運行休止をちらつかせることで必要な資材を調達しようとしていた。さらに，戦争末期に日本側は自ら鉄道の運行を行うことをタイ側に打診したが，タイは最後までそれを認めず，タイ人による運行にこだわっていた。このように，タイの鉄道をめぐるタイと日本の間の駆け引きを解明することが，本章の役割なのである。

　次の第6章「一般輸送への影響──鉄道輸送の変容」では，軍事輸送による一般輸送への影響を分析する。タイ側の尽力によって一時的に日本軍向けに使用していた車両を奪還できたこともあったが，基本的には平時に比べて旅客，貨物とも一般輸送の輸送力は大きく減少しており，それが実際の一般

輸送量にどのように反映されていたのか，またタイ側が削減された輸送力を
どのように用いたのかを明らかにすることが本章の課題である。一般輸送の
輸送量については，旅客と貨物で異なった変化が見られ，路線や駅単位で見
ても輸送量が増えた箇所と減った箇所が存在している。このような変化の背
景を分析し，最終的にタイが減退する鉄道輸送力に対してどのような対応を
して，影響を最小限に食い止めようとしたのかを解明することが本章の課題
となる。

　そして，これまでの6つの章を踏まえて，第7章「タイ鉄道と日本軍の軍
事輸送」で本書の総括を行う。ここでは日本軍にとってのタイ鉄道の位置付
けを確認した上で，日本軍にとってのタイの役割の変化を考察し，最終的に
タイと日本の間で発生した鉄道争奪戦の結末を明らかにすることを目標とす
る。ここでは東南アジアの他の占領地と比較してタイにおける日本軍の軍事
輸送の「やりにくさ」を解明するとともに，それでもタイ鉄道による軍事輸
送の重要性はますます高まっていった状況を確認する。その上で，日本とタ
イの間で奪い合いとなった鉄道をめぐる争奪戦の経過とその結末を明らかに
し，本書のとりまとめとする。

　なお，各章末にはコラムを9つ配置したが，これは第2次世界大戦中に日
本軍が通過あるいは駐屯した地域の現在の状況，すなわち「戦争の痕跡」を
紹介することを目的としている。戦争から既に70年が経過した現在におい
ては，当時日本軍が建設した施設や利用した建物などが残存している例は少
なくなってきたものの，旧泰緬鉄道のように現在も現役で利用されている施
設もあるほか，犠牲者が多かった場所では戦後に慰霊碑が作られている箇所
も存在する。タイではこのような「戦争の痕跡」についての研究は少ない
が，日本軍が利用した建物は他にも各地に残っている可能性があり，カーン
チャナブリーのように観光資源として活用しようとする地域も出てきたこと
から，今後新たな「戦争の痕跡」が「発見」されることが期待される。

コラム

戦争の痕跡① バンコク

　バンコク市内では各所に日本軍が駐屯していた。1941年12月に日本軍が最初に入ってきた際には、ナーンルーン競馬場、ルムピニー公園、国立競技場など自動車が多数駐車できる広場のある施設と、トゥリアムウドム学校、ウテーンタワーイ学校など数多くの兵士が同時に宿泊することのできる建物が当面の駐屯箇所に選ばれていた。その後、マラヤやビルマへと部隊が進軍すると駐屯地の必要性は減り、一部はタイ側に返還されたが、兵站、病院、憲兵隊などバンコク市内に本拠地を置き続けた部隊もあり、日本軍の駐屯が続いていた。

　表3-10（232頁）の泰国駐屯軍が成立した時点（1943年1月）でのバンコク市内の駐屯箇所は、計28ヶ所となっていた。日本軍の駐屯地は旧市街地の東側の地域で、主に1920年代から都市化が進んでいった新市街地に広がっており、バンコク（フアラムポーン）駅から北に延びる鉄道と新市街の東のはずれのメーナーム貨物線との間に集中していた。このあたりには競技場、競馬場などの広場、チュラーロンコーン大学をはじめとする教育施設、チュラーロンコーン病院などの病院が多く、日本軍の駐

泰国駐屯軍司令部が置かれていた中華総商会の建物（2014年）

旧東アジア社の防空壕（2014年）

屯地としては都合がよかった。また，比較的新しい豪邸も多く，これらも将校の宿舎や司令部事務所として借り上げられていった。

　現在日本人が多数居住する地域は，ここから南東へと延びるスクムウィット通り界隈であるが，この通りは1930年代後半に開通したばかりであったことから当時はまださほど市街化は進んでおらず，表3-10ではワッタナー小路（ソーイ19）にあったワッタナー学校のみが日本軍の駐屯箇所となっていた。しかし，その後バンコクに駐屯する部隊の数が増えたことから，日本軍はさらに南に下ったプラカノーン～バーンナー間の水田地帯を借り受け，広大な駐屯地を建設していった。現在この辺りは完全に都市化されており，田園地帯であった当時の面影は全くない。

　日本軍が駐屯していた場所は，公共施設の場合はそのまま同じ機関が現存していることが多いが，70年の年月を経て建物は変わっている場合が大半である。それでも，バンコク駅の駅舎や国立競技場のスタジアムなど，当時の建物がそのまま残っている場所もある。泰国駐屯軍が司令部として用いた中華総商会の建物も残存しており，現在は高架鉄道BTSのスラサック駅がちょうどその前にあり，レストランとして使われている。

　また，日本軍はクローントゥーイに政府が建設していたバンコク港や，旧市街の南のチャオプラヤー河畔に並ぶイギリスなどの外国企業が設けていた埠頭や倉庫も使用していた。バンコク港は現役であるが，民間の埠頭はその後廃止され，その大半は再開発されて当時の面影はない。その中で，日本軍も一時使用していたチャオプラヤー河畔にあるデンマークの東アジア社（East Asiatic Company）の埠頭と倉庫は，当時の建物を残したまま商業施設として利用されており，戦時中に作られたという防空壕がチャルーンクルン通りに面した入口付近に残されている。

第 1 章

日本軍による鉄道の動員
軍用列車の運行状況

第1章　日本軍による鉄道の動員——軍用列車の運行状況 | 33

　本章では，序章で提示した1つ目の課題である日本軍による鉄道の戦時動員の全体像の構築を行うことが課題となる。タイ鉄道を用いた日本軍の軍事輸送は開戦翌日の12月9日から始まり，少なくとも1945年9月に至るまで続いていた。これまでの研究では，マラヤから泰緬鉄道建設現場への連合軍捕虜と労務者の輸送や，タイからマラヤへの米輸送など，軍事輸送の断片的な事実が明かされているが，そもそも日本軍はどのようなルートでどの程度の軍事輸送を行っていたのか，また時期的な傾向はどのようになっていたのかについては，明らかにされてこなかった。このため，本章は日本軍による鉄道の戦時動員の全体像を構築するために，上述の運行予定表を用いて日本軍の鉄道使用の状況と軍事輸送の概要を解明することを目的とする。

　運行予定表からは，毎日の日本側の軍用列車の運行状況が把握可能である。この運行予定表には，路線別にその日に運行予定の軍用列車が記載され，それぞれ使用予定の車両の運行区間，国籍，車種，積荷の有無が記載されている。途中で切り離されたり，途中から連結されたりする車両についても記録されていることから，全区間連結されない車両による輸送についても把握可能となっている。また，一般列車に日本軍用の貨車を連結しての輸送についても記載されていることから，タイ国内で行われたほぼすべての日本軍向けの輸送が含まれていることになる。ただし，後述のようにマラヤや南部発の南線上り列車による輸送については記載がないことから，請求書で補完する必要がある。本章では，この運行予定表から解明した各期間における週平均の区間別輸送量を分析する。

　以下，第1節では開戦直後の軍用列車の運行開始過程を南線，東線，北・東北線の順に概観し，第2節では軍事輸送の制度化として，タイと日本の間の連絡機関の設置，軍事輸送に関する合意の締結，軍用列車運行費用の請求と支払について取り上げる。そして，第3節では運行予定表の集計結果として路線別の軍用列車本数の変遷，使用する車両の車種と国籍の変化，全体の輸送量の変化を概観し，第4節で第1期から第4期までの各区間別の週平均軍事輸送量の傾向と変化を分析する。最後に，第5節において日本軍の軍事輸送の特徴を総括する。

第1節　軍用列車の運行開始

(1) 南線

　1941年12月8日未明に東部国境，バンコク南方のバーンプー海岸，そしてマレー半島東海岸の7ヶ所からタイに侵入した日本軍は，当初からタイの鉄道を軍事輸送に使用することを計画していた。12月8日中に日本側とタイ側の代表が会談を行い，その中でタイ側の輸送通信手段の使用を要請していた[1]。この会談では合意に至らなかったが，翌9日の会談で，バンコクから南方への軍用列車の運行を行うことが正式に合意された[2]。タイの鉄道を利用すればバンコクからマラヤのシンガポールまで到達できたので，タイに入ってきた部隊をマラヤに送るためには，鉄道の利用は必須であった。また，西のビルマへ兵を移動する際にも，途中までは鉄道を利用したほうが効率的であった。このため，タイ側に要請した輸送通信手段のうち，さしあたり最も重要なものは鉄道であった。

　最初に軍用列車が運行されたのは，やはり南線であった。12月9日には，日本軍が鉄道局と軍用列車の運行について初の交渉を行っており，同日夜に南線のラーチャブリーへ向かう列車が一番列車となった[3]。この最初の列車は客車2両と荷物車1両からなるもので，ラーチャブリーに架かるメークローン川橋梁管理のための兵員輸送のための列車であった。この最初の会議では，翌10日の8時，11時，13時にそれぞれバンコクを発車するハートヤイ行の列車を運行するよう日本側は要求した。これに対し，タイ側はこの時点で鉄道局は南線のワンポン（バンコク起点249km）までしか状況を把握していなかったことから，バンコクからの軍用列車の運行通知はここまでしか

---

1)　NA Bo Ko. Sungsut 1. 12/5 "Banthuek Yo Kan Prachum Rawang Phu Thaen Thahan Fai Thai lae Yipun. 1941/12/08"

2)　NA Bo Ko. Sungsut 2. 10/64 "Raingan Yo Sadaeng Kitchakan khong Khana Kammakan Phasom tangtae Roemton chonthueng Sin Mi. Kho. 85."

3)　NA Bo Ko. Sungsut 2. 4. 1. 1/2 "Banthuek Raingan Kan Prachum Rawang Chaonathi Fai Yipun kap Chaonathi Fai Krom Rotfai. 1941/12/09"

第1章　日本軍による鉄道の動員——軍用列車の運行状況 | 35

出せず，その先は日本軍の責任で運行することになっていた[4]。

　次いで，12月10日に行われた2回目の会議においても，日本側は11日発の3本のハートヤイ行列車の運行を要求し，タイ側は車両の不足を理由に日本側の指定してきた車両の車種を一部変更する形で合意した[5]。この時点でタイ側は，既に軍用列車の運行が自らの大きな負担になることを確信し，必要最低限の列車以外を運休して軍用列車の運行のための車両を調達しなければならないことを認識していた。この後も連日バンコクから1日3〜4本の列車が南へ向けて発車していくことになるが，南部からバンコクに戻ってくる列車が全くなかったことから，早くも12月14日には至急回送列車をバンコクに戻すようタイ側は要求していた[6]。

　一方，バンコクで状況を把握できていなかった南部においても，日本軍が鉄道の利用を開始していた。12月8日未明にソンクラーに上陸した日本軍の鉄道突進隊は，直ちにソンクラー駅を占領し，停車中の列車を使用して5時40分にはハートヤイに向けて出発したという［防衛研修所戦史室1966，220][7]。上述のようにバンコクでは当初南部の状況を把握できておらず，南部における日本軍の鉄道の使用は，いわば日本側が「勝手」に行っている状況であった。1942年2月に南部を視察した鉄道局の係員は，日本軍の軍用列車の時刻表を見せられており，それによるとハートヤイ〜ソンクラー間1日7往復，ハートヤイ〜パーダンベーサール間1日9往復の軍用列車が設定されていた[8]。日本軍への請求書を見ても，南部発の軍事輸送は1942年1月分から請求されていることから，開戦直後の南部での輸送状況はタイ側では

---

4)　Ibid. プラチュアップキーリーカン以南の計7ヶ所で日本軍が上陸したことから，ワンポン以南の鉄道は日本軍の管理下に置かれていたという。

5)　Ibid. "Banthuek Kho Toklong nai Kan Prachum Rawang Chaonathi Fai Yipun kap Chaonathi Fai Krom Rotfai. 1941/12/10"

6)　Ibid. "Banthuek Kho Toklong nai Kan Prachum Rawang Chaonathi Fai Yipun kap Chaonathi Fai Krom Rotfai. 1941/12/14"

7)　鉄道突進隊は第5師団歩兵第41連隊第1大隊の約半数で構成され，ソンクラー〜シンガポール間に運行されている週1本の列車をソンクラー駅で押収して直ちに南下を開始し，マラヤのペラク川橋梁を先取する作戦のためのものであったという［御田1977，76-77］。しかし，管見の限りソンクラー〜シンガポール間の直通列車は存在しない。

8)　NA Bo Ko. Sungsut 2. 4. 1. 6/5 "Anukammakan Rotfai thueng Khana Kammakan Borihan Ratchakan Krom Rotfai. 1942/02/20"

36

全く把握できていなかったものと思われる[9]。

(2) 東線

　南線に次いで，東線でも軍用列車の運行が開始された。東線はバンコクから「失地」回復前の仏印との国境であったアランヤプラテートまでの路線であったが，当初はバンコク～サイゴン間を結ぶ国際鉄道の役割を担うことになっていた。実際に仏印側では 1932 年までにプノンペン～モンコンブリー間を完成させ，残るアランヤプラテート～モンコンブリー間 55km の建設を進めていた［柿崎 2009, 51］。ところが，1941 年 5 月にタイが「失地」回復を果たしたことから，タイと仏印の新国境はアランヤプラテートから 193km 先のサワーイドーンケーオとなり，工事中の区間はすべてタイ領内となった。このため，このミッシングリンクの建設もタイ側に引き継がれ，鉄道局が工事を進めていた。

　この間の建設については，開戦までに工事は終わっていたようである。タイ側の資料によると，1941 年 9 月 15 日に工事が終了して列車運行が可能になったと書かれている[10]。ただし，この間に営業用の列車が走行するまでには至らなかった。タイ側は「失地」内に含まれて仏印から移管された鉄道のうち，モンコンブリー～バッタンバン間では 1941 年 10 月 1 日から列車運行を開始していたが，それ以外の区間ではまだ列車の運行を行っていなかった[11]。ところが，日本側の資料では旧国境付近の 16km の区間でレールが撤去されており，これを復旧することが急務であるとされていた［防衛研修所戦史室 1967, 68］。これらの情報を総合すると，アランヤプラテート～モンコンブリー間のミッシングリンクは一旦完成したものの，おそらくは安全保障上の理由でその後一部区間のレールが撤去されていたものと考えられよう。運行予定表によると，バンコク～プノンペン間の直通列車の運行が開始されるのは 12 月 23 日と推測されることから，それまでは列車運行が可能な

---

9)　NA Bo Ko. Sungsut 2. 4. 1. 7 の請求書を集計すると，南部発の輸送は 1941 年 12 月 29 日にソンクラー発の輸送が 3 件あるほかは，すべて翌年 1 月 1 日以降の輸送となっている。

10)　NA Bo Ko. Sungsut 2. 4. 1. 2/4 "Sangkhep Prawat Pho. Tho. Yot Yothakanphinit."

11)　PCC 1941/09/29 "Poet Kan Doen Rotfai Dindaen Mai Laeo."

第1章　日本軍による鉄道の動員——軍用列車の運行状況 | 37

状況ではなかったものと思われる[12]。実際に，最初に東部の新国境を越えてタイに入ってきた近衛師団は，自動車でバンコクに到着していた［防衛研修所戦史室 1966, 269-271］。

　それでも，仏印からバンコクに進軍してくる部隊を支援するため，バンコク〜アランヤプラテート間での軍用列車の運行は，12月10日から開始された。運行予定表によると，10日にアランヤプラテートに向けて初の軍用列車が運行され，12日までに計3本の列車がバンコクを発った[13]。これらの列車はいずれもバンコクに向かっている部隊を出迎えに行くもので，回送列車の扱いであった[14]。13日にもアランヤプラテートへ向けて回送列車を運行したいと日本側は要求したが，機関車と要員の節約のためにタイ側は一般列車への回送車両の連結で対応した[15]。このため，運行予定表を見る限り，バンコクからアランヤプラテートへの軍用列車の運行は3日で終了し，その後12月22日まで現れないが，実際には一般列車に連結する形での輸送は行われたようである。請求書から判別する限り，12月10日から19日まで東線の主要駅からバンコクへ向けて計277両の車両が到着していた[16]。

　ミッシングリンクが解消してバンコク〜プノンペン間の直通運行が可能となると，東線の軍用列車の運行本数も増加した。12月19日の時点で，日本側はプノンペン〜バンコク間で1日3本，プノンペンからバンコクを経由してハートヤイまでの間で1日3本を運行するとタイ側に伝えていた[17]。これによると，プノンペンからバンコクまでの間は1日6本の軍用列車が運行されることになり，タイ側は車両も要員も足りないとして憂慮を示していた。

12）　NA Bo Ko. Sungsut 2. 4. 1. 6/3 "Tarang Raikan Chai Rotfai khong Kongthap Yipun." これによると，12月23日のアランヤプラテート発の列車が初めて仏印の貨車を使用していることから，この日からタイ〜仏印間の直通運行が始まったものと推測できる。日本側の資料では，12月10日からサイゴンからバンコクを経て南部に至る鉄道一貫輸送が開始されたと書かれているが［防衛研修所戦史室 1966, 159］，タイ側の資料ではそのような痕跡はない。

13）　NA Bo Ko. Sungsut 2. 4. 1. 6/3 "Tarang Raikan Chai Rotfai khong Kongthap Yipun."

14）　このため，請求書を見てもこれらの下り列車は日本軍への運行費用の請求対象には含まれていない。

15）　NA Bo Ko. Sungsut 2. 4. 1. 1/2 "Banthuek Kho Toklong nai Kan Prachum Rawang Chaonathi Fai Yipun kap Chaonathi Fai Krom Rotfai. 1941/12/12"

16）　NA Bo Ko. Sungsut 2. 4. 1. 7/2 "Bin Kongthap Yipun Khang Chamra."

17）　NA Bo Ko. Sungsut 2. 4. 1. 1/2 "Banthuek Kan Prachum Anukammakan Fai Rotfai. 1941/12/19"

これに対し，12 月 21 日に開かれた会議では，タイ側は日本側に保有する車
両数を示したうえで，軍用列車の本数は 1 日に付き南線 4 本，東線 3 本まで
の運行を容認した[18]。実際には，12 月 24 日以降は 1 日 3〜4 往復の軍用列車
が運行されていくことになり，東線は南線に次いで重要な軍用列車の運行
ルートとなった。このように，開戦後 2 週間で，日本軍は仏印とタイを結ぶ
新たな輸送ルートを確保したのである。

　なお，後述するように，軍用列車の運行に際しては原則として客車や貨車
の相互直通は行うものの，機関車は各国内でのみ使用することになってお
り，国境で機関車の付け替えが行われていた。しかし，東線の場合は，アラ
ンヤプラテート以東ではタイ側が実際に列車運行を行っている区間がモンコ
ンブリー〜バッタンバン間のみに限定されていたことから，全線開通後もし
ばらくはアランヤプラテートがタイ側と日本側の機関車や要員の交代場所と
なっていた[19]。日本側はタイ領内の区間の運行を早くタイ側に移管したいと
要求しており，もし難しい場合は仏印側に運行を任せることになるとしてい
た[20]。このため，タイ側は徐々に担当区間を延長することになった。運行予
定表から見る限り，1942 年 1 月 26 日よりバッタンバンまでタイ側の運行区
間が伸び，3 月 20 日からは新国境のサワーイドーンケーオまでの全区間を
タイ側が運行することになったことが確認できる[21]。これによって，各国内
の運行は当該国が行うという原則は維持されることになったものの，タイ側
にしてみれば軍用列車の運行に必要な機関車と要員をさらに増やされること
を意味した。

（3）北線・東北線

　北線については，開戦直後には軍用列車の運行は行われなかったが，開戦

---

18) Ibid. "Banthuek Kan Prachum Kiaokap Rotfai. 1941/12/21"
19) 運行予定表によると，実際には 1941 年 12 月中に何回か仏印の機関車がバンコクまで直通し
　　てきた場合もあったようである。また，南部ではタイの機関車がマラヤ領内まで乗り入れを課
　　されていた。
20) NA Bo Ko. Sungsut 2. 4. 1. 1/2 "Banthuek Kan Prachum Rueang Kiaokap Rotfai. 1941/12/30"
21) 1942 年の運行予定表（NA Bo Ko. Sungsut 2. 4. 1. 6/3 "Tarang Raikan Chai Rotfai khong Kongthap
　　Yipun."）からは，タイ側の運行担当区間がバッタンバン，サワーイドーンケーオまで延びた日
　　が確認される。

後10日ほどしてからバンコクから北上する列車の運行が開始されていた。そもそも北線はバンコクと北部の中心都市チエンマイを結ぶ国内路線であり，南線や東線のように国際鉄道としての機能は有していなかった。しかし，日本軍がビルマ進軍を決定すると，北線でバンコクから北上してチャオプラヤー川流域のいずれかの都市に至り，そこから陸路で国境を越えてビルマを目指すルートが脚光を浴びるようになった。後述するように，日本軍はビルマ攻略作戦の一環としてビルマ南部の良港モールメイン（モーラミャイン）に進軍することを決定し，そのルートとして北線のピッサヌロークかサワンカロークから自動車でメーソートを経由してモールメインへ至るルートを選択した。このため，バンコクからピッサヌロークやサワンカロークへ向けた軍用列車の運行が始まることになったのである。

運行予定表によると，最初の列車は12月19日に飛行場のあるバンコク近郊のドームアンからサワンカロークへ向かっており，翌日にはチエンマイ行が1本設定されていた[22]。一方，請求書によると，北線への最初の軍事輸送は前日の18日にサラブリーからラムパーンに向かった20両であり，おそらく一般列車に連結する形で行われたものと思われる[23]。その後，北線では毎日軍用列車が運行されるようになり，12月末から1月にかけて1日3〜4本の列車がバンコクから北上していた。最初の列車はサワンカローク行であったが，その後はピッサヌローク行が続き，次のサワンカローク行は1月15日まで設定されていなかった。このため，北線における軍用列車の運行区間はバンコク〜ピッサヌローク間が当初は主流であった。

当時サワンカロークからスコータイを経由してタークに至る国道は既に開通しており，ピッサヌローク〜スコータイ間の国道も建設中であった。距離的には鉄道でサワンカロークまで行ったほうが遠回りとなるが，自動車に依存する距離は若干少なくなる。しかし，サワンカロークは北線のバーンダーラーから分岐する支線の終点であり，本線と比べると輸送力は低かったはずである。実際に，サワンカローク支線には本線の列車と接続する列車が1日2往復するだけであり，平時においても輸送量は非常に少なかった[24]。この

22) NA Bo Ko. Sungsut 2. 4. 1. 6/3 "Tarang Raikan Chai Rotfai khong Kongthap Yipun."
23) NA Bo Ko. Sungsut 2. 4. 1. 7/2 "Bin Kongthap Yipun Khang Chamra."

ため，本線のピッサヌロークから建設中の国道を経由してスコータイに到達し，その先タークを目指すルートが主要なルートとして用いられるようになったものと思われる。

他の路線とは異なり，北線ではタイ軍の軍用列車の運行も必要であった。1942年1月にタイは英米に宣戦布告を行うと，日本軍と共同でビルマ侵攻を行うことを画策した。とくにタイが興味を示したのはタイ族の一派であるシャン族が暮らすシャン州であり，当時のピブーン首相の「大タイ主義」を実現するためにもふさわしい場所であった[25]。1941年12月13日に日本軍の第15軍との間で日泰共同作戦要綱が締結され，その中でタイ軍はターク〜メーソート間道路より北側からチェントゥン，マンダレー方面に進軍することが決められていた［防衛研修所戦史室 1967, 63-64][26]。実際には，日本軍はタイ軍が直ちに進軍することを抑制し，タイ軍は5月までシャンへの進軍を実行できずにいたが，北部への部隊の移動はこれに基づいて進められていた。1942年3月までの北線でのタイ軍の軍用列車の運行状況を具体的に示す資料はないが，少なくとも1941年12月の時点で軍は鉄道局に対してタイ軍用として車両を確保しておくことを要請していた[27]。このため，北線でのタイ軍の輸送も日本軍の軍用列車の運行と前後して始まったものと思われ，一時的ではあるがタイ軍用も含めた北線での軍用列車の運行本数が最も多かった可能性もある。

北線での軍用列車の運行によって，バンコクから放射状に延びる4つの路線のうちの3路線で日本軍の軍用列車の運行が始まったが，東北線では軍用列車の運行は当初行われなかった。これは，初期の日本軍の進軍ルートに東北線が全く関係していなかったためである。東北線はタイの一般貨物輸送で最も重要な役割を果たしていたのであるが，この線には軍用列車の運行による影響は直接現れなかったことになる。しかし，他線での軍用列車の運行は

24）　1930年代初めの時刻表を見る限り，サワンカローク支線には1日2往復の混合列車が設定されているのみであった［柿崎 2010, 124］。

25）　大タイ主義については，柿崎 2007, 163-165 を参照。

26）　第15軍はタイ及びビルマ方面作戦部隊であった。

27）　NA [2] So Ro. 0201. 98. 1/2 "Anukammakan Cheracha Prasan-ngan kap Yipun thueng Prathan Kammakan Cheracha Prasan-ngan kap Yipun. 1941/12/23"

車両不足を招いたことから，東北線の列車も通常通りの運行は難しくなっていた。なお，後述するように，戦争末期になると日本軍は東北部へも展開するようになることから，1945年に入ると東北線でも軍用列車の運行が若干みられるようになり，運行予定表から判別する最初の軍用列車は2月17日のバンコク発ウボン行であった。

第2節　軍事輸送の制度化

(1) 連絡機関の設置

　このような形で開戦直後から始まった日本軍の軍事輸送であるが，タイ側と日本側の連携体制の確立の中で，軍用列車の運行についても徐々に制度化されていった。以下，タイ側が記録した「合同委員会活動報告（Raingan Yo Sadaeng Kitchakan khong Khana Kammakan Phasom）」に従って，双方の連絡機関の設置の過程を概観する[28]。

　12月9日に日本軍とタイ側の代表が2回目の会談を行った際に，日本側が鉄道，港湾，経済，輸送，郵便に関する小委員会（Anu Kammakan）をそれぞれ委員3人以内で設置するよう要求していた。これを受けて，12月11日に双方が合同委員会（Khana Kammakan Phasom）を設置して話し合い，合同委員会の設置の原則と運営計画を決め，事務局をタイ商業会議所に置くこととし，双方の代表として日本側が第15軍参謀長の諫山春樹少将，タイ側が陸軍参謀チラ・ウィチットソンクラーム少将（Chira Wichitsongkhram）をそれぞれ長とした[29]。ところが，翌日の合同委員会では，実際に委員会が動き出す

---

28)　NA Bo Ko. Sungsut 2. 10/64 "Raingan Yo Sadaeng Kitchakan khong Khana Kammakan Phasom tangtae Roemton chonthueng Sin Mi. Kho. 85." なお，この過程のより詳細な情報は，吉川 2001, 3-5 を参照。

29)　日本側はこの合同委員会の事務局を「日泰政府連絡所」と呼んだ［吉川 2001, 5］。なお，タイ側の資料では日本側の長はイソヤマ少将と書かれており，吉川も磯山少将と記しているが［Ibid.］，日本側にそのような名の将校が見当たらないことから，第15軍参謀長の諫山少将のことと判断した。

までには時間がかかるので，双方が1人ずつ，代表となる将校を立てること
で合意し，最終的に日本側が第15軍参謀副長の守屋精爾大佐，タイ側が
チャイ・プラティーパセーン（Chai Prathipasen）中佐を擁立した（写真1, 2）。
守屋はこの後すぐに日本大使館駐在陸軍武官となる人物であり，チャイは首
相府附将校であった[30]。どちらもこの後日本とタイの間の連絡に重要な役割
を果たすことになり，実質的に合同委員会の中の連絡はこの2人の間で行わ
れていくことになる[31]。

　日本側が要請したことを受けて，12月12日の合同委員会では分野ごとの
小委員会を設置することが決まり，当初は経済，鉄道，陸上輸送，水運，郵
便，税関の6つが設置された。その後，経済小委員会が廃止され，伝染病防
疫小委員会と広報宣伝小委員会が追加されたことから，計7つの小委員会体
制となった[32]。これらの小委員会にはそれぞれ管轄する機関から3人の代表
を選出することになっており，鉄道小委員会には鉄道局から3人が派遣され
た[33]。以後，軍用列車の運行に関するタイ側と日本側の調整はこの鉄道小委
員会の場で行われていくことになり，日本側から提出される運行予定表もこ
の小委員会に提出されていた。なお，吉川はこの鉄道小委員会は1942年1
月3日に廃止されたとしているが［吉川2001, 5］，管見の限りその後も鉄道
小委員会は機能していた[34]。

　この分野ごとの小委員会とは別に，地方ごとの合同小委員会（Anu Kam-
makan Phasom）も設置された。開戦後に日本大使館陸軍武官の田村浩大佐と
チャイが南部の視察を行い，現地における日本軍とタイ側の連絡体制を整備

30）　チャイは陸軍士官学校を卒業後軍人となり，フランス留学を経て1941年9月に首相府附将校
　　を兼任し，開戦と同時に合同委員に任命された後，1942年2月に外務副次官に就任した［Anuson
　　Phontri Chai Prathipasen 1962, 1–7］。彼はこの後同盟国連絡局長に就任し，1944年8月に局長を辞
　　めるまで日本軍との連絡に重要な役割を果たした。
31）　NA Bo Ko. Sungsut 2. 10/162 "Cho. Prathipasen sanoe Prathan Kammakan. 1942/10/26"
32）　NA Bo Ko. Sungsut 2. 5. 3/1 "Maihaet. 1942/10"　経済小委員会は1942年4月に廃止され，同年
　　1月と4月にそれぞれ伝染病防疫小委員会と広報宣伝小委員会が設置された。
33）　NA [2] So Ro. 0201. 98/5 "Ratthamontri Wa Kan Krasuang Khamankhom thueng Nayok Ratthamontri.
　　1941/12/10"　実際には12月9日に日本側が出した小委員会の設置要求をすぐに受け入れたよう
　　であり，同日中に小委員会を設置することが各省庁に伝えられ，12月10日にそれぞれの小委員
　　会の代表3名ずつをスアンクラープ宮殿に参集させるよう指示が出ていた。
34）　筆者が収集した資料を見る限り，鉄道小委員会は終戦まで存続していたように読み取れる。

写真1　ピブーン首相(右)と守屋武官(左)　　写真2　チャイ・プラティーパセーン

出所：情報局編 1942, 7　　　　　　　　　　出所：*Anuson Phantri Chai Prathipasen* 1962

する必要性が認められた[35]。その結果，ソンクラーに県知事とソンクラー陸軍県司令官（Phu Banchakan Thahan Bok Changwat Songkhla）を委員とするソンクラー県合同小委員会（Anu Kammakan Phasom Changwat Songkhla）が設置されて，現地の日本軍との間の連絡がより円滑となった。この結果を受けて，1942年2月に他県においても県合同小委員会を置くことが決まり，日本軍が駐留あるいは移動しているチエンマイ，ラムパーン，ナコーンサワン，ピッサヌローク，スコータイ，ターク，カーンチャナブリーの各県にも設置し，それぞれ県知事と陸軍県司令官が委員となった[36]。

なお，合同委員会はその後1943年3月に同盟国連絡局（Krom Prasan-ngan Phanthamit）に格上げされ，初代局長にチャイが就任した［吉川 2001, 12］。

---

35) NA Bo Ko. Sungsut 2. 10/64 "Raingan Yo Sadaeng Kitchakan khong Khana Kammakan Phasom tangtae Roemton chonthueng Sin Mi Kho 85."
36) その後，1942年8月にクラビー，ラノーン，パンガー，プーケットの各県にも小委員会の設置が決められた［NA Bo Ko. Sungsut 2. 5. 3/1 "Kham Sang Tho Sanam Rueang Tang Anukammakan Phasom Changwat. 1942/08/04"］。ただし，後述するようにこの時点ではこれらの県に日本兵は駐留していなかったはずである。

これは，日本側が同年 1 月にタイに駐屯軍を置いたことに対応したものであり，日本の大東亜省をモデルにしたものと言われている［Ibid., 9-11］。この同盟国連絡局は軍最高司令部の直属とされており，従来の合同委員会の位置付けをより制度化して強化したものであった。この後，1945 年 5 月に首相直属の機関へと変更されるが，日本軍との交渉を一手に引き受ける窓口としての同盟国連絡局の役割は終戦まで続いていくことになる。そして，同盟国連絡局への改組後も小委員会は存続しており，鉄道関係の交渉は鉄道小委員会が依然として担当していた。

　対する日本側では，1942 年 1 月 4 日付で南方軍鉄道隊を編成し，カンボジアからタイを経てマラヤへ至る鉄道輸送業務を担当することになった［防衛研修所戦史室 1966, 400-401］。当初日本側では第 15 軍がカンボジアとタイの鉄道軍事輸送を担当していたが，第 15 軍がビルマに進軍することになったために，マラヤ攻略を行う第 25 軍にこの鉄道輸送業務を協力するよう指示した［Ibid., 399］。しかし，第 25 軍がマラヤ方面に南進していくことでカンボジアやタイでの軍事輸送業務を継続することが困難となったことから，新たな南方軍鉄道隊が設置されたのである。司令官は南方軍鉄道隊の配下に置かれた第 2 鉄道隊の司令官，すなわち第 2 鉄道監である服部暁太郎中将であった[37]。この第 2 鉄道隊は第 25 軍に配置された鉄道部隊の統括組織であり，鉄道第 5, 9 連隊や第 4, 5 特設鉄道隊を配下に有していた［Ibid., 100-121］[38]。

　第 2 鉄道隊とともに南方軍鉄道隊に配置された第 3 鉄道輸送司令部が，実際のタイ側との交渉の窓口となった。この第 3 鉄道輸送司令部は当初仏印での軍事輸送を担当しており，1941 年 12 月に仏印政庁と鉄道利用協定を結び，仏印北部から南部への日本軍の輸送を行っていた［石田編 1999, 339］[39]。その後，開戦とともに司令部がバンコクに移り，日本軍の軍事輸送の実務を担当することになった。この司令部は 1942 年 6 月にクアラルン

---

37)　この鉄道隊は鉄道関係部隊を統括する組織であり，司令官にあたる鉄道監が長となっていた。

38)　特設鉄道隊は鉄道省の職員からなる軍属部隊であり，5 つの特設鉄道隊のうち第 4 と第 5 を南方に派遣することになっていた［柳井編 1962, 10-11］。

39)　後述するように，この第 3 鉄道輸送司令部は 1942 年 5 月に第 3 野戦鉄道司令部へと改組された。

プールに移動となるが，その後もバンコク支部がタイにおける実務を継承した。彼らが鉄道輸送に関してタイ側と直接交渉を行った日本側の代表であり，司令官の石田榮熊少将の名前を取ってタイ側では通称「石田部隊（Nuai Ichida）」と呼ばれるようになる[40]。鉄道小委員会では，鉄道局の代表と石田部隊の代表が，軍用列車の運行をめぐって交渉を進めていたのである。

(2) 軍事輸送に関する合意の締結

　タイ側と日本側の連絡機関の設置とともに，日本側はタイ側と軍用列車の運行に関する協定を結ぼうとした。日本軍は既に仏印の鉄道とも協定を結んで部隊の輸送を行っており，タイ側とも同じような協定を結んで軍事輸送を制度化しようと考えていたのである。

　開戦直後の 1941 年 12 月 15 日の鉄道小委員会の場で，日本側はタイ側に対して「タイと日本軍の鉄道協力に関する基本合意（Fundamental Agreement Concerning the Railway Co-operation between Thailand and the Japanese Troops.）」の案を提示し，タイ側に意見を求めた[41]。日本側はこの合意案をタイ側がどの程度了承できるか尋ねていたことから，おそらくは仏印と結んだ協定と同じ内容と思われる。主な内容は日本軍の軍事輸送への便宜供与，日本軍のタイの鉄道に対する協力，国外との直通列車の運行に関するもので，日本軍の軍事輸送を優先すること，軍事輸送への特別運賃の適用，日本軍の輸送のための資材や機材の使用や提供を認めることなどが含まれていた。これに対し，タイ側は小委員会ではそのような協定を結ぶ権限はないとし，特別運賃についてはタイ軍に適用しているものを用いるべきであると主張した[42]。

　タイ側が主張したタイ軍向けの特別運賃とは，貸切列車を運行する際の通

---

40) 石田は関東軍の鉄道線区司令部や野戦鉄道司令部で勤務したのち，第 3 鉄道輸送司令官に任命されて仏印に渡り，開戦直後にタイに入った。その後，クアラルンプールへの司令部の移転とともにそちらに移り，1943 年 8 月に第 3 代目の泰緬鉄道建設司令官に命じられた［石田編 1999, 100-104］。なお，第 3 鉄道輸送司令部は 1942 年 5 月に第 3 野戦鉄道司令部となり，その後 1944 年 2 月に南方軍野戦鉄道司令部となった［防衛研 陸軍―中央―全般鉄道 11「軍事鉄道記録 第五巻」（JACAR: 14020316500）］。

41) NA Bo Ko. Sungsut 2. 4. 1/1 "Banthuek Raingan Kan Prachum Rueang Rang San-ya Kho Toklong Rawang Prathet Thai kap Thahan Yipun. 1941/12/15 "

42) Ibid.

常の賃率を半額にしたものであり，機関車の場合 1km あたり 2 バーツ，貨車の場合 0.5 バーツ（2 軸車）か 0.8 バーツ（4 軸のボギー車），客車の場合は車両の種類によって 0.8～1.4 バーツとなっていた[43]。日本軍が当初示した協定案には具体的な賃率は示されていなかったことから，日本側はタイ側が特別運賃をどのように設定してくるか見極める意図があったものと思われる。この賃率がいつの時点で日本側に示されたのかは分からないが，1941 年 12 月 30 日の鉄道小委員会の場で日本側がこれを了承する旨回答していることから，鉄道小委員会レベルでは一旦この賃率で合意がなされたことになる[44]。

　しかし，日本側はこの賃率は高すぎるとして，更なる交渉を行うことになった。タイ側はこの合意に基づいてタイ軍に適用する特別運賃で日本側に軍用列車運行経費の請求書を作成したが，日本側は 1942 年 5 月までに 100 万バーツしか支払っていない[45]。日本側は東京でこの問題を検討していると説明し，タイ側の提示した賃率をそのまま受け入れたわけではないと主張した。1942 年 3 月に日本側が鉄道局に対して再び日本軍の軍事輸送に関する覚書案を提出し，この内容でタイ側と協定を結びたいとしてきたが，特別運賃については後に両者間で合意するとしか記載されていなかった[46]。すなわち，日本側は特別運賃の賃率を決着させるのとは別に協定を結ぶことを画策したのである。

　この覚書案では軍用列車の運行に関する原則も規定されており，1 日あたりの軍用列車の本数の上限は，東線 6 本，北線がバンコク～ピッサヌローク間 6 本，ピッサヌローク～サワンカローク間 4 本，ピッサヌローク～ウッタラディット間 2 本，ウッタラディット～チエンマイ間 8 本（小編成），南線

---

43)　Ibid. "Lakkan Khit Ngoen Kha Doisan Kha Rawang lae Uenuen sueng Ao kap Kongthap Yipun nai Kan Lamliang Khonsong Doi Thang Rotfai Dang Topai Ni." 客車や貨車は，鉄道の出現当初は構造の簡単な 2 軸車のみであったが，車両を大型化するためには 2 軸の台車の上に車体を置く構造にする必要があり，4 軸のボギー車が出現していった。ボギー車化は客車のほうが先行し，タイの場合もこの時点では大半の客車がボギー車となっていたが，貨車については逆に 2 軸車が多数を占めていた。

44)　NA Bo Ko. Sungsut 2. 4. 1. 1/2 "Banthuek Kan Prachum Rueang Kiaokap Rotfai. 1941/12/30"

45)　NA Bo Ko. Sungsut 2. 10/64 "Raingan Yo Sadaeng Kitchakan khong Khana Kammakan Phasom tangtae Roemton chonthueng Sin Mi Kho 85." 請求額は 1942 年 2 月半ばの時点で 477 万バーツであった。

46)　NA Bo Ko. Sungsut 2. 4. 1/3 "Ratthamontri Wa Kan Krasuang Khamanakhom thueng Prathan Kammakan Phasom. 1942/03/14"

はバンコク〜ハートヤイ間 6 本，ハートヤイ〜パーダンベーサール間 9 本と定められていた[47]。また，仏印との間の軍用列車の運行については，機関車はそれぞれ国境まで運行し，タイの客車や貨車はプノンペンまで，仏印の客車や貨車は基本的にバンコクまで，必要に応じてピッサヌローク，バーンポーンまで乗り入れると規定されていた。

　日本側が賃率の合意を後回しにしてとりあえず協定を結ぼうとしたのに対して，タイ側は協定内で賃率を明記しようとしたことから，結局協定の締結は先延ばしされた。タイ側は日本軍との交渉のみでは一向にこの問題が解決しないと考え，日本政府に働きかけて対処しようと試みた。1942 年 5 月にはチャイが東京を訪問した際に，日本の外務省に対してタイの日本軍と合意がなされていない 4 種の手数料について何らかの結論が得られるよう協力を要請しており，その中に鉄道輸送の手数料，すなわち軍用列車運行の賃率が含まれていた[48]。

　これが功を奏したようであり，1942 年 6 月末から 7 月初旬にかけて双方で特別運賃の賃率の問題を交渉した。タイ側の当初の要求に対して，日本側は客車と貨車の賃率を 1km あたり 1 軸 0.1 バーツとするよう要求してきた[49]。これによると 2 軸貨車の場合は 0.2 バーツ，ボギー車の場合 0.4 バーツとなることから，双方の主張に 2 倍程度の差があったことになる。この日本側の案に対し，タイ側は当初 1 軸 0.2 バーツを主張したが日本側は受け入れず，次にタイ側が 0.15 バーツ，日本側が 0.13 バーツを提示し，最終的に 0.14 バーツで妥結した[50]。

　これによってようやく軍用列車の特別運賃問題は決着し，日本側とタイ側は「タイ鉄道による日本軍輸送に関する覚書（Banthuek Chuai Khwam Cham Kiaokap Kan Khonsong nai Ratchakan Thahan Yipun kap Fai Rotfai Thai.）」を 1942 年 12

---

47)　Ibid. "Rang Banthuek Kho Toklong Thang Patibatkan Kiaokap Kan Khonsong Thang Thahan khong Kongthap Yipun." ウッタラディット〜チエンマイ間の小編成とは，山間部で牽引定数が低いためピッサヌローク〜ウッタラディット間の列車を分割して短くした列車のことである。

48)　NA Bo Ko. Sungsut 2. 10/64 "Banthuek Khwam Cham. 1942/05/22"

49)　NA Bo Ko. Sungsut 2. 4. 1/3 "Kho Toklong Kiaokae Kan Chai Ngoen Kha Doisan lae Kha Khonsong nai Kan Lamliang nai Ratchakan Thahan Kongthap Yipun duai Rotfai Khong Prathet Thai."

50)　NA Bo Ko. Sungsut 2. 4. 1/3 には，この間の交渉の議事録が含まれている。なお，外国車両を使用する際の賃率は半額の 0.07 バーツとなる。

月31日付で締結した[51]。特別運賃問題の解決から最終的な合意の締結まで
さらに5ヶ月も時間を費やした理由は不明であるが，これで軍事輸送の制度
化という課題はようやく達成されたのであった。

(3) 運行費用の請求と支払い

　日本側との間で軍用列車の特別運賃が確定したことを受けて，タイ側は軍
用列車運行費の請求を本格的に始めていた。軍用列車の運行に限らず，鉄道
局から日本軍が入手した資材や機材の実費や，鉄道局の施設の賃貸料につい
ては，鉄道局が請求書を作成して合同委員会事務局に提出し，事務局がそれ
を日本側に渡して支払いを求めていた[52]。請求書は月単位でまとめることに
なっており，1941年12月分から順次作成されていた。ところが，上述のよ
うに日本側が一旦認めたタイ軍向け貸切列車の賃率を拒んだことから，これ
に基づいた請求書の作成はすぐに中止され，後述する表1-3（53頁）のよう
に1942年3月に100万バーツが払われてからは支払いが止まっていた。

　このため，実質的な請求と支払いの開始は，1942年7月に双方が特別運
賃の賃率について最終的に合意してからであった。表1-1は鉄道局から日本
軍へ請求された請求の一覧を示したものである。毎回の請求には複数の請求
書が含まれており，軍用列車運行経費，旅客輸送運賃，貨物輸送運賃，賃貸
料など，内訳ごとに請求書は分けられていた。この表の最初に記載された
1941年12月分の請求書は，日本側との間で最終的に賃率が確定した後で作
り直されたものであり，このために請求日が1942年11月26日と遅くなっ
ている。1942年9月に新たな合意に基づく賃率で請求書を作り直すよう鉄
道局に指示が出ていることから，同年末の覚書の締結よりも前に，請求書の
作成作業が再開されたことを示している[53]。

　この表のように，原則として月単位で請求がなされているが，1943年半
ばころから請求がなされるまでの期間が3ヶ月程度と短くなり，遅れて請求

51）　NA Bo Ko. Sungsut 2. 4. 1/12 "Banthuek Chuai Khwam Cham Kiaokap Kan Khonsong nai Ratchakan
　　Thahan Yipun kap Fai Rotfai Thai. 1942/12/31"

52）　NA Bo Ko. Sungsut 2. 4. 1. 7 は日本軍への請求書が所蔵されているファイルであり，この中に
　　鉄道局から合同委員会宛に毎月分の請求書がまとめて提出されていたことを示す文書が存在する。

53）　NA Bo Ko. Sungsut 2. 4. 1. 7/9 "Athibodi Krom Rotfai thueng Prathan Kammakan Phasom. 1942/11/26"

第 1 章　日本軍による鉄道の動員——軍用列車の運行状況 | 49

される分が増えていった[54]。このため，毎月分の請求額が必ずしもその月内の軍用列車の運行状況を示すものではない。最終的に 1945 年 9 月分までで請求は終わるが，地方からの請求の場合は中央に書類が届くまでに時間がかかったり，あるいは途中で散逸してしまったりして，最終的に請求できなかった分も少なからず存在していたものと思われる。単純に積算した請求総額は計 3,087 万バーツであるが，実際には途中で請求額が若干変化している例も存在していた[55]。ちなみに，1941 年の鉄道局の収入総額は 2,187 万バーツであったことから，この額はざっと鉄道局の 1 年半分の収入額ということになる［SYB (1945-55), 334］。

　また，1945 年 9 月から行われている追加分の請求については，タイ側が特別運賃の賃率を引き上げたことからなされたものである。急速な物価の高騰を背景に，タイ側は 1944 年末で失効した旧覚書の更新の際に賃率を引き上げたいと日本側に要求し，従来の 1km あたり 0.14 バーツを 0.28 バーツに引き上げるよう要求した[56]。日本側は引き上げ幅が大きすぎると反対していたが，タイ側は 6 月 7 日の閣議でこの値上げを了承してしまった[57]。しかし，日本側が 0.19 バーツへの引き上げしか認めなかったことから，最終的にはこの賃率への引き上げで決着したようである[58]。これに基づいて，1945 年 1 月分からの請求に賃率の引き上げ分の追加請求が発生したのである。

　請求の内訳は表 1-2 の通りであり，軍用列車運行費が全体の 94％を占めていた。他にも，通常の旅客・貨物輸送の扱いで請求されている旅客，貨物

---

54)　例えば，1945 年 1 月分の請求額 40 万 888.2 バーツのうち，同月分の運行費や運賃の請求額は約 8.8 万バーツに過ぎず，請求額の約半分である 20 万バーツ強は 1944 年 11 月の南線の軍用列車運行費であった。

55)　日本側が請求に異議を唱えてきた場合にはその額を請求額から減らしたり，日本側から提供された資材や機材の対価を差し引く場合もあったことから，最終的な請求額は請求額の積算よりも若干減ることになる。

56)　NA Bo Ko. Sungsut 2. 9/32 "Kramon So. Chotiksathian rian Maethap Yai. 1945/02/09"

57)　NA Bo Ko. Sungsut 2. 4. 1/3 "Lekhathikan Khana Ratthamontri thueng Chao Krom Prasan-ngan Phanthamit. 1945/06/08"

58)　Ibid. "Cho. Po Pho. rian Nayok Ratthamontri. 1945/08/20"　この文書では日本側の主張しか記されていないが，実際の追加請求額は 1km あたり 0.14 バーツから 0.19 バーツへの引き上げ分であったことから，日本側の言い分をタイ側が了承したことが分かる。なお，外国車両の場合の賃率は 0.1 バーツとなった。

表 1-1　鉄道局の日本軍への請求額（単位：バーツ）

年	月	日	請求額	請求総額	備考
1942	11	26	553,632.30	553,632.30	1941 年 12 月分
	12	26	1,438,498.66	1,992,130.96	1942 年 1 月分
1943	1	4	979,321.80	2,971,452.76	1942 年 2 月分
	1	11	1,380,955.80	4,352,408.56	1942 年 3 月分
	1	11	674,744.30	5,027,152.86	1942 年 4 月分
	1	13	618,909.17	5,646,062.03	1942 年 5 月分
	1	13	566,177.70	6,212,239.73	1942 年 6 月分
	1	15	440,037.70	6,652,277.43	1942 年 7 月分
	1	15	407,858.60	7,060,136.03	1942 年 8 月分
	1	18	301,147.00	7,361,283.03	1942 年 9 月分
	2	3	188,524.77	7,549,807.80	1942 年 10 月分
	2	8	86,431.00	7,636,238.80	1942 年 11 月分
	3	15	242,700.90	7,878,939.70	1942 年 12 月分
	3	24	314,851.77	8,193,791.47	1943 年 1 月分
	4	23	397,995.87	8,591,787.34	1943 年 2 月分
	6	10	340,164.72	8,931,952.06	1943 年 3 月分
	6	11	220,984.00	9,152,936.06	
	6	15	120,585.30	9,273,521.36	
	6	29	515,030.49	9,788,551.85	1943 年 4 月分
	7	24	516,158.06	10,304,709.91	1943 年 5 月分
			600,914.40	10,905,624.31	1943 年 6 月分
	9	28	782,304.79	11,687,929.10	1943 年 7 月分
			480,659.20	12,168,588.30	1943 年 8 月分
	11	27	551,773.09	12,720,361.39	1943 年 9 月分
1944	1	2	736,534.40	13,456,895.79	1943 年 10 月分
	2	3	573,930.50	14,030,826.29	1943 年 11 月分
	3	7	474,620.05	14,505,446.34	1943 年 12 月分
	4	5	490,744.00	14,996,190.34	1944 年 1 月分
	5	16	691,138.82	15,687,329.16	1944 年 2 月分
	6	9	689,482.25	16,376,811.41	1944 年 3 月分
	7	6	495,123.70	16,871,935.11	1944 年 4 月分
	8	14	840,187.63	17,712,122.74	1944 年 5 月分
	9	4	1,003,139.50	18,715,262.24	1944 年 6 月分
	9	4	153,115.42	18,868,377.66	軍事鉄道建設費
	9	23	689,355.77	19,557,733.43	1944 年 7 月分
	9	23	22,392.01	19,580,125.44	軍事鉄道建設費
	10	27	558,659.60	20,138,785.04	1944 年 8 月分
	10	27	12,831.91	20,151,616.95	軍事鉄道建設費
	11	28	786,827.86	20,938,444.81	1944 年 9 月分
	11	28	10,146.60	20,948,591.41	軍事鉄道建設費
	12	25	469,309.20	21,417,900.61	1944 年 10 月分
1945	1	23	4,811,806.25	26,229,706.86	1944 年 11 月分

第 1 章　日本軍による鉄道の動員——軍用列車の運行状況 | 51

	1	23	797.00	26,230,503.86	軍事鉄道建設費
	3	9	537,195.20	26,767,699.06	1944 年 12 月分
	3	23	400,888.20	27,168,587.26	1945 年 1 月分
	4	25	287,329.70	27,455,916.96	1945 年 2 月分
	6	5	199,824.30	27,655,741.26	1945 年 3 月分
	6	5	21,803.45	27,677,544.71	軍事鉄道建設費
	6	27	139,282.40	27,816,827.11	1945 年 4 月分
	8	3	222,527.76	28,039,354.87	1945 年 5 月分
	8	31	259,380.70	28,298,735.57	1945 年 6 月分
	9	24	273,104.37	28,571,839.94	1945 年 7 月分
	9	24	74,234.27	28,646,074.21	1945 年 1，2 月追加分
	10	24	242,944.70	28,889,018.91	1945 年 8 月分
1946	1	5	104,891.02	28,993,909.93	1945 年 3，4 月追加分
	1	28	149,039.26	29,142,949.19	1945 年 5，6 月追加分
	2	5	200,002.80	29,342,951.99	1945 年 7，8 月追加分
	3	15	1,524,832.60	30,867,784.59	1945 年 9 月分
	3	15	444.10	30,868,228.69	軍事鉄道建設費
	4	11	4,816.50	30,873,045.19	1945 年 9 月分（追加）

注：実際には請求書の送付後に計算ミス，日本側の反論，日本側から提供された資材や機材の価格
　　の相殺などで請求額を変更している場合もあるので，最終的な請求額は表の合計額よりも若干
　　減少する。
出所：NA Bo Ko. Sungsut 2. 4. 1. 7/9 より筆者作成

輸送費，そして国外や泰緬鉄道でタイの車両を使用した際に支払う車両使用
料がいずれも 40 万バーツ程度存在している。このように，基本的には軍用
列車の運行費が請求額のほとんどを占めていたが，他にも様々な請求がなさ
れており，タイ側が日本側によって使用されたり借用されたりしたものを実
に詳細に記録して，日本側に対して請求していたことが理解される。

　このような請求に対して，日本軍の支払いは遅れていた。表 1-3 は判別し
た限りの日本側の請求書に対する支払い状況を示しており。これを見ると，
1942 年 3 月に最初の支払いがなされた後，特別運賃の賃率が確定した同年 7
月まで支払いは行われていないことが分かる。1942 年 9 月にようやく 2 回
目の支払いがなされ，1943 年 1 月までに計 500 万バーツが支払われたこと
で支払総額は計 600 万バーツとなった。しかしながら，その後再び支払いは
止まり，1944 年 2 月に再開されてからは個別の請求書に対応した金額が支
払われていることが分かる。タイ側から渡された請求書は石田部隊のほうで
すべて確認を行っており，日本側の記録と請求が異なる場合は，頻繁にタイ

表1-2　日本軍への請求の内訳

	金額（バーツ）	比率（%）	備考
軍用列車運行費	24,290,521.40	93.60	
貨物輸送費	426,344.80	1.64	
旅客輸送費	432,082.69	1.66	
車両使用料	381,528.35	1.47	国外，泰緬鉄道
修理費	158,374.78	0.61	車両修理費
賃貸費	54,632.05	0.21	宿舎
薪使用料	57,588.30	0.22	
資材	110,841.91	0.43	部品，燃料，潤滑油など
その他	39,266.23	0.15	
総額	25,951,180.51		

注：請求書が一部欠落しているため，総額は表1-1よりも少なくなっている。
出所：表1-1と同じ，より筆者作成

側に訂正を求めていた[59]。

　日本側の支払いは1945年に入ってようやく増加し，列車運行費として約568万バーツを一度に支払っているのが注目される。また終戦直前の8月にも合わせて280万バーツが支払われており，1945年に入ってからの支払額は約860万バーツとそれまでの3年間に支払われた額とほぼ同じ額となっている。8月に入ってからの支払いは，戦争の終結を控えてできる限りタイ側の負債を減らそうという配慮のように見受けられるが，8月16日の支払いをもって日本側の支払いは止まってしまったようである。8月22日には日本側が泰緬鉄道などの機関車を引き渡す形で相殺することを提案していたが，タイ側はそれに否定的であった[60]。

　表1-1と表1-3を比較すると，最終的なタイ側の請求額が3,087万バーツ，日本側の支払額が1,792万バーツで，日本側の未払い分は1,295万バーツとなるが，実際には日本側からの支払いは表1-3よりも多かったようである。図1-1は，鉄道局から合同委員会（同盟国連絡局）宛に送られていた，

---

59)　上述のNA Bo Ko. Sungsut 2. 4. 1. 7/9に，日本軍のクレームによってタイ側の請求額を変更したことを示す文書が多数存在する。

60)　NA Bo Ko. Sungsut 2. 4. 1/3 "Pho. Tho. Prasoetsi thun Phu Chuai Cho. Po Pho. 1945/08/25" これは日本軍が日本から持ち込んだC56，C58型機関車計48両のことを意味する。これらの機関車はその後連合軍に接収され，連合軍からタイに売却された。

第 1 章　日本軍による鉄道の動員──軍用列車の運行状況 | 53

表 1-3　日本軍の支払額（単位：バーツ）

年	月	日	支払額	支払総額	備考
1942	3	24	1,000,000.00	1,000,000.00	
	9	17	1,000,000.00	2,000,000.00	
	10	27	1,000,000.00	3,000,000.00	
1943	1	13	3,000,000.00	6,000,000.00	
1944	2	4	1,593,016.76	7,593,016.76	
	3	16	6,822.40	7,599,839.16	チュムポーン，ハートヤイ宿舎代
	6	14	1,652,620.40	9,252,459.56	
	10	13	3,203.20	9,255,662.76	車両通行費
	11	7	9,528.20	9,265,190.96	車両通行費，クラ地峡線車両使用料
	12	7	54,715.89	9,319,906.85	運行費，軍事鉄道建設費，チュムポーン宿舎代
1945	1	19	208.00	9,320,114.85	薪使用料
	1	16	2,804.43	9,322,919.28	薪使用料
	1	25	550.00	9,323,469.28	宿舎代
	2	6	1,031.25	9,324,500.53	宿舎代
	3	16	88,636.00	9,413,136.53	泰緬鉄道車両使用料
	3	27	8,557.40	9,421,693.93	宿舎代，薪使用料
	3	30	18,171.50	9,439,865.43	車両修理費
	4	7	1,610.00	9,441,475.43	宿舎代
			5,677,641.50	15,119,116.93	運行費
	7	16	4,822.80	15,123,939.73	泰緬鉄道車両使用料
	8	2	1,733,441.19	16,857,380.92	1944 年 10〜12 月分運行費，車両使用料他
	8	16	1,067,245.88	17,924,626.80	1945 年 1〜3 月分運行費，車両使用料他，軍事鉄道建設費

出所：表 1-1 と同じ，より筆者作成

請求書を送付する際に添付された文書に記載されていた日本軍の未払額をまとめたものである。この記述は 1944 年以降については毎月記されているが，それ以前は 2 回しか記載がない。これを見ると，1944 年半ばまで未払額は 400 万バーツ程度で変動し，その後 1945 年 3 月までは増加して 800 万バーツを超えたものの，翌月 300 万バーツ弱まで減少したことが分かる。そして，上述の終戦直前の支払いを経て 8 月末には 60 万バーツ弱まで減少したものの，その後遅れていた請求が積み重なって最終的な未払額は 315 万

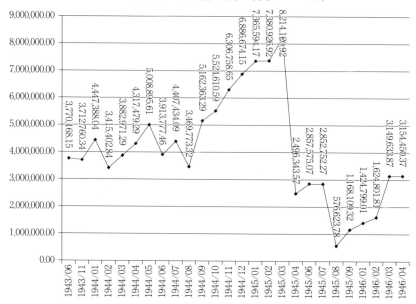

図1-1 日本軍の未払額の推移（単位：バーツ）

注：各月末の数値を示す。
出所：表1-1と同じ，より筆者作成

バーツとなっていた。すなわち，表1-2に記載された日本側からの支払いの他に，980万バーツの支払いがなされていたことになる。

このように，日本軍の軍事輸送に対する費用の請求は，日本側との賃率に関する合意が遅れたことから大幅に遅れ，開戦から約1年経ってようやく始まった状況であった。請求の遅れは支払いの遅れも招き，最終的にまとまった支払いがなされたのは1945年に入ってからであった。そして，少なくともタイ側が請求書を発行した金額の10分の1が，最終的に支払われずに終わったのであった。

第1章　日本軍による鉄道の動員——軍用列車の運行状況 │ 55

第3節　軍用列車の運行と輸送

(1) 軍用列車の運行状況

　日本軍の軍用列車の運行本数は，時期によって大きく異なっていた。1942
年1月4日に南方軍鉄道隊を編成する命令が出された際には，軍用列車の標
準運行本数は南線（バンコク～ハートヤイ間）2～3列車，東線（バンコク～プ
ノンペン間）3～4列車，北線（バンコク～チエンマイ間）2列車と定められて
いた［防衛研修所戦史室 1966, 400］[61]。その後，1942年末にタイ側と結んだ
覚書でも軍用列車の本数が決められており，南線（バンコク～ハートヤイ間）
が通常3～4列車，最大6列車，東線が通常3列車，最大6列車，北線が通
常2列車，最大4列車となっていた[62]。ここで言う列車は1日当たりの片道
の列車本数と想定され，通常では各線とも1日2～4往復程度の軍用列車が
運行されることになっていたことを示している。

　しかし，実際には規定された本数よりも運行本数のほうが少ないことが多
かった。図1-2は運行予定表を基準に，月別の1日平均列車本数を集計した
ものである。運行予定表には列車番号が記載してあり，一般営業の列車が1
～3桁の列車番号を付与されていたのに対し，軍用列車は4桁の列車番号と
なっていたことから，判別は容易である。なお，少量の輸送の際には一般営
業の列車に連結する場合もあるが，ここでは日本軍の専用列車のみを対象と
している[63]。

　これを見ると，全体として列車本数が多いのは南線下りであり，開戦から
1942年半ばまで1日2～3本であり，1942年末に大きく落ち込んだ後，1943

61）　ここでの1列車の輸送力は10トン貨車30両分，すなわち300トンと規定されていた。

62）　NA Bo Ko. Sungsut 2. 4. 1/12 "Banthuek Chuai Khwam Cham Kiaokap Kan Khonsong nai Ratchakan
　　Thahan Yipun kap Fai Rotfai Thai. 1942/12/31"　輸送力は東線と南線のバーンポーン以南が貨車31
　　両分，北線と南線のバンコク～バーンポーン間が50両分とされた。なお，北線のウッタラディッ
　　ト～チエンマイ間は列車を分割するため，12両の小編成が通常3列車，最大8列車とされていた。

63）　運行予定表では通常南線，東線，北線の順に列車単位で輸送区間と使用車両数が記されてお
　　り，このような一般列車での輸送がある場合は最後の小輸送（Plik Yoi）という表題の中に示さ
　　れていた。小輸送は軍用列車の設定の少ない北線系統で多くなっていた。

図 1-2　1 日あたり軍用列車本数の推移（月平均）（単位：本／日）

下り（バンコク発）

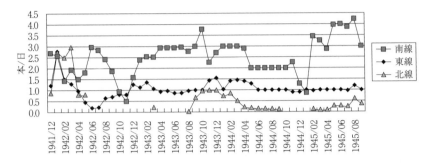

上り（バンコク着）

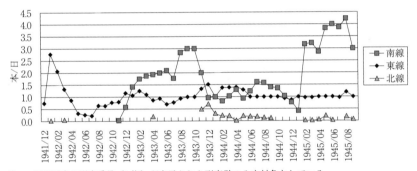

注 1：軍用列車の列車番号（4 桁）が表示された列車数のみを対象としている。
注 2：東北線は北線に含まれる。
出所：1941～42 年：NA Bo Ko. Sungsut 2. 4. 1. 6/3，1943 年：NA Bo Ko. Sungsut 2. 4. 1. 6/14，1944 年：NA Bo Ko. Sungsut 2. 4. 1. 6/25，1945 年：NA Bo Ko. Sungsut 2. 4. 1. 6/27 より筆者作成

年から 1944 年前半までほぼ 1 日 3 本で推移していることが分かる。その後，1 日 2 本に減った後再び増加し，1945 年は 3～4 本で推移している。南線上りは 1942 年末に初めて列車が出現し，その後，南線下りより 1 本少ない状態で推移した後，1945 年には増加して下りと同じ本数を維持している。南線では 1945 年の列車本数が最も多くなっているが，これは後述するように第 4 期に入って路線網が分断された結果，従来南線を往来していた長距離の軍用列車が区間ごとに分割されたためである。

東線は開戦直後の本数は多く，上下とも最大で 1 日 3 本近くと南線下りと

第1章　日本軍による鉄道の動員——軍用列車の運行状況 | 57

同じレベルの本数を維持しており，上りについては最も多くなっていた。その後，1942年代半ばに一旦本数が減少するが，1943年以降はほぼ1日1本ずつ，すなわち1日1往復で推移していたことが分かる。南線とは異なり，東線の場合は上下列車の本数がほぼ一定であった点に特徴があり，双方向で運行がなされていたことも特徴的であった。一方，北線では列車本数の変動が大きく，下り列車で見ると開戦直後に1日3本程度となったものの，その後しばらく列車の設定がなくなり，1943年末から翌年前半にかけて1日1本程度復活している。その後，1945年にも若干の運行が見られたが，これは後述するように東北線での運行であった。上りのほうが本数はやや減り，開戦直後の本数は下りと比べて非常に少ないが，1943年末からは下りとほぼ同じ傾向で推移していた。

　これらの軍用列車は，初期と末期においては起点から終点までの一貫輸送が多かったが，中間期には途中での増解結を行う複雑な運行が中心であった。例えば，1943年8月27日のバンコク発パーダンベーサール行の南線下り3007列車は，バンコクからパーダンベーサールまで全区間を運行する貨車は4両のみであり，バンコクから途中のバーンポーンで切り離す貨車1両，クロートゥーイに建設中のバンコク新港から同じくバーンポーンへの貨車1両を加えた計6両でバンコクを出発し，泰緬鉄道の起点ノーンプラードゥックでパーダンベーサールまでの貨車10両を連結し，バーンポーンで先の2両を切り離した後，チュムポーンでさらにパーダンベーサールまでの貨車（空車）13両を連結していた[64]。このような複雑な運行は南線に多く，通常の貨物列車と同じように頻繁に貨車を増解結していた。

　また，この事例からも分かるように，軍用列車には空車の回送も含まれていた。とくに，南線上りは回送列車が多く，中でも泰緬鉄道の接続駅ノーンプラードゥックからバンコクへの回送列車が圧倒的に多数を占めていた[65]。東線は上下ほぼ同一の列車本数で推移していたが，南線と北線は上下列車の

---

64)　NA Bo Ko. Sungsut 2. 4. 1. 6/14 "Tarang Raikan Chai Rotfai khong Kongthap Yipun." 従来バンコクにはチャオプラヤー河畔に並ぶ民間の埠頭しか存在しなかったが，政府は新たにクロートゥーイに近代的な埠頭を建設しており，これを日本軍が借用していた。

65)　運行予定表を見る限り，これらの列車はノーンプラードゥック発のように捉えられるが，実際にはマラヤ方面から来た列車にノーンプラードゥックで回送車両を連結していたはずである。

58

本数が異なっており，空車の回送を行わないとやがて車両数の釣り合いが取れずに車両不足が生じることになってしまう。このため，運行予定表に記載されていないものも含め，基本的には上下同じ本数となるように回送列車が設定されていたはずである。ただし，開戦直後には上述のようにバンコクから毎日3〜4本の列車が南下して行ったにもかかわらず，バンコクに戻る列車が全くなかったことから直ちに車両不足が顕著となり，タイ側は日本側に列車をバンコクに戻すよう強く要求していた[66]。

（2）軍用列車の使用車両

　日本軍の軍用列車に使用される車両は，機関車は原則として国内のみで用いられるものの，客車と貨車は隣国への乗り入れを前提としていた。このため，タイ国内でもマラヤや仏印などの客車や貨車が用いられることになり，使用される車両は多様化した。とくに，開戦時に南線を下って行った軍用列車に用いられていた車両がなかなかタイに帰ってこなかったことから，後述するようにタイ側は日本側に対して車両の早期返還を強く求めていた。このため，日本軍用列車に使用される車両は，隣国のものが増加していった。

　軍用列車では人もモノも輸送されるが，実際に用いられた車両はモノの輸送のための車両，すなわち貨車が中心であった。表1-4は軍用列車に使用された客車と貨車の両数と比率を示したものである。客車はボギー車，すなわち4軸車が中心であるため，この表では実際の両数の倍の数で表示されている。これを見ると，客車が最も用いられていたのは開戦直後の第1期であり，その後1942年後半に一旦減った後やや増えるが，1944年末からはほとんど用いられていなかったことが分かる。使用比率を見ても，客車の比率が最も高かったのは1941年12月であり，第2期以降は1％を超えることはなかった。すなわち，軍用列車で用いられる車両は，ほとんどが貨車であった。

　貨車の使用数を見ると，第1期の1942年1月が最も多かったことが分かる。その後第2期は比較的少ないが，第3期に入ると再び増加して6,000〜7,000両で推移し，第4期にはさらに増加して1万両を越えた月も存在す

66）　NA Bo Ko. Sungsut 2. 4. 1. 1/2 "Banthuek Kan Prachum Phiset Rueang Rotfai. 1941/12/20"　タイ側は南部から戻ってこない車両が400〜500両あるので，至急バンコクに戻すよう要請した。

る。1942 年 10〜11 月の数値が大きく低下するのは，大洪水による南線の不通が影響している[67]。第 4 期の使用車両数が多いのは，前述した列車本数の増加と同じ理由からであり，分断された区間ごとに列車が設定されたために数値が高くなっているのである。平均輸送距離を考慮すれば，第 4 期の数値は相対的に低下するはずである。

　次に，客車と貨車の国別の使用車両数を確認してみよう。表 1-5 は，各月の国別の使用車両数とその比率を示したものである。開戦直後の第 1 期はタイの車両の使用数が多く，この期間中のタイの車両の使用比率も 67％と高くなっている。とくに，1941 年 12 月はタイの車両の使用比率が最も高くなっており，88％と最高値を記録している。ところが，第 2 期にはその数は大きく減り，1,000 両に満たない月が大半を占めている。第 3 期に入り，1943 年末にかけて再び増加するが，その後も 1,000〜2,000 両程度で推移している。比率を見ても第 2 期が最も低くなり，第 3 期でも 25％となっている。

　一方，1942 年半ばから使用数が増えるのがマラヤの車両であり，とくに 1943 年以降は 3,000〜5,000 両と高い数値を誇っている。このため，使用比率で見てもマラヤの比率は第 2 期に 52％へと急増し，最後の第 4 期には 79％を記録している。仏印の車両は第 1 期から 1,000〜2,000 両の間で推移しており，1943 年代初めと終わりに 2,000 両を越えているのが最盛期となっている。とくに，1942 年代後半は水害の影響もあって仏印の車両の使用比率が最も大きくなる月も存在している。それに対し，第 4 期には使用車両数が大きく減少し，月 500 両以内となっている。なお，日本の欄の数値は，日本軍が日本から持ち込んだ貨車であり，第 3 期までは最大で月 500 両程度が用いられていた[68]。

　この国別の使用車両数の推移も，路線別に見るとそれぞれ特徴が見られ

---

67)　1942 年末には中部で大規模な水害が発生し，バンコク市内も大洪水となった。この水害によって中部の米生産量は激減し，翌年タイは日本軍に規定量の米を調達するためには東北部から米を輸送する必要があると主張し，日本軍と米輸送のための車両返還を交渉することになる。詳しくは，第 5 章を参照。

68)　NA Bo Ko. Sungsut 2. 4. 2/2 は 1941 年 12 月 25 日から 1944 年 7 月 7 日までの間にバンコク港に到着した日本船の一覧表であり，判別する限りの積荷が記載してある。これを見ると，1942 年 1 月から 5 月までの間に日本から到着した車両は機関車 9 両，貨車 223 両であった。

表 1-4　日本軍の車種別使用車両の内訳

期間	年月	両数（両）			比率（%）	
		客車	貨車	計	客車	貨車
第 1 期	1941/12	400	2,965	3,365	12	88
	1942/01	332	11,648	11,980	3	97
	1942/02	280	7,434	7,714	4	96
	1942/03	482	8,113	8,595	6	94
	1942/04	210	4,624	4,834	4	96
	1942/05	110	4,218	4,328	3	97
	1942/06	96	3,318	3,414	3	97
	計	1,910	42,320	44,230	4	96
第 2 期	1942/07	92	3,515	3,607	3	97
	1942/08	42	3,279	3,321	1	99
	1942/09	10	2,731	2,741	0	100
	1942/10	−	830	830	−	100
	1942/11	2	1,138	1,140	0	100
	1942/12	6	3,027	3,033	0	100
	1943/01	2	3,186	3,188	0	100
	1943/02	4	3,901	3,905	0	100
	1943/03	40	4,564	4,604	1	99
	1943/04	34	3,891	3,925	1	99
	1943/05	58	4,091	4,149	1	99
	1943/06	12	4,072	4,084	0	100
	1943/07	28	3,242	3,270	1	99
	1943/08	6	4,120	4,126	0	100
	1943/09	12	4,831	4,843	0	100
	1943/10	4	5,395	5,399	0	100
	計	352	55,813	56,165	1	99
第 3 期	1943/11	26	6,891	6,917	0	100
	1943/12	32	7,857	7,889	0	100
	1944/01	16	6,412	6,428	0	100
	1944/02	18	6,580	6,598	0	100
	1944/03	30	6,790	6,820	0	100
	1944/04	28	6,258	6,286	0	100
	1944/05	24	5,584	5,608	0	100
	1944/06	26	5,236	5,262	0	100
	1944/07	12	4,651	4,663	0	100
	1944/08	24	4,349	4,373	1	99
	1944/09	14	4,581	4,595	0	100
	1944/10	8	5,534	5,542	0	100
	1944/11	−	5,069	5,069	−	100

	1944/12	−	3,455	3,455	−	100
	計	258	79,247	79,505	0	100
第4期	1945/01	2	2,974	2,976	0	100
	1945/02	2	6,387	6,389	0	100
	1945/03	−	8,327	8,327	−	100
	1945/04	−	7,812	7,812	−	100
	1945/05	−	10,084	10,084	−	100
	1945/06	−	7,805	7,805	−	100
	1945/07	−	9,680	9,680	−	100
	1945/08	2	9,600	9,602	0	100
	1945/09	−	3,636	3,636	−	100
	計	6	66,305	66,311	0	100
総計		2,526	243,685	246,211	1	99

注1：ボギー車両は2軸車2両として換算してあるため，実際の客車の両数は表の数値の半分となる。
注2：回送車両は除外してある。
出所：図1-2と同じ，より筆者作成

た。図1-3は路線別の国別使用車両数の比率を表したものである。これを見ると，南線では開戦直後にタイの車両比率がほぼ100％となっているものの，1942年半ば以降はマラヤの車両の比率が最も高くなり，1943年半ば以降はほぼ70〜90％程度と高い比率で推移していたことが分かる。東線でもやはり開戦直後はタイの車両の比率が最大となるが，その後は1944年末まで仏印の車両が高い比率を占めており，最後の第4期にはマラヤの車両の比率が最大となっていた。一方，北線ではタイの車両の使用比率が最も高くなっており，第1期と第3期以降はタイの車両が主要な役割を占めていたことが分かる。第2期は月による変動が激しいが，これはこの時期には北線の軍用列車の運行が非常に少なく，北線の数値に含まれるバンコク市内相互発着の輸送が占める割合が高いためである。

　このように，開戦直後はタイの車両の使用比率が高いものの，すぐに仏印やマラヤの車両が多数用いられるようになり，タイの車両は軍用列車の主役ではなくなった。表1-5の総計の欄を見ると，戦時中全体を通した比率ではマラヤの車両が50％と最も多くなり，タイと仏印がその半分程度であったことが分かる。路線によって差も存在し，南線ではマラヤの車両が占める割合が高かったのに対して，東線では仏印の車両，北線ではタイの車両が中心

表 1-5　日本軍の国別使用車両の内訳

期間	年月	両数（両）					比率（%）			
		タイ	マラヤ	仏印	日本	計	タイ	マラヤ	仏印	日本
第1期	1941/12	3,124	39	379	−	3,542	88	1	11	−
	1942/01	10,319	−	1,933	16	12,268	84	−	16	0
	1942/02	5,608	25	1,747	493	7,873	71	0	22	6
	1942/03	5,539	1,395	1,643	355	8,932	62	16	18	4
	1942/04	2,462	818	1,445	322	5,047	49	16	29	6
	1942/05	2,603	1,073	1,055	415	5,146	51	21	21	8
	1942/06	1,359	1,799	339	31	3,528	39	51	10	1
	計	31,014	5,149	8,541	1,632	46,336	67	11	18	4
第2期	1942/07	1,299	1,930	406	63	3,698	35	52	11	2
	1942/08	849	1,544	1,298	40	3,731	23	41	35	1
	1942/09	558	1,317	1,237	18	3,130	18	42	40	1
	1942/10	30	776	1,334	22	2,162	1	36	62	1
	1942/11	125	439	1,489	46	2,099	6	21	71	2
	1942/12	467	1,439	2,475	152	4,533	10	32	55	3
	1943/01	570	1,946	2,642	567	5,725	10	34	46	10
	1943/02	879	2,732	2,219	223	6,053	15	45	37	4
	1943/03	910	2,926	2,941	302	7,079	13	41	42	4
	1943/04	622	3,520	2,281	222	6,645	9	53	34	3
	1943/05	506	3,542	2,501	121	6,670	8	53	37	2
	1943/06	544	3,683	1,707	18	5,952	9	62	29	0
	1943/07	513	4,876	1,067	20	6,476	8	75	16	0
	1943/08	680	5,509	1,508	58	7,755	9	71	19	1
	1943/09	1,282	5,100	1,832	166	8,380	15	61	22	2
	1943/10	1,709	5,025	2,075	64	8,873	19	57	23	1
	計	11,543	46,304	29,012	2,102	88,961	13	52	33	2
第3期	1943/11	2,792	3,552	2,718	89	9,151	31	39	30	1
	1943/12	3,451	2,915	2,702	90	9,158	38	32	30	1
	1944/01	2,004	3,395	1,482	215	7,096	28	48	21	3
	1944/02	1,679	3,372	1,748	321	7,120	24	47	25	5
	1944/03	1,897	4,069	1,769	398	8,133	23	50	22	5
	1944/04	1,742	3,511	1,821	99	7,173	24	49	25	1
	1944/05	1,790	3,234	1,553	80	6,657	27	49	23	1
	1944/06	1,370	3,169	1,202	45	5,786	24	55	21	1
	1944/07	1,310	2,578	1,311	350	5,549	24	46	24	6
	1944/08	1,144	2,205	1,162	272	4,783	24	46	24	6
	1944/09	1,263	2,448	1,517	309	5,537	23	44	27	6
	1944/10	1,210	3,140	1,673	528	6,551	18	48	26	8
	1944/11	986	3,055	1,479	447	5,967	17	51	25	7
	1944/12	593	1,996	1,159	401	4,149	14	48	28	10
	計	23,231	42,639	23,296	3,644	92,810	25	46	25	4

第1章　日本軍による鉄道の動員──軍用列車の運行状況　63

第4期	1945/01	452	2,657	494	39	3,642	12	73	14	1
	1945/02	530	6,885	451	−	7,866	7	88	6	−
	1945/03	1,011	7,617	385	−	9,013	11	85	4	−
	1945/04	1,218	6,966	362	−	8,546	14	82	4	−
	1945/05	1,724	7,983	445	13	10,165	17	79	4	0
	1945/06	1,560	6,139	210	10	7,919	20	78	3	0
	1945/07	1,755	7,533	384	−	9,672	18	78	4	−
	1945/08	2,103	7,059	466	−	9,628	22	73	5	−
	1945/09	789	2,417	224	−	3,430	23	70	7	−
	計	11,142	55,256	3,421	62	69,881	16	79	5	0
総計		76,930	149,348	64,270	7,440	297,988	26	50	22	2

注：ボギー車両は2軸車2両として換算してある。
出所：図1-2と同じ，より筆者作成

であった。結果としてタイの車両は軍事輸送の主役ではなかったが，これは後述するようにタイ側が日本軍に対して強固に車両の返還を求めた結果であった。

　ただし，軍用列車の運行の際には機関車はそれぞれの国のものを使用しなければならなかったことから，たとえ客車や貨車に占めるタイの車両の割合が低下したとしても，タイ側は多数の機関車を日本軍の軍用列車の運行のために使用しなければならなかった。とくに，軍用列車は長距離を走行するために大型の機関車を使用しており，タイ側の大型機関車の不足が深刻であった。例えば，1943年の時点では南線で1日3往復設定されている軍用列車が大型機関車を約30両使用しており，これは鉄道局が保有する大型機関車約70両のうちの半数近くを占めていた[69]。後述するように，日本側は1943年8月に日本のC56型機関車2両を東北部からの米輸送列車の増強のために貸し出した[70]。また，1943年末に東線の軍用列車の本数を1.5倍に増強した際には，仏印の機関車2両を貸し出していた[71]。しかし，これ以外は基本的にタイ側が自前の機関車を用いて軍用列車を運行しなければならず，後述

---

69)　NA Bo Ko. Sungsut 2. 6. 1/3 "Banthuek Kan Prachum Cheracha Rueang Kan Setthakit lae Kankha Rawang Khaluang Setthakit Thai lae Yipun Khlang thi 16. 1943/05/14" ここでいう大型機関車とは，パシフィック型（4-6-2型），ミカド型（2-8-2型）を意味する。

70)　NA Bo Ko. Sungsut 2. 4. 1. 5/17 "Huana Anukammakan Rotfai thueng Huana Nuai Ichida Pracham Krungthep. 1943/08/27" これらの機関車は1943年11月に返却された。

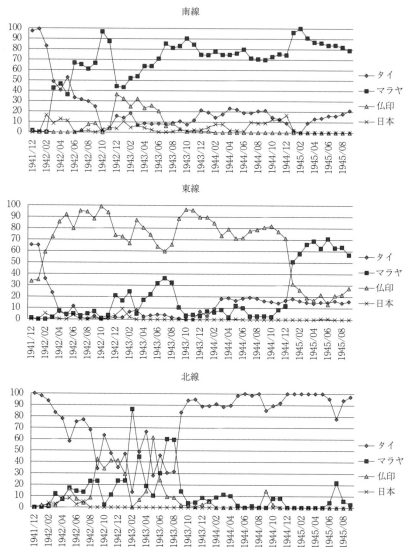

図 1-3　路線別の国別使用車両比率の推移（単位：％）

注1：バンコク市内相互発着と東北線は北線に含める。
注2：ボギー車両は2軸車2両として換算してある。
出所：図1-2と同じ，より筆者作成

第1章　日本軍による鉄道の動員——軍用列車の運行状況 65

するように機材や資材の欠乏と合わせて，使用可能な機関車を著しく減らすことになった。

(3) 軍用列車の輸送量

　日本軍の軍用列車は，どの程度の人やモノを輸送したのであろうか。表1-6は，運行予定表をベースに空車を除いた実際の輸送に使用した車両数を路線別に集計したものである。これを見ると，開戦から終戦までの総輸送車両数は計24万6,211両であったことが分かる。月別に見ると開戦直後の1942年1月の輸送車両数が1万1,980両と最も多く，次いで1945年5月の1万84両となっている。逆に1942年10月は830両と最低を記録しているが，これは水害によって列車運行が中断されたためであった。各期間の平均値を出すと，第4期の月7,368両が最も多くなり，以下第1期の6,318両，第3期の5,679両と続き，第2期が3,510両と最も少なくなる。この変化は軍用列車の運行本数と同じである。

　方向別では，全体的に下りの輸送車両数のほうが上りより多くなっており，下りの輸送車両数は総計で17万3,614両であるのに対し，上りは7万2,597両しかない。第4期は下りと上りの差は減るが，それまでは3倍程度の差がついている。路線別では南線が計14万3,859両と最も多くなり，以下東線の6万3,698両，北線の3万8,654両と続いている。南線では第4期が最も多くなるが，その主要な要因は第4期以外の時期における上りの輸送車両数の少なさにある。東線では第3期以降は月1,000〜2,000両で推移しており差が少なく，北線は1943年末に急増するなど時期による変動が極めて大きい。北線では軍用列車が設定されていない時期には一般列車での小輸送が行われていたこともあり，軍用列車が設定されていない時期にも何らかの輸送が存在していたことが分かる。

　下りと上りの極端な輸送車両数の差は，南線上りの輸送車両数の少なさに起因するものであった。1945年1月まで南線上りは多くても月500両しか

---

71)　NA Bo Ko. Sungsut 2. 4. 1. 6/5 "Huana Anukammakan Rotfai thueng Huana Nuai Ichida Pracham Krungthep. 1943/11/15"

表 1-6 日本軍の軍事輸送量の推移（運行予定表ベース）（単位：両）

期間	年月	下り				上り				計			
		南線	東線	北線	計	南線	東線	北線	計	南線	東線	北線	総計
第1期	1941/12	1,572	614	804	2,990	—	375	—	375	1,572	989	804	3,365
	1942/01	2,256	2,614	4,336	9,206	60	2,516	198	2,774	2,316	5,130	4,534	11,980
	1942/02	1,151	1,227	3,535	5,913	17	1,552	232	1,801	1,168	2,779	3,767	7,714
	1942/03	1,605	1,036	4,061	6,702	6	1,103	784	1,893	1,611	2,139	4,845	8,595
	1942/04	1,046	758	1,508	3,312	3	694	825	1,522	1,049	1,452	2,333	4,834
	1942/05	1,254	262	668	2,184	8	281	1,855	2,144	1,262	543	2,523	4,328
	1942/06	2,450	145	40	2,635	0	186	593	779	2,450	331	633	3,414
	計	11,334	6,656	14,952	32,942	94	6,707	4,487	11,288	11,428	13,363	19,439	44,230
第2期	1942/07	2,745	181	90	3,016	2	163	426	591	2,747	344	516	3,607
	1942/08	2,306	430	61	2,797	—	381	143	524	2,306	811	204	3,321
	1942/09	1,701	248	172	2,121	24	519	77	620	1,725	767	249	2,741
	1942/10	93	597	25	715	0	99	16	115	93	696	41	830
	1942/11	56	400	199	655	50	428	7	485	106	828	206	1,140
	1942/12	1,340	222	234	1,796	147	1,017	73	1,237	1,487	1,239	307	3,033
	1943/01	2,127	33	29	2,189	77	917	5	999	2,204	950	34	3,188
	1943/02	2,474	86	139	2,699	160	908	138	1,206	2,634	994	277	3,905
	1943/03	2,766	62	680	3,508	76	842	178	1,096	2,842	904	858	4,604
	1943/04	2,887	118	113	3,118	60	643	104	807	2,947	761	217	3,925
	1943/05	3,029	153	105	3,287	59	726	77	862	3,088	879	182	4,149
	1943/06	3,039	273	67	3,379	30	495	180	705	3,069	768	247	4,084
	1943/07	2,244	117	85	2,446	121	578	125	824	2,365	695	210	3,270
	1943/08	2,907	71	335	3,313	75	715	23	813	2,982	786	210	4,126
	1943/09	2,787	452	697	3,936	78	756	73	907	2,865	1,208	770	4,843
	1943/10	2,099	557	1,304	3,960	579	786	74	1,439	2,678	1,343	1,378	5,399
	計	34,600	4,000	4,335	42,935	1,538	9,973	1,719	13,230	36,138	13,973	6,054	56,165

期	月												
第3期	1943/11	2,257	730	1,613	4,600	409	1,059	849	2,317	2,666	1,789	2,462	6,917
	1943/12	3,137	627	1,498	5,262	122	1,177	1,328	2,627	3,259	1,804	2,826	7,889
	1944/01	3,876	384	760	5,020	134	765	509	1,408	4,010	1,149	1,269	6,428
	1944/02	3,680	1,044	781	5,505	125	763	205	1,093	3,805	1,807	986	6,598
	1944/03	4,201	1,019	542	5,762	194	759	105	1,058	4,395	1,778	647	6,820
	1944/04	3,658	987	185	4,830	317	1,052	87	1,456	3,975	2,039	272	6,286
	1944/05	3,050	1,055	141	4,246	238	703	421	1,362	3,288	1,758	562	5,608
	1944/06	3,112	867	85	4,064	313	620	265	1,198	3,425	1,487	350	5,262
	1944/07	2,815	842	150	3,807	313	368	175	856	3,128	1,210	325	4,663
	1944/08	2,564	697	117	3,378	249	622	124	995	2,813	1,319	241	4,373
	1944/09	2,910	383	196	3,489	178	839	89	1,106	3,088	1,222	285	4,595
	1944/10	3,439	664	214	4,317	337	789	99	1,225	3,776	1,453	313	5,542
	1944/11	3,204	756	172	4,132	184	678	75	937	3,388	1,434	247	5,069
	1944/12	1,885	839	76	2,800	252	375	28	655	2,137	1,214	104	3,455
	計	43,788	10,894	6,530	61,212	3,365	10,569	4,359	18,293	47,153	21,463	10,889	79,505
第4期	1945/01	1,100	757	61	1,918	250	742	66	1,058	1,350	1,499	127	2,976
	1945/02	2,174	847	226	3,247	2,320	800	22	3,142	4,494	1,647	248	6,389
	1945/03	3,269	1,035	72	4,376	3,156	788	7	3,951	6,425	1,823	79	8,327
	1945/04	3,131	937	74	4,142	2,864	799	7	3,670	5,995	1,736	81	7,812
	1945/05	4,235	1,024	254	5,513	3,550	939	82	4,571	7,785	1,963	336	10,084
	1945/06	3,233	717	377	4,327	2,748	730	—	3,478	5,981	1,447	377	7,805
	1945/07	4,045	992	313	5,350	3,455	866	9	4,330	7,500	1,858	322	9,680
	1945/08	3,765	1,179	558	5,502	3,145	930	25	4,100	6,910	2,109	583	9,602
	1945/09	1,595	440	115	2,150	1,105	377	4	1,486	2,700	817	119	3,636
	計	26,547	7,928	2,050	36,525	22,593	6,971	222	29,786	49,140	14,899	2,272	66,311
	総計	116,269	29,478	27,867	173,614	27,590	34,220	10,787	72,597	143,859	63,698	38,654	246,211

注1：バンコク市内相互発着と東北線は北線に含める。
注2：ボギー車両は2軸車2両として換算してある。
注3：回送車両は除外している。
出所：図1-2と同じ、より筆者作成

輸送車両数がなかったのに対し，南線下りは水害の期間を除けば月2,000～3,000両台で推移しており，南線の輸送車両数の不均衡が歴然としている。タイ側も，この運行予定表を集計して戦時中の日本軍の軍用列車に使用した車両数を把握していたが，実際にはこの運行予定表には記載されない輸送が存在した[72]。それは，南部やマラヤからバンコク方面への輸送，すなわち南線上りの輸送であった。運行予定表から判別する限り，マラヤ国境からバンコクへの輸送車両数は計73両しかなく，これは明らかに過少である。図1-2において南線上り列車の本数が少なく，とくに初期において全く列車が存在していなかったのも，南部やマラヤからバンコクへの南線上り列車が運行予定表に含まれていなかったためである。

この穴を埋めるために，請求書をベースにした南部発の輸送を加味する必要がある。請求書に記載された軍用列車の運行区間から，運行予定表には記入されていない南部やマラヤ発の輸送を特定することが可能であり，それをまとめたものが表1-7となる。これを見ると，表1-5の運行予定表に記載されていない輸送は計11万両程度存在し，下りよりも上り，すなわちマラヤ国境方面からバンコク方面への輸送が多いことが分かる。下りについては1942年6月までの輸送が多く，以後は1945年まで少ない状況が続くが，これは後述するように当初バンコクからマラヤへの直通列車がなく，ハートヤイで分割されていたためにハートヤイ発マラヤ方面行きの輸送が多くなっていたことによる。なお，この表でも1941年12月分が存在しないが，これは1941年中の南部での軍用列車の運行をタイ側が把握できておらず，最終的に日本側への請求を行わなかったためと思われる。また，1945年に入ると北線が分断されてバンコクからの直通輸送が不可能となるが，その際に北部で行われていた区間運行も運行予定表には記載されておらず，請求書から判別した分を同じ表1-7にまとめてある。

この2つの表をまとめた表1-8が，日本軍の軍事輸送の輸送車両数とな

72）　タイ側は軍用列車運行予定表から日本軍の使用した車両の軸数を集計していた。NA Bo Ko. Sungsut 2. 4. 1. 6/27 によると，開戦から1945年9月13日までの総軸数は57万1,993軸，2軸車換算で約28万6,000両となる。表1-6の総輸送車両数が24万6,211両であったことから，この差の約4万両が回送車両であったことになる。

る。これを見ると，戦時中の日本軍によるタイ国内での輸送車両数は計 35 万 6,355 両であったことが分かる。方向別では下りが計 21 万 548 両，上りが 14 万 5,807 両と表 1-6 よりも格差は縮まったが，依然としてバンコク発の輸送のほうがバンコク着の輸送よりも多くなっていることが分かる。路線によって傾向は異なり，南線は下りの輸送両数が上りの 1.5 倍，北線は下りが上りの 2.5 倍であるのに対し，東線は若干ながら上りの輸送両数のほうが多くなっている。これは，南線と東線では双方向に軍事輸送の需要があったのに対し，北線では北部からバンコクへの上り輸送の需要が低かったことを示している。線区別ではやはり南線が最も多くなり，総輸送量数は 25 万 3,388 両と全体の 71％を占めているのに対し，東線は 6 万 3,698 両で 18％，北線は 3 万 9,269 両で 11％となっている。

　これらの数値は 2 軸車に換算してあり，通常 2 軸車の最大積載量は 10 トン程度であることから，単純に考えれば計 356 万 3,550 トンの貨物が輸送されたこととなる。しかし，この中に若干の客車も含まれており，客車の場合は人の輸送であった。さらに，上述したように貨車が全体の 99％を占めていたことから，貨車でも人を輸送していた例は数多くあり，2 軸車 1 両当たり最大で 50 人程度が乗車していた[73]。このため，輸送に使用した車両数は判別するものの，正確な人やモノの輸送量までは分からない。

　それでも，日本軍の軍事輸送が戦時中のタイの鉄道の主要な任務となったことは明らかである。図 1-4 は日本軍の軍事輸送とタイ側の一般貨物輸送の輸送車両数を比較したものである。一般貨物輸送の輸送車両数は，総輸送量を 2 軸車 1 両の最大積載量 10 トンで除したものである。これを見ると，1941 年に年間約 18.5 万両分あった一般貨物輸送が翌年には半減し，それをほぼ相殺する形で日本軍の軍事輸送が出現していたことが分かる。そして，1944 年以降は一般貨物輸送が大幅に減少する一方で，日本軍の輸送はほとんど変化せず，軍事輸送が一般輸送を上回るようになった。すなわち，タイ

---

73)　例えば，1943 年 5 月 2 日にバンコクからバーンポーンへ向かった軍用列車には貨車 18 両に労務者 1,000 人が乗車して 1 両平均 56 人，同月 6 日に同じ区間に貨車 17 両で労務者 800 人が乗車して 1 両平均 47 人であった［NA Bo Ko. Sungsut 2. 4. 1. 6/15 "Raingan Banthuek Singkhong Tangtang Thahan Yipun thi Yan Sathani Krungthep."］。

表 1-7　日本軍の軍事輸送量の推移（請求書ベース）（単位：両）

期間	年月	下り			上り			計		
		南線	北線	計	南線	北線	計	南線	北線	総計
第1期	1942/01	5,260	−	5,260	3,172	−	3,172	8,432	−	8,432
	1942/02	3,616	−	3,616	3,345	−	3,345	6,961	−	6,961
	1942/03	5,171	−	5,171	5,002	−	5,002	10,173	−	10,173
	1942/04	2,451	−	2,451	2,033	−	2,033	4,484	−	4,484
	1942/05	2,446	−	2,446	1,050	−	1,050	3,496	−	3,496
	1942/06	2,307	−	2,307	862	−	862	3,169	−	3,169
	計	21,251	−	21,251	15,464	−	15,464	36,715	−	36,715
第2期	1942/07	790	−	790	585	−	585	1,375	−	1,375
	1942/08	171	−	171	380	−	380	551	−	551
	1942/09	118	−	118	356	−	356	474	−	474
	1942/10	211	−	211	831	−	831	1,042	−	1,042
	1942/11	59	−	59	342	−	342	401	−	401
	1942/12	263	−	263	366	−	366	629	−	629
	1943/01	292	−	292	884	−	884	1,176	−	1,176
	1943/02	199	−	199	390	−	390	589	−	589
	1943/03	156	−	156	277	−	277	433	−	433
	1943/04	450	−	450	1,716	−	1,716	2,166	−	2,166
	1943/05	151	−	151	3,489	−	3,489	3,640	−	3,640
	1943/06	225	−	225	2,077	−	2,077	2,302	−	2,302
	1943/07	316	−	316	2,318	−	2,318	2,634	−	2,634
	1943/08	320	−	320	2,328	−	2,328	2,648	−	2,648
	1943/09	244	−	244	2,414	−	2,414	2,658	−	2,658
	1943/10	106	−	106	1,992	−	1,992	2,098	−	2,098
	計	4,071	−	4,071	20,745	−	20,745	24,816	−	24,816
第3期	1943/11	173	−	173	627	−	627	800	−	800
	1943/12	143	−	143	2,196	−	2,196	2,339	−	2,339
	1944/01	38	−	38	3,794	−	3,794	3,832	−	3,832
	1944/02	60	−	60	2,228	−	2,228	2,288	−	2,288
	1944/03	52	−	52	2,352	−	2,352	2,404	−	2,404
	1944/04	45	−	45	2,210	−	2,210	2,255	−	2,255
	1944/05	23	−	23	2,006	−	2,006	2,029	−	2,029
	1944/06	101	−	101	1,871	−	1,871	1,972	−	1,972
	1944/07	37	−	37	1,653	−	1,653	1,690	−	1,690
	1944/08	186	−	186	2,870	−	2,870	3,056	−	3,056
	1944/09	91	−	91	2,090	−	2,090	2,181	−	2,181
	1944/10	152	−	152	1,805	−	1,805	1,957	−	1,957
	1944/11	200	−	200	1,266	−	1,266	1,466	−	1,466
	1944/12	62	−	62	813	−	813	875	−	875
	計	1,363	−	1,363	27,781	−	27,781	29,144	−	29,144

第4期	1945/01	356	11	367	726	43	769	1,082	54	1,136
	1945/02	426	−	426	933	20	953	1,359	20	1,379
	1945/03	796	4	800	1,340	11	1,351	2,136	15	2,151
	1945/04	924	−	924	1,556	8	1,564	2,480	8	2,488
	1945/05	1,067	28	1,095	783	8	791	1,850	36	1,886
	1945/06	1,539	45	1,584	1,682	22	1,704	3,221	67	3,288
	1945/07	2,658	84	2,742	1,117	45	1,162	3,775	129	3,904
	1945/08	1,720	121	1,841	731	95	826	2,451	216	2,667
	1945/09	445	25	470	55	45	100	500	70	570
	計	9,931	318	10,249	8,923	297	9,220	18,854	615	19,469
総計		36,616	318	36,934	72,913	297	73,210	109,529	615	110,144

注1：運行予定表と重複する分は除外してある。
注2：ボギー車両は2軸車2両として換算してある。
注3：回送車両は除外してある。
出所：NA Bo Ko. Sungsut 2. 4. 1. 7 より筆者作成

の鉄道における軍事輸送は，当初一般貨物輸送と同じ程度の比重を占めたが，徐々にその比率が高まって最終的には総輸送量の8割を日本軍の軍事輸送が占めるという状況に至ったのである。

第4節　軍事輸送の推移

(1) 第1期（戦線拡大期）

　本節では，期間ごとの地域間の軍事輸送の状況について，上述した運行予定表と請求書から得られる輸送両数を集計して算出した地域間輸送両数をベースに，その週平均値を図示したものを用いて分析を進める。図の線の太さは輸送量数に比例させてあり，数値は平均輸送両数を示している。

　最初の第1期は開戦直後の時期であり，タイはマレー侵攻作戦とビルマ攻略作戦という2つの戦線拡大のための軍勢の通過地点として機能することとなった。開戦とともに日本軍はマレー半島の何ヶ所かに上陸し，マラヤへ向かって南下していった。他方で東の仏印からは陸路でマラヤやビルマを目指す部隊が入り，後に後者は中部からメーソートを経由してビルマへと進んで

表1-8　日本軍の軍事輸送量の推移（集計）（単位：両）

期間	年月	下り				上り				計			
		南線	東線	北線	計	南線	東線	北線	計	南線	東線	北線	総計
第1期	1941/12	1,572	614	804	2,990	—	375	—	375	1,572	989	804	3,365
	1942/01	7,516	2,614	4,336	14,466	3,232	2,516	198	5,946	10,748	5,130	4,534	20,412
	1942/02	4,767	1,227	3,535	9,529	3,362	1,552	232	5,146	8,129	2,779	3,767	14,675
	1942/03	6,776	1,036	4,061	11,873	5,008	1,103	784	6,895	11,784	2,139	4,845	18,768
	1942/04	3,497	758	1,508	5,763	2,036	694	825	3,555	5,533	1,452	2,333	9,318
	1942/05	3,700	262	668	4,630	1,058	281	1,855	3,194	4,758	543	2,523	7,824
	1942/06	4,757	145	40	4,942	862	186	593	1,641	5,619	331	633	6,583
	計	32,585	6,656	14,952	54,193	15,558	6,707	4,487	26,752	48,143	13,363	19,439	80,945
第2期	1942/07	3,535	181	90	3,806	587	163	426	1,176	4,122	344	516	4,982
	1942/08	2,477	430	61	2,968	380	381	143	904	2,857	811	204	3,875
	1942/09	1,819	248	172	2,239	380	519	77	976	2,199	767	249	3,215
	1942/10	304	597	25	926	831	99	16	946	1,135	696	41	1,872
	1942/11	115	400	199	714	392	428	7	827	507	828	206	1,541
	1942/12	1,603	222	234	2,059	513	1,017	73	1,603	2,116	1,239	307	3,662
	1943/01	2,419	33	29	2,481	961	917	5	1,883	3,380	950	34	4,364
	1943/02	2,673	86	139	2,898	550	908	138	1,596	3,223	994	277	4,494
	1943/03	2,922	62	680	3,664	353	842	178	1,373	3,275	904	858	5,037
	1943/04	3,337	118	113	3,568	1,776	643	104	2,523	5,113	761	217	6,091
	1943/05	3,180	153	105	3,438	3,548	726	77	4,351	6,728	879	182	7,789
	1943/06	3,264	273	67	3,604	2,107	495	180	2,782	5,371	768	247	6,386
	1943/07	2,560	117	85	2,762	2,439	578	125	3,142	4,999	695	210	5,904
	1943/08	3,227	71	335	3,633	2,403	715	23	3,141	5,630	786	358	6,774
	1943/09	3,031	452	697	4,180	2,492	756	73	3,321	5,523	1,208	770	7,501
	1943/10	2,205	557	1,304	4,066	2,571	786	74	3,431	4,776	1,343	1,378	7,497
	計	38,671	4,000	4,335	47,006	22,283	9,973	1,719	33,975	60,954	13,973	6,054	80,981
第3期	1943/11	2,430	730	1,613	4,773	1,036	1,059	849	2,944	3,466	1,789	2,462	7,717

第1章　日本軍による鉄道の動員──軍用列車の運行状況

1943/12	3,280	627	1,498	5,405	2,318	1,177	1,328	4,823	5,598	1,804	2,826	10,228
1944/01	3,914	384	760	5,058	3,928	765	509	5,202	7,842	1,149	1,269	10,260
1944/02	3,740	1,044	781	5,565	2,353	763	205	3,321	6,093	1,807	986	8,886
1944/03	4,253	1,019	542	5,814	2,546	759	105	3,410	6,799	1,778	647	9,224
1944/04	3,703	987	185	4,875	2,527	1,052	87	3,666	6,230	2,039	272	8,541
1944/05	3,073	1,055	141	4,269	2,244	703	421	3,368	5,317	1,758	562	7,637
1944/06	3,213	867	85	4,165	2,184	620	265	3,069	5,397	1,487	350	7,234
1944/07	2,852	842	150	3,844	1,966	368	175	2,509	4,818	1,210	325	6,353
1944/08	2,750	697	117	3,564	3,119	622	124	3,865	5,869	1,319	241	7,429
1944/09	3,001	383	196	3,580	2,268	839	89	3,196	5,269	1,222	285	6,776
1944/10	3,591	664	214	4,469	2,142	789	99	3,030	5,733	1,453	313	7,499
1944/11	3,404	756	172	4,332	1,450	678	75	2,203	4,854	1,434	247	6,535
1944/12	1,947	839	76	2,862	1,065	375	28	1,468	3,012	1,214	104	4,330
計	45,151	10,894	6,530	62,575	31,146	10,569	4,359	46,074	76,297	21,463	10,889	108,649
第4期 1945/01	1,456	757	72	2,285	976	742	109	1,827	2,432	1,499	181	4,112
1945/02	2,600	847	226	3,673	3,253	800	42	4,095	5,853	1,647	268	7,768
1945/03	4,065	1,035	76	5,176	4,496	788	18	5,302	8,561	1,823	94	10,478
1945/04	4,055	937	74	5,066	4,420	799	15	5,234	8,475	1,736	89	10,300
1945/05	5,302	1,024	282	6,608	4,333	939	90	5,362	9,635	1,963	372	11,970
1945/06	4,772	717	422	5,911	4,430	730	22	5,182	9,202	1,447	444	11,093
1945/07	6,703	992	397	8,092	4,572	866	54	5,492	11,275	1,858	451	13,584
1945/08	5,485	1,179	679	7,343	3,876	930	120	4,926	9,361	2,109	799	12,269
1945/09	2,040	440	140	2,620	1,160	377	49	1,586	3,200	817	189	4,206
計	36,478	7,928	2,368	46,774	31,516	6,971	519	39,006	67,994	14,899	2,887	85,780
総計	152,885	29,478	28,185	210,548	100,503	34,220	11,084	145,807	253,388	63,698	39,269	356,355

注1：バンコク市内相互発着と東北線は北線に含める。
注2：ボギー車両は2軸車2両として換算している。
注3：回送車両は除外している。
出所：表1-6、1-7より筆者作成

図 1-4　一般貨物輸送と日本軍の軍事輸送の輸送車両数の推移（単位：両）

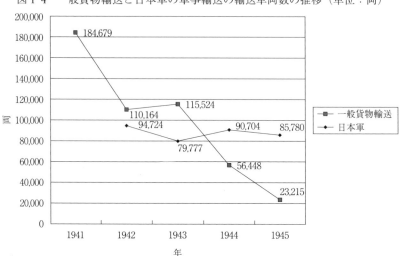

注1：一般貨物輸送の輸送車両数は，各年の総輸送量を10で除した数値である。
注2：1941年中の日本軍の軍事輸送の輸送車両数は省略してある。
出所：表1-6，表1-7，SYB（1945-55），380-381より筆者作成

いった。このため，この時期の日本軍の主要な移動ルートは，仏印からバンコク経由でマラヤとビルマを目指すものであった。

　図1-5は，この時期の軍事輸送状況を週平均の車両数でまとめたものである。この時期の週平均の輸送両数は2,791両と，4つの期間中で最も多くなっていた（527頁附表1参照）。この図を見ると，この時期の輸送はカンボジア～バンコク間の輸送と，バンコクから北線，南線への輸送が多くなっており，日本軍の移動ルートと一致していたことが分かる。バンコクからマラヤへの直接の輸送はないが，これは運行予定表では1942年7月11日までバンコク発の列車はすべてハートヤイ行とされていたためである。実際にはこれらの列車のほとんどがマラヤへ向かったものと思われるが，ソンクラーなど南線3区間からマラヤへの輸送も別に存在することから，この図では南線3区間で分けてある。

　マレー戦線拡大のための輸送は，バンコク発の輸送とソンクラーなど南部発の輸送に大別された。上述のように，日本軍は開戦後直ちに南線を利用してバンコクとソンクラーからマラヤ方面への輸送を開始しており，図1-5の

第1章 日本軍による鉄道の動員——軍用列車の運行状況 | 75

図1-5 日本軍の軍事輸送量（週平均）（第1期）（単位：両）

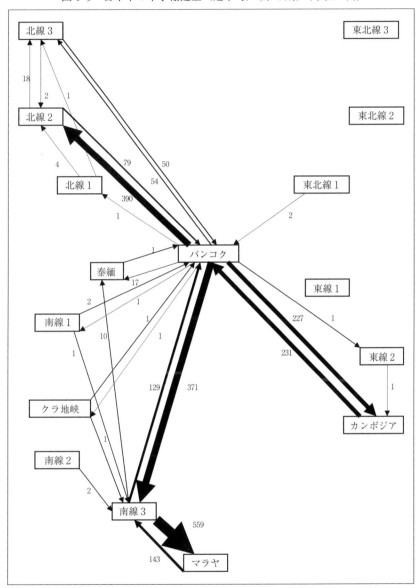

出所：附表1より筆者作成

ようにバンコク発が週 371 両（1 日平均 53 両），南線 3 区間発が週 559 両（1
日平均 80 両）となっていた。また，図には現れていないが，附表 1（527 頁）
のようにこの時期には南線 3 区間内の輸送量が週平均 423 両と多くなってい
た。このうち 58% がソンクラー発ハートヤイ着の輸送であったことから，
週平均 245 両（1 日平均 35 両）がソンクラーからハートヤイに到着していた
ことになる[74]。南線 3 区間発にはバンコク発とソンクラー発の双方が含まれ
ていたために，図中では最大の輸送両数となっているのである。マラヤ側で
はイギリスが鉄道施設を破壊して撤退したため直ちに鉄道が利用可能となっ
たわけではなかったが，1942 年 1 月 20 日頃までにはクアラルンプールまで
の列車運行が可能になったという［防衛研修所戦史室 1966, 401］。このバン
コク発の輸送は，後述するように主として近衛師団主力部隊の移動であった
ものと考えられる[75]。

　一方，バンコクから北線 2 区間への輸送数も週平均 390 両（1 日平均 56
両）とバンコク発の南線下りより多くなっているが，こちらはビルマ戦線向
けの輸送であった。タイ側の資料によれば，開戦当日の 12 月 8 日に早くも
日本側はビルマへの進軍のためターク～メーソート間，カーンチャナブリー
～タヴォイ（ダウェー）間の道路整備を要請していた[76]。結局ビルマへの進
軍は，古くからの隊商ルートであったメーソート経由で行うことになり，鉄
道でピッサヌロークもしくはサワンカロークまで北上し，そこから自動車で
ターク，メーソート経由でビルマに入ることになった。当時ターク～メー
ソート間道路は国道に指定されたばかりで自動車の通行可能な道路は存在し
なかったが，タイ軍と日本軍が協力して約 50 日で自動車が通れるような道
路が完成した［Reynolds 1994, 115］[77]。ピッサヌローク，サワンカロークと
も北線 2 区間であることから，この時期の北線での軍事輸送は大半が北線 2

---

74)　第 1 期の南線 3 区間内の輸送量は計 1 万 2,272 両であり，このうちソンクラー発ハートヤイ
　　着の輸送が 7,077 両を占めていた。

75)　近衛師団は開戦と同時に仏印南部から主に自動車でバンコクに入ったが，すぐに鉄道を用い
　　てマレー半島への転戦を開始した［防衛研修所戦史室 1966, 269–271］。詳しくは，第 3 章を参照。

76)　NA Bo Ko. Sungsut 1. 12/20 "Banthuek Raingan Kan Prachum Rawang Kongthap Thai lae Kongthap
　　Yipun. 1941/12/08"

77)　ターク～メーソート間道路は 1941 年に建設国道に指定されたが，開戦までに着工された痕跡
　　はなかった。

区間着となっていたのである。このルートでビルマへ進軍したのは，後述するように第55，第33師団であった[78]。

　この2つの戦線への輸送に関わったのが，プノンペンからバンコクへの東線での輸送であった。図1-5を見ると，カンボジアからバンコクへの輸送数は週231両（1日平均33両）であったが，2月上旬までは軍用列車が1日3〜4本運行されていた時期もあった。しかし，この区間はマレー戦線，ビルマ戦線向け双方の輸送が重複するにもかかわらず，輸送力が貧弱であったことから，とくにマレー戦線向け輸送を優先した結果，ビルマ戦線向けの輸送が影響を受けたという［防衛研修所戦史室 1967, 89][79]。このため，東線の輸送両数は結果としてそれほど多くはなく，並行する道路や海路が代替機能を果たしたものと思われる。なお，東線ではバンコクからカンボジアへの輸送も同程度存在していたが，これが何を目的としたものであったかは判別しない。

(2) 第2期（泰緬鉄道建設期）

　次の第2期は，1942年7月に泰緬鉄道の建設が始まってから翌年10月に開通するまでの期間であり，日本軍の戦線拡大が一段落して，部隊の移動も一旦収まった時期である。他方で，泰緬鉄道の建設が始まることから，マラヤや仏印からの建設資材や労働力の輸送が活発となり，日本軍の活動も泰緬鉄道の建設が中心とった。他にもマラヤへの米輸送も始まるなど，人よりモノの輸送が活発化した時期でもあった[80]。

　図1-6がこの時期の輸送状況を示しており，南線での輸送が活発化したのに対し，東線ではバンコクからカンボジアへの輸送を中心に輸送が減り，北

78）　このうち，第55師団は仏印北部から陸路でバンコクに集結後にビルマへ向かっており，東線と北線を利用していたはずである。一方，第33師団は中国からバンコクに海路到着したことから，北線のみを利用していた［防衛研修所戦史室 1967, 77-78］。詳しくは，第3章を参照。

79）　東線は開戦までは仏印の鉄道とは連絡していなかったことから列車本数も少なく，全線を運行する列車も1日1往復しか存在しなかった。このため，開戦後にバンコク〜プノンペン間に多数の列車を運行しようとしても無理があったものと思われる。

80）　近衛師団や第55，第33師団がマラヤやビルマへ進出した後に，タイ国内には独立混成第4連隊の一部が警備部隊として残ったが，1942年半ばにマラヤに転出したことで一時的にタイ国内から警備兵力はなくなった。しかし，泰緬鉄道の建設中に発生したバーンポーン事件を契機に，日本軍は1943年1月に泰国駐屯軍司令部を設置し，警備部隊の駐屯を復活させた。詳しくは，第3章を参照。

78

図1-6 日本軍の軍事輸送量（週平均）（第2期）（単位：両）

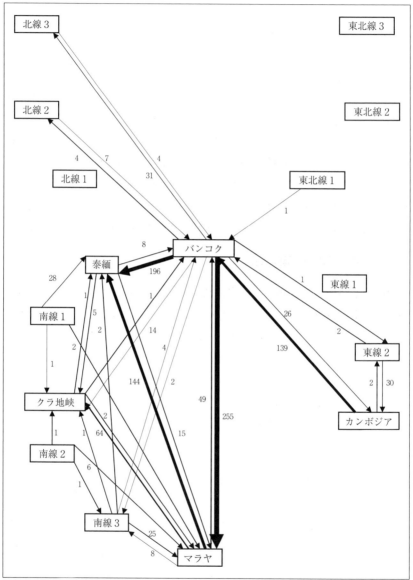

出所：附表2より筆者作成

線もほとんど輸送がないことが分かる。輸送両数が最も多いのはバンコクからマラヤへの輸送であり，次いでバンコクから泰緬区間，マラヤから泰緬区間への輸送となる。部隊の移動が一段落したこともあって，週平均の輸送両数は 1,157 両と最も少ない時期であった（528 頁附表 2 参照）。

　バンコクからマラヤへの輸送は，先の図 1-2 で見たようにこの時期には 1 日 2～3 本の列車で賄われていた。第 1 期よりは減ったものの，それなりの輸送両数を保っていたことが分かる。既にマラヤは日本軍の軍政下に入っており，戦線拡大のための輸送は必要なかったはずである。ここでは詳細には立ち入らないが，このバンコクからマラヤへの輸送の主要な品目は米であった[81]。米輸送列車はトンブリー駅発であり，通常貨車 25 両で構成され，1 列車で最大約 250 トンの輸送が可能であった。

　残る泰緬区間への輸送は，泰緬鉄道建設のための輸送であった。この鉄道の建設が始まると，バンコクからの南線下りの輸送両数の半数弱が泰緬区間着となっていた。これには鉄道の起点となるノーンプラードゥックと，隣駅でカーンチャナブリー方面への道路の分岐点となるバーンポーンの 2 つの駅が含まれており，泰緬鉄道の開通まではバーンポーン着の輸送も少なからず存在した。泰緬区間への輸送が始まったことで，南線の軍用列車の多くはマラヤへの車両と泰緬で切り離す車両を併結するようになり，泰緬区間の駅での貨車の切り離しが増加した。バンコクから泰緬区間への輸送には，カンボジアから東線経由で運ばれてきた物資も存在した。

　泰緬鉄道の建設資材は，バンコクのみならずマラヤからも運ばれていた。泰緬鉄道のタイ側の建設現場で使用するレールは，主にマラヤの東海岸線から転用したものもあった［野田 1981, 17][82]。また，建設に従事する連合軍の捕虜やアジア人労務者の輸送もここに含まれていると思われる。戦後カナダの諜報部員ブレット（C. C. Brett）が行った調査によると，泰緬鉄道の建設

---

81)　日本軍は 1942 年 5 月 25 日からトンブリー～シンガポール間で 1 日 1 本米輸送列車を運行したいとタイ側に説明し，協力を求めていた［NA Bo Ko. Sungsut 2. 4. 1. 1/2 "Kho Toklong Bang Prakan Rawang Anukammakan Rotfai kap Chaonathi Fai Yipun. 1942/05/25"］。

82)　ビルマ側ではモールメイン～イェー線の泰緬鉄道との接続点（タンビューザヤッ）以南のレールと，ラングーン～マンダレー線の複線区間の 1 線分のレールを用いていた。

のためにマラヤからタイへ送られた連合軍の捕虜は合計すると約5万人であったという［Brett 2006, 194］。貨車1両に50人を乗車させたとしても計1,000両の貨車が必要であった。この捕虜輸送について，吉川は主としてタイからマラヤへの米輸送列車の返送のための回送列車が用いられたと記述しているが［吉川 1994, 107］，図1-6からもマラヤからの南線上り列車は泰緬区間までの輸送が大半であったことが分かる。運行予定表では泰緬区間からバンコクへの回送列車が多かったが，それらの列車は実際にはマラヤから泰緬区間までは何らかの輸送を担っていたのである。

　また，この時期になるとクラ地峡への輸送が増えており，マラヤからは週64両がクラ地峡，すなわちクラ地峡鉄道の起点チュムポーンに到着していることが分かる。これは，泰緬鉄道の補完として1943年6月にチュムポーン～カオファーチー間のクラ地峡鉄道の建設が急遽始まったためであった。後述するように，この鉄道建設は1943年2月に大本営が泰緬鉄道の輸送能力を3分の1に削減する代わりに，工期を4ヶ月短縮する命を出したことに対する，補完ルートの整備の意味を持っていた。

(3) 第3期（泰緬鉄道開通期）

　この時期にはインパール作戦期が含まれることから，ビルマ向けの輸送が活発化した時期であった。1942年5月に日本軍はビルマ全域を制圧したが，その後連合軍は反撃を試み，1942年末から西のアキャブ（シットゥエー）へ，1943年始めには北部のカチン方面へと連合軍が進軍してきた［防衛研修所戦史室 1968, 14-77］。日本軍はビルマの防衛機構を強化するために緬甸方面軍を編成して兵力の増強を進めたが，広大なビルマの防衛は難しいことから更なる攻略によって劣勢を打開することとなり，最終的にインドのインパール方面へ進軍することに決めた。このため，1943年末からインパール作戦の準備が始まり，翌年3月から本格的に作戦が開始されたのであった。ビルマ戦線へ向けた部隊の移動が活発となり，シンガポールや仏印から泰緬鉄道経由でビルマへ向かうルートが中心となった。

　この時期には，泰緬鉄道が開通したことで，軍用列車の運行は再び活発となり，週平均の輸送両数は1,780両と第2期に比べて増加した（529頁附表3

第1章　日本軍による鉄道の動員――軍用列車の運行状況 | 81

図1-7　日本軍の軍事輸送量（週平均）（第3期）（単位：両）

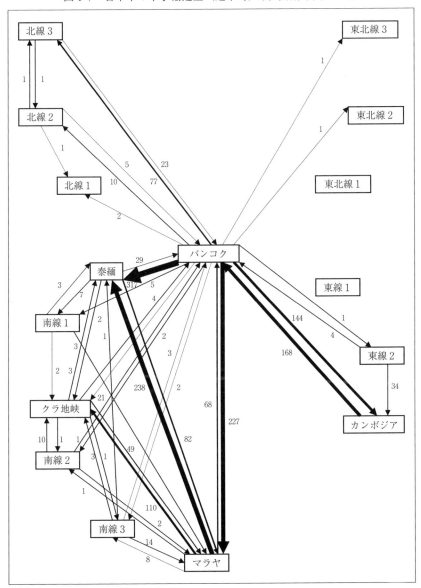

出所：附表3より筆者作成

参照)。図1-7から分かるように，この時期にはバンコクから泰緬区間への輸送が最も多くなり，バンコクからマラヤへとマラヤから泰緬区間への輸送がそれに次いでいる。東線の輸送も増加し，とくにバンコクからカンボジアへの下りの輸送が急増している。北線での輸送も復活し，第1期ほどではないものの，第2期と比べれば輸送両数は大きく増加していた。第1期と同じく，基本的には日本軍の移動ルートと輸送状況は対応していた。

　ビルマ戦線向けの兵力や物資の輸送に重要な役割を果たしたのが，開通したばかりの泰緬鉄道であった。泰緬鉄道への輸送はバンコクとマラヤから行われており，この時期に泰緬区間に到着する車両は週平均562両と，全体の32％を占めていた。バンコクからの輸送には，カンボジアから継送されてくるものも含まれており，カンボジア発着の輸送は事実上サイゴン発着の輸送であった。すなわち，泰緬区間に到着する輸送は，サイゴンからカンボジア，バンコク経由のルートと，シンガポールからマラヤ経由で到着するルートの2つが存在したのである。泰緬鉄道経由でビルマへと向かった部隊は，後述するように主に第2，第53師団であった[83]。

　泰緬鉄道を補完する役割を担うクラ地峡鉄道も1943年12月末には開通することから，図1-7のマラヤからクラ地峡への輸送も週平均110両と多くなっていることが分かる[84]。実際には最初の数ヶ月は建設資材の輸送であったが，1944年に入ると兵や物資の輸送が主流となったはずである[85]。クラ地峡に到着する車両の大半はマラヤ発であることから，迂回路となることも

83）　第53師団は日本からサイゴン，シンガポールを経て主に泰緬鉄道経由でビルマへと入っていた［防衛研修所戦史室 1968, 384-386］。他に，フィリピンからマラヤ経由で転戦した第2師団も一部が泰緬鉄道を経由した。なお，ブレットは第49師団も泰緬鉄道経由で1944年2～4月にかけてビルマに入ったとしているが，日本側の資料によると，この部隊は朝鮮で編成されたもので，1944年6月に釜山を発ったとされており，時期が異なっている［防衛研修所戦史室 1969a, 608］。詳しくは，第4章を参照。

84）　吉田他編［1983］には1943年12月25日に開通したと書かれているが，NA Bo Ko. Sungsut 2. 4. 1. 3/9 "Raingan Kan Chat Sang Thang Rotfai Thahan Phan Khokhot Kra nai Khet Amphoe Kraburi Pracham Sapda thi 21. 1944/01/09" によると，1944年1月3日に開通式が行われていた。

85）　NA Bo Ko. Sungsut 2. 4. 1. 3/15 は，チュムポーン県知事がバンコクへ向けて送った外国人の状況に関する報告であるが，これを見るとチュムポーンに到着してクラ地峡を横断したのは，主にインド国民軍の兵であった。シンガポールで編成されたインド国民軍は計3万人であり，他に義勇兵が2万人いたことから［防衛研修所戦史室 1968, 175-176］，彼らの多くがクラ地峡経由でビルマへ向かったものと思われる。詳しくは，第3，4章を参照。

第1章　日本軍による鉄道の動員——軍用列車の運行状況 | 83

あってバンコク方面からの輸送は少なかったことが分かる。ただし，こちらはあくまでも補完的な役割を担っていたことと，泰緬鉄道とは異なりクラ地峡を横断してからは海路で北上する必要があったことから，泰緬着の輸送に比べればはるかに少なかった。

　ビルマへの輸送は，北線経由でも行われていた。日本軍は泰緬鉄道の補完としてクラ地峡鉄道のほかに，タイ北部からビルマへ入るルートの整備も検討していた。このルートは自動車を使用することとなり，前回のビルマ攻略の際はターク，メーソート経由の道路が使用されたものの，このルートはその後荒廃していたことから，新たにチエンマイから西に進んでタウングーに出る道路を整備することに決めた［防衛研修所戦史室 1968, 140］。このため，1943年8月から建設部隊がチエンマイへ向けて送られたが，400kmに及ぶ道路を2ヶ月間で整備するという要請には応えられず，結局既存のラムパーンからチエンラーイ，チエントゥンを経由してタウンジーへ至る道路を使用することとした［歩兵第五十一聯隊史編集委員会 1970, 281］。このため，今回の輸送は第1期とは異なり北線3区間着となり，図には現れないがチエンマイに派遣された部隊をラムパーンに移すための北線3区間内の輸送も週平均で39両存在していた（529頁附表3参照）[86]。後述するように，この道路建設はインパール作戦へ参加した第15師団が担当し，ラムパーン経由でビルマへ向かった部隊もこの師団であった[87]。

(4) 第4期（路線網分断期）

　1944年末になると，連合軍の空襲による橋梁の破壊が頻繁になり，鉄道輸送が寸断されることとなった。北線では1944年11月にバーンダーラーのナーン川橋梁が空襲されて使用不能となり，仮設橋を建設して1945年1月1日に完成させたものの，5日後に再び破壊されていた[88]。南線では最大の

---

86)　第3期の北線3区間内の輸送量は計2,385両であり，このうちチエンマイ発ラムパーン着の輸送が計2,232両と全体の94%を占めた。

87)　仏印の第21師団の工兵隊もこの道路工事に従事しており，第15師団のビルマへの転進後も作業を進め，1944年5月に完成させた［防衛研修所戦史室 1969b, 548-549］。詳しくは，第4章を参照。

88)　NA Bo Ko. Sungsut 2. 4. 3/7 "Raingan Thuk Thamlai."

84

橋梁であるラーマ6世橋も被災し，1945年1月2日の空襲で復旧不能となった[89]。さらに，1945年1月中にその先のターチーン川，メークローン川の橋梁も相次いで空襲に遭い，南線はナコーンチャイシー，ラーチャブリーで分断された[90]。

　それでも，ビルマでの戦況の悪化から，タイの防衛が重視されるようになり，日本軍が部隊の移動を積極的に行った時期でもあった[91]。ビルマからタイへ逃れてくる部隊がある一方で，タイの防衛のために仏印やマラヤ方面から新たな部隊がタイへ送り込まれてきた。タイ国内でも日本軍の展開が目覚しくなり，バンコク北東のナコーンナーヨックに陣地の構築を始めたのみならず，これまでほとんど日本軍が入り込まなかった東北部に駐屯を始めた。また，明号作戦（仏印処理　第4章参照）のためにビルマから仏印へ部隊を送り込むなど，日本軍の動きは非常に活発であった。このため，鉄道が随所で寸断されたにもかかわらず，軍事輸送自体は盛んであった。

　図1-8は，この第4期の輸送状況を示している。全体の輸送両数自体はさらに増加して週平均2,318両と第1期に次いで多くなっていたが（530頁附表4参照），実態は図に現れているように短区間輸送の増加でしかなかった。これを見ると，全体的に長距離輸送が大幅に減少し，短区間の輸送が中心となったことが分かる。最も輸送が多いのは南線1（北）区間と泰緬区間の間であり，ナコーンチャイシーのターチーン川橋梁と泰緬鉄道の間の輸送であった。従来バンコクと泰緬区間の間で行われていた輸送が，ターチーン川橋梁の不通によって短縮されたのである。これに接続する南線1（北）区間とバンコクとの間の輸送のほうが少ないことから，この間では水運に代替さ

---

89)　Ibid. "Banthuek Kan Sonthana Rueang Pongkan Phai Thang Akat Kiaokae Kitchakan Rotfai. 1945/01/05" 運行予定表では，1944年12月5日以降バンコク駅発の南線の軍用列車がなくなることから，12月4日に空襲を受け不通になり，1月2日の空襲で復旧を断念したものと思われる。

90)　NA Bo Ko. Sungsut 2. 4. 3/7 "Raingan Thuk Thamlai."

91)　第4章で見るように，この時期にはビルマから撤退してきた部隊（第2師団，第55師団，第15師団）がタイに入って来たのみならず，連合軍の攻撃に備えてタイの防衛を強化するために，マラヤ（第4師団）や仏印（第22師団，第37師団）からタイへの部隊も行われており，鉄道輸送が大きな打撃を受けたにもかかわらず，タイ国内での軍事輸送はむしろ活発化していった。しかしながら，頻繁な積み替えを強いられたことから，人の輸送に比べてモノの輸送は大幅に減少したものと思われる。

第1章　日本軍による鉄道の動員——軍用列車の運行状況　85

図 1-8　日本軍の軍事輸送量（週平均）（第 4 期）（単位：両）

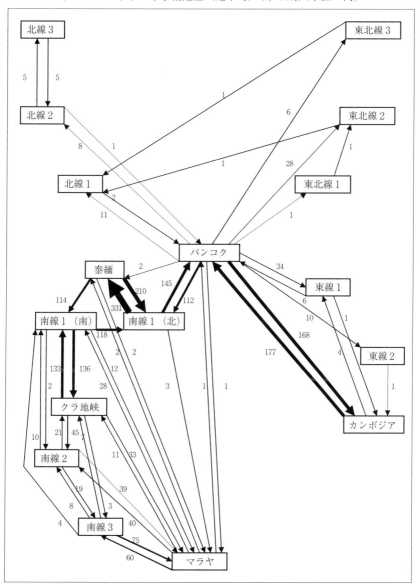

出所：附表 4 より筆者作成

れる輸送も少なからず存在したものと推測される[92]。その先も短区間の輸送が中心となっており，長距離輸送は非常に限定されていたことから，実際にはバンコク〜マラヤ間などの南線を縦貫する輸送は，区間ごとに中継される分を含めても第3期に比べ大幅に減少したことが分かる[93]。

北線での輸送も，ほぼ壊滅状態であった。バーンダーラーの橋梁以外にも被害を受けた橋梁は数多く，南線以上に不通区間が多くなっていた。このため，バンコク〜北部間の輸送は主に水運を利用することとなり，1945年4月初めの時点ではバンコク〜ピッサヌローク間が水運，ピッサヌローク〜サワンカローク間が自動車での輸送となり，サワンカロークからチエンマイまでの区間のみ鉄道が利用可能な状況であった[94]。運行予定表にはこのサワンカローク以遠の輸送については一切現れてこないが，請求書から判別する限りでは上下とも週に5両程度しかなかった。

北線と南線が長大橋梁の破壊で寸断されたのに対し，東線では大きな橋梁が存在しなかったことから，長期的な不通区間は発生せず，バンコク〜プノンペン間の長距離輸送が維持されていた。後述するように，この時期に第37師団がプノンペンからバンコクへ，第2，第55師団がバンコクからプノンペンへと移動している。また，これまでほとんど存在しなかった東線1区間発着の輸送が見られるが，これは主としてプラーチーンブリーへの輸送であった。プラーチーンブリーの北西約30kmのナコーンナーヨックの山中では日本軍が複郭陣地を構築しており，このための資材輸送が行われていたものと推測される[95]。

---

92) 日本側はバンコク〜ナコーンチャイシー間での水運による中継輸送を行うために，タイ側に船の調達を依頼してきた［NA Bo Ko. Sungsut 2. 4. 2/9「泰陸武第二八二号　舟艇雇傭ニ関シ便宜供興相成度件照会 1945/04/23」］。

93) 南線2区間のチュムポーン〜スラーターニー間でも複数の橋梁が空襲の被害で不通になっており，請求書から判別する限りこの区間内で不通になった橋梁間での区間輸送が時期によって見られた。それでも，この時期には例えば第4師団がスマトラからマラヤ経由で南線を利用してタイに入るなど部隊の移動は存在しており，寸断された南線を細切れに用いながらも軍事輸送は行われていた。

94) NA［2］So Ro. 0201. 98/49 "Banthuek Kan Sonthana Rueang Pongkan Phai Thang Akat Kiaokae Kitchakan Rotfai. 1945/04/09"

95) スマトラからマラヤ経由でタイに到着した第4師団の一部と，仏印からの第37師団がナコーンナーヨックの陣地構築の任務に当たっていた［防衛研修所戦史室 1969b, 686-687, 706］。詳しくは，第4章を参照。

第 1 章　日本軍による鉄道の動員——軍用列車の運行状況 ｜ 87

　また，この時期には東北線への軍事輸送が発生していた点も注目される。これまで東北線が軍事輸送に用いられることはほとんどなかったが，1944年後半からバンコクから東北線 2 区間のウボンや東北線 3 区間のウドーンターニーへの輸送が発生し，この第 4 期には前者を中心にそれなりの輸送車両数が存在していたことが分かる。これは，1945 年 3 月の明号作戦と東北部での飛行場整備のための輸送であったものと思われる。後述するように，明号作戦の際にはメコン川を渡ってラオスを攻撃するために部隊がウボンとウドーンターニーに派遣されていた。

第 5 節　軍事輸送の特徴

（1）長距離の国際輸送

　以上のように，各時期における輸送状況には違いもあったものの，全体として総括すると 4 つの特徴が存在した。それはすなわち，長距離の国際輸送，水運の代替，ビルマ戦線の補給，部隊の移動と連動しない輸送，の 4 点である。

　開戦直後から，日本軍の軍事輸送は国際輸送を前提としていた。最初に着手した南線での輸送は，バンコク発にせよ南部発にせよ，目的地は国境を越えた先のマラヤであった。東線では未開通であった「失地」内の区間を完成させた上で，カンボジアとの間の国際輸送を開始したのであった。東線と同じく新たな国際鉄道となった泰緬鉄道も，その機能は完全に国際輸送にあった。図 1-5 から図 1-8 までの 4 つの図に明瞭に現れていたように，第 1 期から第 4 期までのいずれの時期においても，輸送車両数が多かった区間はバンコク，カンボジア，マラヤ，泰緬の相互間であり，泰緬は事実上ビルマへの輸送であることを考慮すれば，日本軍の軍事輸送の中心が国際輸送であったことは明らかである。

　北線は国外の鉄道との連絡はなかったことから，運行区間はバンコクから中部や北部までのように見えるが，実際には南線や東線，すなわちマラヤや

カンボジアからの直通輸送が少なからず存在していた。運行予定表から計算すると，第1期の北線2，3区間への到着のうち，東線と南線から来た車両がバンコクで継送されたことが確認できるものはそれぞれ1,141両，1,667両分あった[96]。この時期にバンコクから同区間に到着した車両は計1万2,900両であったことから，確認できるだけでも全体の22%はマラヤかカンボジアから来た車両であったこととなる。また，車両は直通していないものの，マラヤやカンボジアからバンコクに到着して，一旦待機した後で北上する事例も多く，実質的には北線での輸送のかなりの割合が国際輸送であったものと思われる。

　そして，タイと隣国の間の2ヶ国間輸送のみならず，タイを通過する形での3ヶ国間輸送も存在していた。カンボジアからタイを経由してマラヤやビルマへ，あるいはマラヤからタイを経由してカンボジアやビルマへといった輸送が出現し，長距離の国際輸送が発生したのである。とくに第1期のマレー侵攻作戦の際のカンボジアからマラヤへの輸送と，第3期のインパール作戦時のカンボジアやマラヤからビルマへの輸送が典型的であり，数多くの3ヶ国間輸送が行われていた。

　このような国際鉄道としての機能は，それまでのタイの鉄道には存在しないものであった。タイの鉄道は1918年からマラヤの鉄道と連絡していたが，国際輸送は主に南部とペナンの間で発生しており，バンコクからマラヤへの長距離国際輸送は非常に限定されていた[97]。1920年代に当時のカムペーンペット親王（Krommakhun Kamphaengphet Akkharayathin）が仏印，ビルマとの連絡鉄道を構想し，タイをインドシナの鉄道網の中心にすることを希求したものの，結局開戦前に実現したものはなかった[98]。このため，軍事輸送に限られたとはいえ，カンボジアとビルマとの連絡が完成し，従来は考えられな

96）　これらの輸送は，運行予定表ではバンコク発とされているが，備考欄に車両が継送されてきた列車番号が書かれており，その番号からどの路線の列車であるかが判別する。なお，図1-5〜図1-8ではこのような場合もすべてバンコク発着としている。

97）　1935/36年のマラヤとの直通貨物輸送量は計1万6,300トンであり，このうちバンコク発着分は発送711トン，到着98トンに過ぎなかった［ARA（1935/36），Table 11］。チエンマイ発が20トン，サワンカローク発が30トンとわずかながらバンコク以北からの輸送も存在したが，南部〜マラヤ間の輸送が計1万5,210トンとほとんどを占めていた。

98）　カムペーンペット親王の国際鉄道網構想については，柿崎2000b，160-164を参照。

かったような区間での2ヶ国間，3ヶ国間の国際輸送が実現したということは，戦争中の鉄道の大きな特徴であった。

(2) 水運の代替機能

このような長距離の国際輸送が出現した背景には，鉄道が水運の代替機能を担わされたという側面が強かった。そもそもタイの鉄道の主要な任務は外港バンコクと内陸部の後背地との間のいわば外港〜後背地間輸送であり，内陸部の河川水運にせよ，沿岸部の沿岸水運にせよ，水運の代替機能は極めて乏しかった。チャオプラヤー川流域からバンコクへの米輸送にしても，水運が利用可能なチャオプラヤー・デルタ地帯においては，鉄道が開通しても水運からの転移は全く起こらなかった。マレー半島を南下する南線が開通しても，バンコク〜南部間の輸送は水運が中心であり，南線の貨物輸送量は外港〜後背地間輸送を担う北線や東北線に比べれば圧倒的に少なかった［柿崎 2009, 324］。

上述のように，タイの鉄道の国際輸送面での機能は非常に低く，マラヤの鉄道と接続していた南部からペナンへの輸送こそ存在したものの，バンコクとマラヤ，シンガポール間の輸送はほとんど存在せず，これらの国際輸送はほとんどを水運に依存していた。例えば，シンガポールは香港と並びタイ米の主要な輸出先であり，1935/36 年の輸出量は約 52.6 万トンと同年の総輸出量 150.2 万トンの約 3 分の 1 を占めたが［SYB（1935/36-36/37），150-155］，これらの米の輸送はすべて水運で行われていた。その主要な理由は輸送費の安さにあり，たとえバンコク〜シンガポール間を縦貫する鉄道が開通したとしても，タイの国際輸送ルートの中で最も重要であったバンコク〜シンガポール間の水運が鉄道輸送に転移することはなかったのである。

ところが，日本軍は船舶不足を解消するために，バンコク〜シンガポール間の米輸送に鉄道を利用したのであった。1942 年 5 月から始まったバンコク〜シンガポール間の米輸送は，おそらく鉄道開通後初めてのマレー半島を縦貫する米輸送であったものと思われる[99]。後述するように，この米輸送も含めて 1943 年前半に日本軍が 1 日 3 本バンコク〜シンガポール間の軍用列車を運行していることに対し，タイ側は水運でも輸送可能な区間で貴重な鉄

道車両を多用するのは浪費であるとし，日本側に対して車両の返還を求めて
いた。日本側は船が不足しているとして車両の返還を拒んでおり，タイ側と
の交渉は難航していた[100]。

　東線を利用したバンコク～プノンペン間の輸送も，水運の代替であった。
プノンペンは内陸部に位置しており，外港ではなかったが，プノンペンから
メコン川を下るとメコン・デルタ最大の外港サイゴンに到達した。このた
め，鉄道輸送ではタイ～カンボジア間の輸送にしか見えないものの，実際に
はプノンペンはサイゴンへの中継地に過ぎず，バンコク～サイゴン間の輸送
が中心であった。例えば，第3期のインパール作戦の際には，日本方面から
船でサイゴンに到着し，メコン川の小型船に乗り換えてプノンペンに向か
い，そこから鉄道でバンコクへ入る部隊も少なからず存在した[101]。本来はバ
ンコクまで外航船で乗り入れ可能であったが，空襲の回避や船舶の節約のた
めサイゴンがタイやビルマの東の外港として機能していたのである[102]。

　泰緬鉄道も，水運の代替機能を有していた。この鉄道自体はタイとビルマ
を結ぶもので，マレー半島の脊梁山脈であるテナセリム山脈を横断する路線
であった。しかし，実際の輸送ではシンガポールからマレー半島を北上し，
泰緬鉄道経由でビルマを目指すシンガポール～ビルマ間の輸送も存在してい

---

99)　バンコク～マラヤ間の鉄道による米輸送自体は存在しており，例えば1925/26年には約2万
　　トンの精米がバンコクからマラヤへ輸送されている［柿崎2000b, 233］。しかしながら，これら
　　の精米の着地はペナンであり，シンガポールまで輸送されたものは存在しなかったはずである。
　　バンコクからペナンへの輸送の場合，水運ではシンガポール経由となり大幅な迂回路となるこ
　　とから鉄道の優位性はあったが，シンガポールの場合は距離的には鉄道のほうがむしろ遠くな
　　り，鉄道輸送の優位性は全く存在しなかった。

100)　NA Bo Ko. Sungsut 2. 6. 2/31 "Banthuek Raingan Kan Prachum Rueang Kan Chat Khabuan Rot Khon
　　Khao Plueak. 1943/06/14"

101)　例えば，第15師団の歩兵第51連隊第1大隊は1943年8月19日に上海を出て9月9日にサ
　　イゴンに到着し，11月6日にサイゴンを出てプノンペンに入り，鉄道輸送を待って11月21日
　　にプノンペンを出て，バンコク経由で11月25日に北部のラムパーンに到着したという［歩兵
　　第五十一聯隊史編集委員会1970, 279-281］。また，第53師団第1野戦病院部隊は1944年3月
　　28日に宇品を出港して4月16日にシンガポールに到着し，5月に入り鉄道で北上する自動車部
　　隊以外はサイゴンまで船で向かい，プノンペン，バンコク経由で泰緬鉄道からビルマに入って
　　いた［東辻1975, 5-8］。

102)　開戦直後にはバンコクまで日本方面からの外航船が到着しており，例えば第33師団の歩兵
　　第215連隊第3中隊は1941年12月18日に南京を出航し，1月12日にバンコクに到着していた
　　［第三中隊戦記編纂委員会1979, 183-185］。

た[103]。これも本来は沿岸水運が利用される区間であり、平時であれば鉄道を使用する必然性はなかったはずである[104]。結局、日本軍の軍事輸送は大半が本来なら水運が利用可能な区間で行われており、船の代わりを鉄道が担わされたことを意味した。元来、鉄道には水運を代替するための機能は存在しなかったことから、これはすなわちタイの鉄道の本来の任務である外港〜後背地間輸送のための車両不足を引き起こし、一般輸送に大きな影響を与えることになったのである。

(3) ビルマ戦線の補給輸送

日本軍の軍事輸送は長距離の国際輸送が中心であり、それは水運の代替機能を鉄道に期待したために生じたものであったが、タイの鉄道における日本軍の軍事輸送は、主にビルマ戦線のための補給輸送であった。従来はタイにおける日本軍の軍事輸送の中心はバンコク〜シンガポール間の南線であると認識されており、プアンティップも南線の軍事輸送面での重要性を強調していたが、実は東線や北線においても軍事輸送は行われており、その中でビルマ向け輸送が占める比率は決して低くはなかった[105]。

確かに開戦直後の第1期にはマレー戦線向け輸送も多く、表1-9のようにこの時期のマラヤ着の輸送車両数は全体の全体の20％とビルマ戦線向けを若干上回っていた。しかし、泰緬鉄道の工事が始まる第2期にはマラヤ着が30％に対しビルマ戦線向けは42％と逆転した。この時期には実際のビルマ向けの輸送は始まっておらず、泰緬鉄道建設のための資材や労働力輸送が中心であるが、第3期にはビルマ向け輸送の比率は47％とさらに上昇し、北

---

103) 例えば、元軍医少尉の江口萬は1944年10月1日シンガポールを列車で出て、7日未明にノーンプラードゥックに着き、列車はそのまま泰緬鉄道に入り12日未明にモールメインに到着している［江口 1999, 45–54］。

104) 開戦直後はシンガポール〜ラングーン間の水運での一貫輸送が行われており、例えば第18師団の歩兵第114連隊第2大隊本部付経理室勤務であった岸野愿は、1942年4月1日にシンガポールを出航し11日にラングーン港に到着していた［岸野 2006, 130］。

105) プアンティップは1943年8月の日本軍の使用車両数のうち、南線での使用車両比率が78.96％と東線や北線を圧倒していることを根拠に、日本軍の軍事輸送での南線の重要性を指摘しているが［Phuangthip 2004, 259］、これまで見てきたように時期によっては東線や北線の重要性も相対的に高かった。

表 1-9　マレー戦線とビルマ戦線向け輸送量の推移（単位：両）

期間	マレー戦線		ビルマ戦線					総輸送両数
	マラヤ着	比率（％）	北線 2・3 区間着	泰緬区間着	クラ地峡着	計	比率（％）	
第 1 期	16,218	20	14,002	756	48	14,806	18	80,945
第 2 期	23,978	30	2,497	25,896	5,961	34,354	42	80,981
第 3 期	24,833	23	7,896	34,266	8,997	51,159	47	108,649
第 4 期	7,071	8	930	12,387	6,475	19,792	23	85,780
計	72,100	20	25,325	73,305	21,481	120,111	34	356,355

注：マラヤ着の第 1 期分は 1941 年 12 月中の数値を含まない。
出所：表 1-1，図 1-2 と同じ，より筆者作成

線，泰緬，クラ地峡の 3 ヶ所からビルマ向け輸送が行われていたことが分かる。最後の第 4 期にはマラヤ着の輸送は 8％と大幅に低下し，数字の上ではビルマ向け輸送の比率も高くはないが，先の図 1-8 からも明らかなように，この最終段階の輸送は完全に泰緬区間発着が中心となっていた。

　そもそも，泰緬鉄道は大東亜縦貫鉄道の一環として整備されたものであった。大東亜縦貫鉄道は大東亜共栄圏を南北に結ぶ鉄道網構想であり，中国や満州とシンガポール，ビルマを結びつけ兵員や物資の輸送を円滑に行うことを目的としており，当時存在した中国〜仏印間，仏印〜タイ間，タイ〜ビルマ間の 3 つのミッシングリンクを解消することで既存の鉄道網を 1 つに統合することを目指していた［原田編 1988, 77-85］。その際に大東亜の「防壁」である北満とビルマを結ぶことがとくに重視されており［Ibid., 116］，3 つのミッシングリンクのうちタイ〜ビルマ間が最優先で整備されたのであった[106]。このため，タイは「防壁」であるビルマの後方基地として，あるいは「防壁」への中継点として重要な役割を果たし，タイの鉄道もまた「防壁」での戦闘を支える補給路としての機能を重視されたのである。

---

106)　中国〜仏印間については衡陽から仏印国境の鎮南関に至る湘桂鉄道として中国が着工しており，途中までは完成していた。仏印〜タイ間はカンボジア〜タイ間こそ開戦直後に開通したが，カンボジアとベトナムの鉄道は接続しておらず，大東亜縦貫鉄道計画ではベトナムの鉄道とタイの東北線をラオス経由で連絡する予定であり，仏印時代に一部着工されていたタンアップ〜ターケーク線とタイ側のクムパーワピー〜ナコーンパノム線が最も有力な選択肢であったが，結局終戦までに着工には至らなかった。

第1章　日本軍による鉄道の動員——軍用列車の運行状況 | 93

　ビルマ戦線への補給輸送は，時期によってその主要なルートは異なっていた。第1期は北線2区間からメーソート経由での輸送が中心であり，バンコク，マラヤ，カンボジアから北線2区間への輸送が主流であった。第2期は泰緬鉄道の建設が中心であり，ビルマ戦線向けの輸送はそれほどなかったものと思われる。第3期はインパール作戦期でビルマ向け輸送が再び活発化した時期であり，カンボジア，マラヤから泰緬経由が中心で，補完的にマラヤ〜クラ地峡間，カンボジア〜北線3区間のルートが用いられた。この時期は船舶不足や連合軍の空襲も深刻化し，ビルマ戦線向け輸送でのタイ経由での輸送ルートの重要性が最も高まった時期であった。第4期には北線での輸送は壊滅して泰緬経由が中心となり，ビルマへの補給よりもむしろビルマからの引き上げ輸送の方が重要となっていた［吉川 2001, 443］。

　このように，タイの鉄道を用いての日本軍の軍事輸送は，開戦直後のマレー侵攻時を除けば，基本的にビルマ戦線への補給輸送が中心であった。このため，サイゴンやシンガポールに着いた部隊が鉄道を利用してタイ経由でビルマへと向かっており，軍事輸送は必然的に長距離の国際輸送となり，それは多分に水運の代替としての意味を持っていたのであった。

(4) 進軍と連動しない輸送

　日本軍の軍事輸送は，基本的には軍事作戦上の進軍と連動していた。とくにマレー侵攻作戦とビルマ攻略作戦が行われた第1期と，インパール作戦の第3期が顕著であったが，日本軍の部隊が移動したルートは輸送量の多い区間と一致していた。開戦時にカンボジアから自動車でバンコクへ入った近衛師団は別として，他の部隊は主に鉄道を利用して移動していたことから，これはある意味当然のことであった[107]。とくに，タイは鉄道に並行するような道路をほとんど整備してこなかったことから，陸上での移動は，鉄道が存在する区間ではまず鉄道が使用された。初期を除いて水運の利用も極力避けた

---

107)　近衛師団が開戦直後にバンコクに入った際には，バンコク〜プノンペン間の鉄道は一部未開通区間があったことと，この師団は自動車化部隊であったことから自動車を用いていた。タイは鉄道に並行する道路の建設を避けてきたが，安全保障面からたまたま整備されていたアランヤプラテートへの道路が，日本軍によって活用されたのである。しかし，その後マレー半島を南下する際には，道路が存在しなかったことから部隊は鉄道での南下を強いられたのである。

ことから，長距離の部隊の移動の際の鉄道への依存度は非常に高かった。このため，部隊の移動と輸送量の多少には，当然関係性が見られた。

しかし，実際には進軍のみで軍事輸送のすべてが説明されるわけではなかった。例えば，東線では開戦直後から部隊の移動方向とは逆のバンコクからプノンペンへの輸送が行われており，第2期には一時的に減ったものの，第3期以降は再び復活しており，終戦まで続いていた。この間にバンコクから仏印方面へ部隊の移動が存在したのは，第4期のみである。バンコクからマラヤへの輸送についても，第1期には近衛師団がマレー半島を南下する際に鉄道を用いたことから部隊の移動と時期的には一致するものの，師団の輸送が一段落した後もこの間の輸送は続き，最終的に南線が寸断される1945年始めまで相当量の輸送が存在していた。これについては，先行研究から米の輸送が少なからず含まれていたことが確認されている。

第4期に東北部への輸送が顕著となっていったのも，同様であった。東北部での日本軍の具体的な軍事展開は，1945年に入ってからの明号作戦と，自由タイが東北部に設置した秘密基地の探索と襲撃のために計画した東北部泰防衛部隊計画のみであり，実際に派遣された部隊もそれほど大規模なものではなかった[108]。しかし，バンコクと東北部の間での軍事輸送は1944年半ばから始まっており，戦争が終わるまで東北線での軍事輸送も継続的に行われていた。

このような進軍と関係ない輸送が，実は各線で行われており，これらの輸送の多くがモノの輸送，すなわち軍需品や食料などの物資輸送であったものと思われる。泰緬鉄道のように，そもそも物資の補給を目的として建設された鉄道であれば，そのようなモノの輸送の存在は当然であるが，一見すると軍事作戦と直接関係のなさそうな地域でもモノの輸送は行われていた。その規模は区間によって大きく異なるものの，何らかの形で日本兵が駐屯する地点があれば，そこを発着する何らかのモノの輸送が発生していたのである。例えば，第15師団のビルマ転進後も北部に警備部隊が駐屯したことから，

---

108) 明号作戦の際は，ウドーンターニーとウボンにそれぞれ大隊が1つずつ派遣されたに過ぎず，東北部泰防衛部隊の設置については，歩兵1連隊と砲兵1大隊の派遣のみを計画していた。詳しくは，第4章を参照。

量は減ったものの第3期の北部への軍事輸送は継続して行われていた[109]。運行予定表から描き出された軍用列車の輸送状況は，いわゆる通常の「戦史」からは見えてこない，進軍とは直接関係のない様々なルートでモノの輸送が存在したことを明らかにしているのである。

---

109) タイの防衛強化のため，1945年1月に独立混成第29旅団が編成され，その大隊の1つがチエンマイに駐屯することとなった［防衛研修所戦史室 1969b, 552-554］。詳しくは，第4章を参照。

> コラム

戦争の痕跡② プラチュアップキーリーカン

　開戦時に日本軍はマレー半島の計7ヶ所に上陸し，第3章で見るように各地でタイ側との間で武力衝突が起こった。この中で，最も多くの日本兵が上陸したのは南部のソンクラーであったが，双方の犠牲者が最も多かったのはマレー半島の上陸地点としては最北に位置するプラチュアップキーリーカンであった。とくに，ここでは第5飛行小隊の兵の犠牲者が多かったことから，戦後タイ空軍が駐屯地内に慰霊碑と博物館を設置した。マレー半島には他にもチュムポーンとナコーンシータマラートに戦闘での犠牲者を祀る慰霊碑があるが，博物館を設けているのはここだけである。

　プラチュアップキーリーカンは南北の岬の間に連なる円弧状の湾の中央に位置し，風光明媚な海岸が広がっている。第5飛行小隊は町の南の岬付近に位置し，写真のように岬の山との間の砂州の上に飛行場が設けられている。1941年12月8日未明に日本軍はこの砂州の南北から上陸を開始し，タイ軍との間で衝突が起こった。市内にある警察署と駅でも双方の衝突は起こったが，停戦命令が届くのが遅れた飛行小隊での衝突が長引き，結果として双方に多くの犠牲者を出すことになった。

プラチュアップキーリーカン湾と空軍基地（右奥）（2017年）

かつての将校宿舎を用いた博物館（2017年）

　現在この場所は第5飛行隊がそのまま使用しており，駐屯地の中に第5飛行隊歴史公園（Uthayan Prawattisat Kong Bin 5）という名称の博物館が設けられている。博物館の建物は3つあり，うち1つは当時から存在する将校宿舎の建物を用いている。当時から残る建物はこの宿舎以外にはほとんどなく，木造のため保守には手を焼いているとのことであったが，目の前の白砂の海岸を含め，当時の雰囲気を色濃く残している。付近には慰霊碑や戦闘のモチーフ，古い戦闘機なども存在し，砂州の南側のマナーオ湾のビーチとともにプラチュアップキーリーカンの主要な観光地となっており，旧日本軍の関係者も時々訪れているとのことであった。なお，市内の警察署前にも警察官の犠牲者を祀る慰霊碑が立てられている。

　プラチュアップキーリーカンはマレー半島でタイの領土が最も狭くなる地点であり，ここから西のメルギー（ベイッ）に至る道路は古くからマレー半島の東西横断ルートとして用いられてきた。かつてアユッタヤー時代には，インド洋側のメルギーと太平洋側のアユッタヤーの2つの港町を結んで相互に商品を融通しあっていた。1944年に入って日本軍がこの間の道路整備を要求し，やがて日本兵がビルマ側区間の整備を自ら行うことになった。このため，開戦後は一旦日本兵がいなくなったプラチュアップキーリーカンであったが，1944年に入ると道路整備や警備のための部隊が駐屯するようになり，終戦時には2,000人を超える日本兵がこの町にいたものと思われる。ミャンマーの経済発展とともに，このプラチュアップキーリーカン〜メルギー間のルートは再び脚光を浴びるようになり，現在国境のチョン・シンコーン峠経由での往来は現地人に限られているが，近い将来国際ゲートに昇格されて外国人でも自由な往来ができるようになるであろう。

第2章
日本軍の軍事輸送
何をどの程度運んでいたのか

第2章　日本軍の軍事輸送——何をどの程度運んでいたのか　101

　本章では，前章に引き続き日本軍による鉄道の戦時動員の全体像の構築という第一の課題に取り組むこととなる。前章では主に運行予定表を用いて開戦から終戦までの日本軍の軍事輸送を区間別輸送量から説明し，期間ごとの特徴と全体としての傾向を明らかにしたが，本章での課題は軍事輸送の中身，すなわち輸送品目を明らかにすることにある。運行予定表については一部の例外を除き積荷についての情報はないが，物資輸送報告，請求書，そして鉄道局報告を用いることによって軍事輸送の輸送品目が解明できる。先行研究でも米や連合軍の捕虜輸送など若干の輸送についてはその内容が明らかになっているものの，全体として何をどの程度輸送していたのかという全容を解明するまでには至っていない。このため，前章が軍事輸送の量的な把握を目指したのに対し，本章ではその質的な把握を目的とする。

　ただし，資料面の制約から，本章では一般旅客列車の利用を除いて前章で行ったような期間ごとの輸送量の変遷については追うことができない。序章で述べたように，軍事輸送の輸送品目に関する資料は開戦から終戦まで一貫して利用可能というわけではなく，それぞれの資料が対象としている期間が限定されている。とくに主要な資料となる物資輸送品目と鉄道局報告が扱う期間は1942年4月から1944年8月までに限定され，その間でも対象となる輸送が変化したり，欠落期間があったりする。このため，輸送品目についてはそれぞれの資料から明らかになる品目別輸送量の全体を図示することで，品目別の輸送状況の特徴を分析することになる。なお，請求書から判別する一般旅客列車の利用については全期間の資料が存在することから，前章と同様に第1期から第4期までに分けて週平均旅客数を分析する。

　以下，第1節では輸送品目を示す4つの資料から判別した品目別輸送量の合計値を集計し，品目別の輸送量の傾向を確認する。それを踏まえた上で，第2節では旅客輸送，すなわち日本兵，労務者，連合軍捕虜の区間別輸送量を解明し，第3節では貨物輸送として輸送量の多かった軍需品，移動手段，石油，食料・生鮮品，米の区間別輸送量を明らかにする。そして，第4節で一般旅客列車に乗車した日本兵の人数を期間別，区間別に解明した上で，最終的に第5節で軍事輸送の実像をその質的な側面から総括する。

第1節　軍用列車の輸送品目

(1) 物資輸送報告の作成

　日本軍の軍事輸送の輸送品目については，当初タイ側はとくに関心を示さなかったようである。ところが，1943年2月9日に合同委員会のプラソートシー・チャヤーンクーン（Prasoetsi Chayangkun）少佐がおそらく鉄道局に宛てた文書の中で，最近カンボジア国境のサワーイドーンケーオからマラヤ国境のパーダンベーサールまで直行する列車があり，兵や自動車の輸送を盛んに行っているとの報告が鉄道局からあったことから，今後日本軍が兵をどの程度輸送しているか報告してほしいと要請していた[1]。日本軍の軍事輸送については，運行予定表が開戦直後から合同委員会に提出されており，これを見れば毎日の列車の運行は把握できた[2]。しかし，運行予定表には原則として使用する車両数と積荷があるか空車かの記載しかなく，何をどの程度輸送しているのかは判然としなかった。

　この文書を受けて，翌2月10日からバンコク（フアラムポーン）駅を発着する日本軍の使用車両の発着地や輸送品目を記載した物資輸送報告の作成が開始された。これはおそらく鉄道局の係員が記録したものであり，発着時間，列車番号，車両数，車種，発地，着地，輸送品目を1日ずつ一覧表にしていた。序章で述べたように，この報告は一部欠落している期間があるものの，少なくとも1944年8月16日分まで作成されており，計512日分が利用可能である。当初はバンコク駅を発着する車両のみを対象としていたが，1944年1〜2月についてはバンコク駅発着以外の全国各地の輸送も対象となり，その後はバンコク駅以外の駅も含むバンコク市内発着を対象とする形に変わっていた[3]。

---

1)　NA Bo Ko. Sungsut 2. 4. 1. 6/15 "Prasoetsi thueng. 1943/02/09"　彼によると，このような直通列車は1月15日から運行されているとのことであった。

2)　実際には，1942年4月から12月までの間は鉄道局のセーンがバンコクを発着する軍用列車の積荷を軍最高司令官宛に報告していたのではあるが，その内容は合同委員会には伝わっていなかったものと思われる。なお，この合同委員会は1943年3月に同盟国連絡局に改組された。

表 2-1　日本軍用列車の輸送品目（物資輸送報告ベース）（1943 年 2 月〜1944 年 8 月）

旅客

種別	人数（人）	備考
兵	185,220	
労務者	28,767	輸送護衛も含む
捕虜	5,550	
計	219,537	

使用車両

品目	車両数（両）	輸送数	備考
回送	3,883		
旅客	4,632		
自動車（台）	3,335	2,189	
牛車・二三輪車（台）	274	353	
軍事車両（台）	35	420	
船（隻）	188	68	
飛行機	45		
大砲（門）	286	217	
軍馬（頭）	3,047	15,077	
食料	1,158		
生鮮品	152		
米	7,418		
物資	7,781		日用品，雑貨など
金属類	448		
機械類	196		
軍需品	746		砲弾，弾薬など
医薬品	59		
木材	1,546		
薪	753		
干草	108		
枕木	778		
レール	567		
石炭	218		
セメント	108		
建設資材	41		
石油	1,018		
石油空缶	317		
郵袋	71		
混載	3,981		2 品目以上で分類不能なもの
計	43,189		

注 1：回送車両は車両数を記載してあるもののみ集計してある。
注 2：輸送数は数量を記載してあるもののみを集計してある。
出所：附表 5 より筆者作成

104

　この物資輸送報告をまとめたものが，表2-1となる。これを見ると，対象期間中に記録された車両数は計4万3,189両であり，うち回送車両が3,883両であったことから，約4万両が何らかの輸送に従事していたことになる[4]。1943年2月から1944年8月までの運行予定表ベースの日本軍の使用車両数は計13万4,889両であるから，記録された車両数は全体の約3分の1であった[5]。輸送数が示されている品目については，実際に輸送数が記載されているもののみを対象としていることから，すべての輸送を対象としているものではない。また，旅客輸送に使用された車両数は旅客以外の積荷が記載されていない事例を集計したものであり，貨物と旅客が混乗している場合も存在する。

　これを見ると，輸送された旅客数は計21万9,537人であり，単純に計算すると1日平均429人の旅客が輸送されていたことになる。うち兵が全体の84％を占め，労務者と捕虜が残りを占めている[6]。全体の81％にあたる3万4,674両が貨物輸送に使用されており，1両につき10トンの貨物を積載していたものと仮定すると，貨物輸送量は約35万トンとなる。品目については2品目以上の貨物が記載されており混載と分類されたものが最も多いが，具体的な品目では物資，米，自動車，軍馬が多くなっている。物資と米がそれぞれ貨物輸送車両全体の20％ずつ，自動車と軍馬が同じく10％ずつであることから，この4品目が主要な輸送品目であったことになる。

　第3節で言及する品目以外について輸送区間を見ていくと，品目によって相違点があった[7]。例えば，大砲については計286両の輸送のうち，バンコク発泰緬区間着の輸送が103両と最も多く，次いでカンボジア発バンコク着

---

3) 1944年1月5日から2月6日分まではバンコク駅発着分以外も含まれていた。ただし，北部のチエンマイ〜ラムパーン間など遠隔地発着の輸送の場合は「報告未着」と書かれており，輸送品目は判別しない。なお，欠落後の2月27日からはバンコク駅のみでなくバンコク市内のバンコク駅以外発着の輸送（例えばトンブリー駅発）も含まれている。

4) 回送列車の場合は車両数が記載されていない例が多いことから，実際の対象車両数はもっと多くなるはずである。

5) 図1-2の原資料より筆者が集計した数値である。ただし実際にはマラヤ発の輸送が運行予定表には含まれていなかったことから，日本軍の総使用車両数はより多くなったはずである。

6) 分類上は捕虜と労務者以外をすべて兵と区分したため，若干の文民も含まれている。

7) 以下の記述は，附表5（531頁）の数値に基づくものである。

の97両，バンコク発北線3区間着が76両となっており，この事実上この3区間において輸送されていた。これはいずれもインパール作戦のためのビルマ戦線向け輸送であったことになる。物資については輸送区間は多様であるが，輸送量の多い区間を並べるとカンボジア発バンコク着2,000両，バンコク発泰緬区間着1,167両，バンコク発マラヤ着930両，バンコク発北線3区間着840両，マラヤ発バンコク着590両となり，バンコク〜マラヤ間の輸送以外は，やはりビルマ戦線向けの輸送が中心だったことが分かる。

　また，鉄道建設資材としての木材，枕木，レールの輸送はこの時期に完成した泰緬鉄道向けが多くなっていた。枕木はカンボジア発泰緬区間着が656両と全体の84％を占め，次いでバンコク発泰緬区間着が57両であったことから全体の9割以上が泰緬区間への輸送であった。レールも全体の95％にあたる536両がカンボジアから泰緬への輸送であり，どちらも仏印や他の地域からサイゴン経由で輸送されてきた資材が泰緬鉄道の建設現場に向けて輸送されていたことを示している。木材はバンコク発泰緬区間着が646両，カンボジア発泰緬区間着が384両とやはり泰緬区間向けの輸送が多いが，バンコク発クラ地峡着の201両はクラ地峡鉄道建設用であった。なお，薪についてはすべてバンコク発泰緬区間着の輸送であり，泰緬鉄道用の薪であったことになる。

　ただし，ここに現れた輸送はバンコクを経由した輸送のみとなることから，マラヤから泰緬区間やクラ地峡向けの輸送が全く反映されていない点については注意を要する。前章で見たように，マラヤからこれらの区間への輸送も少なからず存在していたが，それらはバンコクを経由しないことから物資輸送報告には現れてこないのである。このように，時期と区間に限定はあるとはいえ，物資輸送報告は当時の日本軍の軍事輸送の輸送内容を示す最も重要な資料であることには変わりはない。

(2) 運行予定表と請求書から見る輸送品目

　物資輸送報告が日本軍の軍事輸送の内情を示す最大の資料であるが，運行予定表と請求書も若干ながら輸送品目を明らかにしている。運行予定表は本来毎日の軍用列車の運行を示すもので，積荷を示すものではないが，例外的

に輸送品目が備考欄や使用車両数の欄に記載されている場合が存在した。こ
ちらも時期的な限定があり，記載があったのは1941年12月～1942年5月，
8月，10月，1943年8月，11月，1944年5月～1945年2月までの期間であ
り，とくに1944年5月～8月の記載が多い。また，すべての列車について
記載があるわけではなく，偏りが存在する。

　これをまとめたものが，表2-2である。これを見ると，対象となっている
車両数は計1,985両であり，表2-1に比べればはるかに少ないことが分か
る。表2-1とは異なり，旅客輸送は使用車両数しか分からないが，それでも
計753両と全体の38％を占めている。貨物輸送では石油空缶の輸送が682
両と最も多く，次いで米輸送の180両となっている。この運行予定表から判
別する輸送品目については，泰緬発の輸送が最も多く全体の47％の928両

表2-2　日本軍用列車の輸送品目（運行予定表ベース）
（1941年12月～1945年2月）（単位：両）

品目	車両数	備考
旅客（兵）	218	
（労務者）	200	
（捕虜）	335	
旅客計	753	
自動車	20	
米	180	
物資	68	日用品，雑貨など
木材	19	
薪	4	
干草	60	
ラック	4	
レール・枕木	67	
ヒマシ	3	
セメント	14	
ニッパヤシ	10	
石油	61	
石油空缶	682	
獣皮	6	
混載	34	2品目以上で分類不能なもの
計	1,985	

出所：附表6より筆者作成

第2章　日本軍の軍事輸送──何をどの程度運んでいたのか｜107

であり，以下バンコク発294両，クラ地峡発186両となり，いずれもマラヤ着の輸送となっている[8]。

　第3節で言及する品目以外の輸送については，いずれも輸送区間に偏りが見られる[9]。物資は67両分がバンコクからマラヤへの輸送であり，時期的にはすべて1944年となる。木材も同じくすべてバンコクからマラヤへの輸送であり，時期的にも同じであった。一方，干草はすべて1942年2月の輸送であり，発駅は東北線1区間のチャントゥックであった[10]。これは日本軍が持ち込んだ軍馬など家畜の飼料として輸送されたものである。レール・枕木は1941年12月にバンコクからマラヤへ向けて輸送されたもので，鉄道局がバンコクに備蓄していたものを提供したものであった[11]。おそらくは英軍が破壊したマラヤ鉄道の復旧用資材として用いられたのであろう。

　一方，鉄道局が日本軍へ提出した輸送費用の請求書にも，一部輸送品目が記載されている事例が存在する。前述したように，請求書は通常の旅客，貨物の扱いのものと，軍用列車単位のものとに分かれており，貨物については全体的に後者が中心であるものの，前者も1943年5月まで存在した。前者については輸送距離で運賃が算出されており，発駅，着駅，距離数，使用車両数と共に，輸送品目が記載されている場合が存在した[12]。このため，輸送品目が記載されている事例の中で，発着駅が示されているもの，または輸送距離から発着駅の推測が可能なもののみを対象に集計を行った[13]。その結果が，表2-3である。

---

8)　附表6（532頁）より筆者が集計した数値である。

9)　附表6及びその原資料の数値に基づく。

10)　日本側は家畜の飼料用に月1,000トンの干草の調達を求めていた。［NA［2］So Ro. 0201. 98/18 "Ratthamontri Wa Kan Krasuang Kan Khlang thueng Lekhathikan Khana Ratthamontri. 1942/01/09"］

11)　これらの輸送は12月12日から18日まで行われており，タイ側は9mレール480本，枕木5,300本などを提供した［NA［2］So Ro. 0201. 98. 1/2 "Anukammakan Cheracha Prasan-ngan kap Yipun thueng Prathan Kammakan Cheracha Prasan-ngan Yipun. 1941/12/19"］。これらの代金は後に日本側に対して請求された。

12)　これは，通常貨物運賃は輸送品目によって異なっていたことから，鉄道局で輸送品目を記録していたためと思われる。ただし，実際には通常の賃率ではなく品目を問わず一律の賃率を課していた。

13)　運賃の算出には距離が必要なため，通常距離か発着駅のどちらかが必ず記載されているが，前者の場合は発着駅の把握が難しい。この場合，他の輸送事例と輸送距離とを照らし合わせた上で，筆者が発着駅を推測したうえで利用している。

表 2-3　日本軍用列車の輸送品目（請求書ベース）（1941 年 12 月〜1943 年 5 月）
（単位：両）

品目	車両数	備考
旅客（兵）	72	
自動車	1,582	
二三輪車	15	
戦車	7	
飛行機	25	
軍馬	99	
米	684	
食料	6	
天然ゴム	231	
錫鉱	65	
物資	1,605	日用品，雑貨など
金属類	161	
機械類	31	
軍需品	4,045	砲弾，弾薬など
木材	370	
薪	4	
干草	289	
枕木	12	
レール	106	
石炭	85	
セメント	19	
建設資材	12	
砕石	60	
石油	418	
石油空缶	124	
混載	138	2 品目以上で分類不能なもの
計	10,265	

注：輸送区間が判別可能なもののみを対象としている。
出所：附表 7 より筆者作成

　この表を見ると，対象車両数は計 1 万 265 両と運行予定表ベースよりは多くなっている。輸送品目では軍需品が最も多く全体の 39％を占め，以下物資，自動車と続いており，旅客輸送用の車両は少ない。こちらもデータの偏りが見られ，全体の 34％にあたる 3,532 両がマラヤから南線 3 区間への輸送であり，次いで南線 3 区間からマラヤへの輸送が 1,429 両と，南部やマラヤ方面の輸送が中心となっている。対象となる輸送自体は全国に散らばってい

るが，本来軍用列車単位で輸送品目に言及しない請求書が一般的であるので，おそらく南部以外は小輸送を対象にしたものと思われる[14]。

　請求書についても，第3節で言及する品目以外についての輸送状況を確認しておこう[15]。天然ゴムについてはマラヤから南線3区間への輸送が174両と全体の75％を占めており，通常時の輸送とは輸送方向が逆転している[16]。物資については輸送区間が多岐に及ぶが，多いのはマラヤ発南線3区間着の534両，バンコク市内発着の206両，カンボジア発バンコク着の106両となっており，近距離輸送となるバンコク市内発着の輸送が多いのが注目される[17]。木材については，南線2区間発マラヤ着が127両と最も多く，以下南線2区間発南線3区間着が101両，バンコク市内発着が76両となっており，南線2区間のスラーターニー〜トゥンソン間が発送地となっていた[18]。

　また，干草については東北線1区間発バンコク着が174両，北線2区間発着が101両であった。前者は運行予定表から判別するチャントゥック発バンコク着の輸送であり，こちらの請求書の数値がより正確な輸送量を示していることになる。後者はすべてノーンプリン発ピッサヌローク行の輸送であり，ピッサヌロークからモールメインに向けて行われたビルマ進軍の際に使われた軍馬の飼料用と推測される。レールについては，先ほどの運行予定表とは逆のマラヤ発南線3区間着の輸送であり，マレー侵攻時にタイ側から調達したレールの返還のための輸送か，あるいはこの後行われる泰緬鉄道の建設用のレール輸送のどちらかと推測される[19]。

　これら2つの資料は，あくまでも全体のごく一部を示したものに過ぎず，期間的にも区間的にも偏りが見られる。しかしながら，物資輸送報告がバン

14）　これらの請求書は基本的に発駅単位で出されており，南部の場合は当初バンコクでの輸送状況の把握がなされていなかったことから，駅単位で請求書を発行したものと思われる。

15）　附表7（533頁）及びその原資料の数値に基づく。

16）　天然ゴムはペナンが主要な集散地となっていたことから，戦前は南部からマラヤへの輸送が中心であり，その逆はほとんど存在しなかった。

17）　バンコク市内発着の輸送は，バンコク，バーンスー，マッカサン，ドームアンなど市内の主要駅の間の輸送であった。

18）　実際にはこの間のクローンチャンディー駅からの発送が計214両とほとんどを占めており，残る14両分は隣接するチャワーン，ターンボーからの発送であった。

19）　これらの輸送は1942年5月から7月にかけて行われており，すべてハートヤイ着となっていた。

コク発着の輸送を対象としているのに対し，こちらはそれ以外の輸送の占める比率が高いことから，相補的な利用が可能である。

(3) 鉄道局報告から見る輸送品目

序章で述べたように，以上3種類の資料の他に軍事輸送の輸送品目を示す新たな資料が発見された。この資料は軍最高司令部に出向していた鉄道局代表のセーンが軍最高司令官宛に送っていた軍用列車の運行に関する報告で，1942年4月から12月までのものが存在する。内容は文書形式であり，物資輸送報告と同じく原則としてバンコクを発着する軍用列車について，兵の人数，積荷ごとの車両数，発地や目的地，実際の発車あるいは到着時刻が記載されていた。この文書が作成された経緯は不明であるが，日本軍の軍用列車とともにタイ軍の軍用列車の運行についても報告がなされていた。

表2-4はこの鉄道局報告をまとめたものである。これを見ると，旅客数は計3万9,000人であり，物資輸送報告と比べて大幅に少ないことが分かる。これはこの資料の対象期間が1942年4月以降と，マレー進攻作戦やビルマ攻略作戦のための兵に移動がほぼ終了した後の時期を対象としているためであろう。また，労務者や捕虜の輸送量も非常に少ないが，これはバンコクを通過しないマラヤ～泰緬間の輸送が含まれていないためである。車両数については計2万両程度と物資輸送報告に含まれた使用車両数の半分程度であり，物資が最も多く約6,000両，次いで米の約5,400両，自動車の約2,250両と，物資輸送報告と同じような傾向が見られる。

これまでと同じく，第3節で言及しない品目について見てみると，物資についてはバンコク発マラヤ着が2,383両と最も多く，次いでカンボジア発バンコク着の1,255両となっていた[20]。既にマレー進攻作戦は終了していたが，依然としてサイゴンで陸揚げされた物資がプノンペン，バンコクを経由してマラヤへと輸送されていたことが分かる。ただし，バンコクから北線方面への輸送は少なく，むしろ北線からバンコクへの輸送量のほうが多くなっていた[21]。また，泰緬鉄道の建設中であったことから，泰緬区間着の物資輸

---

20) 附表8（535頁）及びその原資料の数値に基づく。

第2章　日本軍の軍事輸送──何をどの程度運んでいたのか　111

表2-4　日本軍用列車の輸送品目（鉄道局報告ベース）（1942年4月～12月）

品目	輸送量（人・頭）	備考
旅客（兵）	38,532	
（労務者）	19	
（捕虜）	449	
旅客計	39,000	
軍馬	1,253	
	車両数（両）	
自動車	2,254	
牛車・二三輪車	154	
船	28	
飛行機	33	
食料	598	
米	5,379	
物資	5,954	日用品，雑貨など
電線	68	
機械類	30	
軍需品	257	砲弾・弾薬など
医薬品	14	
木材	491	
枕木	913	
レール	1,039	
砕石	88	
建築機材	198	
建設資材	364	
石油	977	
石油空缶	299	
家具	39	
衣料品	74	
天然ゴム	44	
郵袋	9	
混載	802	2品目以上で分類不能なもの
その他	61	
計	20,167	

出所：附表8より筆者作成

21）バンコクから北線2, 3区間への物資輸送量は計190両でしかなかったのに対し，北線2, 3
区間からバンコクへは1,082両も存在した。

送も少なくなっていた。

　一方で，枕木，レール，建設機材の輸送は泰緬区間向けが中心であった。枕木の輸送量は計913両であり，うち462両がカンボジア発バンコク着，451両がバンコク発泰緬区間着となっており，事実上すべてがカンボジアから泰緬区間への輸送であった。レールも同様であり，総輸送量1,039両のうち，カンボジア発バンコク着が521両，バンコク発泰緬区間着が504両と，やはりカンボジアから泰緬区間への輸送がそのほとんどを占めていた。建設機材は総輸送量198両のうちバンコク発泰緬区間着が114両と最も多くなっており，こちらはバンコクに船で到着したか，あるいはバンコクに既に存在していた機材の輸送が中心であったことになる。レールなどはマラヤから輸送されてきた分のほうが多かったはずであるが，サイゴン方面から送られてきた枕木やレールも少なからず存在していたことが分かる。

　このように，鉄道局報告は開戦直後の軍事輸送の状況こそ示していないものの，1942年4月から12月までの軍事輸送については物資輸送報告と同じくバンコクを通過するものに限ってほぼ網羅していた。このため，物資輸送報告と組み合わせることで1942年4月〜1944年8月までの軍事輸送の輸送品目が確認できるのである。

(4) 泰緬鉄道における輸送

　タイにおける日本軍の軍事輸送を分析する上で欠かせないのが，泰緬鉄道での輸送である。泰緬鉄道では，当初1日3,000トンの輸送量を想定していたものの，大本営が工期短縮を命じたことから輸送力は1,000トンに削減されていた［吉川 1994, 282］。単純に計算すると貨車100両分であるが，1日15両編成の列車10本，すなわち最大積載で1,500トン分の輸送力が想定されていた。1944年初頭の時点において，泰緬鉄道経由でモールメインに到着した物資は1,200トンに達していたという［Ibid., 283］。倉沢も様々な資料から泰緬鉄道の輸送量について考察し，1日2〜10本の列車が運行されていたものと結論付けている［倉沢 2006, 146-147］。泰緬鉄道の開通前の時点ではあるが，日本側はタイ側に対して泰緬鉄道に乗り入れる車両は1日175両になるとの見通しを示していた[22]。

第 2 章　日本軍の軍事輸送——何をどの程度運んでいたのか｜113

　一方，ブレットが行った調査によると，1943 年 10 月の開通から終戦まで
に泰緬鉄道が輸送した貨物の総計は 22 万 9,550 トンとなり，1ヶ月平均約 1
万トン，1 日平均 350 トンとなる。内訳は軍需品 2 万 8,050 トン，弾薬 6 万
8,900 トン，衣服 6,800 トン，食料 6 万トン，石油 5 万 3,020 トン，潤滑油
2,780 トン，その他 1 万トンであった［Brett 2006, 183］。列車本数は開通当
初は 1 日 1〜2 本であったが，1944 年 7 月頃から 1 日 3〜4 本に増え，11〜
12 月には 5 本と最盛期を迎え，1945 年はほぼ 1 日 2 本で推移していた［Ibid.,
206］。

　他方で，タイ側も泰緬鉄道の輸送品目の記録を残していた。これは，上述
の物資輸送報告とほぼ同じ形態のものであり，1944 年 6 月 25 日から 11 月 9
日までの泰緬鉄道の起点ノーンプラードゥック発の列車を対象に行ったもの
である[23]。これをまとめたものが，表 2-5 となる。この表から，対象期間に
ノーンプラードゥックを発った旅客数は計 5 万 2,481 人，車両数は 6,320 両
であったことが分かる。記録のある日数は計 130 日であることから，1 日平
均で約 50 両の車両がノーンプラードゥックから泰緬鉄道に入っていたこと
になり，列車本数にして 1 日 2 本とブレットの調査よりもやや少ないことに
なる[24]。なお，対象期間を含む 1943 年 11 月から 1944 年末までにノーンプ
ラードゥックに到着した車両数は 1 日平均 80 両となることから，このうち
の 6 割程度が泰緬鉄道に入線していたことになる[25]。

　旅客については兵が圧倒的に多く，労務者はマレー人 420 人しか記載され
ていない。平均すると，兵は 1 日約 400 人がノーンプラードゥックからビル
マ方面へ向けて出発していったことになる。労務者の数が少ないのと連合軍
捕虜が存在しないのは，この時期には泰緬鉄道が既に開通していたために，

---

22)　NA Bo Ko. Sungsut 2. 4. 1. 1/2 "Banthuek Raingan Kan Prachum Khana Anukammakan Phasom.
　　1943/03/20." ただし，これらの車両がすべてビルマ向けの輸送に従事するわけではなく，薪，
　　食料，補修資材などを途中駅まで輸送するための車両も含まれていたものと思われる。
23)　バンコクでの物資輸送報告の初期のものと同じ形態で，用紙も同じものを流用していた。な
　　お，この資料は Phuangthip［2004］が使用しており，倉沢［2006］もこれを引用しているが，彼
　　女は数値の集計は行っていない。
24)　実際にタイ側が記録した本数も 1 日 2 本の日が大半であり，1 日 1 本あるいは 3 本の日がそ
　　れぞれ数日ずつある状況であった。
25)　図 1-2 の原資料より筆者が集計した数値である。

表 2-5　泰緬鉄道ノーンプラードゥック発の輸送品目（物資輸送報告ベース）
（1944 年 6〜11 月）

旅客

種別	人数（人）	備考
兵	52,061	
労務者	420	マレー人
計	52,481	

使用車両

品目	車両数（両）	備考
旅客	1,247	
自動車	835	
二・三輪車	19	
軍事車両	26	
大砲	78	
軍馬	60	計 397 頭
食料	2	
物資	1,257	
金属類	50	
機械類	34	
軍需品	180	砲弾，弾薬など
医薬品	10	
木材	19	
レール	19	
建設資材	16	
鉄橋用鋼材	103	
石油	564	
混載	1,801	
計	6,320	

出所：表 2-1 と同じ，より筆者作成

新たな労務者や捕虜の投入が少なかったためである[26]。実際には泰緬鉄道の
開通後には建設中に使役した捕虜や労務者の返還のための輸送が存在してい
たが，この表はノーンプラードゥック発の輸送のみを対象にしていることか
ら，泰緬鉄道沿線からノーンプラードゥックに到着した旅客数については記
載されていない。

---

26)　労務者については，7 月 31 日に 420 人全員がノーンプラードゥックを出発していた。

一方，貨物については混載が最も多く全体の約3分の1を占めているが，これは一時報告が粗くなり，全体の車両数と積まれている貨物のみが記されていたために分類不能となったものが多いためである。これを除けば旅客と物資がそれぞれ1,200両程度と最も多くなり，次いで自動車，石油となっていることが分かる。ブレットの報告と比較すると，軍需品や食料が少ない感があるが，これは内容物の判別が不明なために単に物資と記録されたか，あるいは混載に分類されたためであろう。バンコク駅での物資輸送報告もそうであるが，タイ側は日本側には内密にこのような記録をとっていたものと考えられることから，自動車のように一見して積荷が分かる場合もあれば，箱に梱包されて有蓋車に積み込まれた場合など，内容物の把握が難しい場合も少なからず存在したはずである。

また，泰緬鉄道の建設が既に完了した後の記録であることから，レール，木材，建設資材などの輸送も少なくなっていることが分かる。上述のように物資輸送報告では泰緬区間着の輸送が多くなっており，レールや木材などの到着も目立っていたが，この表ではいずれも輸送量も少なくなっていることが分かる。ただし，例外的に鉄橋用鋼材の輸送が103両と多くなっているが，この時点では既にメークローン川に架かる鉄橋は完成していたはずであることから，これらの鉄橋用の鋼材はその他の木橋の取り換え用に輸送されたものと思われる[27]。

バンコクでの物資輸送報告は到着貨物も対象としていたが，この泰緬鉄道での調査は下り列車，すなわちタイからビルマへの輸送のみを対象としており，ビルマからタイに到着する輸送については全く記述がない。これは，ブレットなど当時の泰緬鉄道の調査結果でも同様である。このため，ビルマからタイへの輸送については，上述の3つの情報源から泰緬発の輸送を抽出して，その輸送状況を推測する以外に方法はないのである。

---

27) 第2次世界大戦後「戦場に架かる橋」として有名になったクウェーヤイ（メークローン）川橋梁は，1943年5月に完成していた［吉川 1994, 139］。ただし，それ以外の橋梁はほとんどが木橋であった。

第 2 節　旅客輸送の状況

(1) 兵

　戦時中の軍事輸送での旅客輸送では，当然のことながら兵の輸送がその中心となった（写真 3）。図 2-1 は，物資輸送報告と鉄道局報告から集計した兵の輸送状況をまとめたものである。運行予定表と請求書からも兵の輸送に使用した車両数は若干得られるが，図が煩雑になるためここでは省略してある。この図を見ると，最も輸送量が多い区間はカンボジアからバンコクへの区間となっていることが分かる。泰緬区間からビルマへの輸送量が次いで多いが，この泰緬～ビルマ間の輸送はバンコクでの物資輸送報告とは対象期間が若干ずれており，しかも計 4 ヶ月間と短いことに留意する必要がある。単純に計算すれば，バンコク発着分の物資輸送報告が作成された期間は泰緬鉄道の物資輸送報告の約 4 倍であるから，泰緬区間からビルマへの輸送数は約 20 万人となる[28]。なお，鉄道局報告ではバンコク発マラヤ着が最も多くなり，カンボジア発バンコク着がそれに次いでいるが，後者は物資輸送報告に比べると人数ははるかに少ない。

　一方で，バンコクから泰緬区間への輸送量は合わせて 4 万人程度であり，この図から判別する限りにおいても，泰緬区間からビルマへの輸送量よりも少ない。これは，この図には現れていないマラヤからの輸送が存在したためでであった。前章で見たように，マラヤから泰緬区間への車両到着数は，第 2 期には週平均 144 両，第 3 期には同じく 238 両であった。実際に，当時の日本兵の回想記録からも，シンガポールからノーンプラードゥック経由でビルマに入った事例が数多く確認される。このように，物資輸送報告が利用可能であった期間に限定すれば，最も輸送量が多かった区間は泰緬区間からビルマへの輸送，すなわち泰緬鉄道経由の兵員輸送であったことになる。

　物資輸送報告の対象時期は，インパール作戦のためのビルマ戦線向けの兵

---

28)　実際には，泰緬鉄道の開通は 1943 年 10 月であることから，それ以前と以後で数値は大きく異なっていたはずである。

第2章 日本軍の軍事輸送——何をどの程度運んでいたのか | 117

図 2-1 兵の輸送状況（物資輸送報告・鉄道局報告ベース）（単位：人）

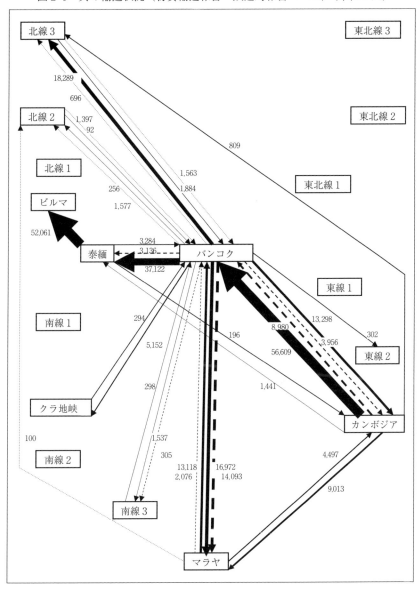

注1：50人未満の輸送区間は省略してある。
注2：実線は物資輸送報告，点線は鉄道局報告の数値である。
出所：附表5，8より筆者作成

員輸送が最も盛んな時期であった。このため，前章で見たようにシンガポールやサイゴンから鉄道経由でノーンプラードゥックに到着し，泰緬鉄道経由でビルマに入るルートが最も重要なルートであった。この泰緬鉄道を補完するルートとしてチュムポーンからのクラ地峡鉄道が建設され，さらに北線3区間のラムパーンから既存の道路を用いてシャンに入るルートも利用された。図2-1からはクラ地峡向けの輸送は5,152人とそれほど多くはないが，北線3区間へは約1.8万人とそれなりの輸送量が存在していることが分かる。北線3区間向け輸送はサイゴン～バンコク経由で行われたことから物資輸送報告に現れるのに対し，クラ地峡経由はマラヤから入る輸送が多く，バンコク経由はむしろ少数派であったものと考えられる[29]。前章で見たように，タイの鉄道の主要な任務はビルマ戦線の補給輸送であったが，兵の輸送状況からもそれは裏付けられよう。

　また，バンコク～マラヤ間の兵の輸送量も相対的に多いことがこの図からも分かる。物資輸送報告ではバンコクからマラヤへは約1.7万人，マラヤからバンコクへは1.3万人とどちらの方向とも輸送量は多くなっている。鉄道局報告でもバンコクからマラヤへは約1.4万人の輸送が存在し，マレー進攻作戦が終わった後も南線下り列車での日本兵の輸送が重要であったことを示している。バンコクからカンボジアへも物資輸送報告ベースで約1.3万人と輸送量が多くなっていた。物資輸送報告の存在する日数は計512日であることから，これらの区間では1日平均で25～30人の兵が往来していたことになり，インパール作戦への兵力の投入以外にも，カンボジアやマラヤとの間で定期的な日本兵の往来が存在していたことが分かる。さらに，マラヤ～カンボジア間にも双方向に輸送が見られることから，上述したプラストーシーが着目したような長距離の国際輸送は，貨物輸送面のみならず旅客輸送面でも存在していたことになる。

　これらの兵はほとんどが日本兵であるが，若干のインド国民軍のインド兵の輸送も含まれていた。物資輸送報告にインド兵（Thahan India）と記載された輸送は1943年5月から1944年6月24日まで計7回現れており，バンコ

29）　図1-7（81頁）のように，第3期のマラヤ発クラ地峡着の輸送量は週平均110両であり，バンコク発の21両よりもはるかに多かった。

第2章　日本軍の軍事輸送——何をどの程度運んでいたのか | 119

クからマラヤへ875人，マラヤからバンコクへ650人，バンコクからカンボ
ジアへ50人，バンコクから泰緬区間へ40人の計1,615人分が存在した。後
述するように，インド兵は1943年代末からマラヤからクラ地峡経由でビル
マ方面に向かう移動が見られるようになるが，それとは別にタイとマラヤの
間でも時々移動が存在していたことが分かる。

　なお，図2-1には反映されていないが，物資輸送報告や運行予定表に記載
された兵輸送には，兵でない文民や負傷兵の輸送と明記されたものも若干存
在していた。例えば，1943年12月にはノーンプラードゥックからバンコク
まで女性60人が，1944年4月には中国人女性40人がバンコクからパーダ
ンベーサールまで輸送されていた[30]。また，負傷兵の輸送と書かれている事
例もあり，物資輸送報告の対象期間中に，バンコクからサワーイドーンケー
オ（カンボジア国境）へ計830人の負傷兵が輸送されていた。負傷兵や病人
の輸送については運行予定表に記載されている場合もあり，1942年2月か
ら5月にかけて北線2区間のサワンカローク，ピッサヌロークからバンコク
へ向けて負傷兵の輸送車両が計42両，1944年5月から8月にかけてバンコ
クからマラヤへ向けて病人輸送の車両が計45両運行されていた[31]。このよ
うに，若干ではあるが，当時の旅客の真の姿を髣髴とさせるような事例も存
在するのである。

　初期には客車も用いられたものの，兵の輸送の大半は貨車を用いたもので
あったことから，乗せられた兵の苦労も並大抵ではなかった。1944年10月
にシンガポールからビルマに向かった軍医の江口萬は，道中のことを以下の
ように回想している［江口1999, 48-50］。

　　……坐ったままどうにもならぬ。動き出したらなんと物凄い車輌である。なにしろ
　　貨車だものだからスプリングがないのでレールの継ぎ目のひびきがガチンガチンと
　　直接脳にこたえる。上下左右にがぶりだす。貨物車と客車は雲泥の差だ。……トタ
　　ン屋根の貨車は地獄の様に暑い。汗がなんぼでも出る。ねむれもされず。加えて猛
　　暑，これからどうなるのだろうか。昼頃になるとトタン屋根は手がさわれぬ程やけ
　　る。頭があんまり暑いので濡れたハンカチを被せて居たら直ぐ乾く……。

---

30)　表2-1の原資料より筆者が集計した数値である。
31)　表2-2の原資料より筆者が集計した数値である。

……朝まだ暗い中にチュンポンに着く。昨夜もろくろくねむれぬ。身動きが出来ず。荷物の箱の上にねるから身がイタくておまけに蚊が来る。汽車が動いている時は蚊が来ない。止ったらワンサワンサ来る。どっちにしても生地獄だ。然し兵は元気なもの。馬鹿ばかり言うて，北へ北へと進む……。

　彼の乗車した貨車には兵 31 人と装具を積んでおり，装具を積み込んだ上に兵が乗車していた。さらに，貨車が荷物で満杯となると，兵が屋根に乗車することもあった。第 53 師団第 128 連隊の平野正路は，1944 年に泰緬鉄道でビルマに向かった時のことを以下のように記している［加藤編 1980, 64]。

　　……マレー半島を鉄路により北上し，バンコクに到着，ビルマへの追及方法について打ち合わせをしたところ，「危険であるが，泰緬鉄道にてビルマ向弾薬糧秣を緊急輸送する列車がある，これに便乗して至急追及せよ。ただし，目下泰緬国境は雨季なので，有蓋車の中は食料弾薬，兵員は全員列車の屋根積み輸送の外ない」とのこと。
　　屋根積み輸送とはどんなものか，どのようにすればよいのか，試案に苦しんだ。兵員全員に細ロープが支給され，小学校時代の綱引きのような太ロープが四十名位に一本宛与えられた。
　　屋根積みとは，車両の屋根の中央に太ロープをしっかり結束して兵員は細ロープで主ロープと自分の腰を結んで足を両側にぶら下げながらの輸送なのである……。

　このように，貨車を用いての兵の輸送は，狭くて暑い車内にいても，凌ぐものが何もない屋根の上にいても，過酷なものであった。

(2) 労務者

　労務者の輸送量は，表 2-1 の物資輸送報告ベースの数値で見ると約 2.9 万人と，兵に次いで多くなっていた。図 2-2 はこの物資輸送報告ベースの数値と，運行予定表ベースの数値をまとめたものである。前者は実線を用いて人数にて表されるのに対し，後者は点線で車両数にて示されている。これを見ると，労務者の輸送量が最も多いのはバンコクから泰緬区間への輸送で，約 1.9 万人と物資輸送報告ベースの輸送量の約 3 分の 2 を占めていることが分かる。次いでカンボジアから泰緬区間へも 7,850 人が輸送されており，労務者の輸送はバンコクあるいはカンボジアから泰緬区間への輸送が中心であっ

第2章　日本軍の軍事輸送——何をどの程度運んでいたのか　121

たことが分かる。なお，泰緬区間からビルマへの輸送量は 420 人しかいない
が，これは泰緬鉄道開通後の数値であるために少なくなっているものと考え
てよかろう（写真 4）。

　泰緬鉄道の建設に使役されたのは連合軍捕虜が有名であるが，アジア人労
務者も多数使役されていた。吉川はその数を約 22 万人としているが［吉川
2008, 261］，うち半数がビルマ人であったことから，タイ経由で入ったのは
10 万人程度であったことになる。ブレットの調査によると，マラヤ，ジャ
ワ，タイ，仏印からの労務者は計 9 万 1,112 人とされており，うち建設中に
約 7 万人，完成後に約 2 万人が送られてきた［Brett 2006, 197］[32]。ビルマ側
の労務者数が別に約 9 万人と記載されていたことから，これらがタイ側から
泰緬鉄道の建設現場に入った人数と考えてよかろう。図 2-2 の泰緬区間着の
労務者数は合計 2.7 万人ほどであるから，少なくともこの 3 倍の数の労務者
が到着していたはずである。

　さらに，ブレットの報告に含まれていないタイで調達された労務者も存在
した。ブレットはタイでの労務者の調達は 1943 年 12 月からの中国人苦力
5,200 人のみとしているが，実際にはそれよりもはるかに多くの労務者が調
達されていた。最初に雇用されたのはタイ側が建設を担当したノーンプラー
ドゥック～カーンチャナブリー間の土木工事用の労務者であり，1942 年 10
月の時点で約 5,000 人が近隣県から派遣されていた[33]。このタイ人労務者の
雇用について，当時鉄道局で労務者の給与支払いを担当していたプラソン・
ニクローター（Prasong Nikhrotha）は以下のように回想している［Piyanat 1999,
113］。

　　……ノーンプラードゥック～カーンチャナブリー間の路盤工事は，政府がペップ
　　リー，ラーチャブリー，スパンブリー，ナコーンパトム，アーントーン，アユッタ
　　ヤー，カーンチャナブリーの各県の住民を雇って行うことにした。これは中部の洪

---

32)　この 9 万 1,112 人のうち，ジャワ 7,500 人，タイ（中国人苦力）5,200 人，仏印 200 人を除く
　　7 万 8,212 人がマレー人と思われ，そのうちの 7 万人は 1943 年 4 月から 9 月までに調達された
　　第 1 次マラヤ労務者とされていた。

33)　NA Bo Ko. Sungsut 2. 4. 1. 2/6 "Khaluang Pracham Changwat Ratchaburi thueng Prathan Kammakan
　　Phicharana lae Chat Sang Rotfai Thahan. 1942/10/29"　出身地の内訳はペップリー 837 人，ナコーン
　　パトム 990 人，スパンブリー 2,987 人であった。

写真3　バンコクを発つ日本兵

出所：増淵編 1974, 256

写真4　泰緬鉄道沿線の労務者キャンプ

出所：清水編 1978, 28

第 2 章　日本軍の軍事輸送——何をどの程度運んでいたのか　123

図 2-2　労務者の輸送状況（物資輸送報告・運行予定表ベース）

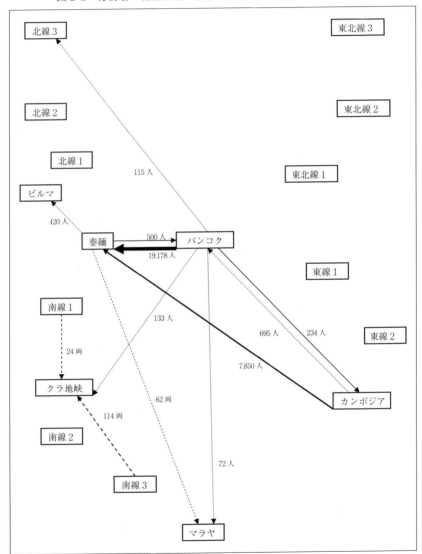

注：実線は物資輸送報告，点線は運行予定表ベースの数値である。
出所：附表 5, 6 より筆者作成

水で住民が稲作を2〜3ヶ月できないために仕事がないことから、水が引いた後に稲作を行うための資金を稼ぐ仕事を住民に与える方針をとったためである……。

次いで、1943年3月に日本側が泰緬鉄道建設の工期短縮のために1万3,000人の労務者の調達をタイ側に求め、5月までに中華総商会が計1万1,577人の労務者を日本側に引き渡していた[34]。その後、同年6月に日本側は追加で2万3,000人の調達を要求し、その後1万人ほど削減したが、この分を8月末までに引き渡した[35]。このように、少なくとも泰緬鉄道の完成前に約3万人のタイで調達された労務者がおり、彼らの輸送の一部が図2-2の輸送の中に含まれているものと思われる。

ただし、カンボジアから泰緬区間へ直接運ばれた労務者については、タイ国内で調達された労務者でないことは明らかである。物資輸送報告に現れる労務者の輸送については、1943年中の輸送が2万8,188人と全体の98％を占めていたが、ブレットの調査によるとこの間に送り込まれた非マレー人の労務者は仏印からの200人を除いて存在していなかった[36]。マラヤから泰緬区間への輸送は南線経由で行うのが普通であるが、南線の輸送力の問題から一旦船でサイゴンに送られ、そこから泰緬鉄道を目指したマレー人労務者も少なからず存在したものと思われる[37]。

一方、運行予定表ベースの輸送については、クラ地峡への輸送が計138両分と全体の3分の2を占め、残りは泰緬区間からマラヤへの輸送であった。クラ地峡への輸送は、クラ地峡鉄道建設のための労務者輸送であった。日本軍はクラ地峡鉄道の建設のために、1943年8月から9月末までに3万人の労務者をマラヤ方面から輸送するとタイ側に伝えていた[38]。しかし、図2-2に表示されている輸送は、マラヤからクラ地峡への輸送ではなく、南線1・

---

34) NA Bo Ko. Sungsut 2. 4. 1. 2/12「泰陸武第三七号　人員器材整備ノ件照会 1943/03/02」, Ibid. "Ratthamontri Wa Kan Kasuang Mahat Thai thueng Chao Krom Prasan-ngan Phanthamit. 1943/06/12"

35) Ibid. "Palat Kasuang Mahat Thai thueng Chao Krom Prasan-ngan Phanthamit. 1943/09/09" 最終的に引き渡された数は1万3,449人であった。

36) ジャワ人は1943年12月から、タイの中国人苦力も同月から調達が開始されたとされており、仏印からの200人のみが1943年4月に調達されていた［Brett 2006, 197］。

37) 実際に物資輸送報告にはカンボジア（サワーイドーンケーオ）発バーンポーン行の労務者の輸送にマレー人労務者（Kammakon Khaek）と記載されている場合もある。

38) NA Bo Ko. Sungsut 2. 4. 1. 3/6 "Banthuek Kan Titto kap Chaonathi Fai Thahan Yipun. 1943/08/06"

第2章　日本軍の軍事輸送——何をどの程度運んでいたのか | 125

3区間からの輸送であり，乗客はタイ人労務者であった。タイ側では日本側からの労務者提供の依頼を受けて，主として南部から労務者を派遣しており，1943年11月末の時点でその数は3,564人に上っていた[39]。運行予定表に記録されているクラ地峡着の労務者輸送は，いずれも1943年11月の輸送であり，これらのタイ人労務者の輸送が鉄道側からも確認できる。

泰緬区間からマラヤへの輸送は，1944年5月と6月に2例ほど存在する。既に泰緬鉄道が開通した後であることから，建設に従事した労務者の送還とも考えられるが，おそらくはもっと数は多かったはずである。吉川はタイ側で使用されたアジア人労務者10万人のうち，3分の1が逃亡，3分の1が死亡，残る3分の1が帰還できたことになると記している［吉川1994, 232］。1両に50人乗ったとしても600両の車両が必要となることから，運行予定表が示す数値は，おそらくその氷山の一角なのであろう。

なお，この労務者の数値には，輸送護衛用に雇われていた労務者の人数も含まれていた。泰緬鉄道やクラ地峡鉄道建設のための労務者輸送は一度に大量の輸送となるが，輸送護衛用の労務者は数人単位で乗車していた。例えば1944年に入ってほぼ毎日行われていたバンコクから泰緬区間への薪輸送には，通常貨車7両に労務者2人が乗車して護衛していた。おそらくは輸送途中での盗難防止が目的であると思われる。本来は日本兵が護衛するのが普通であったが，労務者がその任務に就く場合もあった。

(3) 連合軍捕虜

連合軍捕虜の輸送量は，表2-1では約5,500人と最も少なくなっていたが，泰緬鉄道での捕虜の使役状況からすれば，はるかに多くの捕虜が輸送されてきたはずである。図2-3は捕虜の輸送状況を示したものであり，労務者と同じく物資輸送報告ベースは人数にて，運行予定表ベースは車両数にて表記してある。これを見ると，物資輸送報告ベースではバンコクからカンボジアへの輸送が2,100人と最も多くなり，以下カンボジアからバンコクへ，バ

---

39) NA Bo Ko. Sungsut 2. 4. 1. 3/8 "Chao Krom Prasan-ngan Phanthamit thueng Phana Thut Fai Thahan Bok Yipun Pracham Prathet Thai. 1943/11/25" これらの労務者の募集は内務省が行い，各県ごとにまとめて輸送されていた。

図 2-3　捕虜の輸送状況（物資輸送報告・運行予定表ベース）

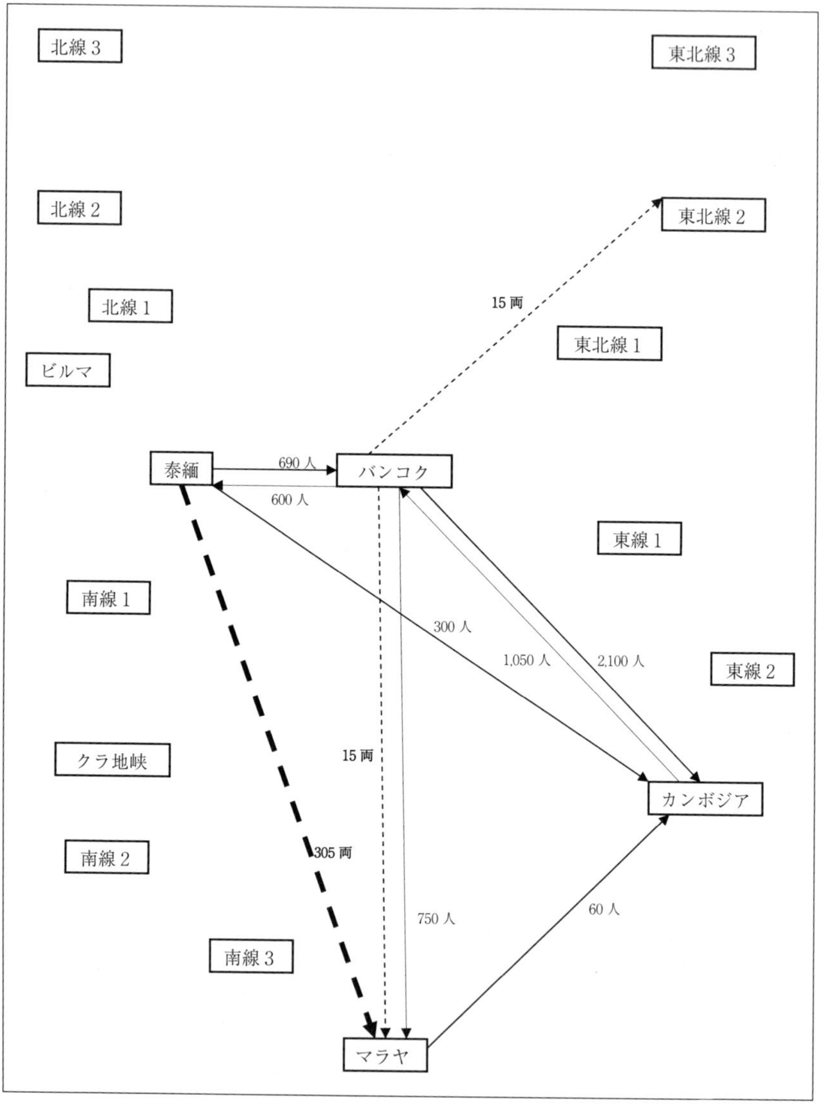

北線 3　　　　　　　　　　　　　　　　　　　　東北線 3

北線 2　　　　　　　　　　　　　　　　　　　東北線 2

　　　　　　　　　　　　　　　　　15 両
北線 1　　　　　　　　　　　　　　　　　　東北線 1

ビルマ

泰緬　　690 人　バンコク
　　　600 人　　　　　　　　　　　東線 1

南線 1　　　　　　　　　　　　300 人
　　　　　　　　　　　　　1,050 人　　2,100 人　　東線 2

クラ地峡　　　　　　　　　　15 両
　　　　　　　　　　　　　　　　　　　カンボジア

南線 2　　　　305 両

南線 3　　　　　　　　　750 人　　　　60 人

　　　　　　　　　　マラヤ

注：実線は物資輸送報告，点線は運行予定表ベースの数値である。
出所：附表 5，6 より筆者作成

ンコクからマラヤへの順に多くなっている。運行予定表ベースでは泰緬区間からマラヤへの輸送が目立ち，この図では泰緬鉄道への捕虜輸送よりも，むしろ泰緬鉄道からの輸送のほうが目立つ状況である。

　泰緬鉄道の建設に従事させられた捕虜の数は，ブレットの報告によると計6.2万人程度となり，うちタイ側から入った数は5.1万人であった［Brett 2006, 194-195］[40]。5.1万人のうち仏印からの700人以外はマラヤから送られており，マラヤ方面から鉄道で到着していたはずである。後述する表3-5（215頁）のように，タイ側の資料によると1942年6月から翌年4月までの間にマラヤからバーンポーンに到着した捕虜の数は計4万232人であった[41]。これらの捕虜は大半がイギリス人であったが，1943年1〜2月にバーンポーンに到着していたのはオーストラリア人，オランダ人，オランダ領東インド（蘭印）人と記載されていた。これらの輸送はバンコクを経由しないことから，やはり物資輸送報告には現れてこない。

　後述する表3-3（213頁）のように，請求書によると泰緬鉄道の建設中となる第2期にマラヤからバーンポーンに到着した車両数は計4,547両であり，仮にすべてが捕虜と労務者の輸送で，1両30人ずつ乗車していたとすると，約13.6万人が輸送されてきた計算になる。上述の労務者と捕虜を合わせてマラヤから輸送されてきた人数は少なくとも12万人に達したはずであることから，バーンポーン着の車両のほとんどが人の輸送に用いられていたことになろう。

　このマラヤからバーンポーンへの捕虜の輸送も貨車で行われており，過酷な旅の状況は日本兵と同じであった。1942年6月にシンガポールからバーンポーンに送られたイギリスの軍医ロバート・ハーディ（Robert Hardie）は以下のように記録していた［ハーディ 1993, 33］[42]。

---

40)　具体的な輸送ルートは書かれていないが，マラヤからタイへ入った捕虜5万305人と仏印からタイへ入った700人がタイ側から建設現場に入った数と思われ，マラヤからビルマへ入った捕虜7,201人とスマトラ，ジャワからビルマに入った捕虜3,600人がビルマ側の人数であると考えられる。

41)　泰緬鉄道の起点はノーンプラードゥックであったが，次駅のバーンポーンのほうが市街地に立地しており，捕虜収容所も存在したことから，労務者や捕虜の輸送の場合はバーンポーン駅で降りるのが普通であった。

……旅の続く貨車の内部の不快感は，まったく大変なものであった。車輌の真ん中に位置し，開いた引き戸に向かい合っている者のみが，多少なりとも外の新鮮な空気を吸うことができた。列車が動くと隙間風が入り込み，閉じた貨車の半分の空気がある程度かきまぜられる。しかし，日中，車輌の前半分の暑さはとてもひどいものであった。太陽がじりじり照り付けると，鉄の側面と屋根は非常に熱くなり，体に触れることさえできなかった。……夜になると鉄は冷え，水滴が付着し，それに触れると冷やっとした。人の脚，長靴，体，角ばった箱，ごつごつした荷物，硬いスーツケース等がごろごろしていて，十分な睡眠をとることができなかった。少しうとうとすると，がたがた揺れる車輌の鉄の側面に頭をぶつけたりして，目を覚ましてしまった……。

　貨車の中の状況は日本兵とさして変わりはなかったが，中には日本兵によって貨車の扉を閉められた場合も存在した［Rowland 2007, 80］[43]。そして，駅に停車中にも自由に行動できないことが多く，日本兵よりもさらに過酷な旅を強いられていた。

　一方，カンボジアからバンコクへの捕虜の輸送は，上述した仏印からの700人の捕虜の輸送以外にも存在していた。物資輸送報告によると，1943年6月25日にサワーイドーンケーオから捕虜600人がバンコクに到着し，同日中にノーンプラードゥックへ向けて発っていることから，これがブレットの言及する700人の捕虜に該当すると考えられる[44]。しかし，残る450人の輸送は1944年6月末から7月初めにかけて3回に分けて行われていた。この450人については，同日中にほぼ同じ人数の捕虜輸送がバンコクからマラヤ（パーダンベーサール）に向けて行われていることを考えると，一旦仏印に移された捕虜がシンガポールに移転させられたものと考えられる。ただし，その直前の5月15日には図2-3に記載されているマラヤから仏印への60人の輸送が存在していることから，この時期に仏印とシンガポールの間

---

42)　彼の貨車には1両に25〜26人が乗車させられており，やはり荷物を下に置き，その上に乗車していた。

43)　1943年4月18日にシンガポールを発った捕虜輸送列車は，おそらくハートヤイでシンガポールから同行してきた憲兵隊が下車したものの，交代の兵がいなかったために貨車の扉を外から閉め，そのままバーンポーンまで締め切ったまま輸送されたという［Rowland 2007, 80-81］。

44)　ブレットによると，1942年4月にイギリス人捕虜1,125人がシンガポールからサイゴンに送られ，そのうちの700人が翌年4月に泰緬鉄道建設のためにタイに送られた［Brett 2006, 195］。

で捕虜の交換が行われていた可能性もある。

　図 2-3 では泰緬区間からバンコク，カンボジア，マラヤへ向けた輸送が主流であるが，これらは泰緬鉄道建設後の捕虜の移動を示しているものと考えられる。ブレットによると，終戦までにシンガポールに送還された捕虜は計6,340 人，日本と仏印に転送された捕虜がそれぞれ 8,454 人，2,316 人であった ［Brett 2006, 195-196］。物資輸送報告によると，泰緬区間からの捕虜の発送は 1944 年 4〜5 月に，バンコクからカンボジアへは 4 月，バンコクからマラヤへは 6〜7 月にかけて行われていた。一方，運行予定表によると，泰緬区間からマラヤへの捕虜輸送は 1944 年 5〜6 月にかけて行われていた。ブレットはシンガポールへの送還が 1944 年 4 月に，日本へは 6 月から 12 月にかけて計 5 回行われたとしていることから，4 月から 6 月にかけての輸送がこの図に現れているものと考えられる[45]。

　最後に，バンコクから東北線 2 区間への輸送について検討しておく必要がある。この輸送は 1945 年 2 月 17 日にバンコク港からウボンへ向けて行われており，15 両すべてに捕虜が乗車したとすると最低でも 500 人程度が輸送されたことになる。1945 年 3 月末の時点でウボンには 2,150 人の捕虜がいたことから，これらの捕虜の輸送が反映されていることが分かる[46]。1945 年に入ると東北線への輸送が増えており，図 1-8（85 頁）のように第 4 期には週平均で 35 両がバンコクから東北線へ向けて輸送されていた。これは明号作戦の直前の時期であり，後述するウボンでの飛行場建設のために送られたものと考えられる[47]。

---

45)　ただし，本来はシンガポールへの輸送が泰緬区間からマラヤへ，日本への輸送が泰緬区間からカンボジアへとなるはずであるが，時期的には逆になっている。

46)　NA Bo Ko. Sungsut 2. 6/82 "Banchi Chamnuan Thahan Tang Chat nai Prathet. 1945/03/31"

47)　明号作戦の際に，仏印部隊の武装解除を支援するために，東北部のウドーンターニーとウボンにも日本軍が派遣された ［防衛研修所戦史室 1969b, 606-611］。詳しくは後述する。

第3節　貨物輸送の状況

(1) 軍需品

　最初に，軍需品の輸送状況について分析してみよう。軍需品はいわゆる砲弾や弾薬など戦闘行為に直接かかわる物品であり，軍事輸送の中では兵の輸送とともに重要なものであろうことは容易に想像がつく。これらの軍需品は単独で積まれている場合もあれば，兵が携行する武器や弾薬が兵と一緒に輸送されている場合もあった。貨物輸送の中では最も多い輸送品目と思われがちであるが，実際には表2-1のように量的にはそれほど多くはなかった。これは，梱包されていると中身の判別がつかず，物資として認識される場合も多かったためと思われる。

　図2-4は軍需品の輸送状況を示したものである。軍需品は物資輸送報告，請求書，鉄道局報告に記載があり，全体としては請求書のほうが輸送量は多くなっている。最も輸送量が多い区間は南線3区間とマラヤの間であり，片道1,000両程度の輸送が存在していた。この区間の輸送量が他の区間を圧倒しているが，これは南部やマラヤ発の輸送が当初バンコクでは把握できておらず，請求は軍用列車単位ではなく通常の貨物輸送と同様に行われていたためである。すなわち，この南線3区間〜マラヤ間の輸送は開戦直後の第1期に行われていたものである。先の図1-6（78頁）ではこの間の輸送は南線3区間からマラヤへの輸送が圧倒的に多くなっていたが，軍需品の場合は双方向に同じ程度の輸送が存在した。これは，マラヤから南線3区間への輸送の大半が東海岸の国境駅スガイコーロックからハートヤイへの輸送になっているためであり，おそらくはコタバルに上陸した日本軍の物資をマラヤの西海岸に輸送するために，一旦ハートヤイに送っていたためと思われる[48]。

---

48)　マラヤから南線3区間への輸送は計1,033両あったが，このうち約9割の922両分がスガイコーロックからハートヤイへの輸送であった。スガイコーロックではマラヤの東海岸線と接続していたことから，これらの輸送はコタバルの最寄駅であるパーレックバン発であったものと推測される。

第2章　日本軍の軍事輸送——何をどの程度運んでいたのか | 131

図 2-4　軍需品の輸送状況（物資輸送報告・請求書・鉄道局報告ベース）（単位：両）

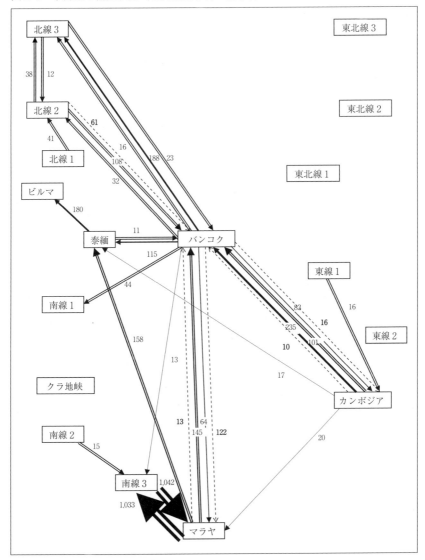

注1：10両未満の輸送は省略してある。
注2：実線は物資輸送報告，二重線は請求書，点線は鉄道局報告ベースの数値である。
出所：附表5，7，8より筆者作成

一方，東線のカンボジアからバンコクへはすべての情報源で軍需品の輸送が見られ，合わせると346両分となる。物資輸送報告は第2期から第3期にかけての時期に作成されていることから，これらの輸送は第1期の開戦直後の輸送と，インパール作戦向けの輸送を示していることが分かる。両数はそれほど多くはないが，物資輸送報告ではバンコクから北線3区間や泰緬区間へも輸送が存在しており，サイゴンからバンコク経由でビルマ方面への軍需品の輸送が行われていたことが分かる。先のブレットの報告によると，泰緬鉄道でビルマに到着した軍需品は計2万8,050トンであり，弾薬も加えると約9.7万トンに達することから，この図に示された輸送はその氷山の一角に過ぎないことになる。また，バンコクやカンボジアからマラヤへの輸送もあることから，サイゴンからマラヤに向けた軍需品の輸送も若干存在していたことになろう。

北線では請求書ベースの輸送が多いが，これも南部と同じく通常の貨物輸送扱いの請求書の作成が多かったためである。軍用列車単位の請求書は基本的に軍用列車を運行する場合に限って作成されたことから，一般列車を利用した輸送の場合は通常の貨物輸送と同様に請求書が作成され，その場合に限って輸送品目が把握できたのである。北線では下り列車しか軍用列車は設定されず，しかも第1期中に下り列車の運行も一旦中止されることから，一般列車を利用した輸送が少なからず存在した。この中で，北線2区間からバンコクへの輸送が請求書ベースで108両と多くなっているのが注目されるが，実際には1942年1月にピッサヌロークからバンコクに向けて行われた輸送が大半を占めていた[49]。ピッサヌロークはビルマへの進軍ルートの起点であることから，おそらくはビルマへ運ぶためにピッサヌロークまで列車で運んだものの，その先の自動車や馬による輸送が滞って結局バンコクに戻されたものと考えられる。

（2）移動手段 —自動車と軍馬—

通常の軍事輸送のイメージでは兵や軍需品の輸送が主流と思われるが，実

49）計108両の輸送のうち，95両がピッサヌロークからバンコクへの輸送であった。

際には自動車や軍馬などの移動手段の輸送も多かった。表 2-1 から分かるように，物資輸送報告では自動車と軍馬の輸送量はそれぞれ約 3,000 両ずつを占めており，牛車・二三輪車，船，飛行機といったその他の移動手段も含めれば輸送量は約 7,000 両に達した。これは先に見た軍需品の輸送量よりもはるかに多い。そもそも鉄道自体が移動手段であることから，その上に別の移動手段を載せて輸送するのは一見すると無駄に思われるが，鉄道は実際の前線まで到達していない場合が多いことから，鉄道で輸送された部隊は下車後にこれらの移動手段や徒歩行軍で前線まで進む必要があった。本来的には，これらの移動手段の輸送も平時には水運で行われるべきものであるが，鉄道が水運の代替機能を有していた以上，鉄道もこれらの移動手段を輸送しなければならなかった。また，とくにタイでは鉄道に並行するような道路が限られていたことから，遠隔地に自動車を輸送する場合にはごく一般的に鉄道輸送がなされていた[50]。

　図 2-5 は自動車の輸送状況を示したものである。運行予定表ベースはわずかであるために省略し，物資輸送報告，請求書，鉄道局報告ベースのものを記載してある。これを見ると，物資輸送報告ベースでは基本的には兵の輸送と同じくカンボジアからバンコク，バンコクから泰緬区間と北線 3 区間への輸送が多いことが分かる。量的には泰緬区間からビルマへの 1,513 両が最も多くなっており，兵の場合と同じく対象期間の差を考慮すると，実際には 4 倍の約 6,000 両となることから，やはり最大の輸送区間となる。図では現れていないが，自動車もバンコク経由よりむしろマラヤから入る量が多かったはずであり，インパール作戦向けにサイゴンからバンコクを経て泰緬鉄道か北線経由でビルマを目指す輸送と，マラヤから泰緬鉄道経由でビルマに送られる自動車が多かったことを示している。

　一方，二重線で表示された請求書ベースの輸送では，マラヤから南線 3 区間への輸送が 1,003 両と最も多くなる。軍需品と同様にこの間の輸送が多くなっているが，これは日本軍が開戦直後に徴用したタイの自動車の返送や，

---

50) 『鉄道局年報』によると，1935/36 年の車両及びその部品の輸送量は計 4,181 トンであった ［ARA（1935/36），Table 9］。当時のタイの道路整備については，柿崎 2000b, 173-176, 柿崎 2009, 22-47 を参照。

図 2-5　自動車の輸送状況（物資輸送報告・請求書・鉄道局報告ベース）（単位：両）

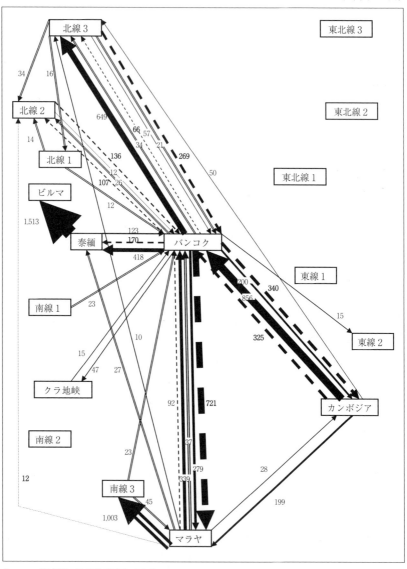

注1：10両未満の輸送は省略してある。
注2：実線は物資輸送報告，二重線は請求書，点線は鉄道局報告ベースの数値である。
出所：附表5，7，8より筆者作成

自動車の不足するタイにマラヤの自動車を持ち込んだためと思われる[51]。そのほかの区間については50両以下の小輸送が中心であり、南線と北線でバンコク方面への上り方向の輸送を中心に記録されている。これも南部発の輸送が当初通常の貨物輸送と同様に扱われていたことと、北線の軍用列車の運行本数が少なかったためであろう。

　点線で表示された鉄道局報告ベースの輸送では、バンコクからマラヤへの輸送量が最も多く、バンコク～カンボジア間では双方向にそれぞれ300両以上の輸送が存在し、北線3区間からバンコクへも269両と比較的多くの自動車が輸送されていたことが分かる。バンコクからマラヤへの輸送が多かったことは、マレー進攻作戦に参加した部隊の自動車輸送が1942年4月以降も続いていたことを示すものである。また、北線3区間はビルマ攻略作戦時の進軍ルートではなかったが、次章で述べるように沿線のラムパーンやチエンマイには航空部隊が展開し、その後ビルマに移転していったことから、航空部隊関係の自動車の撤退が現れているものと思われる。

　表2-1では自動車の輸送数も記載されていたが、自動車の場合は貨車（2軸車）1両につき1台しか積載できないことから、輸送車両数がそのまま輸送自動車数を表していると考えられる。すなわち、ノーンプラードゥックからビルマ方面へと発送された自動車数は、調査対象期間中に計1,513台であった。自動車輸送の場合は使用車両が屋根なしの貨車に限定されており、通常は無蓋車か材木車が使用されていた。他に軍馬以外の移動手段、レール、木材、建設資材、鉄橋用鋼材なども屋根なし貨車で輸送されていたが、おそらく屋根なし貨車を最も多く使用したのがこの自動車輸送であったものと思われる。

　一方、次の図2-6は自動車と共に輸送量の多い軍馬の輸送状況を示したものである。これを見ると、カンボジアからバンコクへの輸送が1,330両と最も多く、次いでバンコクからマラヤへ、バンコクから北線3区間への輸送が

51）　計1,003両の輸送のうち、971両がパーダンベーサールからハートヤイへの輸送であった。日本軍が南部東海岸の何ヶ所かに上陸してマラヤを目指したが、その際にタイ側の自動車を多数徴用して進軍に用いた。また、タイにはそもそも自動車が少なく、1930年代半ばの自動車登録台数を比べると、タイには9,007台しか存在しなかったのに対し、マラヤには4万3,669台の自動車が存在した［柿崎2010, 108］。

図 2-6 軍馬の輸送状況（物資輸送報告・請求書・鉄道局報告ベース）（単位：両）

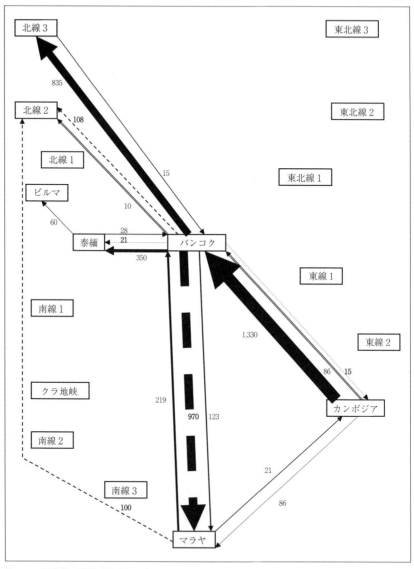

注 1：10 両未満の輸送は省略してある。
注 2：実線は物資輸送報告，二重線は請求書，点線は鉄道局報告ベースの数値である。
出所：附表 5, 7, 8 より筆者作成

多いことが分かる。バンコクからマラヤへの輸送は何のために行われたのか
は分からないが，1942年7月から8月にかけて何回かまとまった輸送が存
在していた。鉄道局報告ではこのバンコク発マラヤ着の軍馬輸送が圧倒的に
多くなっており，カンボジア発バンコク着の輸送はなかったことから，バン
コクに船で到着した馬か，あるいはタイ国内で調達した馬であったものと思
われる。

　また，北線3区間への輸送も多くなっているが，これは同区間のラムパー
ンから先の進軍の際に軍馬が使われる頻度が高かったためと思われる。ラム
パーンからシャン方面への道路は自動車の通行も可能であったが，自動車と
燃料の不足で十分に使用できなかったものと思われる[52]。さらに，自動車道
路から外れて進軍する際にも，軍馬は重要な役割を果たしたはずである。請
求書ベースの輸送で北線2区間への輸送が存在するのも同じ理由であり，請
求書ベースの対象期間である開戦直後のビルマへの進軍は北線2区間から
モールメインへ向けて道なき道を進んだことから，同じく軍馬が活躍したも
のとも思われる。そして，それらの軍馬もまたカンボジア方面から送られて
きたものであった。

　なお，自動車も同様であるが，軍馬についてもカンボジアが調達地ではな
く，どちらも遠くから船でサイゴンに運ばれてきたものが，プノンペンから
列車に乗せられてタイに到着したものである。例えば，第15師団の歩兵第
60連隊には行李と呼ばれる輸送部隊が設置され，当時駐屯していた中国か
ら軍馬を連れて1943年8月にサイゴンに上陸し，プノンペンまで船で行っ
た後に列車でバンコクを経由してチェンマイに到着していた［「二つの河の
戦い」編集委員会編 1969, 787-759］[53]。

　軍馬の輸送については，物資輸送報告ではほとんどの事例において輸送頭

---

52)　例えばインパール作戦に参加した第15師団歩兵第51連隊は中国からサイゴン，プノンペン
　　経由でバンコクに入り，ラムパーンからシャン経由でマンダレーを目指したが，ラムパーンに
　　は兵員輸送に使用可能な自動車は1台もなく，ビルマのラーショー線シポーまでの約800km を
　　徒歩行軍したという［歩兵第五十一聯隊史編集委員会 1970, 281-284］。また，師団獣医部の高橋
　　一は，ラムパーンからの道路沿いで行軍部隊の病馬の治療にあたったという［Ibid., 293-294］。
53)　この行李班は，チェンマイ到着後にチェンマイ～タウングー間道路建設のための資材や食料
　　輸送を担当していた。

数が記載されていた。表 2-1 を見ると，輸送車両数が 3,047 両，輸送頭数が
1 万 5,077 頭であることから，平均すると 1 両につき 5 頭が運ばれていたこ
とになる。タイの鉄道の家畜輸送といえば豚が中心であり，馬の輸送は非常
に少なかった[54]。また，牛など他の家畜の輸送需要も高まったことから，家
畜車の不足が顕著となり，通常の有蓋車も多数用いられていた。人間も通気
が悪く昼間は鉄板が熱せられて高温になる有蓋車で運ばれていたが，軍馬も
また過酷な旅を強いられたものと思われる。軍馬の飼料も不足したと見え，
上述のように東北線 1 区間からバンコクへ向けて干草が輸送されていた。

(3) 石油 —製品輸送と空缶輸送—

石油製品の輸送は，表 2-1 ではそれほど多くはなかったが，日本軍の軍事
輸送では重要な役割を果たしていた。石油は先に見た自動車の燃料として欠
かせないものであり，鉄道で自動車を大量に戦地に送り込んだとしても，燃
料の石油がなければ何の役にも立たなかった。このため，石油の輸送は継続
的に行われる必要があり，戦地での枯渇は避けなければならなかった。さら
に，石油は輸送の際に石油缶（ドラム缶）に入れて行う必要があり，他の品
目の輸送とは異なり，容積的には全く変わらない空缶を発地に返送する必要
があった[55]。この石油缶の返送が円滑に行われないと，次の石油の輸送に支
障を来たすことから，石油の場合は，往路の製品輸送のみならず，復路の空
缶輸送もまた重要な役割を果たしていた。

図 2-7 は，石油の輸送状況をまとめたものである。製品輸送と空缶輸送を
一括して表示したため，石油製品を実線，空缶を点線としてあり，出所別の
区別は数値の表記のみに留めてある。これを見ると，輸送量が最も多いのは
泰緬区間からビルマへの製品輸送の 564 両であり，次いで泰緬区間からマラ
ヤへの空缶輸送の 537 両となっていることが分かる。バンコク〜マラヤ間で

---

54) 『鉄道局年報』を見ると，1935/36 年の馬の輸送量は 838 頭であったのに対し，豚は 22 万
1,620 頭と圧倒的に多くなっていた［ARA（1935/36），Table 10］。開戦後は日本軍の食用として
の牛の需要が高まったため，家畜輸送全体に占める豚輸送の比率がそれまでの 95% 以上から 70%
程度まで減少していた。詳しくは，第 6 章を参照。

55) 戦争中タイはシンガポールからの石油輸送に依存していたが，バンコクからの空缶の返送が
遅れて円滑には行かなかった。詳しくは，第 6 章を参照。

図 2-7 石油の輸送状況（物資輸送報告・運行予定表・請求書・鉄道局報告ベース）（単位：両）

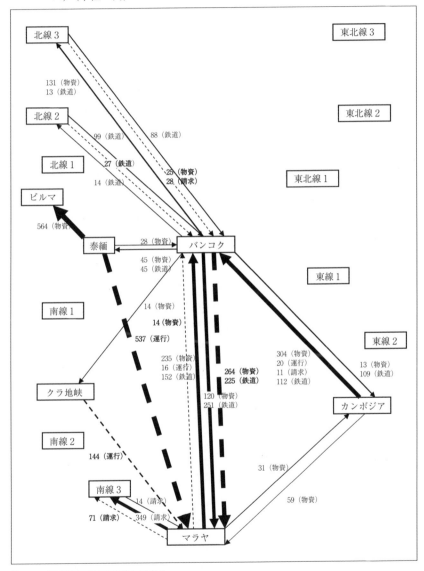

注1：10両未満の輸送は省略してある。
注2：実線は石油，点線は石油空缶の輸送を示す。
出所：附表5〜8より筆者作成

もそれなりの輸送が存在し，全体的にバンコク着が製品，バンコク発が空缶の比率が高い。カンボジアからも製品の流入があることから，バンコクからマラヤへの製品輸送はカンボジアから来たものの継送である可能性が高い。また，クラ地峡からも空缶がマラヤへ送られており，空缶輸送はマラヤ着が圧倒的に多くなっていることが分かる。

マラヤが空缶の着地となっているということは，図に現れない形でマラヤ発の製品輸送が存在したことを意味する。例えば，上述のように泰緬鉄道でビルマに到着した石油製品は約5.3万トンであったが，図2-7を見る限りバンコク発の輸送は少ないことから，大半がマラヤから来たことになる。単純に貨車1両で10トンの石油を輸送したと仮定すると，5,300両の貨車が必要となり，そのほとんどがマラヤ発ということになる。同様にクラ地峡へもマラヤからの石油が輸送されたはずであり，兵や捕虜などの人の輸送と共に，シンガポールから来る南線上り列車の主要な積荷はこの石油製品であった可能性が極めて高い。

また，同じく図には現れていないが，泰緬区間発の空缶はほとんどが泰緬鉄道で輸送されてきたもの，言い換えればビルマから到着したものであった。泰緬鉄道の上り列車の積荷に関する資料は少ないと述べたが，おそらく石油の空缶がこの上り列車の主要な積荷であったものと思われる。図2-7では石油製品の輸送量は564両となっているが，実際には混載に分類されたもので積荷に石油が含まれているものも数多く存在した[56]。このため，究極的には製品輸送に匹敵する量の空缶が輸送されていたこととなり，兵の撤収以外にめぼしい輸送需要がなかったと思われるビルマからタイへの輸送において，空缶の占める比重は高かったものと思われる。

なお，石油輸送については，もう1つ運行予定表から判別する輸送が存在する。運行予定表では発駅にAPCと記載された輸送があり，これはアジア石油社（Asiatic Petroleum Company）のことであった[57]。チャオプラヤー河畔の

---

56) 石油を含む複数品目が示されていて混載と区分された車両数は，計841両であった。
57) アジア石油はロイヤルダッチシェル系の会社であり，スタンダードヴァキューム社と共にタイの石油製品輸入を独占してきたが，1939年に政府が統制を強め，輸入販売を停止していた［柿崎 2009, 266］。

第 2 章　日本軍の軍事輸送——何をどの程度運んでいたのか　141

表 2-6　APC 発の石油輸送量の推計（1942 年 2〜9 月）（単位：両）

月	北線 2	北線 3	カンボジア	バンコク	マラヤ	計
2	20	19	−	−	−	39
3	53	37	10	8	38	146
4	−	79	−	39	46	164
5	−	−	−	45	48	93
6	−	−	−	20	−	20
7	−	−	−	14	78	92
9	−	−	−	36	−	36
計	73	135	10	162	210	590

注：運行予定表の APC 発の貨車数を集計したものである。
出所：表 2-2 と同じ，より筆者推計

貨物駅メーナーム付近に存在したこの会社の油槽所にあった引込線と思われ，ここから発送された貨物は石油製品であった可能性が高い。これをまとめたものが，表 2-6 となる。これを見ると，APC 発の輸送は 1942 年の 2 月から 9 月までに限られており，マラヤへ 210 両と最も多く，次いでバンコク市内着が続いている。北線関係はビルマ戦線向けの輸送であったと思われ，4 月までに輸送は終了している。マラヤやバンコク市内向けの輸送は 9 月まで続くが，おそらくこの時点で備蓄された石油はすべて搬出されたようであり，以後 APC 発の輸送は存在しない。このため，1942 年後半以降はタイの民需用にせよ，日本軍の軍需用にせよ，石油はすべてシンガポールやサイゴンから輸送する必要が生じたのであり，タイは水運で，日本軍は主に鉄道でこれを輸送していたのであった。

(4) 食料・生鮮品

　軍事輸送の中でも食料品の輸送は重要な意味を持っていたが，物資輸送報告ではそれほど多くの量が記録されていたわけではなかった。先の表 2-1 からも分かるように，食料の輸送量は 1,158 両と石油製品とほぼ同じ程度であり，次に見る米に比べればはるかに少ないものであった。しかし，食料も梱包された状況では内容が分からず，単なる「物資」として記録された場合も少なからず存在したはずであるから，実際の輸送量はこの数値よりもはるかに多かったはずである。なお，食料は主にタイ語でサビアン（Sabian）と表

記されたものを指し，生鮮品は主に鮮魚（Pla Sot），生鮮野菜（Phak Sot）と記されたものを意味する。

　図2-8は物資輸送報告と鉄道局報告ベースの食料と生鮮品の輸送を示したものである。これまでの図に比べると輸送区間は最も少なくなっており，バンコクが最大の発地となっていることが分かる。中でもバンコクから泰緬区間への食料の輸送が計969両と全体の55％を占めており，この区間の輸送が食料輸送の中心であったことが分かる。泰緬区間からビルマへの食料輸送は表2-5に従うとわずか2両しかないが，実際にはバンコクから運ばれた食料のほとんどが泰緬鉄道に入っていったものと思われる。これらの食料は泰緬鉄道沿線で建設や運営に従事する兵，労務者，捕虜の消費用と，ビルマ戦線向けのものとが存在したはずである。上述のブレットの報告によれば，泰緬鉄道でビルマに運ばれた食料は計6万トンであったことから，これもやはり氷山の一角が図に現れているものと考えられよう。また，バンコクからマラヤへの食料輸送も多くなっており，次の米とともにタイがマラヤ方面への食料供給地であったことを示している。

　一方，生鮮品については泰緬区間よりもクラ地峡向けの輸送のほうが多くなっている。この輸送は1944年5月末から開始され，平均して1日1～2両の貨車が主に野菜を積んでバンコクからチュムポーンに向かっていた。チュムポーンはクラ地峡鉄道の起点で，駐屯する日本兵も多かったことから，彼らのために生鮮品が送られていたものと思われる。チュムポーンは元来規模の小さな県で，以前から食料を外部に依存していたことから，クラ地峡鉄道の建設が始まってから日本兵や労務者が大量に入ったために，食料調達が難しくなっていた[58]。通常野菜のような生鮮品は現地で調達するのが一般的であったが，チュムポーンの場合はそれが難しかったことから，わざわざ500kmも離れたバンコクから運んでいたことが分かる。

　なお，食料にしても生鮮品にしても，輸送の起点がバンコクであった点がこれまで見てきた品目とは異なっていた。軍需品や輸送手段の場合はバンコクを起点とする輸送よりもむしろカンボジアからバンコクを経由して北線や

---

[58]　NA Bo Ko. Sungsut 2. 9/28 "Pho. Ditsaphong rian Maethap Yai. 1944/10/09" によると，タイ側は日本側に対して，チュムポーンは食料が少ないので現地で買占めを行わないよう求めていた。

図 2-8　食料・生鮮品の輸送状況（物資輸送報告・鉄道局報告ベース）（単位：両）

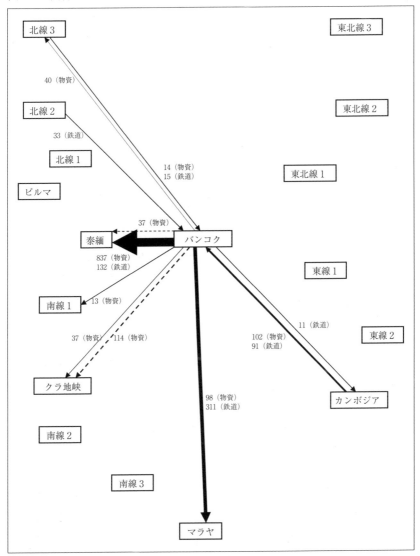

注1：10両未満の輸送は省略してある。
注2：実線は食糧，点線は生鮮品の輸送を示す。
出所：附表5，8より筆者作成

泰緬鉄道に向かう輸送が中心であり，石油製品の場合はマラヤからバンコク
を経由せずに泰緬鉄道に入る輸送が多かった。しかし，食料と生鮮品はバン
コクから発送される割合が高く，カンボジアから入ってくるものはむしろ少
数派であった。すなわち，食料や生鮮品の輸送はタイを通過する輸送でな
く，タイを起点とする輸送，言い換えればタイの産品を送り出す輸送であっ
たと言えよう。

(5) 米 —水運の代替輸送—

　タイの最も重要な輸出品目であった米は，軍事輸送の中でも最も重要な輸
送品目の1つであった。表2-1と表2-4からも分かるように，米の輸送量は
物資輸送報告ベースで約7,400両，鉄道局報告ベースで約5,400両と，内容
の不均質な物資を考慮しなければ事実上最大の輸送品目であった。とくに，
バンコクからマラヤへの米輸送の存在は既に知られており，吉川や倉沢も言
及していた。倉沢は当時の日本軍の記録から鉄道でマラヤに到着した米の量
も記載しており，1943年4〜11月の総量は3万1,755トンであった［倉沢
2001, 145］。

　図2-9は米の輸送状況を示したものであり，4つの情報源からの米輸送を
1つにまとめたものである。これを見ると，バンコクからマラヤへの輸送が
8,000両弱と最も多くなり，次いでバンコクからカンボジアへの約3,600両
が続いていることが分かる。それ以外には請求書ベースで南線3区間からマ
ラヤへ，鉄道局報告と請求書ベースで東線2区間からカンボジアへの輸送が
存在しており，タイからマラヤ，カンボジア方面への輸送が中心であったこ
とが分かる。これまで見てきた輸送は食料・生鮮品を除いて主にカンボジア
やマラヤから泰緬鉄道，バンコク，あるいは北線に向かっていたことから，
米の輸送は輸送方向が完全に逆となっていた。なお，物資輸送報告では
1943年中はバンコク駅発着分のみを対象としていたことから，同年中のト
ンブリー駅発となるマラヤへの米輸送は反映されていない。

　バンコクからシンガポールへの米の発送は，1942年5月に始まってい
た[59]。この南線を用いた米の輸送はトンブリーを発駅としており，通常有蓋
車25両程度で運行されていたことから，運行予定表からもその存在が容易

図 2-9 米の輸送状況（物資輸送報告・運行予定表・請求書・鉄道局報告ベース）
（単位：両）

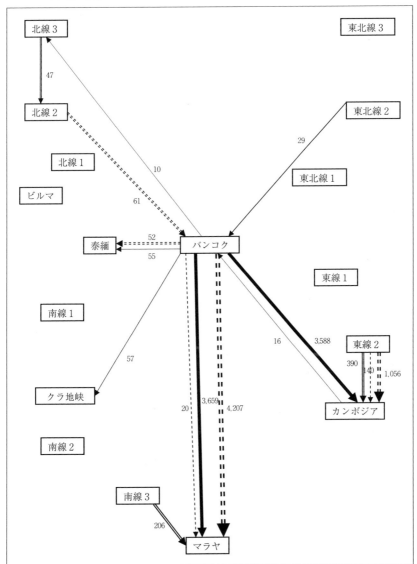

注1：10両未満の輸送は省略してある。
注2：実線は物資輸送報告，点線は運行予定表，二重線は請求書，二重点線は鉄道局報告ベースの数値である。
出所：附表5〜8より筆者作成

に判別できる[60]。運行予定表のトンブリー発マラヤ着の車両数をまとめたものが表2-7となる[61]。これによると，1942年5月から始まった輸送は同年末の水害で一時中断され，その後1943年半ばにも一時的に中断された後は1945年1月まで続いていることが分かる。1945年1月以降はトンブリーからパーダンベーサールへの直通列車がなくなることから米輸送の有無は判然としないが，少なくとも判別する限りにおいて発送量は計1万8,678両，重量にして約18.7万トンに達していたことになる。

また，マラヤへは南部からの米輸送も行われていた。南部最大の米どころはナコーンシータマラート県のパークパナンであり，ここからパークパナン川をさかのぼって南線との交点となるチャウアトが米の発送駅となっていた。タイ側でも，1943年8月にチャウアトからマラヤへの米輸送の存在が同盟国連絡局に報告されている[62]。このチャウアト発の輸送を請求書から集計したものが，表2-7の南線3区間発の数値となる。こちらも常に輸送が存在するわけではないが，1943年末までに計896両分が発送されていた。

これを合わせると，少なくとも1944年までにマラヤへ鉄道輸送された米は20万トン弱であったことになる。上述した倉沢の1943年4月から11月までの輸送量と比較すると，大まかな数値の増減の傾向は合うものの，数量は必ずしも一致しない。表2-7では同期間のマラヤ着の輸送量は4,624両，量にして4万6,240トンとなり，倉沢の数値よりも多くなることから，トンブリー，チャウアトから米以外のもの発送されていたか，あるいは1両に10トン未満しか積載しない事例があった可能性も考えられる。それでも，バンコクからマラヤへの輸送の中で，米輸送が占める比率は高かった。米輸送が開始された1942年5月25日から南線が寸断される1945年1月までに，バンコクからマラヤへの輸送に従事した車両数が計3万3,502両である

---

59) NA Bo Ko. Sungsut 2. 4. 1. 1/2 "Kho Toklong Bang Prakan Rawang Anukammakan Rotfai kap Chaonathi Fai Yipun. 1942/05/25" 日本軍は1942年5月25日からトンブリー～シンガポール間で1日1本米輸送列車を運行したいとタイ側に説明し，協力を求めていた。

60) 物資輸送報告から確認しても，バンコクからマラヤへの米輸送でトンブリー以外の駅を発駅としている事例はタリンチャン発を除きほとんどなかった。

61) なお，1942年中の数値は鉄道局報告からも判別できるが，ここでは運行予定表を基準にした。

62) NA Bo Ko. Sungsut 2. 4. 1. 6/7 "Athibodi Krom Rotfai thueng Chao Krom Prasan-ngan Phanthamit. 1943/08/07"

表 2-7　米輸送量の推計（1942 年 3 月～1945 年 1 月）（単位：両）

年	月	マラヤ行			カンボジア行			計
		バンコク発	南線3発	計	バンコク発	東線2発	計	
1942	3	-	-	-		25	25	25
	5	71	-	71	-	-	-	71
	6	1,371	-	1,371	-	-	-	1,371
	7	1,164	-	1,164	-	-	-	1,164
	8	1,113	-	1,113	-	296	296	1,409
	9	852	-	852	-	28	28	880
	10	-	-	-	-	560	560	560
	11	-	-	-	-	340	340	340
	12	64	60	124	-	58	58	182
	計	4,635	60	4,695	-	1,307	1,307	6,002
1943	1	360	158	518	-	-	-	518
	2	660	141	801	-	2	2	803
	3	1,175	40	1,215	-	-	-	1,215
	4	1,289	-	1,289	-	-	-	1,289
	5	1,160	-	1,160	-	-	-	1,160
	6	875	-	875	-	-	-	875
	7	-	30	30	-	-	-	30
	8	-	86	86	-	-	-	86
	9	-	29	29	-	371	371	400
	10	369	76	445	-	464	464	909
	11	558	152	710	-	580	580	1,290
	12	269	124	393	-	433	433	826
	計	6,715	836	7,551	-	1,850	1,850	9,401
1944	1	473	-	473	56	-	56	529
	2	606	-	606	168	-	168	774
	3	700	-	700	330	-	330	1,030
	4	408	-	408	775	-	775	1,183
	5	636	-	636	675	2	677	1,313
	6	493	-	493	534	-	534	1,027
	7	564	-	564	664	1	665	1,229
	8	520	-	520	386	3	389	909
	9	597	-	597	-	3	3	600
	10	775	-	775	-	240	240	1,015
	11	700	-	700	-	392	392	1,092
	12	826	-	826	-	432	432	1,258
	計	7,298	-	7,298	3,588	1,073	4,661	11,959
1945	1	30	-	30	-	-	-	30
	計	18,678	896	19,574	3,588	4,230	7,818	27,392

注1：マラヤ行のバンコク発はトンブリー発，南線3発はチャウアト発の輸送量を，カンボジア行の
　　東線2発は，東線2区間内各駅発の輸送量を集計したものである。
注2：バンコク発カンボジア行は，物資輸送報告から判別したもののみを対象としてある。
出所：表 2-1, 表 2-2 と同じ，より筆者作成

のに対し，トンブリー駅発の車両数は計1万8,678両と全体の56%を占めていた。すなわち，この間にバンコクを出た南線下り列車の積荷の半分以上が米であったことになる。

　また，マラヤ向け以外にカンボジアへの米輸送も存在していた。マラヤへの米輸送にやや遅れて，日本軍は1942年8月からバッタンバン付近の米をプノンペンに輸送するとタイ側に伝えていた[63]。表2-7から分かるように，この年の8月から東線2区間からカンボジアへの輸送が始まっていた。米はバッタンバン以外の小駅からも発送されており，鉄道局報告のほか，一部は運行予定表や請求書からも確認できることから，この表では東線2区間からカンボジアへの輸送をすべて米輸送と仮定してある。米の収穫時期のみに出現したこの輸送は1944年末までに計3回行われており，総輸送量は約4万トンであった。

　カンボジアへの米輸送は，バンコクからも行われていた。表2-7のバンコク発の数値は物資輸送報告によるものであり，これを見ると8月までに計3,588両が発送されていたことになる。物資輸送報告は1943年2月から始まっているが，1943年中はカンボジアへの米輸送は全く存在しないことから，この輸送は1944年1月から始まったことになる。1月から報告の終わる8月16日までのバンコク発カンボジア行の総輸送量は計6,519両であることから，全体の55%が米輸送であったことになる。この間の輸送量は，第2期には週26両しかなかったに対し，第3期には週144両と大幅に増えていた。その後，1945年も同程度の輸送量を維持することから，1944年8月以降もバンコクからカンボジアへの米輸送は続いたものと思われる。輸送品目が判別しなかった東線のバンコクからカンボジアへの輸送であるが，少なくとも1944年以降の中心は米であった。

　戦前のタイの鉄道の最大の輸送品目は米であり，1935/36年には鉄道輸送量の約45%である64万トンを輸送していた［柿崎 2009, 162］。米輸送の中心は東北部，北部といった内陸部から外港バンコクへの輸送であり，水運の代替ではなくむしろ補完するものであった。戦争によって日本軍の軍事輸送

63）　Ibid. "Anukammakan Rotfai thueng Khana Kammakan Phasom. 1942/07/29"

が始まったことで輸送力不足が生じ，従来の内陸部から外港への米輸送は停滞することとなったが，実際には水運の代替としての米輸送が新たに発生したことから，従来の北線と東北線から南線と東線へと輸送ルートは異なったものの，戦時中の鉄道の主要な輸送品もまた米となったのである。

第4節　一般旅客列車の使用

(1) 一般旅客列車に乗車する日本兵

　前節では軍用列車を利用した兵の輸送状況を見てきたが，請求書からも一般旅客列車を利用した日本兵の移動状況も把握することが可能である。日本兵が軍用列車に乗車する際には，軍用列車の運行費用は列車単位で計算されるため，その列車に乗車した兵が個別に運賃を支払うことはない。しかし，兵が一般列車を利用した際には運賃を支払う必要があることから，軍用列車の運行とは別の形で請求がなされていた。本来は一般列車を利用する際には駅で切符を買って乗車することから，後から運賃を請求することはないのであるが，日本兵が一般列車に乗車する際には駅で乗車票（Banchi Phon）を発行して切符の代わりに用い，その控えがバンコクに送られて請求書としてまとめられ，日本側に渡されていた。このため，請求書からは乗車票が発行された年月日，発駅と着駅，等級，旅客の人数の情報が得られる。請求は1941年12月11日から行われ，最後は1945年9月29日分となる。ただし，南部の各駅での請求は1942年1月以降となることから，軍用列車の運行の請求書と同じく1941年12月分は把握できていなかったものと思われる。

　これまで見てきたように，日本軍は開戦直後から多数の軍用列車を運行しており，本来であれば日本兵の移動の際にはこれらの軍用列車を利用すればよいはずであった。しかしながら，日本軍の軍用列車はすべての区間で運行されていたわけではなかったし，また路線によってはすべての期間にわたって運行されていたわけでもなかった。例えば，南線のカンタンやナコーンシータマラートへの支線では軍用列車が運行されたことはなく，北線や東北

線でも軍用列車が運行された期間は限定されていた。また，とくに北線と東北線では軍用列車は下り列車のほうが多かったり，期間によっては下り列車しか運行されていなかったりしたことから，上りの利用者は軍用列車が利用できない場合もあった。これらの理由から，一般旅客列車を利用した日本兵が少なからず存在していたものと考えられる。

表 2-8 はこの請求書から得られた日本兵の旅客列車の利用者数をまとめたものである。これを見ると，全期間を通じて計 16 万 4,797 人の日本兵が旅客列車を利用したことが分かる。時期的には 1942 年 2 月が 1 万人を越えて最も多く，1943 年 3 月が 695 人と最も少なくなっており，平均すると月 3,500 人程度，1 日約 120 人の利用があったことが分かる。方向別では下りが計 7.2 万人，上りが 9.3 万人と上りのほうが利用者は多くなっており，バンコクから地方へよりも地方からバンコクへ向かう利用者のほうが多かったことを示している。上り列車の利用者のほうが多かった理由は，下りの軍用列車の本数のほうが多かったためであろう。

路線別では南線の利用者が合計して約 9.5 万人と最も多く，次いで北線の約 5.8 万人となっている。南線は第 1 期の利用は比較的少ないが，第 2 期と第 3 期は最も利用が多くなり，第 4 期に減少して北線と同じレベルとなっている。北線は逆に第 1 期に利用が多く，第 2 期に大幅に減ったのち，再び第 3 期に利用が増えている。東線は第 1 期の利用が最も多く，第 2 期の途中から減少して，以後は 1 ヶ月 100 人以下の利用がほとんどとなっている。東北線は逆に第 3 期の途中から利用が増加し，第 4 期に最も利用者が増えている。

ただし，この請求書のデータは欠落部分があるため，表 2-8 が日本兵の旅客列車の使用状況をすべて反映していると見なすことはできない。例えば，1943 年 3 月の数値は隣接する月と比べて異常に小さくなっているが，これはこの月の請求が過少なためと思われる[64]。同様に，1944 年 8 月と 1945 年 4～5 月の利用者数も前後の月に比べて減っているが，これは北線の利用者数が異常に少ないためであり，やはり請求できていない輸送があったものと思われる。実際に請求書は月単位で作成されているが，例えば 1944 年 1 月

64）　請求書を集計すると，1943 年 3 月前半の利用記録が著しく少ないことから，この間の利用分が日本側に請求されていない可能性が高い。

分の請求書でも 1943 年 4 月の輸送分が請求されているなど，請求が大幅に遅れる場合もあった。また，バンコク市内のパークナーム線ウィッタユ～クローントゥーイ間の請求は 1942 年 5 月から 8 月上旬までの期間に限られ，それ以外の期間には一切請求がなされていないことから，これも何らかの理由でその後の時期の利用に関する請求が欠落したものと考えられる[65]。このように，最終的に各駅からの情報をバンコクに集めて集計するまでの間に漏れてしまった輸送が少なからず存在しているものと思われる。

(2) 第 1 期 (戦線拡大期)

以下第 1 期から第 4 期までの日本兵の旅客列車利用の状況を，前章の軍事輸送の分析と同様に週平均の区間別利用者数を用いて考察していく。図 2-10 は第 1 期の旅客列車の利用状況を示したものである。この時期の週平均の利用者数は，全期間中で最も多い計 1,029 人であった (536 頁附表 9 参照)。最も利用が多い区間は北線 2 区間からバンコクへの輸送であり，週平均 169 人 (1 日平均 24 人) となっている。次いでバンコクから北線 2 区間への 73 人，カンボジアからバンコクへの 71 人となっており，全体的に北線での利用者が多くなっていることが分かる。

北線での利用が多かった背景は，やはりビルマ攻略の影響であろう。既に見てきたように，最初にビルマに進出した際のルートはメーソートからモールメインに至るルートであったことから，北線のピッサヌロークやサワンカロークから陸路でビルマを目指す部隊が多数存在した。北線ではこの時期下りの軍用列車が多数運行されていたが，上りの軍用列車はほとんど存在しなかったため，北線沿線からバンコク方面に戻る際に一般旅客列車が多数利用されたものと考えられる。最も利用者数の多い北線 2 区間からバンコクへの輸送を見ると，発駅は道路との接続点であったピッサヌローク，サワンカロークと，途中の要衝ナコーンサワンの最寄駅となるパークナームポー，ノーンプリンとなっていた[66]。また，図には現れていないが，北線 2 区間内

---

65) パークナーム線のウィッタユ～クローントゥーイ間は市内軌道に接続して電車が頻繁に運行されていた区間であり，クローントゥーイの新港に駐屯する兵が利用していたものと思われる。なお，バンコク～パークナーム間の全区間の利用に関する請求書は全く存在しない。

表 2-8　日本軍の一般旅客列車利用者数（単位：人）

期間	年月	下り					上り					計				
		南線	東線	北線	東北線	計	南線	東線	北線	東北線	計	南線	東線	北線	東北線	計
第1期	1941/12	38	207	684	23	952	280	2,119	297	-	2,696	318	2,326	981	23	3,648
	1942/01	1,040	467	2,185	8	3,700	2,667	818	3,032	32	6,549	3,707	1,285	5,217	40	10,249
	1942/02	-	184	1,493	-	1,677	-	127	1,793	-	1,920	-	311	3,286	-	3,597
	1942/03	286	154	1,060	-	1,500	434	62	1,918	-	2,414	720	216	2,978	-	3,914
	1942/04	292	29	782	17	1,120	191	36	1,318	17	1,562	483	65	2,100	34	2,682
	1942/05	253	61	707	10	1,031	326	66	1,309	17	1,718	579	127	2,016	27	2,749
	1942/06	420	98	259	-	777	588	92	359	-	1,039	1,008	190	618	-	1,816
	計	2,329	1,200	7,170	58	10,757	4,486	3,320	10,026	66	17,898	6,815	4,520	17,196	124	28,655
第2期	1942/07	864	95	232	3	1,194	1,418	93	208	-	1,719	2,282	188	440	3	2,913
	1942/08	1,828	84	174	-	2,086	1,625	115	230	-	1,970	3,453	199	404	-	4,056
	1942/09	1,121	83	43	-	1,247	1,597	109	46	-	1,752	2,718	192	89	-	2,999
	1942/10	1,271	326	164	-	1,761	1,138	291	183	-	1,612	2,409	617	347	-	3,373
	1942/11	1,652	169	91	6	1,918	1,538	222	79	-	1,839	3,190	391	170	6	3,757
	1942/12	1,361	19	43	-	1,423	1,403	61	32	-	1,496	2,764	80	75	-	2,919
	1943/01	728	13	63	-	804	1,208	55	79	-	1,342	1,936	68	142	-	2,146
	1943/02	996	8	96	10	1,110	1,327	53	131	-	1,511	2,323	61	227	10	2,621
	1943/03	173	4	23	2	202	464	2	27	-	493	637	6	50	2	695
	1943/04	773	11	172	13	969	1,241	34	178	9	1,462	2,014	45	350	22	2,431
	1943/05	846	14	172	-	1,032	1,117	26	220	-	1,363	1,963	40	392	-	2,395
	1943/06	820	12	106	1	939	1,244	73	181	1	1,499	2,064	85	287	2	2,438
	1943/07	895	34	70	-	999	1,358	46	106	-	1,510	2,253	80	176	-	2,509
	1943/08	1,235	65	191	-	1,491	1,846	25	136	-	2,007	3,081	90	327	-	3,498
	1943/09	1,168	17	195	10	1,390	1,859	48	136	6	2,049	3,027	65	331	16	3,439
	1943/10	1,372	87	563	4	2,026	1,842	32	462	28	2,364	3,214	119	1,025	32	4,390
	計	17,103	1,041	2,398	49	20,591	22,225	1,285	2,434	44	25,988	39,328	2,326	4,832	93	46,579
第3期	1943/11	1,219	187	1,191	-	2,597	1,790	33	1,548	-	3,371	3,009	220	2,739	-	5,968
	1943/12	1,544	156	1,357	-	3,057	1,518	25	1,754	-	3,297	3,062	181	3,111	-	6,354

第 2 章　日本軍の軍事輸送——何をどの程度運んでいたのか　153

1944/01	1,031	65	899	3	1,998	1,477	4	1,023	–	2,504	2,508	69	1,922	3	4,502
1944/02	803	16	720	–	1,539	1,203	15	1,083	–	2,301	2,006	31	1,803	–	3,840
1944/03	1,204	10	689	9	1,912	2,025	20	880	31	2,956	3,229	30	1,569	40	4,868
1944/04	1,114	9	743	12	1,878	1,251	7	806	6	2,070	2,365	16	1,549	18	3,948
1944/05	1,042	2	769	15	1,828	1,545	4	848	1	2,398	2,587	6	1,617	16	4,226
1944/06	964	4	637	28	1,633	1,466	7	722	17	2,212	2,430	11	1,359	45	3,845
1944/07	1,173	12	1,235	44	2,464	1,521	4	982	31	2,538	2,694	16	2,217	75	5,002
1944/08	1,063	1	167	42	1,273	1,371	22	50	53	1,496	2,434	23	217	95	2,769
1944/09	1,119	2	880	42	2,043	1,222	20	665	54	1,961	2,341	22	1,545	96	4,004
1944/10	1,235	7	999	47	2,288	1,434	14	825	68	2,341	2,669	21	1,824	115	4,629
1944/11	1,305	1	948	56	2,310	1,439	19	769	40	2,267	2,744	20	1,717	96	4,577
1944/12	1,322	12	631	55	2,020	1,241	1	647	114	2,003	2,563	13	1,278	169	4,023
計	16,138	484	11,865	353	28,840	20,503	195	12,602	415	33,715	36,641	679	24,467	768	62,555
第 4 期 1945/01	2,015	5	485	68	2,573	1,089	2	1,403	66	2,560	3,104	7	1,888	134	5,133
1945/02	911	2	316	143	1,372	811	4	1,252	97	2,164	1,722	6	1,568	240	3,536
1945/03	664	–	410	193	1,267	575	–	932	72	1,579	1,239	–	1,342	265	2,846
1945/04	408	–	162	169	739	720	4	218	67	1,009	1,128	4	380	236	1,748
1945/05	682	3	381	98	1,164	420	20	364	558	1,362	1,102	23	745	656	2,526
1945/06	493	29	821	116	1,459	309	1	700	88	1,098	802	30	1,521	204	2,557
1945/07	511	9	529	184	1,233	386	17	1,252	500	2,155	897	26	1,781	684	3,388
1945/08	444	5	477	105	1,031	498	–	839	533	1,870	942	5	1,316	638	2,901
1945/09	456	–	390	–	846	510	51	805	161	1,527	966	51	1,195	161	2,373
計	6,584	53	3,971	1,076	11,684	5,318	99	7,765	2,142	15,324	11,902	152	11,736	3,218	27,008
総計	42,154	2,778	25,404	1,536	71,872	52,532	4,899	32,827	2,667	92,925	94,686	7,677	58,231	4,203	164,797

出所：NA Bo Ko. Sungsut 2. 4. 1. 7 より筆者作成

図 2-10　日本軍の一般旅客列車利用者数（週平均）（第 1 期）（単位：人）

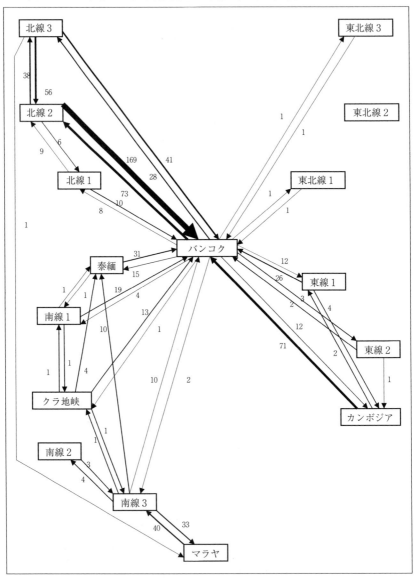

出所：附表 9 より筆者作成

と北線 3 区間内の利用も多く，週平均はそれぞれ 86 人，54 人となっていた（536 頁附表 9 参照）。北線 2 区間では上述の 4 つの駅の相互間が多く，北線 3 区間ではラムパーン～チエンマイ間の利用が多くなっていた[67]。

東線の利用者もこの時期に最も多くなっていたが，主要な輸送はカンボジアからバンコクを目指す部隊の輸送であった。カンボジアからバンコクへの輸送は 1941 年 12 月 13 日から翌年 1 月 25 日の間にすべて行われており，当時の国境駅アランヤプラテートが発駅であった[68]。このルートでは近衛師団を中心にマラヤ方面に下る部隊とビルマを目指す部隊の双方が通過していたことから，その一部がアランヤプラテートから一般列車を利用したものと思われる。東線 1 区間からバンコクへの利用も同様であり，途中のカビンブリーやプラーチーンブリーから乗車する日本兵が存在していた[69]。東線では上り列車を中心に軍用列車が最大で 1 日 3～4 往復運行されていたが，多数の部隊がこのルートを用いるために一般列車もそれなりに用いられていたのであろう。

南線では南線 3 区間とマラヤの間の利用が最も多くなっているが，実際の輸送区間を見るとハートヤイ～スガイコーロック間の輸送がそのほとんどを占めていた[70]。南線の軍用列車はほとんどがハートヤイからパーダンベーサー

---

66) 第 1 期の北線 2 区間からバンコクへの利用者数は計 4,892 人であり，このうちピッサヌロー
ク発が 2,997 人と全体の 61％を占め，以下サワンカローク発 1,025 人，ノーンプリン発 453 人，
パークナームポー発 408 人となっていた。

67) 第 1 期の北線 2 区間内の利用者数は計 2,508 人であり，このうち最も利用が多かったのはピッ
サヌローク発サワンカローク着の 716 人で，以下サワンカローク発ピッサヌローク着 393 人，
ノーンプリン発ピッサヌローク着 298 人となっていた。また，同じ時期の北線 3 区間内の利用
者数は計 1,572 人であり，このうちチエンマイ発ラムパーン着が 751 人と最も多く，次いでラム
パーン発チエンマイ着 566 人となっていた。

68) 日本軍の軍用列車は 1941 年 12 月 23 日からバンコク～プノンペン間の直通を開始したと思わ
れるが，翌年 1 月 25 日まではアランヤプラテート以遠の運行は日本側が担当していたので，そ
れまでの間はアランヤプラテート発の輸送はカンボジア発と見なしている。

69) 第 1 期の東線 1 区間からバンコクへの利用者数は計 730 人であり，このうちカビンブリー発
が 267 人，プラーチーンブリー発が 113 人となっていた。なお，タイ側がアランヤプラテート
～バッタンバン間の運行を担当し始めた 1942 年 1 月 26 日からはアランヤプラテート発を東線 1
区間発に計上しており，アランヤプラテート発も 109 人存在した。

70) 第 1 期の南線 3 区間からマラヤへの利用者数は計 945 人であり，このうち 931 人がハートヤ
イ発スガイコーロック着の利用であった。また，同じ期間のマラヤ発南線 3 区間着の利用者数
は計 1,149 人であり，このうち 1,125 人がスガイコーロック発ハートヤイ着の利用であった。

ルを経てマラヤの西海岸線に向かっており，ハートヤイ～スガイコーロック間には開戦直後を除いて軍用列車の設定はなかったようである。このため，コタバル方面との往来の際にこの間の利用が見られたものと考えられる。逆にハートヤイ～パーダンベーサール間の利用は皆無であることから，こちらは皆軍用列車を利用していたことになる。南線では軍用列車の本数が最も多くなっていたことから，バンコクと南部やマラヤを往来する兵は通常軍用列車を使用していたようであり，長距離の往来はほとんど存在していなかった。

　なお，この図には現れていないが，この時期にはバンコク市内の相互利用も存在し，週平均の利用者数は59人に上っていた（附表9参照）。主要な利用区間はパークナーム線のウィッタユ～クロントゥーイ間であり，この区間の利用のみで全体の半分以上を占めた。上述のようにパークナーム線での利用の請求は次の第2期に入ってすぐになされなくなることから，パークナーム線の利用者が含まれていたことがこの時期のバンコク市内の各駅相互利用者数を多くした要因であると考えられる[71]。

(3) 第2期（泰緬鉄道建設期）

　次の第2期は泰緬鉄道の建設が始まることから，前章で考察した軍事輸送面では泰緬区間発着の輸送が大きく増加していた。図2-11を見ると，やはりバンコク～泰緬間の利用者が圧倒的に多くなっており，以下南線3区間～マラヤ間が双方向とも利用者が多いことが分かる。軍事輸送と同様に東線と北線では利用者数が大きく減っており，とくに東線ではカンボジアからバンコクへの利用者が図の上では消えていることが分かる。全体として，この時期の利用は南線が中心ということになろう。利用者数は第1期よりも減り，週平均の利用者数は665人であった（537頁附表10参照）。

　バンコク～泰緬間の利用が最も多くなっていることは，泰緬鉄道の建設に伴ってバンコクから建設現場を訪れる日本兵が増加したことを示している。この時点ではまだ泰緬鉄道は開通していないことから，泰緬鉄道の起点であ

---

71)　第1期のバンコク市内の利用者は計1,709人であり，このうちウィッタユ発クロントゥーイ着が621人，クロントゥーイ発ウィッタユ着が556人とこの区間のみで全体の69％を占めていた。

図 2-11 日本軍の一般旅客列車利用者数（週平均）（第 2 期）（単位：人）

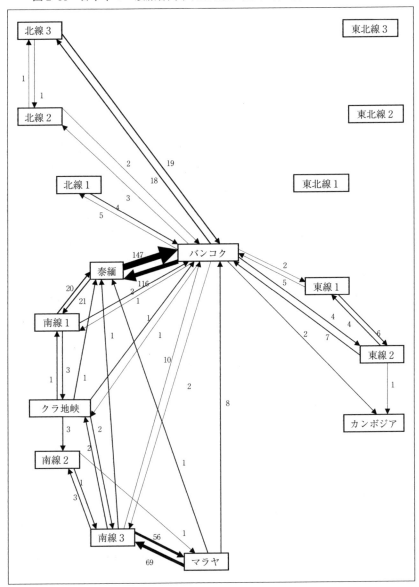

出所：附表 10 より筆者作成

るノーンプラードゥックよりもカーンチャナブリー方面への道路が分岐する
バーンポーンを乗降する日本兵がはるかに多かった。下り列車では全体の
97％がバンコク（フアラムポーン）発バーンポーン着の利用であり，上り列
車でも全体の88％がバーンポーン発バンコク着の利用であった[72]。すなわ
ち，このバンコク～泰緬間の日本兵の流動は，実際はバンコク～バーンポー
ン間の往来であった。

この当時は南線で1日2〜3往復の軍用列車が運行されてはいたが，実際
にはバンコクからバーンポーンを訪れる日本兵は一般の旅客列車を主に用い
ていたことになる。その理由は，軍用列車の時刻設定にあった。1943年1
月の時点の軍用列車の時刻表を見ると，下り列車がバンコクを発車する時刻
は4時，18時50分，21時の1日3本であり，最初の列車は朝が早すぎ，残
る2本の列車はバーンポーン着が遅すぎた[73]。また，上りも時刻表ではバー
ンポーン発が3時，5時40分，8時30分といずれも朝に集中し，朝バンコ
クを出て仕事をし，夕方バンコクに戻る場合には利用できなかった。これに
対し，一般の旅客列車では朝バンコクを発って夕方バンコクに戻るちょうど
良い時間帯の列車が存在した。この列車はバンコク～フアヒン間の快速列車
であり，下りのバンコク発が7時40分，上りのバンコク着が21時30分
と，バーンポーンで日中に仕事をするには好都合な列車であった[74]。このた
め，この間を往来する日本兵の多くがこのバンコク～フアヒン間快速列車を
利用していた[75]。

南部の南線3区間とマラヤの間の利用は，第1期のハートヤイ～スガイ
コーロック間のみではなく，ハートヤイ～パーダンベーサール間でも出現し

---

72) 第2期のバンコクから泰緬区間への利用者数は計8,092人であり，このうち7,848人がバンコ
ク発バーンポーン着の利用者であった。また，同じ時期に泰緬区間からバンコクへの利用者は
計1万308人であり，このうち9,097人がバーンポーン発バンコク着の利用であった。

73) NA Bo Ko. Sungsut 2. 11/44「泰南部線急行並軍用列車時刻表　三野鉄盤支 1943/03/01」

74) NA Bo Ko. Sungsut 2. 4. 1/6 "Anukammakan Rotfai thueng Khana Kammakan Phasom Cheracha Prasan-
ngan Thai-Yipun. 1942/05/14" これは1942年5月時点の時刻であった。

75) 実際にこの列車でバーンポーンを訪れていた日本軍の将校も多く，例えば1942年7月30日
には泰緬鉄道建設司令官の下田が日帰りでバーンポーンを訪問していた［NA Bo Ko. Sungsut 2. 5.
2/4 "Khaluang Pracham Changwat Ratchaburi thueng Prathan Kammakan Phicharana lae Chatkan Sang
Rotfai Thahan. 1942/07/30"］。

ていた。南線 3 区間からマラヤへは全体の 73％がハートヤイ発パーダンベーサール着の利用，27％がハートヤイ発スガイコーロック着の利用となり，逆方向でも 77％がパーダンベーサール発ハートヤイ着，22％がスガイコーロック発ハートヤイ着の利用となっていた[76]。第 1 期よりも週平均の利用者数は大幅に増えており，ハートヤイ～パーダンベーサール間の利用者がその増加に大きく貢献したことになる。また，図には現れていないが，マラヤ内，すなわちパーダンベーサールとスガイコーロックの 2 つの国境間の相互の往来もこの時期には急増しており，週平均で 65 人の利用者が存在した（537 頁附表 10 参照）。内訳は双方向とも同程度の人数であり，タイを通過してマラヤ東海岸と西海岸を往来する日本兵が定期的に存在していたことを示すものである[77]。とくに，日本軍がマラヤを侵攻してからはマラヤの東海岸線は不通になっていたことから，東海岸線の終点のクランタンと西海岸との往来には必ずタイを経由しなければならなかった。

(4) 第 3 期（泰緬鉄道開通期）

次の第 3 期になると，泰緬鉄道が開通してインパール作戦関連の輸送が増えたことで，前章で見た軍事輸送も全体的に輸送量が増加し，とくにカンボジアからバンコク経由で泰緬区間へと，マラヤから泰緬区間への輸送が大きく増加した時期であった。週平均の利用者数も計 1,025 人と，第 1 期にほぼ匹敵する水準であった（538 頁附表 11 参照）。図 2-12 を見ると，旅客列車の利用では相変わらずバンコク～泰緬間の利用が顕著であり，北線方面の輸送が第 2 期より増加していることが分かる。軍事輸送と異なる点は，カンボジア～バンコク間と泰緬区間～マラヤ間の輸送がほとんど見られない点であり，やはりこのような長距離の区間では軍用列車を利用していたために，一般列車の利用は少なかったことが分かる。

---

76) 第 2 期のマラヤ発南線 3 区間着の利用者は計 3,922 人であり，このうちパーダンベーサール発ハートヤイ着が 3,700 人，スガイコーロック発ハートヤイ着が 1,040 人であった。また，同じ時期の南線 3 区間発マラヤ着の利用者は計 4,819 人であり，このうちハートヤイ発パーダンベーサール着が 2,844 人，ハートヤイ発スガイコーロック着が 1,064 人であった。

77) 第 2 期のマラヤ内の利用者数は計 4,566 人であり，このうちスガイコーロック発パーダンベーサール着が 2,494 人，逆方向が 2,053 人であった。

図 2-12 日本軍の一般旅客列車利用者数（週平均）（第3期）（単位：人）

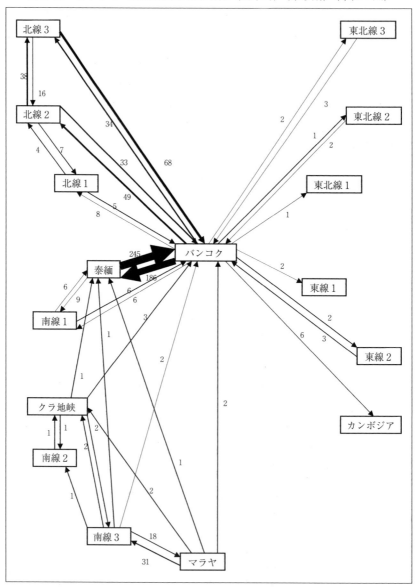

出所：附表11より筆者作成

第 2 章　日本軍の軍事輸送──何をどの程度運んでいたのか｜161

　バンコク～泰緬間では，相変わらずバーンポーン発着の利用が大半を占め
ていたが，ノーンプラードゥック発着の利用者も第 2 期より増加していた。
バンコクから泰緬区間へは全体の 11％がノーンプラードゥック着となって
おり，逆方向では 14％がノーンプラードゥック発となっていた[78]。泰緬鉄道
が開通したことで，ノーンプラードゥックで泰緬鉄道の軍用列車に乗り換え
る日本兵が出現したものと思われる。また，第 2 期にはほとんどの利用者が
バンコク（フアラムポーン）駅を発着していたが，この時期にはラーマ 6 世
橋の空襲により南線の旅客列車の始発駅が 1944 年 1 月 8 日からトンブリー
となったため，これ以降は利用者の発着駅もすべてトンブリー駅となってい
た[79]。

　北線では北線 3 区間からバンコクへの利用者が週平均 68 人と最も多く，
バンコクから北線 2 区間へ，北線 2 区間から北線 3 区間への利用者も多く
なっていた。北線ではインパール作戦向けの輸送のため，1944 年 2 月まで
は 1 日 1 本の軍用列車が運行されていたが，その後は運行本数が減ったため
に，一般列車の利用者が少なからず存在していたものと思われる。最も利用
者の多かった北線 3 区間からバンコクへの利用状況を見ると，ラムパーン発
の利用者が最も多く全体の 45％を占め，次いでチエンマイの 36％となって
いた[80]。1944 年初めにチエンマイ駅は空襲の被害を受けており，1 月から 4
月 21 日までバンコクへ向かった日本兵は皆無であった。代わりに 1 駅手前
のパーヤーンルーン（サーラピー），2 駅手前のパーサオの各駅がこの間用い
られており，チエンマイ駅の代替機能を果たしていた[81]。なお，バンコクで
も同様に空襲の被害によって一時的に駅が閉鎖されており，1944 年 6 月 4

---

78)　第 3 期のバンコク発泰緬区間着の利用者は計 1 万 1,371 人であり，このうち 1,279 人がノーン
　　プラードゥックで下車していた。また，同じ期間の泰緬区間発バンコク着の利用者は計 1 万
　　4,921 人であり，このうち 2,083 人がノーンプラードゥックで乗車していた。
79)　鉄道局は 1944 年 1 月 8 日から南線急行をトンブリー駅発着にすると同年 1 月 3 日付で告示し
　　ているので，この直前に空襲があったものと思われる ［NA Bo Ko. Sungsut 2. 4. 1/6 "Po. Do. Ro. thi
　　11/87. 1944/01/03"］。ただし，日本軍の軍用列車はこの後もラーマ 6 世橋を通過しており，バン
　　コク駅発着の南線の軍用列車が 1944 年 12 月初めまで存在した。
80)　第 3 期の北線 3 区間からバンコクへの利用者数は計 4,118 人であり，このうちラムパーン発
　　が 1,850 人，チエンマイ発が 1,464 人であった。
81)　パーサオからは 1 月 7 日から 2 月 1 日までに計 211 人の日本兵がバンコクへ向かっており，
　　その後 2 月 2 日から 4 月 19 日まではパーヤーンルーンから計 572 人がバンコクへ向かっていた。

日から9月5日までは北線3区間から発ってフアラムポーンに到着する日本兵はなく，代わりに1つ手前のサームセーン駅で降車していた。

　図には現れていないが，北線3区間内の利用者は週平均で114人と非常に多くなっていた（538頁附表11参照）。内訳はやはりラムパーン〜チエンマイ間の利用者が多く，チエンマイ発ラムパーン着が全体の47％，ラムパーン発チエンマイ着が全体の35％を占めていた[82]。この時期にはチエンマイからタウングーへ向けて行われた道路建設が進まないことから，日本軍はビルマへの進軍ルートとしてラムパーンからタウンジーに至るルートを利用することに決めていた。このため，一旦チエンマイに入った部隊がラムパーンに戻ってからビルマに向かう事例が多く，軍事輸送でもこの間の輸送は多くなっていた。上りのチエンマイ発の利用者のほうが多いのは，このためであろう。

　南部では南線3区間〜マラヤ間の利用者も依然として存在したが，第2期よりは大幅に減少した。マレー4州がタイに割譲されたことに伴い，1943年10月末よりタイ側がマラヤ東海岸線のトゥムパットまでの運行を担当することになったことから，この時期にはスガイコーロック発の旅客はなくなり，クランタン側ではパシルマス，パーレックバン，トゥムパットの3駅が利用されることになった[83]。この時期は再びこのクランタン側の利用者が多くなり，マラヤ発南線3区間着の利用者の75％がクランタン発ハートヤイ着となり，逆方向ではハートヤイ発クランタン着が全体の54％となっていた[84]。マラヤ発の利用者のほうが多かった理由は，クランタンのタイへの移

---

82)　第3期の北線3区間内の利用者数は計6,982人であり，このうちチエンマイ発（パーサオ，パーヤーンルーン発含む）ラムパーン着が3,285人，ラムパーン発チエンマイ着（パーサオ，パーヤーンルーン着含む）が2,444人であった。

83)　請求書によると，1943年10月20日からこの3駅発着の輸送が出現している。マレー4州は1909年にタイがイギリスに割譲した西海岸のペルリス，クダーと東海岸のクランタン，トレンガヌの計4つのマラヤ北部に位置する州であり，1943年10月にビルマのシャン州東部の2州（チエントゥン，ムアンパーン）とともに日本がタイに「譲渡」した。なお，これらの地域はすべて第2次世界大戦の終了後にイギリスに返還された。

84)　第3期のマラヤ発南線3区間着の利用者数は計1,898人であり，このうちクランタン3駅発ハートヤイ着が1,421人，パーダンベーサール発ハートヤイ着が465人であった。また，同じ時期に南線3区間発マラヤ着の利用者数は計1,081人であり，このうちハートヤイ発クランタン3駅着が589人，ハートヤイ発パーダンベーサール着が482人であった。なお，トゥムパット駅発着の利用者はわずかであり，ほとんどがコタバル対岸のパーレックバンかグマス方面への分岐駅であるパシルマスを利用していた。

管によってクランタンから日本兵が一部撤退したためと思われる。

　また，南線3区間内の利用者数も週平均で63人と多くなっていた（538頁附表11参照）。具体的な利用区間を見ると，最も多い区間はトゥンソン発トラン着で全体の34％を占め，その逆のトラン発トゥンソン着が26％と，この間の往来のみで全体の60％を占めていた[85]。後述するように，トランには1943年3月から日本軍が駐屯しており，さらにその先のカンタンはプーケットなど西海岸の各都市への海路の玄関口であった。トゥンソンはトランを経てカンタンに至る支線の分岐点であり，南線の軍用列車からこの支線に乗り換えてトランやカンタンとの間を往来する日本兵が存在したことを示している[86]。なお，この時期にはマラヤ内の週平均の利用者数は6人と第2期に比べて大幅に減少するが，これは1944年4月13日をもってパーダンベーサールとクランタンの3駅の間の往来が消えるためである。これが請求の欠落によるものか，実際の往来がなくなったためなのかは判別しない[87]。

(5) 第4期（路線網分断期）

　最後の第4期は，路線網が寸断されたことから軍事輸送量も最も少なくなった時期である。旅客輸送量も減少し，週平均の利用者数は693人と4期間中で最も少なくなっていた（539頁附表12参照）。図2-13のように，この時期にはとくに利用者の多い区間がなくなり，週平均で100人以上いるような区間が存在しないことが分かる。その代り，利用者が存在する区間が多くなり，とくに東北線方面での利用がこれまでになく増えていることが分かる。全体的に，特定の区間に利用が集中せず，各地に利用者が分散している傾向が見られる。

　南線のバンコク〜泰緬間の利用者数は，第3期に比べて大幅に減少した。バンコクから泰緬区間への利用者数は52人と図中では最も利用者が多くなっているが，第3期に比べれば3分の1以下に減っており，逆方向は23

85）　第3期の南線3区間内の利用者数は計3,837人であり，このうちトゥンソン発トラン着の利用者が1,301人，逆方向が998人であった。
86）　第3期のカンタン発着の利用者数は，乗車238人，降車275人であった。
87）　上述した南線3区間とマラヤの間の往来は，1944年4月14日以降も続いている。

図 2-13 日本軍の一般旅客列車利用者数（週平均）（第 4 期）（単位：人）

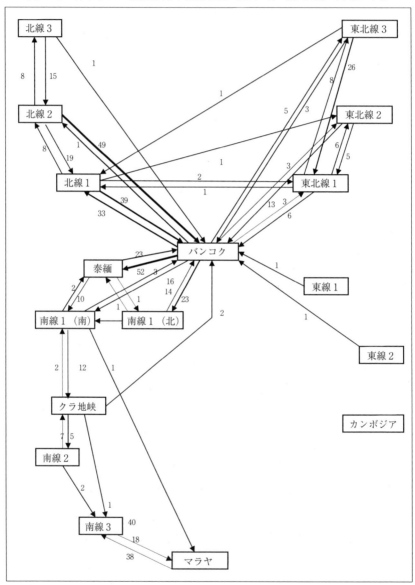

出所：附表 12 より筆者作成

第 2 章　日本軍の軍事輸送——何をどの程度運んでいたのか | 165

人と同じく 10 分の 1 に減少している。これは後述するように旅客列車の運行本数の大幅削減によるものと思われ，この間を運行する旅客列車は 1944年 12 月から週 2 本のみとなっていた[88]。また，前章で見たようにこの時期にはターチーン川の橋梁が破壊されて，列車の直通運行が不可能となったことから，図 1-8（85 頁）ではほとんどの輸送が南線 1（北）区間で分断されており，バンコク〜泰緬間の輸送は皆無に等しかった。しかし，旅客の場合は不通区間を徒歩と船で接続する形で通しの乗車票を発行したことから，一見するとこの間の直通運行がなされていたかのように見えているのである。

　北線では北線 2 区間からバンコクへの利用者数が 49 人，北線 1 区間からバンコクへは 39 人と上りの利用者が多くなっていた。北線 2 区間からバンコクへはノーンプリン発が全体の 64％と最も多くなり，これまで常に最多であったピッサヌローク発は 17％と少なくなっていた[89]。これは，パークナームポー付近の橋梁が爆破され，1945 年 1 月 16 日からバンコク発の列車はパークナームポーまでしか運行しなくなったためである[90]。北線 1 区間からはタークリー発が全体の 47％と最も多くなり，以下ロッブリー，アユッタヤーと続いていた。後述するように，タークリーは日本軍の飛行場が建設された場所であった[91]。この時期には北線が分断されていたことから，バンコク〜北線 3 区間の利用者は非常に少なくなっていた。なお，図には現れていないが，北線 3 区間内の利用者数は 90 人と附表 12（539 頁）の中では最も多くなっていた。内訳はやはりラムパーン〜チエンマイ間の利用が多く全体の 91％を占めており，上りが下りの 3 倍の利用者数となっていた[92]。

88）NA Bo Ko. Sungsut 2. 4. 1/6 "Po. Do. Ro. thi 1382/87. 1944/12/19" この時点で運行している列車はトンブリー〜プラーンブリー間の混合列車のみとなっており，バンコク〜フアヒン間快速列車はおそらく 1944 年初めにラーマ 6 世橋が空襲されてから運休となっていた。なお，これは鉄道局の列車運行部の告示であるが，1945 年 2 月まではほぼ毎日この間の往来が存在するので，実際の運行頻度はもっと多かった可能性もある。

89）第 4 期の北線 2 区間発バンコク着の利用者数は計 1,897 人であり，このうちノーンプリン発が 1,897 人，パークナームポー発が 367 人，ピッサヌローク発が 316 人となっていた。

90）NA Bo Ko. Sungsut 2. 4. 1/6 "Po. Do. Ro. thi 41/88. 1945/01/15" ピッサヌローク発バンコク着の利用者はその後 6 月 23 日に復活し，以後 9 月まで存在した。

91）第 4 期の北線 1 区間発バンコク着の利用者は計 1,525 人であり，このうちタークリー発が 722人，ロッブリー発が 270 人，アユッタヤー発が 262 人となっていた。

92）第 4 期の北線 3 区間内の利用者数は計 3,520 人であり，このうちチエンマイ発ラムパーン着が 2,410 人，逆方向が 800 人であった。

バンコク〜東北部間の利用は第3期から図に現れていたが，この時期に利用者が大幅に増加していた。バンコクから東北線の3つの区間への週平均の利用者は計11人，東北線からバンコクへの利用者は22人と，北線と同じく上り列車の利用が多くなっている。この第4期には北線の軍用列車は全く運行されておらず，軍事輸送はすべて一般列車で行われていたが，東北線には週2本程度の頻度で下りの軍用列車が運行されていた。このため，下りよりも上りの利用者のほうが多かったものと思われる。なお，図中では東北線3区間から東北線1区間への平均利用者数が26人と東北線で最も多くなっていたが，そのほとんどがウドーンターニー発コーラート着の利用者であった[93]。

第5節　軍事輸送の実像

(1) 多岐にわたる輸送品目

　これまで見てきたように，日本軍の軍事輸送の内容は，極めて多岐にわたることが確認された。軍事輸送という言葉からは，通常は兵員と武器などの軍需品の輸送しか想起されないが，実際には表2-1〜2-4に示されていたように一般輸送と同じような様々な旅客や貨物が輸送されていたのである。

　旅客輸送については，日本兵の移動のみならず，労働力としての労務者や捕虜の輸送が少なからず存在していた。その主要な目的地は泰緬鉄道やクラ地峡鉄道などの建設現場であり，戦争を遂行するための輸送路の確保がそのような輸送需要を生み出したのであった。本来の軍事輸送における旅客輸送は戦闘員である兵の輸送が中心となるはずであるが，タイの場合はこれらの鉄道建設に多数の労働力を必要とし，しかも近隣からの調達が極めて難しかった。このため，少なからぬ数の労働力が遠方から運ばれてきたのであり，軍事輸送の中に労働力の輸送が含まれることになったのである。すなわち，直接戦闘に必要な戦闘要員の輸送に加えて，間接的に必要な労働力の輸

---

93)　第4期の東北線3区間発東北線2区間着の利用者数は計1,005人であり，このうち2人以外はウドーンターニー発であった。なお，着駅はコーラートとその隣駅タノンチラのみであった。

送が少なからず存在していたのである。前章で見たように，その輸送は本来モノを運ぶために用いられる貨車で行われることが多かったことから，彼らは過酷な旅を強いられていた。

　一方，貨物輸送については，軍需品以外の様々な物資の輸送が大きな特徴であった。表に示されていたように，食料品から燃料，建設資材に至るまで，ありとあらゆるものが軍用列車によって「軍需用」として輸送されていた。これはすなわち，軍事作戦の際に兵が進軍して戦闘を行うためには，直接戦闘に必要な武器や弾薬などの軍需品のみならず，兵の食料や輸送用の自動車や軍馬，さらには輸送手段を動かすための石油など，間接的に必要となる様々な物資も輸送しなければならなかったことを示している。そして，表2-1からも分かるように，このような間接的に必要な物資のほうが実は直接戦闘に必要な軍需品よりもはるかに輸送量は多かったのである。

　このため，タイ側は日本軍が本当に「軍需用」の物資のみを輸送しているのかどうか疑念を抱くようになり，日本側に対して軍用列車で「軍需用」の物資以外のモノを運ばないよう何度も申し入れをしていた。とくにバンコクからマラヤへの米輸送については，タイ側は必要以上に鉄道車両を浪費してタイ側が利用できる車両を少なくしているとし，日本側に対して車両の返還を求めていた[94]。また，車両の浪費のみならず，関税の徴収の面からもタイ側は軍用列車における「民需用」の物資の輸送を行わないよう求めていた[95]。日本側からすれば，一見「民需用」に見える物資は，間接的には軍事作戦を支えている必要不可欠な物資であったものの，タイ側から見れば日本側が主張する「軍需品」の範囲は必要以上に広かったのである。これらの表

---

94)　1942年に中部で大水害が発生して米生産量が大幅に減少したことから，タイ側は日本軍がバンコクからマラヤへ米を輸送している軍用列車の車両を用いて，水害の影響のなかった東北部や東部の米をバンコクに輸送しようとし，日本側に対して軍用列車の削減を求めていた。詳しくは，第5章を参照。

95)　日本軍の軍用船や軍用列車における物資の輸送については関税を徴収しないことになっており，日本側もそれらへの税関職員の立ち入り検査を認めていなかったが，実際には「民需品」と疑われる物資も軍用船や軍用列車によって多数輸送されていた。このため，事実上の脱税行為であるとしてタイ側は「軍需品」と「民需品」を厳格に区別するよう日本側に求めていたが，日本側は軍用列車や軍用船で輸送されるものはすべて「軍需品」であるとの原則を変えず，交渉は難航した［NA Bo Ko. Sungsut 2. 6. 4/4 "Kho Toklong Lakkan Kiaokap Phithi Kan Sulakakon. 1945/02"］。

に示された様々な輸送品目が，それを端的に示しているのである。

(2) 軍事輸送の特異性

　一見すると一般輸送とさして変わらないような軍事輸送の輸送品目であったが，実際にはタイにおける平時の一般輸送とは異なる面が多数存在した。それは輸送品目と輸送区間の双方で見られ，結果として使用される車両や輸送が集中する区間が大きく異なる事例を生み出した。

　例えば，自動車は平時に比べて輸送が大幅に増加した品目の1つである。1935/36年の自動車（車両及び部品）の輸送量は計4,181トンであり，単純計算すると貨車418両分ということになる［ARA (1935/36), Table 12］。ところが，表2-1の数値のみでも，自動車の輸送に使用された貨車は計3,335両となっていた。タイの道路整備が遅れたことから，バンコクと地方の間で自動車を鉄道輸送するような需要は戦前から存在したが，その量は極めて限定的であった。そこに日本軍が大量の自動車をタイ国外から持ち込み，さらにビルマへと輸送しようとしたことから，タイの鉄道における自動車輸送が急増したのである。

　また，軍馬の輸送も同様に平時に比べて輸送量が大きく増加していた。上述したように，戦前のタイの鉄道における主要な家畜輸送は豚輸送であり，馬の輸送はほとんど存在しなかった。このため，日本軍が主にカンボジア方面から持ち込んだ軍馬のビルマ向けの輸送は，タイの鉄道が経験した初めての本格的な馬輸送であった。日本軍の軍事輸送からは外れるが，日本軍が食用として大量の牛肉の調達を求めていたことから，後述するように戦時中には牛の鉄道輸送も平時より大幅に増加している[96]。このため，戦争中の家畜輸送は平時とは大きく異なる状況が出現していたのである。

　タイ側にとっては「民需品」とも捉えられた米の輸送は，戦前からのタイの鉄道の主要な任務であった。その点では，自動車や馬の事例とは異なり，新たな輸送品目ということにはならない。しかし，戦前との決定的な違いは，その輸送区間であった。平時は北部や東北部といった内陸部から輸出港

---

96)　表6-13（444頁）のように，1930年代後半には年間約4,000頭であった牛の輸送量は，1942年には約2.7万頭，翌年には約4.1万頭に増加していた。

バンコクへの輸送が中心であり，主要な輸送区間は東北線と北線であった。ところが，日本軍の米輸送はバンコクからマラヤやカンボジアに向けて行われており，輸送区間は南線と東線に集中していた。すなわち，平時においてはバンコク港から船で輸送されるはずの米が，鉄道でバンコクから発送されていたのである。

このような軍事輸送の特異性は，タイの鉄道に大きな影響を与えることになったはずである。自動車輸送に大量の無蓋車や材木車といった屋根なしの貨車が充当されたことで，これらの車両に依存していた木材輸送は大きな影響を受けた[97]。また，馬輸送の急増は家畜車の不足を招き，一般の豚輸送にも大きな影響を与えることになったほか，本来家畜輸送には用いられない通常の有蓋車も馬輸送に駆り出されることになった。石油製品輸送も石油空缶の返送も有蓋車に依存しており，新たに始まったバンコクからマラヤやカンボジアへの長距離の米輸送は，さらに多くの有蓋車の需要を生み出した。日本軍はマラヤや仏印の車両も使用したが，それだけでは抜本的な解決には至らず，戦争中を通して車両不足は常にタイの鉄道を悩ませていた。すなわち，それまで存在していた文民用の一般輸送と新たに発生した軍事輸送とを両立させることは，タイの鉄道にとって非常に大きな負担となっていたのである。

(3) 一般旅客列車使用の意味

前節で考察してきたように，日本兵はタイ側の一般旅客列車も利用しており，タイ国内の各地で往来していた。日本軍は軍事輸送のために専用の軍用列車の運行を開戦直後から終戦に至るまで継続しており，それが旅客，貨物面での軍事輸送を支えていたのではあるが，一部の兵は一般旅客列車も使用していた。全体としては軍用列車で移動した兵の数のほうが多かったはずであるものの，少なくとも1日平均100人程度の日本兵がタイのどこかで一般

---

97) 戦時中には一般の利用者が木材輸送の貨車の配車を申請することは事実上不可能となり，1941年に15万トン程度あった輸送量は1942年には5.6万トンに激減した。ただし，タイ軍の軍事輸送は若干存在し，東北部から中部に向けて木材輸送が行われていた。詳しくは，第6章を参照。

列車に乗車していたことになる。

日本側にとっては，このような一般列車の利用は移動の際の選択肢を増やすことになり，好都合であった。軍用列車が運行されている区間においても，一般旅客列車のほうが時間帯のよい場合もあり，バンコクと泰緬区間との間の往来には一般列車の利用が好まれていた。また，基本的に貨車のみで組成されている軍用列車よりも一般旅客列車のほうが速度も速い場合もあり，とくに南線と北線の急行列車は明らかに軍用列車よりも所要時間は短かった[98]。さらに，一般列車は客車を利用していることから貨車を用いる軍用列車よりはるかに快適であり，とくに将校は1〜2等車や寝台車を用いる場合もあった。このため，日本兵の立場からしても，出かける際には軍用列車よりも一般旅客列車のほうが好ましかったはずである。

しかし，日本兵が一般列車に乗車することは，タイ側からみれば決して好ましいことではなかった。日本兵とタイ人の乗客が同じ車両で同席することは，不要なトラブルを発生させる原因ともなりかねなった。一般の旅客数は開戦後から1944年まで一貫して増加していたのに対し，列車本数は逆に減少していた[99]。このため，混雑は戦前に比べて激化しており，その中で日本兵に一般車両の一部を占拠されることは，一般の利用者にとっても迷惑な話であった。タイ側もなるべく日本兵と一般利用者が接触しないように配慮しており，1942年8月から運行を再開した南線急行には日本軍の専用客車を1両連結していた[100]。管見の限り，一般列車の車内で日本兵と乗客の間でトラブルが発生した事件の証拠はなかったが，日本兵とタイ人乗客が同席することのない軍用列車よりも発生する可能性は高かった。

それでも，タイ側からは日本兵の一般列車の利用に対しては不満の声も上

---

98) 例えば，1943年1月の時点では，バンコクからハートヤイまでの所要時間は急行列車で21時間であったが，軍用列車では最速でも38時間半かかっていた［NA Bo Ko. Sungsut 2. 11/44「泰南部線急行並軍用列車時刻表 三野鉄盤支 1943/03/01」]。ただし，それ以外は快速を除いて貨車も連結した混合列車であり，軍用列車並みの所要時間であったものと思われる。

99) 1941年の年間利用者数は773万人であったが，1944年には1,109万人まで増加した［柿崎2009, 395]。なお，開戦後の列車本数の削減については後述する。

100) NA Bo Ko. Sungsut 2. 4. 1. 6/3 "Banchi Sadaeng Kabuan Rot sueng Chat Hai Chaonathi Fai Thahan Yipun. 1942/08/23" 南線急行は開戦後に運休となっており，1942年8月23日から運行を再開した。

がっていた。1944 年 4 月にナコーンシータマラートに駐屯する陸軍第 6 管区（Monthon Thahan Bok thi 6）司令官のサック・セーナーナロン（Sak Senanarong）は以下のような要望を陸軍司令官に出していた[101]。

> ……南線急行への軍人の乗車は，とくに将校にとっては便宜を得られないばかりでなく，間接的に軍人の威厳を損ねることになると言えるかもしれない。なぜなら，もし 1 等や 2 等に座席を確保できなければ他の乗客とともに混雑する 3 等車に乗らねばならず，場合によっては 24 時間も乗車しなければならないので座らざるを得ないが，多くの者は 3 等の座席も得られず立ち通しとなる。これは日本兵とは異なり，彼らには特別車両が連結されており，ほかの乗客と混じることなく快適に座ったり眠ったりすることができる。また，彼らは特別車両があるにもかかわらず，一般の乗客と同様に切符を購入したり，あるいは乗車票を用いて一般の 1 等車や 2 等車へ乗車する権利も有している。彼らの規定では尉官でも下士官でも 1 等に乗らなければならないようであり，彼らはたとえ途中でタイの佐官や将軍が乗ってきて空席がなかったとしても，決して席を譲るようなことはない。また，たとえ空席を 1 つ見つけたとしても，周囲には日本の位の低い下士官か，あるいは文化が低く下着だけ着てところ構わず痰を吐いているような外国人商人が取り囲んでおり，1 等車を占領している。このため，私のようなタイ軍の高官が急行列車に乗車してこのような状況に遭遇した時に，どれほどタイの軍人と軍の威厳が損なわれるであろうか……。

　このように，日本兵の一般列車の利用については，日本側にとってメリットはあったものの，タイ側にとってはデメリットしか存在しなかった。それでも，日本と戦争遂行に協力することにしたタイとしては，日本側が軍事上の必要性を掲げる限り，一般列車の使用を断ることはできなかった。

（4）日本兵の移動の痕跡

　日本兵の旅客列車の使用状況を見ると，全体的には前章で見た軍事輸送の輸送ルートにそって利用が多くなっていたことが確認された。最も利用が多かったのは軍事輸送上も重要な役割を果たしていたバンコクと泰緬区間の相互間となっており，軍用列車が利用可能であった東線と南線で長距離の利用

101）　NA Bo Ko. Sungsut 1/8 "Pho Bo. Pho Lo. 6 thueng Mo Tho. Tho Bo. 1944/04/12"

が少なかった点を除けば，軍事輸送と傾向は似ていた。一般列車を利用する要因の1つとして，軍用列車が運行されていないために一般列車を利用しているという理由が存在していたことから，日本兵の一般旅客列車の使用状況は前章で考察した日本軍の軍事輸送の実像を補完する役割を果たしていたと言えよう。

しかし，軍事輸送の場合と同様に，ミクロな視点で見た際にはやはり部隊の移動と連動しない利用が存在していた。例えば，図2-10からは第1期にバンコクと東北部の間に少ないながらも日本兵の往来があったことが確認できるが，この時期に東北部に日本軍の主要な部隊が展開した事実はない。実際にこの時期にはバンコクから東北部へ計58人，東北部からバンコクへ計66人の日本兵が往来しており，コーラートとウドーンターニーを訪問していた[102]。

また，軍事輸送の場合とは異なり，極めて局地的な移動についても請求書資料から把握することができる。例えば，同じく第1期の間に東線1区間内の利用者が計530人あり，彼らはこの間の計28の駅のうち19の駅で乗降していた。チャチューンサオ，プラーチーンブリー，カビンブリー，アランヤプラテートといった主要駅の利用が多いが，中にはワット・コチャン，プローンアーカートといった郡庁所在地でもない農村の小駅での乗降も存在した[103]。確かに，東線は開戦直後にマレー侵攻やビルマ攻略のための部隊が多数利用した路線であり，途中の主要駅からバンコク方面に向かった痕跡も残されていたが，東線1区間内での短距離の利用や小駅での乗降については，何のための利用であったのかを推測することは困難である。

このように，請求書が示す日本兵の一般旅客列車の使用状況は，移動理由が推測できない局地的な日本兵の移動の存在も明らかにしている。運行予定表から描き出された軍用列車の輸送状況が，部隊の移動とは直接関係のない様々なルートでモノの輸送が存在したことを明らかにしているのと同じく，

---

102) バンコク発コーラート着は27人，ウドーンターニー着は27人であり，逆方向はそれぞれ33人，25人であった。

103) ワット・コチャンはチャチューンサオの隣駅，プローンアーカートはその隣駅であり，どちらも水田地帯の中にある小駅であった。ワット・コチャンでは24人の乗車が，プローンアーカートでは13人の乗車，12人の降車が確認できる。

請求書もまた「通史」では語られない人の移動の存在を明示しているのである。実際に，日本兵はタイの鉄道のほぼすべての路線で列車に乗車しており，少なくとも1回は乗降があった駅を含めれば，大半の駅に日本兵が降り立っていたことになろう。部隊の移動は非常に太い人の流れであるが，実はタイ国内の至る所で細かい人の流れが無数に存在していたのである。請求書が示す数値は，日本兵1人1人が各地で旅客列車に乗車して移動していた痕跡なのである。

> コラム

戦争の痕跡③ ピッサヌローク／サワンカローク〜メーソート間道路

　ピッサヌローク／サワンカローク〜メーソート間道路は，ビルマ攻略時に日本軍が利用した道路である。バンコクから列車でピッサヌロークかサワンカロークに到着した日本軍は，ここから一路西へ向かってタークに到達し，チャオプラヤー川支流のピン川を渡った後は急造の山道で急峻な山脈を超えて国境の町メーソートに至り，国境のムーイ川を渡ってビルマへと入っていった。

　この間の道路のうち，ピッサヌローク〜ターク間は当時工事中の区間も含めて道路が存在しており，現在も国道12号線としてほぼ同じルートで使われている。起点のピッサヌロークには飛行場が存在し，開戦直後にビルマ攻略を支援するための航空部隊が存在したほか，1943年の飛行場整備計画にも含まれたことから，一旦撤退した日本軍が再び駐屯を始めていた。最初に整備した飛行場は，町の南側に以前からあった飛行場であったが，北側にも不時着用の飛行場を新たに整備した。現在用いられている飛行場は，南側のものである。一方，もう1つの起点であったサワンカロークは，現在も鉄道支線の終点として駅があるが，列車は1日1往復しかなく閑散としている。

メーラマオ高原の岩山（2015年）

国境のムーイ川に架かる橋（奥がミャンマー）（2015年）

　サワンカロークから南に下ると，スコータイでピッサヌロークからの道に合流する。当時はサワンカローク～スコータイ間のほうが先に整備されており，この間はすでに舗装されていた。スコータイの町から西に10kmほどでスコータイ遺跡があり，旧道は遺跡のすぐ傍を通過していたが，当時このルートで西に向かった日本兵の回想にはこの遺跡に関する言及は見られない。その先，タークの町に着く直前にはかつてターク飛行場があり，日本兵も駐屯していたが，現在飛行場はなく一帯はタイ陸軍歩兵第4大隊の駐屯地となっている。

　タークからメーソートへの山道は困難な道のりであったが，日本軍の進軍時には自動車も通過していた。その後は荒廃していたが，1960年代に入って自動車道路が整備され，1970年に再びメーソートへ自動車が到達可能となった。この新たに整備された国道12号線は東側の区間では旧道よりも南側を通っており，地図を見る限り旧道の痕跡は残っていない。ルートは異なるもののこの国道12号線も急坂が連続する難所で，現在でも頻繁に交通事故が起きている。メーラマオ高原と当時日本兵が呼んでいたあたりから旧道と新道のルートはほぼ一致し，メーソートの盆地へと下っていった。その先メーソートから国境のムーイ川までの区間は当時のルートをそのまま利用していると思われる。国境には1997年にタイ～ミャンマー友好橋が架けられており，タイとミャンマーの間の国境ゲートの中では最も往来が多くなっている。

　ミャンマー側のミャワッディからは当時から存在していた道路があり，急峻なテナセリム山脈を越えて西麓のコーカレイッに至るが，2015年に新たなバイパスが完成したためこの間の所要時間は大幅に短縮された。当時日本軍が苦労して越えた山岳ルートは，現在タイとミャンマーを結ぶ最も重要な動脈となっているのである。

第3章
日本軍のタイ国内での展開①
通過地から駐屯地へ

第3章　日本軍のタイ国内での展開①──通過地から駐屯地へ │ 179

　本章と次章では，序章で提示した第2の課題であるタイ国内における日本軍の動向を解明することを目的とする。上述のように，第1章において日本軍の軍事輸送がどのようなルートでどの程度行われていたのかを運行予定表を用いて解明し，第2章では物資輸送報告などの軍事輸送の内容を示す資料を用いて，日本軍が何をどのようなルートでどの程度運んでいたのかを明らかにした。すなわち，日本軍の軍事輸送の量的，質的な全体像が構築されたのである。次なる課題は，このような日本軍の軍事輸送が行われた背景を探ることであり，そのためには当時日本軍がタイ国内のどこをどの程度通過したのか，あるいはどこにどの程度駐屯していたのかを明らかにすることが必要である。

　戦争中のタイと日本の関係については数多くの研究が存在するが，タイ国内のどこにどの程度日本兵がいたのかまでは明らかにされていない。泰国駐屯軍司令官を務めた中村の回想録や，防衛研究所戦史室が編纂した『戦史叢書』など，日本側の資料からも大隊レベルまでの駐屯箇所は把握できるが，数人のみ派遣されていたような場所までは判然としない。一方，泰緬鉄道沿線については，吉川がタイ側の資料を用いて建設に従事した日本兵や捕虜，労務者の人数についても言及しているものの［吉川 1994, 261–266］，泰緬鉄道沿線以外に駐屯する日本兵については扱われていない。すなわち，先行研究ではタイ国内の日本軍の通過と駐屯の状況は十分に明らかにされていないのである。

　このため，本章では開戦から泰緬鉄道の開通する 1943 年 10 月までにあたる第1期と第2期を対象に，タイ国内における日本軍の通過と駐屯の状況を解明することを目的とする。以下，第1節でマレー進攻作戦，第2節でビルマ攻略作戦を取り上げ，日本軍のタイへの侵入と，開戦直後のマレー進攻作戦，ビルマ攻略作戦時の日本軍の通過と駐屯状況を解明する。次いで，第3節で泰緬鉄道に代表される軍用鉄道・道路建設が始まることによる日本軍の駐屯状況を，捕虜，労務者の投入も含めて考察し，第4節で泰国駐屯軍の設置に伴う日本軍の駐屯の拡大状況を明らかにする。最後に第5節でこの間の日本軍の通過と駐屯の状況を総括する。

第 1 節　マレー進攻作戦

(1)　日本軍のバンコク侵入

　1941 年 12 月 8 日未明に始まった日本軍のタイへの侵入は，大きく分けて内陸の仏印国境からバンコクへ向かうルートと，マレー半島東海岸の何ヶ所かに上陸するルートで行われた。このうち，前者の陸上ルートでバンコクを目指した部隊は近衛師団であった。この師団は本来マレー進攻作戦を担う第25 軍に属する部隊であったが，最初の任務はタイの安定確保を行うことであったため，タイの安定確保とビルマ作戦を準備することを目的とした第15 軍司令官飯田祥二郎中将の指揮下に置かれた［陸戦史研究普及会編 1968，16］[1]。すなわち，この部隊は本来英領マラヤを目指すはずであったが，タイの確保を目指すために遠回りのバンコク経由で南下することになっていたのである。

　日本軍は開戦直前にタイ側に対して日本軍の通過を認めるよう交渉を開始することにしていたが，実際にはピブーン首相が仏印国境方面に出かけたまま連絡が取れず，日本側はタイ側の了承を得る前にタイへの進軍を始めざるを得なくなった［柿崎 2007, 171-172］。近衛師団はバンコクへの進軍のために先遣隊をトンレサップ湖北岸のシエムリアップ側に，師団主力を南岸のサワーイドーンケーオ側に待機させており，進軍の命令があり次第国境を越えてタイ領内へ進軍する予定であった［防衛研修所戦史室 1966, 157-158］[2]。南方軍は 8 日 1 時半（タイ時間）に第 15 軍に対して進撃開始を命令し，先遣隊は 5 時に進軍を開始して国境を突破した［Ibid.］[3]。

　東部国境ではタイ側と日本側の衝突は少なかった。ピブーンソンクラーム県知事は朝 7 時に国境方面から県庁上空を通過して西に向かう日本軍の飛行

---

1)　飯田司令官については，末里［2009］を参照のこと。
2)　先遣隊は岩畔豪雄大佐の指揮する歩兵第 5 連隊第 1 大隊基幹の部隊であった。
3)　日本側の資料では時刻はすべて日本時間で記載されているが，本書ではタイ時間（日本時間より 2 時間遅れ）で表記する。

第3章　日本軍のタイ国内での展開①——通過地から駐屯地へ　181

機を目撃し，7時半過ぎに県庁を出て国境に向かう途中，日本軍の先遣隊に
遭遇して拘束された[4]。日本軍は知事を連れて県庁付近まで戻り，タイ側の
警官隊に日本軍を攻撃しないよう指示を出すよう求め，その際に知事は日本
軍の拘束から逃れて，警官隊に対して一旦退却してクラン川に防衛線を張る
よう指示したという[5]。その後，9時半に内務省からの指示がモンコンブリー
郵便局経由で伝わり，日本軍が進軍して来ても抵抗せずに平穏に政府の交渉
結果を待つようにとの命が届いた。このため，日本軍はタイ側の攻撃を受け
ることなく，バンコク方面に向かうことができたのである。

　一方，近衛師団の主力部隊も明け方にはサワーイドーンケーオの国境を越
えてタイ側に入っていった。この近衛師団は当時日本軍が3つ所有していた
自動車化師団のうちの1つであり，師団全体の自動車台数は計663台であっ
た［陸戦史研究普及会編 1966, 18, 271］[6]。このため，師団主力の縦隊は総延
長200km以上にも及ぶ大自動車部隊であったという［防衛研修所戦史室
1966, 158］。途中のバッタンバンでは日本軍との衝突でタイ警官2名が犠牲
となっていたが，日本軍の進軍を妨げるものではなかった［Yutthasueksa
Thahan 1997, 47］。先遣隊も師団主力もシーソーポンから先は同じルートを
辿り，アランヤプラテート，プラーチーンブリーを経てヒンコーンの交差点
を左折してバンコク～ロップリー間道路（プラチャーティパット通り）に入
り，北からバンコク市内へと向かった。先遣隊は9日未明にドーンムアン飛
行場に到着し，9日日中に市内のルムピニー公園に入った［Ibid., 165］。そ
の後到着した近衛師団の歩兵第4連隊はナーンルーンの競馬場に入り，バン
コク市内に数多くの日本兵が駐屯することになったのである（写真5, 6）。

　上述したように，開戦時にはバンコク～プノンペン間の鉄道はまだ開通し

---

4)　NA Bo Ko. Sungsut 1. 13/17 "Khana Krommakan Changwat Phibun Songkhram thueng Palat Krasuang
　　Mahat Thai. 1941/12/17" 知事が日本軍に拘束された際に，既にタイ側の警察長も日本軍に拘束
　　されていた。ピブーンソンクラーム県は仏印から回復した「失地」に新設された県であり，ピ
　　ブーン首相の名前が県名に採用された。通常県庁は県名と同じ名前の郡に置かれるが，この県
　　には中心となる都市がなかったことから，クランタブリー（クララン）郡に設置されていた。
5)　Ibid. クラン川は現在カンボジアのシエムリアップ州とバンテアイミヤンチェイ州の境となっ
　　ているクララン川のことと思われる。
6)　残る2つの自動車化師団のうち，第5師団は後述するマレー半島に上陸し，近衛師団とともに
　　マレー進攻作戦に参加した。

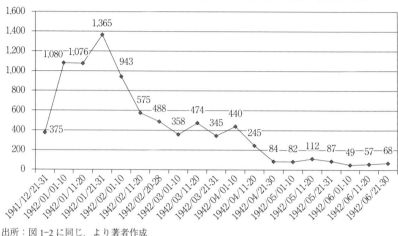

図 3-1 カンボジア国境発の軍事輸送量の推移（第 1 期）（単位：両）

出所：図 1-2 に同じ，より著者作成

ていなかったことから，最初に東部国境からタイに入ってきた日本軍はほとんどが自動車で入ってきた。その後 12 月 23 日からプノンペン～バンコク間の鉄道輸送が始まると，マラヤへの進攻部隊向けの物資輸送や，次に述べるビルマへの進軍部隊がこのルートでバンコクに入るようになり，東線での軍事輸送が拡大していった。図 3-1 のように，東線での軍事輸送は 1942 年 1 月に最も多くなっており，最盛期は 1 月下旬であったことが分かる。その後減少して 4 月上旬まではある程度の輸送量を維持していたが，4 月下旬には 100 両を下回るまでに低下していた。

一方，近衛師団歩兵第 4 連隊第 3 大隊を主力とする吉田勝中佐の率いる吉田支隊は，バンコクの南のバーンプー海岸に上陸し，南からバンコクに入ることになっていた。この部隊はサイゴンから乗船し，8 日 1～2 時にバーンプー海岸に無抵抗で上陸できた［Ibid., 161］。これに対し，タイ側はパークナームの町から 8km の地点に警官隊を派遣し，上陸してきた日本軍と対峙したが，双方の衝突は起こらなかった[7]。その後，タイ側ではバーンプー三叉路で日本軍を食い止めるようにとの命が入り，警官隊はパークナーム市街

---

7) NA Bo Ko. Sungsut 1. 13/17 "Khaluang Pracham Changwat Samut Prakan thueng Palat Krasuang Mahat Thai. 1941/12/24"

写真5　バンコク・ルムピニー公園での露営

出所：米田編 1982, 409

写真6　バンコクで訓練中の日本兵

出所：久本編 1979.

まで退却し，さらに住民 2,000 人を動員して市街よりも北に位置するサム
ローン運河に防衛線を作る準備を進めた。一方，日本側は第 15 軍参謀の八
原博通中佐をバンコクから派遣し，吉田支隊に前進を待つよう要請した[8]。
最終的に 14 時に内務省から日本軍の通過を認める旨の電話が入り，タイ側
の警戒態勢は解除されたことから，両軍の衝突は発生しなかった[9]。

(2) マレー進攻部隊の上陸

　近衛師団がバンコク経由でマレー半島を南下するルートでマラヤを目指し
たのに対し，第 25 軍を構成するもう 1 つの部隊である第 5 師団は，マレー
半島の 4ヶ所で上陸し，先にマラヤに進軍することになった。この師団は中
国から派遣されることから，計 20 隻の輸送船でマレー半島を目指し，主力
の 11 隻はソンクラーに向かい，他にパッターニーとターペートに 6 隻，コ
タバルに 3 隻が向かった [陸戦史研究普及会編 1966, 28]。このうち，コタ
バルは英領マラヤであったが，残る上陸地点はいずれもタイ領内であった。

　ソンクラーはマラヤへの進軍に最も便利な場所であったことから，マレー
進攻部隊の主要な上陸地点に選ばれた。ソンクラーはマラヤ国境から 70km
程度北に位置し，鉄道と道路で国境まで容易に到達することができた。ま
た，ソンクラーと西海岸のペナンを結ぶルートは古くからのマレー半島横断
ルートの 1 つであり，マレー半島の脊梁山脈の切れ目を抜けることから地理
的に最も容易な横断ルートであった。このため，ソンクラーに上陸した日本
軍は自動車と鉄道でマラヤを目指すことになったのである。

　ソンクラーへ向かった日本軍は 12 月 8 日 2 時過ぎからソンクラーの海岸
への上陸を始め，上陸した部隊はソンクラー市内の要衝を占領するととも
に，飛行場と駅を確保した [防衛研修所戦史室 1966, 219-220]（写真 7）。駅
を占領した鉄道突進隊は，停車中の列車を使用して 3 時 40 分にはハートヤ
イに向けて出発したが，タイ側の攻撃に遭い，すぐに徒歩進軍に切り替えた
という。日本側の予定では上陸の前にタイ側に話を付けておくことになって

---

8)　防衛研　陸軍―南西―泰仏印 4「泰国進駐とピブン首相」

9)　NA Bo Ko. Sungsut 1. 13/17 "Khaluang Pracham Changwat Samut Prakan thueng Palat Krasuang Mahat Thai. 1941/12/24"

いたが，実際にはタイ側は日本軍の上陸を認めてはおらず，進軍する日本軍を食い止めようと戦闘が発生したのである。その中で，捜索第5連隊長の佐伯静夫中佐の率いる佐伯部隊がハートヤイをめざし，途中でタイ軍と衝突して攻撃の上でこれを降伏させ，タイ軍の自動車を用いて12時にようやくハートヤイに到着していた［Ibid., 222-224］。

　管見の限り，日本軍の上陸時の状況を報告した文書が内務省には送られていないため，ソンクラーではどのような対応がなされたのか詳細は分からないが，ソンクラーに最初に上陸した日本軍は約1万人と見積もられ，その後も部隊や物資の上陸が続いたことから，ソンクラーはタイの中で最も日本軍の影響を受けていたものと思われる。バンコクから派遣されたルアン・サワットロンナロン（Luang Sawat Ronnarong）少将の調査委員会によると，日本軍はソンクラー市内の政府機関をすべて占領して宿舎とし，刑務所，学校，官舎，商店，市場も多くが宿舎とされた[10]。住民の一部は市内を脱出したり，知人の家や寺に避難したりしており，警官が武器と制服を押収されたために治安の維持も十分ではなかった。日本軍が上陸した場所は他にも存在したが，重要な進軍ルートの起点となったソンクラーは，最も大きな影響を受けていたのである。タイ側によると，この衝突でタイ兵8人，警官3人，文民公務員2人，住民10人の計23人が死亡した[11]。

　ソンクラーからの軍事輸送も，1942年5月までは継続して行われていた。図3-2を見ると，ソンクラー発の軍事輸送量は，1942年2月上旬に最大の1,126両に到達した後は3月まで500両前後で推移し，その後300両程度に減ったうえで6月にはほぼ終了したことが分かる。1月下旬から2月上旬にかけて輸送量が大きく増えていたのは，マレー進攻作戦に参加する第18師団主力がソンクラーに到着したためであった。この師団はしばらく仏印のカムラン湾で待機させられていたが，1月22日に11隻の船団でソンクラーに到

---

10) NA Bo Ko. Sungsut 2/11 "Ramnarong thueng Ratthamontri Wa Kan Krasuang Mahat Thai（Thoralek）. 1941/12/23"　この調査団は12月15日にバンコクを出発し，プラチュアップキーリーカン以南の南部の状況を調査し，27日にバンコクに戻った。

11) NA [2] So Ro. 0201. 98/12 "Luang Sawatronnarong kho prathan krap rian Phana Nayok Ratthamontri. 1941/12/30"　タイ軍の戦史によると，ソンクラーでの戦死者数は兵のみで23人となっている［Yutthasueksa Thahan 1997, 94］。

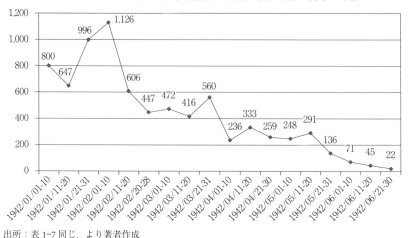

図 3-2　ソンクラー発の軍事輸送量の推移（第 1 期）（単位：両）

出所：表 1-7 同じ，より著者作成

着していた［Ibid., 390］。1942 年 2 月にシンガポールが陥落するまで，ソンクラーはマラヤへの補給輸送の玄関口としても機能していたのである（写真 8）。

　一方，第 5 師団の一部は，歩兵第 42 連隊長の安藤忠雄大佐率いる安藤支隊としてパッターニーとターペートに上陸した[12]。パッターニーに 4 隻，ターペートに 2 隻向かった支隊は，8 日 2 時半頃それぞれ目的地に上陸したが，その後パッターニーではタイ側の抵抗に遭い，9 時 40 分にタイ側が降伏するまで衝突が続いた［Ibid., 228］。どちらの部隊も飛行場を確保したのち，ベトン国境からマラヤに進軍することとなり，ヤラー経由で国境に向けて進んでいった。日本軍の進軍を阻止するために英軍がベトンの国境からタイ側に侵入しており，10 日から英軍との衝突が始まった。日本軍は徐々に英軍を押し戻して 14 日にはベトンに到達し，15 日 10 時に国境を越えてマラヤに進軍していった［Ibid., 230-231］。

　パッターニーでもタイ側の政府機関のほとんどが日本軍の宿泊所として占

---

12)　ターペートはソンクラー県テーパー郡の村であり，日本側はタペーと呼称していた。この部隊は同地の飛行場を確保することが主目的であったとされているが，付近に飛行場が存在した痕跡はないことから，パッターニーの町の南西に位置するパッターニー飛行場に向かったものと思われる。

第3章　日本軍のタイ国内での展開①——通過地から駐屯地へ　187

写真7　ソンクラーに上陸した日本軍

出所：森高編 1954, 56

写真8　マラヤ国境に到着した日本兵

出所：森高編 1954, 57

領され，状況はソンクラーに似ていた[13]。バンコクから派遣されたルアン・サワットロンナロンはパッターニーの歩兵第42大隊の駐屯地に駐留している日本軍と12月23日に会見し，日本側と交渉して県庁と郡役所の返還を認めさせていた。被害もソンクラーと同様に大きく，警官6人，青年義勇兵（Yuwachon Thahan）5人，文民公務員5人，住民9人，兵24人の計49人が死亡した[14]。また，日本軍がベートン方面に進軍する際に市内の自動車を多数接収し，使用可能な自動車はわずか3台しか残っていなかった。

（3）タイ側との衝突

　マレー進軍部隊のマレー半島での上陸箇所は上述した3ヶ所とコタバルであったが，他にも4ヶ所で別の日本軍が上陸した。これらの部隊は第15軍に属する第55師団の歩兵第143連隊長宇野節大佐が率いる宇野支隊であり，図3-3のようにプラチュアップキーリーカン，チュムポーン，スラターニー，ナコーンシータマラートが上陸地点であった。輸送船はナコーンシータマラートとチュムポーンが2隻ずつ，その他が1隻ずつであり，支隊の主力はチュムポーンへ向かった［Ibid., 234］。いずれの部隊も主要な目的はマレー進攻作戦を支援するための飛行場の確保であったが，各上陸地ではタイ側との戦闘が発生した。

　プラチュアップキーリーカンでは8日4時20分頃に日本軍は上陸を開始したが，すぐにタイ側から攻撃を受け始めた［Ibid., 237］[15]。ここでは第5飛行小隊（Kong Bin Noi thi 5），県警察署，駅の3ヶ所で日本側とタイ側の衝突が発生し，警察署と駅にいた警官隊は6時半には停戦の命を受けて停戦したが，飛行小隊は12時頃まで攻撃を続けていた[16]。この戦闘でタイ側では飛行小隊で兵37人，家族3人が死亡したほか，警官13人，文民公務員1

---

13)　Ibid. "Sawatronnarong thueng Phana Than Nayok Ratthamontri（Thoralek）. 1941/12/24"

14)　NA［2］So Ro. 0201. 98/12 "Luang Sawatronnarong kho prathan krap rian Phana Nayok Ratthamontri. 1941/12/30" タイ軍の戦史によると，パッターニーでの戦死者数は兵24人，警官5人，青年義勇兵5人，文民公務員6人の計40人となっている［Yutthasueksa Thahan 1997, 100］。

15)　タイ側によると衝突は3時頃から始まったという［NA［2］So Ro. 0201. 98/12 "Luang Sawatronnarong kho prathan krap rian Phana Nayok Ratthamontri. 1941/12/30"］。

16)　NA［2］So Ro. 0201. 98/12 "Luang Sawatronnarong kho prathan krap rian Phana Nayok Ratthamontri. 1941/12/30"

第3章　日本軍のタイ国内での展開①——通過地から駐屯地へ　189

図 3-3　タイに侵攻した日本軍（開戦時）

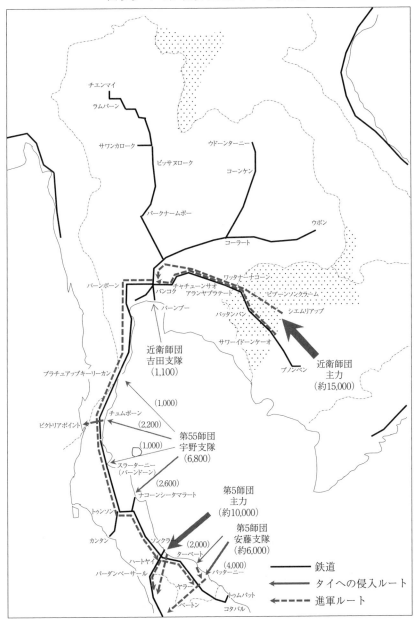

出所：防衛研修所戦史室 1966, 234．陸戦史研究普及会編 1966, 274-281 より筆者作成

人，住民 5 人の犠牲者も含めて計 59 人が死亡した[17]。

チュムポーンでは 8 日 5 時に日本軍が上陸したのを住民が見つけ，チュムポーン郡長に報告した[18]。県知事はチュムポーン駐屯の歩兵第 38 大隊に連絡して兵の派遣を要請したほか，青年義勇兵，警官，住民を動員して日本軍が上陸した海岸方面に向かったが，県庁から 3km ほど東のターナーンサン橋付近で進軍してきた日本軍と衝突し，しばらく攻撃が続いた。10 時 50 分に内務省からの電報で日本軍を攻撃せずに政府の交渉結果を待つよう指示が伝えられたため，日本側の司令官と会って交渉し，12 時には戦闘が終了したという[19]。その後，自動車約 20 台で宇野大佐以下約 1,500 人の兵が市内に到着し，県は学校 3 校を宿舎に提供していた。チュムポーンでのタイ側の犠牲者はそれほど多くはなく，死者はタイ兵 1 人，警官 3 人，住民 1 人の計 5 人であった。

スラーターニーでの日本軍の上陸は，他の上陸地点よりも若干遅かった。スラーターニーでは 8 日 8 時にナコーンシータマラート県警察から県内のナーサーン郡警察に入った電報で，パッターニーに日本軍が上陸した知らせが届いた[20]。このため，県知事と県警察長がスラーターニーに日本軍が上陸した際の対応策の検討を始めたところ，日本軍がスラーターニーを目指してタービー川を遡上中であるとの情報が入り，警官隊が出動して防衛線を築いて 8 時 45 分から双方の衝突が始まった。日本側の兵員の増強に伴い，徐々に防衛線は後退を余儀なくされたが，16 時にようやくナコーンシータマラートの陸軍第 6 管区からの電報で戦闘を止めるよう命じられたため停戦し，18 時半には県知事らが日本側と会見し合意に至った[21]。この戦闘による犠牲者は，警官 16 人，文民公務員，教員，ボーイスカウト（Luk Suea）が 5 人，住民 20 人の計 41 人であった[22]。

17） Ibid. タイ軍の戦史によると，プラチュアップキーリーカンでの戦死者数は兵 38 人，家族 2 人，警官 1 人，生徒 1 人の計 42 人となっている［Yutthasueksa Thahan 1997, 64］。

18） NA Bo Ko. Sungsut 1. 13/5 "Khaluang Pracham Changwat Chumphon thueng Ratthamontri Wa Kan Krasuang Mahat Thai. 1941/12/19"

19） Ibid.

20） NA Bo Ko. Sungsut 1. 13/17 "Khana Krommakan Changwat Suratthani thueng Palat Krasuang Mahat Thai. 1941/12/14"

21） Ibid.

第3章　日本軍のタイ国内での展開①──通過地から駐屯地へ　191

　スラーターニーでは日本軍の部隊が飛行場を占領したほか，翌日の9日か
ら16日まで物資の揚陸作業が行われた。これらの物資は軍需品，食料，石
油であり，スラーターニーの駅から鉄道で南に発送されていた[23]。後述する
ように，宇野支隊の日本兵はこの後ビルマ攻略作戦に参加するためにバンコ
クに戻るのであるが，マラヤ方面への物資も一緒に運んできていたのであ
る。最終的に12月25日をもってスラーターニーに上陸した日本兵はすべて
鉄道で発ち，駐屯する日本兵はいなくなった[24]。

　ナコーンシータマラートでも，日本軍の上陸より先に他県での日本軍の情
報が入ってきた。8日6時半にナコーンシータマラートの郵便局長からの知
らせで，パッターニーとソンクラーに日本軍が上陸したとの情報が伝えられ
た[25]。その後，9時には内務省からの電報で日本軍に抵抗しないよう命が来
たが，既に陸軍第6管区では上陸してきた日本軍への攻撃を開始し，戦闘状
態となっていた。このため，県知事が内務省からの電報の写しを陸軍第6管
区司令官に送り，10時半に戦闘は終了した。その後，ナコーンシータマラー
トに上陸した日本軍はタイ軍の駐屯地を使用することになり，追い出された
タイ兵が市内に移動してきたことから，県は寺院3ヶ所，学校2ヶ所をタイ
兵とその家族の宿泊所として提供し，計3,000人分の炊き出しを行った[26]。
ナコーンシータマラートでの犠牲者は，兵40人，住民5人の計45人であっ
た[27]。

　このように，マレー半島では計7ヶ所で日本軍が上陸を行ったが，タイ側
の了承が得られる前に上陸が行われたことからタイ側との武力衝突が発生
し，タイ側だけで計222人の犠牲者を出すことになった。ピブーン首相の

---

22)　NA [2] So Ro. 0201. 98/12 "Luang Sawatronnarong kho prathan krap rian Phana Nayok Ratthamontri. 1941/12/30 " タイ軍の戦史によると，スラーターニーでの戦死者数は計42人となっている [Yutthasueksa Thahan 1997, 77]。

23)　NA Bo Ko. Sungsut 1. 13/17 "Saritsaralak thueng Palat Krasuang Mahat Thai (Thoralek). 1941/12/20"

24)　Ibid. "Saritsaralak thueng Palat Krasuang Mahat Thai (Thoralek). 1941/12/25"

25)　NA Bo Ko. Sungsut 2/7 "Khana Krommakan Changwat Nakhon Sithammarat thueng Palat Krasuang Mahat Thai. 1941/12/20"

26)　Ibid.

27)　NA [2] So Ro. 0201. 98/12 "Luang Sawatronnarong kho prathan krap rian Phana Nayok Ratthamontri. 1941/12/30" タイ軍の戦史によると，ナコーンシータマラートでの戦死者数は兵38人となっている [Yutthasueksa Thahan 1997, 85]。

「雲隠れ」によってバンコクでの日本軍の通過受け入れの決定が遅れた上，通信事情の悪化でバンコクからの指示が各県に届くまでにさらに時間を要したことが，このような結果をもたらしたのであった。

(4) マレー半島の南下

一方，仏印からバンコクに入った近衛師団は，12月11日の南方軍命令で本来の所属である第25軍に復帰することになったが，復帰の時期については第15軍と第25軍の司令官が協議して決めることになっていた［陸戦史研究普及会編 1966, 130］。第15軍の隷下の部隊は第55師団と第33師団であったが，開戦時においては前者が仏印からタイに向けて陸路で移動中，後者もまだ中国にいる状態であり，タイには近衛師団と第55師団の宇野支隊しか到着していなかった［陸戦史研究普及会編 1968, 18］。このため，第15軍は第55師団が到着するまでは近衛師団の主力をバンコクに残すことにし，歩兵第4連隊長正木宣儀大佐の率いる正木支隊のみをまずマラヤへ向けて出発させることにした［陸戦史研究普及会編 1966, 131］。

正木支隊は12月11日からバンコクを出発し，鉄道でハートヤイに向かった［防衛研修所戦史室 1966, 269-270］。ハートヤイでこの部隊はパッターニーに上陸した安藤支隊の進出ルートでベートンに向かうよう命じられ，部隊はそのままヤラーまで鉄道で移動し，そこからベートンに向かって前進を開始した。正木支隊は安藤支隊の後を追ってベートンに向かい，17日にベートンに到着してその後マラヤに進出していった。なお，12月17日以降近衛工兵連隊，近衛軸重兵連隊，近衛衛生隊の各主力を同じルートでヤラーに派遣し，正木支隊長の指揮下に入れた［Ibid., 271］。

一方，近衛師団の主力部隊は，12月21日から1月上旬までの間に逐次マラヤに向けて転進を始めていった。これらの部隊はソンクラーのやや北を通る北緯7度20分の緯線を通過した時点で第15軍から第25軍の隷下に復帰した［Ibid., 271］。正木支隊とは異なり，彼らはソンクラーに上陸した第5師団と同じくハートヤイからサダオやパーダンベーサール経由でマラヤへ向かっていった。このうち，1942年1月4日からバンコクを出発し始めた近衛歩兵第5連隊と近衛野砲兵連隊の主力は，バンコクからハートヤイまで鉄

第 3 章　日本軍のタイ国内での展開①──通過地から駐屯地へ │ 193

道で向かい，その先は自動車でアロースターに向かっていた［Ibid., 358］。

　上述したように，近衛師団は自動車化師団であったことから，本来は自動車で進軍することが可能であり，仏印からバンコクまでは自動車で移動してきたのであった。ところが，バンコクからマレー半島を南下してマラヤに向かう際には，自動車が通行可能な道路がなかったことから鉄道に依存せざるを得なかったのである。既に見たように，バンコクから南下する南線の軍用列車は開戦翌日から運行を開始していたが，初期の南線の軍用列車の主要な顧客はこの近衛師団であった。

　また，これらの主力部隊がハートヤイから自動車でマラヤへ向かったのは，タイ側の車両を極力バンコクに戻すためであったと思われる。第 5 章で述べるように，タイ側によるマラヤ残留車両の返還要求は 1942 年 3 月から本格化するが，タイの車両がマラヤに向かっても一向に戻ってこないという不満は既に 1941 年 12 月中から噴出していた。この時期にはまだマラヤの貨車の使用は始まっておらず，南下していく軍用列車は事実上タイの車両のみで構成されていた。このため，日本側も自動車で移動可能な部隊の輸送については，ハートヤイから先を自動車輸送とすることでタイの鉄道車両の使用を極力抑えようとしていたものと思われる。

　図 3-4 は，バンコクからハートヤイへ向かった軍事輸送の車両数を示したものである。これを見ると，正木支隊がバンコクからヤラーに向かい始めた 12 月中旬が最も輸送両数が多く，1 月中旬に一旦輸送両数が 200 両まで減少することから，この間が近衛師団の部隊輸送が集中した時期であったことが分かる。その後 2 月末までその輸送量が少ない状態が続いているが，この間は次に述べるビルマ攻略のための北線での軍事輸送が集中したためである。そして，5 月に入って再び増加して 6 月には 600 両を越えているのは，5 月下旬から始まったバンコクからマラヤへの米輸送と，北線からシンガポールへの軍需品輸送のためと思われる[28]。

───────────

28)　第 5 章で述べるように，日本軍はビルマへ進軍した部隊の物資を輸送するために，一旦ピッサヌロークやサワンカロークまで輸送しながらビルマに運びきれなかった物資を鉄道でシンガポールまで運び，そこから船でビルマに送るために，1942 年 5 月末にタイ側に対して計 530 両の貨車を使用したいと要請していた。

図 3-4 バンコク発ハートヤイ着の軍事輸送量の推移（第 1 期）（単位：両）

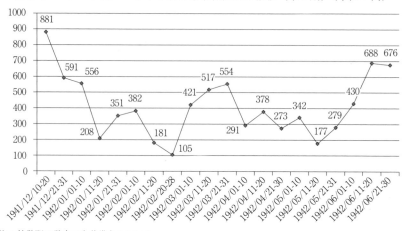

注：始発駅の発車日を基準としている。
出所：図 1-2 に同じ，より著者作成

　このように，開戦直後から始まった南線を南下する軍用列車の最初の顧客は，マレー戦線に参加するための近衛師団の輸送であった。日本軍はマレー半島の 7 ヶ所に上陸したが，その後マレー半島を南下する日本兵が多数出現したのであり，この縦貫輸送がこの後もタイにおける日本軍の軍事輸送の中心となっていくのである。

第 2 節　ビルマ攻略作戦

(1) ビルマへの進軍の開始

　上述したように，当初タイを安定確保することを求められた第 15 軍はバンコクに入ったが，本来の主要な任務はその後のビルマ攻略作戦の準備を行うことであった。そして，タイが日本軍の通過を認めたことから，日本軍はビルマへの進軍を本格的に進めることにした。1941 年 12 月 11 日に，南方軍は第 15 軍に対してモールメインなどビルマ南部の敵の航空基地を占領す

第 3 章　日本軍のタイ国内での展開①——通過地から駐屯地へ｜195

るよう命を出した［防衛研修所戦史室 1967, 71-72］。これは，マレー進攻作
戦に際して英軍の飛行機がビルマの飛行場から飛来して日本軍の進軍を妨げ
る恐れを払拭する狙いがあった。

　ビルマの飛行場の確保については，実は最南端のビクトリアポイントの飛
行場が最初に日本軍によって占領されていた。マレー半島の 4 ヶ所に上陸し
た宇野支隊のうち，主力のチュムポーンに上陸した部隊は，チュムポーンか
らクラ地峡を越えてクラブリーへ向かい，ビクトリアポイントを占領するこ
とになっていた（図 3-5 参照）。日本軍は上陸翌日の 12 月 9 日からクラブ
リーへの進軍を開始し，11 日には宇野もクラブリーに向かった[29]。13 日ま
でに宇野支隊の兵はほとんどがクラブリーへ向かい，代わりにバンコクから
別の警備部隊がチュムポーンに入ってきた。一方，宇野支隊は 14 日にクラ
ブリー川対岸のビルマ領マリワンに上陸し，同日中にビクトリアポイントを
占領した［防衛研修所戦史室 1966, 239-240］。宇野支隊はさらに約 150km 北
にあるポックピアンを占領するために軍勢を 19 日に海路で派遣し，同地の
飛行場を占領した［Ibid., 240］。このように，日本軍が最初にビルマで占領
したのは，ビクトリアポイントであった。

　一方，モールメイン攻略を命じられた第 15 軍は 12 月 20 日に命を出し，
ビルマへの攻撃ルートとしてピッサヌロークからターク経由でモールメイン
へのルートと，バーンポーンからカーンチャナブリーを経由してタヴォイへ
至るルートを採用し，第 55 師団の主力は前者を，同師団の歩兵第 112 連隊
第 3 大隊は沖作蔵中佐を長とする沖支隊を構成して後者を進むことになった
［防衛研修所戦史室 1967, 80-81］。どちらのルートも当時は自動車が通行可
能な道路はなく，日本軍の進軍のためには道路整備が不可欠であった。この
ため，日本側は既に 12 月 8 日にはタイ側に対して，この 2 つのルートに 3 ヶ
月以内に自動車が通行できるような道路を建設することを要請していた[30]。
この道路整備の要請については，12 月 13 日にタイ国軍司令官との間に締結

---

29)　NA Bo Ko. Sungsut 1. 13/5 "Charunprasat thueng Mahat Thai. (Thoralek thi 10358). 1941/12/09",
　　"Charunprasat thueng Mahat Thai. (Thoralek thi 1038). 1941/12/11"

30)　NA Bo Ko. Sungsut 1. 12/20 "Banthuek Raingan Kan Prachum Rawang Kongthap Thai lae Kongthap
　　Yipun. 1941/12/08"

図 3-5　ビルマ攻略作戦

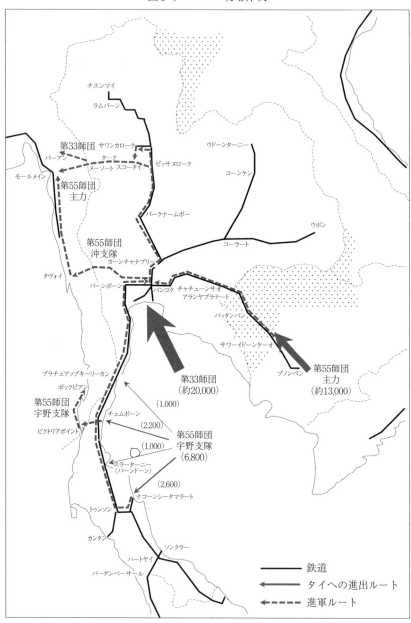

出所：防衛研修所戦史室 1966, 234，防衛研修所戦史室 1967, 81-96 より筆者作成

された日泰共同作戦要綱にも盛り込まれ，タイ軍が速やかにターク〜メーソート間，カーンチャナブリー〜ボンティー間の道路を改修するよう求めていた［Ibid., 63-64］。

　どちらのルートも道なき道を進むものであったが，カーンチャナブリー経由のほうが距離的には近いことから，先にビルマに入ったのは沖支隊のほうであった。バンコクからバーンポーンまでは鉄道で，その先はカーンチャナブリーまで自動車が使用可能であり，12月11日には早くも日本兵200人がカーンチャナブリーに入ってきた[31]。この日本軍はその後カーンチャナブリーで宿舎を建設していたことから，進軍する部隊のための準備を行うための部隊であったものと思われる。その後，15日に200人の日本兵がバーンポーンから到着し，19日の早朝にカーンチャナブリーを発った[32]。県では馬7頭と食料を積んだ船を提供し，道路整備を担当していた自治土木局（Krom Yotha Thetsaban）の技師と郡職員を道案内に付けていた。その後，27日にも日本兵600人が自動車で到着し，29日に国境のボンティーに向けて出発し，同日さらに1,000人がバンコク方面から到着していた[33]。この後，日本軍が到着したとの報告が途絶えるので，おそらくこの2,000人ほどの日本兵がカーンチャナブリーからタヴォイへ向かった総勢であったと思われる。

　カーンチャナブリーから先はしばらくクウェーノーイ川の水運が利用可能であるが，途中のサイヨークから先は山越えの区間となり，家畜か徒歩でしか通過できなかった。沖支隊の一行は1942年1月4日に国境を突破してビルマに入り，15日に最寄りの町ミッタを占領した後，19日にタヴォイに到着していた［Ibid., 87］。沖支隊が通過後も若干の日本兵はカーンチャナブリーに残って駐屯を続けたようであり，その後まもなく泰緬鉄道建設のために日本兵が多数駐屯することになる[34]。

31）　NA Bo Ko. Sungsut 1. 13/21 "Songsarakan thueng Mahat Thai（Thoralek thi 76）. 1941/12/11"

32）　Ibid. "Khaluang Pracham Changwat Kanchanaburi thueng Palat Krasuang Mahat Thai. 1941/12/19"

33）　Ibid. "Songsarakan thueng Mahat Thai（Thoralek）. 1941/12/27", "Songsarakan thueng Mahat Thai（Thoralek）. 1941/12/29"

34）　カーンチャナブリーには1942年2月に県合同小委員会が設置されたことから，日本軍の駐屯が続いたものと思われる。

(2) モールメインへの進軍

一方，ターク～メーソート経由の進軍ルートは，より多くの部隊が通過することになり，しかも自動車も通行できるように整備する必要があったことから，実際の進軍は遅れることになった。1941年の時点ではサワンカローク～スコータイ～ターク間の国道は既に完成していたが，ピッサヌローク～スコータイ間，ターク～メーソート間の国道は建設中であり，前者こそ工事はそれなりに進捗していたものの，後者は事実上未着工の状況であった。1941年の時点でサワンカローク～スコータイ～ターク間道路（総延長118km）は，途中のスコータイまでの36kmが舗装道路であり，ピッサヌローク～スコータイ間は総延長58kmのうち20kmが完成していたのに対し，ターク～メーソート間道路は総延長135kmのうちわずか6kmが建設中でしかなかった［RKT（1941-48），163］[35]。

この道路建設はタイ側が行うことになっていたが，日本側の協力でどうにか2月中旬までに自動車の通行が可能となる程度に整備された。タイ側は陸軍，道路局（Krom Thang）技師と数千人の作業隊を動員してターク～メーソート間の道路整備を行っていたが，工事は予定より大幅に遅れていた。このため，日本軍は第55師団歩兵部隊をターク付近の工事に，同師団工兵連隊を最難関のペック山付近の工事に投入することになり，日本軍の協力により建設工事は急速に進んでいった［工兵第三十三聯隊戦記編纂委員会編1980，129-130］。この間は急峻な山脈を越えるため工事は難航したが，2月13日にはタークからメーソートまで自動車の通行が可能となった（写真9，10）[36]。

このルートでビルマを目指したのは，第55師団の主力と第33師団であった。第55師団は12月11日より仏印のハイフォンからサイゴンへと鉄道移動を開始し，サイゴン，プノンペン経由でバンコクを目指していた［防衛研

---

35) ターク～メーソート間道路は正確にはワンチャオ～メーソート間道路であり，タークの南約30kmのワンチャオでピン川沿いに南北に延びる道路が川を渡ることから，ここが起点となっていた。

36) NA Bo Ko. Sungsut 1. 13/9 "Chiam Singburaudom thueng Phu Banchakan Tamruat Sanam（Thoralek thi 719）. 1942/02/13"

第3章　日本軍のタイ国内での展開①——通過地から駐屯地へ　199

写真9　ターク〜メーソート間道
　　　　路の建設
出所：工兵第三十三聯隊戦記編纂委員会
　　　編 1980

写真10　ターク〜メーソート間道
　　　　路での軍事輸送
出所：森高編 1954, 84

修所戦史室 1967, 69]。しかし，プノンペンから先はマラヤ方面への輸送が優先され，鉄道の輸送力も不足したことから無秩序な移動を強いられていた。第 55 師団の主力がバンコクに集結を終えたのは 12 月 27 日であった [Ibid.]。一方，第 33 師団は中国から来る部隊であり，12 月 15 日に 7 隻の輸送船に分乗して上海を発って一旦馬公に向かい，第 15 軍，第 25 軍の直属部隊の乗船する船と合同で約 50 隻の船団を作って 31 日に馬公を出発し，途中でソンクラーに向かう船団と分かれて 1 月 10 日にバンコクに到着した [Ibid., 78]。このため，1941 年 12 月末から翌年 1 月にかけて，これらの部隊は続々とバンコクから北上していくことになったのである。師団の構成人員から推測すると，仏印から鉄道で入ってきた第 55 師団主力は約 1 万 3,000 人，船でバンコクに入った第 33 師団は約 2 万人の規模であったものと思われる[37]。

　これらの部隊は，バンコクから北線でピッサヌロークとサワンカロークを目指すことになった。第 1 章で述べたように，北線での最初の軍用列車は 12 月 19 日にドームアンからサワンカロークへ向けて運行されており，以後軍用列車が続々と北へ向かっていくことになった。表 3-1 はピッサヌロークとサワンカロークに到着した軍事輸送の車両数を示したものである。これを見ると，輸送の最盛期は 1 月上旬であり，1,500 両を越えていたことが分かる。2 月に入って輸送車両数は一旦減少するが，3 月上旬に再び 1,500 両に到達している。その後 4 月に入ると両駅に到着する車両数は大幅に減少し，5 月初旬を最後に到着が終了していることが分かる。

　到着駅を見ると，12 月から 1 月にかけてはピッサヌローク着が圧倒的に多くなっているが，2 月に入るとサワンカローク着の比率が高まり，3 月初旬に到着量が大きく増えた際にはサワンカロークが中心になっていることが分かる。サワンカロークのほうがタークにより近く，自動車輸送の距離は短

37）　戦後厚生省が調査した数値によると，ビルマ作戦に従事した兵力は，第 55 師団が 2 万 259 人，第 33 師団が 2 万 2,316 人であった [防衛研修所戦史室 1969b, 502]。ただし，これらの数字には途中で補充された兵力も含まれているため，開戦時にタイに入ってきた人数はこれより少ないものと思われる。1942 年 3 月にラングーンが陥落した頃の兵力は両師団合わせて約 4 万人であったことから [防衛研　陸軍―南西―ビルマ 432「第 15 軍行動略歴」]，ここではどちらも約 2 万人で推計している。

第3章　日本軍のタイ国内での展開①——通過地から駐屯地へ│201

表3-1　ピッサヌローク・サワンカローク着軍事輸送量の推移（第1期）（単位：両）

期間	ピッサヌローク	サワンカローク	計
1941/12/11-20	−	32	32
1941/12/21-31	801	−	801
1942/01/01-10	1,545	−	1,545
1942/01/11-20	913	441	1,354
1942/01/21-31	924	142	1,066
1942/02/01-10	652	234	886
1942/02/11-20	316	545	861
1942/02/21-28	145	657	802
1942/03/01-10	316	1,193	1,509
1942/03/11-20	261	731	992
1942/03/21-31	223	303	526
1942/04/01-10	238	54	292
1942/04/11-20	21	26	47
1942/04/21-30	5	87	92
1942/05/01-10	172	121	293
1942/05/11-20	1	−	1
1942/05/21-31	−	−	−
1942/06/01-10	−	−	−
1942/06/11-20	2	3	5
1942/06/21-30	−	−	−
計	6,535	4,569	11,104

注：始発駅の発車日を基準としている。
出所：図1-2，表1-7に同じ，より筆者作成

縮することができるが，距離的には遠回りになるとともに，サワンカローク
支線の輸送力も低かった。このため，初期においてはピッサヌローク着が主
流であったが，自動車の節約のためにサワンカロークの使用が増えたものと
思われる。

　バンコクからの日本軍の北上が12月19日から始まったことで，ピッサヌ
ロークとサワンカロークからメーソートに向かうルートを多数の日本兵が移
動することになった。12月20日には日本兵80人がタイ人労務者200人を
連れてサワンカロークに到着したとの報告がスコータイ県から入っており，
これがスコータイに入ってきた最初の日本兵であったと思われる[38]。翌日に
はピッサヌロークから自動車で日本兵80人がスコータイの町に到着し，同
日中にピッサヌロークに自動車15台を派遣して日本兵の輸送にあたるよう

求めていた[39]。タークでは 12 月 24 日に初めて日本軍が入ってきたようで，この日から翌年 2 月 11 日まで計 21 回学校など 11 か所の施設を宿舎として提供した[40]。また，日本側はこの間の輸送のために牛 4,000 頭，馬 800 頭の調達をタイ側に要請し，タイ側はピッサヌロークと近隣の県での調達に便宜を図るよう各県に指示することにした[41]。

　実際の日本軍の進軍は，ターク～メーソート間道路の建設中から既に始まっていた。12 月 20 日以降サワンカロークやピッサヌロークに到着した日本軍は，まず自動車や徒歩でタークを目指した。その先は，第 55 師団の歩兵第 112 連隊第 2 大隊長の山本政雄中佐の指揮する先遣隊が 12 月 28 日にメーソートに向かうよう命じられ，最初に山越えを開始した [Ibid., 84]。ターク～メーソート間の進軍は困難を極め，牛や馬は逃亡したり谷底に転落したりして，その数を大幅に減らしていた。先遣隊は 1 月中旬にもメーソートに到着し，第 55 師団長の竹内寛中将も 1 月 17 日にはメーソートに到着した [Ibid., 86]。そして 20 日早朝に国境のムーイ川を越え，ビルマ側のミャワッディに侵入したのである。日本軍はそのまま西進を続け，1 月 31 日にはモールメインを確保するに至った（写真 11，12）。なお，後発の第 33 師団は同じルートで第 55 師団の後を追ったが，モールメインの北のパーアンでサルウィン川を渡るよう命じられ，2 月 3 日に先遣隊がパーアンに入った [Ibid., 95-96]。

　このターク～メーソート間道路経由の進軍が非常に困難であったことは，当時このルートで進軍した兵の回想録からも読み取れる。例えば，1942 年 1 月 26 日にタークを発った第 33 師団歩兵第 215 連隊第 3 中隊の進軍は以下のようであった [第三中隊戦記編纂委員会編 1979, 196]。

---

38)　NA Bo Ko. Sungsut 1. 13/17 "Naratraksa thueng Mahat Thai（Thoralek thi 11514). 1941/12/20"　日本兵は 12 月 20 日 1 時に到着したと書かれているが，最初の軍用列車は 19 日 9 時にドームアンを出発することになっていたので，時間的にはちょうど一致する。なお，サワンカロークはスコータイ県の一郡である。

39)　Ibid. "Naratraksa Thueng Mahat Thai（Thoralek thi 11611). 1941/12/21"

40)　NA Bo Ko. Sungsut 1. 13/34 "Khaluang Pracham Changwat Tak thueng Maethap Kongthap Phayap. 1942/03/18"

41)　NA [2] So Ro. 0201. 98. 1/2 "Kan Prachum Rueang Kan Chuailuea Chaonathi Thahan Yipun Sue Kho lae Ma nai Thongthi Changwat Phitsanulok Sukhothai Sawankhalok lae Amphoe Bang Rakam. 1941/12/24"

写真11 ムーイ川を越えてビルマへと進軍する日本軍

出所:増淵 1974, 257

写真12 モールメインを行進する日本軍

出所:森高編 1954, 87

……やがて道は次第に丘陵から山岳へと狭く且嶮しくなり，駄馬の通過も困難な急坂になった。従って専ら日中の行軍に頼らざるを得ない。

　メーラマオを過ぎて最後の難関メーラマオ高原（又はパウラ高原とも云う）は，海抜一二〇〇メートル級の山が三ツ続き，道らしい道とてない急坂つづきである。僅かに先行部隊の通過した跡をたどり，二〇〇メートル真直ぐに登ると今度は一〇〇メートルも真逆さまに逆落しするなど，雑木の根を掴み蔓に縋っての難行軍の連続である。馬も荷を背負ったままではひっくり返るから，大砲や重機もすべて分解しての臂力搬送である。それでも多くの駄馬が斃れたり，深い谷底へ落ちて死んだ。殊に将兵は弾薬や食料を一杯に携行しているからその困難は例えようもない……。

(3) 航空部隊の展開

　ビルマ攻略作戦を行うに当たり，日本軍はタイ国内の飛行場を対ビルマ航空作戦のために使用することになった。タイには開戦とともに第10飛行団がドーンムアンに入り，司令部を設置した。飛行団は中部と北部の飛行場の整備を計画し，ロップリー，ピッサヌローク，ナコーンサワン，ターク，ラムパーン，チエンマイの各飛行場を偵察し，タイ側に対して飛行場の整備を要求していた［防衛研修所戦史室 1970, 292-293］。この要請を受けてピッサヌロークやタークではタイ側が飛行場の拡張工事を始めていたが，日本側が期待するほど十分な整備はできなかった。1941年末までに，第10飛行団司令部と独立飛行第70中隊はラムパーンに，飛行第31戦隊はピッサヌロークに入った［Ibid., 574］。

　その後，日本軍はフィリピンで使用していた第5飛行集団をタイに移転することになり，1942年1月中にドーンムアンを始め，ナコーンサワン，ピッサヌローク，ラムパーン，チエンマイ，タークに部隊を展開させた［Ibid., 577-583］。このうち，ドーンムアン，ナコーンサワン，ピッサヌローク，ラムパーンには戦闘機が常駐し，チエンマイとタークには地上部隊のみが配備された[42]。その後，ラムパーンにあった第10飛行団司令部は3月にビルマのムドンに前進したが，代わりに第7飛行団司令部がラムパーンに入った［Ibid., 606, 694］。チエンマイにも戦闘機が配備され，4月の時点では第5飛

表3-2 ノーンプリン・ラムパーン・チエンマイ着軍事輸送量の推移（第1期）
　　　　（単位：両）

期間	ノーンプリン	ラムパーン	チエンマイ	計
1941/12/11-20	−	−	23	23
1941/12/21-31	−	71	27	98
1942/01/01-10	−	32	17	49
1942/01/11-20	6	4	−	10
1942/01/21-31	165	13	−	178
1942/02/01-10	106	125	−	231
1942/02/11-20	26	41	87	154
1942/02/21-28	61	121	214	396
1942/03/01-10	15	95	54	164
1942/03/11-20	99	127	55	281
1942/03/21-31	176	361	53	590
1942/04/01-10	76	118	80	274
1942/04/11-20	131	171	165	467
1942/04/21-30	8	100	21	129
1942/05/01-10	182	−	1	183
1942/05/11-20	1	9	2	12
1942/05/21-31	1	3	1	−
1942/06/01-10	−	3	1	−
1942/06/11-20	−	5	1	6
1942/06/21-30	−	−	−	−
計	1,053	1,399	802	3,245

注：始発駅の発車日を基準としている。
出所：図1-2，表1-7に同じ，より筆者作成

行集団の戦闘機の配置はドーンムアン，ナコーンサワン，ラムパーン，チエ
ンマイの4ヶ所となっていた［Ibid., 716］[43]。ピッサヌロークにあった飛行第
31戦隊は3月20日にビルマのムドンに移動していた［Ibid., 695］。
　ナコーンサワンの飛行場は市外の南のノーンプリンに位置していたことか
ら，日本軍の軍事輸送もノーンプリン駅を利用して行われていた。表3-2を

---

42) ドーンムアンには第5飛行集団司令部，第4飛行団司令部，飛行第8戦隊，飛行第14戦隊，
　　ラムパーンには第10飛行団司令部，独立飛行第70中隊，飛行第77戦隊，ナコーンサワンには
　　飛行第50戦隊，飛行第62戦隊，ピッサヌロークには飛行第31戦隊がそれぞれ配置された［防
　　衛研修所戦史室1970, 583］。
43) ラムパーンには第7飛行団司令部と飛行第12戦隊，チエンマイには飛行第64戦隊，ナコー
　　ンサワンには飛行第98戦隊が配置されていた［防衛研修所戦史室1970, 716］。

見ると，ノーンプリン着の軍事輸送は1月中旬から始まり，1月下旬から2月上旬にかけて多くなっていたことが分かる。ナコーンサワンには1941年12月10日に日本兵32人が初めて到着し，イギリスのボルネオ社（The Borneo Co.）とボンベイ・ビルマ社（Bombay Burma Trading Co.）の事務所を捜索して資産の接収を行った。その後，飛行場の状況を調査し，飛行場に日本兵の宿舎を作るよう求めていた[44]。県によると，1942年2月20日までに日本軍のために計41棟の建物を建設したという[45]。そのうち，31棟が飛行場周辺に建設されていたことから，これは航空部隊向けの建物であったことが分かる。ナコーンサワンは日本の航空部隊の拠点の1つとなったが，これはロップリーの飛行場が小さいことから代替として活用することにしたためであった［Ibid., 580］。

ラムパーンにはより多くの日本軍の軍事輸送が到着していた。表3-2のように，ラムパーンでは1941年12月下旬から軍事輸送の到着が始まり，翌年4月まで続いていたことが分かる。最盛期は3月であり，3月下旬の到着が361両と最も多くなっていた。表中の3つの駅の中でも，最も到着車両数が多かったのがラムパーンであった。ラムパーンに日本兵が最初に入ったのは1941年12月16日であり，彼らは飛行場の視察のために訪れていた[46]。その後，21日に再び日本兵がラムパーンの飛行場の視察に訪れ，600人分の宿舎の調達をタイ側に依頼していた[47]。そして，24日に日本兵300人がラムパーンに到着し，常駐を始めていた[48]。ラムパーンの飛行場は当初滑走路の長さは600mしかなかったが，日本軍の要請で4回ほど拡張して1,400mとなった[49]。労働力の提供は，当初はラムパーンと西隣のハンチャットの住民が無償奉仕で行ったが，2回目以降は日本軍が1日0.75バーツで雇用した。

44）　NA Bo Ko. Sungsut 1. 13/34 "Banthuek Kan Kratham khong Yipun nai Changwat Nakhon Sawan. 1942/02/19"

45）　Ibid. "Khana Kammakan Changwat Nakhon Sawan thueng Palat Krasuang Mahat Thai. 1942/02/21"

46）　NA Bo Ko. Sungsut 1. 13/12 "Kasemprasat thueng Palat Krasuang Mahat Thai. (Thoralek thi 353). 1941/12/16"

47）　Ibid. "Kasemprasat thueng Palat Krasuang Mahat Thai. (Thoralek thi 381). 1941/12/21"

48）　Ibid. "Kasemprasat thueng Palat Krasuang Mahat Thai. (Thoralek thi 389). 1941/12/24"

49）　NA Bo Ko. Sungsut 1. 13/34 "Khaluang Pracham Changwat Lampang thueng Maethap Kongthap Phayap. 1942/03/05"

チエンマイでは表3-2のように1941年12月から軍事輸送が始まり，一旦輸送が途絶えた後に翌年2月中旬から再び到着が見られ，最盛期は2月下旬であったことが分かる。上述のように，当初チエンマイの飛行場には地上部隊のみが配置されたが，3月には戦闘機も配置されているのでそれに関連して2月に入って再び輸送が発生したものと考えられる[50]。チエンマイに日本兵が入ってきた正確な時期は分からないが，1941年12月8日の時点で在チエンマイ領事館の職員が県知事と会談しており，日本側はイギリスの攻撃を警戒するために至急日本軍を1〜2大隊派遣すると説明していた[51]。

タークの飛行場も，日本軍の進軍ルート上の飛行場として利用された。この飛行場は当初長さ800m，幅100mであったが，日本軍の要請で長さ1,200m，幅400mに拡幅した。飛行場の拡幅作業は1942年1月9日から開始され，ターク〜メーソート間道路工事の労務者と合わせて，計8,975人の労務者を調達していた[52]。第15軍の飯田司令官も1月27日に飛行機でタークに到着して戦闘司令所をタークに進めたが，2月3日にはバンコクに戻っていった[53]。

このように，ビルマ攻略作戦のための航空部隊の展開は，進軍ルート上のナコーンサワン，ピッサヌローク，タークのみならず，ラムパーン，チエンマイといった北部の都市にも及んでいた。このため，進軍ルートとは直接関係ないにもかかわらず，開戦直後の第1期から北部に該当する北線3区間へ向けても軍事輸送が発生していたのである。

(4) 進軍ルートからの撤退

日本軍のビルマへの進軍に伴い，進軍ルート上の主要都市には日本兵が駐屯することになり，ビルマ攻略ルート沿いにはナコーンサワン，ピッサヌ

---

50) 2月のチエンマイ着の輸送は主にノーンプリン発となっていることから，ナコーンサワンの航空部隊がチエンマイへ物資を輸送したものと思われる。

51) NA Bo Ko. Sungsut 1. 13/8 "Banthuek Rueang Chaonathi Yipun Ma Phop Cheracha kap Khaluang Pracham Changwat. 1941/12/08"

52) NA Bo Ko. Sungsut 1. 13/34 "Khaluang Pracham Changwat Tak thueng Maethap Kongthap Phayap. 1942/03/18"

53) NA Bo Ko. Sungsut 1. 12/66 "Yutthasaraprasit thueng Mahat Thai (Thoralek thi 490). 1942/01/27", NA Bo Ko. Sungsut 1. 13/30 "Sakonphadungket thueng Mahat Thai. (Thoralek thi 54). 1942/02/03"

ローク，スコータイ，タークに日本軍が常駐していた。ところが，第55師団と第33師団がビルマへ移動し，残っていた物資の輸送も終わると，ターク～メーソート道路経由の輸送は終了することになった。これは1942年3月8日にラングーン（ヤンゴン）が日本軍によって陥落したことで，シンガポールとラングーンの間の海上輸送ルートが使用可能になったためであった。これまで日本軍は英軍による空襲を警戒してインド洋側からの海上輸送を大々的には行ってこなかったが，2月にシンガポールが，3月にラングーンが陥落したことでビルマへの海上輸送ルートの安全性が高まった。このため，日本軍はビルマ輸送作戦（U作戦）と称するシンガポールからビルマへの海上輸送作戦を計画し，3月19日に32隻の船団がシンガポールを出港したのを皮切りに，4月28日に第4次輸送船団がラングーンに到着するまで，のべ134隻による部隊と物資の輸送が実施されたのである［防衛研修所戦史室 1967, 241-242］。

このため，自動車の通行は可能となったものの，険しい山脈を横断するターク～メーソート間道路経由の輸送ルートは急速にその存在意義を低下させることになった。ビルマには第55師団，第33師団に次いで日本から第56師団を派遣することになっており，1942年2月末から3月初めまでに2つの船団で計13隻がサイゴンに到着した［Ibid., 239］。当初，この先船は第33師団の輸送と同じくバンコクに入り，第33師団と同様にターク～メーソート間道路を徒歩行軍でビルマに向かう予定であったが，この間の移動に時間がかかるのと戦力の低下の懸念もあることから，急遽シンガポール経由でラングーンまで船で向かうことになり，3月25日にラングーンに到着していた［Ibid., 240］[54]。

さらに，次に述べるようにタイとビルマを結ぶ鉄道建設も計画され始めたことから，ターク～メーソート間道路は完全に不要となった。1942年5月末から6月初めに北線沿線の合同小委員会を視察した合同委員会のチットチャノック・クリダーコーン（Chitchanok Kridakon）少佐によると，進軍ルート上の日本兵はメーソートからバンコクに向けて撤退中であり，メーソー

---

54) この変更は突然行われており，2月24日にサイゴンからバンコクに向かった第1船団は途中でサイゴンに呼び戻されていた。

ト，サワンカローク，スコータイでは日本兵はほぼ撤退を完了していた[55]。タークでは4月末から日本兵は自動車で物資をピッサヌローク方面へと運び出して撤退を始め，5月28日に最後の日本兵が去っていた[56]。ピッサヌロークでは6月初めの時点で100〜200人の日本兵がまだ残っていたが，6月20日までにはすべて撤退するとタイ側に伝えていた[57]。

また，航空部隊もほとんどが撤退することになった。ビルマ戦線の北上に伴い，タイ北部に駐屯していた航空部隊は，大半がビルマへと移動した。1942年4月にはラムパーンに司令部のあった第7飛行団がビルマへと移動し，チエンマイの飛行第64戦隊，ラムパーンの飛行第12戦隊，ナコーンサワンの飛行第98戦隊もその後相次いで移動し，タイ国内には一部の地上部隊のみが残された［防衛研修所戦史室 1970, 715][58]。ナコーンサワンにいた航空部隊は，5月30日までにほとんどが他所へ移動することになり，県合同小委員会が送別会を開いて日本側に確認したところ，ナコーンサワン飛行場は雨季の間は浸水するので使用ができないために移転するとし，雨季明けの10〜11月にはマラヤから部隊が再び駐屯に来るかもしれないと回答していた[59]。日本軍は5月26日から県外への移転を始め，6月12日には全員退去した[60]。チエンマイとラムパーンの日本兵も数を減らし，6月初めの時点でそれぞれ30人，50人程度でしかなかった[61]。

このように，ビルマ攻略作戦の終了によって北線経由の軍事輸送の必要性もなくなり，沿線の飛行場に展開していた航空部隊も戦況の進展とともにビルマに移転したことから，北線沿線の日本兵の数は大幅に減少した。これにより，北線による日本軍の軍事輸送はしばらく途絶えることになったのである。

---

55) NA Bo Ko. Sungsut 2. 5. 3/6 "Kan Du Ngan khong Anukammakan Phasom Tang Changwat."

56) NA Bo Ko. Sungsut 2. 5. 3/2 "Anukammakan Phasom Changwat Tak thueng Kammakan Phasom. 1942/05/28"

57) NA Bo Ko. Sungsut 2. 5. 3/6 "Kan Du Ngan khong Anukammakan Phasom Tang Changwat."

58) 第7飛行団はビルマ攻略作戦を支援するために3月にタイに派遣され，タイ北部に展開していた［防衛研修所戦史室 1970, 690]。

59) NA Bo Ko. Sungsut 2. 5. 3/10 "Raingan Banthuek Kan Patibat Ngan khong Anukammakan Phasom Changwat Nakhon Sawan（Nok chak Kan Prachum Anukammakan）. 1942/05/25"

60) Ibid. "Anukammakan Phasom Changwat Nakhon Sawan thueng Kammakan Phasom. 1942/06/17"

61) NA Bo Ko. Sungsut 2. 5. 3/6 "Kan Du Ngan khong Anukammakan Phasom Tang Changwat."

第3節　軍用鉄道・道路の建設

(1) 泰緬鉄道の建設開始

日本軍のマラヤとビルマへの進軍が一段落して各地で駐屯していた日本軍は大半が撤退したが，他方で軍用鉄道と軍用道路の建設が始まると，それに携わるための日本兵が沿線に駐屯することになった。最初に日本軍の駐屯が始まったのは，泰緬鉄道沿線であった。

南方軍の第2鉄道監部の幕僚長を務めた広池俊雄大佐によると，泰緬鉄道の建設構想が最初に浮上したのは開戦前の1941年10月18日であったという［広池1971, 40-46］。日本から仏印のハイフォンに向かう船の中でビルマ作戦についての話題が出た際に，タイ～ビルマ間には道路も全く存在しない状況なので鉄道を建設すべきだという話になったというのである。この際に，簡単な地図を基に5つのルート案を検討した結果，カーンチャナブリーからタンビューザヤッに抜けるルートが最もふさわしそうであるという結論に至った（図3-6参照）[62]。この時会議に参加していた第2鉄道監の服部が，泰緬鉄道の建設に熱意を示すことになる[63]。

開戦後の1942年3月には服部が泰緬鉄道の建設のための路線調査を命じ，参謀の入江増彦少佐がバーンポーンからタンビューザヤッまでの踏査を行った［Ibid., 88-94］。これによって，このルートでの鉄道建設は可能と判断され，4月に服部に代わって第2鉄道監に就任した下田宣力少将が熱心にこの鉄道建設を南方軍に具申した［防衛研修所戦史室1967, 486］。その結果，1942年6月7日の南方軍命令で泰緬鉄道建設の準備が命じられたので

---

62)　この時挙げられたルート案は，北から順にチエンマイ～タウングー間，ピッサヌローク～モールメイン間，カーンチャナブリー～タンビューザヤッ間，カーンチャナブリー～タヴォイ間，チュムポーン～メルギー間の5つであったという［広池1971, 44］。

63)　第2鉄道監は，第2鉄道監部，鉄道第9連隊，鉄道第5連隊，第2鉄道材料廠，第4特設鉄道隊，第5特設鉄道隊，陸上勤務隊を併せて計7部隊6,600人あまりからなる後の南方軍鉄道隊を率いる司令官であった［広池1971, 46］。ただし，この部隊名が付けられたのは1942年1月10日であり，それまでは単に服部部隊と呼ばれていた。

第 3 章　日本軍のタイ国内での展開①――通過地から駐屯地へ　211

図 3-6　軍用鉄道・道路建設計画

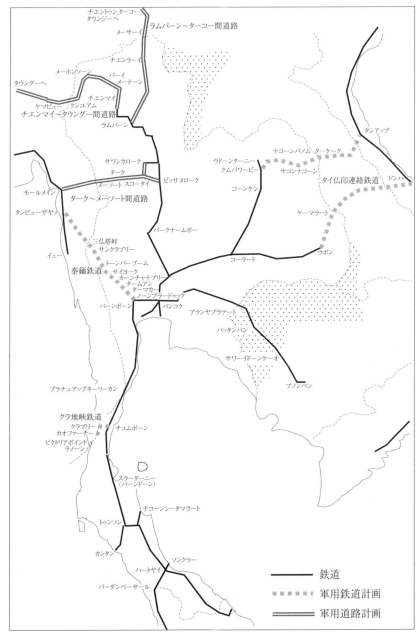

出所：筆者作成

ある［広池 1971, 111–112］。

　この計画がタイ側に最初に伝えられたのは，おそらく 1942 年 3 月 23 日のことであった。合同委員会のチャイを日本軍のイワヤシという人物が訪問し，バーンポーンからモールメンの南 70km 地点まで 1 年間で鉄道を完成させるとしてタイ側の協力を要請していた[64]。これに対し，タイの鉄道局が検討した結果，通常なら完成まで 8 年以上かかるとし，もし建設するのであれば日本側はビルマから，タイ側がバーンポーンから建設し，完成後の運行もタイ国内についてはタイ側が行うべきであるとの意見を出していた[65]。すなわち，タイ側としてはたとえ軍用鉄道であるとはいえ，日本側が主体となる鉄道建設を認めることは避けたかったのである。一方，日本側はタイ側に任せての迅速な建設は難しいとして，全線の日本軍による建設を求めた。日本側との交渉の結果，最終的に 8 月 27 日に起点のノーンプラードゥックからカーンチャナブリーまでの 60km の建設はタイ側が行うことで双方が合意し，この間の鉄道の路盤工事をタイ側が担当することで決着した[66]。

　当初，日本側はあくまでも泰緬鉄道建設の準備を始めるとのみタイ側に伝え，正式に建設することが決まったわけではないと説明していた。日本側による測量は 6 月 28 日にタンビューザヤックで，7 月 5 日にノーンプラードゥックでそれぞれ駅に起点の距離標を打ち込んだことで開始された［Ibid., 127］。しかし，実際には日本兵はその前から泰緬鉄道沿線への駐屯を始めていた。カーンチャナブリーでは 4 月 23 日に鉄道建設に携わる日本軍の部隊が到着し，県では女子学校（Rongrian Satri Pracham Changwat）を宿舎に提供した[67]。バーンポーンでは 5 月 8 日に日本兵約 30 人が到着し，鉄道ルートの選定を行う部隊で今後 1 年間滞在する予定であると郡庁に宿舎の調達を依頼し，郡がノーンプラードゥック駅前の空き家を提供していた[68]。このよう

---

64)　NA Bo Ko. Sungsut 2. 4. 1. 2/1 "Chai Prathipasen sanoe Prathan Kammakan. 1942/03/23"

65)　Ibid. "Phra Kamchonchaturong rian Ratthamontri Wa Kan Krasuang Khamanakhom. 1942/04/03"

66)　NA Bo Ko. Sungsut 2. 4. 1. 2/2 "Kammakan Phasom thueng Phana Phu Thaen Kongthap Bok Yipun Pracham Prathet Thai. 1942/08/29"

67)　NA Bo Ko. Sungsut 1. 12/121 "Banchi Sadaeng Kitchakan thi Thang Changwat Kanchanaburi Dai Chat Hai kae Thahan Yipun."

68)　NA Bo Ko. Sungsut 1. 13/19 "Banthuek Hetkan Pracham Wan Thang Mahat Thai. 1942/05/19"

に，4月末から日本兵の泰緬鉄道沿線への駐屯は始まっていたのである。

泰緬鉄道の建設開始に伴い，バーンポーンとノーンプラードゥックへの軍事輸送が増加した。第1章で見たように，泰緬鉄道建設期である第2期においては，泰緬区間向けの輸送が日本軍の軍事輸送の大半を占めていた。表3-3はこの時期のバーンポーン着の軍事輸送量を示したものである。バーンポーンは泰緬鉄道の起点ではないため，物資の輸送よりも旅客の輸送が中心であった。バンコクからの輸送よりもマラヤからの輸送が多いことから，捕虜や労務者の輸送に用いられた車両がこの数値に現れているものと思われる。一方，次の表3-4に示されているノーンプラードゥック着の輸送は建設資材が中心であったと思われ，マラヤ発よりもバンコク発の輸送数が多くなっている。また，1942年12月から1943年6月まではカンボジアからも到着が多くなっており，サイゴン方面からの建設資材が運ばれていたことが分かる。ノーンプラードゥックからカーンチャナブリーまでの区間は1942年11月初めにもレールの敷設が完了して機関車の乗り入れが可能となった

表3-3　バーンポーン着軍事輸送量の推移（第2期）（単位：両）

発区間	バンコク	カンボジア	マラヤ	南線1	その他	計
1942/07	296	−	−	1	−	297
1942/08	202	−	−	−	−	202
1942/09	165	−	51	−	−	216
1942/10	−	−	377	3	30	410
1942/11	−	−	271	7	−	278
1942/12	72	29	63	14	43	221
1943/01	59	31	283	−	−	373
1943/02	64	−	53	−	−	117
1943/03	193	24	21	−	−	238
1943/04	188	−	298	32	2	520
1943/05	191	−	652	−	−	843
1943/06	21	2	811	−	2	836
1943/07	129	−	881	38	−	1,048
1943/08	422	149	319	21	17	928
1943/09	331	−	417	−	−	748
1943/10	78	4	50	−	−	132
計	2,411	239	4,547	116	94	7,407

注：始発駅の発車日を基準としている。
出所：図1-2，表1-7に同じ，より筆者作成

表 3-4 ノーンプラードゥック着軍事輸送量の推移（第 2 期）（単位：両）

発区間	バンコク	カンボジア	マラヤ	南線 1	その他	計
1942/07	328	－	108	－	－	436
1942/08	395	－	135	－	18	548
1942/09	227	－	104	－	－	331
1942/10	－	－	294	－	－	294
1942/11	25	－	41	20	20	106
1942/12	329	228	92	21	30	700
1943/01	241	631	371	－	－	1,243
1943/02	346	431	167	－	10	954
1943/03	406	581	178	－	－	1,165
1943/04	574	407	799	320	1	2,101
1943/05	705	371	1,252	54	－	2,382
1943/06	744	201	492	163	－	1,600
1943/07	987	8	601	298	－	1,894
1943/08	907	79	615	174	－	1,775
1943/09	1,121	2	211	340	1	1,675
1943/10	716	24	146	403	1	1,290
計	8,051	2,963	5,606	1,793	81	18,494

注：始発駅の発車日を基準としている。
出所：図 1-2，表 1-7 に同じ，より筆者作成

ことから［Ibid., 179］，この後到着数が増加していたことが分かる。

　バーンポーンでは日本兵と捕虜・労務者の到着と出発状況を調査してバンコクに報告しており，これをまとめたものが表 3-5 となる。この表を見ると，対象期間中に日本兵約 5,200 人，捕虜約 4 万人が到着していたことが分かる。ブレット報告によると，マラヤからタイに送られた捕虜は計 5 万 305 人であり，この表の対象期間中に到着した捕虜は 4 万 4,500 人程度となることから［Brett 2006, 194］，タイ側が目視で調査した数値にそれほど大きな誤差はなかったことになる[69]。日本兵についてはマラヤから到着している数が多いが，これは捕虜の護衛の兵も含んでいた。このため，マラヤへ向けて帰っている日本兵は捕虜の護送のみを行っていた兵であるものと思われる。

69）ブレットの報告によると，1943 年 5 月以降にシンガポールを出発したとされる捕虜の数は計 3,645 人となる。また，1943 年 4 月 18 日から 30 日までに 7,000 人が出発しており，このうち表の対象期間である 5 月 1 日までに到着しなかった可能性があるのは 4 月 27 日以降発であるので，この 7,000 人のうちの 2,154 人が表には含まれていないことになる。このため，表中の期間に到着した捕虜の数は計 4 万 4,506 人となる。

第3章　日本軍のタイ国内での展開①——通過地から駐屯地へ｜215

表3-5　バーンポーンを発着する日本兵・労務者・捕虜数の推移
（1942年6月～1943年4月）（単位：人）

到着

年月	バンコクから			マラヤから			計		
	日本兵	労務者	捕虜	日本兵	労務者	捕虜	日本兵	労務者	捕虜
1942/06	−	−	−	185	−	2,500	185		2,500
1942/07	850	−	−	−	−	−	850	−	−
1942/08	555	−	−	−	−	−	555	−	−
1942/09	−	−	−	553	−	−	553	−	−
1942/10	248	−	−	225	−	9,305	473	−	9,305
1942/11	68	−	−	156	−	6,415	224	−	6,415
1942/12	−	−	−	335	−	1,500	335	−	1,500
1943/01	−	−	−	168	−	4,407	168	−	4,407
1943/02	−	−	−	158	−	5,005	158	−	5,005
1943/03	−	−	−	96	−	3,920	96	−	3,920
1943/04	−	−	−	1,582	750	7,180	1,582	750	7,180
計	1,721	−	−	3,458	750	40,232	5,179	750	40,232

出発

年月	カーンチャナブリーへ			マラヤへ			計		
	日本兵	労務者	捕虜	日本兵	労務者	捕虜	日本兵	労務者	捕虜
1942/06	−	−	−	−	−	−	−	−	−
1942/07	−	−	−	−	−	−	−	−	−
1942/08	−	−	−	−	−	−	−	−	−
1942/09	1,296	−	−	−	−	−	1,296	−	−
1942/10	271	−	8,660	472	−	−	743	−	8,660
1942/11	−	−	7,020	127	−	−	127	−	7,020
1942/12	−	−	720	−	−	−	−	−	720
1943/01	−	−	3,750	193	−	−	193	−	3,750
1943/02	−	−	5,005	155	−	−	155	−	5,005
1943/03	−	−	3,920	−	−	−	−	−	3,920
1943/04	1,230	750	7,180	−	−	−	1,230	750	7,180
計	2,797	750	36,255	947	−	−	3,744	750	36,255

注：1943年4月には5月1日分を含む。
出所：NA Bo Ko. Sungsut 1. 13/20，NA Bo Ko. Sungsut 2. 5. 2/4 より筆者作成

一方で，カーンチャナブリーへ向かった人数は日本兵が約2,800人，捕虜が約3万6,000人であり，日本兵の移動はそれほど多くない印象を抱かせる。ただし，この表はあくまでもバーンポーン駅を経由した兵や捕虜の数を示し

ており，ノーンプラードゥックから泰緬鉄道経由で移動した日本兵は含んでいないことから，実際には日本兵の往来ははるかに多かったはずである[70]。

　泰緬鉄道の建設初期において，建設に従事した日本兵がどの程度いたのかは正確には判明しないが，吉川は泰緬鉄道の建設に従事した日本兵の数を約1万2,500人と推計している［吉川 1994, 70-73］。このうち，タイ側で当初から建設に従事したのはカーンチャナブリーに司令部を置いた鉄道第9連隊と第4特設鉄道隊で，それぞれ2,500人，2,000人の規模であったと思われる。他に第1鉄道材料廠が約1,000人，通信，作井，陸上勤務などの作業隊が約1,500人，防疫給水，兵站，野戦病院，捕虜収容所担当の協力隊が約1,000人いたことから，総計すると8,000人程度になったものと推測される[71]。

(2) 鉄道建設の加速と障害

　泰緬鉄道の当初の竣工期限は1943年末とされていたが，1943年2月に入って大本営は8月までに完成させるよう命を出した［防衛研修所戦史室 1968, 135-136］。このため，当初は1日3,000トンを予定していた建設規格を1,000トンに落とすとともに，第5特設鉄道隊，近衛工兵連隊，工兵第54連隊など，建設を促進するための新たな部隊の派遣を行うことになった。大本営では，雨季明け後に想定される連合軍によるビルマでの反撃作戦に備えるためには，一刻も早く泰緬鉄道を完成させてビルマの防衛を固める必要があると判断したのである［Ibid., 135］。

　この工期短縮命令によって，労働力の増強ももたらされた。捕虜については，1943年3月以降新たに計1万8,622人がシンガポールから送られていた［Brett 2006, 194］[72]。すなわち，工期短縮によって，新たに2万人弱の捕虜の補充を行ったことになる。また，労働力不足を補うためにアジア人労務者の

---

70)　第2章で見た一般旅客列車の利用者には，バーンポーン駅を発着していた日本兵も多かったが，この表の基になった記録にはそれらの数が含まれていないものと思われる。

71)　ただし，作業隊や協力隊の中にはビルマ側に駐屯する兵が少なからずいたものと思われる。

72)　彼らは「F」部隊と「H」部隊と呼ばれた部隊であり，馬来俘虜収容所からの一時派遣の扱いであった。しかし，彼らは病気などで第1次の派遣時には不適格であった者も含まれていたことと，建設促進の命令下で過酷な扱いを受けたことから，数多くの犠牲者を出した。

投入も行っており，ブレットによると 1943 年 4 月から 9 月までに約 7 万人
の労務者がマラヤから送り込まれていた [Ibid., 197]。第 2 章で見たように，
日本側はタイに対しても労務者の調達を求めており，中華総商会が調達した
中国人労務者を 8 月までに約 2 万 5,000 人引き渡していた。当初日本側はタ
イ側の建設現場では捕虜のみの使用を考え，労務者を雇用する予定はなかっ
たのではあるが，この工期短縮によって計 9 万 5,000 人の労務者が新たに建
設現場に投入されたのである（写真 13，14）。

　この後から追加された捕虜と労務者の扱いは，さらに悪くなった。表 3-5
のうち，1943 年 3 月までにバーンポーンからカーンチャナブリーに向かっ
た捕虜は自動車や列車で輸送されていたが，1943 年 4 月の捕虜と労務者の
移動は徒歩で行われており，中にはビルマ国境付近までの約 300km を歩か
された者もいた。1943 年 4 月 16 日にシンガポールを発ったハリス（S.H.
Harris）は以下のように回想している [Clarke 1986, 39]。

　　……徒歩行軍はいつも決まって夜間の 20 時から 8 時の間に行われていた。最初の 2
　　区間を除いて道路は単なるでこぼこの小路でしかなく，車輌は乾期のみしか通行で
　　きない。多くの区間は丸太道であり，突起や穴が多数あるので夜間の行軍は困難で
　　危険である。捻挫や骨折を招く滑落は頻繁に起こる。電灯はバーンポーンでの荷物
　　検査で没収されているため，行進の統制は事実上不可能である。同時に脱落者の運
　　命も確かではない。場所によってはナイフで武装したタイ人が行列の後ろをつけて
　　おり，遅れた者の荷物を奪おうと待ち構えている。少なくとも 20 人ほどがこのよう
　　な盗賊の手にかかって部隊から消えたものと思われる……。

　ところが，日本側が建設の速度を上げ始めた矢先に，大きな障害が現れ
た。1943 年の雨季は例年より早くビルマ側では 4 月中旬から，タイ側では 4
月下旬から始まり，1ヶ月早い雨季の到来は作業と補給輸送に大きな支障を
きたした[73]。さらに，ビルマ側で散発していたコレラが 4 月に入ってタイ側
に広がり，急速に蔓延を始めていった。コレラの蔓延は 6 月にピークに達
し，少なからぬ数の犠牲者が出た[74]。日本側の資料によると，1943 年 1 月か

---

73)　防衛研　陸軍―南西―泰仏印 75「泰緬鉄道建設に伴う俘虜使用状況調書」

ら泰緬鉄道が開通する 10 月までに死亡した捕虜の数はタイ側のみで計 8,206 人であった[75]。4 月には 454 人であった死者数が 5 月には 1,100 人へと急増しており，9 月には過去最高の 1,677 人に達していた。労務者の状況も同様であり，建設中に派遣されたマラヤからの 7 万人の労務者のうち，2 万 8,928 人が死亡していた[76]。日本側でも 1943 年 1 月に飛行機事故で死亡した下田の後任として着任した高崎祐政中将が 4 月下旬にマラリアに罹り，6 月下旬には第 3 鉄道輸送司令部の石田が泰緬鉄道建設の司令官に着任するような状況であった［防衛研修所戦史室 1968, 137］。

　このため，大本営は 7 月に入って 8 月末の竣工期限を 2 ヶ月延長して 10 月末までに変更した[77]。コレラの蔓延も 7 月末にはようやく収まり，鉄道建設は急ピッチで進められた。その結果，10 月 17 日にノーンプラードゥックとタンビューザヤッから延びてきたレールはタイ領内のクリコンター（コンコイタ）で結ばれ，25 日に開通式を行った［広池 1971, 365］[78]。1942 年 7 月に工事を開始してから 1 年 4 ヶ月で，全長 415km に及ぶ泰緬鉄道は全線開通するに至ったのであった（写真 15，16）。

　1943 年に入って泰緬鉄道の完成を早めたことから，沿線で建設に従事する日本兵や捕虜の数はさらに増加することになった。表 3-6 は 9 月 15 日時点の沿線の日本兵，捕虜，労務者の数を示したものである[79]。これを見ると，この時点で日本兵が 2 万 4,764 人，捕虜が 4 万 1,570 人，労務者が 6 万 8,230 人の計 13 万 4,564 人が建設に従事していたことになる。上述したように当初建設要員として送り込まれた日本兵は 8,000 人程度と推測されるので，日本兵の数は 3 倍に増加していたことが分かる。捕虜の数は約 4.2 万人

---

74)　Ibid. 陸軍―南西―ビルマ 207「泰緬鉄道建設に使用した現地人労務者の状況」
75)　Ibid. 陸軍―南西―泰仏印 75「泰緬鉄道建設に伴う俘虜使用状況調書」
76)　ただし，これは終戦時までの死者数であると思われる。
77)　防衛研　陸軍―南西―泰仏印 6「駐泰四年回想録　第一編　泰駐屯軍時代其の二」
78)　正確には駅構内の 200m の区間のみはレールの敷設を止めておき，10 月 25 日の開通式で最後の区間のレールをつないでいた。
79)　NA Bo Ko. Sungsut 2. 5. 2/4 には，この日以外にも 11 月 1 日，11 月 19 日，翌年 1 月 14 日の日本兵と捕虜，労務者数が記載された表が存在する。本来は第 2 期末に最も近い 11 月 1 日のものを用いるべきであるが，この日の資料には最も人数の多いトーンパーブーム郡ターカヌン区の数値が記載されていないことから，ここでは 9 月 15 日の数値を用いている。

第 3 章　日本軍のタイ国内での展開①——通過地から駐屯地へ　219

写真 13　クリアンクライでの泰緬鉄道建設

出所：清水編 1978, 32.

写真 14　泰緬鉄道の橋梁建設

出所：清水編 1978, 61.

表3-6　泰緬鉄道沿線の日本兵・捕虜・労務者数（1943年9月15日）（単位：人）

部	区	日本兵	捕虜	労務者					総計
				ケーク	中国人	モン人	ビルマ人	計	
カーンチャナブリー	バーンスア	450	800	2,200	150	-	-	2,350	3,600
	バーンタダーイ	50	50	50	-	-	-	50	150
	バーンクプレーク	850	550	350	200	-	-	550	1,950
	ターマカーム	200	2,500	-	-	-	-	-	2,700
	コサムローン	116	10,500	-	250	-	-	250	10,866
	チョーラケーブアク	18	-	-	300	-	-	300	318
	ワンダン	125	300	100	400	-	-	500	925
サイヨーク（準郡）	リムスム	7,910	3,390	7,000	700	-	-	7,700	19,000
	サイヨーク	2,390	2,080	8,900	2,990	-	-	11,890	16,360
	シン	120	-	-	550	-	-	550	670
	ターンアン	15	-	-	-	-	-	-	15
	ターマカー	5	-	-	-	-	-	-	5
	ターレア	15	-	-	-	-	-	-	15
バーンポーン	ノーンコップ	3,300	1,200	-	20	-	-	20	4,520
	パークレート	2,100	250	15,100	-	-	-	15,100	17,450
	バーンポーン	300	50	-	-	-	-	-	350
トーンパーブーム	リンティン	200	800	200	100	-	-	300	1,300
	センダート	400	1,100	400	400	-	-	800	2,300
	ターカヌン	2,900	7,600	6,100	3,150	300	300	9,850	20,350
	ビロック	600	1,500	1,100	600	-	50	1,750	3,850
サンクラブリー（準郡）	ノーンルー	200	400	700	-	100	170	970	1,570
	パラングレー	2,500	8,500	6,200	6,000	1,200	1,900	15,300	26,300
計		24,764	41,570	48,400	15,810	1,600	2,420	68,230	134,564

注1：ケーク人はマレー人・ジャワ人労務者を指すものと考えられる。
注2：パークレート区のケーク労務者数は中国人労務者を含む。
注3：原資料の合計値はケークが40,900人、中国人が15,810人となっており、総計で400人少なくなっている。
出所：NA Bo Ko. Sungsut 2. 5. 2/4より筆者作成

写真15　泰緬鉄道のレール敷設　　　　写真16　泰緬鉄道開通式の記念列車

出所：清水編 1978, 83　　　　　　　　出所：清水編 1978, 101

とタイ側に送り込まれた5.1万人よりも1万人少ないが，この差は9月までに死亡した捕虜の数であると思われる。労務者のうち，ケーク（マレー人・ジャワ人）は4万8,000人であることから，上述した7万人との差である約2.2万人がこの時点までに死亡または逃亡したものと考えられる。中国人労務者はタイの中華総商会が調達したものであり，調達した人数よりも1万人少ない数値となっている。

　このように，泰緬鉄道の建設は日本兵のみならず多数の連合軍捕虜や労務者を泰緬鉄道沿線に常駐させることになった。元来カーンチャナブリーより北は人家も稀な密林に覆われた場所であったが，そのような場所にこれだけの人を常駐させることは至難の業であった。鉄道の建設資材のみならず，これらの人員の輸送や，彼らのための食料輸送が，バーンポーンやノーンプラードゥック着の軍事輸送を拡大し，当時の日本軍の軍事輸送の中心となっていたのである。

（3）クラ地峡鉄道

　上述のように，1943年に入って泰緬鉄道の完成期限を早める代わりに輸送力を3分の1に削減することにしたことから，泰緬鉄道を補完するための輸送ルートを確保する必要が生じた。そのために整備されたのが，クラ地峡鉄道とチエンマイ〜タウングー間道路であった。

　クラ地峡鉄道はチュムポーンからテナセリム山脈を横断してラノーン県ラウン郡のカオファーチーに至る全長91kmの鉄道であり，ほぼ全区間で既存の国道に並行するルートであった。カオファーチーはクラブリー川の支流のクローンラウン川が合流する地点にあり，ここに港を設けて水運と連絡することになった。日本側が最初にこの鉄道ルートの調査を行ったのは1943年3月のことであり，後述する表3-11（236頁）のように4日と5日にバンコクからチュムポーンに北野部隊の岡崎中尉と水上輸送部隊の石毛少佐らの一行が相次いで到着し，ラノーンまで視察を行っていた。その後，4月11日にも日本軍の調査隊がクラブリーを訪れており，チュムポーン〜ラノーン間の道路の調査を行っていた。

　タイ側にこの鉄道の建設が正式に伝えられたのは，1943年5月13日のことであった[80]。タイ側では日本側の提案の後，泰緬鉄道のカーンチャナブリーまでの区間のようにタイ側で建設すべきであるとの意見も出たが，結局日本側が独自に建設を行うことになり，タイ側は日本側から求められた資材や労働力の調達に協力するにとどめることになった。日本側は鉄道第9連隊第4大隊より人員を派遣してクラ地峡横断鉄道建設隊を編成し，鋤柄政治大佐を建設隊長に指名した［吉田他編 1983, 64-65］。建設は6月1日から始まり，日本の土木請負業者が路盤工事を担当した[81]。

　クラ地峡鉄道の建設が始まると，チュムポーンに到着する軍事輸送量は急増した。表3-7のように，1943年4月までのチュムポーン着の軍事輸送量は微々たるものでしかなかったが，5月にはいきなり1,000両を越える車両

80）　NA Bo Ko. Sungsut 2. 4. 1. 3/4 "Banthuek Kan Prachum Rueang Kho Toklong Kiaokap Kan Sang Thang Rotfai Thahan Kham Phuenthi Khokhot Kra（Chumphon-Kraburi）. 1943/05/13"

81）　防衛研　陸軍—南西—ビルマ 207「泰緬鉄道建設に使用した現地人労務者の状況」

第 3 章　日本軍のタイ国内での展開①——通過地から駐屯地へ｜223

表 3-7　チュムポーン着軍事輸送量の推移（第 2 期）（単位：両）

発区間	バンコク	泰緬	マラヤ	その他	計
1942/07	2	−	−	−	2
1942/08	1	−	5	−	6
1942/09	1	−	−	−	1
1942/10	−	1	−	−	1
1942/11	−	−	2	−	2
1942/12	1	1	−	−	2
1943/01	2	−	−	−	2
1943/02	1	1	−	−	2
1943/03	2	−	1	−	3
1943/04	3	1	−	−	4
1943/05	−	6	975	90	1,071
1943/06	224	32	413	24	693
1943/07	227	87	298	6	618
1943/08	105	72	509	9	695
1943/09	210	69	1,057	9	1,345
1943/10	172	69	1,250	24	1,515
計	951	339	4,510	162	5,962

注：始発駅の発車日を基準としている。
出所：図 1-2，表 1-7 に同じ，より筆者作成

　が到着している。到着車両数は一旦減るが，その後 9 月には再び 1,000 両を
越えていることが分かる。発地はマラヤが圧倒的に多く，全体の 4 分の 3 が
マラヤ発の輸送であった。マラヤから運ばれてきたのは建設資材と労務者で
あり，8 月から 9 月にかけては労務者輸送にかなりの車両が用いられたはず
である。また，10 月にはマラヤの東海岸線から転用するレールの輸送が行
われており，これが 10 月の到着量数を増やす要因ともなっていた[82]。
　表 3-8 はチュムポーンに到着した日本兵，インド兵，労務者の数を示した
ものである。これを見ると，労務者については 8 月から 9 月にかけて到着が
集中していることが分かる。この鉄道建設の主要な労働力はマラヤからの労
務者とされており，馬来軍政部では 2 万人の労務者の調達を求められていた
という[83]。鋤柄も 8 月 15 日から 1 日 1,000 人の労務者をシンガポール方面か

---

82)　NA Bo Ko. Sungsut 2. 4. 1. 1/2 "Banthuek Kan Sonthana Rawang Chaonathi Yipun kap Anukammakan
　　Thai. 1943/10/01"　日本側は 10 月 5 日からスガイコーロックからのレール輸送を始めると通告し
　　ていた。

ら輸送し，9月末までに計3万人が到着するとタイ側に伝えていた[84]。表のように，タイ側の記録によると8月から9月にかけて到着したケーク，中国人労務者は約1万9,500人となっており，鋤柄が伝えた数値よりも1万人ほど少なくなっていた。なお，泰緬鉄道とは異なり，クラ地峡鉄道の建設現場にはシンガポールから来た中国人も用いられていた。

マラヤでの労務者の調達状況が芳しくなかったためかどうかは分からないが，1943年10月2日には陸軍武官の山田国太郎少将の名でタイ側に対して5,000人の労務者の調達が要請されていた[85]。これに対し，タイ側では内務省が南線沿線の各県での労務者の募集を命じ，11月25日までに計3,564人を派遣した[86]。日本側から追加の労務者の派遣は不要とされたことから，タイ側では11月をもって既定の人数に達することなく募集を停止した。ただし，実際には宿舎や食事が十分ではなく，逃亡してしまった労務者も少なからずいたようである。

チュムポーンに入ってきた兵や労務者は，多くがクラブリー方面に移動していった。表3-8を見ると，日本兵は到着した人数とほぼ同じ人数がクラブリー方面に向かっており，スマトラ兵，インド兵は全員がチュムポーンに到着後クラブリー方面に向かっていたことが分かる。インド兵は第2章で見たインド国民軍の兵であり，クラ地峡経由でビルマに向かった部隊であったものとも思われる。日本兵も多くがクラ地峡経由でビルマへ向かった部隊であり，鉄道建設に携わっていた日本兵ははるかに少数であった。表の在留者数のように，チュムポーンでの日本兵の在留者は9月に300人，10月に450人となっており，通過していく兵の数に比べればはるかに少なかった。クラブリー郡に滞在していた日本兵も10月4日の時点で838人であることから，10月の時点でクラ地峡鉄道沿線に常駐していた日本兵の数はおよそ1,500人ということになろう[87]。

---

83) 防衛研　陸軍―南西―ビルマ 207「泰緬鉄道建設に使用した現地人労務者の状況」

84) NA Bo Ko. Sungsut 2. 4. 1. 3/6 "Banthuek Kan Titto kap Chaonathi Fai Thahan Yipun. 1943/08/06"

85) NA Bo Ko. Sungsut 2. 4. 1. 3/8 「泰陸武第三四七号 「チュンポン」附近ニ於ケル苦力供出ニ関スル通牒　1943/10/02」

86) Ibid. "Chao Krom Prasan-ngan Phanthamit thueng Phana Thut Fai Thahan Bok Yipun Pracham Prathet Thai. 1943/11/25"

第3章　日本軍のタイ国内での展開①——通過地から駐屯地へ　225

表3-8　チュムポーンを発着する日本兵・インド兵・労務者数の推移（1943年6～10月）（単位：人）

年月日	到着						発地	出発						行先	在留					備考
	兵				労務者			兵				労務者			兵		労務者			
	日本	スマトラ	インド	ケーク	中国	タイ		日本	スマトラ	インド	ケーク	中国	タイ		日本	インド	ケーク	中国	タイ	
1943/06/17-07/01	－	－	－	1,400	－	－		－	－	－	－	－	－		200	－	2,000	N.A.	1,000	ケークに中国人含む
1943/07/25	－	－	－	－	－	－		－	－	－	－	－	－		600	－	6,700	N.A.	2,500	ケークに中国人含む
1943/07/28	150	－	－	－	－	－	ハートヤイ	－	－	－	5,200	－	425	クラブリー	750	－	1,500	N.A.	2,075	ケークに中国人含む
1943/08/15	－	－	－	－	400	－		－	－	－	－	－	－		N.A.	－	N.A.	N.A.	N.A.	中国人にケーク人含む
1943/08/16	－	－	－	1,200	－	200		550	－	－	－	－	－		200	－	N.A.	N.A.	N.A.	ケークに中国人含む
1943/08/17-23	40	－	－	5,000	－	－	シンガポール	－	－	－	－	－	－		240	－	N.A.	N.A.	N.A.	ケークに中国人含む
1943/08/24-30	60	－	－	－	－	－		－	－	－	－	－	－		300	－	N.A.	N.A.	N.A.	
1943/08/31-09/06	－	－	－	4,600	400	－	シンガポール	－	－	－	－	－	－		N.A.	－	N.A.	N.A.	N.A.	
1943/09/07-13	－	－	－	4,800	200	－	シンガポール	－	－	－	－	－	－		N.A.	－	N.A.	N.A.	N.A.	
1943/09/14-20	860	－	－	1,420	650	－	シンガポール	860	－	－	1,420	650	－	クラブリー	300	－	1,300	1,900	550	タイ人400人は家から勤務
1943/09/21-27	430	170	550	264	650	－	シンガポール	300	－	－	400	540	－	兵クラブリー（自動車）、労務者シンガポール	450	－	1,900	2,000	530	
1943/09/28-10/04	2,080	－	150	75	－	－	シンガポール	2,080	170	－	－	－	－	クラブリー（徒歩）	N.A.	－	2,730	2,120	760	
1943/10/05-11	1,481	90	－	－	－	－	シンガポール	1,481	90	550	300	120	－	兵クラブリー（自動車、徒歩）、労務者マラヤ	450	－	2,440	2,000	760	
1943/10/12-18	1,205	100	－	－	－	－	シンガポール	1,205	100	150	－	－	－	クラブリー（自動車、徒歩）	450	－	1,630	1,350	700	
1943/10/19-25	1,830	170	－	－	－	－	シンガポール	1,830	170	－	－	－	－	クラブリー（自動車、徒歩）	450	－	1,050	1,200	380	
1943/10/26-11/01	3,000	－	－	－	－	－	シンガポール	3,000	－	－	－	－	－	クラブリー（徒歩）	450	－	1,250	1,250	250	
計	11,136	530	700	18,759	2,300	200		11,306	530	700	7,320	1,310	425							

注1：到着の発地は兵の発地である。労務者については記載がないが、マレヤ方面から来たものと思われる。
注2：ケークはマレー人労務者を指すものと考えられる。
出所：NA Bo Ko. Sungsut 2. 5. 2/10. NA Bo Ko. Sungsut 2. 4. 1. 3/15 より筆者作成

泰緬鉄道の開通が間近になると，鉄道第9連隊第4大隊の第7中隊もクラ地峡鉄道の建設に転用されることになり，10月末から工事に参加した［Ibid., 65-66］。工事も急ピッチで進み，12月25日に開通式が挙行された［Ibid., 68］。こうして泰緬鉄道の開通から2ヶ月遅れで，クラ地峡鉄道も完成したのである。

(4) チエンマイ～タウングー間道路

　一方，チエンマイ～タウングー間道路は，泰緬鉄道の北側でタイとビルマを結ぶ交通路として建設されたものであった。当初南方軍ではタイ～ビルマ間の道路整備に際して，ラムパーン～チエントゥン～ターコー間，チエンマイ～タウングー間，ターク～メーソート間の3つのルートを想定し，この中から相応しいルートを選ぶことになっていた（図3-6参照）。南方軍が泰国駐屯軍にこの調査を命じたことから，この3つの道路の調査は行われた。次に述べるように，泰国駐屯軍は1943年1月に設置され，中村が司令官に就いていたが，彼自ら4月に北部を視察に訪れ，ラムパーン～ターコー間道路のタイ国内区間の状況を確認した[88]。5月下旬には参謀長に3本の道路状況を調査させ，その結果チエンマイ～タウングー間道路が最も重要であることが判明した[89]。

　これらの道路のうち，ラムパーン～ターコー間道路については，少なくともタイ国内のラムパーン～メーサーイ間は十分整備された道路であり，その先も自動車の通行は可能であった。そもそもこの道路は開戦前から存在したタイとビルマを結ぶ唯一の自動車道路であり，シャン州に進出したタイ軍も使用していた。ターク～メーソート間道路は，上述したようにかつて日本軍がビルマ攻略作戦時に使用した道路であったが，その後使用されることはなかったために荒廃が甚だしかった。チエンマイ～タウングー間道路は，チエンマイからメーテーンの分岐点までは自動車が通行であったものの，その先

---

87)　NA Bo Ko. Sungsut 2. 5. 2/11 "Prasoetsi sanoe Phanaek Thahan. 1943/10/12"　1943年後半に日本軍がタイ側に示した必要野菜量の一覧表にも，クラ地峡に滞在する日本兵の数は1,500人と記されていた［NA Bo Ko. Sungsut 2/169］。

88)　防衛研　陸軍—南西—泰仏印5「駐泰四年回想録　第一編　泰駐屯軍時代其の一」

89)　Ibid. 陸軍—南西—泰仏印6「駐泰四年回想録　第一編　泰駐屯軍時代其の二」

は隊商が通るような山道しかないような状況であった。

　当初日本側は，このチエンマイ～タウングー間道路の整備をタイ側に任せていた。中村司令官によると，日本側はチエンマイ県知事にこの道路の整備の依頼し，知事がタイ人労務者を調達して建設を行うとしていた[90]。日本軍は仏印にいた第21師団工兵隊の主力をタイに派遣して工事の指導に当たらせることとし，工事は6月から開始した［防衛研修所戦史室 1969b, 548]。しかし，作業はすべてタイ側が提供する労働力と機材に依存せねばならず，日本軍は泰緬鉄道の建設に注力していたために，トラック1台も充当できないような状況であった。作業現場が奥地になるにつれて，労務者の交代にも時間がかかるようになり，建設は予定より大幅に遅れていた[91]。

　このため，泰国駐屯軍は日本軍の工兵部隊を投入し，建設速度を速めることにした。中国からビルマへ向けて転進中であった第15師団の先頭部隊を中村司令官の指揮下に入れ，8月からタイに到着し始めた師団工兵連隊と歩兵1大隊をチエンマイに送り始めた［防衛研修所戦史室 1968, 140-141]。この部隊輸送のための軍用列車の運行が8月20日から始まり，長らく軍用列車の設定がなくなっていた北線で再び軍用列車の運行が見られるようになったのである[92]。表3-9のように，1943年8月からチエンマイ着の軍事輸送の車両数が増加し，10月には1,000両近くに達していることが分かる。ラムパーン着の輸送はないことから，8月末から始まった北線の軍用列車は，チエンマイでの道路整備を行う部隊を輸送するためのものであったことになる。なお，1943年3月にラムパーンとチエンマイに向けて大量の軍事輸送が行われているが，これは航空部隊による燃料や弾薬の輸送であった[93]。

　南方軍からは2ヶ月で完成させるよう要求された道路であったが，道路の総延長は400kmを越え，しかも急峻な山地を横断するルートであったこと

---

90)　Ibid.

91)　Ibid.

92)　NA Bo Ko. Sungsut 2. 4. 1. 6/17 "Athibodi Krom Rotfai thueng Chao Krom Prasan-ngan Phanthamit. 1943/08/19" 第5章で述べるように，この北線での軍用列車の運行がタイが日本から取り返した米輸送列車の運行を中止させることとなる。

93)　物資輸送報告によると，1943年3月には少なくともバンコク発の軍用列車3本が運行されており，カンボジアからの輸送も存在し，日本兵，自動車，物資，石油，弾薬が輸送されていた。

表3-9　ラムパーン・チエンマイ着軍事輸送量の推移（第2期）（単位：両）

着駅	ラムパーン	チエンマイ	計
1942/07	3	2	5
1942/08	1	2	3
1942/09	−	1	1
1942/10	−	−	−
1942/11	1	3	4
1942/12	−	9	9
1943/01	3	3	6
1943/02	6	3	9
1943/03	235	139	374
1943/04	29	18	47
1943/05	13	7	20
1943/06	7	3	10
1943/07	4	2	6
1943/08	3	108	111
1943/09	1	571	572
1943/10	61	984	1,045
計	367	1,855	2,222

注：始発駅の発車日を基準としている。
出所：図1-2に同じ，より筆者作成

から，工事は難航を極めた［Ibid., 179］。第15師団歩兵第60連隊の鎌田昌樹は，この道路工事について以下のように回想している［「二つの河の戦い」編集委員会編 1969, 758-759］。

　　……そして泰緬国境道路構築作業に従事。徒歩部隊は工兵隊の協力のもとに連日円匙と十字鍬をふるって道路構築をしている。われわれ馬部隊はこれに必要な資材，食糧の輸送を担当した。雨季の最中にかかり，毎日が雨また雨。道路は田植え時の田の中を歩くのとまったく同じ。ひざまで没する泥の道を駄載あるいは車載での輸送。山を切り開いて新しい道をつくるのだから，坂道の連続，しかもそれが泥沼と化し，ただ歩くだけでも困難な道を馬の手綱を取り荷物を運ぶ苦労は並大抵ではない。馬の鞍や車輛を押し，人も馬も必死に登って行く。馬を励ます声が叫びとなり，ついには泣き声となる。それでも任務は遂行しなければならない。やっとのことで荷物を届け，基地に帰る……。

また，労務者の確保にも難航したことから，道路建設は大幅に遅延した。

第3章　日本軍のタイ国内での展開①——通過地から駐屯地へ　229

8月末の時点で，日本側は当面 2,000 人の労務者を使用し，仮設の道が開通したら 6,000 人に増強して本道の建設を行うとして，労務者の調達を要請していた[94]。その後，後述する飛行場整備の労務者 2,000 人を追加して計 8,000人の労務者の調達を求めたが，9月末の時点でも確保できたのは 1,000 人に過ぎず，山田武官はチエンマイ県知事が非協力的であるとの現地日本軍の不満をタイ側に伝えていた[95]。その後，11 月初めの時点では，道路建設に 4,000人，飛行場建設に 2,000 人の労務者を用いていたのを，飛行場の整備終了に伴って道路建設に 6,000 人すべてを充当することに変更したとの文書があることから，10 月中にタイ側が何とか必要な労務者を確保したことが分かる[96]。次章で述べるように，結局日本軍はこの道路を進軍ルートとして使用することを諦め，ラムパーン〜ターコー間道路経由に変更することになる。

　チエンマイ〜タウングー間道路建設に伴い，一旦は日本兵がほぼいなくなったチエンマイに，再び多数の日本兵が進駐してくることになった。チエンマイの日本兵の数は，9月19日の時点では 5,133 人となっていた[97]。8月20 日から軍用列車の運行が始まっていたことから，約 1ヶ月で 5,000 人ほどの日本兵がチエンマイに入ったことになる。その後，日本兵の数はさらに増え，10 月 12 日には約 7,000 人に達した[98]。日本兵はその先の道路沿いにメーホンソーンに至るまで各地に点在していたと思われることから，この道路建設に従事していた日本兵は 1 万人以上に達していたものと考えてよかろう[99]。

94）　NA Bo Ko. Sungsut 2. 9/15 "Banthuek Kan Prachum. 1943/08/31"

95）　NA Bo Ko. Sungsut 2/169「泰陸武第三四二号　「チエンマイ」附近ニ於ケル苦力供出ニ関スル件通牒　1943/09/30」

96）　NA Bo Ko. Sungsut 2. 9/15 "Pho. Tho. Chitchanok thun Rong Chao Krom. 1943/11/02"

97）　NA Bo Ko. Sungsut 1. 12/250 "Pho Bo. Bo No. Phasom 90 thueng Mo Tho. Tho O. 1943/09/20"

98）　NA Bo Ko. Sungsut 2. 6. 2/56 "Banthuek Kan Prachum Kae Panha Kan Khatkhlaen thi Changwat Chiang Mai Tam Kham Sang Pho Bo. Thahan Sungsut. 1943/10/12"

99）　上述した 1943 年後半に日本軍が示した必要野菜量の一覧表によると，チエンマイの日本兵の数は 1 万 6,500 人となっていた。

第4節　警備部隊の復活

（1）泰国駐屯軍の成立

　開戦当初，タイの安定確保は第15軍の任務となっており，最初は近衛師団が，次いで第55師団，第33師団の部隊がその任務にあたっていた。しかし，いずれの部隊も主要な任務はマラヤやビルマへの進攻であり，タイの警備に廻す兵力がなくなってきた。このため，1942年1月に独立混成第4連隊第3大隊を，2月に同連隊の騎兵中隊と砲兵中隊をバンコクに派遣して第15軍の指揮下に入れた［防衛研修所戦史室 1969b, 534］。第15軍では当初これらの部隊をタイ国内およびビルマのテナセリム地方に派遣し，タヴォイ，ビクトリアポイントにそれぞれ歩兵1中隊，ラムパーン，ピッサヌローク，チュムポーン，ソンクラーにそれぞれ歩兵1小隊，コーラートに騎兵1小隊を配置した［久本編 1979, 8］。

　その後，第15軍司令部がビルマに進出したことに伴って，南方軍総司令官はタイと北緯16度以南のビルマ・テナセリム地域を南方軍の直轄とし，バンコクにいる南方軍鉄道隊司令官にこれらの部隊に指揮も任せ，タイとテナセリム地域の警備を担当させた［防衛研修所戦史室 1969b, 534］。1942年5月に入ると，南方軍はテナセリム地域をマラヤに進軍した第25軍の作戦地域に組み込み，ビクトリアポイントとタヴォイの部隊はバンコクに引き上げた［Ibid.］。さらに，5月末までに東南アジアのほぼ全域が日本軍の支配下になったことで南方攻略作戦がほぼ終了したことから，大本営は南方軍総司令官に対して南方要域の安定確保と外部地域に対する作戦準備を命じた［Ibid., 538］。この中で，タイについては駐屯兵力を最小限に留めることとされ，南方軍はこれに基づいてタイの日本軍の警備隊は逐次撤収することにした。8月に入って，マラヤで警備を行っていた第25軍の第5師団が日本に帰還することになったため，南方軍はタイの警備を担当していた独立混成第4連隊の諸部隊をマラヤに移すことに決めた［久本編 1979, 54］。これによって，タイ国内から警備部隊が一旦はほぼ消滅したのであった。

第3章　日本軍のタイ国内での展開①——通過地から駐屯地へ｜231

　ところが，泰緬鉄道の建設現場で起こった事件が，タイにおける日本軍の警備部隊を復活させることになった。泰緬鉄道の起点にあたるバーンポーンには日本兵が多数駐屯し，シンガポールから送られてきた捕虜の収容所が町内の寺ワット・ドーントゥームにあったことから，タイ人と日本兵の間のトラブルが頻繁に起きていた。1942年12月18日にはタイ人僧侶が捕虜に煙草を恵んだところ，日本兵がそれを見つけて殴った。この話を聞いた鉄道建設のタイ人労務者と日本兵の間に喧嘩が起き，さらにカーンチャナブリーから応援に来た日本兵がバーンポーン警察署前でタイ側と銃撃戦を繰り広げるに至った[100]。これによって日本兵計7人が死亡し，5人が負傷した[101]。

　このバーンポーン事件はこれまでに起きたタイと日本の間の衝突の中では最大のものであり，タイ人の間に日本軍への不満が少なからず存在することを日本側は思い知らされた。このため，南方軍は1942年12月に急遽仏印にあった第21歩兵団長の永野亀一郎少将が指揮する歩兵第82連隊第2大隊をバンコクに派遣した［防衛研修所戦史室 1969b, 545］。そして，翌年1月4日に泰国駐屯軍の新設を発令し，中村を司令官に任命した［Ibid., 545-546］。軍参謀長には陸軍武官の守屋が就く予定であったが，病気のため山田が参謀長兼陸軍武官に任命された[102]。2月1日に軍司令部の編成が完了すると，第21歩兵団司令部は原所属のサイゴンに戻り，歩兵第82連隊第2大隊が引き続き担当した。名前は泰国駐屯軍であったが，実際には警備部隊はこの大隊のみであり，他に泰緬鉄道建設のための鉄道監部，鉄道連隊が2つ，その配下の兵站部隊があるのみであった[103]。

　この泰国駐屯軍が設置された時点のタイ国内の日本軍の駐屯状況を示したものが，表3-10となる。この表の原資料はタイ語で記されているため，日本語の部隊名は実際とは異なる場合もあり，また漢字が判別しないものもある。これを見ると，バンコク市内には小規模な部隊が各所に点在していることが分かる。泰国駐屯軍の司令部はサートーン通りの中華総商会の建物に置

---

100)　この事件の詳細については，吉川 1994, 93-99 を参照。

101)　NA Bo Ko. Sungsut 1. 13/19 "Banthuek Hetkan Pracham Wan Thang Mahat Thai. 1942/12/23"

102)　防衛研　陸軍—南西—泰仏印 5「駐泰四年回想録　第一編　泰駐屯軍時代其の一」

103)　Ibid.

表 3-10　タイ国内に駐屯している日本軍部隊（1943 年 1 月）

所在地	場所	部隊名	指令官名	任務	人数
	ボルネオ社	石毛部隊	石毛少佐	水運	1 大隊
	バンコク新港	石毛部隊酒井支部		武器庫	1 小隊
	バンコク新港	永野部隊支部		高射砲	1 中隊
	中華総商会	日本軍司令部	中村中将	司令部	
	サーラーデーン	バンコク南憲兵隊	木下中佐	憲兵隊	1 小隊
	サーラーデーン	日本憲兵隊司令部	林大佐	憲兵隊司令部	40 人
	トゥリアムウドム学校	永野部隊司令部	永野少将	後方指揮	30 人
	トゥリアムウドム学校	北野部隊	北野少佐	戦闘部隊	1 大隊
	ウテーンタワーイ学校	工藤部隊	工藤大佐	兵站	1 大隊
	歯学棟	大沢部隊	大沢中尉	石油	1 小隊～1 中隊
	国立競技場	下田部隊司令部	下田少将	軍事鉄道建設	40 人
バンコク	パトゥムワン工業学校	佐久間部隊	佐久間大尉	弾薬庫	1 中隊
	パトゥムワン競馬場	酒井部隊	酒井大尉	糧秣	1 中隊
	ウィッタユ通り	精神科（クドウ部隊支部）		精神医療	1 小隊
	ウィッタユ通り	永田部隊	永田中尉	通信	1 小隊
	ワッタナー学校（バーンカピ）	岩畔部隊	岩畔大佐	特殊機関	40 人
	家畜収容所（プラカノーン）	永野部隊支部		石油貯蔵	1 小隊
	鉄道技術学校（マッカサン）	橋本部隊	橋本中尉	鉄道技師	1 小隊～1 中隊
	獣医棟	自動車		自動車部隊	1 小隊～1 中隊
	射撃場（サームセーン）	捕虜収容所		捕虜収容	1 小隊
	ペッブリー学校	工藤部隊支部		将校宿泊	30 人
	鉄道局資材部	鉄道輸送司令部	鋤柄大佐	鉄道輸送	20 人
	バンコク駅	盤谷停車場司令部		駅務	
	バーンスー駅	バーンスー停車場司令部		駅務	
	ナーンルーン競馬場	西村部隊	西村中尉	自動車修理	1 小隊～1 中隊
	ハイピン・クラブ	バンコク北憲兵隊	ヤマモト少佐	憲兵隊	1 小隊

第3章　日本軍のタイ国内での展開①──通過地から駐屯地へ　233

チャートソンク ロ学校	野戦病院	ウエダ大佐	病院	1中隊
バーン・ソム デット	トンブリー憲兵隊		憲兵隊	1分隊
ドーンムアン	アベ部隊	アベ大佐	航空地上 部隊指令	
	飛行機修理中隊	ヨシカワ中尉	飛行機修 理	1中隊
	飛行場中隊	サエイ中尉	飛行場	1中隊
	気象中隊		気象観測	1小隊
	ドーンムアン憲兵隊支部		憲兵	1分隊
チエンマイ	チエンマイ憲兵隊支部		憲兵	1分隊
	気象中隊		気象観測	1分隊
	航空部隊司令部支部			
ラムパーン	ラムパーン憲兵隊支部		憲兵	1分隊
	通信部隊			半小隊
ノーンプラードゥック	鉄道倉庫	橋本中佐	鉄道機材 資材保管	
	軍事鉄道		鉄道建設	
	捕虜収容所支部		捕虜収容	
バーンポーン	捕虜収容所支部		捕虜収容	
	停車場部隊		駅務	1分隊
	イキリ中隊			1中隊
	バーンポーン憲兵隊支部		憲兵	1分隊
	野戦病院支部			
カーンチャナブリー	捕虜収容所支部	佐々少将	捕虜収容	
	今井部隊(鉄道第9連隊)	今井大佐	軍事鉄道 建設	鉄道技師 1連隊
	陸上輸送部隊		陸上輸送	1小隊
	建設部隊		建設	1小隊
	糧秣支部		糧秣	1小隊
	カーンチャナブリー憲 兵隊支部	オノ中尉	憲兵	1分隊
ハートヤイ	野戦鉄道司令部支部	カムラ中尉		
	ハートヤイ憲兵隊支部		憲兵	1分隊
チュムポーン	停車場部隊	タナカ中尉	駅務	1分隊
	チュムポーン憲兵隊支部		憲兵	1分隊

注：原資料がタイ語のため，日本側の実際の部隊名とは異なる場合がある。
出所：NA Bo Ko. Sungsut 2/66 より筆者作成

かれており，学校，競馬場，駅，港などが主要な駐屯地であった。兵の数は判別しないが，部隊の規模から推計するとバンコク市内の日本兵の数はおよそ 3,000 人であったものと思われる[104]。バンコク北方のドームアン飛行場には航空部隊があり，チエンマイとラムパーンも航空関係の部隊と憲兵が常駐していた。南部のハートヤイ，チュムポーンは鉄道関係の部隊と憲兵であり，残りは泰緬鉄道沿線の建設，鉄道輸送，兵站，捕虜収容所関係の部隊であった。一部人数の分からない部隊もあるが，判別する限りで推計すると計 6,235 人となった。すなわち，バンコクと泰緬鉄道沿線にそれぞれ 3,000 人程度の日本兵がおり，それに北部と南部の数ヶ所の若干の兵員を加えたのが，泰国駐屯軍が発足した当時の状況であった。

(2) 偵察部隊の派遣

泰国駐屯軍はタイにおけるタイ人と日本兵の衝突を避けるとともに，今後の軍事作戦を遂行するためにタイ国内の様々な状況を偵察することとした。このため，駐屯軍では日本兵にタイでの注意点を記したパンフレットを作成して配布するとともに，国内各地に偵察隊を派遣して，地方の状況を把握することとした。

バーンポーン事件を教訓に，泰国駐屯軍は日本兵の綱紀粛正を図ってタイ人との衝突を回避する必要があることを痛感し，タイに入ってくる日本兵向けにタイの文化や風習を紹介するパンフレットを数十万部作成し，タイに駐屯する兵はもちろんのこと，マラヤや仏印からタイに入ってきて通過する兵に対しても全員に交付して日本兵の振る舞いを改善しようと試みた[105]。このパンフレットは「泰国駐留（通過）将兵必携」と命名され，僧侶に敬意を払うこと，子供の頭を撫でてはいけないこと，殴打してはならないこと，泥酔や裸体での行水を慎むことなどが記載されていた[106]。この成果は上々で，2〜3ヶ月するとビンタをする者はいなくなり，タイ人の日本兵に対する信頼

---

104) これは大隊 500 人，中隊 150 人，小〜中隊 100 人，小隊 50 人で推計した数値である。

105) 防衛研 陸軍―西南―泰仏印 5「駐泰四年回想録 第一編 泰駐屯軍時代其の一」

106) NA Bo Ko. Sungsut 2/128「泰国駐留（通過）将兵必携 1943/04/29」 タイでは日本兵がすぐにタイ人の顔を殴ること（ビンタ）への批判が根強く，また日本兵が裸で川や沼で行水することも評判が悪かった。

第3章　日本軍のタイ国内での展開①──通過地から駐屯地へ　235

感は高まったとのことであった[107]。

　一方，偵察についてはタイ国内各地で行われていた。表3-11は1943年前半における日本兵の偵察の状況を示したものである。中村司令官の訪問を除いていずれもタイ側の資料から判別したものであり，地方の県知事から中央に送られた日本兵の動向に関する文書や会見録を基にしている。これを見ると，日本兵がタイ国内の様々な地域を訪れて地図を作製したり写真を撮っていたりしていたことが分かる。とくに，3月から5月にかけて日本兵の偵察は多く，中村司令官の2回の地方視察を含め，日本兵が主に北部と南部で偵察を行っていたことが分かる。この中には，上述したクラ地峡鉄道やタイ～ビルマ間道路整備のための調査隊も含まれており，例えば3月4日からの岡崎中尉の一行や翌日からの石毛少佐の一行は，日本側が最初に行ったクラ地峡横断鉄道のための調査であった。5月に入ってタークを訪れている事例が2例あるが，これらはターク～メーソート間道路の調査のためであった。

　これらの偵察については，タイ側に事前に通告されていたり，あるいは現地で県知事などに面談したりしてその目的が明らかになっているものもあれば，日本兵が勝手にやってきてタイ側に通告せずに立ち去る場合も存在した。例えば，2月21日にラヨーンに来た日本兵3人は，この日の夜10時にバスでラヨーンに到着し，翌日市場などの写真を撮ってからバスでバンコク方面に戻ったという[108]。県知事などタイ側の官憲には接触しておらず，3人の名前はホテルの宿帳から判明したものと思われる。彼らが兵であるかどうかも分からなかったようであるが，県はバスの従業員が3人のうち1人をバンコクで軍服姿のところを目撃したとの証言を報告していた。また，3月4日にパークナームチュムポーンを訪れた日本兵4人は，海岸や沖合の島の写真を撮っているのを目撃されたが目的が分からず，タイ側が後程チュムポーン市内の写真屋で探したところ，日本兵が現像に出した写真が見つかり，計16枚のうち8枚が海岸や港の写真で，残りは仏塔や寺の写真であったという[109]。

107）　防衛研　陸軍─南西─泰仏印5「駐泰四年回想録　第一編　泰駐屯軍時代其の一」
108）　NA Bo Ko. Sungsut 1. 13/19 "Banthuek Hetkan Thang Mahat Thai. 1943/03/01"
109）　NA Bo Ko. Sungsut 1. 13/5 "Khaluang Pracham Changwat Chumphon thueng Ratthamontri Wa Kan Kasuang Mahat Thai. 1943/03/12"

表3-11　地方における日本人の偵察状況（1943年1～6月）

月日	場所	氏名	人数	目的	備考	出所
01/28	パーダンベーサール		8	地形調査	マラヤから	NA Bo Ko. Sungsut 2. 5. 2/11
02/02-03	プレー	スギヤマ伍長	1	外国人調査	ラムパーンから	NA Bo Ko. Sungsut 2. 10/233
02/05-06	ナコーンナーヨック、プラーチーンブリー	工藤部隊の兵	10	地図作成、写真撮影		NA Bo Ko. Sungsut 1. 13/19
02/07	プレー	スギヤマ伍長	1	外国人調査	ラムパーンから	NA Bo Ko. Sungsut 2. 10/239
02/18	ナコーンシータマラート	ヤマダ、タナカ、フジワラ	3	地図作成		NA Bo Ko. Sungsut 2. 5. 2/11
02/19-24	ウドーンターニー、ナコーンパノム	クボタ（石田部隊）		鉄道路線調査		NA [2] So Ro. 0201. 16/25
2/20-21	シーラーチャー、ラヨーン	Kミツマタ、Kヒトタ、Kオカモト	3	写真撮影		NA Bo Ko. Sungsut 1. 13/19
03/04	パークナームチュムポーン		4	写真撮影		NA Bo Ko. Sungsut 1. 13/5
03/04-08	チュムポーン、クラブリー、ラノーン	岡崎中尉（北野部隊）	17	交通路調査		NA Bo Ko. Sungsut 1. 13/4
03/05-11	チュムポーン、ラノーン	石毛少佐（石毛部隊）	10	交通路調査		NA Bo Ko. Sungsut 2. 5. 2/10
03/11	チュムポーン		9	地図作成		NA Bo Ko. Sungsut 1. 13/5
03/12	パークナームチュムポーン		12		海の深さを計測	NA Bo Ko. Sungsut 1. 13/5
03/13	トラン		3	タイ軍の動向調査	ハートヤイから	NA Bo Ko. Sungsut 2. 5. 2/11
03/17	ナコーンシータマラート	Yイハサキ		写真撮影、精米所視察		NA Bo Ko. Sungsut 1. 13/19
03/24-27	タークタイ、スコータイ、サワンカローク		2	写真撮影	ラムパーンから	NA Bo Ko. Sungsut 1. 13/30

日付	場所	人名	調査種別	人数	経路	出典
03/26-27	チャチューンサオ	イナガ大尉	地図作成	5~6	プーケットから	NA Bo Ko. Sungsut 1. 13/16
03/31	クラビー	イナガ大尉	道路調査			NA Bo Ko. Sungsut 2. 5. 2/14
04/01-06	チェンマイ、ラムパーン、チェンラーイ	中村中将	視察	4		防衛研　南西—泰仏印 5
04/03	ファイヨート		橋梁視察	6	トランから	NA Bo Ko. Sungsut 1. 13/60
04/11	ロッブリー	フジモト少尉、ナカマラ伍長		14	翌日コラートへ	NA Bo Ko. Sungsut 1. 13/19
04/11-13	クラブリー	クボ	道路調査	6~7		NA Bo Ko. Sungsut 2. 5. 2/10
04/15-17	プラーチーンブリー、アランヤプラテート、バッタンバン	中村中将	視察	4		防衛研　南西—泰仏印 5
05/01-03	ターク、スコータイ	サトウ中佐	道路調査		ラムパーンから	NA Bo Ko. Sungsut 1. 13/60
05/06	シカオ	イナガ大尉	視察	8	トランから	NA [2] So Ro. 0201. 98. 1/16
05/10	ナコーンシータマラート	ヤマダ、タナカ、フジハラ	視察	3	ナラーティワートから	NA Bo Ko. Sungsut 1. 13/19
05/11-13	ターク	岡崎中尉（北野部隊）	道路調査	10	メーソートへ	NA [2] So Ro. 0201. 98. 1/16
05/18-20	メーソート	岡崎中尉（北野部隊）	道路調査	9	タークへ	NA Bo Ko. Sungsut 1. 13/61
05/25	ウボン	カワダ	鉄道路線調査	1	コラートへ	NA Bo Ko. Sungsut 1. 13/42
05/21-23	チェンマイ、ラムパーン		地形調査	36	鉄道沿いを徒歩行軍	NA Bo Ko. Sungsut 1. 13/19
05/21-28	プレー、ナーン		飛行場調査	7	ラムパーンから	NA Bo Ko. Sungsut 1. 13/19
05/27	チェンマイ	コドウ大尉（軍医）	視察	1	ラムパーン、チェントゥンへ	NA Bo Ko. Sungsut 1. 13/61
06/06-07	コーンケン	ウエノ少尉	飛行場調査		ウドーンターニーへ	NA Bo Ko. Sungsut 1. 13/60
06/23-24	チェンラーイ、チェンマイ		道路調査	3	タウンジーから	NA Bo Ko. Sungsut 1. 13/42

注：偵察以外の日本兵の動向については省略した。

日本兵が各地で頻繁に偵察を行い始めたことは，タイ側に警戒感を与えて
いた。1943年3月19日に陸軍第6管区司令官のサックから合同委員長に送ら
れた文書では，以下のように南部での日本兵による偵察が報告されていた[110]。

　　……最近日本兵が南部で不審な動きを見せており，彼らが同志として行っているの
　　か，あるいは他の要因があるのかその目的がよくわからない。彼らの移動は秘密裏
　　に行うことが多く，誰にも知らせない。他にも滞在している県の軍や警察の司令官
　　の名前を聞いたり，水深を測ったり，写真を撮ったり，工業や農業などの生業を聞
　　いたり，ビラをまいたりしている……。

　これらは，表3-11の1月28日のパーダンベーサールの偵察から3月13
日のトランへの日本兵の訪問までの南部における日本兵の偵察に該当する。
この中にはクラ地峡鉄道建設のためにチュムポーンを訪問した岡崎中尉や石
毛少佐の一行の訪問も含まれていたが，この時点ではまだタイ側に対して鉄
道建設を公式に伝えていなかった。このため，このような頻繁な日本人によ
る偵察はタイ側に疑念を抱かせ，バーンポーン事件以降日本軍がタイへの警
戒を高めたことが頻繁な偵察につながっているのではないかと思わせていた。
　そもそも，バーンポーン事件後に日本軍がタイに駐屯軍を置いた事実も，
タイ側に疑念を抱かせていた。タイに駐屯軍を置くということは日本がタイ
の戦略上の重要性を認識したからに他ならず，タイが今後ますます戦争に巻
き込まれることを意味した。さらに，タイにおける日本軍の影響力もより大
きくなり，日本側の要求をタイが呑まざるを得なくなる場面がさらに増える
ことも予想された。このため，駐屯軍の設置自体がタイ側に少なからぬ影響
を与えたのであり，1943年2月から始まった日本軍の軍用列車の積荷を探
る物資輸送報告の作成や，3月の合同委員会の同盟国連絡局への格上げも，
駐屯軍の設置に対応したものであった。それに加えてタイ国内の各地で日本
軍の偵察活動が増加したことは，タイ側に更なる警戒感を与えることになっ

---

110)　NA Bo Ko. Sungsut 2. 5. 2/11 "Phu Bangkhapkan Monthon Thahan Bok thi 6 thueng Prathan
　　Kammakan Phasom Thai-Yipun. 1943/03/19"　報告された最初の事例は，1月22日に日本兵15人が
　　マラヤ国境のサダオに来てビラを撒いていった件であったが，偵察活動ではないので表3-11に
　　は含まれていない。

たのである。

(3) 地方への部隊駐屯

　日本軍は地方への偵察を頻繁に行うのみならず，地方への部隊の駐屯も拡大し始めた。泰国駐屯軍の設置後に日本軍が新たに部隊を派遣したのは，バッタンバン，トラン，プーケットであった。

　バッタンバンには以前から通信部隊と鉄道部隊が駐屯しており，人数はそれぞれ3人，7人であった[111]。日本側は1943年1月に入ってバッタンバンに憲兵隊を設置したいとタイ側に打診した[112]。これに対し，合同委員会では日本軍がバッタンバンに憲兵を常駐させることはフランスとの武装解除協定に抵触するかどうかを外務省に尋ねた[113]。1941年のタイの「失地」回復に伴い，「失地」は武装解除地域に指定され，タイ軍が常駐することはできなくなっていたことから，日本軍の常駐が問題にならないかどうか確認したのである。外務省は，日本軍がタイ政府の要請に基づいて常駐しない限りは協定違反にはならないと回答したが，この件でピブーン首相は日本軍がタイ国内で憲兵隊の常駐箇所を増やすことに疑問を示していた[114]。このため，外務省は今後日本軍による憲兵隊の派遣箇所は極力少なくするよう求めたが，合同委員会ではそれを実行するのは極めて難しいと回答していた[115]。バッタンバンへの憲兵の派遣は2月中にも行われたようであり，その後3月には20人の警備隊も常駐を始めていた[116]。

　一方，南部西海岸では1943年2月に日本の輸送船が敵の潜水艦の攻撃を受けて撃沈されたことから，3月に入って日本側はトランとプーケットに警備隊を派遣するために将校を視察に派遣するので便宜を図ってほしいとタイ

---

111)　NA Bo Ko. Sungsut 2/103 "Banthuek."
112)　NA Bo Ko. Sungsut 2. 10/209 "Khaluang Changwat Phratabong sanoe Palat Kasuang Mahat Thai. 1943/01/16"
113)　Ibid. "Palat Kasuang Kan Tang Prathet thueng Kammakan Phasom. 1943/01/23"
114)　Ibid. "Palat Kasuang Kan Tang Prathet thueng Kammakan Phasom. 1943/03/12"
115)　Ibid. "Prathan Kammakan Phasom thueng Palat Kasuang Kan Tang Prathet. 1943/03/18"　実際に，1943年に入ってバッタンバン以外にもチエンマイ，ハートヤイ，プーケット，トランに憲兵隊が新設されていた。
116)　NA Bo Ko. Sungsut 2/103 "Banthuek."

側に伝えた[117]。この情報がタイ側に伝わったのは 3 月 17 日であったが，その翌日トランにイナゲ大尉が到着した。イナゲ大尉は県知事を訪れ，日本兵 150 人がトランに常駐することになったとして，宿舎の提供を求めた[118]。次いで，3 月 24 日に日本兵 100 人が列車で到着し，県では休養御殿（Tamnak Phon Kai）を宿舎に提供した[119]。運行予定表では 3 月 21 日にバンコクからトランまで貨車 5 両の輸送が記録されていることから，これが 3 月 24 日に到着した部隊の輸送用であったものと思われる[120]。その後，日本側は公園が町から離れていて不便であるとして市内のアヌクーン女学校（Rongrian Anukun Satri）の使用を求めた[121]。これに対してタイ側は学校の使用は認めないと拒否し，日本側と対立していた。県側は同盟国連絡局に対して陸軍武官経由で学校の使用を認めないよう交渉してほしいと要求し，山田武官と交渉の結果，トランの日本軍に対して学校の使用要求を取り下げさせると約束させた[122]。このため，イナゲ大尉はトラン県に対して学校の使用要求を取り下げると伝えてきた。トランの日本兵は警備隊 1 中隊と憲兵 1 小隊となり，警備隊は結局休養御殿をそのまま使うことになった[123]。

　プーケットには，3 月 22 日に憲兵のサトウ大尉ら計 4 人が到着し，プーケットに常駐することになったと県知事に報告してきた[124]。その後，26 日夜にはタカハシ中尉ら 16 人が到着し，28 日にはイナゲ大尉が 25 人の兵を連れてプーケットに入った[125]。イナゲ大尉はトランに戻り，その後はタカハ

_____

117)　NA Bo Ko. Sungsut 2. 5. 2/9 "Kho Chaeng khong Samnakngan Thut Fai Thahan Bok Yipun." この輸送船はマラヤからペナンに向かっていたバンダイ丸であった。

118)　NA Bo Ko. Sungsut 2. 5. 2/13 "Banthuek Rueang Khaluang Pracham Changwat Trang Sonthana kap Ro. O. Inake Nai Thahan Yipun. 1943/03/19"

119)　NA Bo Ko. Sungsut 1. 13/7 "Atthawiphakphaisan thueng Mahat Thai (Thoralek thi 2793). 1943/03/24"

120)　これがバンコクからトランへの最初の日本軍の軍事輸送であった。次いで 24 日にはバンコク発カンタン着の貨車 2 両が存在することから，こちらがプーケットに駐屯する部隊向けの輸送であったものと思われる。

121)　NA Bo Ko. Sungsut 2. 10/263 "Monthian Phanit kho prathan sanoe. 1943/04/27" 休養御殿はかつてラーマ 6 世が行幸した際に作られた宿舎で，その後県庁や市庁として用いられてきた。建物は大きいが古いため，よりきれいなプーケットの宿舎と比較した日本兵が学校の使用を求めたものであった。

122)　NA Bo Ko. Sungsut 2. 5. 3/15 "Chitchanok sanoe. 1943/05/04"

123)　NA Bo Ko. Sungsut 2. 5. 3/6 "Chitchanok rian Chao Krom Prasan-ngan Phanthamit. 1943/06/04"

124)　NA Bo Ko. Sungsut 1. 13/6 "Thianprasit thueng Mahat Thai (Thoralek thi 67). 1943/03/22"

第3章　日本軍のタイ国内での展開①――通過地から駐屯地へ　241

シ中尉がプーケットの警備隊の司令官となったようである。4月6日にはタイ側の官憲を招いて会議を開き，日本軍は島の南側のチャローン湾，西側のカマラー湾とマイカーオ飛行場を警備することで合意し，当面兵は常駐させないがその際には通告するとした[126]。最終的に，プーケットの日本軍もトランと同じく警備兵1中隊と憲兵10人の規模となった[127]。

　このトランとプーケットでの日本軍の駐屯は，カンタンへの支線での日本兵の利用を増加させていた。図3-7はトラン，カンタン着の一般旅客列車の日本兵の数を示したものである。これを見ると，1943年2月までは日本兵の到着はほとんどなかったが，3月以降は日本兵の到着が急増し，その後も継続して存在していることが分かる。このうち，カンタン着はプーケットを訪れる日本兵が利用していたものと思われる。また，トランとプーケットの憲兵隊の司令官はサトウ大尉が兼任していたことから，この間での日本兵の往来も定期的に存在していた。なお，カンタンの到着数が少ないのは，プーケットを訪れる際に一旦トランで下車して宿泊し，翌日自動車でカンタンに向かって乗船していた兵が少なからず存在していたためと思われる。

　このように，日本軍の駐屯地は泰国駐屯軍の設置後に増加し，日本軍との対応を迫られる県の数が増えることになった。とくに，南部の西海岸への日本軍の駐屯はこれが初めてであり，この後インド洋側の防衛強化とともにこの地域の警備隊も増強されていくことになる。

(4)　タイ～仏印間鉄道の調査

　開戦以来，日本軍の存在が一番希薄であったのは東北部であった。東北部は日本軍の進軍ルートとは関係なかったことから，日本兵が訪問することもほとんどなかった。前述のように，初期には独立混成第4連隊第3大隊の騎兵1小隊がコーラートに駐屯したが，それも1942年5月末には撤退していた[128]。その後，東北部に駐屯した部隊はおらず，この地を訪れる日本兵もほ

---

125)　Ibid. "Thianprasit thueng Mahat Thai (Thoralek thi 71). 1943/03/27", "Thianprasit thueng Mahat Thai (Thoralek thi 73). 1943/03/30"

126)　NA Bo Ko. Sungsut 1. 13/19 "Banthuek Hetkan Pracham Wan Thang Mahat Thai. 1943/04/21"　マイカーオ飛行場は現在のプーケット国際空港の前身である。

127)　NA Bo Ko. Sungsut 2. 5. 3/6 "Chitchanok rian Chao Krom Prasan-ngan Phanthamit. 1943/06/04"

図 3-7　トラン・カンタン着旅客列車利用者数の推移（第 2 期）（単位：人）

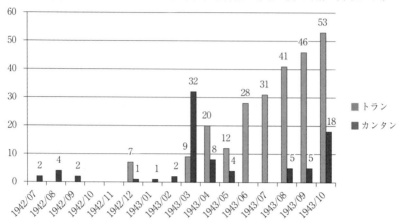

注：始発駅の発車日を基準としている。
出所：表 1-7 に同じ，より著者作成

とんどなかった。

　しかし，1943 年に入るとタイ〜仏印間鉄道計画のための調査隊が東北部を訪問することになった。この鉄道は大東亜縦貫鉄道の一環として検討されたものであり，大東亜共栄圏内を縦貫する鉄道の構築のためには，中国〜仏印間，仏印〜タイ間，タイ〜ビルマ間の 3 つのミッシングリンクを解消することを目指していた ［原田編 1988, 82-85］。このうち，仏印〜タイ間については北廻りと南廻りがあり，北廻りは仏印とタイが計画していたベトナムのタンアップからターケーク，ナコーンパノムを経由してタイのクムパワーピーに至るルート，南廻りはサイゴンからプノンペン，バッタンバンを経てアランヤプラテートに至るものであった（図 3-6 参照）[129]。このうち，南廻りのサイゴン〜プノンペン間は水運が利用可能であったものの鉄道建設計画は

---

[128]　1942 年 3 月 26 日にタナカを長とする日本兵 10 人がコーラートに到着して駐屯を始めた ［NA Bo Ko. Sungsut 2. 10/61 "Khana Kammakan Changwat Nakhon Ratchasima thueng Khana Kammakan Phasom. 1942/03/28"］。表 3-12（248 頁）のように日本側は 5 月 22 日時点で撤退を約束していたので，5 月中にも撤退したものと思われる。
[129]　タンアップ〜ターケーク間は仏印が 1931 年に着工したもののすぐに工事は中止され，クムパワーピー〜ナコーンパノム間の調査も 1930 年に始まったものの，やはりすぐに中止されていた ［柿崎 2010, 100-101］。

なかったことから，日本軍は既に一部着工されていた北廻りルートに注目したのである。

　最初にこの鉄道調査を行ったのはバンコクの石田部隊であり，1943年2月19日から24日までの日程で，クボタらの調査隊がバンコクからウドーンターニーを経由してナコーンパノムに至り，ターケークに渡った後は仏印側の調査を行っていた[130]。この時，日本側は候補としてクムパワーピー〜タンアップ間の他にウボン〜サワンナケート〜タンアップ間，ウボン〜ケーマラート〜ラオバオ〜ドンハ間の2つのルートも検討するとしていたが，実際に調査を行ったのは最初のルートのみであった[131]。その後，7月に入って仏印の軍用鉄道長の安達技師がクムパワーピー〜ナコーンパノム間，ウボン〜ケーマラート間の路線調査を求め，前者は8月28日から，後者は9月8日から調査を行うとタイ側に通告したが，仏印からの調査隊が来られず延期となっていた[132]。この時点で，タイ〜仏印間の鉄道ルートは2つに絞られていた。

　この公式の調査隊以外にも，鉄道調査と思われる日本兵が東北部で活動を始めていた。8月8日にはナカボリら日本人7人がウドーンターニーからナコーンパノムに到着し，ターケークを訪れた後ウドーンターニーに戻っていた[133]。次いで，10日にはターケークにいた大東亜鉄道建設部長のニイサトら8人がナコーンパノムを訪れ，ナコーンパノム〜クムパワーピー間の鉄道路線の調査をしたいと知事に伝えていた[134]。20日にも日本人4人がターケークからナコーンパノムに来てメコン川橋梁予定地のバーンウーンまでの測量

---

130) NA [2] So Ro. 0201. 16/25 "Withet Bun-yakhup rian O. Tho. Ro. 1943/03/06" ただし，タイ側の随行者は仏印には入っておらず，日本軍がターケークから先どこへ向かったのかは分からない。

131) 調査の申請の時点ではクムパワーピー〜タンアップ間の調査を行った後，帰路にケーマラート〜ウボン間の調査も行うとしていたので，この調査隊が帰りに第3のルートの調査も行った可能性もある［NA Bo Ko. Sungsut 1. 13/66 "Ruam Rueang Kan Samruat Thang Rotfai Chueam Prathet Thai-Indochin（Pho. To. Prasoetsi）. 1943/10/23"］。

132) NA Bo Ko. Sungsut 1. 13/66 "Ruam Rueang Kan Samruat Thang Rotfai Chueam Prathet Thai-Indochin（Pho. To. Prasoetsi）. 1943/10/23"

133) NA Bo Ko. Sungsut 2. 5. 2/17 "So. To. To. Akkhaphon Inthasiri thueng Phu Kamkapkan Tamruat Phuthon Changwat Nakhon Phanom. 1943/08/11"

134) Ibid. "Phu Kamkapkan Tamruat Phuthon Changwat Nakhon Phanom thueng Athibodi Krom Tamruat. 1943/08/17"

を行ったが，タイ側の許可を得ていなかった[135]。一方，ウボンには 31 日に
パークセーから日本兵 3 人が到着し，仏印からケーマラートを経てウボンに
至る鉄道ルートを調査していると県知事に伝えたが，知事は同盟国連絡局に
相談するよう求めていた[136]。このように，仏印側からの調査隊と思われる日
本人が，タイ側の許可を得ないまま何隊も入ってくる状況が続いていたので
ある。

　仏印からの調査隊は，最終的に 10 月に入ってからタイ～仏印間鉄道の調
査を行った。北ルートでは 10 月 7 日に調査隊のチサトら計 10 人がターケー
クからナコーンパノムに入り，クムパワーピーへ向けて調査を行い，28 日
にバンコクに戻っていった[137]。一方，南ルートのケーマラート～ウボン間の
調査は 10 月 9 日から 21 日間で行われた[138]。調査に同行した鉄道局の技師に
よると，日本側は初めから北ルートのタンアップ～クムパワーピー間を選ぶ
つもりでおり，ウボン～ケーマラート間での調査は十分に行っていなかった
とのことであった[139]。それでも，翌年 1 月に日本側は北ルートと南ルートの
いずれかを建設することに決めたとタイ側に通告するにとどめ，最終的な決
断は示さなかった[140]。

　このように，1943 年に入るとタイ～仏印間連絡鉄道計画の浮上で東北部
にも日本人の調査隊が入るようになり，日本人がほとんど立ち入らなかった
東北部も日本人の活動範囲に組み込まれていった。この後，次章で述べるよ
うに飛行場の整備や部隊の駐屯が始まることで，東北部での日本軍の活動は
ますます活発になっていくのである。

135）　Ibid. "Kho Khwam Thoralek thi 227." バーンウーン付近のメコン川は川幅が狭くなっており，
　　2011 年末に開通した第 3 タイ～ラオス友好橋もここに建設された。
136）　NA [2] So Ro. 0201. 98. 1/17 "Banthuek Kho Prachum Khana Krommakan Changwat lae Khana
　　Krommakan Amphoe Changwat Ubon Ratchathani. 1943/09/02"
137）　NA Bo Ko. Sungsut 2. 4. 1. 4/4 "Khaluang Pracham Changwat Nakhon Phanom thueng Chao Krom
　　Prasan-ngan Phanthamit. 1943/10/28"
138）　NA Bo Ko. Sungsut 2. 4. 1. 4/2 "Raingan Phon-ngan Samruat Thang Sai Khemarat-Ubon Ruam kap
　　Thang Kan Thahan Yipun. 1943/10/31"
139）　Ibid. "Chaliao Chawakun rian O. Yo. Tho. 1943/11/03"
140）　Ibid.「泰陸武第一九号　泰仏印連絡鉄道建設ニ関スル件照会　1944/01/13」

第5節　日本軍の通過と駐屯

(1) 進軍ルートとしてのタイ

これまで見てきたように，開戦とともにタイに入ってきた日本軍はマラヤとビルマを目指す部隊が中心であり，タイを通過して戦線に向かうことが最大の目的であった。このため，開戦直後にはタイは日本軍の進軍ルートとしての意味を持ち，多数の日本兵がタイ国内を通過していくことになったのである。

マレー戦線向けの部隊としては，主に仏印国境からバンコクに入り，マレー半島を南下してマラヤに入った近衛師団，開戦時にマレー半島に上陸しマラヤに向かった第5師団，その後を追って同じルートでマラヤを目指した第18師団がタイを通過していた。先の図3-3は開戦時にタイに入った各師団の兵員数の推計値を示しており，近衛師団，第5師団それぞれが約1.6万人ずつタイに入ってきたことになる。両師団の編成上の兵員数はそれぞれ約1.8万人，約2.5万人であったことから［陸戦史研究普及会編 1966, 271-272］，マレー進攻作戦に参加しなかった部隊及びコタバルに上陸した部隊を除くと，およそ4万人がタイを通過したことになる。さらに，後からソンクラーに上陸した第18師団のうち，マレー進攻作戦に参加した兵員数が約1.7万人あり［Ibid., 273］，他に師団に含まれない部隊も存在したことから，マレー進攻作戦に参加した部隊でタイを通過した兵の数はおよそ6万人の規模となろう。このうち，バンコクからマレー半島を南下した兵が1.6万人程度，残りが南部に上陸し，そのまま南下してマラヤに入ったものと推計される。

一方，ビルマ攻略作戦向けの部隊は，宇野支隊としてマレー半島の4ヶ所に上陸した部隊を除けば，第55師団が仏印国境からタイに入り，第33師団は船で直接バンコクに乗りつけた。カーンチャナブリーからタヴォイに入った沖支隊以外はどちらもバンコクからは鉄道でピッサヌロークかサワンカロークに向かい，そこからターク，メーソート経由でビルマに入っていた。

図3-5のように，第55師団，第33師団共それぞれ約2万人の規模であった
ことから，およそ4万人がタイを経由してビルマに向かったことになる。こ
のうち2,000人程度がカーンチャナブリー経由でビルマに向かい，残りが
メーソート経由で進軍したものと考えられる。

　このように，マラヤとビルマという2つの戦線への通過地点となったタイ
は，約10万人の日本兵が通過する重要な進軍ルートとなったのである。こ
のうち，上述した軍用列車を使用していたのは，近衛師団の1.6万人がバン
コクからマラヤ（一部ハートヤイ）まで，第55師団の約1.3万人がプノンペ
ンからバンコク経由でピッサヌローク／サワンカロークまで，そして第33
師団の約2.2万人がバンコクからピッサヌローク／サワンカロークまでで
あった。開戦直後に南線，東線，北線で運行されていた軍用列車は，これら
の部隊の輸送に重要な役割を果たしていたのである。そして，部隊の移動後
も後送される物資の輸送は続いていた。

　このような大量の日本兵の移動を円滑に進めるために，タイ国内にも若干
の日本兵は駐屯していた。開戦当初はタイの協力状況が不明であったことか
ら近衛師団の部隊が警備隊の役割を果たし，その後独立混成第4連隊第3大
隊が地方の要衝に部隊を派遣して警備を行っていたが，タイ国内に駐屯する
日本軍の主要な役割は，進軍する日本軍の円滑な移動を支援することであっ
た。このため，進軍ルート上の主要駅や主要都市に日本軍は駐屯し，駅務，
通信，兵站などの役割を担っていた。また，主にビルマ攻略作戦を支援する
ための航空部隊がバンコクを始め中部や北部の飛行場に駐屯し，ビルマへの
攻撃を行っていた。開戦直後の第1期にタイ国内に駐屯していた部隊は，若
干の警備隊と憲兵を除けば，これらの進軍ルート上の拠点で支援をしていた
部隊と，飛行場に展開した航空部隊であった。

(2) 日本軍の撤退

　ところが，日本軍の進軍が終了するとこれらの日本兵の大半はその存在意
義を失い，大半が駐屯地から撤収することになった。また，地方に派遣され
た若干の警備部隊も，タイ国内には必要最低限の警備隊しか配置しないとい
う原則に基づいてほとんどが撤退し，事実上タイ国内からは警備隊は撤退し

た。このため，第1期中に日本兵が一旦は駐屯を開始しながらも，第1期末までに撤収した地点が少なからず存在した。

表3-12は第1期末（1942年6月末）の日本軍の駐屯状況を示したものである。これを見ると，この時点で確認された日本兵の駐屯地は計16ヶ所で，主に通信と鉄道関係の部隊が中心であったことが分かる。図3-8のように，駐屯地は東線沿線と南線沿線が多く，それ以外には北部のチエンマイ，ラムパーン，そして泰緬鉄道の建設が始まるカーンチャナブリーしかなかったことになる。東線と南線沿いに展開する部隊は駅務，鉄道輸送や通信関係の部隊であり，各地点ともそれぞれ数人ずつの配置であったものと思われる。チエンマイとラムパーンは一時爆撃機が配置されていた航空部隊の拠点であったが，この時点では飛行場の地上部隊のみが配置されていた。

一方，第1期中に日本軍が撤退した駐屯地は，表3-12のように計15ヶ所が確認されている。部隊の任務は兵站，警備，航空が中心であり，兵站は主に進軍ルート上の拠点に，警備は主にマレー半島の各地に上陸した際に配置されたものである。このため，日本兵が撤退した駐屯地は大きく2つに分類され，図3-8のように1つは北線沿線からメーソートに抜けるビルマ攻略作戦の進軍ルート上と，もう1つはマレー半島の日本軍の上陸地点となっていた。前者はシンガポールからラングーンへの海上輸送ルートの確保と泰緬鉄道の建設に伴って輸送ルートの維持が必要なくなったために日本軍が撤退した場所であり，北線上のピッサヌローク，ナコーンサワン，ロップリーは航空部隊の撤退も理由の1つであった。南部の警備兵の撤退は，タイが日本軍の通過を認めたことと敵に飛行場を奪われる可能性がなくなったことによるものであった。しかし，北線とは異なり南線での軍用列車の運行が続いていたことから，これらの地点でも駅に鉄道輸送の部隊が若干残存した可能性もある[141]。

このように，第1期は進軍ルートとしての役割をタイが付与されたことか

---

141) 駅に駐屯する日本軍の状況は，鉄道局が1943年2月時点で示した日本軍の使用している鉄道施設一覧を基にしたため，他にも日本兵が常駐していた駅が存在する可能性もある［NA Bo Ko. Sungsut 2. 10/237 "Banchi Sadaeng Raikan thi Thahan Yipun Khao Asai Sathanthi lae Tham Kan Pluk Sang Rongruean nai Khet Thidin khong Krom Rotfai."］。

表3-12　日本軍の駐屯状況（1942年6月）

第1期末（1942年6月末）の駐屯地

駐屯地	人数	部隊	備考	出所
チエンマイ	30	気象、航空、憲兵		NA Bo Ko. Sungsut 2. 5. 3/6
ラムパーン	50	航空、憲兵		NA Bo Ko. Sungsut 2. 5. 3/6
ドーンムアン	350	航空、憲兵	1943年1月の状況に基づく推計値	NA Bo Ko. Sungsut 2/66
バンコク	3,000	兵站、鉄道、憲兵など	1943年1月の状況に基づく推計値	NA Bo Ko. Sungsut 2/66
チャチューンサオ	N.A.	通信		NA Bo Ko. Sungsut 2. 10/237
プラーチーンブリー	6	通信		NA Bo Ko. Sungsut 1. 13/19
アランヤプラテート	N.A.	通信		NA Bo Ko. Sungsut 2. 10/237
バッタンバン	N.A.	鉄道		NA Bo Ko. Sungsut 2. 10/237
シーチャン島	N.A.	水運		NA Bo Ko. Sungsut 2. 10/4
パーンポーン	200	鉄道建設、捕虜収容所		NA Bo Ko. Sungsut 1. 13/20
カーンチャナブリー	N.A.	鉄道建設		NA Bo Ko. Sungsut 1. 12/121
チュムポーン	20	鉄道、憲兵	1943年1月の状況に基づく推計値	NA Bo Ko. Sungsut 2/66
ハートヤイ	10	鉄道、憲兵	1943年1月の状況に基づく推計値	NA Bo Ko. Sungsut 2/66
ソンクラー	N.A.	鉄道		NA Bo Ko. Sungsut 2. 10/237
パーダンベーサール	N.A.	鉄道		NA Bo Ko. Sungsut 2. 10/237
スガイコーロック	N.A.	鉄道、憲兵		NA Bo Ko. Sungsut 2. 10/237
計	3,666			

第1期中に撤退した駐屯地

駐屯地	部隊	撤退日	備考	出所
ウッタラディット				
サワンカローク	兵站		6月4日時点ではほぼ撤退	NA Bo Ko. Sungsut 2. 5. 3/6
スコータイ	兵站		6月4日時点ではほぼ撤退	NA Bo Ko. Sungsut 2. 5. 3/6
ターク	兵站、通信	1942/05/28		NA Bo Ko. Sungsut 2. 5. 3/2
メーソート	兵站		6月4日時点ではほぼ撤退	NA Bo Ko. Sungsut 2. 5. 3/6
ピッサヌローク	兵站、航空	1942/06/20	撤退予定日	NA Bo Ko. Sungsut 2. 5. 3/6
ナコーンサワン	航空	1942/06/12		NA Bo Ko. Sungsut 2. 5. 3/10
ロッブリー	航空			
サラブリー				
コーラート	警備		5月22日時点で撤退を約束	NA Bo Ko. Sungsut 2. 10/79
プラチュアップキーリーカン	警備			
クラブリー	警備	1942/05/22		NA Bo Ko. Sungsut 2. 5. 3/9
スラーターニー	警備	1941/12/25		NA Bo Ko. Sungsut 1. 13/17
ナコーンシータマラート	警備			
パッターニー	警備			

注：撤退した駐屯地で出所のないものは、撤退したことを示す証拠はないものの第1期末に駐屯が確認されていない場所を示す。

図 3-8　日本軍の駐屯状況（1942 年 6 月）

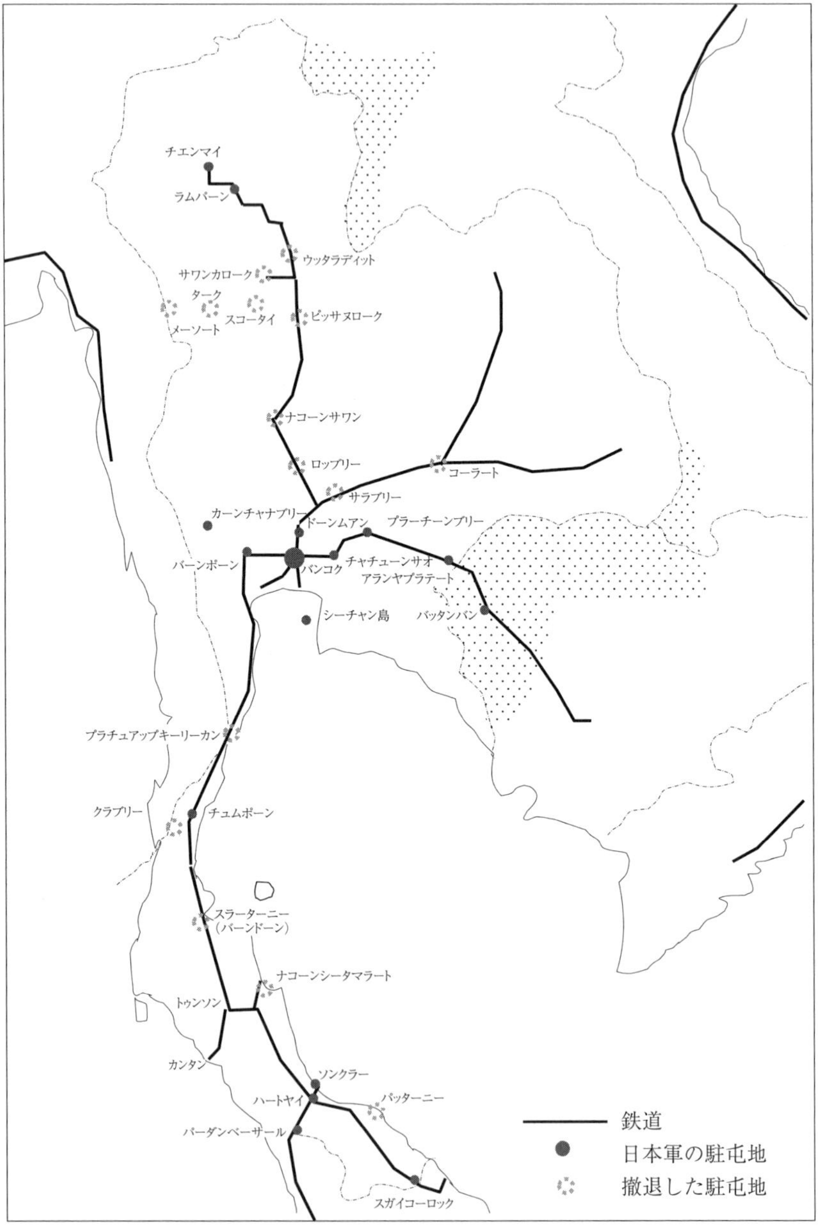

チエンマイ
ラムパーン
サワンカローク
ターク
メーソート
スコータイ
ウッタラディット
ピッサヌローク
ナコーンサワン
ロップリー
サラブリー
コーラート
カーンチャナブリー
ドーンムアン
プラーチーンブリー
バーンポーン
バンコク
チャチューンサオ
アランヤプラテート
シーチャン島
バッタンバン
プラチュアップキーリーカン
クラブリー
チュムポーン
スラーターニー
（バーンドーン）
ナコーンシータマラート
トゥンソン
カンタン
ソンクラー
ハートヤイ
パッターニー
バーダンベサール
スガイコーロック

―――　鉄道
●　日本軍の駐屯地
⋮　撤退した駐屯地

出所：表 3-12 より筆者作成

ら，進軍の終了とともにタイ国内の日本兵の数は減少し，日本軍が撤退した駐屯地も少なからず存在した。表3-12ではすべての駐屯地での日本兵の人数は示されていないが，第1期末の時点でのタイ国内の日本兵の数は多くても4,000人程度であったものと思われる。開戦とともに突如存在感を高め，タイ国内の多くの箇所に駐屯したり通過したりした日本兵であったが，その多くがビルマやマラヤへ入ったことからタイ国内での存在感は明らかに減退していた。日本兵との対応に追われていた中央や地方の官憲にとっては，タイ国内の日本軍の縮小と撤退は望ましいものとして捉えられたであろう。

(3) 建設部隊の投入

日本軍の進軍ルート上や飛行場からの日本兵が撤退する一方で，タイ国内には軍用鉄道と軍用道路の建設部隊が新たに入ってくることになった。当然ながら，これらの部隊の駐屯地は軍用鉄道・道路の沿線になることから，局地的に数多くの日本兵が集中する場所が生まれたのである。それらは泰緬鉄道沿線，クラ地峡鉄道沿線，チエンマイ～タウングー間道路沿線の3ヶ所であった。

このうち，最も日本軍が集中していたのは泰緬鉄道沿線であった。上述したように，泰緬鉄道沿線への日本兵の駐屯は1942年4月末から始まり，7月から建設工事が始まるとその数はさらに増えていった。当初タイ側で建設に従事した日本兵は約8,000人と見積もられ，おそらくはその時点でバンコク駐屯の日本兵の数を上回ったはずである。その後，1943年2月に竣工時期の繰り上げが命じられ，建設を支援する部隊が増員された。その結果，開通直前の日本兵の数は約2.5万人まで増加していたのである。

一方，泰緬鉄道の早期完成と引き換えに輸送力を低下させたことから，クラ地峡鉄道とチエンマイ～タウングー間道路が補完ルートとして用いられることになり，どちらも急遽建設が開始された。クラ地峡鉄道の建設工事は1943年6月から始まり，主にマラヤから連れてきた労務者を用いて建設が進められた。泰緬鉄道に比べれば日本軍の部隊の投入は限定的であったが，1943年10月の時点ではおよそ1,500人の日本兵がクラ地峡鉄道建設に従事していたものと思われる。チエンマイ～タウングー間道路の建設も同じく6

月から始まったが，こちらは当初タイ側に任せたために建設は思うように進まなかった。このため，8月末から日本兵を投入しての突貫工事を始め，10月末までにはおよそ1万人の日本兵が道路工事に従事するようになった。

さらに，これら3ヶ所の建設現場では日本兵以外にも労働力として連合国捕虜や労務者も用いられ，人数的にはむしろ日本兵よりも多い状況であった。泰緬鉄道沿線にタイ側から送り込まれた捕虜の数は約5.1万人で，9月半ばの時点で4万人強が建設に従事していた。タイやマラヤから送られた労務者の数は計9.5万人に及び，同じく9月半ばの時点では約6.8万人が沿線で雇用されていた。クラ地峡鉄道に投入されたのはマラヤからの労務者1.9万人とタイ人労務者約3,500人であったが，逃亡者がどの程度いたのかについては判別しない。チエンマイ〜タウングー間道路ではタイ人労務者がなかなか集まらず難儀したが，10月中に何とか6,000人を確保していた。

このように，3つの軍用鉄道・道路建設に伴い，実に3万6,500人の日本兵，約5万人の捕虜，約12万人の労務者が1943年10月までに建設現場に送り込まれ，合せて20万人以上の人が建設に携わっていたのである。これらの建設に伴い，一旦は減少したタイ国内の日本兵の数は再び増加し，その大半が3つの建設現場に集中することになった。第1期が日本軍の通過の時期であったのに対し，第2期は泰緬鉄道建設期という名のごとく，軍用鉄道・道路建設の時期であった。

(4) 日本軍の再展開

3つの軍用鉄道・道路建設によって建設部隊が多数タイに投入されたほかに，1943年1月に設置された泰国駐屯軍に配置された警備部隊の存在も，タイ国内の日本兵の数や駐屯地を再び増やすことになった。泰緬鉄道の建設現場で起こったバーンポーン事件を契機に，日本軍はタイ国内に警備部隊を常駐させることになり，その司令部としての泰国駐屯軍が新たに設けられた。これが第2期におけるもう1つの大きな変化であった。

表3-13は第2期末における日本軍の駐屯状況を示したものである。日本軍が駐屯している地点は計29ヶ所となり，表3-12の時点の16ヶ所から倍増していることが分かる[142]。駐屯している場所は図3-9のように東線，北線，

南線の沿線と泰緬鉄道沿いに集中しており，東北部には1ヵ所も存在しな
かった。部隊の任務では，北部は道路建設，泰緬鉄道沿線とクラ地峡付近は
鉄道建設が多く，その他は第1期末と同じく鉄道沿線の鉄道輸送や通信部隊
が駐屯している地点が目立つ。北線沿線のラムパーン，ピッサヌローク，ナ
コーンサワン，ロップリーでは飛行場建設の部隊も存在するが，これは次章
で述べるように1943年後半から始まったタイ国内での飛行場整備計画に対
応したものである。

　人数を見ると，日本兵が集中している箇所はチエンマイ，バンコク，泰緬
鉄道沿線の3ヶ所であったことが分かる。中でも泰緬鉄道沿線が最も日本兵
の数が多く，タイ国内で最も日本兵が集中する場所となっていた。チエンマ
イとバンコクはそれぞれ約7,000人の規模で，次いでクラ地峡鉄道沿線が続
いていた。この時点での日本兵の数は判別する限りで4万人を超えており，
表3-12の第1期末と比較すると少なくとも10倍は増えたことになる。上述
したように3つの軍用鉄道・道路の日本兵の数のみで3万6,500人となって
いたことから，タイに駐屯する日本兵のうちの約85％がこれらの建設現場
に駐屯する建設部隊であったことが分かる。

　第1期とは異なり，この時期にタイ国内を通過した部隊は少なかった。タ
イを通過していたのはビルマに派遣された第31師団のみであり，この師団
は中国やマラヤ，ガダルカナルなどから到着した部隊を集めて1943年5月
下旬にバンコクで編成され，その大半が6月から8月にかけて泰緬鉄道の建
設現場を経由して徒歩行軍でビルマに向かっていた[143]。この師団の兵員数は
約1.5万人であったことから，他ルートでビルマに入った部隊を除いても，
少なくとも1万人以上の兵が泰緬鉄道沿いにビルマに向かって行ったことに
なる[144]。泰緬鉄道の建設現場では総計13万人に上る日本兵，捕虜，労務者
が働いており，彼らの需要を満たすだけの食料や生活必需品の確保も困難を

---

142)　泰緬鉄道沿線の人数については，ターマカー，タームアン郡を1つにまとめた他は郡単位で
　　集計してある。
143)　防衛研　陸軍—南西—泰仏印6「駐泰四年回想録　第一編　泰駐屯軍時代其の二」　一部の
　　部隊はマラヤから海路でビルマに向かった。
144)　Ibid. 陸軍—中央—軍事行政編制8「第31師団」（JACAR: C12120973000）　1943年3月24日
　　時点の編成人員は1万4,976人であった。

表 3-13　日本軍の駐屯状況（1943 年 10 月）

駐屯地	人数	部隊	備考	出所
チェンマイ	7,000	道路建設，気象，航空，鉄道，憲兵	10 月 12 日の数値	NA NA Bo Ko. Sungsut 2. 6. 2/56
メーテーン	800	道路建設	9 月 2 日の数値	NA Bo Ko. Sungsut 1. 13/60
メーホンソーン	18	道路建設	11 月 20 日の数値	NA Bo Ko. Sungsut 1. 13/42
ラムパーン	100	飛行場建設，鉄道，憲兵	10 月 23 日の数値	NA Bo Ko. Sungsut 2. 5. 3/6
チェンラーイ	19	兵站，通信	11 月 16 日の数値	NA Bo Ko. Sungsut 2. 5. 2/27
ウッタラディット	N.A.	鉄道		NA Bo Ko. Sungsut 2. 4. 1. 6/17
ピッサヌローク	159	飛行場建設，鉄道	10 月 25 日の数値	NA Bo Ko. Sungsut 2. 5. 3/6
ナコーンサワン	130	飛行場建設	10 月 26 日の数値	NA Bo Ko. Sungsut 2. 5. 3/6
ロッブリー（コークラティアム）	150	飛行場建設	10 月 28 日の数値	NA Bo Ko. Sungsut 2. 5. 3/6
ドーンムアン	N.A.	航空，憲兵		
バンコク	7,000	兵站，鉄道，憲兵など		NA Bo Ko. Sungsut 2/169
チャチューンサオ	N.A.	通信		
プラーチーンブリー	N.A.	通信		
アランヤプラテート	N.A.	通信		
パッタンバン	33	鉄道，通信，警備，憲兵	3 月の数値	NA Bo Ko. Sungsut 2/103
シーチャン島	N.A.	水運		NA [2] So Ro. 0201. 98. 1/17

パーンポーン	5,700	鉄道建設, 捕虜収容所	9月15日の数値	表3-6
ターマカー・タームアン	35	鉄道建設	9月15日の数値	表3-6
カーンチャナブリー	1,809	鉄道建設, 捕虜収容所	9月15日の数値	表3-6
サイヨーク	10,420	鉄道建設, 捕虜収容所	9月15日の数値	表3-6
トーンパープーム	4,100	鉄道建設, 捕虜収容所	9月15日の数値	表3-6
サンクラブリー	2,700	鉄道建設, 捕虜収容所	9月15日の数値	表3-6
チュムポーン	450	鉄道, 鉄道建設, 警備, 憲兵		表3-8
クラブリー	838	鉄道建設, 警備	10月4日の数値	NA Bo Ko. Sungsut 2. 5. 2/11
プーケット	60	警備, 憲兵	6月の数値	NA Bo Ko. Sungsut 2. 5. 3/6
トラン	60	警備, 憲兵	6月の数値	NA Bo Ko. Sungsut 2/133
ハートヤイ	N.A.	警備, 鉄道, 憲兵		NA [2] So Ro. 0201. 98. 3/12
パーダンベーサール	N.A.	鉄道		
スガイコーロック	N.A.	鉄道, 憲兵		
計	41,581			

注：出所のないものは、第2期において日本兵の駐屯が確認できないものの、常駐していた可能性が高い場所である。

256

図 3-9　日本軍の駐屯状況（1943 年 10 月）

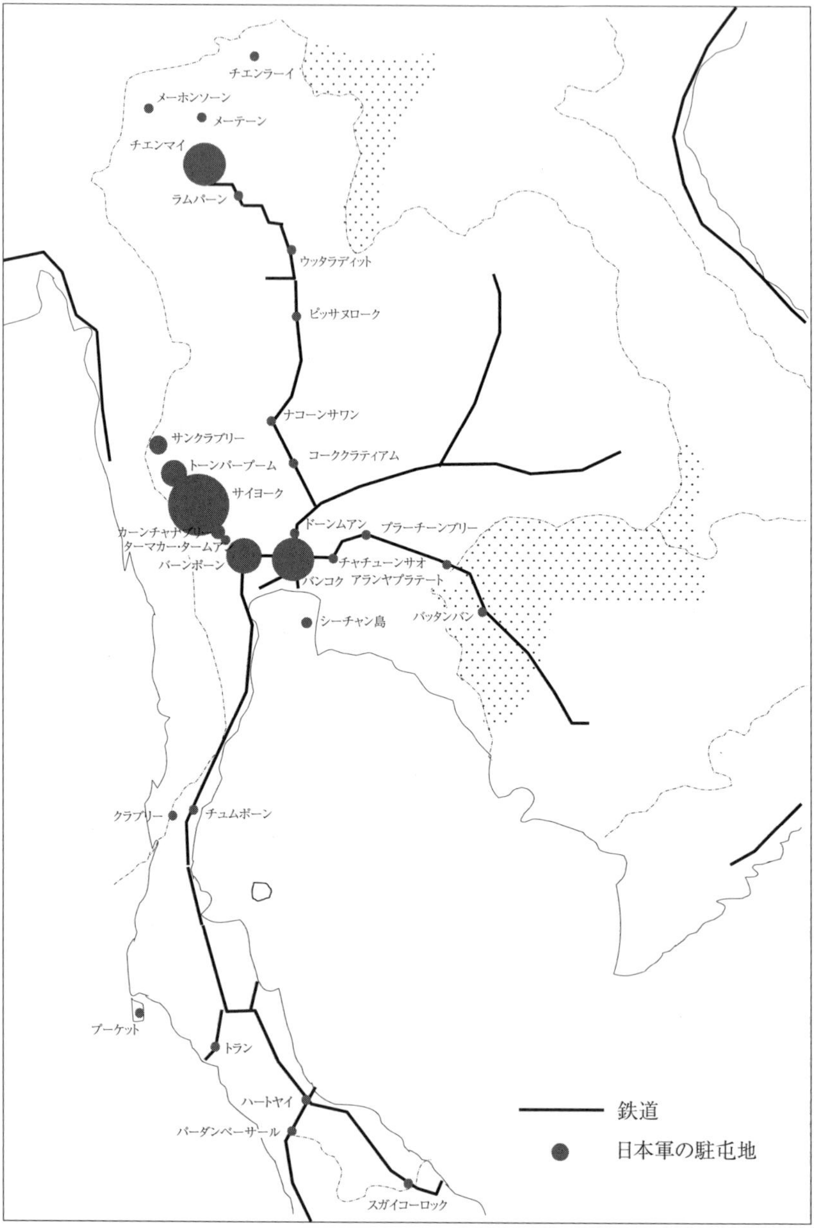

チエンラーイ
メーホンソーン
メーテーン
チエンマイ
ラムパーン
ウッタラデイット
ピッサヌローク
ナコーンサワン
サンクラブリー
トーンパーブーム
コーククラティアム
サイヨーク
カーンチャナブリ
ターマカー・タームア
バーンポーン
ドーンムアン　プラーチーンブリー
チャチューンサオ
バンコク　アランヤプラテート
シーチャン島　パッタンバン

クラブリー　チュムポーン

プーケット
トラン
ハートヤイ
パーダンベーサール
スガイコーロック

──── 鉄道

●　日本軍の駐屯地

出所：表 3-13 より筆者作成

第3章　日本軍のタイ国内での展開①——通過地から駐屯地へ　257

極めていた。そのような場所を1万人以上の兵が通過したことは，建設要員
向けの食料事情にも少なからぬ影響を与えていた[145]。そして，通過する部隊
の少なさが，この時期の軍事輸送量が少なかった理由でもあった。

　このように，第2期には軍用鉄道・道路の建設が始まったことから，第1
期とは一転して，タイ国内に駐屯する日本兵のほうが通過する日本兵よりも
大幅に多くなっていた。そして，タイ国内の各地を偵察する日本兵も多くな
り，第1期にはほとんど日本兵の存在感のなかった東北部でも日本兵が活動
し始めていた。第1期には一旦日本兵が減って安心したのも束の間，タイ国
内の日本兵の数は第2期に急増し，新たに日本兵が駐屯したり訪問したりし
て日本側との対応に追われるようになった地点も増加したのである。

---

145) Ibid. 陸軍—南西—泰仏印75「泰緬鉄道建設に伴う俘虜使用状況調書」　なお，この資料では
　　建設中に泰緬鉄道沿線を通過した兵団は計2師団（第31師団，第54師団）と書かれているが，
　　第54師団の大半はジャワ方面からビルマに向かった部隊であり，マラヤのプライから海路ラン
　　グーンへ向かっていた [防衛研修所戦史室 1968, 146]。

戦争の痕跡④ 泰緬鉄道その1

　泰緬鉄道沿線は，最も多くの日本兵が通過・駐屯した地域である。戦後に映画『戦場にかける橋』が大ヒットしてこの鉄道が「死の鉄道」として世界中に知られたことと，泰緬鉄道の一部区間が戦後も残ったことから，この鉄道はカーンチャナブリー県の重要な観光資源となり，タイ国内で最も多く当時の戦跡が残っている場所となっている。

　泰緬鉄道は戦後連合軍が接収し，ビルマ側はレールを撤去してビルマ国内の鉄道復旧のために用いられたものの，タイ国内の区間はタイ政府に売却された。タイではノーンプラードゥックから130kmのターサオ（ナムトック）までの区間を一般営業用に改修して使用する一方，残る170kmの区間は改修に莫大な費用が掛かる一方で需要が見込まれないことから，レールを撤去して他の路線建設に用いることになった。こうして，1949年のノーンプラードゥック～カーンチャナブリー間の復活を皮切りに，最終的に1958年までにナムトックまでの全線が開通し，戦場にかける橋のモデルとされたクウェーヤイ川橋梁や，泰緬鉄道最大の難所であったタムクラセー（アルヒル）の

パークプレーク通りの旧市街（2015年）

タムクラセーの桟道（2005年）

木造桟道が整備された。

　起点のノーンプラードゥックには数多くの日本軍の施設が作られたが、現在は閑散とした小駅であり、広い駅構内が当時の面影を残しているに過ぎなかったが、近年ホーム上に泰緬鉄道の起点を示す石碑が立てられた。カーンチャナブリーの駅は市街地の北西に位置し、駅前には美しく整備された連合軍墓地が広がっているが、開通当時のカーンチャナブリー駅は3kmほど手前に位置し、現在はパークプレークという停留所が置かれている。パークプレークはかつてのカーンチャナブリーの中心街の名前であり、クウェーヤイ川橋梁が架かるクウェーヤイ川と泰緬鉄道がこの先並行するクウェーノーイ川の合流点付近に、同名の通りがある。今でも市場に隣接しており商店が多く、新たな観光資源化を目指して戦前からの古い建物には説明板が設置されており、日本軍の憲兵隊司令部や慰安所として使われていた建物の存在も確認できる。

　カーンチャナブリーの駅を出ると、線路は左に大きくカーブして有名なクウェーヤイ川橋梁を渡る。橋付近は観光開発が進んでいるが、近くにある日本軍が建てた慰霊碑とともに遠い戦争の記憶を現在に伝えている。その先、線路はクウェーノーイ川左岸に広がるキャッサバ畑の中を進んでいく。かつての密林地帯は広大な畑へと変わったが、このような農業開発とそれに伴って伐採された丸太や木材の搬出が、復活した泰緬鉄道の主要な任務であった。クウェーノーイ川の断崖に沿ったタムクラセーの桟道を徐行で渡ると平地が少なくなり、前方に山が迫ってくると終点のナムトック駅に到着する。ナムトックとは滝の意味であり、駅から2kmほど先にサイヨークノーイという滝がある。旧泰緬鉄道もこの滝の下を通過しており、1990年代に滝までの線路が「復活」して週末に運行されている観光列車が乗り入れるようになった。かつての軍用鉄道は、観光鉄道へとその役割を変えたのである。

第4章
日本軍のタイ国内での展開②
後方から前線へ

第 4 章　日本軍のタイ国内での展開②——後方から前線へ｜263

　本章では，前章に引き続き第 2 の課題であるタイ国内の日本軍の展開状況を解明することを目的とする。前章で第 2 期までの状況を扱ったことから，本章では 1943 年 10 月末の泰緬鉄道の開通から終戦までの第 3 期と第 4 期が対象となる。前章で見たように，開戦とともにマラヤとビルマへ進軍するために約 10 万人の日本兵がタイに入ってきたが，当初のタイは通過地としての役割を担い，部隊の通過とともにタイ国内の日本兵の数は一旦減少に転じた。しかし，1942 年半ばからタイとビルマを結ぶ泰緬鉄道の建設が始まると，鉄道建設のための日本兵が鉄道沿線に駐屯を始めるようになり，泰緬鉄道の補完のために 1943 年に入ってクラ地峡鉄道やチエンマイ～タウングー間道路の建設も始まると，タイ国内に駐屯する日本兵の数はさらに増加した。そして，1943 年初めには泰国駐屯軍が設置され，警備兵の駐屯も復活していたことから，タイは駐屯地としての機能を高めていたのである。

　泰緬鉄道の開通から終戦までの時期は，それまで一貫して日本軍の後方の役割を担ってきたタイが前線に変化していく時期でもあった。これはビルマ戦線での日本軍の劣勢によるものであり，連合軍による空襲も徐々に活発化し，タイがより本格的に戦争に巻き込まれていく過程でもあった。このため，日本軍はタイ国内に駐屯する部隊を増強し，将来西から攻めてくる敵からタイを守るための防衛体制を強化していくのである。これに伴って，タイ国内に駐屯する日本兵もその駐屯箇所も増加していき，日本側の資料で判別する大隊レベルの駐屯状況からも，それは十分読み取ることができる。加えて，この時期にはタイ側も国内の日本兵の分布状況を区（タムボン）レベルまで記録していたことから，双方を組み合わせることで日本軍の展開状況の実像を描き出すことが可能となるのである。

　以下，第 1 節でインパール作戦向けの部隊輸送の状況を解明し，第 2 節で 1943 年半ばから始まった飛行場整備計画と軍用道路整備に関する日本軍の駐屯地の拡大について考察する。次いで，第 3 節で泰国駐屯軍が第 39 軍に改組後のタイ国内での日本軍の増強について，第 4 節で周辺諸国からの日本兵の流入でタイ国内の日本軍の存在感が急速に高まった状況を解明し，最後に第 5 節でこの間の日本軍の通過と駐屯の状況を総括する。

第 1 節　インパール作戦への対応

(1) 泰緬鉄道経由の輸送

　前章で見たように，タイ国内では日本軍がビルマへの進軍ルートとして泰緬鉄道，クラ地峡鉄道，チエンマイ～タウングー間道路の建設を進めており，その中で最も重要な役割を果たす泰緬鉄道が 1943 年 10 月 25 日に開通した。ちょうどこの時期はインパール作戦の準備期であったことから，ビルマへの部隊や物資の輸送がタイにおける軍事輸送の中心となっていた。インパール作戦は，連合軍の反撃に直面したビルマの日本軍がビルマと国境を接するインド北東部のインパールに侵攻して先手を打とうとした作戦であり，1944 年 3 月にビルマの第 15 軍が開始したものであった［防衛研修所戦史室 1969a, 1］。この作戦を遂行するために，多くの部隊がタイを経由してビルマに向かったほか，食料や燃料などの補給物資も大量にビルマに送る必要があり，これこそが当初から期待されていた泰緬鉄道の主要な任務であった。

　予定より数ヶ月遅れで開通した泰緬鉄道は，実際にビルマへの補給ルートとして重要な役割を担うことになった。図 4-1 のように，タイからビルマへの補給ルートは泰緬鉄道，クラ地峡鉄道，ラムパーン～ターコー間道路の 3 つのルートが存在し，その主役を担うべく建設されたのが泰緬鉄道経由のルートであった。この図では泰緬鉄道経由でビルマに向かった日本兵の数が約 5.2 万人とされているが，これは第 2 章で見たタイ側で記録したノーンプラードゥック発の兵の数を利用したものである（114 頁表 2-5 参照）。この記録は 1944 年 6 月末から 11 月初めまでの期間のみを対象としていることから，インパール作戦向けの輸送が最も活発であった 1943 年末から 1944 年初めにかけての輸送量が含まれていない。このため，泰緬鉄道経由でビルマに入った兵の数はこれよりはるかに多かった。

　表 4-1 は泰緬鉄道の起点であるノーンプラードゥックに到着した軍事輸送量を示したものである。これを見ると，1944 年 1 月の到着量が 3,173 両と最も多くなっており，3 月に 3,073 両を記録した後数値が減少していることか

図 4-1　インパール作戦期のビルマへの進軍ルート

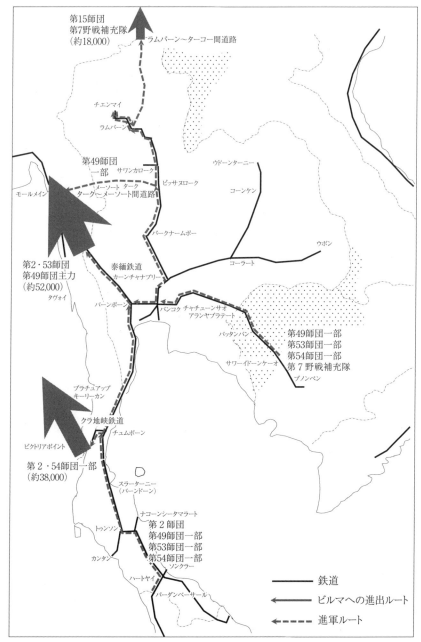

出所：表 2-5, 表 4-3, 表 4-5 より筆者作成

表 4-1　ノーンプラードゥック発着軍事輸送量の推移（第 3 期）（単位：両）

年月	到着							出発（泰緬鉄道）	
	バンコク	カンボジア	マラヤ	南線1	クラ地峡	南線3	計	貨車数	兵（人）
1943/11	751	27	164	140	−	−	1,082	N.A.	N.A.
1943/12	1,290	−	900	2	−	−	2,192	N.A.	N.A.
1944/01	1,594	16	1,546	−	17	−	3,173	N.A.	N.A.
1944/02	1,332	−	1,074	−	46	−	2,452	N.A.	N.A.
1944/03	1,912	7	1,123	3	27	1	3,073	N.A.	N.A.
1944/04	1,611	−	1,217	−	43	6	2,877	N.A.	N.A.
1944/05	1,249	−	1,285	4	−	−	2,538	N.A.	N.A.
1944/06	1,194	−	1,136	−	3	−	2,333	N.A.	N.A.
1944/07	993	−	997	−	1	3	1,994	1,052	6,169
1944/08	1,081	−	1,394	11	−	−	2,486	1,198	13,058
1944/09	1,307	−	1,062	2	−	21	2,392	1,605	18,331
1944/10	1,629	−	1,193	−	40	1	2,863	1,654	10,880
1944/11	1,748	−	637	−	6	6	2,397	N.A.	N.A.
1944/12	648	−	520	14	−	−	1,182	N.A.	N.A.
計	18,339	50	14,248	176	183	38	33,034	5,509	48,438

注：始発駅の発車日を基準としている。
出所：到着：図 1-2，表 1-7 に同じ，出発：表 2-5 に同じ，より筆者作成

ら，1944 年 1〜3 月にビルマ方面への輸送がピークとなっていたことが分かる。発地ではバンコク発のほうがマラヤ発よりも多くなっており，泰緬鉄道に向かう輸送はバンコク発とマラヤ発にほぼ二分されていたことが分かる。なお，この表にはタイ側が記録した 1944 年 7〜10 月のノーンプラードゥック発の泰緬鉄道の輸送量も記されており，これを見るとノーンプラードゥック着の半数から 7 割くらいが泰緬鉄道へと向かっていたことが分かる。第 2 期のノーンプラードゥック着の軍事輸送量を示した表 3-4（214 頁）では最大でも月に 2,400 両しか到着していなかったことから，開通後のほうが到着量は多くなっていたことが分かる。

　この時期に泰緬鉄道経由でビルマへと向かっていたのは，第 2，49，53 師団が中心であった。このうち，第 2 師団はフィリピンに駐屯していた部隊であったが，ガダルカナル島での戦闘で大きな損害を受け，1943 年 2 月にルソン島に撤退後は部隊の再建を行っていた。その後，さらなる回復を図るた

めに 1943 年末にマラヤとジャワに移転させることになった［防衛研修所戦史室 1968, 145］。しかし，この部隊をビルマに派遣することになり，第 2 師団は 1944 年 2 月にビルマに向けて出発した［Ibid., 261］。この部隊はマラヤから鉄道でビルマを目指したことから，泰緬鉄道経由でビルマに向かった最初の師団となった。

　次いで，第 53 師団が泰緬鉄道を通過していった。この師団は日本からビルマ戦線に派遣される部隊であり，1943 年末から計 5 回にわたって出発した。このうち，1943 年 12 月中に出発した第 1，第 2 梯団はサイゴンに上陸し，1944 年に入ってから出発した第 3，第 4 梯団はシンガポールに上陸となった[1]。この師団は主力の到着を待って 1944 年 3 月末にビルマへの転進を命じられ，サイゴンとマラヤから鉄道でビルマを目指した。このため，プノンペンから東線経由で泰緬鉄道に入った部隊と，シンガポールから南線経由で泰緬鉄道に入った部隊が存在していた。例えば，サイゴンに入った歩兵第 128 連隊は 3 月下旬から数梯団に分かれてサイゴンを出発し，シンガポールに着いていた歩兵第 119 連隊は 5 月に入ってからマラヤを発ってビルマに向かっていた[2]。第 53 師団第 1 野戦病院の沢井武三は，泰緬鉄道での移動を以下のように回想している［東辻編 1975, 74-75］。

　　……これより少し行ったところがカンチヤナブリで，此が映画や小説で有名な二つの橋であるが記憶全然なし。ケオノイ川にそうて道なきジャングルを切り開き，山をけずり，橋をかけ，崖の中腹の木の橋など，見るもこわい所を汽車はそろりそろりと走る。傍には道路があり，鉄道が出来るまで軍隊のビルマへ進むのに作った道である。
　　……列車は進んでは止まり，止まるといつ出るかわからず，おりる事も出来ない。十分位の時もあれば二-三時間の時もある。橋が落ちているのを修繕しているとか。谷底に貨車が落ちているのが見える。
　　……材木を重ねてレールをしいたから，汽車からは谷だけしか見えず，あちこちゆらゆら行くので，何回となく肝をつぶす……。

---

1)　防衛研　陸軍―南西―ビルマ 140「第 53 師団作戦記録」　なお，1944 年 6 月に出発した第 5 梯団はフィリピン沖で海没した。
2)　Ibid.

最後にこのルートでビルマに向かったのは第49師団であった。この師団
は1944年6月に朝鮮で編成された後発の部隊であり，同年6月から7月に
かけて釜山を出発し，第1梯団がシンガポールに入り，残る4梯団はサイゴ
ンに到着した［沖浦編 1985, 53-63］[3]。シンガポールに到着した第1梯団は8
月初旬から鉄道で北上を開始し，やはり泰緬鉄道経由でビルマを目指した。
サイゴンに入った第2梯団も8月に入ってからビルマへの転進を開始し，プ
ノンペンから鉄道でビルマに向かったのである。なお，この師団の一部の部
隊は新たなビルマへの補給路の調査のためにピッサヌロークからターク，
メーソート経由でビルマに入っていた［Ibid., 202］。10月31日にタークか
らメーソートへ向かった日本軍を県と郡が支援したとの報告があることか
ら，これがこの部隊のことを指すものと考えられる[4]。このルートは最初の
ビルマ攻略作戦の際に使用したものであり，後述するように1944年に入っ
て日本側からタイ側に対して整備が要請されたルートでもあった。

泰緬鉄道はタイとビルマの間の大動脈であったが，実際には事故や空襲な
どの危険が絶えない過酷なルートであった（写真17, 18）。1944年4月に泰
緬鉄道を通過した第53師団第1梯団の一行の列車は，国境付近のニーケよ
り西では空襲の恐れがあるとして，ニーケで列車はジャングル内に敷設され
た待避線に分割して待避し，夜を待ってから西に向かっていた［加藤編
1980, 51-52］。その後，同年8月に泰緬鉄道でビルマに向かった第49師団歩
兵第153連隊第3大隊は，8月21日夜にバンコクを出て，途中で空襲警報
のために何度も待避を余儀なくされ，時には数日間待避させられることも
あったとのことであり，通常なら一昼夜で着くはずの行程を12日もかけて
9月2日の夕方にようやくモールメインに到着したという［沖浦編 1985, 159
-160］。事故も多く，例えば1944年10月にマラヤから泰緬鉄道でビルマへ
向かっていた軍医の江口は，先行列車の脱線転覆のため途中のワンポーで
40時間待避させられたという［江口 1999, 51-52］。

---

3) なお，第4梯団はマニラで空襲に遭い，サイゴンに到着したのは1944年12月中旬であった。
第5梯団も仏印のカムラン湾で被災し，同年8月にようやくサイゴンに到着した。

4) NA Bo Ko. Sungsut 2. 2/26 "Chao Krom Prasan-ngan Phanthamit thueng Phana Thut Fai Thahan Bok
Yipun Pracham Prathet Thai. 1944/12/29"

第 4 章　日本軍のタイ国内での展開②――後方から前線へ　269

写真 17　泰緬鉄道の軍用列車

出所：清水編 1978, 103

写真 18　泰緬鉄道の木造桟道

出所：清水編 1978, 102

（2）クラ地峡経由の輸送

　泰緬鉄道の開通に続き，1943年12月25日に開通式が行われたクラ地峡鉄道は，泰緬鉄道に次ぐ重要なビルマへの進軍ルートとなった。表4-2はチュムポーン着の軍事輸送量の推移を示したものである。鉄道の開通は1943年12月末であるが，このルートには自動車が通行可能な道路が並行していたことから，鉄道の開通前から兵の移動は行われていた。また，開通までは建設資材の輸送もあったことから，到着が最も多くなっているのは1943年12月の1,037両となっている。ちなみに，第2期のチュムポーンの軍事輸送の到着量を示した表3-7（223頁）では1943年9月から10月にかけて到着量が1,000両を越えていたことから，こちらは建設期間中のほうが到着量は多かったことになる。発地を見ると，マラヤからの輸送が最も多く全体の約7割を占めているが，バンコクからの輸送も計1,253両分存在していた。これには第2章で見たように食料や生鮮品の輸送が含まれていた。

　日本側によると，クラ地峡鉄道での輸送能力は1944年1～3月には1列車

表4-2　チュムポーン着軍事輸送量の推移（第3期）（単位：両）

発区間	バンコク	マラヤ	南線1	泰緬	南線2	南線3	計
1943/11	88	124	37	43	43	137	472
1943/12	309	596	−	56	73	3	1,037
1944/01	199	501	2	21	5	−	728
1944/02	127	654	1	1	6	−	789
1944/03	79	315	−	2	4	4	404
1944/04	19	663	−	−	20	−	702
1944/05	55	401	62	2	37	−	557
1944/06	85	399	14	3	46	6	553
1944/07	70	283	−	1	74	−	428
1944/08	55	388	−	1	69	−	513
1944/09	43	431	−	−	63	−	537
1944/10	55	269	12	−	71	7	414
1944/11	38	154	5	−	45	1	243
1944/12	31	38	−	4	50	6	129
計	1,253	5,216	133	134	606	164	7,506

注：始発駅の発車日を基準としている。
出所：図1-2，表1-7に同じ，より筆者作成

第4章　日本軍のタイ国内での展開②──後方から前線へ｜271

10両の列車が1日4往復，その後は1列車9両の列車が1日6往復であったという[5]。これに従えば，1日当たりの輸送量は片道あたり400～540トンということになる。一方，チュムポーンに到着している車両数は開通後には月当たり500両程度でしかないことから，この輸送能力よりも実際の輸送量ははるかに少なかったことになる。

　チュムポーンでは1944年8月まで兵や労務者の発着数を記録していたことから，具体的な兵や労務者の流動が確認できる。これをまとめたものが表4-3となる。この表を見ると，1943年11月から翌年8月までの間にチュムポーンに到着した兵は日本兵が約4万人，インド兵が約1.8万人であったことが分かる。インド兵についてはすべてシンガポール方面から到着しているが，日本兵は1943年末から翌年初めにかけてバンコクからも到着している。彼らのほとんどがチュムポーンからクラブリー方面へ向かっており，到着数と出発数はほぼ同じとなっている。一方，労務者についてはこの時期にはマラヤからの労務者の帰還が多く，ほとんどがクラブリーから到着してマラヤへと向かっていることが分かる。

　このクラ地峡経由でビルマを目指した部隊は，第54師団が中心であった。この師団は1943年2月に日本で編成され，当初ジャワに派遣されることになっており，一部はジャワに到着していたが，8月にはビルマに派遣されることに決まった［足立編 1983, 9］。この時点では師団の部隊はジャワ，マラヤなど各地に分散しており，主力はシンガポールからペナンまで鉄道で向かい，そこから海路ラングーンに向かっていた［防衛研修所戦史室 1968, 260］。しかし，一部はクラ地峡を経由しており，例えばこの師団に所属している歩兵第121連隊は大阪からサイゴンに到着した後，プノンペン，バンコク経由でチュムポーンに1943年12月11日に到着し，クラ地峡を自動車で越えてカオファーチーから乗船してビルマを目指していた［三森 2006, 158-159］。サイゴンからビルマへは泰緬鉄道経由が最短ではあるが，泰緬鉄道の輸送力が逼迫していたことからわざわざ迂回路となるクラ地峡経由で向かっていたものと思われる。

───────────

5)　防衛研　陸軍─南西─マレー・ジャワ 420「馬来作戦記録（その2）　第29軍」

表4-3　チュムポーンを発着する日本兵・インド兵・労務者数の推移（1943年11月〜1944年8月）（単位：人）

年月日	到着					発地	出発					行先	在留					備考
	兵		労務者				兵		労務者				兵		労務者			
	日本	インド	ケーク	中国	タイ		日本	インド	ケーク	中国	タイ		日本	インド	ケーク	中国	タイ	
1943/11/08	3,800	－	－	－	800	シンガポール	2,250	－	－	－	－	クラブリー（自動車、徒歩）	2,000	－	1,500	1,350	280	
1943/11/15	4,100	－	－	－	－	シンガポール	3,900	－	－	－	－	クラブリー（自動車、徒歩）	2,200	－	1,400	750	720	
1943/11/22	3,650	－	－	－	－	シンガポール	3,650	－	－	－	－	クラブリー（自動車、徒歩）	2,200	－	2,150	950	1,120	
1943/11/29	2,900	1,800	－	－	－	シンガポール	970	600	－	－	－	クラブリー（自動車、徒歩）	4,130	1,200	2,150	1,250	1,030	
1943/12/06	3,600	1,200	－	－	－	シンガポール	5,625	－	－	－	－	クラブリー（自動車、徒歩）	2,105	2,400	3,050	1,550	880	
1943/12/13	2,060	－	－	－	－	シンガポール	1,790	2,150	－	－	－	クラブリー（自動車、徒歩）	2,375	250	2,470	1,275	400	労務者の一部がクラブリーへ移動
1943/12/20	2,600	－	－	－	－	バンコク、シンガポール	2,875	150	－	－	－	クラブリー（自動車、徒歩）	2,100	100	1,169	575	335	
1943/12/27	1,900	－	－	－	－	バンコク、シンガポール	3,020	－	－	－	－	クラブリー（自動車、徒歩）	980	100	1,160	575	460	
1944/01/03	2,000	－	－	－	－	バンコク、シンガポール	1,230	－	－	－	－	クラブリー（自動車、徒歩）	1,750	100	1,110	675	482	
1944/01/10	2,000	－	－	－	－	シンガポール	1,950	－	－	－	－	クラブリー	1,800	100	1,020	555	480	
1944/01/17	1,115	－	－	－	－	バンコク、シンガポール	500	－	700	200	－	兵クラブリー、労務者マラヤ	2,415	100	320	350	400	
1944/01/24	300	－	300	－	－	シンガポール	－	225	200	－	－	兵クラブリー、労務者マラヤ	2,500	100	470	300	400	
1944/01/31	1,425	－	1,000	1,000	－	兵シンガポール、労務者クラブリー	940	－	1,850	600	－	兵クラブリー、労務者マラヤ	2,900	100	500	450	100	
1944/02/07	－	1,100	－	－	－	シンガポール	－	1,050	－	－	－	クラブリー	2,300	150	500	450	100	
1944/02/14	750	1,700	－	－	－	シンガポール	600	1,700	－	－	－	クラブリー	2,450	150	1,500	800	150	
1944/02/21	700	1,900	－	－	－	シンガポール	600	1,950	－	－	－	クラブリー（列車）	2,550	100	1,500	800	200	
1944/02/28	500	2,000	－	－	－	シンガポール	400	1,800	－	－	－	クラブリー	2,650	300	1,500	800	200	
1944/03/06	250	2,100	－	－	－	シンガポール	1,160	940	500	300	－	兵クラブリー（列車、自動車）、労務者マラヤ	1,740	1,460	1,000	500	200	

日付						行先						経路・備考					
1944/03/15	480	1,000	–	–	–	シンガポール	–	–	790	510	–	クラブリー－(列車、自動車、徒歩)	1,430	1,950	1,000	500	200
1944/03/20	220	650	–	–	–	シンガポール	–	–	410	1,700	–	クラブリー－(列車、自動車、徒歩)	1,240	900	1,000	500	200
1944/03/31	500	600	–	–	–	シンガポール	–	–	400	1,000	–	クラブリー－(列車、自動車、徒歩)	1,340	500	1,000	500	200
1944/03/31	–	–	–	–	–		–	–	600	–	–	北方400人、南方200人					
1944/04/05	–	–	–	–	–	–	–	–	500	300	–	北方、南方	1,340	200	1,000	500	200
1944/04/13	540	–	–	–	–	–	–	–	880	–	–	クラブリー－	1,000	200	1,000	500	200
1944/04/21	700	200	–	300	–	–	–	–	200	–	–	クラブリー－	1,500	400	700	400	80
1944/04/28	550	800	300	200	–	労務者クラブリー－	–	–	350	200	–	クラブリー－	1,700	1,000	900	700	60
1944/05/04	200	400	–	–	–	–	–	–	200	500	–	クラブリー－	1,700	900	900	700	60
1944/05/09	50	450	–	–	–	シンガポール	–	–	50	450	–	クラブリー－(列車、徒歩)	1,700	900	900	700	60
1944/05/16	150	200	–	–	–	シンガポール	–	–	450	500	–	クラブリー－(列車、徒歩)	1,400	600	900	700	60
1944/05/24	–	–	–	–	–	クラブリー	–	–	200	300	–	–	1,200	300	1,200	700	60
1944/05/29	–	300	–	–	100	シンガポール	100	–	–	–	–		1,350	350	1,200	800	80
1944/06/16	200	–	300	–	–	バンコク	–	–	–	–	–	–	1,355	300	500	800	80
1944/06/22	200	–	–	–	–	シンガポール	–	–	200	–	–	–	1,000	300	500	500	300
1944/06/29	200	–	–	–	–	シンガポール	–	–	200	–	–	クラブリー－	1,000	300	500	500	300
1944/07/04	700	–	–	–	–	シンガポール	–	–	200	–	–	クラブリー－	1,500	300	500	500	300
1944/07/12	100	–	–	–	–	クラブリー	–	–	100	–	–	クラブリー－	1,500	300	500	500	300
1944/07/12	200	–	–	–	–		–	–	–	–	–	マラヤ		300	500	500	300
1944/07/20	50	–	–	–	–	バンコク	–	–	750	–	–	マラヤ700人、クラブリー-50人	800	300	500	500	300
1944/07/28	300	900	1,500	–	–	シンガポール	–	–	–	600	–	クラブリー－	1,100	600	2,000	500	300
1944/07/23–08/06	100	800	–	–	–		–	–	800	–	–	クラブリー－	1,200	650	2,000	500	300（インド兵にはジャワ兵50人含む）
1944/08/08–19	200	150	–	–	–		–	–	200	250	–	クラブリー－	1,200	550	2,000	500	300（インド兵にはジャワ兵50人含む）
計	39,290	17,950	3,300	1,400	800		3,550	1,200	17,675	38,140							

注：ケークはマレー人労務者を指すものと考えられる。
出所：表3-8と同じ、より筆者作成

ただし，このようなバンコク経由でクラ地峡を経由する輸送は例外的であり，表4-3のようにマラヤ方面から到着する兵が圧倒的に多くなっていた。このルートでの実際の移動例は，例えば第5特設鉄道隊の管理隊が挙げられる。この部隊はビルマで鉄道運営に従事していた第5特設鉄道隊の人員補充のために1943年7月に召集されたもので，10月に日本を出てシンガポールに到着した［ビルマ五八会編 1985, 20-23］。その後，部隊は2つの梯団に分かれてビルマを目指し，11月にシンガポールを出て列車でチュムポーンに着き，クラ地峡鉄道に沿ってカオファーチーまで徒歩行軍した後，船でビルマを目指していた。

また，このクラ地峡経由のルートはインド国民軍の進軍ルートとしても重要であった。表4-3のように，日本兵とともに多数のインド兵がクラ地峡を横断してビルマへと向かっていた。タイからビルマへの他のルートでのインド兵の移動は皆無であったことから，タイ経由でシンガポールからビルマへ向かうインド国民軍の兵士はすべてこのルートを用いていたことになる[6]。この表のようにインド兵の移動のピークは1944年2月から3月にかけてであり，ちょうど1943年11月から1944年1月までに集中していた日本兵の移動が一段落した時期となっていたことが分かる。

(3) 北部からのビルマ進軍

一方，もう1つのビルマへの進軍ルートはチエンマイ～タウングー間道路であったが，この道路は結局ビルマへの進軍ルートとしては使用できず，代わりにラムパーン～ターコー間道路が用いられることになった。チエンマイ～タウングー間道路の整備は当初タイ側に整備を任せる形で1943年6月から始まったが，工事が遅々として進まないため日本側はビルマに向けて転進中であった第15師団にこの道路整備を行わせることとし，8月から順次バンコクに到着した部隊をチエンマイに送り込んでいた。

---

6) フェイ（Peter Ward Fay）はインド国民軍の部隊のマラヤからビルマへの移動について，泰緬鉄道が開通していたものの十分に機能していなかったため，バッターワース（プライ）からの海路か，チュムポーンから徒歩で山を越えてメルギー付近に出て，そこから船でビルマを目指したとしている［Fay 1995, 236-237］。後者がこのクラ地峡経由のルートであったものと思われる。

第4章　日本軍のタイ国内での展開②——後方から前線へ｜275

　しかし，この道路は総延長が 400km を越える長距離の道路であり，しか
も急峻な山岳地帯を抜ける非常に建設が難しい道路であった。一方で，第
15 師団の到着を待ち構えているビルマの第 15 軍は，師団に対して一刻も早
くビルマに到着するよう督促を行っており，第 15 師団は困難な道路整備と
迅速なビルマへの進軍という相反する要求に頭を悩ませることになった［歩
兵五十一聯隊史編集委員会 1970, 281］[7]。第 15 師団長の山内正文中将はタウ
ングーまでの道路の完成を待っていてはインパール作戦には到底間に合わな
いと考え，南方軍に対してラムパーン～ターコー間道路でのビルマへの進軍
に変更することを求めた。この結果，11 月 9 日に南方軍はこのルートでの
第 15 師団の進軍を許可したのであった［防衛研修所戦史室 1968, 180］。

　これにより，一旦チエンマイに集結していた第 15 師団はラムパーンまで
戻った上で北上することになったのである。表 4-4 のように，ラムパーン着
の軍事輸送量は 1943 年 12 月がピークとなり，その後 3 月まで到着量が多い
状況が続いていたことが分かる。北線 3 区間からの到着がチエンマイ発の輸
送を意味しており，1943 年 11 月から 12 月にかけて到着量が多くなってい
ることから，この間に一旦チエンマイに入っていた第 15 師団の兵が多数ラ
ムパーンに戻ってきたことが分かる。

　この進軍ルートの変更によって，ラムパーンの日本兵の数も一時的に増加
することになった（写真 19）。表 4-5 はラムパーンを発着する日本兵の数を
示したものである。1943 年 11 月の中旬までは日本兵の数は 2,500 人であっ
たが，その後日本兵の数が急増し，12 月中旬には 1 万人を超えていたこと
が分かる。ラムパーンを出発した兵の数は 12 月までしか数値はないが，こ
れを見ると 11 月末に一旦 5,700 人の兵が出発した後，しばらくして 12 月下
旬に 1 万人の兵が出発していたことが分かる。その後統計の取り方が変わっ
ているが，1944 年 2 月 18 日の時点で累計約 2 万 8,000 人の日本兵がラム
パーンに到着し，1 万 8,000 人がラムパーンを発っていたことが分かる。日
本側の資料によると，バンコクからの部隊は 12 月 14 日までに，チエンマイ
からの部隊は 18 日までにすべてラムパーンに到着し，ビルマへ向けて北上

---

7)　第 15 軍は牟田口廉也中将が司令官を務めており，南方軍が第 15 軍の暴走を抑えるために故意
　に第 15 師団の進軍を遅らせたとの見方も存在した［歩兵五十一聯隊史編集委員会 1970, 281］。

表 4-4　ラムパーン着軍事輸送量の推移（第 3 期）（単位：両）

発区間	バンコク	北線 2	北線 3	計
1943/11	834	15	760	1,609
1943/12	985	1	1,023	2,009
1944/01	526	4	270	800
1944/02	399	8	4	411
1944/03	322	1	17	340
1944/04	47	−	1	48
1944/05	29	−	33	62
1944/06	21	1	26	48
1944/07	86	1	−	87
1944/08	44	1	−	45
1944/09	73	−	13	86
1944/10	−	−	47	47
1944/11	−	8	38	46
1944/12	−	−	−	−
計	3,366	40	2,232	5,638

注：始発駅の発車日を基準としている。
出所：図 1-2，表 1-7 に同じ，より筆者作成

表 4-5　ラムパーンを発着する日本兵数の推移（1943 年 11 月〜1944 年 7 月）
（単位：人）

年月日	到着（累計）	出発（チエンラーイ方面へ）		残留日本兵
		期間中	累計	
1943/11/01–23	N.A.	500	N.A.	2,500
1943/11/24–30	N.A.	5,698	N.A.	4,895
1943/12/01–09	N.A.	1,974	N.A.	8,192
1943/12/10–18	N.A.	1,792	N.A.	11,383
1943/12/19–26	N.A.	11,480	N.A.	9,078
1944/01/17	24,581	N.A.	14,564	10,017
1944/02/18	28,250	N.A.	18,183	10,067
1944/03/28	N.A.	N.A.	N.A.	3,766
1944/06/11	N.A.	N.A.	N.A.	1,170
1944/07/11	N.A.	N.A.	N.A.	925

出所：NA Bo Ko. Sungsut 1. 12/293，NA Bo Ko. Sungsut 2. 5. 2/28 より筆者作成

していった［Ibid., 181］。なお，第 15 軍は第 15 師団に対して 1944 年 1 月上旬までにビルマ北部のウントー付近に展開するよう命じたことから，第 15 師団では歩兵第 60 連隊のみをこれに間に合わせるためラムパーンから自動

写真19 バンコクからラムパーンへの軍事輸送

出所：貝塚編 1972, 45

車でビルマに向かわせた。この結果，残る部隊には自動車がなく，結局シャン州のシポーまでの約800kmを徒歩行軍で向かうことになった［歩兵五十一聯隊史編集委員会 1970, 281-284］。

このような進軍ルートの変更により，チエンマイの日本兵の数も大きく減ることになった。図4-2のように，チエンマイの日本兵の数は1943年10月12日の時点で7,000人に達していたが，12月には4,000人まで減少し，その後1944年3月には550人となっていたことが分かる。この減少は，チエンマイ〜タウンギー間道路の整備を行っていた第15師団がラムパーンへ向かった結果に他ならない。それでも，日本軍は当初よりこの道路建設の支援を行わせてきた第21師団工兵隊に引き続き整備を行わせ，1944年5月までにおおむね工事は終了したようである［防衛研修所戦史室 1969b, 549］。

ただし，この道路は結局ビルマへの兵の派遣には用いられなかった。ビルマ戦線に兵を補充するための第7野戦補充隊が1943年11月に日本で編成され，第1梯団はタイ湾東海岸のシーラーチャーに，第2梯団はサイゴンに上陸し，それぞれバンコク経由で1944年2月にチエンマイに到着した［田村

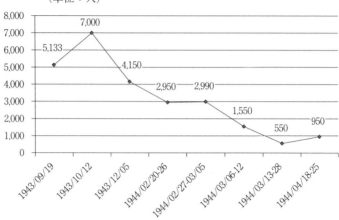

図 4-2 チエンマイの日本兵数の推移（1943 年 9 月～1944 年 4 月）
（単位：人）

出所：NA Bo Ko. Sungsut 1. 12/250, NA Bo Ko. Sungsut 2. 5. 2/1, NA Bo Ko. Sungsut 2. 6. 2/56 より筆者作成

1988, 12-17］。この部隊の一部はチエンマイ～タウングー間道路整備のためにパーイ，メーホンソーンに駐屯したが，大半はチエンマイでビルマへの兵の派遣準備をしていた。当初の予定ではチエンマイ～タウングー間道路経由で補充兵を送るはずであったが，実際には大半がラムパーン～ターコー間道路経由，一部が泰緬鉄道経由でビルマへ派遣された。最終的に 1945 年 3 月に司令部がチエンマイからラムパーンへ移動するまでの間に，計 4,800 人の兵力のうち 3,400 人以上がビルマなどへと補充されていった［Ibid., 12-28］。

(4) 警備部隊の強化

インパール作戦に向けてタイ国内を通過する兵の数が再び急増する一方で，タイ国内でも日本軍の警備部隊が強化されることになった。1944 年 1 月に独立混成第 29 旅団が編成され，泰国駐屯軍の隷下に置かれることになった［防衛研修所戦史室 1969b, 553］。前章で見たように，それまで泰国駐屯軍には警備部隊としては仏印から派遣されていた歩兵第 82 連隊第 2 大隊が存在するのみであったことから，この旅団の設置はタイ国内の警備部隊の大幅な増強を意味していた。この旅団には歩兵が計 5 大隊の他，砲兵，工

兵，通信の各隊が含まれ，歩兵 5 大隊は図 4-3 のようにバンコク，チエンマイ，カーンチャナブリー，チュムポーン，カオファーチーに 1 つずつ，その他の部隊はすべてバンコクに配置された。

　1944 年 2 月には石黒貞蔵中将を司令官とする第 29 軍がマラヤに設置され，ビルマのテナセリム地区とタイのチュムポーン以南を含むマレー半島全域がこの軍の管轄下に置かれることになった［防衛研修所戦史室 1972, 503-504］。これによって，タイの南部は泰国駐屯軍の管轄下から離れ，タイ国内での日本軍の管轄が二分されることになったのである。独立混成第 29 旅団のうち，チュムポーンとカオファーチーに駐屯していた独立歩兵第 160，161 大隊が第 29 軍に移管され，第 29 軍は前者をトラン，プーケットに，後者をチュムポーン，ビクトリアポイントに駐屯させた［Ibid.］。この時期に西海岸のクラビーでも日本兵の駐屯が始まったようであり，4 月 25 日に 25 人の日本兵が到着して駐屯を始めていた[8]。

　その後，シンガポールに昭南警備隊が設置されたことで第 29 軍の管轄区域からシンガポールが外れたため，シンガポールを警備していた第 18 独立守備隊をタイ南部に転用することになり，1944 年 6 月末にこの部隊がタイ南部に到着した［防衛研修所戦史室 1976, 225-226］。この部隊は司令部をチュムポーンに置き，主力をビクトリアポイント，ハートヤイ，プーケットに配置して南部地区の防衛に任じた。これによって第 29 軍に移管されていた独立混成第 29 旅団の 2 大隊は泰国駐屯軍に復帰し，独立歩兵第 160 大隊をバンコクに，同 161 大隊をラムパーンに派遣した[9]。

　この 1944 年 6 月頃の日本軍の駐屯状況を示したものが図 4-4 となる。これは 1944 年 6 月 30 日時点の各地の外国人兵，捕虜，労務者の数をタイ側がまとめたもので，原資料では区（タムボン）単位で人数が記されている（540 頁附表 13 参照）。管見の限り，タイ全土を対象にこのような外国人兵の数を集計したのはこれが最初であり，その後 1945 年 4 月 24 日時点のものまで何

---

8)　NA Bo Ko. Sungsut 2. 5. 2/34 "Phu Kamkapkan Tamruat Phuthon Kabi thueng Senathikan Tamruat Sanam（Thoralek）. 1944/04/26]

9)　防衛研　陸軍―南西―泰仏印 1「泰方面部隊史実資料綴（完）（帰還者報告）」

10)　これらの資料は NA Bo Ko. Sungsut 2. 1/20 に収められている。

図 4-3　泰国駐屯軍の配置（1944 年 1 月）

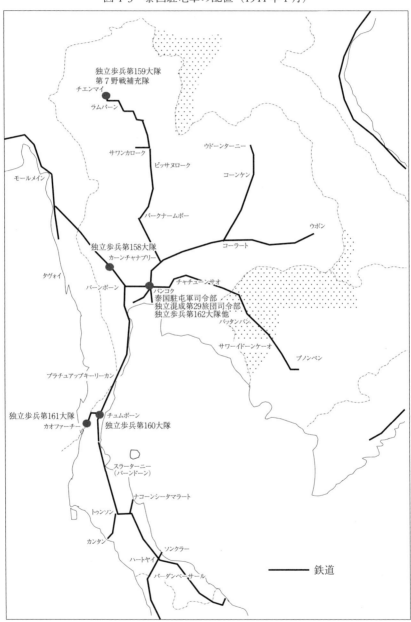

出所：防衛研修所戦史室 1969b, 552 より筆者作成

第 4 章　日本軍のタイ国内での展開②——後方から前線へ | 281

図 4-4　日本軍の駐屯状況（1944 年 6 月）

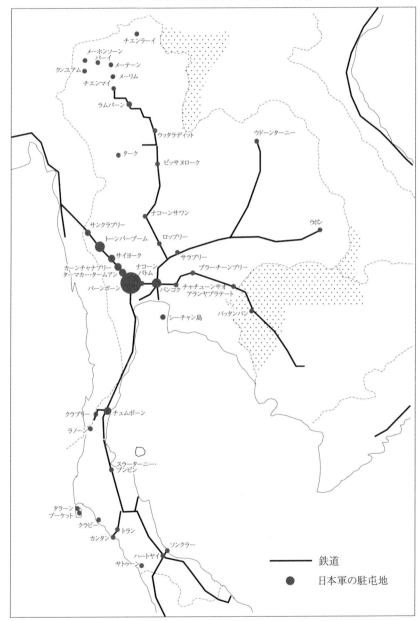

出所：附表 13，NA Bo Ko. Sungsut 2. 1/20 より筆者作成

回かこのような集計がなされていた[10]。この時点ではバーンポーンの日本兵が7,100人と最も多く，以下泰緬鉄道沿線に位置するトーンパープームの3,000人，バンコクの2,745人，チュムポーンの2,100人が続いていた（附表13参照）[11]。この時点でのタイ国内の日本兵の数は2万8,593人となっており，表3-13（254頁）の1943年10月の時点の4万1,581人と比べて約1.3万人も少なくなっていた。図3-9（256頁）と比較しても，泰緬鉄道沿線，バンコク，チエンマイで日本兵の数が減っていることが分かる。減少の主要な要因は，泰緬鉄道の建設が終わって鉄道建設部隊が移動したことと，インパール作戦に参加するために一時駐留していた部隊がビルマに移動したためである。

　第29軍がタイ南部に新たに部隊を派遣し，独立混成第29旅団の2大隊を泰国駐屯軍に返還した理由は，タイの政治情勢の変化に伴うものであった。日本に積極的に協力してきたピブーン首相は1943年11月の大東亜会議への出席を固辞したことから，日本側ではピブーン首相の動きを警戒し始めていた［柿崎 2007, 178］。さらに，彼は1944年に入ってバンコクでの空襲を避けるためと称してペッチャブーンへの遷都を計画したことから，日本側の疑いはさらに強まることとなった。そして，最終的にピブーン首相の遷都計画が国会で否決されたことで，彼は7月24日に総辞職してしまった［Reynolds 1994, 191］。

　このタイにおける政情不安が，バーンポーン事件に匹敵する新たなタイと日本の間の衝突を引き起こした。1944年7月30日の夕方，ビクトリアポイントに駐屯していた日本兵がラノーンに上陸し，警察署などを占拠して警官や軍の武装解除を行い，役人を拘束してラノーンを事実上占拠したのであった[12]。事件の発端は，ピブーン首相の辞職によってバンコクで不穏な噂が流れているので警戒態勢を敷いているとの報告がビクトリアポイントに届いた際に，現地の日本兵がバンコクで日本側とタイ側が開戦したと早合点して隊長にその旨を報告したためであった[13]。この部隊は泰国駐屯軍の部隊ではな

11）　バンコクの人数については地方とは別に駐屯箇所別の人数を示した詳細な表が作られていたことから，附表13には含まれていない。

12）　NA［2］So Ro. 0201. 98/44 "Palat Changwat Ranong thueng Khaluang Pracham Changwat Ranong. 1944/08/01"

13）　防衛研　陸軍—南西—泰仏印6「駐泰四年回想録　第一編　泰駐屯軍時代其の二」

く, 第 29 軍が派遣した第 18 独立守備隊の一部であり, 赴任してから間もな くのことであった。この衝突でタイ側の兵・警官 15 人, 役人 2 人, 住民 2 人の計 19 人が犠牲となった[14]。このラノーン事件は完全に日本側の失態で あり, 第 29 軍の石黒司令官が南部のタイ軍のトップであった陸軍第 6 管区 司令官のサックに直接陳謝するとともに, 泰国駐屯軍の中村司令官が日本側 の代表としてピブーン前首相やクアン新首相に詫びることで局地的な事件と して解決することができたと, 中村司令官は後に回想している[15]。

第 2 節　飛行場と軍用道路の建設

(1) 飛行場整備計画の策定

2 つの軍用鉄道の建設が終了し, チエンマイ〜タウングー間道路の工事も 代替ルートの使用によってその必然性が低下したが, 日本軍は新たに飛行場 と軍用道路の整備を要求してきた。このため, 泰緬鉄道の完成後にタイ国内 に駐屯する兵の数が一時的に減少した一方で, 日本兵の駐屯箇所は増えてい たのである。

開戦後に日本軍はビルマ攻略作戦の一環として主に北線沿いの飛行場に航 空部隊を配置し, ビルマへの空襲を行っていた。これらの部隊は戦線の北上 とともに順次ビルマへと移転し, 最終的にタイ国内で空軍部隊が常駐する箇 所は 1942 年半ばまでにバンコクのドームアン飛行場のみとなっていた。 ところが, ビルマでの敵の反撃が予想されることから, 日本軍はビルマに常 駐している第 5 飛行集団の後方基地として, あるいはビルマ〜マラヤ間の中 継基地としてドームアンを始めとするタイ国内の飛行場を活用しようと考 え, 主要な飛行場を整備して地上部隊を常駐させようと計画したのである [防衛研修所戦史室 1972, 261]。

---

14)　NA［2］So Ro. 0201. 98/44 "Ratthamontri Wa Kan Kasuang Mahat Thai thueng Nayok Ratthamontri. 1944/09/30"

15)　防衛研　陸軍—南西—泰仏印 6「駐泰四年回想録　第一編　泰駐屯軍時代其の二」

1943年7月に入って，日本側はタイ側に対して計15ヶ所の飛行場を整備したいと要望し，協力を求めた[16]。この15ヶ所の飛行場は，図4-5の「当初整備を依頼した飛行場」8ヶ所と，「整備を中止した飛行場」のうちプレー，コカー，ウッタラディット，ピチット，プラチュアップキーリーカン，ソンクラーの6か所，そしてシャン州のチエントゥンであった。これらのうち，ドームアン，ラムパーン，チエンマイの3ヶ所は日本軍が自ら整備を行い，それ以外は日本側が資材を提供してタイ側で整備を行うこととされていた。完成期限は一部が10月まで，残りは12月までとなっており，半年間ですべての飛行場の整備を行うことになっていた。実際には，これらの飛行場はすべて既存のものであり，滑走路の拡張が主要な作業となった。

　この後，日本軍は実際に飛行場の視察を行い，対象飛行場の変更を行った。7月に15ヶ所の飛行場整備を要望した後，シンブリーが新たに加わって16ヶ所となった。8月の時点でタイ側はコカー，プレー，ウボン，ロップリー，ナコーンサワン，ウッタラディット，シンブリーで工事を開始していたが，シンブリーは洪水で工事が中止されるかもしれず，ウッタラディットは森を切り開くため機材が必要であると日本側に報告していた[17]。このため，シンブリーの飛行場整備は中止し，タークを代わりに用いることになった[18]。また，ロップリーはタイ軍の拠点であることからタイ側が難色を示し，代わりにタークリーでの飛行場整備を勧めたところ，日本側もこれに同意することになった[19]。ただし，日本側は洪水の恐れのため使用中止としたピチットとサワンカロークの代替であると主張し，ロップリーの継続使用を求めていた[20]。

　最終的に，日本側との間で10月19日に飛行場整備に関する合意を結び，第1期として10月中にコカー，プレー，ウッタラディット，ピッサヌローク，ピチット（タールアン）あるいはサワンカローク，ナコーンサワン，

---

16)　NA Bo Ko. Sungsut 2. 5. 1/2「泰陸武第二一八号　航空基地拡張整備ニ関スル件　1943/07/13」

17)　NA Bo Ko. Sungsut 2. 9/15 "Banthuek Kan Prachum. 1943/08/21"

18)　NA Bo Ko. Sungsut 2. 5. 1/2 "Rian Chao Krom. 1943/10/06"

19)　Ibid. "Rong Chao Krom sanoe Phu Thaen Kongthap Akat. 1943/11/26"

20)　Ibid. サワンカロークはこの時に初めて名前が挙がっており，どのような経緯で候補になったのかは不明である。

図 4-5　日本軍の要請した飛行場整備（1943 年 7 月〜1944 年 8 月）

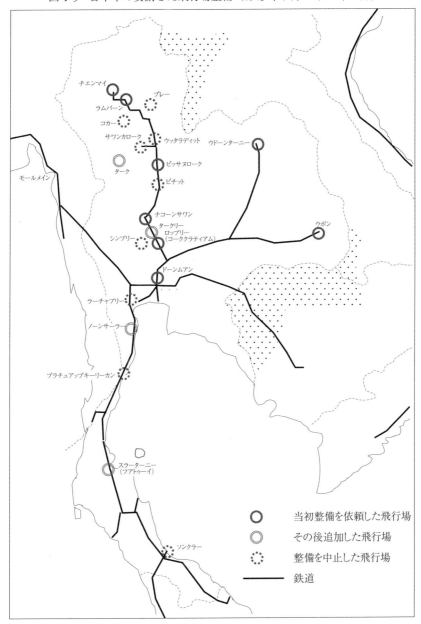

出所：NA Bo Ko. Sungsut 2. 5. 1/2 より筆者作成

ロップリー，タークの計8ヶ所を完成させ，第2期としてチエントゥン，ウドーンターニー，ウボン，プラチュアップキーリーカン，ソンクラーの5ヶ所を1944年2月までに完成させることになった[21]。そして，11月に入ってから上述のピチットかサワンカロークを中止し，代わりにタークリーを含める形で合意を変更することを求めた[22]。これらのタイ側に依頼した飛行場の整備は，各県の協力の下でタイ空軍が担うことになった。

　この飛行場整備に合わせて，各地の飛行場での日本軍の駐屯が始まった。1943年10月には航空部隊の地上整備員をピッサヌローク，ナコーンサワン，ロップリーの3ヶ所にそれぞれ20人ずつ派遣するとタイ側に伝えていた[23]。また，この3ヶ所に航空部隊の地上勤務隊が常駐することになるとして，ピッサヌロークとロップリーでそれぞれ収容人員800人，500人の仮兵舎を建設し，ナコーンサワンでは当面タイ陸軍の兵舎3棟を貸してほしいと要求していた[24]。

　実際に，ピッサヌロークやナコーンサワンへの軍事輸送量は1943年末から増加していた。図4-6は整備対象の飛行場に隣接した北線の3駅への軍事輸送の到着量を示したものである。これを見ると，ナコーンサワン飛行場の最寄駅であるノーンプリンとピッサヌロークへの軍事輸送は1943年10月から始まっており，これは上記の航空部隊の駐屯のための輸送であると思われる。その後の到着量は減るが，軍事輸送自体は継続されており，1944年末に再び増加している。また後から整備対象となったタークリーでも1944年4月から到着が見られ，1944年10月に最も多くなっていたことが分かる。このように，整備対象の飛行場が多かった北線では，インパール作戦に参加した部隊の輸送が終わった後も，沿線の飛行場に駐屯する部隊向けの軍事輸送が継続して存在していたのである。

21）　NA Bo Ko. Sungsut 2. 5. 1/4 "Kho Toklong Kan Sang Than Thap Akat Kiaokap Kan Chat Triam Kosang Mai nai Prathet Thai. 1943/10/19" この合意には，日本軍が自ら整備するとしたドーンムアン，チエンマイ，ラムパーンは含まれていなかった。

22）　NA Bo Ko. Sungsut 2. 5. 1/2「泰陸武第四三六号　貴国内航空基地整備ニ関スル件　1943/11/19」

23）　NA Bo Ko. Sungsut 2. 5. 1/6「泰陸武第三五〇号　飛行場地上整備員ニ便宜供与相成度件通牒 1943/10/06」

24）　Ibid.「泰陸武第三五一号　飛行場ニ仮兵舎建築及一部泰国兵舎借用方ノ件　1943/10/06」

図 4-6　タークリー・ノーンプリン・ピッサヌローク着軍事輸送量の推移
　　　　（1943 年 8 月〜1944 年 12 月）（単位：両）

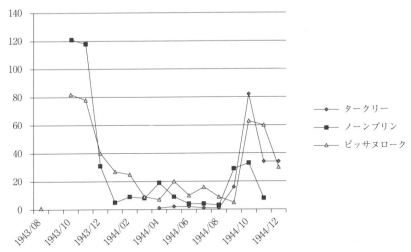

注：始発駅の発車日を基準としている。
出所：図 1-2，表 1-7 に同じ，より筆者作成

(2) 飛行場整備の拡大

　この後，日本軍が整備を希望する飛行場の数がさらに増加することになった。1944 年 2 月 5 日に中村司令官からピブーン首相に対して戦争遂行に関する提言があり，日本側が希望するタイ側の防衛や交通インフラの整備を求めた。この中で，飛行場の整備については合意に基づいた整備を引き続き進めるとともに，11 月末までにウボンに 2 ヶ所，ラーチャブリーに 2 ヶ所の飛行場を建設することを求めていた[25]。ウボンについては既に 1943 年 10 月の合意に含まれていたことから，これは既存の飛行場に加えて予備の飛行場を 1 ヶ所整備することを求めたものであり，ラーチャブリーについては 2 つの飛行場を新設するものであった。
　ウボンでは 1944 年 1 月に日本兵 3 人が飛行場の調査のために訪問しており，新飛行場の整備のための候補地を調べているのであろうと県知事がバン

---

25)　NA Bo Ko. Sungsut 1. 12/265「中村大日本陸軍最高指揮官ノ「ピブン」泰軍最高指揮官ニ対スル申入レ要旨　1944/02/05」

コクに報告していた[26]。しかし，その後日本側がウボンの第2飛行場の整備を急いだ痕跡はなく，1944年10月の時点で町の北のノーンパイに新飛行場を建設することが決まっていたことが確認できるのみである[27]。次に述べるラムパーンでは予備飛行場の整備が先に始まっていたことから，ウボンでの第2飛行場の整備はそれほど重要性が高くなかったものと思われる。

ただし，ウドーンターニーとともにウボンでも1943年10月の合意で飛行場整備がなされることが決まっていたことから，双方とも日本軍の駐屯自体は始まっていた。先の図4-4のように，1944年6月の時点でどちらも日本兵の駐屯が確認されており，人数はそれぞれ20人程度であった（540頁附表13参照）。第1期にコーラートに一時警備兵が駐屯したのを除けば，これが東北部での日本兵の最初の駐屯であった。また，飛行場の整備に伴って日本軍の軍事輸送も始まっており，図4-7のようにウボンとウドーンターニーに向けた軍事輸送が1944年に入ってから確認されるようになった。

ラーチャブリーについても，中村司令官が整備を要請したにもかかわらず日本側の動きは鈍かった。ラーチャブリーには既存の飛行場はなく，空軍が県知事に飛行場の建設可能な場所はないか打診したところ，知事はパークトー駅の西5km付近の平地のみが適地であるものの，住民の水田に影響が出ると回答していた[28]。1944年4月の時点でも日本側はまだラーチャブリーの飛行場候補地の視察にも行っておらず，やはりラムパーンでの予備飛行場の整備の話が先に進んでいた[29]。結局，次に述べるように日本側はラーチャブリーでの飛行場建設は洪水の懸念があるとして，具体的な候補地も挙げないまま南のペッブリーでの飛行場建設を開始することになった。

一方，中村司令官の要請とは別個に新たに浮上した計画が，ラムパーンと

---

26) NA Bo Ko. Sungsut 2. 5. 1/5 "Khana Krommakan Changwat Ubon Ratchathani thueng Palat Kasuang Mahat Thai. 1944/02/05"

27) 管見の限り，NA Bo Ko. Sungsut 2. 9/28 " Chao Krom Prasan-ngan Phanthamit rian Maethap Yai. 1944/10/28" にノーンパイに飛行場を建設するとの話が出てくるのが，ウボンの第2飛行場に関する最初の記録である。日本側の資料によると，1944年10月末の時点で滑走路予定地の開拓（伐根）が完了した状況であった［義部隊司令部 1945b, 挿図第123]。

28) NA Bo Ko. Sungsut 2. 5. 1/2 "Mo Tho. Tho. O. thueng Chao Krom Prasan-ngan Phanthamit. 1944/03/16"

29) NA Bo Ko. Sungsut 2. 9/19 "Banthuek Kan Prachum Pracham Sapda. 1944/04/18"

第 4 章　日本軍のタイ国内での展開②──後方から前線へ 289

図 4-7　ウボン・ウドーンターニー着軍事輸送量の推移（第 3 期）（単位：両）

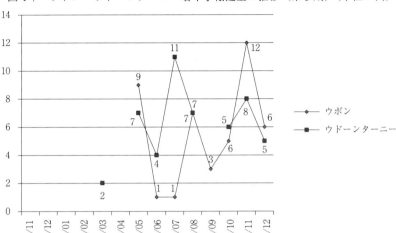

注：始発駅の発車日を基準としている。
出所：図 1-2，表 1-7 に同じ，より筆者作成

スラーターニーでの飛行場整備であった。ラムパーンには既に飛行場が存在し，1943 年 10 月の合意に従って整備が行われていたが，新たに 2ヶ所の予備飛行場を整備することになった。最初にこの話がタイ側に伝えられたのは 1944 年 3 月 21 日のことと思われ，次のスラーターニーとともにラムパーンに 2ヶ所の飛行場を整備したいと伝えていた[30]。2ヶ所の場所については当初ラムパーンの西のハンチャット郡パークライ村と東のメーモ郡を想定していたが，メーモに代えて北東のプラチャーティパット通り（ラムパーン～チェンラーイ間道路）の 35km 地点に建設することが決まった[31]。これらの飛行場整備は 4 月から始まり，日本側はラムパーン県知事に 1 日 2,000～3,000 人の労務者の提供を求めていた[32]。パークライの飛行場では 3,000 人の兵を収容するための兵舎 100 棟の建設も進められ，ハンチャット駅から飛行場までの

---

30) NA Bo Ko. Sungsut 2. 5. 1/2 "Pho. To. Cho. Prathipasen rian Set. Tho. Sanam. 1944/04/21"
31) NA Bo Ko. Sungsut 2. 5. 3/8 "Raingan Kan Prachum Anukammakan Phasom Changwat Lampang. 1944/03/27"
32) Ibid. "Raingan Kan Prachum Anukammakan Phasom Changwat Lampang. 1944/04/10"

約 3km の道沿いには石油格納庫や倉庫を作る場所も準備されていた[33]。

　南部のスラーターニーについても，日本軍は新たな飛行場の整備を求めてきた。スラーターニーには町の東側のドーンノックに飛行場が存在したが，日本軍は西のプンピン郡フアトゥーイに新たな飛行場を整備する計画を立てた。1944 年 2 月には日本人技師と将校がフアトゥーイを訪れ，飛行場候補地の視察を行っていた[34]。タイ側は日本軍の飛行場計画用地が広大で，住民への影響が大きいとして，別の場所にするよう求めていた[35]。日本軍は 1944 年 6 月にスラーターニーへ警備兵を送るとタイ側に伝えており，スラーターニーでの日本兵の駐屯が再開された[36]。タイ側が見直しを求めたものの，結局フアトゥーイでの飛行場建設は始まった。正確な開始時期は分からないが，1944 年 9 月の時点では第 1，第 3 飛行場の建設が労務者 1,000 人を用いて行われていた[37]。

(3) 飛行場整備計画の見直し

　1943 年 10 月の合意では計 13 ヶ所（後に 12 ヶ所）の飛行場を整備することになっていたが，その後日本軍は飛行場を整備する箇所を集約し，1 ヵ所に複数の滑走路を整備する方針へと変えていった。1944 年 8 月には，ウボン，ウドーンターニー，ピッサヌローク，ナコーンサワン，ロッブリー，タークの計 6 か所の飛行場を 10 月中に完成させる一方で，コカー，プレー，プラチュアップキーリーカン，チエントゥン，ウッタラディット，ソンクラーの計 6 ヶ所の整備を中止するようタイ側に伝えた[38]。これは，最初に合意した計 13 ヶ所の飛行場のうち，半数のみ整備を続行することを意味した[39]。

33）　NA Bo Ko. Sungsut 1. 12/293 "Khaluang Pracham Cho Wo. Lo. Po. thueng Set. Tho. Sanam. 1944/07/12"

34）　NA Bo Ko. Sungsut 1/510 "Nai Chang Kosang Khet Surat Thani thueng Phu Banchakan Thahan Sungsut. 1944/02/25"

35）　NA Bo Ko. Sungsut 2. 9/19 "Banthuek Kan Prachum Pracham Sapda. 1944/05/02"

36）　NA Bo Ko. Sungsut 2. 5. 1/6「泰陸武第 307 号　日本軍「バンドン」駐屯ニ関スル件通牒 1944/06/20」

37）　NA Bo Ko. Sungsut 2. 5. 2/29 "Khana Krommakan Amphoe Phunphin thueng Khana Krommakan Changwat Surat Thani. 1944/09/15"　このフアトゥーイの飛行場の一部は，現在スラーターニー空港として用いられている。

38）　NA Bo Ko. Sungsut 2. 5. 1/2 "Pho. To. O. Fuen Ritthakhani krap rian Pho Bo So. 1944/08/19"

実際に，日本軍が自ら整備を行う飛行場の数は，当初の合意の時点と比べて増えていた。当初の合意ではドームアン，ラムパーン，チエンマイの3ヶ所のみ日本側が整備を行うことになっていたが，ラムパーンでの2ヶ所の予備飛行場と，スラーターニーのフアトゥーイ飛行場は最初から日本側が整備を担当していた。また，1944年8月からはタークリー，ナコーンサワン，ターク，ウドーンターニーの4ヶ所の飛行場整備も日本側が自ら行うこととなり，工事を担当していたタイ空軍から任務を引き継いだ[40]。この背景には，タイ側に整備を任せていた飛行場の整備が日本側の思うように進まなかったこともあると思われる。

　さらに，日本軍は新たな飛行場の整備を計画した。これがラーチャブリーの飛行場に代わるペップリーの飛行場である。1944年8月に日本側が6ヶ所の飛行場整備を中止するよう求めた際に，ラーチャブリーの飛行場については洪水の恐れがあるとしてペップリー県チャアム郡ノーンサーラーに作りたいとタイ側に伝えてきた[41]。日本側が要求した土地は，南線のノーンチョーク〜ノーンサーラー駅の西側の南北14km，幅10kmの広大な土地であった。この辺りには灌漑局（Krom Chonlaprathan）が灌漑水路を建設する計画があったことから，タイ側は少し南に場所をずらすよう求めたものの，日本側は地形が悪いとして元の場所を要求した[42]。結局，タイ側は一部の土地を留保した上で，日本側の要求通りノーンサーラーでの飛行場整備を認めた。

　このノーンサーラーでの飛行場整備には捕虜も用いられていた。第2章で見たように，泰緬鉄道の建設に用いられた捕虜は，鉄道の完成後に一部がシンガポールや日本へ送られていたが，一部はタイ国内の建設現場へと移動させられていた。タイ側の記録によると，1944年6月末の時点でタイ国内の捕虜の数は計5万470人であり，ほとんどが泰緬鉄道沿線にいた（附表13

---

39)　次に述べるように，残るタークリーは日本軍が自ら整備をするとしていた。

40)　NA Bo Ko. Sungsut 2. 5. 1/5 "Raingan Sang Sanambin tangtae Roem Tham chonthueng Sin Tho. Kho. 86."

41)　NA Bo Ko. Sungsut 2. 5. 1/2 "Pho. To. O. Fuen Ritthakhani krap rian Pho Bo So. 1944/08/19"

42)　Ibid. "Pho. O. Pho. Ditsaphong sanoe Set. Tho Bo. Sanam. 1944/09/11"　タイ側はノーンサーラー〜チャアム間の鉄道と西側に並行する山の間の土地を代替地として示したが，日本側は山の存在のために元の場所を要求したものと思われる。

参照)[43]。ところが，1945年4月末の時点では，タイ国内の捕虜の数は1万7,524人と大幅に減っており，泰緬鉄道沿線の捕虜の数も1万780人と数を減らしていた（542頁附表14参照）。残る約7,000人の捕虜がタイ国内の各地で日本軍の建設作業に従事されており，ウボンの2,150人を筆頭に，ナコーンナーヨック1,500人，プラチュアップキーリーカン924人などと，日本軍が飛行場や道路を建設していた箇所に捕虜は多く存在した。ノーンサーラー飛行場で使われていた捕虜はそれほど多くはないが，300人がターヤーンに作られた捕虜収容所に収容され，労役に使われていた。

ただし，捕虜の数はこれよりもっと多かった可能性もある。1945年3月の時点でペッブリー県知事はターヤーンの捕虜の数は900人と伝えており，今後5,000人に増える予定であるとバンコクに報告していた[44]。また，同盟国連絡局からペッブリーに派遣された通訳は，正確な時期は分からないもののペッブリー市内に500〜800人，ターヤーンに2,000人の捕虜がいると報告していた[45]。実際に建設したのは滑走路1本であったようであるが，広大な用地の使用を求めていたことからも分かるように，日本軍がこのノーンサーラー飛行場をタイにおける防衛の拠点の1つとして活用しようとしていたことは間違いない[46]。

（4）軍用道路の整備要求

飛行場の整備とともに，軍用道路の整備も日本側からタイ側に要請された。これまでも日本軍はタイ側に対して軍用道路の整備を何度も求めており，開戦直後のターク〜メーソート間道路や，1943年に入ってからのチエンマイ〜タウングー間道路の整備要求がその例であった。実際には，いずれの道路も当初タイ側に整備を依頼したものの，最終的には日本側が自ら整備を行う形に変更し，タイ側は労務者の提供に便宜を図るのみとなっていた。

---

43) このうち3,100人がナコーンパトムにおり，残りはすべて泰緬鉄道沿線の各地にいた。

44) NA Bo Ko. Sungsut 2. 1/11 "Khana Krommakan Changwat Phetchaburi thueng Palat Krasuang Khamanakhom. 1945/03"

45) NA Bo Ko. Sungsut 2. 1/12 "Phong-amon Kridakon."

46) 日本側の資料によると，将来的には滑走路を2本有する拠点飛行場として整備する予定であったと思われる［義部隊司令部 1945b, 挿図第125］。

第4章　日本軍のタイ国内での展開②——後方から前線へ　293

　1944年2月に中村司令官がピブーン首相に対して提言を行った際に，ウ
ボンとラーチャブリーでの飛行場整備とともに，タイに対して4線の軍用道
路の整備を求めていた[47]。これらは図4-8に示されたバンコク〜ハートヤイ
間道路，ターク〜メーソート間道路，プラチュアップキーリーカン〜メル
ギー（ベイツ）間道路，ウドーンターニー〜ナコーンパノム間道路であっ
た。このうち，ウドーンターニー〜ナコーンパノム間道路は5月末までに，
残る3線は11月末までの整備を求めていた。

　この中で最も整備が困難なものは，バンコク〜ハートヤイ間の道路であった。
ターク〜メーソート間はかつて日本軍がビルマ攻略作戦時に整備した道路で
あり，その後荒廃してはいたものの，道自体は存在していた。プラチュアッ
プキーリーカン〜メルギー間は古くから交易ルートとして用いられてきたマ
レー半島の横断ルートであり，まともな道路は存在しなかったが，タイ側に
求められたのは国境のチョン・シンコーン峠までの30km程度の区間の整備
であり，それほど難しくなかった[48]。ウドーンターニー〜ナコーンパノム間
には既に自動車の通行可能な道路が存在しており，整備は最も容易であった。

　これに対し，バンコク〜ハートヤイ間道路は総延長が1,000km近くある長
大な道路であり，一部区間を除いて道路は全く存在していなかった。図4-8
のように，ナコーンパトム〜ラーチャブリー間，チャアム〜フアヒン間，フ
アイヨート〜パッタルン間の3ヶ所以外には道路が存在せず，バンコク〜ナ
コーンパトム間などごく一部が工事中という状況であった。タイでは長らく
鉄道と並行する道路の建設を忌避しており，立憲革命後に策定された1935
年の全国道路建設18年計画でようやく鉄道に並行してバンコクと地方を結
ぶような幹線道路の整備計画が策定されたが，実際の建設はほとんど始まっ
ていなかった［柿崎2009, 28-42］。南部への幹線道路については，バンコク
からチュムポーンまでは鉄道に並行するものの，その先は西海岸経由でパッ
タルンまで至るルートが想定されており，鉄道沿いに東海岸を進む道路はそ

---

47)　NA Bo Ko. Sungsut 1. 12/265「中村大日本陸軍最高指揮官ノ「ピブン」泰軍最高指揮官ニ対ス
　　ル申入レ要旨　1944/02/05」
48)　直線距離ではプラチュアップキーリーカン〜チョン・シンコーン間は15km程度であるが，
　　日本軍の資料によるとこの間の道路距離は29kmであった［義部隊司令部1945a, 49］。

図 4-8　日本軍の要請した軍用道路整備（1944 年 2 月）

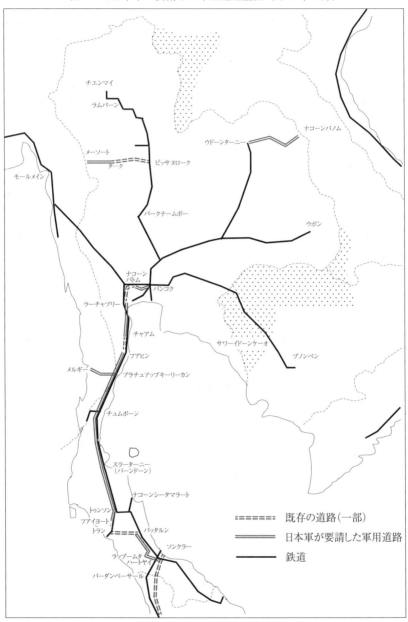

出所：NA Bo Ko. Sungsut 2/243 より筆者作成

第4章　日本軍のタイ国内での展開②——後方から前線へ｜295

もそも建設対象にもされていなかった[49]。

　この道路整備の要求が最初にタイ側に伝えられたのは 1944 年 2 月であっ
たが，中村司令官によると最初に泰国駐屯軍に対してこの道路整備の指示が
出たのは 1943 年 5 月にシンガポールで行われた軍司令官会同であったとい
う[50]。この会同で，彼はマラヤ国境〜バンコク間，チエントゥン〜ターコー
間の道路補修と，チエンマイ〜タウングー間道路の建設を指示されたとい
う。この道路整備はあくまでも指示であり，彼はピブーン首相と交渉してタ
イ側に整備を依頼すべきものと考えていたことから，帰国後彼はさっそくピ
ブーン首相に会ってこの道路整備への協力を要請したという[51]。しかしなが
ら，管見の限りタイ側の資料でこの道路建設の話が出てくるのは，1944 年 2
月の中村司令官からピブーン首相への提言が最初のことであった。

　中村司令官がピブーン首相に軍用道路 4 線の建設を依頼してから，実際に
日本側とタイ側で整備に向けた交渉を始めた。双方ではとりあえず 1944 年
3 月 1 日から工事を開始することとし，工事自体は道路局が担当して必要な
労務者はタイ側が集めるとしたものの，工事に必要な機材や資材は日本側が
提供することになった[52]。また，短期間に恒久路（Thang Thawon）の建設は不
可能であったことから，タイ側はとりあえず仮設の補給路（Thang Lamlong）
として建設するとピブーン首相から中村司令官への返信の中で述べてい
た[53]。日本側はタイ側に対して毎月の工事状況の報告を提出するよう求め，
間接的に圧力をかけていた[54]。また，中村司令官も 7 月にバンコク〜ハート
ヤイ間道路の視察という名目でプラチュアップキーリーカンを訪問してお
り，沿線の道路整備状況の確認を行っていた[55]。

　しかしながら，これだけの長距離の道路を短期間で建設することは不可能

---

49)　1941 年に新たに多数の国道が指定された際に，チュムポーンからスラーターニーを経て，そ
　　の先は海岸線に沿ってソンクラーまで至るルートが建設国道に含まれた［柿崎 2009, 44］。しか
　　しながら，既に道路が存在していた一部の区間を除き，具体的な整備は全く行われなかった。
50)　防衛研　陸軍—南西—泰仏印 6「駐泰四年回想録　第一編　泰駐屯軍時代其の二」
51)　Ibid.
52)　NA Bo Ko. Sungsut 2/244 "Banthuek Rueang Thanon Yutthasat."
53)　Ibid. "Phu Banchakan Thahan Sungsut haeng Kongthap Thai thueng Phu Banchakan Thahan Yipun nai
　　Prathet Thai. 1944/03/11"
54)　NA Bo Ko. Sungsut 2/297「泰陸武第二二一号　道路作業進捗状況ニ関スル件通牒　1944/05/04」

であった。おそらく工事がそれなりに進展した頃の数値と思われるが，バンコク～チュムポーン間では88kmの区間で完成し，土木工事が終了した区間が254km，工事中が28km，未着工の区間が124kmであった[56]。これに対し，チュムポーン～トゥンソン間288kmは全区間未着工の状況であり，トゥンソン～ハートヤイ間では途中のフアイヨート～パッタルン間90kmのみが完成しており，土木工事の終了区間が47km，工事中が31km，未着工の区間はパッタルン～ラッタプーム間64kmとなっていた。1945年1月に中村司令官は再びプラチュアップキーリーカンまでの視察を行い，その際にこのバンコク～ハートヤイ間道路の整備状況を確認したところ，バンコクからプラチュアップキーリーカンまでは何とか軍用道路として使用可能であるとの確信を得たとのことであった[57]。また，南部のトゥンソン～ハートヤイ間についても1945年3月までに開通したという［防衛研修所戦史室 1976, 345］。プラチュアップキーリーカン～トゥンソン間についてはおそらくほとんど工事は行われなかったものと思われ，バンコク～ハートヤイ間を自動車で往来することはついに叶わなかった。道路整備が進まなかった最大の要因は，建設に必要な機材や資材の不足であり，日本側に要求した機材や資材が思うように入手できなかったためであった[58]。

　バンコク～ハートヤイ間道路は軍事輸送の大動脈である南線の補完の意味を持っており，南線が寸断された際の代替輸送路としてその整備が求められていた。しかし，結局この壮大な計画は実現せず，1945年に入って南線が各所で寸断されると，マレー半島を縦断する軍事輸送は大きな打撃を受けることになる。

55）　NA Bo Ko. Sungsut 2/58 "Pho. To. Po. Chayangkun rian Cho Po Pho. 1944/07/24" ただし，中村の回想によると，1944年7月18日からプラチュアップキーリーカンとチュムポーンを訪問したとされている［防衛研　南西―泰仏印6「駐泰四年回想録　第一編　泰駐屯軍時代其の二」］。

56）　NA Bo Ko. Sungsut 1. 7/50 "Banchi Sadaeng Laksana Thang Krungthep-Hat Yai."

57）　防衛研　陸軍―南西―泰仏印7「駐泰四年回想録　第二編　第三十九軍時代」 ただし，フアヒン～プラチュアップキーリーカン間の道路状況は悪く，雨季の通行は不可能であった［義部隊司令部 1945a, 48］。

58）　NA Bo Ko. Sungsut 2. 9/32 "Kramon So. Chotiksathian rian Maethap Yai. 1945/02/09"

第4章　日本軍のタイ国内での展開②——後方から前線へ｜297

第3節　タイの防衛強化

(1) 第39軍の設置

　インパール作戦も途中で中止され，ビルマでの戦況が悪化してきたことから，タイは徐々に後方から前線へとその役割を変化させることになった。このため，タイに駐屯する部隊は1944年末以降増加することになり，タイ国内での日本軍の動きは活発化していくことになった。その最初の契機が，1944年12月の泰国駐屯軍の第39軍への改組であった。

　この第39軍の設置は，泰国駐屯軍の野戦軍化を意味した。1943年1月に設置された泰国駐屯軍は前線の後方を担う軍としての機能を有し，南方軍の一大兵站基地として物資の補給や輸送を担ってきた[59]。しかし，タイを取り巻く環境が変化してきたことから，泰国駐屯軍は単なる駐屯軍ではなく，野戦軍としての役割を新たに付与されることになった。すなわち，タイ国内の戦力を増強して防衛機能を高め，迫りつつある敵を迎え撃つための体制を整えることになったのであった。

　第39軍の司令官には中村司令官がそのまま就任したが，参謀長兼陸軍武官を務めていた山田は第48師団の師団長に任ぜられたことから，新たに濱田平少将が第39軍の参謀長兼陸軍武官に任命された［防衛研修所戦史室1969b, 572］。この時点では部隊の増強はなかったが，第39軍はビルマ南部のテナセリム地区の確保も任務に加えられたことから，当時テナセリム地区に駐屯していた独立混成第24旅団の1大隊（在タヴォイ）と第94師団の1大隊（在メルギー）を新たに指揮下に加えることになった[60]。この地域はインド洋側に面していることから，将来敵が攻撃してくる際に最初に狙われる地域であった。このため，第39軍ではテナセリムと隣接するタイの中部を中心に部隊を展開させることになった。

　図4-9はこの第39軍が設置された当時の部隊の配置を示したものであ

---

59)　防衛研　陸軍—南西—泰仏印7「駐泰四年回想録　第二編　第三十九軍時代」
60)　Ibid.

図 4-9　第 39 軍の配置（1944 年 12 月）

出所：防衛研修所戦史室 1969b, 574 より筆者作成

る。チュムポーン以南は依然として第29軍の管轄下に置かれていたことから、この図ではそちらの部隊については記載していない。これを見ると、バンコク〜タヴォイ間、プラチュアップキーリーカン〜メルギー間の2つのルートに沿って部隊が配置されていたことが分かる。先の図4-3の1944年1月の時点では、この付近に駐屯していた歩兵部隊はカーンチャナブリーの独立歩兵第158大隊とバンコクの同第162大隊のみであり、その後南部にシンガポールから警備部隊が投入されたために同第160大隊もバンコクに移動してきた。今回バンコクの独立歩兵第162大隊はそのまま残されたが、同第160大隊はプラチュアップキーリーカンへと移動した。一方、チエンマイに駐屯してチエンマイ〜タウングー間道路の整備を引き継いでいた独立歩兵第159大隊はバーンポーンに、南部から戻った後はラムパーンに駐屯していた同第161大隊はビルマのテナセリムに移動した[61]。

このような部隊の配置は、タイの防衛のために敵が攻めてくる可能性の高いテナセリム地区からの主要な交通路を確保する意図があった。このため、第39軍ではワンヤイ〜タヴォイ間、プラチュアップキーリーカン〜メルギー間の道路を整備することをそれぞれ独立歩兵第158大隊と同第160大隊に命じたのであった。前者は泰緬鉄道のワンヤイからタヴォイへ至るルートであり、ビルマ攻略作戦の際に第55師団の沖支隊がこれを経由してタヴォイに向かっていた。後者は1944年以降日本側がタイ側に整備を要求していた道路であり、タイ側が整備していたタイ国内の区間も含めて日本軍が整備を進めていった。南方軍はこのプラチュアップキーリーカン〜メルギー間道路を自動車が通行可能な道路に改修することを命じており、こちらのほうが重視されていた。この道路は1945年4月28日に開通し、新たなタイ〜ビルマ間のルートとなった[62]。

(2) 部隊の増強

第39軍の設置当初はテナセリム地区の駐屯部隊以外には部隊の増強はな

---

61) 独立歩兵第159大隊とともにチエンマイ〜タウングー間道路整備を担当していた独立第29旅団工兵隊はプラチュアップキーリーカンへと派遣された［防衛研修所戦史室 1969b, 573］。

62) 防衛研 陸軍―南西―泰仏印7「駐泰四年回想録 第二編 第三十九軍時代」

されなかったが，翌年 1 月にはスマトラにあった第 4 師団をタイに転用することが決まった［Ibid., 571］。これにより，マレー半島を北上してバンコクを目指す部隊の移動が始まった。この師団はスマトラ島中部に部隊を展開させており，マラヤに渡った後に鉄道でバンコクに向かうことになっていた。しかし，第 1 章で見たように 1945 年に入ってから連合軍による南線への空襲が激しさを増し，1 月中にラーマ 6 世橋，ナコーンチャイシーのターチーン川橋梁，ラーチャブリーのメークローン川橋梁が使用不能となり，各地で路線が寸断されていた。このため，第 4 師団のスマトラからの転進にはかなりの時間を要し，最終的に第 4 師団の主力が最終目的地のラムパーンに集結したのは 6 月下旬のことであった[63]。

第 4 師団の編成人員は約 1 万 2,000 人であり，これだけの人数が寸断された南線を北上するのは非常に困難であった[64]。当時ハートヤイで第 4 師団の輸送統制業務を担っていた原口康雄によると，シンガポールからハートヤイへは部隊が続々到着するが，ハートヤイから先は橋梁の破壊で進むことができず，一時は 2,000～3,000 人の兵員と物資がハートヤイに滞っていたという［野砲兵第四聯隊史編纂委員会編 1982, 469］。バンコク～ハートヤイ間道路も使い物にはならず，鉄道の復旧を待ち続ける以外に手はなかった。このため，一部の部隊を船でバンコクまで送ることとなり，1945 年 4 月 22 日にソンクラー港から最初の輸送船が出航したが，チュムポーンで敵の潜水艦の攻撃を受けて沈没してしまった［Ibid., 470］。

バンコクに到着したこの師団の一部は当初プラカノーンの急造兵舎に入ったが，防空上の問題があったことからナコーンナーヨックに集結させることにして，次に述べるナコーンナーヨックの陣地構築作業に従事させた[65]。そのままナコーンナーヨックに残った部隊も存在したが，主力はさらに北部のラムパーンを目指すこととなった。この時点では北線も寸断されており，バンコクからラムパーンまでの輸送は主としてピッサヌローク までが船で，その先ラムパーンまでは自動車となった［歩三七会編 1976, 321］。自動車部隊

---

63) 防衛研　陸軍―南西―泰仏印 1 「泰方面部隊史実資料綴（完）（帰還者報告）」
64) Ibid.
65) 防衛研　陸軍―南西―泰仏印 7 「駐泰四年回想録　第二編　第三十九軍時代」

はバンコクから自動車でラムパーンを目指したが，雨季の悪路での走行は非常に厳しく，第4師団の歩兵第37連隊自動車小隊の一行は計28日かけてラムパーンに到着したという [Ibid.]。ラムパーン到着後，この師団は北部からシャンにかけての防衛を担当することになっており，終戦時にはラムパーンの他，チエンマイ，チエントゥン，ムアンレーン，ガーオ，ピッサヌローク，サワンカローク，ターク，メーソートに駐屯していた [防衛研修所戦史室 1969b, 704]。

　一方，マラヤの第29軍は南部の防衛のために新たに第94師団を編成し，南部に常駐させることになった。この師団は1944年10月に編成が命じられ，第12，第18独立守備隊と，アンダマン・ニコバル諸島に配置されていた独立歩兵3大隊から構成された [防衛研修所戦史室 1976, 297-298]。このうち，第18独立守備隊は既に南部各地に駐屯していたことから，これは実質的には南部の駐屯部隊の増強を意味していた。これらの部隊は南部に展開し，師団司令部はチュムポーンに置かれ，歩兵第256連隊はトラン，サトゥーン，プーケット，トゥンソンに，歩兵第257連隊の一部がソンクラー，ハートヤイに，歩兵第258連隊はビクトリアポイント，ラノーン，スラーターニーにそれぞれ常駐することになった[66]。サトゥーンに日本兵が本格的に常駐するようになったのはこれが最初であり，1944年12月27日に憲兵が，31日に警備部隊が到着して常駐を始めていた[67]。この師団の兵力は約1万5,000人であった[68]。

　その後，1945年2月に出された第29軍作戦計画大綱では，マレー半島の縦貫交通路の確保を重要課題とし，第94師団についてはビクトリアポイント，プーケット付近の防衛を強化し，クラ地峡方面の防衛体制を整備するとともに，チュムポーン，スラーターニーの防空を強化して交通路の確保に万全を期すとした [Ibid., 341]。その一方で，トラン，クラビー付近の兵力は撤収し，代わりにアロースター付近に兵力を集結させることを謳っていた。

---

66) 防衛研　陸軍—南西—マレー・ジャワ420「馬来作戦記録（その2）　第29軍」
67) NA Bo Ko. Sungsut 2. 5. 2/23 "Khaluang Pracham Changwat Satun thueng Palat Krasuang Mahat Thai. 1945/01/05"
68) 1945年1月末の第94師団の兵力（軍属含む）は計1万4,725人であった [防衛研　陸軍—中央—軍事行政編制42「第29軍編制人員表（南方　馬来）」(JACAR: C12121008800)]。

ただし，実際に4月末の時点でもトランとクラビーの日本兵はそれぞれ約500人，約300人いたことから，これによって日本兵がすべて撤退したわけではなかったようである（542頁附表14参照）。

このように，マレー半島でも日本軍は警備体制を強化し，兵力を増強させていた。一方で，日本軍と競合するとしてタイ軍は南部での部隊の展開地点を大幅に縮小し，ラノーン，プーケット，サトゥーンなど西海岸の各地とマレー4州からは部隊を撤退させ，代わりにソンクラーなど東海岸の警備を増強することになった[69]。第39軍がテナセリム地区の防衛を強化したのと同様に，南部でも第29軍が西海岸の防衛力を強化し，西からの敵の侵入に備えていたのである。

(3) 陣地の構築

タイ国内の部隊の増強とともに，日本軍は新たな防衛の拠点としてバンコクの北東約100kmに位置するナコーンナーヨックに複郭陣地を建設することになった。この場所はチャオプラヤー川流域の中部とメコン川流域の東北部を隔てるドンパヤーイェン山脈の南麓に位置し，平坦なデルタ地帯から山地へと入る場所であった。1944年末からこのナコーンナーヨックの陣地建設は始まり，日本軍の新たな要衝として機能することになった。

中村司令官によると，彼が泰国駐屯軍司令官として着任してから，タイの機能を，①ビルマやインドへ進行する際の兵站基地，②南方軍の兵站基盤，③南方軍の戦況が不利になった際の防衛拠点，の3点から検討し，①については泰緬鉄道沿線のバーンポーン，カーンチャナブリーに，②についてはバンコク南東部（プラカノーン周辺）に，③についてはバンコクとナコーンナーヨック北方山地を要衝・要害と認めたという[70]。彼の回想によると，ナコーンナーヨックの戦略的重要性を認識したのは着任後間もなくであり，1943年4月にバッタンバンまでの視察を行った際にナコーンナーヨックに立ち寄り，地図で確認した通りタイの国防上重要な場所であることを認識し，バン

---

69) NA Bo Ko. Sungsut 2. 5. 3/5 "Banthuek Kan Prachum Phiset Rawang Set. Pho Lo. 6 kap Huana So Tho. 3 haeng Tho. Yo Po. Phak Malai. 1944/11/10"

70) 防衛研 陸軍―南西―泰仏印7「駐泰四年回想録 第二編 第三十九軍時代」

コクに戻ってからタイ側の高級幹部に将来日本軍が使用する可能性があるので一帯を保全しておくよう求めたという[71]。

ナコーンナーヨックの陣地構築には，当初スマトラからタイに転進してきた第4師団が用いられた。上述のように，スマトラからの転進には長期間を要したことから，第4師団の部隊の一部はナコーンナーヨックに一旦集結して北部への更なる転進の準備をしていた。この間ナコーンナーヨックの陣地構築にも参加し，歩兵第61連隊と野砲兵連隊の主力はそのままナコーンナーヨックに残り，ナコーンナーヨックの陣地構築兼予備兵力として機能していた［防衛研修所戦史室 1969b, 686-687］。陣地構築の作業は，対戦車壕の建設，交通通信の整備，地下の石油弾薬集積所の建設，兵舎の建設の順とし，必要な糧秣は水運を利用してプラーチーンブリーに集めたという[72]。

ナコーンナーヨックの最寄駅のプラーチーンブリーでは，1945年に入ってから軍事輸送の到着が発生していた。図4-10は1945年の同駅着の軍事輸送量を示したものである。これを見ると，1945年2月から輸送が発生し，

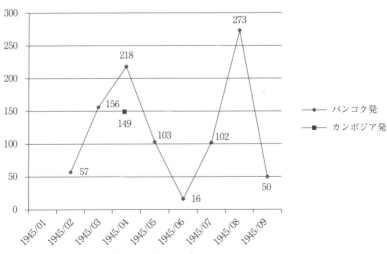

図4-10　プラーチーンブリー着軍事輸送量の推移（第4期）（単位：両）

出所：図1-2，表1-7に同じ，より筆者作成

---

71)　防衛研　陸軍―南西―泰仏印5「駐泰四年回想録　第一編　泰駐屯軍時代其の一」
72)　防衛研　陸軍―南西―泰仏印7「駐泰四年回想録　第二編　第三十九軍時代」

1945 年 4 月にバンコク，カンボジア発を合わせて過去最高の約 370 両に達していたことが分かる。その後一旦到着量は激減するが，8 月には再び増加して 273 両となっていたことが分かる。発地はバンコクが圧倒的に多く，4 月以外にはカンボジア発の輸送は存在していなかった。バンコク発の輸送は新港発が多くなっており，ナコーンナーヨックの陣地に保管する石油や弾薬が新港にある兵站の倉庫から運ばれていたものと思われる。

　ナコーンナーヨックでの陣地の建設の結果，この地はタイ国内で最も多くの日本兵が集まる場所となっていた。図 4-11 は 1945 年 3 月の時点での日本軍の駐屯状況を示したものである。これを見ると，ナコーンナーヨックの日本兵の数が最も多くなっていたことが分かる。タイ側の記録によると，1945 年 4 月 24 日時点のナコーンナーヨックの日本兵の数は計 1 万 1,337 人とタイ国内で最も多く，次いでチュムポーンの 7,260 人，バンコクの 5,749 人となっていた（542 頁附表 14 参照）[73]。この時点では泰緬鉄道沿線の日本兵の数は少なく，日本兵がこの 3 ヶ所に集中していたことが分かる。また，ナコーンナーヨックの周辺にも日本軍の駐屯地が存在しており，これはプラーチーンブリーからナコーンナーヨックを経てサラブリーに至る一帯に日本軍が一大拠点を築こうとしていたためであった。

　中でもサラブリーでは，市街地の南側に連なるプラプッタチャーイ山，ポーンレーン山や発電所のある市内のサパーンダムに日本軍が駐屯しており，徐々にその勢力を拡大させていた[74]。サラブリーの日本軍は主に東北部から入ってきたようであり，5 月にはウボンとウドーンターニーから約 3 大隊分の部隊がサラブリーに到着し，各地に駐屯していた[75]。また，サラブリーには連合軍の捕虜もおり，1945 年 5 月末の時点で約 700 人がプラプッタチャーイ山にいた。その数はさらに増えたようであり，日本側はサラブ

---

73)　ただし，バンコクは 1945 年 3 月 19 日の数値で，ドーンムアンの駐屯人数を除いたものである〔NA Bo Ko. Sungsut 2. 1/20 "Nuai Thahan Yipun nai Krungthep."〕。

74)　NA Bo Ko. Sungsut 2. 1/12 "Nai Sombat Khittasangkha thueng Than Huana Phanaek Chaonathi Titto Krom Prasan-ngan Phanthamit. 1945/06/01"

75)　Ibid. 運行予定表でも，5 月にウボンから 1 列車 25 両，ウドーンターニーから 2 列車 44 両がサラブリーに到着していた。これらの部隊は明号作戦に参加した第 4 師団の歩兵第 8 連隊の 2 つの大隊であったものと思われる。

図 4-11　日本軍の駐屯状況（1945 年 4 月）

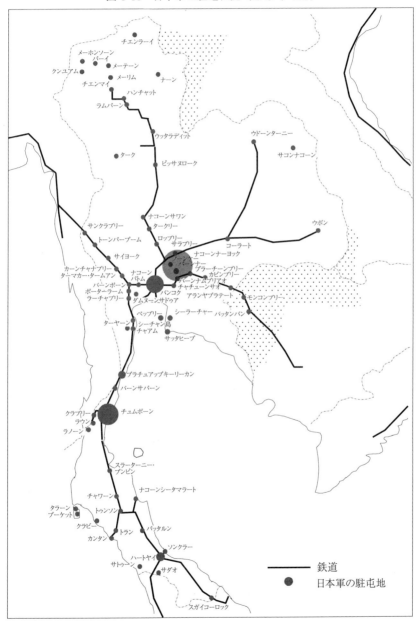

出所：附表 14，NA Bo Ko. Sungsut 2. 1/20 より筆者作成

リーの捕虜は6月末までに計2,500人になると通告していた[76]。サラブリーにはタイ軍の駐屯地もあったことからタイ側は日本軍の駐屯には反対であったが，結局日本側の要請に押し切られて日本軍の存在感が高まっていった。ただし，サラブリー飛行場の使用についてはタイ側が強固に反対し，結局日本側は使用を諦めていた[77]。

(4) 明号作戦

飛行場の整備が始まった1944年から若干の日本兵が東北部にも駐屯を開始していたが，その数が大きく増加するのは1945年に入ってからであった。その最初の契機が明号作戦であった。

仏印はタイと同じく独立国の扱いであり，他地域と同じように日本軍が軍政を施行するのではなく，元の植民地政庁がそのまま行政を担当していた [立川 2000, 147-148]。日本の仏印に対する基本姿勢は「静謐保持」であり，日本軍の活動が保障される限り，わざわざ軍政を施行する必要はなかったのである。しかし，ヨーロッパで連合軍がノルマンディー上陸を果たして1944年9月にド・ゴールの臨時共和国政府が樹立されると，日本との協力を推進してきたヴィシー政権は事実上消滅してしまった。そして，日本軍がフィリピンを失ったことで仏印も後方から前線となり，1944年11月には印度支那駐屯軍が泰国駐屯軍に先立って野戦軍の性格を持つ第38軍に改編された [Ibid., 158-159]。さらに，翌年に入ると連合軍の仏印上陸の可能性が高まり，その際に仏印が日本に反旗を翻す可能性も出てきたことから，最終的に日本軍は仏印政庁の武力打倒も念頭に置いた明号作戦を実行することを決めたのである [防衛研修所戦史室 1969b, 583-591]。

この明号作戦の際に，仏印の主要都市を制圧するための部隊を各地に配置することになったが，ラオスのメコン川沿いの町についてはタイから部隊を急襲させて制圧することになり，そのための部隊が東北部のウドーンター

---

76) NA Bo Ko. Sungsut 2. 11/72「泰陸武第三六三号　俘虜ニ関スル渉外事件防止ニ関スル件 1945/06/01」

77) NA Bo Ko. Sungsut 2. 5. 1/2 "Rong Cho. Po. Pho. rian Rong Mo Tho. Tho Yo. 1945/07/18" 日本側は同時にバーンナーでの飛行場建設も求めていたが，こちらについてはその一帯の土地の使用を既に日本側に認めていたこともあり，タイ側は建設を許可した。

図 4-12 ウボン・ウドーンターニー着軍事輸送量の推移（第 4 期）（単位：両）

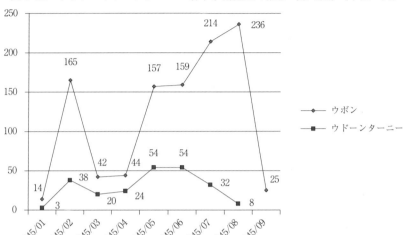

注：始発駅の発車日を基準としている。
出所：図 1-2, 表 1-7 に同じ，より筆者作成

ニーとウボンに派遣された。東北部に派遣されたのはスマトラからタイに転進してきた第 4 師団の歩兵第 8 連隊の一部であり，第 3 大隊がウドーンターニーへ，第 1 大隊がウボンに派遣された ［Ibid., 610-620］[78]。この部隊輸送は図 4-12 にも現れており，1945 年 2 月にウボン着の軍事輸送量が急増して 165 両に達していたことからも分かる。一方，ウドーンターニー着の輸送も増えたものの，2 月でも 38 両とウボン着に比べればかなり少なくなっていた。ただし，このウボンへの輸送の急増は飛行場建設のための輸送も関係していると思われ，2 月 18 日には飛行場整備の労働力として使用されたと思われる捕虜 400 人が列車でウボンに到着していた[79]。

　1945 年 3 月 9 日の夜に仏印総督と日本側が外交交渉を行い，日本側の要求を受け入れるかどうかを確認した上で攻撃を行うかどうか決めることに

---

78) この歩兵第 8 連隊では，他の部隊も明号作戦のためにサイゴンに向かっていた［防衛研　陸軍―南西―泰仏印 1「泰方面部隊史実資料綴（完）（帰還者報告）」］。
79) NA Bo Ko. Sungsut 2. 5. 2/39 "Pho. Khanthawong thueng Krasuang Mahat Thai.（Thoralek）1945/02/18"。

なっていたが，結局交渉が行われる前にハノイで戦闘が始まったとの情報が入り，日本軍は日本時間の 22 時 21 分に攻撃命令を各部隊に出した［Ibid., 622-624］。これを受けて，ウドーンターニーとウボンの部隊も仏印を目指して進軍を開始した。ウドーンターニーの歩兵第 8 連隊第 3 大隊は深夜 1 時頃に自動車 40 台でノーンカーイに到着し，船で一晩中かかって対岸に自動車ごと移動した[80]。その後，ビエンチャンの仏印軍を攻撃し，10 日夜までにビエンチャンを占領した［Ibid., 631］。ビエンチャンを攻撃する日本軍はこの部隊のみであり，その後ルアンプラバーンを目指して進んでいった[81]。

　一方，ウボンの歩兵第 8 連隊第 1 大隊はパークセーを目指して 3 月 9 日の昼間から移動を開始していた。パークセーの対岸のムアンカオでは，15 時半に日本兵 10 人が自動車でウボンから到着し，部隊を輸送するための船 13 隻の調達をポーントーン準郡に求めた[82]。その後，計 6 台の自動車が 17 時半までに到着し，最終的な兵力は 250 人となった。彼らはメコン川を渡って仏印側に入り，20 時頃から対岸で銃声が聞こえ始めたという[83]。パークセーでの戦闘は翌日夕方までに収まり，日本軍がパークセーを完全に制圧した。

　この明号作戦については，情報が漏洩することを恐れてタイ側には直前まで伏せておくようにと中村司令官は命じられていた。このため，彼は 3 月 9 日の夜にクアン首相と会見し，日本軍が予定通りに明号作戦を開始すれば日本軍と仏印軍の間に衝突が発生し，敗残兵が国境を越えてタイ側に流れてくる可能性があることを伝えた［Ibid., 648-649］。タイ側では直ちに国境を接する各県に対して電報を打ち，もし仏印兵が国境を越えて入ってきたら武装解除して捕虜と同様に扱うこと，仏印へ進軍する日本兵に対して宿舎，食料，輸送の支援を行うこと，フランス保護民の状況を監視することなどを命じた[84]。このため，明号作戦に伴う大きな混乱は見られず，タイの情勢は平

80）　NA［2］So Ro. 0201. 98. 1/19 "So. Thaiyanon thueng Palat Krasuang Mahat Thai. (Thoralek) 1945/03/10"

81）　Ibid. "Khaluang Pracham Changwat Nong Khai thueng Ratthamontri Wa Kan Krasuang Mahat Thai. 1945/04/16" 途中でフランス軍の妨害にあったことから，日本軍がルアンプラバーンに到着したのは 4 月 5 日のことであった。

82）　NA Bo Ko. Sungsut 2. 5. 2/22 "Khaluang Pracham Changwat Nakhon Champasak thueng Ratthamontri Wa Kan Krasuang Mahat Thai. 1945/03/27"

83）　Ibid.

穏であった。

　ただし，タイと同じように主権が認められていた仏印政庁が倒されたこと
は，タイ政府に少なからぬ衝撃を与えたはずである。日本軍の中には仏印と
ともにタイも武力処理をすべきであるとの声も存在し，そのような噂がタイ
側にも伝わってきて不安を高めていたという[85]。

第4節　日本軍の全面展開

（1）ビルマからの撤退

　1944年7月のインパール作戦の中止後も日本軍のビルマでの劣勢は続き，
日本軍の前線は北から南へと徐々に後退を続けていた。そして1945年1月
からのイラワジ会戦に敗退して2月末に拠点のメイティーラーを英印軍に占
領されると，日本軍の後退はさらに加速し，3月20日にマンダレーが陥落
した。さらに，4月末にはラングーンの緬甸方面軍司令部がモールメインへ
と後退を開始し，5月2日にはついにラングーンも陥落した［太田1967, 478
-479］。このような状況下で，ビルマからタイへ退却してくる日本兵が急速
に増加し，タイ国内の日本兵の数はさらに拡大することになった。

　ビルマからタイへの退却ルートとして用いられたのは，泰緬鉄道とチエン
マイ〜タウングー間道路であった。泰緬鉄道は当初ビルマへ進軍する部隊や
ビルマへの補給物資の輸送が主目的であり，前述した石油空缶の返送以外に
はビルマからタイへの輸送はほとんど存在しなかったはずである。ところ
が，1945年に入るとこの鉄道を使ってビルマからタイへ逃れてくる部隊が
増加するようになった。最初にこのルートでビルマからタイへ向かったのは
第2師団であった。この師団はインパール作戦に伴ってフィリピンから転進
し，泰緬鉄道経由でビルマに入っていたが，1945年1月中旬に南方軍はこ

84）　NA［2］So Ro. 0201. 98. 1/19 "Samnao Thoralek Khao Rahat Song Pai Yang Changwat Nong Khai Ubon
　　Phratabong Phibun Songkhram Nakhon Phanom Nakhon Champasak Duan Mu thi 181. 1945/03/09"
85）　防衛研　陸軍—南西—泰仏印7「駐泰四年回想録　第二編　第三十九軍時代」

の師団を仏印の第38軍の指揮下に入れた［防衛研修所戦史室 1969b, 601］。
これは上述した明号作戦に備えたものであり，ビルマ中部で戦闘中であった
この師団は，順次泰緬鉄道経由でプノンペンに向かった。2月中旬から下旬
にかけて師団司令部や歩兵第29連隊がプノンペンに到着し，プノンペン付
近に展開して明号作戦に備えていた［Ibid., 618］。

　第2師団が2月に泰緬鉄道を通過した後，鉄道部隊がビルマからタイへと
多数流入してきた。ビルマ北部のミッチーナー線やラーショー線の運行を担
当していた鉄道第7連隊が1945年2月に仏印への転進を命じられ，明号作
戦に参加した［吉田編 1983, 16-17］。4月下旬からこの部隊はタイの東線の
保守を命じられ，終戦までタイ国内に駐屯していた[86]。その後，やはりミッ
チーナー線などビルマ北部の鉄道運営に従事していた第5特設鉄道隊も，鉄
道第7連隊の後を追うようにして5月にビルマから泰緬鉄道経由でタイに
入ってきた［小島・西村編 1956, 143］。後述するように，この部隊の一部は
タイの南線の運行を担うべく設立された中部泰鉄道管理隊に配属され，南線
のトンブリー〜プラチュアップキーリーカン間の駅務や列車運行を担当する
ことになった。また，一部の部隊はさらに南下してマラヤの鉄道運営に従事
しており，例えば配下にあった第8特設鉄道工務隊は4月末にラングーンを
撤退し，7月に司令部がタイピンに到着していた［柳井編 1962, 19］。

　最後にタイに逃れてきた鉄道隊は鉄道第5連隊で，この部隊もビルマ北部
から徐々に南下してきて1945年4月からマルタバン線の運行を担当し，そ
の後7月にタイに入って南線のペップリーに司令部を設置した［大崎編
1978, 561］[87]。このように，ビルマの鉄道運営を担っていた鉄道部隊は，
1945年に入って相次いでビルマからタイに移動し，主にタイの鉄道の運営
や保守を担うことになった。ただし，次章で述べるように実際にはタイ側の
抵抗で日本軍が主体的に鉄道の運行を担うことは困難であった。

　1945年4月から相次いで鉄道部隊がタイに入ってきたが，6月以降は再び

86）　防衛研　陸軍―中央―部隊歴史全般80「マライ．ボルネオ方面部隊略歴」（JACAR:
　　C12122486500）
87）　この連隊のうち，第2大隊は次に述べるチエンマイ〜タウングー間道路経由でタイに入り，
　　1945年6月にバンコクに到着していた［大崎編 1978, 561］。

戦闘部隊の流入が顕著となった。各地での戦況の悪化に伴い，南方軍はインドシナ半島とシンガポール付近に兵力を集結して抗戦体制を固めようと考え，敗退が濃厚なビルマ戦線からも兵力の移動を行うことにした。このため，まず5月下旬に第15軍と第55師団の司令部に移動を命じ，前者はタイに，後者はインドシナに転出させることにした［防衛研修所戦史室 1969b, 333］。第15軍は開戦時に仏印から陸路でバンコクに入ってきた部隊を統率していた司令部であり，その後ビルマ攻略作戦を指揮してメーソート経由でビルマへと進軍していった。この時点で第15軍の司令部はビルマのサルウィン川西岸のケマピュー付近にあり，ここからモールメインに出た上で，泰緬鉄道経由で7月4日バンコクに到着し，その先は鉄道でラムパーンに向かっていた［Ibid., 335-336］。この部隊はラムパーンを拠点とし，既に到着していた第4師団を指揮して北部からシャン州にかけての防衛に就いた。

　一方，第55師団も開戦時のビルマ攻略作戦の際に，第15軍の指揮下で同司令部と同じく陸路で仏印からバンコクに入った部隊であり，同様のルートでタイからビルマへと進軍していった。この部隊の司令部も同じくケマピューに位置しており，第15軍司令部と同じルートでモールメインに入り，泰緬鉄道経由で7月23日にバンコクに到着した［Ibid., 336］。その後，師団司令部は7月末にプノンペンへと移動し，そこで終戦を迎えていた。

　これらの部隊に続き，第15師団が同じルートでタイに入ってきた。この師団はインパール作戦に参加するためにチエンマイ〜タウングー間道路の整備を行い，ラムパーンから北上してビルマに向かった部隊であった。1945年6月中旬にケマピュー付近から約6,360人の兵員が6つの梯団に分かれてモールメインに向かい，8月上旬にカーンチャナブリー，バーンポーン付近に到着した［Ibid., 341-342］[88]。この師団の中で最もタイへの到着が遅かったのは歩兵第51連隊であり，8月15日に泰緬鉄道のワンポーに到着したところで終戦となった［歩兵五十一聯隊史編集委員会編 1970, 7］。

　最後に泰緬鉄道経由でタイに入ってきたのは第33師団であった。この師団は開戦後にビルマ攻略作戦のためバンコクに上陸してからメーソート経由

---

88)　1945年8月25日時点での第15師団の兵力は計4,024人となっていた（545頁附表15参照）。

でビルマを目指した部隊であり，1945年5月頃にモールメインに到着し，テナセリム地区の警備を担当していた［防衛研修所戦史室 1969b, 706］。その後，8月に入ってからタイへの移動が命じられ，8月13日からナコーンパトムへ向けて移動を開始した。このため，泰緬鉄道を移動中に終戦を迎えた部隊が多く，歩兵第215連隊第3中隊のように終戦後の8月17日にタンビューザヤッを出発してナコーンパトムに到着する部隊も存在した［第三中隊戦記編纂委員会 1979］。8月19日にモールメインを発った第33師団病馬廠の一行のタイへの移動は，以下のようであった［弓錦会編 1987, 205］。

> ……そのうち勾配のある谷川の橋にさしかかった，行く先が下りである，ここは一番長い橋らしい，汽車だけ先に渡り，貨車は連結器をはずし，一輌づつ下りを利用しブレーキをかけながら静かに〰渡る中央部でソーと谷間を覗くと遥か下に谷川に汽関車が三台，幾つかの貨車が重なり合って落ちて居る，此の汽車は乗せては呉れるが生命は保証しない落ちても死んでも何名死亡か戦死で終わりだ。
> 　皆息を呑んで，ブレーキの摩擦音に全神経を集中する，三〇〇メートル位だがずいぶん永く感じた……。

　このように，ビルマの戦況悪化とともに，数多くの部隊が泰緬鉄道経由でビルマからタイへと逃れてきたのであった。図4-13のように，その数はおよそ4万人と見積もられ，このうち3万人程度がタイで終戦を迎えていたのである[89]。

(2) 敗退兵の流入

　泰緬鉄道がビルマからタイへの主要な撤退ルートであったが，1943年入ってから泰緬鉄道の補完ルートとして整備が進められたチエンマイ〜タウングー間道路も重要な役割を果たしていた。既に見たように，第15師団がビルマへの進軍途中にこの道路の建設を進めたが，工事が難航して迅速なビル

---

[89]　ビルマ戦線に参加した陸軍の各部隊のうち，帰還者の数は以下の通りであった［防衛研修所戦史室 1969b, 502］。第2師団：5,862人，第15軍司令部及び直轄部隊：8,723人，第55師団：3,948人，第15師団：5,235人，第33師団：7,249人，計3万1,017人。これに航空部隊や鉄道部隊を加えると，泰緬鉄道経由でビルマからタイへ逃れてきた人数は約4万人に達したものと思われる。

第 4 章　日本軍のタイ国内での展開②——後方から前線へ　313

図 4-13　日本軍の移動状況（1945 年）

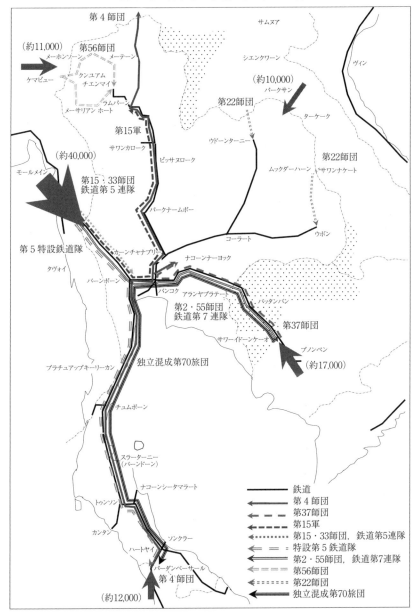

出所：防衛研修所戦史室 1969b, 600-706 より筆者作成

マへの進軍が難しくなったことから，この師団は途中で建設を中止してラムパーン～ターコー間道路経由でビルマを目指した。その後，道路整備は別の部隊が引き継ぎ，1944年5月までにおおむね工事は完了していたという。ただし，実際の道路の状況は決して満足のいくものではなく，おそらく1945年初めころのタイ側の資料によると，チエンマイからパーイの少し先のナムリン（メーテーン起点142km）までは乾季のみ自動車の通行が可能で，チエンマイ～パーイ間は9～11時間で走破可能であったが，その先は自動車の通行は難しく，パーイ～メーホンソーン間は徒歩か馬で6日かかるような状況であった[90]。

　このチエンマイ～タウングー間道路経由でタイに入ってきた主要な部隊は第56師団であった。この師団はシャン州のラーショー，シポー方面で中国軍の攻撃を阻止していたが，その後徐々に後退し，1945年5月にはタウンジー，カロー方面まで南下した［防衛研修所戦史室 1969b, 252-254］。このタウンジー付近は高原のため保養に適していたことから，傷病兵のための病院が開設されており，患者数は約6,000人であった［Ibid., 257-258］。このため，第56師団は彼らをケマピューまで先に退却させ，その後を追ってロイコー付近まで南下して，敵のタイ方面への進軍を阻止しようとしていた。そして，8月に入ってこの師団は後述する第18方面軍（元第39軍）の指揮下に編入され，チエンマイに移動するよう命じられた［Ibid., 420-421］。このため，師団の主力部隊がまだタイに入る前に終戦となった。

　第56師団は最終的にチエンマイに結集するために終戦後も移動を続けていたが，このルートで先に入ってきたのは上述した傷病兵であった。彼らはケマピューまで退却してきた後，サルウィン川を越えてチエンマイ～タウングー間道路経由でチエンマイを目指した。上述のようにこの道路には自動車が通行できない区間があり，傷病兵は皆歩いてチエンマイを目指すほかはなかった。例えば，第53師団歩兵第128連隊通信中隊の渡辺信雄は，1945年2月末にメイティーラーで負傷した後，徒歩でカロー，ロイコーを経由してケマピューに至り，最終的に8月に入ってからチエンマイに到着しており，

---

90)　NA Bo Ko. Sungsut 2. 6/82 "Mae Hongson (Phaenthi)." この資料の正確な作成時期は分からないが，一緒に保管されている資料の作成時期からするとおそらく1945年初めのものと思われる。

その道中について以下のように回想していた［加藤編 1980, 695-699］。

　　……このあたりから，道の両側に栄養失調で倒れて死んでいる兵が目立ってきたが，
　勿論彼らの雑嚢は空っぽだった。たまたま一緒に歩いていて小休止のつもりで腰を
　下すと，今度歩きかけようとしても動かない。死んでいるのであった。一服すると
　そのまま息絶えていた。そんなことがたびたびあった。
　　……それからは本当に険しい山道ばかりだった。毎日のように道の両側に倒れ死ん
　でいる兵の姿を見るのだった。その数は百や二百ではなく，白骨街道そのものであっ
　た。明日は我が身か！！　また何んとしてでも日本へ帰らねばと念じつつ，歩くの
　だった……。

　同じルートでチエンマイに向かった独立自動車第 101 大隊の田波昇三郎も，
以下のように回想している［独立自動車第百一大隊編集委員会編 1985, 295］。

　　……大隊本部はアンポパイ〈パーイ〉に集結しており，望月廠長の指示に従い材料
　廠もアンポパイに向かう。設営地の確保は私の任務で先発行動をとる。一番困った
　のは便所関係で実に閉口した。私達の行動した北兵站道は山岳道路で急坂道も多く
　峠越えがこたえた。
　　……ナムリン峠を越えるとアンポパイ，次に越すのが松里峠と，いずれも千二百メー
　トル級の山岳地を，疲労困ぱいした。将兵が気力で行軍するので犠牲者が出るのも
　致し方ない，ひたすら生き残ってもらいたい気持を抱いて一路，チエンマイに向か
　う……。

　彼らのためにクンユアムからチエンマイの間には病院や療養所が何ヶ所も
設置されていたものの，途中で行き倒れとなる兵も多数いたのである[91]。な
お，このチエンマイへの傷病兵の移動は，初期には南廻りのメーサリアン，
ホート経由のルートも用いられていた[92]。

91）　第 124 兵站病院はクンユアムからチエンマイまでの間に計 11 ヶ所の患者中継所，患者療養
　　所，病院を設置し，傷病兵の療養や継送を行っていた［防衛研　南西―泰仏印 1「泰方面部隊史
　　実資料綴（完）（帰還者報告）」］。
92）　ビルマからチエンマイへの傷病兵の傷病兵輸送に従事した第 26 野戦防疫給水隊の戦史による
　　と，1945 年 5 月からケマピューからチエンマイへの傷病兵の輸送を開始したが，最初の 5 班ま
　　ではメーサリアン，ホート経由の南廻りのルートを用いたものの，その後は食料の都合からメー
　　ホンソーン，メーテーン経由の北廻りに変更されたとのことであった［貝塚編 1972, 200-205］。

第56師団の主力部隊はまだタイ国内に入っていなかったことから，終戦時にはケマピューにいた兵もかなり存在した。1945年8月25日時点の状況を見ると，第56師団及びこの師団とともにチエンマイを目指した部隊の兵のうち，ケマピューにいた人数が7,319人と最も多く，次いでクンユアムの4,893人，メーホンソーンの1,210人，パーイの383人となっていた[93]。実際には部隊を離れて移動していた兵も少なからず存在したであろうから，この数値はあくまでも目安でしかないが，チエンマイから離れるほど人数が多くなっていたことから，このチエンマイ〜タウングー間道路での兵の移動のピークは終戦後となっていたことがこの数値からも分かる。図4-13のように，最終的にチエンマイに到着したのはおよそ1万1,000人であった。

この道路も人家の少ない山間部を通過することから，大量の日本兵が通過することで食料不足が深刻となっていた。1945年7月には，メーホンソーンでの食料が不足しているので，タイ側は日本側に対してチエンマイから食料を輸送するよう求めており，県の予算も限度があるので金を持っていない日本兵への食料を無償で提供するのは難しいと伝えていた[94]。これに対し，日本側はビルマから入ってくる日本兵に支給するための金を現地に送ったと回答していたが，今度は金を得た日本兵がメーホンソーンの食料を買い漁ったため，インフレが発生して住民が困窮しているとタイ側から苦情が伝えられていた[95]。

(3) インドシナからの部隊流入

ビルマから撤退してきた兵が多数タイに入ってきた一方で，インドシナからも2つの師団がタイに入ってきた。これらの師団は第37師団と第22師団で，どちらもタイの防衛力の増強を目的に送り込まれてきたものであった。

第37師団は明号作戦の際にはベトナム北部に展開しており，紅河以東の処理を担当していた［防衛研修所戦史室 1969b, 608］。その後，1945年5月

93）　NA Bo Ko. Sungsut 2. 1/15「第十八方面軍　軍隊区分　（第十八方面軍司令部）　1945/08/25」ただし，所在地がクンユアム，ケマピューと書かれていたものはクンユアムの数値に含めてある。

94）　NA Bo Ko. Sungsut 2. 9/34 "Pho. Ditsaphong rian Maethap Yai. 1945/07/04"

95）　Ibid. "Pho. Ditsaphong rian Maethap Yai. 1945/07/20"

第4章　日本軍のタイ国内での展開②——後方から前線へ | 317

初めにこの師団はバンコクへの移動を命じられ，5月中旬から鉄道でサイゴンに向かい，プノンペン経由でタイに入ってきた［藤田 1980, 546-547］。この時はまだ師団をビルマ方面に派遣するかマラヤに派遣するか決まっておらず，当面バンコクまで進めることになっていた。師団長の佐藤賢了中将はタイに立て籠もって持久戦に備えるべきであると主張し，中村司令官もこの部隊をタイにとどめておくよう南方軍に対して要請した［防衛研修所戦史室 1969b, 691-692］。その結果，第37師団はタイに到着後ナコーンナーヨックの陣地に集結し，北部へ移動する第4師団から引き継いだ複郭陣地の構築作業を担うことになった。この師団の先頭集団であった歩兵第227連隊主力は6月21日にバンコクに到着し，その先は船でナコーンナーヨックに向かい，6月末から陣地の構築作業を開始した［藤田 1980, 564-566］。しかし，ベトナム北部からサイゴン，プノンペン経由での部隊の移動には時間がかかり，ナコーンナーヨックの陣地構築に参加したのは結局この連隊のみであった。

　この第37師団とほぼ同時にインドシナからマラヤへ移動したのが独立混成第70旅団であった。この部隊は1944年9月に編成され，仏印南部の防衛にあたっていた［防衛研修所戦史室 1969b, 560-561］。この部隊も明号作戦に参加し，その後も作戦を継続していたが，第37師団と同じ時期にマラヤへの移転を命じられた。仏印南部の警備はビルマから移動してきた第2師団に任せ，この部隊も5月からマラヤへの移動を開始し，6月22日からマラヤ中部の警備を担当した[96]。スマトラから北上してきた第4師団と同じく，この部隊の移動も鉄道の寸断のため容易には進まず，旅団の移転が完了したのは7月末のことであった。なお，この旅団の兵力は約6,000人であり，第37師団の約1万1,000人と合わせて1万7,000人がカンボジアからタイに入ってきたことになる[97]。

　その後，1945年7月に入って南方軍は第37師団をマラヤに派遣してマレー半島の警備にあたらせることに決め，雨季明けまでにチュムポーン以南

---

96)　防衛研　陸軍―中央―部隊歴史全般80「マライ，ボルネオ方面部隊略歴」（JACAR: C12122486100）

97)　独立混成第70旅団の兵力は，1945年1月末の時点で計6,995人であった［防衛研　陸軍―中央―軍事行政編制42「第29軍編制人員表（南方　馬来）」（JACAR: C12121009200）］。第37師団の兵力は表4-8（334頁）による。

まで進軍することを命じた[98]。このため，師団はナコーンナーヨックからバンコクに移動し，8月中旬からマラヤに進むことになった。しかし，マラヤへの輸送ルートである南線は相変わらず寸断された状況であり，結局マラヤに着いて第29軍司令官の指揮下に入ったのは歩兵1連隊に過ぎず，残りは大半がタイ国内で終戦を迎えていた［藤田 1980, 588-289][99]。なお，終戦直前の8月12日に，南方軍はポツダム宣言受諾に伴うタイの動揺を防止するために，タイ国内にとどまっている第37師団の部隊を再び第18方面軍司令官の指揮下に入れ，タイに残留するよう命じていた[100]。

　一方，第22師団はラオスからメコン川を越えてタイに入ってきた。この師団は明号作戦のために1944年1月に中国南部から仏印北部へ移動し，仏印と中国の国境警備を命じられた［防衛研修所戦史室 1969b, 600-601］。明号作戦の際には中越国境のドンダンを攻撃し，その後タイへと移動していった第37師団が担っていた北部仏印の警備を引き継ぎ，師団司令部をランソンに置いた［Ibid., 639］。また，師団の歩兵第85連隊主力，工兵第22連隊，第22師団防疫給水部はインドシナの第38軍司令官の直轄部隊となり，ベトナムのモックチャウからラオスのサムヌア，シエンクワーンを経てメコン河畔のパークサンに至る作戦道路の開拓を命じられた［Ibid., 640-642］。この道路は急峻な山岳地帯を抜けるルートであったが，タイとベトナムを結ぶ重要なルートと認識されたのである。

　その後，1945年6月下旬に師団はインドシナ北部を警備中の一部の部隊を除いてバンコクに転進することを命じられ，7月上旬から移動を開始した［Ibid., 672］。ラオスで道路整備に従事していた歩兵第85連隊の第1大隊は，同じ時期にウドーンターニーの警備を命じられ，パークサンからビエンチャン経由でウドーンターニーに向かっていた[101]。道路工事を行っていた残りの部隊は，パークサンからメコン川を下ってムックダーハーンに集結するよう命じられ，ムックダーハーンに到着したところで終戦となった。一方，ベト

---

98)　防衛研　陸軍―南西―泰仏印72「タイにおける第三十七師団」
99)　終戦の際には，一部の部隊はまだベトナムやカンボジアにあった。
100)　防衛研　陸軍―南西―泰仏印72「タイにおける第三十七師団」
101)　防衛研　陸軍―南西―泰仏印70「第二十二師団関係資料」

第4章　日本軍のタイ国内での展開②——後方から前線へ　319

ナム北部にいた残りの部隊はヴィンからターケーク経由でサワンナケートに向かうよう命じられ，サワンナケートで終戦を迎えた[102]。このため，終戦時にバンコクに到着していたのは師団司令部と歩兵1中隊のみであり，部隊の多くはメコン川流域で終戦を迎えたのである［Ibid., 672-673］。ウドーンターニーに駐屯していた部隊以外は最終的にウボンへの集結を命じられ，その数は約1万人であった。

　日本軍がラオス経由で部隊をタイに派遣してきたのは，東北部で存在が疑われていた連合軍側の秘密飛行場の襲撃のためでもあった。日本軍はサコンナコーンの南西約50kmの地点に秘密飛行場があることを確認し，これを急襲するために第22師団の一部の部隊をターケークから南西に進ませてサコンナコーンに送るとともに，バンコク周辺で警備を行っていた歩兵第61連隊の1大隊をウボンに送る計画を立てたのである［Ibid., 692-693］。このため，サコンナコーンには7月11日にターケークから日本兵約100人が到着し，市内に駐屯を開始していた[103]。7月末の時点で日本側はターク，サワンカローク，コーンケン，コーラート，ウボンの計5ヶ所に秘密飛行場があるのではないかと疑っており，タイ側に対して共同で掃討作戦を行うことを提案していた[104]。ただし，実際には日本側が急襲計画を実行することなく終戦となった。

(4) 第18方面軍の編成

　1945年5月のラングーン陥落後，南方軍は緬甸方面軍を解体してタイの第39軍を方面軍に昇格させることを大本営に提案し，1945年7月15日に第39軍の第18方面軍への改編が命じられた［Ibid., 662-663］。方面軍は通常の軍よりも高い位のものであり，ビルマから移ってきた第15軍もこの指揮下に置かれることになった。この第18方面軍の新設の際には上述した師団がすべて指揮下に置かれたわけではなく，第18方面軍に直属する師団は

---

102)　Ibid.

103)　NA Bo Ko. Sungsut 2. 5. 2/49 "Khaluang Pracham Changwat Sakon Nakhon thueng Ratthamontri Wa Kan Krasuang Mahat Thai. 1945/07/11"

104)　NA Bo Ko. Sungsut 2. 5. 1/9 "Banthuek Rueang Sanambin Lap nai Prathet Thai. 1945/07/24"

第 15 師団のみであり，他に第 15 軍の指揮下に第 4，56 師団が置かれたのみ
であった。

　しかし，実際にはタイに向かっていた部隊は最終的に第 18 方面軍の配下
に置かれることを前提に移動しており，8 月に入って残る師団が相次いで第
18 方面軍の戦闘序列に加えられた。8 月 4 日にはインドシナからタイに向
かっていた第 22 師団が加わり，6 日にはビルマのテナセリム地区にいた第
33 師団も配下に置かれた［Ibid., 697, 706］。最後に，マラヤへの転進を命じ
られながら大半がタイ国内にとどまっていた第 37 師団も，8 月 12 日に第 18
方面軍の指揮下に追加された[105]。これによって，ビルマやインドシナからタ
イに入ってきた師団は最終的にすべて終戦までに第 18 方面軍の指揮下に置
かれたのである。なお，8 月 8 日にはビルマのシッタン川東岸で南下をして
いた第 54 師団も第 18 方面軍の指揮下に入ったが，結局ビルマ国内で終戦を
迎えていた［Ibid., 698, 706］。

　第 18 方面軍はタイが前線となることを想定し，部隊を各地に配置してタ
イの防衛を行うことを計画した。図 4-14 は第 18 方面軍の作戦計画を示した
ものである。バンコクでは第 7 野戦補充隊を北部から転属させて盤谷防衛隊
を組織し，バンコク市内の日本軍駐屯地の防衛を行うこととした［田村
1988, 33-39][106]。ナコーンナーヨック，サラブリー付近には予備兵団として
仏印から入ってくる第 22 師団と第 4 師団の一部部隊を用い，北部では第 15
軍の下で第 4 師団がラムパーン～ターコー間道路方面，第 56 師団がチェン
マイ～タウングー間道路方面を防衛し，拠点をラムパーンとした［防衛研修
所戦史室 1969b, 699］。泰緬鉄道沿いはビルマから移動してくる第 15 師団が
防衛し，テナセリム方面は独立混成第 29 旅団の担当とした。

　東北部では東北部泰防衛部隊として第 22 師団の歩兵 1 連隊，砲兵 1 大隊
を基幹とする部隊を設置し，コーラート，ウドーンターニー，ウボンに駐屯
して飛行場や鉄道の警備と秘密飛行場の撲滅を図ることになっていた［Ibid.,
699-700］。また，第 18 方面軍には最終的に配備されなかったが，シッタン

---

105)　防衛研　陸軍―南西―泰仏印 72「タイにおける第三十七師団」
106)　この盤谷防衛隊は第 39 軍時代の 1945 年 6 月に既に設置されており，第 7 野戦補充隊の他に
　　第 37 師団からも兵員が補充され，歩兵 4 大隊の規模となった［田村 1988, 33］。

第 4 章　日本軍のタイ国内での展開②——後方から前線へ　321

図 4-14　第 18 方面軍の作戦計画（1945 年 7 月）

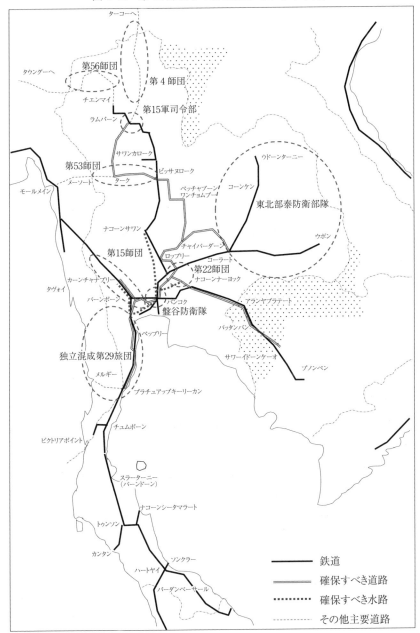

出所：防衛研修所戦史室 1969b, 698-702 より筆者作成

川下流にあった第53師団をモールメインからメーソート経由でピッサヌ
ロークに集結させ，このルートの警備を行わせることも計画していた［Ibid.,
700］。想定されるビルマからの進軍ルートとバンコク，ナコーンナーヨック
という2つの要衝に重点を置いたこの作戦計画は，タイを守るための日本軍
の最後の作戦であった。

　この計画では，確保すべき交通路として図に示した道路と水路を挙げてい
た。道路はバンコクからラムパーン，コーラート，カンボジア国境，カーン
チャナブリー，プラチュアップキーリーカンを結ぶルートが，水路はバンコ
クからナコーンサワン，ナコーンナーヨック，カーンチャナブリーを結ぶ
ルートが含まれていた。これらの道路や水路が盛り込まれていたのは鉄道網
が寸断されたからに他ならず，代替ルートを確保して何とかタイ国内の移動
を行えるようにしようと考えていたことが分かる。中でも，バンコクからラ
ムパーンまでの道路は工事中の区間も用いた過酷なルートであり，上述のよ
うに第4師団の部隊が1ヶ月もかけて何とか走破した道路であった[107]。

第5節　前線化するタイ

(1) 通過部隊の復活

　前章で見たように，第1期にはタイはマラヤやビルマへの通過地として機
能しており，総計約10万人の兵がタイを経由してこれらの地域へと赴いて
いった。しかし，戦地への部隊の移動が一段落するとタイを通過する兵の数
は大幅に減り，部隊の通過を支援する目的で駐屯していた部隊も一旦は撤退
した。その後，第2期には泰緬鉄道を始めとする軍用鉄道や軍用道路の整備
が始まったことから建設部隊の駐屯が出現し，タイは駐屯地としての機能を

---

107)　第2次世界大戦前には自動車でバンコクから北部へ行くことは不可能であったが，戦争中に
　　建設国道に指定された区間が相次いだので，図4-14のように迂回すればバンコクから北部まで
　　自動車が到達できるようになった。このうち，チャイバーダーン～ペッチャブーン間はペッチャ
　　ブーン遷都計画の一環で整備された道路（チャイウィブーン通り）であった。

担い始めたのであった。

　泰緬鉄道が開通したこともあって，第3期はタイが再び通過地としての機能を高めた時期でもあった。折しもビルマでのインパール作戦のために部隊や補給物資の輸送需要が高まっていたことから，この時期にはビルマへと通過する日本兵が増加していた。図4-1で見たように，タイ側の記録から判別する限りでも計11万人程度の日本兵がビルマに向かっており，実際の数はこれよりさらに多かったものと思われる。泰緬鉄道経由が最も多かったが，クラ地峡経由も少なからず存在していた。ラムパーン〜ターコー間道路経由は最も少なかったものの，それでも2万人近くの日本兵がビルマへと向かっていた。

　この時期に通過した部隊は，すべてビルマを目指していた点が第1期と異なっていた。第1期にはマラヤとビルマを目指す部隊が存在しており，前者はカンボジアからバンコク経由で南線を下ってマラヤに至る部隊もあった。このため，南線では下りの輸送が圧倒的に多く，南からバンコクへ向かう兵の数は非常に少なかった。ところが，この第3期にはマラヤからクラ地峡鉄道や泰緬鉄道を目指す上りの輸送が南線では中心となっており，全体としてはカンボジアかマラヤからタイを経由してビルマへと向かう輸送が中心となっていた。このため，とくに南線では日本兵の移動する方向が第1期の際とは異なっていたのであった。

　このように日本軍が多数タイ国内を通過することは，日本兵とタイ人の間に再び対立が発生する危険性を高めた。1942年末のバーンポーン事件が泰国駐屯軍の設置の1つのきっかけであり，前章で見たように駐屯軍では日本兵の綱紀粛正を図るためにタイの文化や風習を紹介するパンフレットを作成して，タイに入ってくる日本兵に配っていた。開戦時と同様に通過する日本兵はタイのことを知らない者がほとんどであり，他の占領地と同じような傍若無人な振る舞いが許されるものと思い込んでいる兵が多かった。このため，彼らこそがまさにパンフレットの配布対象なのであり，移動する日本兵を護衛していたタイに駐屯中の日本兵も厳しく取り締まっていたようである。例えば，1944年8月にシンガポールから泰緬鉄道経由でビルマを目指した第49師団歩兵第168連隊の移動は，以下のような状況であった［沖浦

編 1985, 67]¹⁰⁸⁾。

> ……どこかの駅で（多分タイ国であったかと思うが大きな町であった）停車時間を
> 利用して飯盒すいはんをするよう命じられた。水は多分にあったが薪がないので，
> 各小隊毎に付近の民家の板囲いをこわしていた。私たちも同様にしていたところに
> 駐屯地の将校が巡察に来て，ひどく叱られた。ここは宣撫地であるからとの事だっ
> た。便所も無いので皆付近でやっていたので「通過部隊の態度の悪いのには困る」
> と文句タラタラ……。

　実際にはラノーン事件のような新参者の誤解による事件も発生していた
が，泰国駐屯軍が通過する部隊とタイ人との間で不要な問題を引き起こさな
いよう注意を払っていたことがうかがわれる。

(2) 駐屯地の増加

　第2期に建設していた軍用鉄道や軍用道路の完成に伴う建設部隊の移動に
伴って，タイ国内に駐屯する日本兵の数は一旦減少していた。先の図4-4の
時点の日本兵の数は約3万1,000人であり，前章で見た第2期末の時点より
も1万人少なくなっていた。その後，南部に第94師団が駐屯を始めたこと
で日本兵の数は再び増加し，第3期末の1944年末には第2期末とほぼ同じ
人数に戻っていた。
　表4-6は1944年12月の日本軍の駐屯状況を推計したものである。この時期
に行われた日本兵の人数に関する報告が存在しないことから，1944年8月か
1945年3月の数値を用いている。これを見ると，タイ国内の日本兵の数は計
4万2,321人となっており，第2期末の4万1,581人とほぼ同じ状況であった
ことが分かる。具体的な分布は，図4-15のようにチュムポーンとバーンポー
ンが日本兵の集中する2つの拠点になっていたことが分かる。チュムポーン
はマラヤの第29軍の指揮下にある第94師団司令部が置かれていた場所であ
り，南部の日本軍の拠点であった。バーンポーンには独立混成第29旅団司
令部の他，警備部隊も駐屯し，泰国駐屯軍の警備部隊の拠点となっていた。

---

108)　これは歩兵第168連隊第3中隊の高見吉春軍曹の手記に基づいていると書かれている。

第 4 章　日本軍のタイ国内での展開②——後方から前線へ｜325

　一方で，泰緬鉄道の建設が終了したことから泰緬鉄道沿線の兵の数は少なくなり，警備部隊が 1 大隊あった他は鉄道運営の部隊が中心であった。バンコクの兵の数も 2,600 人程度と少なくなっており，これはインパール作戦のための部隊の移動が終わり，移動中にバンコクに一時滞在する部隊が減ったためと思われる。また，第 2 期末に日本兵が集中していたチエンマイの日本兵も大幅に減少しており，これは道路建設を担っていた第 15 師団がビルマに移動したためであった。この時点ではラムパーンのほうが日本兵の数は多くなっており，北部の日本軍の拠点はラムパーンとなっていた。

　人数では第 2 期末とさして変化のない第 3 期末の日本軍の駐屯状況ではあるが，駐屯箇所は明らかに増加していた。郡の数で数えた場合，第 2 期末には計 29 ヶ所であったが，第 3 期末には計 55 ヶ所とほぼ倍増していた[109]。すなわち，1 カ所当たりの駐屯人数が減った一方で，駐屯地は第 2 期末よりも大幅に増えていたのである。図 3-9（256 頁）と図 4-15 を比較すると，後者では北部や南部で駐屯箇所が増えており，東北部にも 2 ヶ所で駐屯地が出現している点が異なっていたことが分かる。飛行場や軍用道路の建設や警備部隊の増強がその主要な要因であり，タイ国内での日本軍の活動地域が確実に広がったことが理解される。

(3)　日本軍の流入

　1945 年に入ると連合軍の空襲により各地で鉄道が遮断され，鉄道による軍事輸送は大きな打撃を受けていた。第 1 章で見たように，週平均の軍事輸送量こそ多くなっていたものの，鉄道網の寸断に伴って短距離の細切れ輸送が中心となっており，とくに各地で橋梁が破壊された南線でその傾向が強かった。このため，バンコク～マラヤ間のような長距離輸送は，区間ごとに中継される分を含めても大幅に減っていた。

　しかしながら，実際にはこの第 4 期にはタイに流入する日本兵が増加し，日本軍の移動は活発化していた。日本軍のビルマからの撤退に伴うビルマからタイへの部隊の移動が最も多く，約 5 万人の兵が泰緬鉄道やチエンマイ～

---

109)　バンコクは 1 つの郡として数えている。ただし，表 3-13 ではターマカーとタームアン郡の数値をまとめてあったので，これを 2 ヶ所とする一方で，ドームアンはバンコクに含めてある。

表 4-6　日本軍の駐屯状況（1944 年 12 月）（単位：人）

県	郡	人数	主要部隊	備考	出所
チェンラーイ	チェンラーイ	8		1944 年 8 月の数値	NA Bo Ko. Sungsut 2. 1/20
メーホンソーン	メーホンソーン	278	道路建設	1944 年 8 月の数値	NA Bo Ko. Sungsut 2. 1/20
	パーイ	114	道路建設	1944 年 8 月の数値	NA Bo Ko. Sungsut 2. 1/20
	クンユアム	29	道路建設	1944 年 8 月の数値	NA Bo Ko. Sungsut 2. 1/20
チェンマイ	チェンマイ	850	第 7 野戦補充隊，航空	1944 年 8 月の数値	NA Bo Ko. Sungsut 2. 1/20
	メーテーン	400	道路建設	1944 年 8 月の数値	NA Bo Ko. Sungsut 2. 1/20
	メーリム	250	道路建設	1944 年 8 月の数値	NA Bo Ko. Sungsut 2. 1/20
ラムパーン	ラムパーン	1,598	第 7 野戦補充隊，航空	1944 年 8 月の数値	NA Bo Ko. Sungsut 2. 1/20
	ハンチャット	N.A.	鉄道	1944 年 7 月時点	NA Bo Ko. Sungsut 2. 1/20
プレー	ローン	21	警備（ヨム川橋梁）	1944 年 8 月の数値	NA Bo Ko. Sungsut 2. 1/20
ウッタラディット	ウッタラディット	17	航空	1944 年 8 月の数値	NA Bo Ko. Sungsut 2. 1/20
ピッサヌローク	ピッサヌローク	221	航空	1944 年 8 月の数値	NA Bo Ko. Sungsut 2. 1/20
ターク	ターク	510	航空	1944 年 8 月の数値	NA Bo Ko. Sungsut 2. 1/20
ウドーンターニー	ウドーンターニー	167	航空	1944 年 8 月の数値	NA Bo Ko. Sungsut 2. 1/20
ウボン	ウボン	17	航空	1944 年 8 月の数値	NA Bo Ko. Sungsut 2. 1/20
ナコーンサワン	ナコーンサワン	152	航空	1944 年 8 月の数値	NA Bo Ko. Sungsut 2. 1/20
	タークリー	N.A.	航空	1944 年 8 月の数値	NA Bo Ko. Sungsut 2. 1/20
ロッブリー	ロッブリー	50	航空	1944 年 8 月の数値	NA Bo Ko. Sungsut 2. 1/20
サラブリー	サラブリー	9	警備，憲兵，鉄道，通信	1944 年 8 月の数値	NA Bo Ko. Sungsut 2. 1/20
バッタンバン	バッタンバン	62	鉄道，通信	1944 年 8 月の数値	NA Bo Ko. Sungsut 2. 1/20
チャチューンサオ	チャチューンサオ	5	陣地構築	1945 年 3 月の数値	NA Bo Ko. Sungsut 2. 6/82
バンコク		2,660	第 2 野戦補給本隊司令部，独立歩兵第 162 大隊，航空など	1944 年 8 月の数値	NA Bo Ko. Sungsut 2. 1/20
プラーチーンブリー	プラーチーンブリー	4	鉄道，通信	1944 年 8 月の数値	NA Bo Ko. Sungsut 2. 1/20
	ナコーンナーヨック	5	鉄道，通信	1944 年 8 月の数値	NA Bo Ko. Sungsut 2. 1/20
チョンブリー	シーラーチャー	N.A.	陣地構築	1944 年 8 月の数値	NA Bo Ko. Sungsut 2. 1/20
	シーチャン島	8		1944 年 8 月の数値	NA Bo Ko. Sungsut 2. 1/20
カーンチャナブリー	バーンポーン	40	水運	1944 年 8 月の数値	NA Bo Ko. Sungsut 2. 1/20
		7,100	独立混成第 29 旅団司令部，独立歩兵第 159 大隊，旅団砲兵隊など	1944 年 8 月の数値	NA Bo Ko. Sungsut 2. 1/20

県	地区	人数	部隊	時点	出典
	ターマカー	15			NA Bo Ko. Sungsut 2. 1/20
	タームアン	2,300	独立歩兵第158大隊, 第4特設鉄道隊など		NA Bo Ko. Sungsut 2. 1/20
	カーンチャナブリー	2,069			NA Bo Ko. Sungsut 2. 1/20
	サイヨーク	1,856			NA Bo Ko. Sungsut 2. 6/82
	トーンパープーム	3,200			NA Bo Ko. Sungsut 2. 6/82
	サンクラブリー	1,510			NA Bo Ko. Sungsut 2. 6/82
ナコーンパトム	ナコーンパトム	368		1944年8月の数値	NA Bo Ko. Sungsut 2. 6/82
ペッブリー	ペップリー	N.A.	鉄道	1944年8月時点	NA Bo Ko. Sungsut 2. 6/82
	チャイヤム	400	ノーンサーラー飛行場建設	1944年7月時点	NA Bo Ko. Sungsut 2. 6/82
プラチュアップキーリーカン	プラチュアップキーリーカン	1,677	独立歩兵第160大隊	1945年3月の数値	NA Bo Ko. Sungsut 2. 6/82
チュムポーン	チュムポーン	7,496	第94師団司令部	1945年3月の数値	NA Bo Ko. Sungsut 2. 6/82
ラノーン	ラノーン	1,138	第258連隊第1大隊一部	1945年3月の数値	NA Bo Ko. Sungsut 2. 6/82
	クラブリー				
	ラウン				
ナコーンシータマラート	トゥンソン	549	第256連隊第2大隊一部	1945年3月の数値	NA Bo Ko. Sungsut 2. 6/82
スラーターニー	スラーターニー	136	第258連隊第1大隊一部	1945年3月の数値	NA Bo Ko. Sungsut 2. 6/82
	プンピン				
ソンクラー	ソンクラー	2,641	第257連隊第3大隊一部	1945年3月の数値	NA Bo Ko. Sungsut 2. 6/82
	ハートヤイ				
	サダオ				
トラン	トラン	806	第256連隊司令部, 第3大隊一部	1945年3月の数値	NA Bo Ko. Sungsut 2. 6/82
	カンタン				
	ファイヨート	N.A.	鉄道	1944年7月時点	NA Bo Ko. Sungsut 2. 1/20
サトゥーン	サトゥーン	54	第256連隊第3大隊一部	1945年3月の数値	NA Bo Ko. Sungsut 2. 6/82
クラビー	クラビー	542	第256連隊第2大隊一部	1945年3月の数値	NA Bo Ko. Sungsut 2. 6/82
プーケット	プーケット	989	第256連隊第2大隊主力	1945年3月の数値	NA Bo Ko. Sungsut 2. 6/82
	タラーン				
計		42,321			

図 4-15　日本軍の駐屯状況（1944 年 12 月）

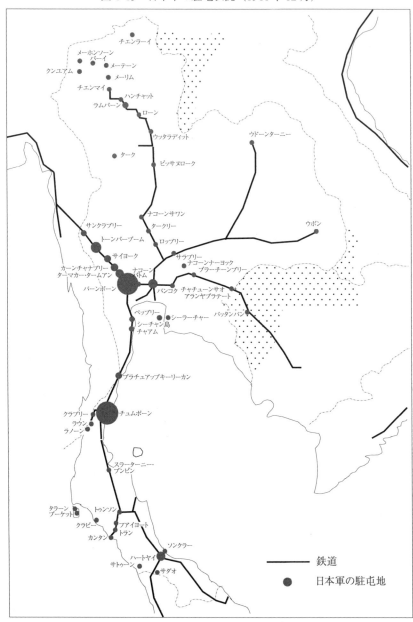

出所：表 4-6 より筆者作成

タウングー間道路を経由してタイに入ってきた。インドシナ方面もカンボジアから約1.7万人，ラオスから約1万人の兵がタイに入り，マラヤからもやはり約1万人の兵がタイに流入してきた。中には終戦までに移動を完了しなかった部隊もあるものの，最終的に1945年中に周辺諸国からタイに入ってきた日本軍の兵力はざっと9万人弱であった。この中にはタイ国内に駐屯した部隊のみならず，タイを抜けて他国へと向かった兵もおり，ビルマからインドシナへ，あるいはインドシナからマラヤへと部隊が移動していた。

　この時期の部隊の移動方向は多岐に及んでおり，南線や東線では上り，下りの双方の移動が見られたが，泰緬鉄道での移動は完全に上りのみ，すなわちビルマからタイへの輸送のみとなっていた。これまでタイ〜ビルマ間での部隊の移動はひたすらタイからビルマへ向けて行われており，逆のビルマからタイへの部隊の移動は存在しなかった。これはビルマ戦線に投入される部隊が着実に増加する一方で，撤退する部隊が存在しなかったことによるものである。しかし，1945年に入るともはやビルマに新たに投入される戦力は存在せず，ビルマからタイや仏印などに転用する部隊の撤収のみが行われていたのである。ビルマへの補給ルートとして整備された泰緬鉄道であったが，最後の役割はビルマからの撤退ルートとしての機能であった。チエンマイ〜タウングー間道路も同じ状況であり，こちらは進軍ルートとして建設されたものの，実際には一度もその目的で利用されず，撤退ルートとしての機能が最初で最後の任務であった。

　一方で，先の図4-13にはクラ地峡鉄道経由での日本軍の流入については示されていない。テナセリム地区との兵の移動の際にこのルートが用いられていた可能性もあり，クラ地峡鉄道でも毎日ビルマから兵がチュムポーンに輸送されてきているとの報告もある[110]。しかし，実際には日本軍は6月以降カオファーチーからこの鉄道のレールの撤去を始めており，7月30日までにカオファーチー〜クラブリー間30kmのレールはほぼ撤去されていた[111]。これらのレールはチュムポーンに運ばれ，南線のパティウ〜スラーターニー

110）　NA Bo Ko. Sungsut 2. 1/12 "Raingan Hetkan Changwat Chumphon tae 12 Minakhom thueng Wan thi 2 Singhakhom."

間で空襲を避けるための引込線の整備に使われていた[112]。終戦までクラ地峡鉄道の運行は続いていたようであるが，当初のビルマへの輸送ルートとしての機能は低下し，ビクトリアポイント方面に駐屯する部隊への補給輸送が中心になっていたようである。

このように，第4期は日本軍の移動が活発化して，タイ国内を多数の日本兵が往来していたが，鉄道網が寸断された中での部隊の移動は困難を伴ったものであった。とくに，スマトラからシンガポール，バンコクを経てラムパーンまで2,000km以上の距離を移動してきた第4師団は，1945年2月に移動を開始してからラムパーンに集結するまでに4ヶ月もかかっていた。鉄道網の寸断とは裏腹に，この時期はタイ国内での日本兵の移動が最も活発化した時期であった。

(4) 肥大化する日本軍

このような日本軍の流入とともに，タイ国内の日本兵の数はさらに増加していた。表4-7は1945年8月時点での日本軍の駐屯箇所別の人数を示したものである。主要な資料は第18方面軍が終戦直後にタイ側に提出したと思われる「第18方面軍軍隊区分（1945年8月25日）」であり，所在地ごとの人数をまとめたものである（545頁附表15参照）[113]。また，一部の部隊については人数の記載がないことから，後述する表4-8の数値も用いているほか，南部については1945年4月の数値を用いている。

これを見ると，この時点でのタイ国内の日本兵の数は約12万人と過去最高に増加していたことが分かる。最も多いのはバンコクの約2万人であり，次いでナコーンナーヨック，バーンポーン，カーンチャナブリー付近，トー

---

111) NA Bo Ko. Sungsut 2. 5. 2/11 "Khaluang Pracham Changwat Ranong thueng Palat Krasuang Mahat Thai. 1945/07/05" によると，6月15日にクラブリーの日本兵がカオファーチーからレールの撤去を開始したという。そして7月30日までにクラブリー起点2kmのところまでのレールの撤去が完了していた［NA Bo Ko. Sungsut 2. 4. 1. 3/9 "Nai Amphoe Kraburi thueng Chao Krom Prasan-ngan Phanthamit. 1945/07/30"］。

112) NA Bo Ko. Sungsut 2. 5. 2/11 "Saphap Kan Thang Khao Fachi Marit Thawai. 1945/08/09"

113) この資料には第18方面軍の指揮下に入っていた部隊がすべて記載されていることから，ケマビューなど当時はまだビルマに位置していた部隊の人数も含まれる。このため，表4-7では所在地がタイ国内となっている部隊のみを対象としてある。

表 4-7　日本軍の駐屯状況（1945 年 8 月）（単位：人）

県	郡	人数	主要部隊	備考	出所
チェンラーイ	チェンラーイ	56		1945 年 4 月の数値	附表 14
メーホンソーン	メーホンソーン	1,210	第 2 野戦輸送隊配属部隊	1945 年 8 月の数値	附表 15
	パーイ	383	第 2 野戦輸送隊配属部隊	1945 年 8 月の数値	附表 15
	クンユアム	4,893	第 56 師団配属部隊，第 2 野戦輸送隊配属部隊	1945 年 8 月の数値	附表 15
チェンマイ	チェンマイ	5,743	第 2 野戦輸送隊配属部隊，第 4 師団	1945 年 8 月の数値	附表 15
	メーテーン	100		1945 年 4 月の数値	附表 14
	メーリム	125		1945 年 4 月の数値	附表 14
ナーン	ナーン	5		1945 年 4 月の数値	附表 14
ラムパーン	ラムパーン	5,278	第 4 師団，第 15 軍	1945 年 8 月の数値	附表 15
	ハンチャット	14		1945 年 4 月の数値	附表 14
	ガーオ	N.A.	野砲兵第 4 連隊	1945 年 8 月時点	防衛研修所戦史室 1969b, 703-706
ウッタラディット	ウッタラディット	30		1945 年 4 月の数値	附表 14
スコータイ	サワンカローク	N.A.	野砲兵第 4 連隊一部	1945 年 8 月時点	防衛研修所戦史室 1969b, 703-706
ピッサヌローク	ピッサヌローク	403	歩兵第 8 連隊一部	1945 年 4 月の数値	附表 14
ターク	ターク	1,264	独立輜重第 3 連隊，歩兵第 8 連隊第 2 大隊	1945 年 8 月の数値	附表 15
	メーソート	288	水上勤務第 33 中隊	1945 年 8 月の数値	附表 15
ウドーンターニー	ウドーンターニー	3,305	工兵第 22 連隊	1945 年 8 月の数値	附表 15
ウボン	ウボン	1,028	歩兵第 85 連隊	1945 年 8 月の数値	附表 15
ナコーンパノム	ムックダーハーン	N.A.	歩兵第 85 連隊	1945 年 8 月時点	防衛研 印 70、陸軍―南西―泰仏
サコンナコーン	サコンナコーン	6		1945 年 4 月の数値	附表 14
チャイヤプーム	チャイヤプーム	94	第 18 方面軍兵站病馬廠	1945 年 8 月の数値	附表 15
コーラート	コーラート	110	第 37 師団	1945 年 4 月の数値	附表 14
ナコーンサワン	ナコーンサワン	393	第 19 飛行場大隊	1945 年 8 月の数値	附表 15
	タークリー	1,044	第 2 航空情報連隊	1945 年 8 月の数値	附表 15
ロッブリー	ロッブリー	521	第 17 飛行場大隊	1945 年 8 月の数値	附表 15
サラブリー	サラブリー	6		1945 年 4 月の数値	附表 14

地区	地名	N.A.	鉄道隊	1945 年 6 月時点	NA Bo Ko. Sungsut 2. 7. 3. 1/264
	ケンコーイ	200		1945 年 4 月の数値	附表 14
	ノーンケー	30		1945 年 4 月の数値	附表 14
	パークプリー	163		1945 年 4 月の数値	附表 14
バッタンバン	モンコンブリー	30		1945 年 4 月の数値	附表 14
チャチューンサオ	チャチューンサオ	6		1945 年 4 月の数値	附表 14
	パーンナムプリアオ	80		1945 年 4 月の数値	附表 14
バンコク	市内	18,304	第 18 方面軍司令部他	1945 年 8 月の数値	附表 15
	ドーンムアン	3,461	第 1 航空地区司令部他	1945 年 8 月の数値	附表 15
ブラーチーンブリー	ブラーチーンブリー	500		1945 年 4 月の数値	附表 14
	アランヤプラテート	19		1945 年 4 月の数値	附表 14
	ナコーンナーヨック	12,000	第 37 師団	1945 年 8 月の数値	表 4-8
	カビンブリー	65		1945 年 4 月の数値	附表 14
	プラチャンタカーム	220		1945 年 4 月の数値	附表 14
チョンブリー	シーラーチャー	2		1945 年 4 月の数値	附表 14
	シーチャン島	12		1945 年 4 月の数値	附表 14
	サッタヒープ	6		1945 年 4 月の数値	附表 14
カーンチャナブリー	パーンポーン	11,000	第 15 師団、第 4 特設鉄道隊	1945 年 8 月の数値	表 4-8
	ターマカー	8,000	独立混成第 29 旅団、第 15 師団	1945 年 8 月の数値	表 4-8
	カーンチャナブリー				
	サイヨーク				
	トーンパープーム	10,000	鉄道隊、第 15 師団		
	サンクラブリー				
ナコーンパトム	ナコーンパトム	10,000	第 33 師団	1945 年 8 月の数値	表 4-8
	ナコーンチャイシー				
	サームプラーン				
ラーチャブリー	ラーチャブリー	449		1945 年 4 月の数値	附表 14
	ダムヌーンサドゥアク	108		1945 年 4 月の数値	附表 14
	ポーターラーム	14		1945 年 4 月の数値	附表 14
ペッブリー	ペッブリー	418	鉄道第 5 連隊	1945 年 8 月の数値	附表 15

第4章　日本軍のタイ国内での展開②——後方から前線へ　333

州	地名	数	部隊・備考	年月	出典
プラチュアップキーリーカン	チャヤム	36	ノーンサーラー飛行場	1945年4月の数値	附表14
	ターチーン	255		1945年4月の数値	附表14
	プラチュアップ・キーリーカン	2,368	独立混成第29旅団司令部	1945年8月の数値	附表15
	プラーンブリー	N.A.	停車場司令部, 鉄道（ワンポン駅）	1945年	防衛研 印112　陸軍―南西―泰仏
チュムポーン	パーンサパーン	162		1945年4月の数値	附表14
	チュムポーン	7,260	歩兵第258連隊	1945年4月の数値	附表14
	ラムスアン	16		1945年4月の数値	附表14
ラノーン	ラノーン	758	歩兵第258連隊一部	1945年4月の数値	附表14
	クラブリー	525		1945年4月の数値	附表14
	ラウン	200		1945年4月の数値	附表14
ナコーンシータマラート	トゥンソン	524		1945年4月の数値	附表14
	ナコーンシータマラート	25		1945年4月の数値	附表14
	チャヤワーン	32		1945年4月の数値	附表14
スラーターニー	スラーターニー	54	歩兵第258連隊	1945年4月の数値	附表14
	ブンピン	82		1945年4月の数値	附表14
ソンクラー	ソンクラー	722		1945年4月の数値	附表14
	ハートヤイ	2,583	第94師団	1945年4月の数値	附表14
	サダオ	182		1945年4月の数値	附表14
トラン	トラン	435		1945年4月の数値	附表14
	カンタン	57		1945年4月の数値	附表14
	ファイヨート	N.A.	鉄道	1944年7月時点	表4-6
サトゥーン	サトゥーン	34		1945年4月の数値	附表14
パッタルン	パッタルン	98		1945年4月の数値	附表14
クラビー	クラビー	311		1945年4月の数値	附表14
プーケット	プーケット	81	歩兵第257連隊	1945年4月の数値	附表14
	タラーン	1,049		1945年4月の数値	附表14
計		119,235			

表 4-8　終戦時の第 18 方面軍の兵力（単位：人）

駐屯地	主要部隊	人数	内訳
チエンマイ	第 56 師団	12,000	
ラムパーン	第 4 師団，第 15 軍	12,000	第 4 師団 11,000 人，第 15 軍 1,000 人
ナコーンナーヨック・コーラート	第 37 師団	12,000	第 37 師団 11,000 人，その他 1,000 人
ウボン	第 22 師団	12,000	
バンコク	第 18 方面軍	20,000	
ナコーンパトム	第 33 師団	10,000	
バーンポーン	第 15 師団	11,000	
カーンチャナブリー	独立混成第 29 旅団	8,000	
ワンポー	鉄道隊	10,000	
計		107,000	

出所：防衛研　陸軍—南西—泰仏印 8 より筆者作成

ンパープーム付近，ナコーンパトムとバンコク周辺と泰緬鉄道沿線に集中していることが分かる。泰緬鉄道沿線の人数が多くなっているのは，ビルマから撤退してきた部隊がこの沿線で防衛の任務に就いていたためであり，第 15 師団や独立混成第 29 旅団，そして鉄道部隊の存在が大きかった。ナコーンナーヨックには第 37 師団が，ナコーンパトムには第 33 師団が駐屯していたことが人数の多い理由であった。

　一方，北部ではラムパーン，チエンマイ，クンユアムがそれぞれ 5,000 人程度の日本兵を擁しており，クンユアムの部隊はビルマからタイへの撤退中の部隊であった。上述したように，8 月 25 日の時点で約 5,000 人がケマピューに留まっており，この後チエンマイを目指してタイに入ってくることになる。東北部ではウドーンターニーの約 3,300 人が最も多く，次いでウボンの約 1,000 人であるが，こちらもインドシナからウボンを目指している部隊が後に控えており，この後ウボンの日本兵の数が増えることになる。南部は相変わらずチュムポーンが拠点となっており，ハートヤイがそれに続いていた。ただし，1945 年 6 月に第 94 師団司令部がハートヤイとマラヤのスガ

イパッターニーに移っているので，8月の時点ではチュムポーンとハートヤイの人数の差が縮まっていた可能性もある[114]。

第18方面軍の中村司令官の回想によると，終戦時の各地の兵力は表4-8のような分布になっており，総数は計10万7,000人となっていた[115]。これには第56師団や第22師団のように最終的にタイ国内に到着する予定の人数も含まれていることから，チエンマイやウボンの人数が表4-7よりも多くなっていた。一方で，この表には第29軍の管轄下であった南部の人数が含まれていない。表4-7の南部の日本兵の数は約1万5,000人であることから，これを合わせると12.2万人となる。このため，約12万人という終戦時のタイ国内の日本兵の数は妥当な数字であると言えよう。

日本兵の駐屯箇所は，第3期末と比べてさらに増えることになった。図4-16は第4期末の日本軍の駐屯状況を示したものである。先の第3期末の図4-15と比べると，日本軍の駐屯箇所が全国的に増加していたことが分かる。この時点の駐屯箇所は計82ヶ所となり，第3期末の55ヶ所からさらに増えていた[116]。北部ではナーンで初めて日本軍の駐屯が出現しており，東北部でもコーラート，サコンナコーン，チャトゥラットで新たな駐屯が見られる[117]。東線と南線沿いに新たな駐屯地が出現しているのは，鉄道の防衛や保守を担う鉄道部隊が沿線の主要駅に配属されたためであった。南部でも駐屯地点が増加し，大半の県で日本兵が駐屯していたことが分かる。

また，この図では駐屯地点に含まれていないが，1945年5月の時点ではロップリー県のチャイバーダーンやペッチャブーン県のワンチョムプーにも日本軍は一時的に兵を常駐させ，バンコクから北部への自動車での輸送の支

---

114) 防衛研 陸軍―中央―部隊歴史全般80「マライ．ボルネオ方面部隊略歴」（JACAR: C12122486200）
115) ただし，中村は同じ資料の中で終戦時の第18方面軍の戦力は11万7,750人と記述しており，地域別の人数の合計とは約1万人の差がある［防衛研 陸軍―南西―泰仏印8「駐泰四年回想録 第三編 第十八方面軍時代」］。
116) バンコクは1ヵ所と数えてある。
117) ナーンに駐屯していたのは憲兵であり，これは北部で飛行機から落下傘でタイに侵入しようとする敵を警戒するためであった［NA Bo Ko. Sungsut 2. 9/28 "Kramon So. Chotiksathian rian Maethap Yai. 1944/11/24"］。東北部のチャイヤプーム県チャトゥラット郡の駐屯部隊は第18方面軍兵站病馬廠で，1945年4月からこの地で軍馬や役牛の購入や飼育，ビルマ方面への輸送を行っていた［防衛研 陸軍―南西―泰仏印1「泰方面部隊史実資料綴（完）（帰還者報告）」］。

図 4-16　日本軍の駐屯状況（1945 年 8 月）

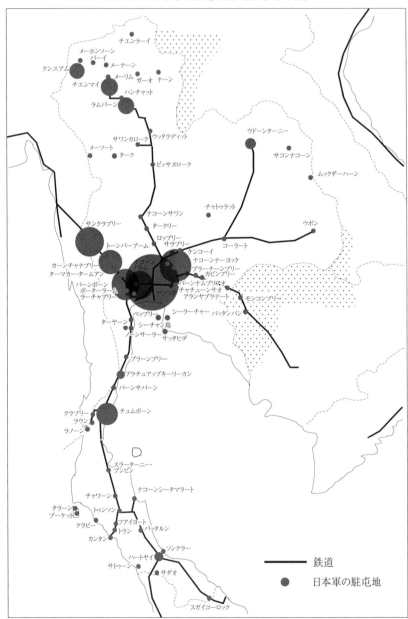

出所：表 4-7 より筆者作成

援を行っていた[118]。このルートは，先の図 4-14 で日本軍が確保すべき道路としたものであった。最初に利用したのは 3 月であり，ピッサヌロークの自動車 100 台をバンコクに移動させるために，このルートを使用することをタイ側に求めていた[119]。これは上述の第 4 師団のバンコクから北部への自動車での移動に対応したものと思われ，ペッチャブーン県内に駐屯した最初の日本兵であった。ペッチャブーンはピブーン首相が遷都を計画した場所であり，ピブーン時代には日本軍の影響力が及ばないようにしていたが，最終的に日本軍はペッチャブーンにも入ってきたのであった[120]。

このように，鉄道網が寸断されて軍事輸送が滞ったにもかかわらず，タイ国内の日本軍の存在感は終戦が近づくとともに高まり，駐屯する兵の数も駐屯地点の数も過去最高の水準に達したのである。タイが後方から前線へとその機能を変えつつあったことで日本軍の展開もタイ国内の各地へと広まり，これまで日本軍が駐屯したことがなかったような場所にも日本兵が常駐を始めていた。開戦時には約 10 万人の兵が前線に向かうために通過していったタイであったが，終戦時にはそれより多くの兵が駐屯する場所へとその役割を変えていたのである。

---

118)　NA Bo Ko. Sungsut 2. 9/34 "Kramon So. Chotiksathian rian Maethap Yai. 1945/05/17"　他にもピッサヌローク，ターク，ラムパーンに自動車輸送の支援のための兵を常駐させていると報告していた。

119)　NA Bo Ko. Sungsut 2. 5. 2/42 "Phu Chuai Cho. Po Pho. Fai Tho Bo. sanoe Set. Kongthap Bok Phu Thaen Krom Tamruat Phu Thaen Krasuang Mahat Thai. 1945/03/13"

120)　それでもタイ側は日本軍がペッチャブーンの町に入ることを警戒していたようであり，1945年 4 月 15〜16 日にバンコク方面から来た日本軍が，合意したようにワンチョムプーで左折してピッサヌローク方面へは向かわず，直進してペッチャブーン市内に入ってきたとして日本側にその理由を問いただしていた［NA Bo Ko. Sungsut 2. 9/34 "Kramon So. Chotiksathian rian Maethap Yai. 1945/04/24"］。

戦争の痕跡⑤ 泰緬鉄道その２

　ナムトックから先の泰緬鉄道の痕跡は大半が失われ，そのルートを特定することも難しい。ナムトックから約20km先には「ヘルファイヤー・パス（チョン・カオカート）」と呼ばれる切通があり，記念館が存在する。ここは連合軍捕虜を使役して人力で切通をつくった場所であり，記念館から階段を下りていくと線路跡に到達し，しばらく歩くと切通に到達する。路盤跡には大木が茂っている箇所もあり，時の流れを感じさせる。ほとんどの人はここまで来て戻っていくが，その先2kmほど当時の路盤が歩けるように整備されている。木造桟道が存在した箇所が何ヶ所か残っているが，現在は基礎のコンクリートや石積みの橋台くらいしか残っておらず，谷間に下りて迂回することになる。下から見上げると，これらの木造桟道がかなりの高さであったことが実感され，元日本兵がゆらゆらと揺れる桟道を渡ったと回想していたのも頷ける。最後まで歩くと柵で仕切られた軍用地に到達し，線路跡はそのまま森の中へと消えていく。
　その先の線路跡もはっきりしないが，さらに60kmほど北上すると線路跡はクウェーノーイ川をせき止めて作られたワチラーロンコーン・ダムのダム湖の下に水没す

ヘルファイヤー・パス（2015年）

三仏塔峠の線路跡（奥がミャンマー）（2010年）

ることになる。このダムは1984年に完成したが，このダムを建設するためにカーンチャナブリーからダムまでの道路が整備されることになり，その際には並行する旧泰緬鉄道の廃止も検討されていた。ダム湖の北端にはモーン族が多く住むサンクラブリーがあり，湖の水位が低いと旧泰緬鉄道の路盤が湖面に現れるという。この町は湖に架かるタイで最大の木橋や，インドのブッタガヤの寺院を模したモーン族の寺院などが有名であり，訪れる観光客も多い。

　さらに，サンクラブリーから20kmほど北に向かうと，タイ・ミャンマー国境の三仏塔峠（スリーパゴダ・パス）に到達する。国境の横にモーン様式の小さな白い仏塔が3つ並んでおり，その前を旧泰緬鉄道が通過していた。当時の路盤が残っており，短いレールが敷設され，日本人が設置した慰霊碑も存在する。ここは国際ゲートではないので国境を越えることはできないが，国境の柵からミャンマー側の線路跡を望むことができ，草生した路盤の中にはレールが残っているのが見える。

　この先ミャンマー国内の泰緬鉄道は戦後早々にレールが撤去されており，現在どのような状況になっているのかは分からないが，ミャンマー側の終点タンビューザヤッには戦争の面影が残っている。町はずれにある連合軍墓地はカーンチャナブリーのものとよく似ており，タイ側ほど訪れる人は多くないものの美しく整備されている。タンビューザヤッの駅から2km程南のイェー線と旧泰緬鉄道の分岐点付近には「死の鉄道」記念館が最近整備されている。日本から送られてきたC56型蒸気機関車も保存されており，ミャンマー側では唯一の存在と思われる。観光開発のためにミャンマー側の旧泰緬鉄道を「復活」させるとの報道が何年か前にあったが，果たして今後どのような展開となるのであろうか。

第5章
タイ側の対応
鉄道の奪還と維持

本章では，第3の課題であるタイの対応と一般輸送への影響の解明のうち，タイの対応について分析する。これまで見てきたように，開戦直後から始まった日本軍の軍用列車の運行は，タイ側に大きな負担を与えており，タイの一般輸送に大きな影響を与えたことが推測された。図1-4（74頁）で示されていたように，一般貨物輸送量は1942年には前年の約半分となり，その減少分が日本軍の軍事輸送量とほぼ一致していた。このため，タイ側の一般輸送向けの輸送力が軍事輸送に転用され，その結果一般輸送に影響が出ていたことが容易に想起されるのである。

　このため，本章における論点は日本軍の軍事輸送によって鉄道輸送力を奪われたことに対して，タイがどのような対応策を採ったのかを分析することにある。序章で述べたように，タイでは第2次世界大戦中に日本の命令に服従せざるを得なかったという「被害者」意識が強いが，実際にはタイは単なる被害者ではない。それは，自由タイのような地下の抗日運動からも見て取れるが，政府間の公式な関係においてもタイ側は常に自分の利益を最大限に高めようと尽力していた。それはタイの鉄道をめぐる日本側とタイ側の駆け引きにも端的に現れており，日本と同盟を結んだピブーン政権下でも単に日本の言いなりになっていたわけではなく，自らの利益を最大限に引き上げようとするしたたかな戦略が存在していたことが確認できる。

　以下，第1節で開戦直後直ちに浮上したマラヤ残留車両の返還要求について，タイ側の交渉過程とその成果を確認し，第2節で米輸送力増強と引き換えの軍用列車削減要求と，一時的ながらそれが実現した過程を考察する。次いで，第3節で列車の運行に不可欠な潤滑油の枯渇問題と，それを利用しての日本側からの潤滑油の獲得状況を検討し，第4節では戦争末期に日本側が一部区間の列車運行を任せるよう要求したものの，タイ側が鉄道運営権の維持に固執した過程を解明する。最後に，第5節でタイがいかにして鉄道を奪還・維持したのかについて，その背景を分析する。

第1節　マラヤ残留車両の返還

(1) マラヤの車両不足の代替

　開戦と同時に日本軍はマレー侵攻作戦を開始したことから，タイの鉄道車両は続々とバンコクから南下していくことになった。第1章でみたように，バンコクからマラヤ方面へと南下する軍用列車は1941年12月10日から運行を開始し，1日3本の列車がバンコクから南線を南へと下って行った。また，南部のソンクラーやスラーターニーなどに上陸した日本軍もマラヤ方面への進軍を行い，南部発のマラヤ向けの輸送も別に存在していた。このため，使用可能なタイの鉄道車両は急激に減少し，前述したように12月14日には早くもタイ側は南下した車両をバンコクへ戻すよう要求していた。

　車両がバンコクに戻ってこなかった最大の理由は，マラヤ内での車両不足であった。日本軍がマレー半島に上陸したことを知った英軍は，日本軍がマラヤに進入してくることを予想し，進軍を妨害するために西海岸線，東海岸線の双方とも橋梁を破壊するなどして鉄道の利用を難しくした。最終的にマラヤ全体でイギリス側が破壊した橋梁は西海岸線で76ヵ所，計2,750m，東海岸線で19ヶ所，計2,142mであり，西海岸線では橋梁全体の5分の1が破壊されていた［広池 1971, 62］[1]。このため，南進する日本軍は橋梁の修理をしながら線路の復旧を行い，徐々にタイから直通できる区間を増やしていかねばならなかった。タイとの国境であるパーダンベーサールから約70km先のクダーのアロースターまでの区間で列車の運行が可能となったのは1941年12月21日のことであった［大崎 1978, 126］。

　ところが，マラヤ領内の鉄道が順次開通していったものの，問題は車両であった。イギリス側は橋梁を破壊したのみならず，彼らの撤退と同時に鉄道車両も南へと持ち去り，日本軍に利用させないよう画策していた。このた

---

1)　西海岸線の橋梁の総数は375ヶ所，総延長は5,300mであった［広池 1971, 62］。なお，東海岸線については日本軍は進軍ルートとして使用する意図がなかったので復旧工事を行わず，後にそのレールを泰緬鉄道やクラ地峡鉄道の建設に使用した。

め，開通したマラヤ領内で使用される車両は必然的にタイからマラヤへと乗り入れてきた車両となり，これがバンコクへの車両の返送を遅らせる最大の要因となった。1942年2月に鉄道小委員会のメンバーが日本軍の担当者とバンコクからペナン島対岸のターミナル駅であるプライまで南線の状況を視察に行ったが，ハートヤイに寄った際に22両の機関車がマラヤに乗り入れていると知らされた[2]。また，国境のパーダンベーサールからプライまでの間で計6回軍用列車と交差したが，いずれもタイの機関車が牽引しており，中にはタイ人の機関士がマラヤ領内でも運転している例もあった。南方軍鉄道隊の参謀長であった広池はバンコクを12月10日に発った最初の軍用列車でハートヤイに向かい，バンコクへの空車回送に専念していたというが［広池 1971, 63］，実際には空車としてバンコクに回送できる車両は限られていたのである。

　この鉄道小委員はハートヤイで日本側から今後のマラヤ領内での軍用列車の運行計画を聞かされており，それによるとバンコクからマラヤ領内のグマスまで1日2往復，ソンクラーからグマスまで1日3往復，コタバルからプライまで1日1往復の軍用列車を運行する予定であり，その運行をタイ側に任せたいと要請していた[3]。もしこれを実行すると，合計して機関車44両，貨車約1,500両が必要となり，タイの車両不足が一層深刻になる恐れがあった[4]。日本側はマラヤで入手した車両も使用可能であるとしたが，この時点で日本側が示したマラヤで入手した車両数は機関車8両，客車30両，貨車が1,000両しかなかった[5]。戦争直前のマラヤ鉄道の車両数は機関車271両，客車411両，貨車5,682両であったことから［渡邉 1943, 262］，日本軍が入手できた車両数はわずかでしかなかった。この時点では既にクアラルンプー

---

2)　NA Bo Ko. Sungsut 2. 4. 1. 6/5 "Anukammakan Rotfai thueng Khana Kammakan Borihan Ratchakan Krom Rotfai. 1942/02/20"

3)　Ibid.

4)　これはバンコク～グマス間で貨車30両の列車を計20列車，ソンクラー～グマス間で貨車40両の列車を計20列車，コタバル～プライ間で貨車22両の列車を計4列車必要とすることを意味した。

5)　NA Bo Ko. Sungsut 2. 4. 1. 6/5 "Banthuek Huakho Tangtang thi Prachum Rawang Khana Kammakan Fai Yipun lae Fai Khana Kammakan Rotfai Thai na Sathani Hat Yai. 1942/02/09"　他に修理が必要な車両として，機関車17両，客車12両，貨車100両を入手できていた。

ルまで列車の運行が再開されていたことから，イギリス側がいかに多くの車両を南へと避難させて日本側の手に渡ることを妨げようとしていたのかが分かる。とくに，機関車の獲得数が非常に少なく，これがタイの機関車への依存度をさらに高めていたことになる。

　実際に，日本軍の軍用列車でも1942年2月までは若干の仏印の車両を除いて，タイの車両がそのほとんどを占めていた。先の表1-5（62頁）のように，1942年1月にはタイの車両数は1万両を越えており，2月も5,600両に達していた。このため，全体でのタイの車両の使用比率はそれぞれ84％，71％と高くなっていた。仏印の車両の使用も1月から始まっていたが，運行区間は東線内に限られ，南線では用いられていなかった。2月には日本から持ち込んだ車両の使用も約500両に達したが，タイの車両が主役である状況に変わりはなかった。開戦直後におけるマラヤでの車両不足が，タイの車両を多数南下させることとなり，その奪還がタイ側にとって重要な意味を持つようになったのである。

(2) 残留車両の返還要求

　車両不足を解消するために，タイ側は日本側に対してタイの車両の返還を要求することにした。この要求は鉄道小委員会の場で行うことになり，最初に日本側に公式に返還要求をしたのは1942年3月20日であった[6]。この日の小委員会の場で，タイ側はマラヤに残留している車両が3月10日の時点で計1,358両あると日本側に示し，迅速な返還を要求した。この数値は，国境駅でタイ側が記録した国外に出た車両数を集計したものであった。

　表5-1はタイ側が示したマラヤ残留車両数の推移を示したものである。これを見ると，1942年3月10日の時点ではパーダンベーサールからマラヤに出て戻ってこない車両数が計1,358両，スガイコーロックから出た車両数が計70両あったことが分かる。1941年のタイの貨車は計3,915両であったことから［SYB (1945-55), 330］，実にその36％がマラヤに残留していたことになる。この後，タイ側は随時日本側に残留車両数を提示し，そのたびに迅

---

6)　NA Bo Ko. Sungsut 2. 4. 1. 1/2 "Kho Toklong Bang Prakan Rawang Anukammakan Rotfai kap Chaonathi Fai Yipun. 1942/03/20"

表 5-1　タイ側の主張に基づくマラヤ残留車両数の推移（単位：両）

年月日	パーダンベーサール				スガイ コーロック	総計	出所
	有蓋車	無蓋車	その他	計			
1942/03/10	654	358	346	1,358	70	1,428	NA Bo Ko. Sungsut 2. 4. 1. 6/1
1942/04/05	N.A.	N.A.	N.A.	1,452	11	1,463	NA Bo Ko. Sungsut 2. 4. 1. 1/2
1942/04/19	717	371	253	1,341	4	1,345	NA Bo Ko. Sungsut 2. 4. 1. 1/2
1942/04/26	601	334	209	1,144	1	1,145	NA Bo Ko. Sungsut 2. 4. 1. 1/2
1942/05/03	537	312	197	1,046	5	1,051	NA Bo Ko. Sungsut 2. 4. 1. 1/2
1942/05/10	433	315	178	926	3	929	NA Bo Ko. Sungsut 2. 4. 1. 1/2
1942/05/17	393	319	130	842	－	842	NA Bo Ko. Sungsut 2. 4. 1. 1/2
1942/05/24	300	185	82	567	－	567	NA Bo Ko. Sungsut 2. 4. 1. 1/2
1942/05/31	257	144	91	492	3	495	NA Bo Ko. Sungsut 2. 4. 1. 1/2
1942/06/17	N.A.	N.A.	N.A.	N.A.	N.A.	693	NA Bo Ko. Sungsut 2. 4. 1. 1/2
1942/07/15	N.A.	N.A.	N.A.	N.A.	N.A.	730	NA [2] So Ro. 0201. 98/25
1942/08/30	N.A.	N.A.	N.A.	N.A.	N.A.	496	NA [2] So Ro. 0201. 98/25
1942/11/01	214	N.A.	161	375	－	375	NA [2] So Ro. 0201. 98/25
1943/01/07	210	124	45	379	－	379	NA Bo Ko. Sungsut 2. 10/241
1943/04/11	N.A.	N.A.	N.A.	N.A.	N.A.	64	NA Bo Ko. Sungsut 2. 4. 1. 1/1
1943/05/09	30	30	16	76	－	76	NA Bo Ko. Sungsut 2. 4. 1/21

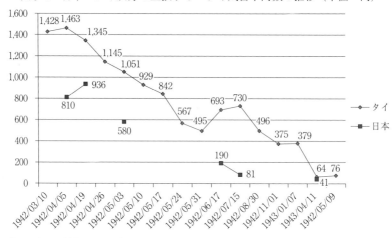

図 5-1　日本・タイ双方の主張するマラヤ残留車両数の推移（単位：両）

注：日本側の数値は月日が若干ずれている場合がある。
出所：表 5-1 と同じ，より筆者作成

速な返還を日本側に求めていくことになった。

　しかし，タイ側と日本側で把握している残留車両数に大きな差があったことから，車両の返還交渉は難航することになった。4月4日の鉄道小委員会の場でタイ側は日本側に対してマラヤにあるタイの残留車両数を尋ねたが，日本側はプライに200両，シンガポールに100両と回答するにとどまり，タイ側の示した数値との差は極めて大きかった[7]。日本側はマラヤの貨車はブレーキがないのでタイの車両に依存せざるを得ないとしつつも，機関車は10日以内にすべて返還すると約束した。その後，5月2日の鉄道小委員会の場で日本側がマラヤに残留しているタイの車両数について初めて詳細な数値を示しており，それによると4月4日の時点でイポー以南にあったタイの車両は810両で，うち16両は故障しており，4月9日の時点ではシンガポールに212両，タイピンに213両が残留していた[8]。日本側は4月5日以降月末までに有蓋車640両，無蓋車252両をバンコクに返還したと主張した。

　図 5-1 は日本側とタイ側が主張するマラヤ残留車両数の推移を示したもの

---

7)　Ibid. "Banthuek Kan Prachum Anukammakan Fai Rotfai. 1942/04/04"
8)　Ibid. "Banthuek Kan Prachum Anukammakan Fai Rotfai. 1942/05/02"

である。これを見ると，1942年4月5日の時点では双方の主張に600両以上の差があり，4月19日の時点でも依然として約400両の差があったことが分かる。その後，5月3日の時点でも双方の差は400両以上となっており，この差が解消する傾向はみられず，逆に6月以降はさらに拡大する傾向にあった。

　このため，タイ側はさらに強硬に車両の返還を主張することになった。1942年5月25日の鉄道小委員会の場で，日本側は今後2週間にわたり1日2往復の軍用列車を北線のドームアン，ノーンプリン，ラムパーン，チエンマイからクアラルンプールかシンガポールまで運行し，そのために計530両の貨車を使用したいとして協力を要請した[9]。これに対し，翌日の会議でタイ側は仏印内に残留する車両をすべて返還することと，マラヤに残留する車両を少なくとも1日にバンコクからマラヤへ向けて送る両数と同じ数だけ返還することなどを条件として提示した[10]。

　この時の日本側の要求には結局応じたようであるが，その後6月21日に日本側がバンコク，ピッサヌローク，サワンカロークからマラヤへの物資輸送のため有蓋車175両の追加申請を行った際にも，タイ側はマラヤ残留車両を速やかに返すよう督促を行った[11]。この際に，日本側とタイ側の主張する残留車両数が大幅に異なる点を主張し，タイ側はマラヤ残留車両数を再調査するので日本側に回答を待つよう求めた。このため，6月27日にもこの問題が鉄道小委員会で取り上げられ，タイ側は双方の残留車両の数値が大幅に異なるが，マラヤに大量の車両が残留している以上，日本側の要望する車両の配車は難しいと回答した[12]。タイ側は5月から始まったマラヤへの米輸送列車を削減すべきであると提案したが，日本側はマラヤでの米不足を解消するためにもこれを削減することはできないと主張した。タイ側の主張によると，日本軍のマラヤへの米輸送は1日1往復の列車で行うと申請してきたが

---

9)　Ibid. "Kho Toklong Bang Prakan Rawang Anukammakan Rotfai kap Chaonathi Fai Yipun. 1942/05/25"

10)　Ibid. "Kho Toklong Bang Prakan Rawang Anukammakan Rotfai kap Chaonathi Fai Yipun. 1942/05/26"

11)　Ibid. "Kho Toklong Bang Prakan Rawang Anukammakan Rotfai kap Chaonathi Fai Yipun. 1942/06/21"

12)　Ibid. "Banthuek Rueang Kan Phicharana cha Chai Tua Khupong Samrap Sinkha Bat Krabuan Rot Phiset Thahan Yipun lae Tua Khupong Doisan Rawang Anukammakan Rotfai kap Chaonathi Fai Yipun. 1942/06/27"

実際には南線の1日3往復の軍用列車すべてを米輸送に充てており，しかもタイの車両に積み込んで発送してもバンコクに戻ってくるのはマラヤの車両ばかりであるとのことであった。

シンガポール陥落後，日本軍は徐々にマラヤの車両の使用数を増やしており，先の表1-5（62頁）から分かるように1942年3月にマラヤの使用車両数は1,000両を越え，6月には約1,800両に達していた。これに伴ってタイの車両への依存度も減り，図1-3（64頁）のように南線における6月の使用車両はマラヤの車両が約7割と初めてタイの車両を上回り，南線においてはマラヤの車両が軍用列車による輸送の中心となっていた。それでも，ブレーキの関係から依然としてタイの車両が好まれる傾向が続き，日本側はマラヤの車両のみでの米輸送列車の運行には難色を示していた[13]。

日本側はこの問題を解決するために圧力をかけようと，合同委員会に対して守屋武官の名で抗議をしたようである[14]。このため，合同委員会のチャイが日本側と交渉を行い，その結果，この問題は日本側にタイの車両を速やかに返還するよう約束させることで解決した。1942年7月16日の小委員会では，日本側がタイの有蓋車のみで編成されている軍用列車にはマラヤの貨車が半数混じるように改めると約束し，また軍用列車がプライに到着後直ちに物資を降ろしてタイに戻すよう命令を出すとした[15]。この合意はチャイが日本側と交渉の結果まとまったものであり，鉄道小委員会よりも上のレベルで決められたものであった。この効果もあって，南線におけるタイの車両の使用比率はこの後も漸減し，図1-3のように1942年9月には3割を切ることになった。その後も南線でのタイの車両の使用比率は2割以内で推移し，マラヤの車両が主役となるのである。

(3) 残留車両問題の終焉

マラヤ残留車両問題は，図5-1のように双方の主張する残留車両数の差が

---

13) Ibid.

14) NA Bo Ko. Sungsut 2. 10/4 "Pho. Tho. Prathipasen sanoe Prathan Kammakan Phasom. 1942/07/17" チャイは7月4日に武官に対してタイ側が鉄道車両の配車を行わなかったことへの抗議に対する回答を渡していた。

15) NA Bo Ko. Sungsut 2. 4. 1. 1/2 "Banthuek. 1942/07/16"

拡大した 1942 年 6 月から 7 月にかけて最も顕在化したが，その後はマラヤからの車両の返還も順次行われていたことから，徐々に沈静化していった。表 5-1 からも分かるように，マラヤ残留車両数は 1942 年 7 月 15 日の時点で一旦 730 両にまで増加した後減少に転じ，1943 年 1 月 7 日の時点では 400 両弱まで減っていた。第 1 章で述べたように，日本側の鉄道に関する交渉は石田部隊が行っていたが，1942 年 4 月以降この部隊がマレー鉄道全体の運行を担当するようになってからはマラヤ残留車両が着実に減少してきているとタイ側は評価していた[16]。1942 年 9 月にチャルーン・ラッタナクン・セーリールーンルット（Charun Rattanakun Seriroengruet）運輸大臣からピブーン首相に対して出された文書では，この問題について以下のように述べていた[17]。

> ……運輸省が鉄道局に検討させたところ，鉄道局は日本軍がマラヤに持ち込んで残留している鉄道局の貨車の件については黙って見過ごしてはいないと報告してきた。日本兵がマラヤに車輌を持ち込んで残留させ始めてから，車輌が戻ってこないために配車係が日本軍に常に警告し続けており，また合同委員会に対しても，日本軍の軍用列車や必需品の輸送に配車できるようするために，マラヤに残留している鉄道局の車両を至急返還するよう連絡してほしいと通報している。また，日本軍の軍用列車運行に関する会議でも，鉄道小委員が日本側の代表にこの問題を常に警告し続けてきており，マラヤに残留している貨車数を把握するために列車運行部門の職員に 2 回ほど調査をさせたところ，1942 年 7 月 15 日の時点では 730 両が不足していたのでこれがマラヤに残留している数であると思われる。このため，日本側に伝えたところ，日本側で調査した結果では鉄道局の貨車でマラヤにいる数は 81 両のみとのことであった……。その後残留車輌の数は減り，8 月 30 日付のハートヤイ列車運行官の報告によると国外にいる車輌の数は 496 両まで減ったとのことであった……。

タイ側はマラヤ残留車両の返還要求を続ける一方で，シンガポールに残留しているアメリカから購入した貨車の引き渡しを求めることにした。チャイが日本側と貨車の配車の件で交渉を行った直後，合同委員会は日本側に対し

---

16) NA Bo Ko. Sungsut 2. 10/64 "Raingan Yo Sadaeng Kitchakan khong Khana Kammakan Phasom tangtae Roem Ton chonthueng Sin Mi Kho. 85"

17) NA [2] So Ro. 0201. 98/25 "Ratthamontri Wa Kan Kasuang Khamanakhom thueng Nayok Ratthamontri. 1942/09/22"

て，鉄道局が開戦前にアメリカに発注した有蓋車 500 両，無蓋車 250 両，車台 100 両分がシンガポールに到着しているはずなので，それを確認するよう文書で要請した[18]。これらの貨車のうち，有蓋車 100 両は既にタイに到着していたが，残りは船でシンガポールに到着したところで戦争が始まり，シンガポールで日本側に接収されたものと考えられていた。また，無蓋車と車台については発送したとの報告は入っていなかったが，既にシンガポールに到着していた可能性もあった[19]。

　これについて，守屋武官は 1942 年 11 月 18 日付でチャイに対してタイの貨車はシンガポールでは見つからなかったと回答した[20]。これに対し，鉄道局はアメリカから有蓋車を発送したとの証拠が届いているので再度確認するよう日本側に要請してほしいと合同委員会に求め，合同委員会から再び要請したものと思われる[21]。その結果，実際には貨車の一部は既にシンガポールに到着しており，イギリスが接収した後に日本軍がこれを再接収し，日本軍によって用いられていたことが判明した。1943 年 2 月の時点では 120 ～ 130 両の有蓋車が日本軍によって使用されており，日本側は無条件でタイに引き渡すと約束していた[22]。

　1943 年に入ると，次に述べる米輸送を利用した軍用列車の削減交渉を本格的に進めていくことから，マラヤ残留車両問題は解決へと向かった。表 5 -1 のように，1943 年 4 月 11 日の残留車両数は 64 両まで減少し，この時点での日本側の数字との差は 23 両にまで減った。この 4 月 11 日の残留車両数については，部隊長の石田司令官がタイとの間で車両残留問題を解決したいとして，日本側で調査した残留車両数を提示してきたものであり，日本側の調査結果によればマラヤに残留しているタイの車両は計 41 両であった[23]。

---

18)　NA Bo Ko. Sungsut 2. 10/4 "Pho. Tho. Prathipasen sanoe Prathan Kammakan Phasom. 1942/08/07"

19)　NA Bo Ko. Sungsut 2. 4. 1. 5/3 "Athibodi Krom Rotfai thueng Prathan Kammakan Phasom. 1942/03/12"

20)　Ibid. "Phu Thaen Fai Kongthap Yipun Pracham Prathet Thai thueng Than Nai Phan Ek Chai Prathipasen. 1942/11/18"

21)　Ibid. "Athibodi Krom Rotfai thueng Prathan Khana Kammakan Phasom. 1942/12/24"

22)　Ibid. "Banthuek Kan Sonthana Rawang Pho. Tho. Momchao Phisit Ditsaphong Ditsakun kap Pho. To. Ichida. 1943/02/17"

23)　NA Bo Ko. Sungsut 2. 4. 1/21 "Nai Phon Tri Ichida Phu Banchakan Rotfai Thahan Yipun rian Athibodi Krom Rotfai. 1943/05/02"

これについてタイ側で検討した結果，タイ側と日本側の主張する車両数の差はわずかであり，これ以上追及しても埒が明かないことから，日本側の主張した数値を受け入れ，今後は残留車両の返還を要求しないことを確認した[24]。すなわち，日本から返還されていない車両は依然として若干存在するものの，双方の主張する差は以前と比べると極めて少ないことから，これ以上この問題を追及しないことにタイ側は決めたのであった。

なお，この決断には上述したアメリカに発注した貨車がタイ側に返還されたことも影響していた。1943年9月にチャルーン運輸大臣が内閣官房宛に出した文書によると，マラヤに残留している貨車について，日本側がアメリカに発注していた貨車100両を返還してきたことから残留車両問題はこれで終了とし，今後もし新たにタイの車両が発見されたら返還するよう日本側に伝えることで鉄道局と同盟国連絡局が合意したとのことであった[25]。大臣の説明では，調査日に残留していた41両のうち17両を日本軍が使用し，24両は故障しており，当日国境駅パーダンベーサールに停車していた貨車9両を含めるとタイ側の貨車は計50両となったことから，タイ側の主張する数値との差は14両であった。これは日本側から引き渡された貨車100両と比較すれば些細なものでしかなく，これ以上この問題を詮索しても仕方のないとの判断であった。

これにより，開戦当初からタイを悩ませたマラヤ残留車両問題は開戦から2年弱を経てようやく解決し，タイはマラヤ残留車両をほぼすべて奪回することに成功した。さらに，タイ側の度重なる車両返還要求は軍用列車に使用されるタイの車両を大幅に減らすことにもつながり，タイが一般輸送に使用可能な貨車を増やすことにも成功したのである。

---

24) Ibid. "Chao Krom Prasan-ngan Phanthamit sanoe Set. Tho. Sanam. 1943/06/17"

25) NA [2] So Ro. 0201. 98/25 "Ratthamontri Wa Kan Kasuang Khamanakhom rhueng Lekhathikan Khana Ratthamontri. 1943/09/01"

第2節　軍用列車の削減

(1) 車両奪還計画の背景

　マラヤ残留車両の返還交渉によって，一時は3分の1がマラヤに残留した
タイの貨車は着実に戻ってきたが，機関車の不足は依然として解消されな
かった。開戦直後に行われていたマラヤへのタイの機関車の乗り入れは，石
田部隊がマラヤ鉄道全線の運行を管轄し始めてから早々に解消されたもの
の，タイ国内での軍用列車の運行に少なからぬ数の機関車が用いられてお
り，タイの機関車不足は深刻であった。一方で，1942年には中部で大水害
が発生し，米どころの中部の米生産量は平年を大きく下回り，日本側に約束
していた量の米を供出できない可能性が高まった。これを実現するためには
豊作であった東北部や東部の米を鉄道でバンコクに運ぶ必要があることか
ら，タイ側はこの米輸送の増強と交換に軍用列車を削減する交渉を行うこと
になった。すなわち，米不足を利用した車両奪還計画であった。

　実際に，開戦に伴う日本軍の軍用列車の運行やマラヤ残留車両の増加に伴
い，タイの一般列車の運行本数は減少していた。図5-2は開戦前の，図5-3
は1943年の旅客列車の運行区間を示したものである。この2つの図を見比
べると，この間の旅客列車の運転本数の削減状況が把握できる。バンコク近
郊区間でも一部の近郊列車が削減されており，東線のチャチューンサオへの
2往復の列車は全廃されている。また，地方では1日2往復の列車の運行が
あった区間では軒並み1往復に削減されており，とくに東北線では週1往復
の急行列車が廃止されたうえ，すべての区間での列車本数が1日1往復に削
減されており，削減が最も顕著であったことが分かる。旅客列車の運転本数
はこの間に1日110本から68本へと約4割減となっていた[26]。

　さらに，貨物列車の運行本数の削減も顕著であった。図5-4は開戦前と
1943年の貨物列車の運行本数の変化を示したものである。これを見ると，

---

26)　これは週1〜2往復運転の急行列車も含んだ数値である。

第 5 章　タイ側の対応——鉄道の奪還と維持　355

図 5-2　旅客列車の運転区間（戦前）

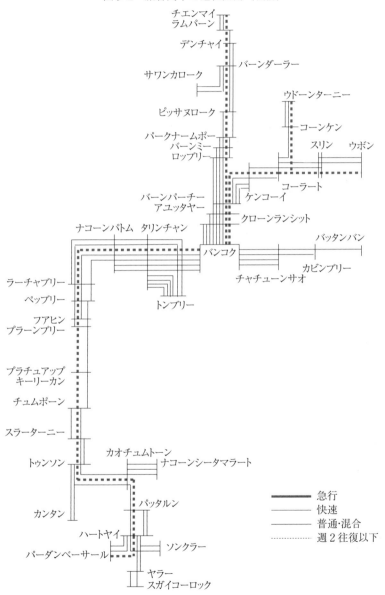

注：実線は 1 日 1 往復の運行を示す
出所：NA Bo Ko. Sungsut 2. 4. 1/22 より筆者作成

図 5-3　旅客列車の運転区間（1943 年）

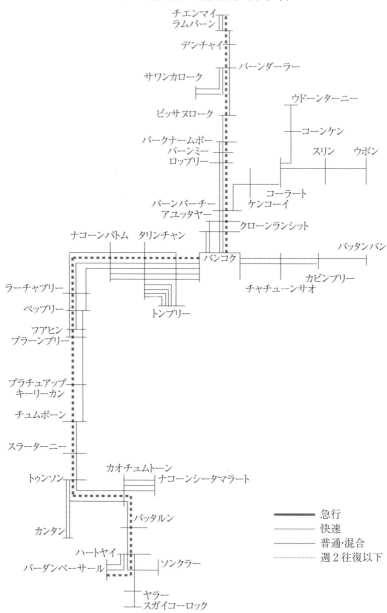

注：実線は 1 日 1 往復の運行を示す
出所：図 5-2 と同じ，より筆者作成

第 5 章　タイ側の対応——鉄道の奪還と維持　357

図 5-4　貨物列車の運転区間の変化（戦前〜1943 年）

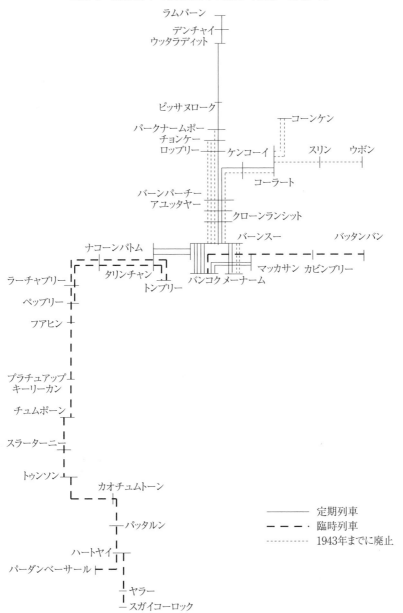

注：実線は 1 日 1 往復の運行を示す
出所：図 5-2 と同じ，より筆者作成

北線と東北線で定期列車の廃止が行われていたことが分かる。北線ではバーンスー〜パークナームポー間，バーンスー〜チョンケー間の貨物列車がいずれも廃止されており，全区間において運行本数は1日1往復となっていることが分かる[27]。東北線ではバーンスー〜コーラート間の1往復が廃止され，コーラート以遠の貨物列車はすべて廃止となっている。他方で，臨時列車のみが設定されている東線や南線では運行本数は変わらないが，運行頻度が低くなった可能性は否定できない。これによって，1日の定期貨物列車の運行本数も44本から26本へと4割減となった。実際には，貨物列車が存在しなくても図5-3で示された普通・混合列車の大半は混合列車であるので，混合列車での貨物輸送は可能であった。しかしながら，貨物列車の廃止は貨物輸送力の大幅な減少をもたらし，後述するように一般貨物輸送に大きな影響を与えていた。

　このような列車本数の削減は，日本軍の軍用列車の運行による機関車の供出と修理中の車両の増加が原因であった。表5-2は1943年5月頃の蒸気機関車の使用状況を示したものである。これを見ると，日本軍の軍用列車の運行に32両，泰緬鉄道の建設に5両の機関車を用いており，計37両が日本軍向けに使用されていたことが分かる。タイ側の使用する数は96両と日本軍向けよりはるかに多くなっているが，大型機関車に限定すると日本軍の使用する数は25両とタイ側の使用する数の約半分となっている。この大型機関車は戦前に貨物列車を牽引していた機関車であり，これが貨物列車の廃止に直接影響を与えていた。他方で，修理中の機関車も計63両存在し，大型機関車だけでも43両が修理中となっていたことが分かる。これらの機関車の多くは部品不足で修理ができない車両であり，タイ側は日本側に対してこの数値を示しながら部品の提供を要請していた。

　一方，貨車については日本軍がタイの車両の使用比率を低下させたこともあって，日本側によって使用される車両数は以前より大幅に減っていた。表5-3は同じ時期の貨車の使用状況を示している。マラヤ残留車両を含めた日本軍による使用車両数は計486両であり，タイ側が使用している車両数の2

27）　バーンスー〜チョンケー間の貨物列車は，主にサイアム・セメント社の泥灰土輸送に用いられていた。

表 5-2 タイの蒸気機関車の使用状況（1943 年）（単位：両）

	用途	大型	209 型	E 型	C·D 型	B 型	小型	計
タイ	旅客	28	2	8	1	−	−	39
	貨物	19	1	2	−	−	−	22
	保線・薪輸送	5	3	10	1	−	−	19
	入換	1	1	5		1	8	16
	計	53	7	25	2	1	8	96
日本	軍用列車	25	−	7	−	−	−	32
	泰緬鉄道建設	−	−	−	2	3	−	5
	計	25	−	7	2	3	−	37
修理中	ボイラー洗浄	10	2	4			−	16
	工場入場	33	4	6	1		3	47
	計	43	6	10	1		3	63
	総計	121	13	42	5	4	11	196

注：機関車の分類は以下の通りである。大型：209 型〜 B 型以外のテンダー機関車，209 型：車輪
配置 2-6-0 型（ジョージ・イゲストフ），E 型：4-6-0 型，D 型：2-4-2 型，C 型：2-6-0 型（ク
ラウス），B 型：2-4-0 型，小型：タンク式機関車。
出所：NA Bo Ko. Sungsut 2. 4. 1/21 より筆者作成

割以下の数値となっていることが分かる。機関車に比べれば日本側に提供し
ている車両の比率は低くなるが，それでもタイ軍向けに使用している車両と
ほぼ同じ数の車両を使用していたことになる。また，機関車と同様に故障中
の車両も少なからず存在し，日本軍の使用車両数とほぼ同じ数が修理待ちの
状態であった。機関車と同じく，タイ側は貨車の修理のための部品の提供も
日本側に求めていた。

このような車両不足の状況下で，日本側が更なる車両の提供を依頼したこ
とが，米不足を利用した車両返還計画を始めたきっかけの 1 つとなった。こ
れは 1942 年 12 月 24 日に鉄道小委員会の場で提示された，新たな軍事輸送
のための車両提供の依頼であった[28]。日本側によると，1943 年 1 月からマラ

---

28) NA Bo Ko. Sungsut 2. 4. 1. 1/2 "Banthuek Raingan Kan Prachum Anukammakan Fai Rotfai. 1942/12/24"

表 5-3　タイの貨車の使用状況（1943 年）（単位：両）

用途		有蓋	家畜	塩積	屋根付	無蓋	高壁無蓋	材木	その他	計	備考
タイ	タイ軍	260	30	–	51	65	104	–	–	510	
	一般	628	219	35	60	150	20	–	–	1,112	
	事業	225		–	202	580	50	–	79	1,136	石油、砕石、枕木、レール、薪輸送用、複線工事用
	特別	–	–	–	–	60	20	–	–	80	サイアム・セメント社泥灰土、石炭輸送
	計	1,113	249	35	313	855	194	–	79	2,838	
日本	軍用列車	212	–	–	6	97	–	–	–	315	平均値
	泰緬鉄道	15	–	–	–	60	–	20	–	95	
	マラヤ残留	30	8	3	5	30	–	–	–	76	5 月 9 日時点
	計	257	8	3	11	187	–	20	–	486	
故障中		224	35	13	79	66	23	2	19	461	5 月 25 日時点
総計		1,594	292	51	403	1,108	217	22	98	3,785	

注 1：屋根付は有蓋高壁車（Covered High-Sided Wagon）で側壁の高い無蓋車に屋根が付いた形態の車両である。
注 2：ボギー車一車両は 2 軸車 2 両として換算している。
出所：表 5-2 と同じ。より筆者作成

ヤでの列車運行時間が変わり，かつ軍事輸送量も増えるので，所要となる計1,000両の貨車のうち，タイには390両を提供してほしいとするものであった[29]。時期は若干異なるものの，表5-3の時点での日本軍の軍用列車での貨車使用数は315両であったことから，それを上回る数の貨車の提供を日本側は要請したことになる。

　もう1つのきっかけは，中部での不作の発生であった。1942年後半にチャオプラヤー・デルタを中心に大洪水が発生し，米の生産に大きな影響が出た。1942年の米生産量は前年の75%の385万トンと見積もられ，輸出米の主要生産地である中部下部（チャオプラヤー・デルタ）の米生産量は前年の40%しかなかった［柿崎 2009, 165］。これに対し，東北部の生産量は前年比25%増の125万トンとなっていたが，東北部の米は鉄道以外にバンコクへ輸送するすべがなく，図5-4で見たように東北線の貨物列車は開戦後大幅に削減されたことから，前年の米もまだ残っている状況であった［Ibid.］。

　このため，1943年2月11日に東北部の米販売が輸送問題で滞っている件についての会議を開いた際に，東北部からの米輸送を円滑に行うために日本軍の軍用列車の運行本数の削減を求めることを決め，運輸省に対して日本軍との交渉を要請することにした[30]。この場において，日本軍との交渉に際して十分な根拠を示す必要があるとして，①日本軍が車両を返還しないと東北部からの米輸送ができない，②中部が水害で米不足が深刻なため北部や東北部からの米を支援する必要がある，③シンガポール向けも含め日本軍用の米も東北や北部から輸送する必要がある，④東北部の米は次の雨季までに輸送しないと使用できなくなる，といった理由を掲げることに決めた。これが，米不足を利用した車両奪還計画の背景であった。

(2) 日本側との返還交渉

　タイ側は車両奪還計画のターゲットを南線で1日3往復している軍用列車の1往復削減に定め，日本軍と日本大使館の2つのルートでの返還交渉を

---

29)　他には仏印の貨車を130両，マラヤの貨車を520両使用するとのことであった。

30)　NA Bo Ko. Sungsut 2. 4. 1. 6/16 "Banthuek Kan Prachum Rueang Kan Kha Khao nai Phak Isan Titkhat Phro Kan Khonsong Khrang thi 2. 1943/02/11"

行った。鉄道小委員会の場での交渉は 1943 年 3 月 27 日に初めて行い，この場でタイ側は南線の軍用列車の 1 往復削減を初めて申し入れた[31]。石田司令官の意向を確認する必要があるとして，日本側はこの要請に対する即答をしなかったが，事の重大性は十分認識したようである。その結果，3 月 31 日にはこの問題について鉄道局長と石田部隊のタイ支部長であった鋤柄が出席した会議が開かれた[32]。この場で日本側は，現在南線で運行している 3 往復でも輸送力は足りず，現在建設している泰緬鉄道の迅速な完成のためにもそれは必要であり，鉄道は今後大東亜共栄圏を作るうえでの動脈であるとして，その必要性を主張した。一方，タイ側は水害で中部の稲作地帯が被害を受けたので北部や東北部から米を運ぶ必要があるとし，現在の南線の 3 往復の軍用列車も実際には十分に貨物を積んでいないので 2 往復に減らしても対応できると主張した。最終的に，日本側は司令官に相談するとして，タイ側の主張には一応理解を示した。

　一方，大使館ルートは，タイと日本の間で行われていた経済貿易交渉会議（Kan Prachum Cheracha Rueang Kan Setthakit lae Kan Kha Rawang Khaluang Setthakit Thai lae Yipun）の場で進められた。この会議にはタイ側の代表としてワニット・パーナノン（Wanit Pananon）大蔵大臣代理が，日本側は大使館の新納克己参事官が出席しており，両国間の経済問題が取り上げられていた。1943 年 4 月 9 日の第 12 回会議で米輸送のための車両返還の話題が議題に上っており，タイ側はシンガポールへ船での米輸送も行っているので軍用列車の車両を一部返還できるのではないかと尋ねたが，新納は日本軍がそう簡単に軍用列車を返還しないであろうとの見方を示していた[33]。

　その後，4 月 30 日の第 14 回会議では，鉄道車両の返還の件を鉄道局が石田部隊と交渉しているが成果が見られないとして，タイ側は新納に対して以

---

31) NA [2] So Ro. 0201. 98/25 "Banthuek Raingan Kan Prachum Anukammakan Rotfai. 1943/03/27"

32) Ibid. "Banthuek Kan Phoppa Sonthana Rawang Chaonathi Krom Rotfai kap Chaonathi Fai Thahan Yipun. 1943/03/31"　鋤柄はその後クラ地峡鉄道建設隊の司令官となった。

33) NA [2] So Ro. 0201. 98/35 "Banthuek Kan Prachum Cheracha Rueang Kan Setthakit lae Kan Kha Rawang Khaluang Setthakit Thai lae Yipun Khrang thi 12. 1943/04/09"　実際には，車両返還の要請はこの会議より前にタイ側から提案されたようであるが，第 10 回より前の議事録が存在しないため，いつの時点で提案されたのかについては確認できない。

第 5 章　タイ側の対応——鉄道の奪還と維持 | 363

下のように再び車両返還を訴えた[34]。

　　……現在我々は日本軍に 1 日 10 列車を提供しており，その後さらに 390 両を予備に
　確保してほしいと要求された。既に日本軍は 1 日 500 両使っているが，タイの貨車
　は計 3,000〜4,000 両しか存在しない。今回車両の返還を求めているのは東北部に多
　数の籾米の滞貨があるためで，倉庫が一杯のために線路沿いに積まれているが，現
　在雨が降り始めており，もし急いで列車を派遣して搬出しないと，雨に濡れて使え
　なくなるために大きな損失となる。このため，もしバンコクへの米の輸送が間に合
　わなければどうなるか，担当者は非常に心配している。また，米輸送問題は日本の
　生活にも関係しており，ほかの地域からの米輸送ができないとなれば，日本に渡す
　米もなくなってしまう……。

　これに対し，新納は軍から車両を返還させるのは難しいかもしれないとし
ながらも，日本軍側に話してみると約束した。この結果は次の 5 月 7 日の第
15 回会議で報告され，日本側は軍に非公式に打診してみたが返還は非常に
難しそうであるとし，これは泰緬鉄道の建設を進めていることが主要な要因
で，またタイ側が主張するほど日本軍の軍用列車はタイの車両を使用してい
ないと回答した[35]。おそらくは，この日本側の回答を踏まえて，タイ側では
鉄道局に命じて先の表 5-2，表 5-3 の原資料を作成したものと思われる。
　鉄道局からの資料で貨車よりも機関車不足のほうが問題であることを知っ
たワニットは，次の 5 月 14 日の第 16 回会議で先に伝えた日本軍の使用して
いる車両数は多すぎたことを認めたものの，問題は大型機関車の不足である
として，機関車の返還を求めた[36]。日本側はタイの機関車は計 280 両あるは
ずであり，修理中の機関車も 2 月に送った外輪 50 個で修理できるであろう
としたが，タイ側は所有する機関車 200 両の多くは小型で長距離の牽引はで
きず，外輪も大型機関車で 1 両に付き 6〜8 個必要なため大して修理はでき

---

34)　Ibid. "Banthuek Kan Prachum Cheracha Rueang Kan Setthakit lae Kan Kha Rawang Khaluang Setthakit
　　　Thai lae Yipun Khrang thi 14. 1943/04/30"

35)　Ibid. "Banthuek Kan Prachum Cheracha Rueang Kan Setthakit lae Kan Kha Rawang Khaluang Setthakit
　　　Thai lae Yipun Khrang thi 15. 1943/05/07"

36)　Ibid. "Banthuek Kan Prachum Cheracha Rueang Kan Setthakit lae Kan Kha Rawang Khaluang Setthakit
　　　Thai lae Yipun Khrang thi 16. 1943/05/14"

ないと回答した[37]。また，タイ側はマラヤへは鉄道と水運の両方が使える
が，東北部からは鉄道しか使えず，中部で水害があったからには東北部から
米を運ばないと輸出できないと主張し，改めて鉄道車両の返還を求めた。

　そして，5月28日の第17回会議で，新納はようやく日本軍に正式に軍用
列車の削減を交渉すると約束するに至った[38]。この会議でワニットは，かつ
て米輸送列車が1日2～3本到着していたが，現在は1列車のみで貨車40両
分しかバンコクに到着せず，7月に1万2,000～1万5,000トンを日本側に引
き渡せるという予測も達成できないと主張した。他方で，もし軍用列車1往
復を廃止すれば，それに必要な機関車6両を捻出することで米輸送列車を1
日3往復運行することが可能であり，これによって月3万6,000トンの米の
引き渡しも可能となると日本側に説明した[39]。この結果，新納も返還を要求
するだけの十分な根拠があるとし，軍側に返還を交渉してみると約束するに
至ったのである。

　一方，タイ側でも日本軍からの軍用列車の返還のみを当てにせず，自ら米
輸送力を高める姿勢を見せる必要があると認識し，一般列車の運休措置を取
ることにした。これは，一般列車が複数運行されている区間を対象に1往復
の列車を削減するもので，これによって日本軍が列車削減の要求を出してく
る前に先手を打とうとしたのである。対象となったのは図5-3に示されてい
たバンコク～ペッブリー間，バンコク～カビンブリー間，ラムパーン～チエ
ンマイ間の各1往復の列車であり，この車両を用いてバンコク～バッタンバ
ン間に米輸送列車を1日1往復運行することになった[40]。

　新納と日本軍の交渉は進展したようであり，6月20日からバンコク～バッ

---

37)　この外輪は鉄道の車輪の一番外側にはめ込む部分で，レールの路面となることから摩耗によ
　　り定期的な交換が必要であった。外輪は動輪3軸（C型）の場合1軸あたり2個で計6個，4軸
　　（D型）の場合計8個必要であり，タイ側はストックがなくなったとして日本側に調達を依頼し
　　ていた。

38)　NA［2］So Ro. 0201. 98/35 "Banthuek Kan Prachum Cheracha Rueang Kan Setthakit lae Kan Kha
　　Rawang Khaluang Setthakit Thai lae Yipun Khrang thi 17. 1943/05/28"

39)　南線の軍用列車は長距離を運行することから，1日1往復の列車運行を維持するために計6
　　本の列車を使用していた。これに対し，バンコク～東北部間の米輸送列車は2本の列車で1日1
　　往復の運行を行うことができることから，南線の軍用列車を1日1往復分削減することで東北
　　線の米輸送列車を1日3往復させることが可能となった。

タンバン間で日本軍が返還した車両による米輸送列車の運行が開始された[41]。ただし，この時に提供された車両はすべて無蓋車であり，米輸送には不適切であるとタイ側は主張していた。さらに，当面バッタンバンの米輸送列車として運行を開始したものの，バッタンバンでの米の価格高騰が顕著なので1往復を東北線に廻したいが，日本から供出された車両は空気ブレーキがないため東北線での使用は危険であるとして，さらに機関車3両，貨車150両の提供をタイ側は求めた[42]。これに対し，日本側は貨車60両のみの供出しかできないと答えており，これ以上の返還はできないとの態度を取った。

　その後の交渉過程は欠落しているが，最終的に8月3日から東北線で2往復の列車を運行し，その1週間後からさらに1往復を増発し，1日105両の米輸送貨車をバンコクに到着させることが7月30日の時点で決まった[43]。おそらくは，日本軍がタイ側の要求に応じてさらなる車両の返還に応じたのであろう。また，バッタンバンからの米輸送列車の処遇についても明らかではないが，日本軍の軍用列車の削減分を用いて東北部からの米輸送列車を運行し，6月にタイが自主的に運休した列車の車両でバッタンバンからの米輸送を継続したものと思われる。

　これによって，タイ側はついに南線の軍用列車1往復に使用された車両の奪回を実現させ，東北部からバンコクへの米輸送列車の運行を開始したのである。日本が必要としている米の調達と鉄道車両の返還を組み合わせたタイ側の車両奪回計画は，見事に成功したのであった。

(3) 米輸送列車の運行と廃止

　1943年8月から始まった東北線での3往復の米輸送列車の運行は，当初

---

40)　NA Bo Ko. Sungsut 2. 6. 2/31 "Banthuek Kan Prachum Rueang Phicharana Chat Doen Khabuan Rot Khon Khao Plueak Phoem Toem. 1943/06/10"　なお，これとは別にバンコク～バッタンバン間には以前から週3往復の貨物列車が運行されていた。

41)　NA Bo Ko. Sungsut 2. 6. 2/31 "Banthuek Kan Prachum Phicharana Rueang Kan Song Khao Hai Fai Yipun. 1943/07/10"

42)　Ibid. これはマラヤの貨車を供出されたためと思われる。

43)　NA Bo Ko. Sungsut 2. 6. 1/1 "Banthuek Kan Prachum Rawang Chaonathi Krom Prasan-ngan Phanthamit kap Chaonathi Kasuang Phanit lae Kasuang Kan Tang Prathet Phuea Phicharana Damnoen-ngan Titto kap Fai Yipun Ruam Kan Khrang thi 7. 1943/07/30"

予定した通りにはいかなかった。東北線からは 1 日貨車 105 両が到着するはずであったが，実際には 1 日 60〜70 両しか到着していなかった[44]。これは日本軍から手に入れた車両がマラヤの空気ブレーキのない車両のため，脱線が多発したことによるものであった。米の引き渡し量も伸び悩み，7 月の日本側への引き渡し量が 4 万 1,000 トンであったのに対し，8 月は 20 日までに 2 万 1,000 トンしか渡していなかった。このように，米輸送列車が増発されたにもかかわらず米の引き渡し量はむしろ減少する結果となったが，日本側も米を搬出する船が不足しており，とくに文句は言わなかったようである[45]。

　ところが，日本側が 9 月から北線での軍用列車を毎日 1 往復運行したいと言ってきたことから，その車両の調達が問題となった。これは上述したチエンマイ〜タウングー間道路建設のための部隊や資材輸送のためであり，当初 8 月 20 日からバーンスー〜チエンマイ間で 4 日に 1 往復運行させたいと要請し，タイ側はバンコク〜パークナームポー間列車のバーンパーチー〜パークナームポー間を 8 月 20 日から運休することで対応していた[46]。しかし，これを 1 日 1 往復の運行にするためには更なる車両の調達が必要であり，これについてタイ側では車両の捻出方法を検討した。その結果，東北部からの米輸送列車を 1 往復削減するか，薪輸送列車を 1 本転用するしかないとの結論になった[47]。バーンスーの薪の在庫は 3 ヶ月分あったので 2 ヶ月間の転用は可能であったが，日本軍が 2 ヶ月で返還する保障はないことと，薪が枯渇したら列車運行に支障をきたすことから，同盟国連絡局では米輸送列車を削減しない限り北線の軍用列車の毎日運行を認めないことに決めた[48]。

　日本側は東北部からの米輸送列車の削減には難色を示し，東北部から 1 日 80 両の米輸送貨車の到着を求めたが，タイ側は米輸送列車の 1 往復削減で 68 両に減るとした[49]。日本側は不足分の米について，北線の軍用列車をバン

44）　NA Bo Ko. Sungsut 2. 6. 2/31 "Banthuek Kan Prachum Phicharana Nayobai Kan Kha Khao. 1943/08/26"

45）　Ibid.

46）　NA Bo Ko. Sungsut 2. 4. 1. 6/17 "Athibodi Krom Rotfai thueng Chao Krom Prasan-ngan Phanthamit. 1943/08/19"

47）　Ibid. "Pho. To. Prasoetsi rian Chao Krom. 1943/08/25"

48）　Ibid.

コクに戻す際に北部から輸送できないかと打診し，タイ側は北部の米備蓄状況を調べたうえで，もし余剰米があれば可能であると回答した。この結果，日本側も最終的に東北部からの米輸送列車の削減に合意し，9月2日から北線の軍用列車の毎日運行を開始した[50]。これによって，東北線での米輸送列車は3往復から2往復へと削減され，タイが奪還した車両の一部が早くも日本軍に返還されることとなった。

　その後，日本軍は北線の軍用列車の増強のため，10月2日からもう1往復の米輸送列車を廃止して北線に転用した[51]。運行予定表を見る限り，10月に入ってから北線の軍用列車の本数が増加した痕跡は見られないが，10月5日から北線の軍用列車の貨車の数を45両とし，ウッタラディットから3分割でチェンマイまで運行すると日本側が通告していることから，この山間部での3分割された列車の牽引用に東北部の米輸送列車に使用していた機関車を転用した可能性が高い[52]。これによって東北部からの米輸送列車は残り1往復となったが，北線の軍用列車の回送を利用した北部からの米輸送は若干行われたようであり，10月中には1日8〜9両の米輸送の貨車が北部から到着していた[53]。

　さらに，日本軍は南線での軍用列車の増発のために，米輸送列車をすべて廃止することに決めた。これは，南線のチュムポーン〜パーダンベーサール間の軍用列車を1往復増やすための措置で，11月15日から増発されてこの間の軍用列車の本数は4往復となった[54]。当時クラ地峡鉄道の建設工事が最盛期を迎え，10月からマラヤの東海岸線のレールをチュムポーンに運ぶた

---

49)　Ibid. "Banthuek Kan Prachum Rueang Kan Lamliang Khao Hai Yipun. 1943/08/31"

50)　Ibid. "Chao Krom Prasan-ngan Phanthamit thueng Set. Thahan Sanam. 1943/09/02"

51)　NA [3] So Ro. 0201. 29. 1/45 "Raingan Kan Prachum Khana Kammakan Borisat Khao Thai Chamkat Khrang thi 71 (Ko). 1943/10/29"

52)　NA Bo Ko. Sungsut 2. 4. 1. 1/2 "Banthuek Kan Sonthana Rawang Chaonathi Yipun kap Anukammakan Thai. 1943/10/01"　北線のウッタラディット以北で列車を3分割するのは，山間部のため列車の牽引定数が低いためである。通常の貨物列車や急行列車も分割運行を行っていた。

53)　NA [3] So Ro. 0201. 29. 1/45 "Raingan Kan Prachum Khana Kammakan Borisat Khao Thai Chamkat Khrang thi 71 (Ko). 1943/10/29"

54)　NA Bo Ko. Sungsut 2. 4. 1/12 "Banthuek Raingan Kan Prachum Phicharana Kho Sanoe Kaekhai Banthuck Chuai Khwam Cham Kiaokap Kan Khonsong nai Ratchakan Thahan Yipun kap Rotfai Thai. 1943/11/04" ただし，運行予定表を見る限り11月15日からこの間の軍用列車本数が増えた痕跡は見られない。

めの軍用列車の運行が始まっていた。また，上述したようにクラ地峡鉄道の
開通前からこのルートを利用したビルマへの日本兵の輸送も行われており，
これらの部隊がシンガポール方面から来ていたことから南線での軍用列車の
運行需要は高まっていたのである。この結果，11月5日をもって東北部か
らの米輸送列車の運行は廃止され，8月から始まった日本軍の提供した車両
による米輸送列車の運行は3ヶ月で終了したのであった[55]。

　なお，日本側が米輸送列車として提供した車両のうち，貨車はマラヤのも
のであったが，機関車の中にはタイの機関車のみならず日本から持ってきた
C56型も含まれていた。1943年11月にタイ側から日本側にC56型機関車が
2両日本側に引き渡されていたが，これは東北線のケンコーイ〜パークチョ
ン間で米輸送列車の補機として使われていたものであった[56]。C56型機関車
は主に泰緬鉄道で使用されていたが，この米輸送列車の運行の際にも用いら
れていたのである。

　このように，米不足を利用した車両奪還計画は一旦成功したものの，わず
か3ヶ月で奪還した車両をすべて返還せざるを得なくなったのである。これ
は，インパール作戦の準備のための日本軍の軍事輸送の需要が高まったこと
が背景にあり，米の輸送よりも部隊の輸送が優先された結果であった。タイ
側としては，日本側が米の大量購入を希望していたことから，それを叶える
ためには軍用列車の削減しか策がないと説得することで米輸送車両を奪還で
きたのではあるが，日本側が米の調達よりも軍事輸送を優先し，そのために
は米輸送列車の廃止もやむを得ないとした以上，もはやタイ側が奪還した車
両をそのまま使い続けることはできなかったのである。

---

55)　NA Bo Ko. Sungsut 2. 6. 2/31 "Banthuek Rueang Kan Doen Rotfai Khon Khao Phak Isan Ma Krungthep.
　　1943/12"

56)　NA [2] So Ro. 0201. 98/25 "Banthuek Kho Toklong Bang Prakan Rawang Anukammakan Rotfai kap
　　Chaonathi Fai Yipun. 1943/11/26", "Ratthamontri Wa Kan Kasuang Khamanakhom thueng Lekhathikan
　　Khana Ratthamontri. 1944/03/10"

第5章　タイ側の対応──鉄道の奪還と維持 ｜ 369

第3節　潤滑油の調達

（1）潤滑油の在庫量の減少

　これまで見てきたように，当初のタイ側の対応は日本軍に大量に持って行かれた車両をいかに奪回するかという点に重点を置いていたが，やがて鉄道運行のための資材の獲得へと方針が変わっていった。これは，車両不足に加えて列車運行のための資材不足が深刻となり，列車運行の継続が難しくなってきたためであった。鉄道の運行のためには燃料や部品などの資材が必要であり，タイの場合は蒸気機関車の燃料である薪以外はそのすべてを輸入に依存していた。このため，戦争が始まって欧米諸国からの輸入が途絶えると，備蓄していた資材が徐々に減少し，列車運行に支障が出てきた。先の表5-2と表5-3で修理中や故障中とされた車両の数が多かったのも，修理用の部品不足がその最大の要因であった。とくに機関車の場合，修理中の比率は32％と全体の3分の1にも上っており，これは平時の平均10％と比べても大幅に高い数値であった[57]。

　この資材不足の中で，大きな問題となったのは潤滑油の不足であった。潤滑油は摩擦の発生する部分の摩擦を軽減するために用いる油であり，すべての鉄道車両に必要な軸受油の他に，動力源を有する蒸気機関車の場合はシリンダー油，ディーゼル機関車の場合はエンジン油が必要であった。さらに，蒸気機関車のシリンダー油には機関車の形式により飽和シリンダー油（Saturated Cylinder Oil, Namman Ai Sot）と過熱シリンダー油（Super-heated Cylinder Oil, Namman Ai Haeng）に分けられた[58]。これらの潤滑油はすべて輸

---

57)　NA Bo Ko. Sungsut 2. 4. 1. 6/16 "Banthuek Kan Prachum Rueang Kan Kha Khao nai Phak Isan Titkhat Phro Kan Khonsong Khrang thi 2. 1943/02/11" ただし，タイの平時の故障率10％は他国の3〜5％と比べても高すぎるとの意見もあった。

58)　飽和シリンダー油は飽和式機関車に，過熱シリンダー油は過熱式機関車に用いた。飽和式機関車は沸点で飽和した蒸気を用いる機関車であり，ボイラーの構造が簡単である。一方，過熱式機関車は飽和蒸気に圧力を加えて加熱した過熱蒸気を用いる機関車であり，飽和蒸気よりも熱エネルギーが高いことから，過熱式が主流となっていった。

入に依存しており，戦前は各機関区に最低3ヶ月分の潤滑油を備蓄すること
になっていた[59]。蒸気機関車の運行に必要な潤滑油は，軸受油，飽和シリン
ダー油，過熱シリンダー油それぞれ1ヶ月につき140缶（200ℓ入り），25
缶，40缶であった。このうち，軸受油については蓖麻子油（Namman
Lahung）で代替できることが分かったが，シリンダー油は鉱物油でなければ
ならず，植物油での代替は難しいと考えられていた[60]。

　この潤滑油不足が初めて明らかになったのは，1942年6月のことであっ
た。6月20日に合同委員会のチャイから陸軍武官の守屋宛に文書が出され，
燃料局（Krom Chueaphloeng）が通常通りの石油製品の供給ができなくなった
ので鉄道局の潤滑油が欠乏しており，現在の在庫では18日分しかないとし
て，軸受油200缶，飽和シリンダー油100缶，過熱シリンダー油100缶を至
急手配するよう求めていた[61]。その後，8月には鉄道小委員会から日本側に
対して，過熱シリンダー油の在庫が1ヶ月分しかないと伝え，1ヶ月あたり
鉄道局では軸受油200缶，飽和シリンダー油25缶，過熱シリンダー油50缶
が必要なので，可能であれば3〜6ヶ月毎に必要量を送ってほしいと要請し
ていた[62]。

　その後，タイ側は潤滑油の在庫が枯渇したとして，改めて日本側に支援を
要請した。1942年10月2日には鉄道小委員会から石田部隊のタイ支部長の
鋤柄宛に9月末の時点での潤滑油の在庫量が報告されており，それによると
軸受油は月に2万6,000ℓの使用に対して在庫8,000ℓ，飽和シリンダー油は
月9,510ℓ使用に対し在庫なし，過熱シリンダー油も月6,820ℓ使用に対し在
庫なしとされていた[63]。ところが，11月13日にチャルーン運輸大臣がピ
ブーン国防大臣に宛てた文書によると，10月末時点の潤滑油の在庫は軸受
油が438缶，飽和シリンダー油が113缶，過熱シリンダー油が151缶で，そ
れぞれ3〜4ヶ月分くらいは在庫があるとされていた[64]。この間に燃料局から

---

59)　NA Bo Ko. Sungsut 2. 5/2 "Kan Khatkhlaen Namman Luen thi Chai Yot Loluean khong Krom Rotfai."
60)　Ibid.
61)　NA Bo Ko. Sungsut 2. 4. 1. 5/5 "Kammakan Phasom thueng Pho. O. Moriya. 1942/06/20"
62)　Ibid. "Anukammakan Rotfai thueng Nai Pho. Tho. Sugiyama. 1942/08/03"
63)　Ibid. "Huana Anukammakan Rotfai thueng Pho. O. Seiji Sukigara Huana Sakha Rotfai Nuai Ichida Pracham Krungthep. 1942/10/02"

潤滑油が届いた可能性もあるが，もし潤滑油が本当に枯渇すれば列車運行に
も影響が出ていたはずであるから，先に鋤柄宛に送った文書でシリンダー油
の在庫がなくなったというのはおそらく虚言であろう。

戦争が始まると欧米からの潤滑油の調達の可能性がなくなったことから，
タイは石油製品の輸入を全面的に日本に依存せざるを得なくなった。石油製
品の調達については次章で詳しく述べるが，燃料局は1942年初めに日本軍
との間で石油の調達について合意を交わしており，潤滑油は月に300kℓ購入
することになっていた[65]。これは鉄道局以外の政府機関や軍が必要とする潤
滑油をすべて含むものであり，民需用も含めると潤滑油は月に500kℓ必要で
あった[66]。しかし，実際には1942年2月から7月までに得られた潤滑油の
量は170kℓしかなく，鉄道局に分配される分も当然少なくなっていたのであ
る。この月300kℓの潤滑油の購入については，1942年11月に日本人技師の
セグチがタイの希望している潤滑油の種類を最小限に減らすとともに，供給
量も半分の150kℓにすべきであると提言していた[67]。

1943年に入り，この潤滑油の問題は経済貿易交渉会議の場でも取り上げ
られていた。4月30日の第14回会議ではワニットが過去14ヶ月間で日本側
が送ってきた潤滑油は計2ヶ月分しかなく，タイ側は蓖麻子油などで代用し
ているので代用品でも構わないから送ってほしいと新納に要請していた[68]。
次の第15回会議では，日本側は三井物産が300トン（296kℓ）の輸出許可を
得たので，6月末には到着するであろうと回答した[69]。これが実現したのか
どうかは不明であるが，実際に1942年2月以降日本側から引き渡された潤
滑油の量は，1943年6月末までに計666kℓでしかなかった[70]。その後，1943

64）　Ibid. "Ratthamontri Wa Kan Kasuang Khamanakhom thueng Ro Mo Wo. Kalahom. 1942/11/13"

65）　NA Bo Ko. Sungsut 2. 6. 3/8 "Phon thi Prakot nai Kan Cheracha Sue Namman. 1942/07"　この文書で
は 1942 年 2 月から 7 月までに得られた石油量が示されているので，おそらく 1 月か 2 月に合意
がなされたものと思われる。

66）　Ibid. "List of Fuel Needed."

67）　NA Bo Ko. Sungsut 2. 10/172 "Samnao Khat chak Banthuek Nai Sekuchi Nai Chang Chao Yipun.
1942/11/04"

68）　NA Bo Ko. Sungsut 2. 6. 1/3 "Banthuek Kan Prachum Cheracha Rueang Kan Setthakit lae Kan Kha
Rawang Khaluang Setthakit Thai lae Yipun Khrang thi 14. 1943/04/30"

69）　Ibid. "Banthuek Kan Prachum Cheracha Rueang Kan Setthakit lae Kan Kha Rawang Khaluang Setthakit
Thai lae Yipun Khrang thi 15. 1943/05/07"

年11月に鉄道局長から同盟国連絡局長への文書が出されており，この中で潤滑油があと1ヶ月で枯渇するとして，日本軍と交渉して最低2ヶ月分以上の在庫を確保できるように潤滑油を提供してほしいと依頼していた[71]。この間，潤滑油不足による列車の運休はなかったものと思われるが，鉄道局にとっては常に潤滑油の枯渇と隣り合わせの危険な状況であったことは間違いなかろう。

（2）潤滑油枯渇の危機

1943年までは何とか潤滑油不足による列車本数の削減を食い止めていた鉄道局であったが，1944年に入ると列車本数を削減して使用可能日数を延ばすという策を講じざるを得なくなった。最初に問題になったのは，ディーゼル機関車用のエンジン油の枯渇であった。1944年1月2日に鉄道小委員会から日本側に対して，ディーゼルエンジン油（D.T.E. Extra Heavy）が不足しているため，このままではディーゼル機関車が牽引している急行列車の運行ができなくなるとして支援を要請していた[72]。これについては，同盟国連絡局から陸軍武官側にも調達を依頼したようであるが，2月10日付で該当する潤滑油の在庫は見つからなかったとの回答が武官側から出されていた[73]。

その後，3月に入るとタイ側は再び日本側に対して潤滑油の枯渇が迫っていると警告し，日本側に対して列車本数の削減を要請した。3月14日には同盟国連絡局の副局長ピシットディッサポン・ディッサクン（Phisit Ditsaphong Ditsakun，以下ピシット）中佐と山田武官らが会談し，タイ側は潤滑油不足でこのままでは3月29日にも全列車が運休してしまうと警告した[74]。一方，鉄道局側では潤滑油不足と修理部品の不足を回避するため，3月に入ってから軍用列車の本数の削減交渉を始めていた。これは前回の米輸

70）NA Bo Ko. Sungsut 2. 5/2 "Rai Laiat Sadaeng Chamnuan lae Chanit Namman Chueaphloeng Rap chak Chonan tangtae Roem chonthueng 22 Mi. Yo. 86."

71）NA Bo Ko. Sungsut 2. 4. 1. 5/5 "Athibodi Krom Rotfai thueng Chao Krom Prasan-ngan Phanthamit. 1943/11/04"

72）NA [2] So Ro. 0201. 98/25 "Kho Toklong Bang Prakan Rawang Anukammakan Rotfai kap Chaonathi Fai Yipun. 1944/01/02"

73）NA Bo Ko. Sungsut 2. 4. 1. 5/5「泰陸武第七四号　鉄道用潤滑油ニ関スル件 1944/02/10」

74）NA Bo Ko. Sungsut 2. 9/19 "Cho. Prathipasen rian Set. Tho. Sanam. 1944/03/15"

第 5 章　タイ側の対応——鉄道の奪還と維持 373

送のための車両奪還計画と同じく，南線の 3 往復の軍用列車のうち 1 往復を
廃止して使用車両を削減するものであり，当然日本側の反発が予想された。
当初日本側は 1 往復減らす代わりに，南線の軍用列車の貨車の牽引両数を従
来の最大 29 両から 49 両にすることを求めたが，タイ側は機関車の牽引能力
を超えるとして難色を示した[75]。日本側が若干譲歩した結果，牽引貨車数は
40 両に減らし，バンコク～ノーンプラードゥック間のみ 48 両とすることで
決着した[76]。これまでの最大輸送力が 3 往復で計 87 両であったことから，
牽引貨車数を増やすことで実際の輸送力の削減は 9 両分で済むことになって
いた。さらに，日本側は 6 月からは牽引定数を 3 両増やして 43 両とするこ
とを要求していたので，これが実現すれば 3 往復時代と輸送力はほとんど変
わらないことになった[77]。

　ただし，南線の軍用列車の運行本数の削減は，日本側とタイ側で若干の齟
齬が発生し，当初の予定から 1 ヶ月遅らせることになった。タイ側は 4 月 5
日から開始するとして各方面に通達を出したが，日本側は南線の輸送力を維
持したいとして，北線の軍用列車を 4 日に 1 往復に削減する代わりに 4 月中
は南線の 1 日 3 往復体制を維持するよう求めた[78]。このため，タイ側では一
般列車 13 往復の運行頻度を毎日運行から隔日運行に引き下げて，潤滑油の
節約をすることにした[79]。こうして，予定より 1 ヶ月遅れとなったものの，5
月 1 日から日本軍の軍用列車を削減することとなり，これによって軍用列車
に使用していた機関車 6 両を削減した[80]。

---

75)　NA Bo Ko. Sungsut 2. 4. 1. 1/2 "Banthuek Kan Prachum Phicharana Thang Kaekhai Kho Khatkhong
　　Kiaokae Kan Khat Khlaen Watthu Uppakon Khrueangchai nai Kitchakan Rotfai Rawang Anukammakan
　　Rotfai kap Chaonathi Thahan Yipun. 1944/03/17"

76)　Ibid. "Banthuek Kan Prachum Phicharana Lot Doen Khabuan Rot Phiset Thahan Yipun Rawang
　　Anukammakan Rotfai kap Chaonathi Thahan Yipun. 1944/03/27"

77)　Ibid. "Banthuek Kho Thalaeng nai Karani Phoem Pariman Rot Phuang nai Khabuan Rot Phiset Thahan
　　Yipun Rawang Anukammakan Rotfai kap Chaonathi Thahan Yipun. 1944/05/11 "

78)　Ibid. "Banthuek Kan Sonthana Rawang Anukammakan Rotfai kap Chaonathi Nuai Ichida Pracham
　　Krungthep. 1944/03/29"

79)　Ibid. "Banthuek Kho Thalaeng nai Kan Plianplaeng Doen Khabuan Rot Rawang Anukammakan Rotfai
　　kap Chaonathi Thahan Yipun. 1944/04/21" ここで隔日運行になった列車は，北線 3 往復，南線 6
　　往復，東北線 3 往復（うち貨物 1 往復），東線 1 往復であった。また，トンブリー～フアヒン間
　　快速列車は廃止となった。

80)　NA Bo Ko. Sungsut 2. 4. 1. 6/12 "Pho Ro Tho. thueng Pho Bo So. 1944/04/20"

この 1944 年 5 月の軍用列車の削減ともに，一般列車の運行頻度も初めて
削減されることとなった。これまでタイの一般列車の運行は急行列車を除け
ば毎日運行が原則であり，これまで行ってきた列車本数の削減は毎日運行の
列車を廃止する形で行われてきた。ところが，今回は初めて毎日運行の原則
を崩して，大半の列車を隔日運行に削減したのであった。図 5-5 が，この潤
滑油の節約のためのダイヤ改正後の旅客列車の運転区間を示している。これ
を見ると，バンコク発の一部の長距離列車と近郊列車を除き，ほとんどの列
車が隔日運行になっていることが分かる。図 5-3 の 1943 年の時点と比べる
と，旅客列車が設定されている区間にはそれほど大きな変化がないが，1943
年の時点では急行列車以外は毎日運行であったのに対し，1944 年 5 月以降
は逆にほとんどが隔日運行になったのである。毎日運行で残されたのはバン
コクからピッサヌローク，コーラート，ワンポンへの各 1 往復であり，バン
コク近郊区間の毎日運行の列車は，疎開用列車として当面の間毎日運行とさ
れていた。また，この図には示されていないが，東北線に残されていた貨物
列車 1 往復も隔日運行に減らされていた[81]。この運行頻度の低下で一般列車
用の機関車を計 12 両節約できるとされており，日本軍用と合わせて計 18 両
の機関車の使用が削減された。

　ところが，潤滑油の枯渇はこれでも緩和されず，鉄道局はさらに列車の運
行頻度を低下させる計画を立てた。5 月 27 日には，6 月 1 日より一般列車の
うちバンコク～ピッサヌローク間，ピッサヌローク～ラムパーン間の旅客
（混合）列車，バンコク～ウッタラディット～ラムパーン間の貨物列車のみ
隔日運行で，それ以外の列車は週 1 往復の運行とし，日本軍の軍用列車も北
線と東線は運休，南線は 1 日 1 往復のみ運行と決めた[82]。この決定は翌日の
鉄道小委員会で日本側に伝えられ，日本側は 6 月 15 日までの 2 往復運行の
延長を求め，少なくとも 10 日前までには通告するよう求めたが，タイ側は
既に石田に対して 4～5 回も潤滑油の欠乏を日本側に伝えていたと回答した[83]。

81）　Ibid.

82）　NA Bo Ko. Sungsut 2. 4. 1. 5/5 "Banthuek Raingan Kan Prachum Phiset Chan Phu Amnuaikan Fai Phu
　　　Thaen Po Pho. Bo Ro Tho. Anukammakan Rotfai lae Huana Kong thi Kiaokhong. 1944/05/27"

83）　Ibid. "Banthuek Kan Prachum Rueang Kan Lot Doen Khabuan Rot Rawang Anukammakan Rotfai kap
　　　Chaonathi Thahan Yipun. 1944/05/28"

図 5-5　旅客列車の運転区間（1944 年 5 月）

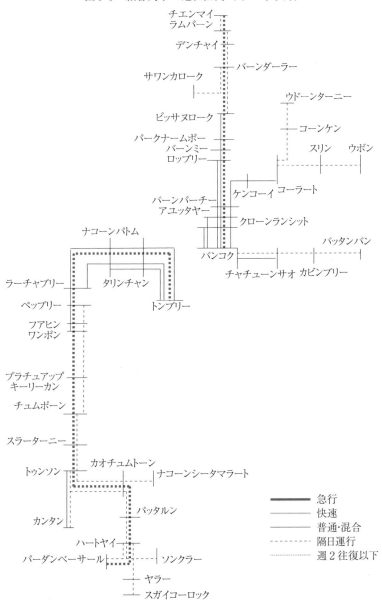

注：実線は 1 日 1 往復の運行を示す
出所：NA Bo Ko. Sungsut 2. 4. 1. 6/12 より筆者作成

このように，軍用列車の運行本数の削減や一般列車の運行頻度の削減によっても潤滑油不足は改善せず，とうとう列車運行がすべて止まりかねないという窮地にまで追い込まれたのである。

(3) 綱渡りの列車運行

タイ側が南線の軍用列車の運行本数を1往復に減らすと通告したことで，日本軍はようやく本格的に潤滑油の提供を始めることになった。1944年6月7日に石田部隊のタイ支部が鉄道局に代用過熱シリンダー油15缶，ディーゼルエンジン油代用のエトナ油10缶を支給し，当面の潤滑油枯渇の危機は避けられた[84]。このうち，代用過熱シリンダー油は鉱物油ではなく様々な植物油を混ぜて精製したものであり，鉄道局で試用してみたところ，通常の鉱物油よりも30％使用量が増えるものの，使用可能であることが分かった[85]。このため，鉄道局は石田部隊に対し，今後も月に軸受油1万6,000ℓ，飽和シリンダー油5,000ℓ，過熱シリンダー油8,000ℓ（植物油の場合は1万400ℓ），ディーゼルエンジン油5,000ℓを毎月調達するとともに，戦前のように3ヶ月分の在庫を確保したいと協力を求めた[86]。

この後，日本軍からの潤滑油の提供は1944年11月までは比較的順調になされていた。表5-4は1944年6月から12月までの日本軍が鉄道局に提供した潤滑油の量を示したものである。これを見ると，6月7日に最初に過熱シリンダー油とエトナ油が提供された後，どちらも順次補充がなされていたことが分かる。とくに過熱シリンダー油の量は多く，上述した月8,000ℓの調達は12月まで達成されていた。この結果，1944年中には合わせて約7万5,000ℓの過熱シリンダー油が日本側から提供されたことになり，日本側が潤滑油の枯渇を引き起こさないよう積極的に対応したことが理解される。

これは一見すると日本軍がタイの窮乏を見かねて真摯に対応した結果とも捉えられるが，実際はタイ側が引き続き日本側に対して潤滑油不足によって

---

84)　Ibid.「泰支輸第四六号　泰鉄道局緊急資材一部補給ノ件 1944/06/09」

85)　Ibid. "O Tho Ro. Kho. thueng Cho Po Pho. 1944/06/19"

86)　Ibid. "Chao Krom Prasan-ngan Phanthamit thueng Huana Sakha Nuai Ichida Pracham Krungthep. 1944/06/29"

第5章　タイ側の対応──鉄道の奪還と維持 | 377

表 5-4　日本軍から提供された潤滑油量の推移（1944 年 6〜12 月）
　　　　（単位：リットル）

| 月日 | 過熱シリンダー油 | | 飽和シリンダー油 | ディーゼルエンジン油（エトナ） |
	植物油	鉱物油		
06/07	3,000	−	−	2,000
06/10	9,000	−	−	−
06/22	−	−	−	2,000
07/08	2,000	−	−	−
07/13	2,000	−	−	−
07/18	−	−	2,000	2,000
07/19	6,000	−	−	−
08/01	6,000	−	−	−
08/19	6,000	−	−	−
08/25	3,998	5,800	−	−
08/29	10,000	−	−	2,000
09/28	2,000	−	−	−
10/06	7,800	−	−	−
10/30	−	−	−	2,000
11/04	−	2,000	−	−
11/16	−	6,686	−	−
11/21	−	3,009	−	−
12/21	−	−	9,829	−
計	57,798	17,495	11,829	10,000

注：単にシリンダー油と書かれているものは飽和シリンダー油に分類した。
出所：NA Bo Ko. Sungsut 2. 4. 1. 5/5 より筆者作成

列車の運行が止まるかもしれないと「脅し」を続けていたのである。1944
年 7 月 11 日にはチャイと山田武官らが会談し，この時にチャイは鉄道局の
潤滑油があと数日で枯渇し，このままでは 7 月 15 日で列車の運行を中止せ
ざるを得ないと日本側に伝えていた[87]。次いで 14 日にチャイが泰国駐留軍
参謀部の岸波喜代二大佐と会談し，この場でも潤滑油が枯渇するので明日に

でも列車がすべて止まってしまうと「脅し」を掛けていた[88]。

　……タイ側は明日に枯渇する鉄道局の潤滑油の件はどうなったのかと尋ねた。
　日本側は，昨日カサマツ部隊からの報告によるとまだ何とかなるとのことであったが，間もなく調達すると答えた。
　タイ側はカサマツ大尉が何か誤解しているのであろうとし，我々は既に7月15日に日本側が調達してくれた潤滑油がなくなると伝えてあり，日本側の潤滑油は以前使っていたものよりも30%余計に消費することも既に伝えてあるとした……。

　これが表5-4の7月13日から19日にかけての日本軍からの潤滑油の提供につながったものと考えられる。
　その後，1944年12月5日に同盟国連絡局長と新任の濱田武官とが会談を行った際にも，27日までで過熱シリンダー油が枯渇し，ディーゼルエンジン油の在庫も少なくなってきていると日本側に警告を発していた[89]。さらに，1945年1月16日にも日本側に対して過熱シリンダー油の在庫が減り，このままでは3月末までしか運行できないと再び潤滑油の調達を督促していた[90]。このような，度重なるタイ側からの働きかけが，表5-4のような日本側からの潤滑油の提供に結びついていたことは疑う余地がない。すなわち，タイ側が度々列車運休という「脅し」を掛けることによって，日本側から潤滑油を獲得していたのである。
　このようなタイ側の尽力の結果，結局終戦まで潤滑油の枯渇による列車の運休はほぼ発生しなかった。表5-5は，1944年6月から翌年4月までの各月末における過熱シリンダー油の在庫状況を示したものである。出所が異なるため表5-4の日本軍から提供された潤滑油の量とは一致していない箇所もあり，また各月間の数値も連続していない。これを見ると，1944年6月末の時点での潤滑油の残量は1万6,794ℓで，同月の消費量に基づくとあと54

---

87)　NA Bo Ko. Sungsut 2. 9/24 "Phon To. Cho. Prathipasen rian Set. Tho. Sanam. 1944/07/15"
88)　Ibid. "Phon To. Cho. Prathipasen rian Set. Tho. Sanam. 1944/07/15"
89)　NA Bo Ko. Sungsut 2. 9/28 "Kramon So. Chotiksathian rian Maethap Yai. 1944/12/13"　山田武官の転任に伴い，濱田が後任の陸軍武官として1944年12月6日着任した［防衛研　陸軍—南西—泰仏印7「駐泰四年回想録　第二編　第三十九軍時代」］。
90)　NA Bo Ko. Sungsut 2. 9/32 "Kramon So. Chotiksathian rian Maethap Yai. 1945/01/15"

表5-5　鉄道局の過熱シリンダー油の状況（1944年6月～1945年4月）（単位：リットル）

年	月	植物油				鉱物油				備考
		受入	消費	残量	使用可能日数（日）	受入	消費	残量	使用可能日数（日）	
1944	6	－	9,282	16,794	54	N.A.	N.A.	N.A.	N.A.	
	7	10,745	9,961	17,578	53	N.A.	N.A.	N.A.	N.A.	日本から
	8	10,500	9,887	20,402	95	7,998	N.A.	8,764	N.A.	日本から
	9	9,737	8,631	22,487	78	5,800	596	8,089	210	日本から
	10	－	7,323	15,226	62	－	1,117	7,026	189	
	11	－	6,690	7,445	30	25,717	N.A.	31,909	118	日本から。植物油1,091リットルをバーンスーで焼失
	12	－	5,331	5,114	29	－	1,067	24,789	114	鉱物油の使用可能日数は植物油が枯渇した場合
1945	1	－	3,845	1,415	11	6,755	3,181	28,602	270	日本から
	2	4,400	1,097	6,036	165	－	2,982	23,047	232	日本から
	3	6,000	970	10,987	340	－	3,161	20,903	198	日本から。鉱物油907リットルをコーラートで焼失
	4	－	1,204	9,783	244	－	2,580	15,003	174	鉱物油120リットルをケンコーイで焼失

注1：1944年7月までは植物油と鉱物油を合わせた数値である。
注2：月ごとの報告をまとめたため、数値が連続しない箇所がある。
出所：表5-4と同じ。より筆者作成

日使用可能となっていたことが分かる。植物油のほうは 8 月から 9 月にかけて残量が 2 万 ℓ を越えて使用可能日数が伸びた後，1945 年 1 月に向けて急激に減少し，1 月末には残量が 1,415 ℓ，使用可能日数が 11 日にまで減少した。一方，鉱物油のほうは 1944 年 6 月の時点ではほぼ枯渇した後，1944 年 8〜9 月に受け入れがあって在庫が拡大し，さらに 11 月に 2.5 万 ℓ も受け入れたので植物油よりも大幅に在庫量を増やし，その後新たな受け入れが途絶えて漸減しているものの，1945 年 4 月の時点でも 1.5 万 ℓ の在庫が存在したことが分かる。なお，次に述べるように 1944 年に入ると各地で連合軍の空襲が盛んとなることから，空襲によって潤滑油が焼失してしまった事例もいくつか見られる。

　そして，注目すべきは使用可能日数の伸びである。植物油については 1944 年中の使用可能日数は 8 月から減少して 1945 年 1 月には 11 日になったが，その後は増加して 4 月末の時点でも 244 日分が残っていた。鉱物油のほうも 1944 年 12 月にかけて使用可能日数がやや減少したが，その後の残量は比較的多く，1945 年 4 月末の時点でも 174 日の使用可能日数を有していた。このような使用可能日数の増加は，受け入れの増加というよりもむしろ消費量の減少によるものであり，それは列車運行頻度の更なる低下に起因していたのである。各月末の使用可能日数はその月の消費量を基に計算されていたので，消費量が少なくなるほど使用可能日数が伸びることになっていた。すなわち，消費量の低下が使用可能日数を引き延ばしていたのであり，鉄道局側が将来の潤滑油の枯渇を見越して列車本数を削減し，何とか列車運行が可能な期間を増やそうとした結果であった。

　ディーゼルエンジン油についても，状況はほぼ同じであった。表 5-6 は同じ期間のディーゼルエンジン油の使用状況を示したものである。上述したように，平時において月に 5,000 ℓ を消費していたことから，1944 年 6 月の時点での消費量が平時の半分となっていたことが分かる。その後，受入量には反映されていないが 8 月には残量が著しく増加して 1 万 ℓ を超えており，その後 10 月に 2 万 ℓ を超えてから減少傾向にあるものの，1945 年 4 月の時点でも依然として 1 万 ℓ 以上の残量を維持していたことが分かる。ディーゼルエンジン油の消費量もさらに減って，1945 年には平時の 4 分の 1 以下になっ

第5章　タイ側の対応——鉄道の奪還と維持 | 381

表 5-6　鉄道局のディーゼルエンジン油の状況（1944 年 6 月～1945 年 4 月）
（単位：リットル）

年	月	受入	消費	残量	使用可能日数（日）	備考
1944	6	－	2,544	4,138	49	
	7	3,530	2,302	6,566	N.A.	日本から
	8	－	2,450	12,832	157	
	9	－	1,088	18,890	330	
	10	4,000	1,372	22,279	365	日本から
	11	2,600	2,393	19,200	330	燃料局から
	12	－	1,892	19,377	300	
1945	1	6,755	1,716	17,117	270	日本から
	2	－	949	16,168	N.A.	
	3	－	2,011	14,157	270	
	4	－	1,237	11,770	210	

注：月ごとの報告をまとめたため，数値が連続しない箇所がある。
出所：表 5-4 と同じ，より筆者作成

た月もあり，やはりこの消費量の減少が使用可能日数を引き延ばしていたのである。

　潤滑油の消費量の減少は，列車の運行頻度の低下からも窺い知ることができた。図 5-6 は 1945 年の旅客列車の運転区間を示したものである。これを見ると，毎日列車が運行されているのはバンコク近郊区間のアユッタヤー，チャチューンサオまでと，北線のラムパーン～チエンマイ間のみとなっている。それ以外の区間はほとんどが週 2 往復の運行となっており，バンコク近郊区間を除けばほとんどの区間で重複する列車が廃止されていることが分かり，先の図 5-5 と比較してもその差は歴然としている。また，南線ではトンブリー～ペッブリー間に列車は運行されているが，実際には途中のナコーンチャイシーとラーチャブリーの橋梁が破壊された箇所での乗換が必要であり，北線では空襲のためパークナームポー～バーンダーラー間，デンチャイ～ラムパーン間で列車の運行が中止されていることが分かる。これに対し，この時期には日本軍の軍用列車は南線と東線で 1 日 1 往復，東北線で 4 日に

図 5-6　旅客列車の運転区間（1945 年）

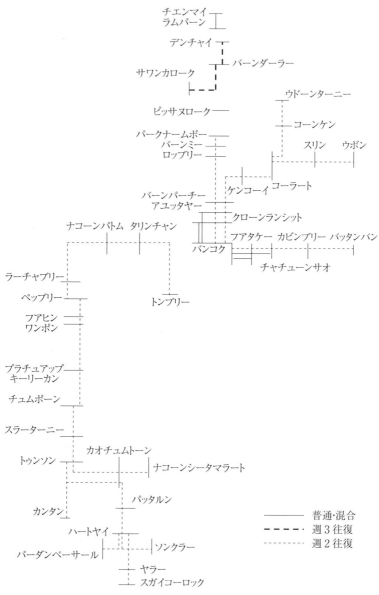

注：実線は 1 日 1 往復の運行を示す
出所：NA Bo Ko. Sungsut 2. 4. 1/6 より筆者作成

1往復程度となっており，極限まで減少したもののどうにか毎日運行を保っていた[91]。

このように，潤滑油の枯渇問題は開戦直後からタイを悩ましてきたが，タイ側の列車削減による潤滑油の節約と軍用列車の削減という「脅し」を使っての日本軍からの潤滑油の調達によって，最後は細々とした運行にはなったものの，何とか終戦まで列車運行を維持したのであった。

第4節　鉄道運営権の維持

(1) マッカサン工場の日本軍使用問題

当初日本軍は鉄道をあくまでも輸送手段と見なしており，自らの必要に応じてタイ側が車両を提供し，列車の運行を行っている限りにおいて，これを自ら管理する考えはなかった。タイはあくまでも同盟国であることから，従来通り鉄道の運行はタイの鉄道局に任せ，日本軍はそれを利用するという原則によるものであった。しかし，戦況の悪化とともにタイの鉄道が連合軍の空襲の被害に遭い始めると，日本軍が自ら鉄道の防衛や運営を行おうという考えが浮上してきた。このため，タイ側に対して日本人技師や鉄道防衛部隊の派遣を要請することになり，日本側の干渉を極力排除したいタイ側との間で攻防が繰り広げられることになった。

最初にこの問題が浮上したのは，マッカサン工場の日本軍による使用問題である。マッカサン工場はバンコクに位置するタイの鉄道の中央工場であり，車両の修繕を引き受ける最大の拠点であった。日本軍は開戦直後にこの工場の一部を接収し，日本から輸送してきた機関車の組み立てに使用していた[92]。これはマッカサン工場内の客車修繕所の建物を利用したものであった

---

91)　先の図1-2（56頁）では南線の軍用列車はこの時期に1日3〜4往復になっていたが，これはナコーンチャイシーとラーチャブリーで路線が分断され，3つに分かれた区間でそれぞれ1往復ずつ軍用列車が運行されていたためであった。ただし，5月から8月にかけてはナコーンチャイシー〜ラーチャブリー間で1日2往復（1往復はナコーンチャイシー〜ノーンプラードゥック間）が運行されていたので，1日4往復となっていた。

が，やがて日本から輸送されてきた機関車の組み立てが終わって使用を中止したことから，1942年9月にタイ側に返還されていた[93]。

　一方，日本軍は泰緬鉄道の建設を始めるにあたって1942年10月にタイ側と合意を結んでおり，タイ側は泰緬鉄道で使用する車両の修繕のために日本軍がマッカサン工場を使用することを認めることになっていた[94]。同様の文言は翌年5月に結ばれたクラ地峡鉄道建設に関する合意にも含まれており，日本側がこれらの軍用鉄道で使用する車両の修繕設備としてマッカサン工場の使用を重視していたことが分かる[95]。これらの合意は軍用鉄道の建設開始時に結ばれたものであり，直ちに日本軍がマッカサン工場の使用を要求したわけではなかった。

　その後，泰緬鉄道の完成が迫ってきた1943年8月に入って，日本側はマッカサン工場の使用に関する具体的な協定案を提示し，タイ側に合意を求めてきた。日本側の要求は泰緬鉄道で使用する車両の修繕のためにマッカサン工場で便宜を図るよう求めたもので，費用と必要な機材はすべて提供し，必要なら機関車修繕のための技師3人と客車修繕のための技師1人を派遣するというものであった[96]。これについて，チャイと山田武官が8月27日に交渉を行い，日本側は技師の派遣によって車両修繕がより迅速に行われると主張したが，タイ側は技師の不足ではなく修繕に必要な機材や資材の不足が問題であるとして，日本側にそれらの提供を求めた。最終的に，技師の派遣についてはタイ側の要請に基づいて行う形で決着することになった[97]。

　協定案については，この合意に基づいて日本側の作成した草案の文言を改めることになった。1943年9月25日に協定文書が送られてきて，同日中に調印することになったが，タイ側が確認したところ日本語版では一部の文意

92）　NA Bo Ko. Sungsut 1. 12/3 "Athibodi Krom Rotfai thueng Phu Thaen Krom Rotfai nai Kong Banchakan Thahan Sungsut. 1942/02/02" 貨車の組み立てはメーナーム駅の桟橋で行っていた。

93）　NA Bo Ko. Sungsut 2. 4. 1. 6/3 "Banchi Sadaeng Krabuan Rot sueng Chat Hai Chaonathi Fai Thahan Yipun. 1942/09/12"

94）　NA Bo Ko. Sungsut 2. 4. 1/36 "Kho Toklong Kiaokap Kan Sang Thang Rotfai Chueam Rawang Prathet Thai kap Phama. 1942/10/21"

95）　NA Bo Ko. Sungsut 2. 4. 1/23 "Kho Toklong Kiaokap Kan Sang Rotfai Phan Khokhot Kra. 1943/05/31"

96）　NA Bo Ko. Sungsut 2. 4. 1/27 "Banthuek Kan Prachum. 1943/08/27"

97）　Ibid.

がタイ語版と異なっていることが分かった[98]。とくに，日本からの技師の派遣について規定した第2条において，「タイ側が要請した時に」を意味する文言が含まれておらず，タイ側が適当な文言を加えるよう求めたものの，日本軍はこの箇所については当初の草案と同じであり，これまでに変更するよう要請はなかったとして変更を拒否した。これに対し，タイ側は交渉の過程で日本側が口頭で変更を認めたとして日本側の主張を受け入れなかった[99]。最終的に日本側がタイ側の要求を認め，翌26日に協定は調印された[100]。

このように，協定案の段階では日本人技師のマッカサン工場への派遣は一旦退けたものの，次の工場使用に関する細部協定を結ぶ段階でこの問題が再び浮上した。日本側はタイの修繕能力以上に機関車の修繕を行う必要があるとして，10月に入って改めて日本人技師のマッカサン工場への派遣を要求してきたのである[101]。日本軍は泰緬鉄道で使用する機関車は計110両であり，年に1回工場に入場させるとしても4日に1両は修繕をする必要があるとして技師の派遣を求めたが，タイ側はタイの機関車の修繕のみでも間に合わないので不可能であると主張した[102]。日本側は技師の賃金は日本側が出し，タイ側の指揮下に入るとしたが，タイ側は日本人技師の権限が大きすぎることを憂慮した。このため，タイ側では最終的に，日本軍が以前使用していた客車修繕所を提供するものの，マッカサン工場の機材はクレーン以外には一切提供せず，日本軍が自ら機材を調達して使用するという条件付で使用を認めることにした[103]。

ところが，1944年1月にマッカサン工場が連合軍の空襲に遭うと，マッカサン工場の疎開が緊急の課題となった。空襲の正確な日時は不明であるが，おそらく正月直後のことであり，ラーマ6世橋が被災して南線の一般列車の発着がトンブリー駅となったのと同時期と思われる[104]。タイ側は更なる空襲

98）　Ibid. "Banthuek Khwam Kan Cheracha Kon Long Nam nai Kho Toklong Kiaokap Rueang Hai Khwam Chuailuea Thahan Yipun doi Rongngan Makkasan. 1943/09/25"　相違点は計3か所あった。

99）　Ibid. 他の2点については，日本側はタイ側の指摘を認めて文言を加えることを認めていた。

100）　Ibid.「盤谷「マカサン」鉄道工場ニ泰緬連接鉄道経営協力ニ関スル協定 1944/09/26」

101）　NA Bo Ko. Sungsut 2. 4. 1/32 "Chao Krom Prasan-ngan rian Set. Tho. Sanam. 1943/10/14"

102）　Ibid. "Banthuek Kan Prachum nai Rang Kho Toklong Plik Yoi nai Kan Chai Rongngan Makkasan. 1943/10/04"

103）　Ibid. "Chao Krom Prasan-ngan rian Set. Tho. Sanam. 1943/10/14"

を警戒して，工場設備の一部疎開を行うことを計画した。これに対し，日本側は工場の一部疎開による車両修繕能力の減少を憂い，山田武官の名前で工場の疎開に際しては工場の機能が低下することのないよう要請する文書を出していた[105]。タイ側では工場の機材の半分を疎開させることで検討し，その候補地としてマッカサンの東に位置するクローンタンを挙げたが，問題は移設した先での電力供給であった[106]。このため，日本側に対して移転先で使用する発電機の提供を求め，それが実現した際に疎開を実行することにした[107]。

　結局，マッカサン工場の疎開は実現せず，工場はこの後も空襲に悩まされることになった。1944 年 6 月 5 日の空襲でマッカサン工場は少なからぬ打撃を受け，とくに発電機が使用できなくなったことが大きな問題であった[108]。その後，11 月 2 日のバンコク空襲の際にもマッカサン工場は標的となり，日本軍が使用していた客車修繕所も被災したほか，タイ側の使用している施設の 75% が被災していた[109]。最終的に，1945 年 3 月 3 日の空襲で工場は壊滅的な被害を受け，以後復旧することはなかったのである[110]。

(2) 日本軍による鉄道防空計画

　連合軍の鉄道施設への空襲は 1944 年に入ってから本格化し，日本軍もタイの鉄道を防衛する計画を立てることになった（写真 20，21）。同年 9 月に

104）　1944 年 1 月 3 日の時点で南線急行の始発駅をトンブリーに移す告示が出ているので，この直前に空襲があったものと思われる［NA Bo Ko. Sungsut 2. 4. 1/6 "Po. Do. Ro. thi 11/87. 1944/01/03"］。

105）　NA Bo Ko. Sungsut 2. 4. 1. 5/21「泰陸武第二八号 「マカサン」工場分散配置ニ関スル件 1944/01/15」

106）　Ibid. "Po. rian Chao Krom. 1944/03/14"

107）　NA Bo Ko. Sungsut 2. 4. 3/1 "Banthuek Raingan Kan Prachum Phicharana Kho Sanoe khong Fai Yipun Rueang Kan Pongkan Phai Thang Akat Samrap Rotfai. 1944/02/19"

108）　NA Bo Ko. Sungsut 2. 4. 3/12 "Prathan Kammakan Pongkan Phai Thang Akat Kiaokae Kitchakan Rotfai thueng Maethap Yai. 1945/10/04"　中村によると，この空襲は四川から飛来した B29 によるもので，タイに初めて飛来した B29 であったという［防衛研　陸軍―南西―泰仏印 6「駐泰四年回想録　第一編　泰駐屯軍時代其の二」］。

109）　NA Bo Ko. Sungsut 2. 9/28 "Chao Krom Prasan-ngan Phanthamit rian Maethap Yai. 1944/11/16"

110）　NA Bo Ko. Sungsut 2. 4. 3/12 "Prathan Kammakan Pongkan Phai Thang Akat Kiaokae Kitchakan Rotfai thueng Maethap Yai. 1945/10/04"

第5章　タイ側の対応——鉄道の奪還と維持 | 387

日本軍は鉄道防空対策についての提案を行い，タイ側に同意を求めた[111]。この骨子は空襲によって橋梁が破壊された時のために復旧用の資材と要員を事前に配置しておくもので，日本軍が担当する区域として南線のバンコク〜ラーチャブリー間，プラチュアップキーリーカン〜スラーターニー間，トゥンソン〜パーダンベーサール間の3つの区間を定めていた。これについて，タイ側で検討した結果，日本軍にタイの鉄道の防衛を任せれば，将来どのような形で戦争が終ろうともタイにとって問題になるとの意見も出たものの，タイ側がたとえ認めなくても日本軍は勝手に実行するであろうから，原則としてこれを認めるものの，詳細については将来に課題を残さないような形にすることで合意した[112]。

　この提案をタイ側に示した後，日本側は1944年10月16日に鉄道防空援助のための調査を行うことをタイ側に申し入れ，南線12ヶ所，北線1ヵ所の橋梁に兵力を配置する計画を示し，調査隊の派遣を要請した[113]。9月の段階では南線のみが対象となっていたが，この段階では北線も対象に加わっていた。このうち，南線ではラーマ6世橋，ナコーンチャイシーのターチーン川橋梁，ラーチャブリーのメークローン川橋梁，スラーターニーのターピー川橋梁などの長大橋が含まれており，北線の1ヶ所はバーンダーラーのナーン川橋梁であった。配備予定兵力はラーマ6世橋で200人，スラーターニーで180人，バーンダーラーで120人など計1,340人となっており，日本軍がタイの鉄道の主要な橋梁を独自に防衛し，被災の際には迅速に修復を行う意志を示したものであった（写真22）。

　さらに，日本軍は10月28日付で泰国鉄道防空強化援助第一期計画をタイ側に示し，具体的な鉄道部隊の配置場所を示した[114]。これによると，日本軍は南線のバンコク・バーンポーン地区，チュムポーン地区，ハートヤイ地区，および北線のバーンダーラー，ピッサヌローク，パークナームポー，バーンパーチーに部隊を配置し，迂回橋梁や補助渡河設備を設置する予定で

---

111)　NA Bo Ko. Sungsut 2. 4. 3/1「申合ノ大要　1944/09/27」
112)　Ibid. "Banthuek Raingan Kan Prachum Kho Sanoe Rueang Kan Pongkan Phai Thang Akat To Kitchakan Rotfai khong Fai Yipun. 1944/10/04"
113)　NA Bo Ko. Sungsut 2. 4. 3/4「泰陸武第五一三号　泰鉄道調査ニ関スル件　1944/10/16」
114)　NA Bo Ko. Sungsut 2. 4. 1/42「泰国鉄道防空強化援助第一期計画 1944/10/28」

写真20　空襲被害を受けたフアラムポーン駅付近（1944年1月）

出所：タイ国立公文書館

写真21　パークナーム線フアラムポーン駅の空襲被害（1944年1月）

出所：タイ国立公文書館

写真22 ラーマ6世橋を警備中の日本兵

出所：久本編 1979

あると通告した。対象となる橋梁は南線8ヶ所，北線4ヶ所となり，橋梁に付き1小隊を配置することを原則としていた[115]。16日の時点では北線の対象箇所はバーンダーラーのみであったが，この時点ではクウェーノーイ，パークナームポー，タールアの各橋梁も対象に含まれた。ただし，北線の防衛はあくまでタイ側の任務とされ，日本側はタイ側の担当工事に必要に応じて協力するということになっていた。

　これらの日本軍による鉄道防空支援策に対応して，タイ側では鉄道防空委員会（Khana Kammakan Pongkan Phai Thang Akat Kiaokae Kitchakan Rotfai）を設置して日本側との交渉を行うことにした。この鉄道防空委員会は1944年10月17日に設置され，委員長には鉄道局のシラ・ユックタセーウィー（Sira Yuktasewi）が就き，他に内務省，港湾局（Krom Chaotha），森林局（Krom Pamai），同盟国連絡局の代表が委員となった[116]。この委員会では日本側の要望を受けて橋梁の復旧用の資材の調達を行うことになり，日本側から要望の

---

115) ただし，チュムポーンは4小隊で3ヵ所，ハートヤイは4小隊で2ヶ所を担当することになっていた。

出た規格の木材を調達することになった。また，日本側は各駅での空襲の際に機関車を保護するための機関車掩体（Khok Pongkan Rotchak）の設置を求め，トンブリー，チュムポーン，スラーターニー，バーンパーチー，パークナームポー，ピッサヌローク，ウッタラディットの計7ヶ所での整備を行うためにタイ側に木材の調達を求めた[117]。しかし，木材の調達は予定通りには進まず，橋梁修復や機関車掩体の整備の足枷となった。

　実際に，1944年11月に入ると橋梁の被災が現実のものとなった。表5-7は橋梁の被災状況を示している。これを見ると，北線での空襲が11月から始まり，11月1日にはバーンダーラーの橋梁が被災したことが分かる。その後26日と28日にはメーチャーン，メーターの橋梁も被災しており，北線の山間部が寸断されることになった。バーンダーラーの橋梁は早速日本軍による仮設橋の建設が進められ，1945年1月1日にようやく仮設橋が完成したものの，その4日後の空襲で再び不通となってしまった。さらに北線は1月11日の空襲でパークナームポー～バーンダーラー間の複数の橋梁が被災し，3月に入ってパーサック川に架かるタールアの橋梁も不通となった。これによって，北線は各所で寸断されることになった。図5-7のように，北線では橋梁の破壊による不通箇所が数多くあり，パークナームポー～バーンダーラー間，デンチャイ～ラムパーン間では列車の運行が不可能となり，水路や道路での迂回輸送をせざるを得なくなっていた。1945年2月に軍最高司令官が首相に宛てた文書が，北線の惨状を物語っている[118]。

　　……北部の部隊への物資の輸送には，軍はこれまで鉄道輸送を中心に行ってきたが，現在パークナームポー，ドンタコップ，バーンムーシナーク，フアドン，ターロー，クウェーノーイ，メーターなどの鉄道橋が敵の空襲によって何ヶ所も破壊されて列車が通れず，輸送が不便になっている。軍司令局では今後も敵が邪魔をして鉄道輸送はますます不便になると思われ，最後には全く使えないようになるかもしれないと考える。現在も区間ごとにしか輸送できず，バンコクからピッサヌロークまでは

---

116)　NA Bo Ko. Sungsut 2. 4. 3/12 "Prathan Kammakan Pongkan Phai Thang Akat Kiaokae Kitchakan Rotfai thueng Maethap Yai. 1945/10/04"

117)　Ibid.

118)　NA [2] So Ro. 0201. 66. 5. 2/48 "Maethap Yai thueng Nayok Ratthamontri. 1945/02/10"

表 5-7　橋梁の被災状況

路線	地点	被災年月日	復旧年月日	備考
北線	バーンマー	1945/03/01	1945/03/29	
	タールア	1945/03/11		
	ドンタコップ	1945/01/11		
	バーンムーンナーク	1945/01/11		
	フアドン	1945/01/11		
	クウェーノーイ	1945/01/11 1945/02/25		
	バーンダーラー	1944/11/01 1945/01/05 1945/03/22	1945/01/01	仮設橋を作るものの1月 5日の爆撃で再び不通
	メーチャーン	1944/11/26		
	メーター	1944/11/26 1944/11/28		
南線	ラーマ6世橋	1945/01/02		
	ナコーンチャイシー	1945/01/01 1945/02/26		
	ラーチャブリー	1945/01/31 1945/02/11		
	チュムポーン	1945/02/11 1945/03/19	1945/02/28 1945/04/05	
	パークタコー	1945/03/19		4月中旬復旧
	ランスアン	1945/03/19	1945/03/30	
	スラーターニー	1945/03/19	1945/04/10	

出所：NA Bo Ko. Sungsut 2. 4. 3/7 より筆者作成

　　船，ピッサヌローク～スコータイ～サワンカローク間が自動車，サワンカローク～
　　デンチャイ間が列車，デンチャイ～プレー～ロークワーン～ガーオ～チエンラー
　　イ間が自動車となっている……。

　一方，南線の主要橋梁への空襲も1945年に入ってから本格化し，1月2
日にはラーマ6世橋が被災して列車運行ができなくなった。その後，ナコー

図 5-7　鉄道の被害状況（1945年）

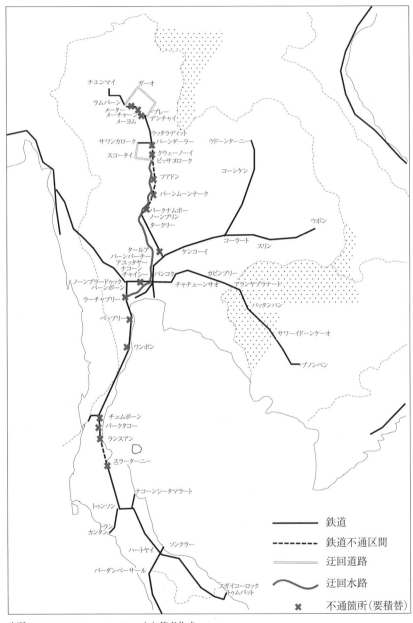

出所：NA Bo Ko. Sungsut 2. 4. 3/7 より筆者作成

ンチャイシーとラーチャブリーの橋梁も相次いで不通となり，3月にはチュムポーン～スラーターニー間の橋梁も被災していることが分かる。このうち，チュムポーン以南の橋梁は被害がそれほど大きくはなく，4月までには復旧したものの，ラーマ6世橋，ナコーンチャイシー，ラーチャブリーの3ヶ所は終戦までに復旧することはなかった。このため，南線の軍用列車の運行は1945年に入ってからはすべてトンブリー発着となり，ナコーンチャイシーとラーチャブリーで列車の運行は分断されたのである。

　このように，日本軍が本格的にタイの鉄道の防空計画を策定して実行し始めた矢先に連合軍の空襲が本格化し，日本軍の任務は防空よりも復旧に重点が置かれることとなった。連合軍の空襲は橋梁のみならず駅構内にもおよび，日本軍は駅構内での修復作業にも加わっていた。1944年11月27日にはバーンスー駅が空襲の被害を受け，日本兵150人が復旧のために派遣され，駅構内の北側をタイ側が，南側を日本軍が担当することで復旧作業を行っていた[119]。連合軍の空襲が本格化する中で，タイ側としても鉄道の復旧要員としての日本兵に依存する度合いが高まっていったのである。

（3）日本軍による鉄道管理への抵抗

　空襲の被害が拡大する中で，日本軍はタイの鉄道への干渉を次第に増やし，日本軍の意のままに鉄道を運営することを画策していった。1944年12月25日には石田部隊から同盟国連絡局宛に文書が出され，計7班の車両修理班を設置してタイの鉄道車両の修理を支援すると伝えた[120]。これは空襲により被災して故障する車両が増えているにもかかわらず，修理部品がないことから車両の修理が遅れているため，日本軍が自ら車両の修理を行うと宣言したものであった。車両修理班の設置場所はとりあえずトンブリー，ノーンプラードゥック，チュムポーンとし，残りの4班は編成次第通告するとしていた。

---

119)　NA Bo Ko. Sungsut 2. 4. 3/7 "Banthuek Kan Sonthana Rueang Pongkan Phai Thang Akat Kiaokae Kitchakan Rotfai. 1944/11/28"

120)　NA Bo Ko. Sungsut 2. 4. 3/11「支輪第二〇号　日本軍車両修理班ニ対スル證明書発行ノ件 1944/12/25」

また，1945 年に入ってナコーンチャイシーとラーチャブリーの橋梁が空襲によって不通となると，日本軍はこの間の運行を自ら行いたいとタイ側に伝え始めた。図 5-7 のように，この 2 つの橋梁が不通となったことでナコーンチャイシー〜ラーチャブリー間が他線とは切り離された離れ小島になってしまった一方で，この区間は泰緬鉄道に接続していることから，泰緬鉄道の運行を担当している日本軍がこの間の運行をタイ側から移管することを求めたものである。この話が最初に出てきたのは 1945 年 1 月 8 日の鉄道防空委員会の会議でのことであり，この時には鉄道局の代表が持ち帰って相談すると回答していた[121]。この区間にはタイ側が使用できる機関車が 2 両しかなく，日本軍が 1 月 16 日に機関車 2 両をタイ側に貸し出したものの，部品の不備でタイ側が使用できなかったことから，日本側は自ら運行することもタイ側に申し出ていた[122]。その後，1 月 29 日にも同じく鉄道防空委員会の場で，日本側はナコーンチャイシー〜ラーチャブリー間で滞貨が何千トン分もあるので，10 日間日本軍が自ら列車の運行を行ってこれを一掃したいとタイ側に対して申し入れた[123]。

　その後，1945 年 4 月に入って石田司令官がタイ側に対して 3 つの申し入れを行った。これは，①タイの鉄道の地方分権を行い，地方ごとに長を置いて中央の権限を委譲すること，②タイ側で運営が困難な路線や工場の運営を日本軍鉄道司令官に移管すること，③鉄道防衛協定と同覚書の内容を中央，地方ともに遵守すること，の 3 点であった[124]。これに対し，タイ側では①の地方分権については全国の鉄道を 4 つの管区に分けることに決めたものの，②についてはタイの主権が侵害されることになるので地方分権を行った上ですべての管区の運営をタイ側が責任を持って行い，日本軍の協力の申し出には必要に応じて受け入れるべきであるという結論となった[125]。

121）　NA Bo Ko. Sungsut 2. 4. 3/7 "Banthuek Kan Sonthana Rueang Pongkan Phai Thang Akat Kiaokae Kitchakan Rotfai. 1945/01/08"

122）　Ibid. "Banthuek Kan Sonthana Rueang Pongkan Phai Thang Akat Kiaokae Kitchakan Rotfai. 1945/01/19"

123）　Ibid. "Banthuek Kan Sonthana Rueang Pongkan Phai Thang Akat Kiaokae Kitchakan Rotfai. 1945/01/29"

124）　NA Bo Ko. Sungsut 2. 4. 1. 1/3「泰国鉄道ニ関スル要望」

第 5 章　タイ側の対応——鉄道の奪還と維持 | 395

このため，タイ側は日本軍による列車運行については断固として反対した。5 月 18 日の鉄道防空委員会では，日本側はタイ側に貸し付けた機関車の運行状況が悪いことを理由に，タイ側に対して日本軍による列車運行の提案を改めて行った[126]。日本側が石田司令官の意向を伝え，その中で①日本側がラーチャブリー～ナコーンチャイシーもしくはトンブリーまでの運行を自分で行う，②日本兵が運行しタイ人機関士を同乗させる，③タイ人機関士が運行し日本兵が同乗する，という 3 つの選択肢を示した。これに対し，同盟国連絡局のプラストーシーは，①は反対であるが②と③については鉄道局と相談すると回答した。

実際に，日本軍ではタイの列車運行を行うための鉄道隊の準備を進めていた。第 5 特設鉄道隊の和気稲四郎はビルマからタイに転進後，1945 年 5 月に中部泰鉄道管理隊への配属を命じられた[127]。この隊は南線のトンブリー～プラチュアップキーリーカン間の管轄で，将来タイが戦場となり鉄道局の従業員が職場放棄した際に，タイ人に代わって鉄道の運営を行うことを目的としていた。彼は車両隊長となってワンポンとナコーンパトムに常駐し，隊員には機関士も含まれていた[128]。ナコーンパトムにいた時の状況を，彼は以下のように語っている[129]。

　　……「ナコンチヤイシュー」の近く「バンコック」寄りに川がある。「ターチン」河と云うのである。その橋梁は何時頃落ちたか，余等前年二月に通過したときは，その橋と「メナム」河の「ラマ」橋も落ちていなかった。その後爆撃を受けた由だが，それについては吾等に情報は入っていなかった。まだ「ラブリュー」の「メクロン」河の橋梁も僅かに人だけが辛うじて通れる程度の爆撃を受けていたので，此の両橋梁共使用に堪えず荷物は航送中継をしていた。それを担当していたのが独立工兵隊（夏井隊）であった。「シンガポール」戦の俘虜を使用して之に充てていた。それで

---

125)　Ibid. "Rong Mo Tho. Tho Yo. rian Nayok Ratthamontri. 1945/04/13"

126)　NA Bo Ko. Sungsut 2. 4. 3/7 "Banthuek Kan Prachum. 1945/05/18"

127)　防衛研　陸軍—南西—泰仏印 112「第二次世界大戦従軍記録（2）　昭和 18 年 11 月 13 日～21 年 11 月 6 日」

128)　このため，終戦後彼らが収容所に入れられた後も，鉄道局が連合軍に依頼して彼らを再びナコーンパトムでの検修作業に従事させていた。

129)　防衛研　陸軍—南西—泰仏印 112「第二次世界大戦従軍記録（2）　昭和 18 年 11 月 13 日～21 年 11 月 6 日」

その間の約六五粁間は孤立して居り，その間だけの列車が動いていた。もち論「シヤム」国鉄の運営のものである。「ナコンパトン」には「バンコックノーイ」機関区から助役一名（ナイ・カセン）と技工数名が貨車三両に機資材を積み込み派遣されて居り，乗務員は本区から適当に勤務していた。それで吾々は戦況悪化の場合に之を接収する計画であったので，先ず乗務員は，この区間と更に，「ターチン」河の先方「バンコックノーイ」まで添乗して線路見習いをし，検車関係者は駅に出て，機関車の検修作業を手伝っていた。そして洗缶は，四特の「バンポンマーイ」機関区で，また入場修繕は「カウジン」工場に依託した。処で「シヤム」側の職員は技倆の劣っているものばかりでものにならず，吾々の応援なしでは仕事にならない状態であった。依って，助役，検査掛，技工を毎日出動させ，余も毎日一回は必ず顔を出すようにした。それが決戦に備えた我々の任務だったのである……。

　ナコーンパトムは2つの橋が使えなくなって孤立区間となっていたラーチャブリー～ナコーンチャイシー間に位置しており，上述のように日本側が自ら運行することを希望していた区間であった。「バンポンマーイ」は泰緬鉄道のノーンプラードゥックの次駅バーンポーンマイ（新バーンポーン）であり，「カウジン」も泰緬鉄道の中央工場であるカオディン工場であった。すなわち，機関車の保守作業は毎日の作業から工場への入場まで事実上すべてを日本側に依存していたのである。しかしながら，肝心の機関車の運転だけは最後までタイ側が担当し続けたのであった。

　石田司令官が提示した工場の移管については，これより前にマッカサン工場の日本軍鉄道隊による一部管理の提案が日本側から提示されていた。これは，空襲や資材の不足や技師の流出のために現在工場の修繕能力がかつての月14～15両から2～3両に落ち込んでいるとし，この状況を改善するためには工場の運営を日本軍の鉄道隊の名の下で行うしかないというものであった[130]。すなわち，工場の修繕能力の低下は労働力と資材が不足しているためであり，それは外部市場に比べて低い資材の購入価格と労賃によって発生しており，資材の購入価格の安さは商人の売り惜しみを増長させ，労賃を引き上げるのは政府予算に影響を与えるので難しい。このため，マッカサン工場

130）　NA Bo Ko. Sungsut 2. 4. 1/31 "Ratthamontri Chuai Wa Kan rian Nayok Ratthamontri. 1945/02/23"

の事業を日本軍の鉄道隊の管轄とし，これによって商人の売り惜しみや技師の逃亡を排除しようとの魂胆であった。これに対し，タイ側はこの提案は実質的に日本人技師が工場を支配することに他ならないとし，この案に対して反対していた。実際には，上述したようにマッカサン工場は3月3日の空襲で再起不能となり，この提案も立ち消えとなった。

　タイ側が容認する姿勢を見せた地方分権計画については，結局実施する前に終戦を迎えたものと思われる。日本側の示した案では，タイの鉄道を第1区（中部・東部），第2区（北部），第3区（東北部），第4区（南部）の大管区に分けるもので，第1区はバンコク，バッタンバン，第2区はパークナームポー，ウッタラディット，第3区はコーラート，第4区はチュムポーン，ハートヤイにそれぞれ中管区を置くことになっていた[131]。これに対し，鉄道局は7月25日の時点で同盟国連絡局に対して4つの管区の設置を決めたと報告しており，第1区がバンコク～バーンパーチー間，バンコク～プラチュアップキーリーカン間，東線全線，第2区がバーンパーチー以北の東北線，第3区がバーンパーチー以北の北線，第4区がプラチュアップキーリーカン以南の南線とされた[132]。鉄道が各地で分断されたため，中央で一元的に指揮を執ることで迅速対応ができなくなることを，日本軍は管区設置の理由としていたが，タイ側は管区設置後に地方の管区が日本側に接収されることを恐れ，管区の設置を遅らせたものと思われる。

　このように，連合軍の空襲が激化した戦争末期において路線網が分断され，同時に日本軍によるタイの鉄道の直接管理への希望も高まったが，タイ側の抵抗によって最後まで日本軍による列車の運行は実現しなかったのである。日本側はタイの鉄道運営を自ら行う準備まではしたものの，遂にそれが実現することはなかった。

131）　NA Bo Ko. Sungsut 2. 4. 1. 1/3「附図」　中管区の下にはそれぞれ2～3の小管区を置くことになっていた。

132）　Ibid. "Raksakan nai Tamnaeng Athibodi sanoe Krom Prasan-ngan Phanthamit. 1945/07/25"

第5節　タイはいかに鉄道を奪還・維持したか？

(1) 交換条件による交渉

これまで見てきたように，タイの鉄道は日本軍の軍事輸送に駆り出されながらも，タイは鉄道の奪還と維持に成功してきた。その要因は，タイ側の交換条件による交渉と，同情 (Hen Chai) による譲歩の引き出しであった。

タイ側は日本側から鉄道車両の奪還を行う際には，常に交換条件を使いながら交渉に臨んでいた。マラヤ残留車両の返還交渉の際には，タイ側は1942年3月20日の鉄道小委員会で初めて公式に返還を要求して以来，車両の返還が実現するまで粘り強く何度も督促を繰り返した。そして，6月に日本側が鉄道車両の追加の配車を求めた際に，マラヤ残留車両の存在を理由に日本側の希望に添う数の配車は難しいと主張した。すなわち，マラヤ残留車両を返還しなければ，日本側の要求する軍事輸送のための車両を提供しないと，タイ側は宣言したのである。このため，この問題はこれまでの鉄道小委員会レベルではなく合同委員会の場で連絡委員長と陸軍武官の間で話し合われ，最終的に日本軍がタイの車両を速やかに返還するとともに，南線の軍用列車でのマラヤの車両比率を高めることで合意したのであった。

また，米輸送列車の運行のための軍用列車の削減要求の際も，タイ側は軍用列車を1往復削減しないと日本軍が必要な米を提供できないと繰り返し主張し，日本側からの車両の奪還を画策した。これも軍用列車の削減の代わりに米輸送力を増強するという交換条件を出したものであり，1942年末の大水害が重要な前提条件として機能していた。すなわち，この水害で米の産地である中部が不作となったことから，日本側が要求する量の米を調達することは本来不可能であったが，バッタンバンや東北部からの米を輸送すればそれが実現するかもしれないとの見通しを示したうえで，その実現のためには日本軍の軍用列車の削減が不可欠であると主張したのである。この交渉の際には，主要な相手であった新納は米の確保を期待する側であり，軍用列車の削減を拒否する日本軍とは立場が異なっていたが，結果的にタイの提示した

交換条件がうまく機能し，一時的ではあったが軍用列車の削減を実現させたのであった。

　交換条件という点からみれば，この作戦が最もうまく機能したのは潤滑油の枯渇問題の際であった。潤滑油の枯渇によって軍用列車の運行を削減せざるを得ないとタイ側が日本側に通告したことは，言い換えれば日本側が潤滑油をタイ側に提供すれば，軍用列車の運行は維持されるという交換条件を付けたことを意味した。しかも，タイ側は潤滑油が手に入らないと，あと数日で列車の運行をすべて止めなければならないと日本側に「脅し」を掛けて，日本軍が潤滑油を提供してくれることを期待したのである。この「脅し」は極めて有効に機能し，その後日本側からの潤滑油の提供は断続的に続き，末期には列車の運行頻度の低下による消費量の減少にも支えられたものの，潤滑油の枯渇による列車運行の停止は免れ，少なくとも半年分以上の在庫を確保しながら終戦を迎えることができたのであった。

　ただし，この方法への限界もタイ側は認識していた。潤滑油問題の件で，軍事鉄道司令官のマンコーン・プロムヨーティー（Mangkon Phrom-yothi）中将は軍最高司令官宛の文書の中で以下のように主張していた[133]。

> ……我々がこのように日本側に対して何度も最後通牒のようなものを突き付け，彼らから一部入手できると我々も言いなりになってそれを弱めることについて，私は憂慮している。これでは我々が脅していると彼らに思わせるかもしれない……。

　このため，交換条件を出して交渉を行う際には，単に「脅す」だけではなく，根拠をもって相手を説得する必要があった。その際に有効に機能したのが，日本側の同情を得る作戦であった。

（2）同情による譲歩の引き出し

　タイ側は常に交換条件を提示することで日本側に車両の返還や潤滑油の提

133）　NA Bo Ko. Sungsut 2. 4. 1. 5/5 "Pho Ro Tho. thueng Pho Bo So. 1944/06/03"　タイの鉄道は1943年12月8日付で軍の管轄下に置かれることになり，軍側の代表としてマンコーンが軍事鉄道司令官（Phu Banchakan Rotfai Thahan））に任命された［NA［2］So Ro. 0201. 98. 2/5 "Kham Sang Tho. Sanam Rueang Kan Tang Phu Banchakan Rotfai Thahan. 1943/12/08"］。

供を行うよう求めたが，最終的にそれを実現することができたのは，タイ側
の窮状を日本側に理解させることによって日本側を同情させ，日本側の譲歩
を引き出せたためであった。このため，タイ側は日本側が同情するような根
拠を提示し，日本側の要求に応じたいものの，タイ側にはそのような能力が
ないと説得する必要があった。

　例えば，マラヤ残留車両の返還要求の際には，タイ側は所有する車両数が
いかに少ないかを日本側に示すことで日本側の同情を誘う戦略を取った。上
述した合同委員会での交渉の際には，チャイがタイの所有する有蓋車の少な
さを示して日本側に同情させたことが，成果を導く重要な要因であった。こ
の問題で日本側との合意を確認した 1942 年 7 月 11 日の鉄道小委員会の会議
録には，以下のような文章が記載されていた[134]。

> ……日本側は鉄道局が所有する有蓋車の数が少なく，平時においても不足している
> ことに同情を示した。さらに，日本軍の輸送にも使用しなければならないことから，
> 不足は以前にもまして拡大している。しかし，日本軍の軍事輸送は戦時においては
> 必要不可欠であることから，可能な限り支援しあうことにした……。

　また，米輸送力の増強のための軍用列車の削減要求も，同様にタイ側の所
有する車両数の少なさを具体的に説明し，日本側を同情させようとしてい
た。先の表 5-2 と表 5-3 の原資料は，その根拠としてタイ側が作成したもの
である。さらに，タイ側は軍用列車の削減で具体的にどの程度の米を輸送す
ることができるかという数値を示すことで，軍用列車の削減が日本への米売
却量を増やすことを証明しようとした。その結果，最終的に日本側はタイへ
の同情を示し，タイ側の要求を呑むことにしたのである。それは，新納が日
本軍との交渉を約束した 1943 年 5 月 28 日の経済貿易交渉会議の会議録に記
されている[135]。

> ……ついに，日本側はタイの鉄道車両が不足していることに同情し，またもし日本
> 軍が軍用列車 1 本〈往復〉を返還すれば機関車 6 両が返還され，それにより 1 日 3

---

134)　NA［2］So Ro. 0201. 98/25 "Banthuek. 1942/07/11"

135)　NA［2］So Ro. 0201. 98/35 "Banthuek Kan Prachum Cheracha Rueang Kan Setthakit lae Kan Kha
　　Rawang Khaluang Setthakit Thai lae Yipun Khrang thi 17. 1943/05/28"

本の米輸送列車が運行でき，ざっと計算すると籾米を 3 万 6,000 トンも多く受け取れることができるということは理にかなったことであるとして，日本側で計算して日本軍に提案してみることにすると約束した。もし籾米の入手量が確実に増えるという数値であれば，日本軍が検討する可能性があるかもしれない……。

この日本側を同情させる作戦は，まさにタイ側が意識的に狙っていた作戦であった。これは，米不足を利用した車両奪還計画の際に新納との交渉にあたっていたワニットの言葉に，端的に示されている[136]。

> ……我々は鉄道車両の返還を求めているが，我々が彼らに対し車両の返還を求めているのは，彼らをより支援することができるようにするための我々の能力を高めるためであり，我々の利益のみを追求しているのではない，ということを示して同情させなければならない。このような日本側との交渉の際にはいつでも，我々は彼らが我々を同情するような言葉や態度を極力取る必要がある。実際に日本側の感触を見る限りでは，彼らは我々が真に彼らを支援しようとしているのを見て我々に同情し，かつ満足しており，そのために現在彼らはバンコクの倉庫に入りきらないくらい物資を運んできてくれているのである……。

このように，タイ側では日本側の要求に対して極力対応しようとする姿勢を見せながらも，どうしてもそれが達成されない状況を説明することで日本側の同情を誘い，それをもってタイ側の出した条件を呑ませようとしていたのである。そのためには，単に窮乏を訴えるのではなく，客観的な根拠を示しながら物理的に不可能であるという状況を日本側に理解させる必要があった。その点で，交換条件の提示とともに，同情を利用しながら譲歩を引き出すという 2 段階の作戦はうまく機能したのである。

（3）主権の維持

日本側は当初タイの鉄道による軍事輸送が円滑に行われていたことに十分満足しており，鉄道の運営は全面的に鉄道局に任せてきた。しかし，戦況の悪化とともに連合軍の空襲がタイの鉄道を襲うようになると，日本側は鉄道

---

136) Ibid. "Banthuek Kan Prachum Rueang Yipun Sanoe Naeothang Cheracha Setthakit 2486. 1943/05/24"

の防衛や迅速な復旧のために直接関与するようになり，さらに自ら鉄道を運行する意志を示すようになった。このため，鉄道の運営に日本人を関与させようと日本側は画策したが，そのような動きをタイ側は非常に警戒し，日本人が鉄道の運営に直接かかわることを極力避けようとしていた。

　タイ側は鉄道の運営面における主権の維持を極めて重視しており，それを脅かすような日本人の派遣を極力排除しようとしたのである。泰緬鉄道の完成間近になって日本側が機関車の修繕能力の向上のために日本人技師の派遣を勧めたが，タイ側は修繕能力の向上のためには技師よりも資材の不足のほうが重要であるとし，日本側に対して不足している資材の提供を求めた。その後，日本側が改めて技師の派遣を求めた際には，タイ側は使用していない建物で日本側が調達した機材を用いての修繕作業を行うことのみを認め，タイ側の組織には干渉させないような対策を講じた。さらに，日本側と合意を締結する際にも，タイ側は日本語版の文書にタイ側の意向が十分反映されていないとし，それが修正されるまでは調印しないという態度を示した。タイ側は日本人技師の派遣には非常に神経質になっていたのである。

　その後，日本側が一部区間の運行を自ら行いたいとの意向を示した際にも，タイ側はかたくなにこれを拒んでいた。日本側が希望していた南線のナコーンチャイシー〜ラーチャブリー間は橋梁の不通によって完全に孤立した区間となっており，途中のノーンプラードゥックから分岐している泰緬鉄道が機関区も工場も有する本線格となっていた。この間にはタイ側の一般列車は週に2往復しか走っておらず，日本軍の軍用列車のほうがはるかに本数は多く，しかも泰緬鉄道と直通する列車もあった。このため，客観的に見ればこの間の運行は日本側に任せ，泰緬鉄道の運行と一体として行う方が理にかなっていた。それでも，タイ側は最後まで日本側による運行を認めず，鉄道局による運行にこだわっていた。

　一方で，タイ側は日本軍による橋梁の防衛や復旧については全面的にこれを受け入れ，日本側に依存していた。1944年末頃から拡大していった連合軍の空襲によって多くの橋梁が破壊されたが，仮設橋を作ったり迂回線を作ったりして復旧を進めたのは主に日本軍であった。実際に，戦後に鉄道防空委員長から出された鉄道防空委員会の活動報告書を見ても，橋梁の復旧工

事は主要なものはすべて日本側が行い，タイ側は被害の少ない橋梁の復旧のみ行っていた[137]。駅構内の復旧工事も同様であり，主要駅の空襲の際は日本軍が兵を出して鉄道局による復旧をいつも支援していた。戦争末期においては一般列車の運行頻度は非常に低くなり，日本軍の軍用列車の運行本数が圧倒的に多くなっていたのみならず，この時期のタイの鉄道の防衛や修復を担っていたのは事実上日本軍であった。すなわち，タイの鉄道は日本軍の手で連合軍の空襲から守られ，修復されていたのである。

　このように，鉄道の防衛と復旧は事実上日本軍の任務となったにもかかわらず，タイが自らの手による鉄道の運営にこだわったのは，日本軍に列車運行を任せてしまうことによる主権の喪失を恐れたためであった。たとえ日本軍の手によって守られ，直された線路であったとしても，その上を走る列車はタイ人の手で動かさねばならなかったのである。日本側は実際に自ら列車運行を行う準備を進め，要員まで常駐させたにもかかわらず，彼らはタイ人機関士の運転する機関車に添乗することしかできず，最後まで自ら運行することはできなかった。機関車の検修や修繕も日本側に依存する状況であったものの，列車の運行だけはタイ側が行うことで，タイは何とか主権を維持していたのである。戦争末期には「日本軍のための」鉄道になったタイの鉄道ではあったが，それを「日本軍の手による」鉄道にすることだけは絶対に認めず，最後まで「タイ人の手による」鉄道を貫き通したのであった。

---

137)　NA Bo Ko. Sungsut 2. 4. 3/12 "Prathan Kammakan Pongkan Phai Thang Akat Kiaokae Kitchakan Rotfai thueng Maethap Yai. 1945/10/04"

コラム

戦争の痕跡⑥ クラ地峡鉄道

　クラ地峡鉄道沿線は，1943年に入って鉄道建設が始まってから日本兵が増えた地域である。鉄道建設自体もさることながら，起点のチュムポーンには第94師団の司令部も置かれることとなり，チュムポーンに駐屯する日本兵は急増した。表4-6（326頁）のように，1944年末時点ではチュムポーンに駐屯する日本兵の数は最も多くなっており，南部の日本軍の拠点となっていたことが分かる。

　チュムポーンは開戦時に日本軍が上陸した地点でもあった。チュムポーンの町は河口（パークナームチュムポーン）から15km程遡った場所にあり，日本軍の上陸を知ったチュムポーン県知事は青年義勇兵や警官隊を派遣し，町の東のターナーンサン橋で日本軍の軍勢と衝突した。この義勇兵らの活躍をたたえて犠牲者を追悼するために，橋のたもとには慰霊碑が立てられている。チュムポーン市内にも日本兵は駐屯していたが，多くは町の西の飛行場付近に集まっていた。チュムポーンからクラブリーに向かう道路（国道4号線）の北側に位置し，現在飛行場は廃止されているものの，一帯はタイ軍のケートウドムサック駐屯地となっている。

チュムポーンのターナーンサン橋際にある慰霊碑（2017年）

カオファーチーに保存されている蒸気機関車（2014 年）

　連合軍捕虜を用いなかったことから，クラ地峡鉄道の知名度は泰緬鉄道に比べて圧倒的に低い。クラ地峡鉄道はチュムポーンを出るとこのクラブリーへ向かう国道 4 号線にほぼ並行して敷設されており，戦後の道路整備によりその痕跡はほとんど残っていない。この鉄道はマラヤの東海岸線のレールを転用して整備したため，戦後東海岸線を復活させるためにイギリスがレールを撤収していった。また，戦争末期には末端のクラブリー〜カオファーチー間で日本軍もレールの撤去を始めており，南線での防空のための引込線の建設に使われていた。このため，泰緬鉄道とは異なりタイ側への資産の売却もなく，道路に並行する路盤のみが残されたのであった。それでも，近年この国道の 4 車線化工事が行われており，その際に当時使われたレールが発掘されることもあった。当時は沿線に日本兵や労務者のキャンプが並んでいたはずである。
　この鉄道の事実上唯一の戦跡は，終点のカオファーチーにある。国道 4 号線の東側のクローンラウン河畔に歴史博物館が整備され，蒸気機関車が 1 両置かれている。しかし，当時の駅はこの場所ではなく国道の西側に位置し，この機関車も当時使われたものではなく戦後タイが日本から購入した車両である。歴史博物館には当時日本兵が使用したものも展示されているようであるが，定期的に開館されているわけではなく，筆者が訪問した際には閉っていた。現在この付近はコーモー・サームシップ（30km 地点）と呼ばれているが，カオファーチーの名は集落の北にある山に由来する。ファーチーとは食卓の料理の上などにかぶせる虫よけのドーム状のふたの意味であり，その名の通りの形をしたファーチー山の山頂からは，クローンラウン川がクラブリー川に合流する地点を望むことができる。ここから大きな湾のようになっているクラブリー川を下ると，ラノーンとビクトリアポイントに至る。

第6章
一般輸送への影響
鉄道輸送の変容

本章は，引き続き第3の課題であるタイの対応と一般輸送への影響の解明のうち，一般輸送への影響について検討することを目的とする。前章で見たように，タイは日本軍の軍事輸送に割かれた鉄道輸送力を奪還するために，マラヤ残留車両の返還要求や，米輸送力増強のための軍用列車の削減要求を日本側に付きつけ，その結果として日本軍の軍用列車でのタイの車両の使用比率の低下と南線の軍用列車の1往復廃止という成果を引き出した。しかしながら，軍用列車を牽引する機関車は相変わらずタイが提供しなければならず，奪還した車両で運行を始めた米輸送列車も，結局日本側が軍事輸送を増強したことからすぐに中止せざるを得なくなった。

このように，タイ側の尽力にもかかわらず一般輸送に向けられる鉄道輸送力が著しく減退したことから，一般輸送にも何らかの影響が出ていたことが想起させられる。タイの鉄道は平時においては東北部や北部など内陸部からバンコクへの米を中心とした一次産品輸送が主要な任務であることから，このような後背地から外港への輸送に大きな影響が出たはずである。その一方で，残された鉄道輸送力を効率的に使用するために，タイは生活必需品の輸送を最優先し，その結果平時とは主要な輸送ルートが変わる品目も存在していた。一般輸送力が大きく減る状況の中でタイがどのように対応したのかを解明することが，本章の課題なのである。

平時の一般輸送については『鉄道局年報』が主要な資料であったが，現時点では1937/38年度版以降の存在が確認されていないことから，柿崎［2000b］で行ったような輸送品目別の各駅の発着量を用いた分析を行うことはできない。このため，本章では『タイ統計年鑑』に掲載されている主要駅の切符販売枚数，一般貨物発着量と東岸線，西岸線別の品目別一般輸送量，およびタイ国立公文書館所蔵資料を主要な情報源とする。

以下，第1節で戦時中の旅客輸送量の変化とその背景を考察し，第2節で貨物輸送量の変化と品目別の輸送量の動向を確認する。次いで，第3節で食料輸送（米，塩，野菜・果物），第4節で家畜輸送（豚，牛・水牛），第5節で木材輸送（雑木，チーク，薪），第6節で石油輸送と，品目別に一般輸送の変容過程を分析する。最後に，第7節で戦時中の一般輸送の変容とその特徴の総括を行う。

第 1 節　旅客輸送の急増

(1) 増加する旅客輸送量

　第 2 次世界大戦中の一般輸送量は，旅客輸送と貨物輸送で相反する傾向を
見せていた。旅客輸送量は開戦後急増して過去最高を記録したのに対し，貨
物輸送量は逆に大幅に減少していたのである。

　表 6-1 は 1935/36 年以降の旅客，貨物輸送量の推移を示したものである。
旅客輸送については，1930 年代後半の輸送量は年間 500〜600 万人程度で推
移していたが，1941 年には 773 万人と大幅に増加していた。その後 1942 年
にやや減少したものの，1943 年には初めて 1,000 万人を越え，翌年には過去
最高の 1,109 万人に達していたことが分かる。人キロで見ても同様であり，
1930 年代後半の 2.5 億〜3 億人キロが 1944 年には約 7.3 億人キロまで増加し
ていることが分かる。人キロは輸送量に平均輸送距離を乗じた数値であり，
輸送の密度を示すものである。

　次の図 6-1 は，1937/38〜1939/40 年の平均値を 100 とした場合の旅客，貨

表 6-1　一般旅客・貨物輸送量の推移（1935/36〜1945 年）

年	旅客輸送量		貨物輸送量	
	（千人）	（千人キロ）	（千トン）	（千トンキロ）
1935/36	5,112	253,141	1,428	401,836
1936/37	5,672	280,010	1,604	450,267
1937/38	5,556	280,644	1,366	342,668
1938/39	5,723	294,491	1,678	452,630
1939/40	6,949	368,997	2,005	551,984
1940	5,930	337,781	1,498	459,067
1941	7,730	423,499	1,847	571,537
1942	7,192	429,103	1,102	307,141
1943	10,699	684,237	1,155	281,679
1944	11,091	729,028	564	110,056
1945	5,299	383,745	232	28,368

注：1939/40 年までは 4 月〜翌年 3 月，1940 年は 4〜12 月，1941 年以降は暦通りの期間である。
出所：SYB（1945-55），328-331 より筆者作成

第 6 章　一般輸送への影響——鉄道輸送の変容 | 411

図 6-1　一般旅客・貨物輸送量の変化（1941～1945 年）（単位：指数）

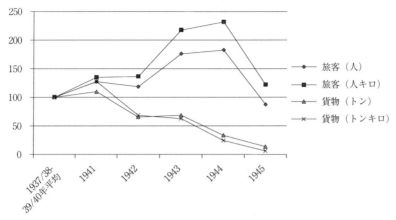

注：1937/38-39/40 年平均値を 100 とした指数表示である。
出所：表 6-1 より筆者作成

物輸送量の変化を指数で示したものである。これを見ると、戦時中の旅客輸送の増加傾向が明瞭に理解される。とくに 1943～1944 年の輸送量の増加は顕著であり、人ベースで開戦前より 1.8 倍程度、人キロベースで 2.3 倍程度輸送量が増加していたことが分かる。なお、人キロの増加率のほうが高いことは、この間に平均乗車距離が伸びたことを示しており、短距離客よりも中・長距離客の増加が顕著であったことを示している。前述したように、1944 年に入ると列車の運行頻度が毎日運行から隔日運行になるなど輸送力の減少は顕著であったが、そのような中でも旅客輸送量が過去最高に達していたことは注目すべき点である。その後、路線網の寸断で列車の運行頻度や区間がさらに低下したことから、1945 年にはどちらも減少していることが分かるが、それでも戦前のレベルに戻った状況であった。

表 6-2 は区間別の旅客乗車数の変化を示したものである。この表の原資料は主要駅の旅客乗車数の統計であり、各区間の数値は原資料に記載されている主要駅の数値を集計してある。その他の駅はチャオプラヤー川の東岸と西岸ごとに一括して計上されていることから、不明の欄の数値が最も多くなっている点に留意する必要がある。これを見ると、戦前と比較するとマラヤを除いて乗車数が増加していることが分かる。最も増加しているのはバンコク

412

表6-2　区間別旅客乗車数の変化（1941〜1944年）（単位：人）

区間	1937/38-1939/40 平均	1941	1942	1943	1944	増加率（％）
北線1	386,848	542,253	421,213	554,352	698,605	81
北線2	135,340	191,221	167,104	273,501	238,216	76
北線3	103,098	122,123	134,263	233,526	137,558	33
東北線1	173,572	209,022	168,865	240,757	246,266	42
東北線2	121,852	159,577	157,723	236,252	204,436	68
東北線3	154,603	213,607	238,009	346,963	314,348	103
東線1	177,430	245,052	195,635	230,353	253,760	43
バンコク（東）	523,793	616,833	754,199	1,197,364	1,213,535	132
バンコク（西）	93,207	126,571	125,267	130,172	405,332	335
南線1	400,758	457,387	570,216	1,050,033	1,146,769	186
南線2	163,914	192,682	187,248	231,323	247,757	51
南線3	787,238	1,020,195	892,150	1,191,939	1,067,155	36
マラヤ	110,806	101,607	42,180	67,579	64,877	− 41
不明（東岸）	1,467,144	1,978,339	1,759,903	1,868,397	2,240,933	53
不明（西岸）	1,276,624	1,553,313	1,377,545	2,810,291	2,611,524	105
計	6,076,228	7,729,782	7,191,520	10,662,802	11,091,071	83

注1：増加率は1937/38-39/40年平均値と1944年の間の増加率である。
注2：泰緬区間は南線1区間に，クラ地峡（チュムポーン）は南線2区間にそれぞれ含む。
出所：附表16より筆者作成

（西）であり，1944年にそれまでの約13万人から40万人へと激増している
ことに起因している。これはラーマ6世橋の被災で1944年初めから南線の
始発駅を従来のバンコク（フアラムポーン）駅から川の西岸のトンブリー駅
に移したためである[1]。次いで南線1区間，バンコク（東），東北線3区間で
100％以上の増加率を記録している。なお，北線3区間では1944年の輸送量
が前年より大幅に減少しているが，これは前章で述べたような鉄道施設への
空襲の影響で列車の運休が相次いだためであろう。

　この区間別の旅客乗車数を路線別に集計し直したものが図6-2である。こ
の図のうち，北線，東北線，東線については主要駅の数値のみを集計したも
のであるが，下段の東岸線と西岸線はすべての駅を対象としたものである。

1）　NA Bo Ko. Sungsut 2. 4. 1/6 "Po. Do. Ro. thi 11/87. 1944/01/03"

第 6 章　一般輸送への影響――鉄道輸送の変容 | 413

図 6-2　路線別旅客乗車数の変化（1941～1944 年）（単位：人）

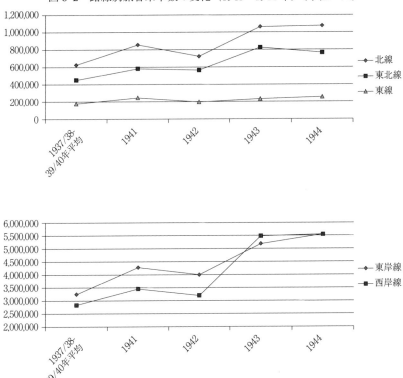

注 1：北線，東北線，東線は主要駅のみの数値で，バンコク，バーンスー駅を除く。
注 2：東岸線は北線，東北線，東線及びバンコク市内のチャオプラヤー川以東の各駅を，西岸線は南線及びバンコク市内のチャオプラヤー川以西の駅を含む。
出所：附表 16 より筆者作成

すなわち，東岸線はバンコク駅を含む北線，東北線，東線の集計値を，西岸線はトンブリー駅を含む南線の集計値を意味する。これを見ると，各線とも同じような傾向を見せ，やはり 1943 年から翌年にかけて乗車数が大幅に増加していたことが分かる。東線の伸びは低いが，北線と東北線では戦前に比べて明らかに利用者数が増えていたことが確認される[2]。また，下段の東岸線と西岸線のグラフからは，西岸線の利用者数の伸びの方が高かったことが分かる。戦前 3 年間の平均値では東岸線が約 320 万人，西岸線が約 280 万人と西岸線のほうが利用者数は少なかったが，1943 年に西岸線の利用者数が

東岸線を抜き，1944年の時点でもどちらも約550万人とほぼ同じレベルとなっていた。すなわち，南線の利用者数の増加のほうが東岸の北線や東北線よりも顕著であったことになる。

このような旅客輸送量の増加は，路線網の拡大による影響も多少存在した。1941年6月に東北線のコーンケン〜ウドーンターニー間119kmが開通し，「失地」回復によってアランヤプラテート〜サワーイドーンケーオ間193kmもタイの鉄道網に組み込まれた［柿崎2009, 47-51］[3]。これによって3,082kmであったタイの鉄道網の総延長は3,394kmとなり，約10％の増加となっていた[4]。しかし，輸送量の増加率は路線網の増加率よりもはるかに高いことから，旅客輸送量が純増であったことは間違いない。

(2) 平均乗車距離の変化

このような旅客輸送量の増加は，どのような旅客の増加によってもたらされたのであろうか。筆者がかつて指摘したように，タイの鉄道の最大の利用者は中短距離の3等旅客であり，彼らは主に農民や小商人であった［柿崎2002, 14-15］。彼らは貨車を用いた車扱い貨物輸送の末端の商品流通を担っており，主に手荷物として自らの生産物を村から最寄りの町に運んで売却し，購入した日用品や雑貨を村に持ち帰っていたのである。すなわち，タイの鉄道の主要な顧客はこのような「担ぎ屋」であった。このため，タイの平均乗車距離は表6-3のように1930年代末の平均で52kmであった[5]。

この表から分かるように，戦前3年間の平均乗車距離の52kmが1944年には66kmまで増加していることから，全体で見ると平均乗車距離は増加傾向にあった。ただし，この表のように平均乗車距離は区間によってもかなり

---

2) 東線については，「失地」内の各駅の乗車数が示されていないため増加率が低くなっている可能性が高い。

3) アランヤプラテート〜サワーイドーンケーオ間は柿崎［2009］では166kmとされているが，193kmが正当である［Whyte 2010, 165-166］。なお，このうちアランヤプラテート〜バッタンバン間では1942年4月から一般列車の運行を開始したが，バッタンバン〜サワーイドーンケーオ間75kmでは一般旅客営業は行っていなかった。

4) パークナーム線（21km），メークローン線（65km）を除いた数値である。

5) 東南アジア各国と比較するとこれでも長い方であり，ビルマ37km，フィリピン43kmとタイよりも平均乗車距離が短い国も存在した［柿崎2010, 122］。

第 6 章　一般輸送への影響──鉄道輸送の変容 | 415

表 6-3　区間別平均乗車距離の変化（1941～1944 年）（単位：km）

区間	1937/38- 1939/40 平均	1941	1942	1943	1944	増加率 （％）
北線 1	47	48	60	57	65	39
北線 2	93	85	84	72	82	− 12
北線 3	143	148	143	150	140	− 3
東北線 1	75	78	80	86	102	35
東北線 2	74	89	88	86	108	46
東北線 3	65	87	83	76	96	48
東線 1	56	62	82	55	93	67
バンコク（東）	138	155	119	137	94	− 32
バンコク（西）	47	47	72	54	81	72
南線 1	47	55	51	47	50	6
南線 2	59	61	70	98	116	95
南線 3	50	54	66	74	81	61
マラヤ	64	44	55	85	106	64
不明（東岸）	32	33	40	71	74	132
不明（西岸）	22	22	25	17	20	− 9
計	52	55	60	64	66	27

注 1：増加率は 1937/38-39/40 年平均値と 1944 年の間の増加率である。
注 2：泰緬区間は南線 1 区間に，クラ地峡（チュムポーン）は南線 2 区間にそれぞれ含む。
出所：附表 17 より筆者作成

　の差があった。戦前の時点で平均乗車距離が最も長かったのは北線 3 区間の
143km であり，1944 年でも 140km と最も長くなっている。これは北線 3 区
間がバンコクからの距離が遠く，長距離客の比率が高かったためである。一
方で同じくバンコクからの距離が遠い南線 3 区間の平均乗車距離は北線 3 区
間に比べて短くなっていることから，こちらは長距離客よりも局地的な中短
距離客の利用者が多かったことになる。
　また，駅によって平均乗車距離が大きく異なる傾向があり，急行列車の停
車するような主要都市に位置する駅は平均乗車距離が長くなり，反対に混合
列車しか停車しない農村部の小駅では農民や行商人が利用者の大半を占める
ことから平均乗車距離が短くなる傾向があった。この表の原資料では主要駅
のみ駅別の数値を出しており，いわゆる農村部の小駅はその他にまとめられ
ていたことから，それに該当する不明の欄の平均乗車距離が東岸，西岸とも
短くなっていることが分かる。ただし，東岸では 1943 年以降平均乗車距離

が大幅に長くなっており，そのような小駅でも長距離客の利用が増えたことが理解される。

全体としての平均乗車距離の増加は，これまでよりも長距離の利用者が増加していたことを示している。不明（東岸）を除けば南線2区間の増加が顕著であり，この間に平均乗車距離がほぼ倍増している。しかし，一方で平均輸送距離が減少している区間も存在し，最も減少率が高いのがバンコク（東）となっていることが分かる。これはすなわちバンコクを発着する旅客の中での中短距離客の増加を示しており，とくに1944年に急減していることから，同年初めの南線の長距離列車の発着駅のトンブリー駅への移転と，空襲に伴う郊外への疎開の増加が背景にあるものと考えられる。1944年のバンコク（西）の平均乗車距離の増加も，この南線の列車のターミナル駅変更によるものであろう。

路線ごとの平均乗車距離は，図6-3に示したように北線と東北線で長く，東線と西岸線（南線）で短くなっていた。東線は距離が短いことから北線と東北線より平均乗車距離が短くなるのはある意味当然であるが，1944年には北線よりも長くなっている。東線は1943年に平均乗車距離が大きく減少するという変動もあるが，東岸線の3線は全体的に漸増傾向にあることが分かる。一方，西岸線と東岸線とで比べた場合，西岸線のほうが平均乗車距離は短く，東岸線にかなり差を付けられていた。これは東岸線にバンコク駅の数値を含むためある意味当然ではあるが，全体的に南線のほうが中短距離の利用者が比率が高かったことを示している。

（3）利用者の増えた駅と減った駅

このように全体的には旅客輸送量も平均乗車距離も増加していたが，実際の利用状況はそれぞれの駅によって異なっていた。表6-4は旅客乗車数の変化の大きかった主要駅を対象に，増加率が高かった10駅と減少率が高かった10駅を示している。これを見ると，旅客乗車数の増加率が最も高かったのは南線3区間のカンタンであり，戦前の約4,500人が1944年には10万人以上とこの間に20倍以上も利用者が増加していたことが分かる。カンタン以外でも上位10駅には南線1区間と3区間の駅が多く含まれており，また

図 6-3　路線別平均乗車距離の変化（1941～1944 年）（単位：km）

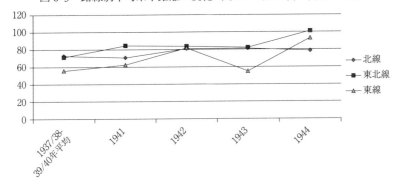

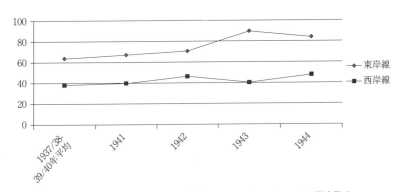

注1：北線，東北線，東線は主要駅のみの数値で，バンコク，バーンスー駅を除く。
注2：東岸線は北線，東北線，東線及びバンコク市内のチャオプラヤー川以東の各駅を，西岸線は南線及びバンコク市内のチャオプラヤー川以西の駅を含む。
出所：附表 17 より筆者作成

バンコク市内の駅も3駅ほど入っていることが分かる。このうち，トンブリーは1944年に急増しており，上述した南線の列車がすべてこの駅を発着するようになったことがその要因と思われる。

　一方，減少率の多い駅もやはり南線が目立っていた。最も減少率の高いのは南線3区間のルーソであり，戦前の約6.3万人が1944年には2.3万人と約3分の1のレベルに激減している。マラヤ国境のスガイコーロックも含め，減少率の高い駅は南線3区間のハートヤイ～スガイコーロック間の各駅に多く，減少率の高い10駅のうち6駅までがこの間に含まれている。同じ南線

表6-4　旅客乗車数の変化の大きい主要駅（1941～1944年）（単位：人）

駅	区間	1937/38-1939/40平均	1941	1942	1943	1944	増加率（％）
カンタン	南線3	4,532	8,150	46,746	74,078	103,953	2,194
プラチュアップ キーリーカン	南線1	1,984	5,781	7,485	33,067	33,334	1,580
トラン	南線3	14,095	23,406	84,300	125,036	151,007	971
ソンクラー	南線3	10,797	12,875	71,451	91,976	70,880	556
バーンスー	バンコク（東）	40,664	54,995	104,923	157,617	193,075	375
トンブリー	バンコク（西）	93,207	126,571	125,267	130,172	405,332	335
ポーターラーム	南線1	43,827	47,864	59,275	137,180	161,475	268
フアヒン	南線1	19,215	20,875	31,898	56,081	67,595	252
ドーンムアン	バンコク（東）	35,255	30,604	63,982	109,823	120,340	241
ワンポン	南線1	3,204	10,996	13,112	7,699	10,881	240
ターンポー	南線2	23,881	28,251	29,911	27,681	22,996	− 4
バーンミー	北線1	65,088	97,918	61,259	86,399	60,341	− 7
コークポー	南線3	39,519	47,836	37,120	48,249	34,312	− 13
チャワーン	南線2	28,875	32,928	30,221	28,211	22,426	− 22
ヤラー	南線3	82,738	134,537	73,483	85,695	63,435	− 23
ロンピブーン	南線3	43,388	48,058	31,907	33,155	32,283	− 26
タンヨンマス	南線3	90,359	128,362	49,287	47,836	42,752	− 53
スガイコーロック	マラヤ	97,656	94,678	33,102	37,152	45,584	− 53
スガイパーディー	南線3	88,576	106,661	32,664	36,175	37,064	− 58
ルーソ	南線3	62,908	87,360	28,656	27,571	23,076	− 63

注：増加率は1937/38-39/40年平均値と1944年の間の増加率である。
出所：附表16より筆者作成

3区間でも増加率の高い10駅にカンタン，トラン，ソンクラーが含まれているのとは対照的に，同じ南部でも利用者が大幅に減少していた駅が存在しているのである。

　次に，平均乗車距離の変化についても同様の表を用いて確認してみよう。表6-5は平均乗車距離の増加率の高かった10駅と減少率が高かった10駅を示している。これを見ると，増加率の最も高かったのはマラヤ国境のスガイコーロックで，戦前の33kmから1944年には107kmと3倍以上増加していることが分かる。こちらもやはり南線が多く，とくにスガイパーディー，タ

表6-5　平均乗車距離の変化の大きい主要駅（1941～1944年）（単位：km）

駅	区間	1937/38-1939/40平均	1941	1942	1943	1944	増加率（％）
スガイコーロック	マラヤ	33	29	57	99	107	221
スガイパーディー	南線3	18	20	36	38	48	164
プラーチーン	東線1	65	81	121	77	167	159
トゥンソン	南線3	38	43	54	74	88	133
タープラ	東北線3	30	53	42	45	64	117
タンヨンマス	南線3	32	31	49	61	66	109
チュムポーン	南線2	90	104	117	156	184	105
ターンポー	南線2	20	22	24	33	37	85
ランスアン	南線2	50	43	53	79	92	83
バーンモー	北線1	20	20	28	35	36	82
ウッタラディット	北線2	73	71	63	58	61	− 17
バーンポーン	南線1	50	58	48	50	38	− 24
チエンマイ	北線3	256	245	214	276	192	− 25
バンコク	バンコク（東）	155	172	144	167	114	− 26
ソンクラー	南線3	128	101	54	89	94	− 27
サワンカローク	北線2	102	100	82	58	59	− 42
アランヤプラテート	東線1	132	146	90	61	68	− 48
トラン	南線3	117	145	65	59	52	− 56
パーダンベサール	マラヤ	286	259	46	68	101	− 65
カンタン	南線3	188	200	65	70	60	− 68

注：増加率は1937/38-39/40年平均値と1944年の間の増加率である。
出所：附表17より筆者作成

ンヨンマスと表6-4で減少率が高かった駅が含まれている点が注目される。他方で減少率が最も高かったのは南線3区間のカンタンで，戦前の188kmから60kmへと約3分の1に減少していることが分かる。こちらは南線以外にも対象駅が存在するが，トラン，ソンクラーと表6-4で増加率の高かった3つの駅が含まれていることが分かる。すなわち，南部には利用者が大幅に増加する一方で平均乗車距離が低下した駅と，利用者が大幅に減少する一方で平均乗車距離が増加した駅の両方が存在するのである。

　利用者が大幅に増加した駅のうち，カンタン，トラン，ソンクラーについては共通点がある。これらの駅はいずれも南線の本線から分岐する支線に位置しており，バンコクと直通する急行列車が走っておらず，1日2往復の混

合列車しか利用できない不便な駅であった[6]。また，さらに，これらの支線には並行する道路が整備されており，自動車の利用が可能であった（6頁図序－1参照）。このため，例えばカンタンから最寄りの県庁所在地のトランに行く場合は自動車を利用するのが一般的であり，ソンクラーから急行停車駅のハートヤイに行く際も同様であった。これらの支線の1kmあたり旅客数は1920年代以降大幅に減少しており，1935/36年の時点でカンタン支線が1kmあたり392人，ソンクラー支線に至ってはわずか40人に過ぎなかった［柿崎 2002, 7］。表6-4において戦前のこれらの駅の利用者数が少なかったのは，自動車との競合の結果利用者が減少していたことを示しているのである[7]。

　これらの駅では中短距離の利用者はほとんど存在せず，わずかに残る利用者は長距離客が中心となっていた。これが表6-5においてこれらの駅の戦前の平均乗車距離が長かったことの理由であった。短距離の旅客は1日に1～2往復の列車を利用せず自動車を用い，自動車では直接到達できないような場所へ出かけるときのみに限って列車を利用したのである。ところが，戦争が始まって自動車の徴用や燃料不足が生じて自動車輸送が滞ると，従来自動車に依存していた旅客が一斉に鉄道利用に切り替えた。これがこれらの3駅での利用者数の急増と，平均乗車距離の減少の背景であった。すなわち，自動車との競合で苦境に立たされていたこれらの支線が，戦争によって競争相手を失い，再び息を吹き返したということである。ただし，列車本数は増えるどころか逆に減少していたことから，それまで閑古鳥の鳴いていたこれらの支線の列車は開戦後には超満員の状況になっていたことが想像される。

　バンコク市内の一部の駅で見られた乗車数の増加と平均乗車距離の減少も，同様の理由で生じたものと思われる。表6-4のバーンスーとドームアンでの乗車数の増加は，バンコク近郊区間の中短距離の利用者が増加したことを示しており，バーンスーでは平均乗車距離の減少も見られた[8]。また，

---

6) 戦前の列車運行状況は図5-2（355頁）を参照のこと。ソンクラー～カンタン間には1日1往復の混合列車がある他，カンタン～トゥンソン間に1往復，ソンクラー～ヤラー間に1往復の混合列車が存在した。

7) 1920/21年のこれらの駅の旅客乗車数はカンタン2万5,034人，トラン3万2,636人，ソンクラー4万4,649人と表6-4の戦前の数値に比べ大幅に多くなっていた［ARA (1920/21), Table 5］。

第6章　一般輸送への影響——鉄道輸送の変容 421

表6-5でバンコク駅の平均乗車距離が減少しているのも，上述のように疎開者が増えたことによる中短距離客の増加が要因の1つであろう。

　一方，南線3区間のハートヤイ～スガイコーロック間では旅客乗車数の激減と平均乗車距離の急増が見られたことから，この区間では従来数多く存在した中短距離客が大幅に減少し，長距離客のみが残ったものと理解される。すなわち，この間で起こった現象は上述の2つの支線で発生したのとは逆の現象であった。ただし，残念ながらその理由は判別しない。平時であれば自動車輸送への転移がこのような現象を招くのであるが，戦争中に自動車輸送への転移はありえず，またこの間には並行する道路も存在しなかった。

　全体的な旅客輸送量の増加は，南線の支線での旅客輸送の激増に典型的に見られるように，開戦後の自動車輸送の停滞による自動車からの代替が増加したことが主要な背景であった。また，次に述べるように貨物輸送量が減少したことで物資の欠乏が深刻となり，担ぎ屋の需要が増したことも要因の1つであろう。このため，鉄道輸送力は開戦後一貫して減少していったにもかかわらず，少なくとも1944年まで旅客輸送量は増加を続けたのであった。

第2節　貨物輸送の激減

(1) 減少する貨物輸送量

　旅客輸送量が開戦後1944年まで増加を続けていたのに対し，貨物輸送量は開戦後大幅に減少していた。先の表6-1のように，1930年代後半には約150万トン程度で推移した貨物輸送量は1939/40年には過去最高の200万トンを記録するに至ったものの，開戦後は半減して100万トン程度となったことが分かる。そして1943年までは100万トン台を維持していたが，1944年

---

8)　附表17（558頁）から計算すると，バーンスーの平均乗車距離は1937/38～1939/40年平均の50kmから1944年には45kmと10％減少していた。ただしドームアンはこの間で変化はほとんどないことから，元から長距離客がほとんどなかった状態で中短距離の利用者のみが増加したことを意味している。

は 56 万トンとさらに半減し，最終的に 1945 年には 23 万トンまで激減していた。この間の変化は図 6-1 を見ると明らかであり，戦前を 100 とすると最終的にトンベースで 14，トンキロベースでは 6 まで指数が減少していた。このように，貨物輸送は戦争による影響を大きく受けていたのである。

貨物輸送の統計は，発送量と到着量の 2 種類が使用可能である。表 6-6 は区間別の貨物発送量をまとめたものである。この表も主要駅の数値のみをまとめたものなので不明の欄が存在するが，それを除くと戦前の時点で最も発送量の多かった区間は北線 1 区間の約 31 万トンであり，以下バンコク（東），東北線 3 区間，2 区間が続いていることが分かる。これが 1944 年には軒並み減少しており，バンコク（西）を除いてすべての区間で増加率がマイナスになっていた。最も減少率が高いのは東北線 2 区間であり，戦前の約 15 万トンが 1944 年には 1.3 万トンに激減していることが分かる。次いで東

表 6-6　区間別貨物発送量の変化（1941～1944 年）（単位：トン）

区間	1937/38-1939/40 平均	1941	1942	1943	1944	増加率（％）
北線 1	312,538	380,328	196,517	171,775	80,434	− 74
北線 2	39,608	42,173	21,835	25,723	16,287	− 59
北線 3	91,332	136,689	59,816	63,190	18,910	− 79
東北線 1	38,453	28,616	15,329	16,374	9,668	− 75
東北線 2	147,023	83,977	43,542	67,242	13,276	− 91
東北線 3	128,034	144,878	36,161	46,003	16,449	− 87
東線 1	15,055	44,014	24,452	11,516	8,773	− 42
バンコク（東）	212,959	230,377	133,265	120,910	41,420	− 81
バンコク（西）	12,539	39,959	13,305	15,830	26,226	109
南線 1	72,360	75,351	55,884	44,391	36,527	− 50
南線 2	25,532	34,553	32,990	32,654	21,721	− 15
南線 3	92,093	123,230	109,461	123,444	90,750	− 1
マラヤ	17,035	19,270	2,641	2,914	2,419	− 86
不明（東岸）	384,060	339,454	274,411	283,297	118,302	− 69
不明（西岸）	82,287	102,809	66,349	112,992	53,108	− 35
計	1,670,910	1,825,678	1,085,958	1,138,255	554,270	− 67

注 1：増加率は 1937/38-39/40 年平均値と 1944 年の間の増加率である。
注 2：泰緬区間は南線 1 区間に，クラ地峡（チュムポーン）は南線 2 区間にそれぞれ含む。
出所：附表 18 より筆者作成

第6章　一般輸送への影響——鉄道輸送の変容　423

北線3区間，マラヤ，バンコク（東）と続いており，全体的に北線と東北線で減少率が高い。なお，唯一増加しているバンコク（西）は，これまでと同じく南線のターミナルが1944年からトンブリー駅になったことがその理由である[9]。

　路線別に見ても，やはり北線と東北線の貨物発送量の減少が顕著であった。図6-4は路線別の貨物発送量を示したものである。この表も上段の北線，東北線，東線は主要駅のみの数値であるが，北線，東北線とも発送量が大きく減少している様子が読み取られる。東北線は1943年にやや増加するが，全体的な傾向は北線，東北線共に似ており，1941年から1942年にかけてと，1943年から1944年にかけての2段階の減少が見られたことが分かる。すべての駅を含んだ下段のグラフでは，東岸線の減少が西岸線よりも大きく，その結果1944年には双方の発送量が近似していることが分かる。実際の数値では，戦前の時点で東岸線の発送量は約137万トン，西岸線は30万トンと4倍以上の差があったが，1944年にはそれぞれ32万トン，23万トンとその差はかなり解消していることになる。すなわち，東岸線の発送量が大幅に減少したのに対し，西岸線の発送量の減少は少なかったことから，最終的な両者の差は大幅に小さくなったのである。

　一方，到着量の変化についても似たような傾向が見られた。表6-7は区間別の貨物到着量を示している。戦前の時点ではバンコク（東）の到着量が圧倒的に多く，約70万トンと全体の約4割を占めていた。これが1942年以降大幅に減少して1944年にはわずか11.5万トンとなることから，バンコク（東）の減少率が最も高くなっている。東北線3区間の減少率もバンコク（東）と同じレベルであり，以下北線2区間，北線1区間，東北線2区間とやはり北線と東北線での減少が多くなっている。この中で1941年に東線の到着量が急増しているのが分かるが，これは1940年から始まった「失地」回復紛争のための物資輸送と，回復後に「失地」へ向けた物資が存在していたことを示している[10]。

---

9)　タイ側は1943年12月27日から南線の貨物はトンブリー駅を発着とし，ラーマ6世橋を渡る輸送は全面的に中止すると日本側に伝えていた［NA Bo Ko. Sungsut 2. 4. 1. 6/5 "Huana Anukammakan Rotfai thueng Huana Nuai Ichida Pracham Krungthep. 1944/12/30"］。

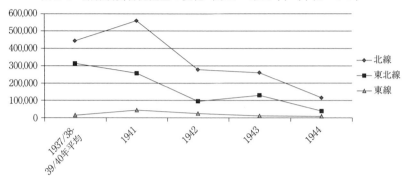

図 6-4　路線別貨物発送量の変化（1941〜1944 年）（単位：トン）

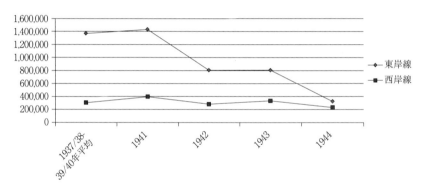

注1：北線，東北線，東線は主要駅のみの数値で，バンコク，バーンスー駅を除く。
注2：東岸線は北線，東北線，東線及びバンコク市内のチャオプラヤー川以東の各駅を，西岸線は南線及びバンコク市内のチャオプラヤー川以西の駅を含む。
出所：附表 18 より筆者作成

　路線別の貨物到着量は，北線と東北線で開戦以降ひたすら減少傾向であったことが図 6-5 から読み取られる。北線では 1941 年に発送量は増加していたが，到着量では 1941 年以降一貫して減少傾向にあり，東北線も同じような傾向を示している。東線は上述の理由で一時的に到着量が増加したが，その後は大きく減少していた。東岸線と西岸線で比較すると，先の発送量と同じく戦前に存在した東岸線と西岸線の差が 1944 年にはほぼ解消していること

---

10)　附表 19（564 頁）のように，それまで 1,000 トン程度で推移してきたアランヤプラテートの到着量が紛争の始まった 1940 年には 6,967 トンに，1941 年には 3 万 8,004 トンに急増していた。

第6章　一般輸送への影響——鉄道輸送の変容 | 425

表 6-7　区間別貨物到着量の変化（1941～1944 年）（単位：トン）

区間	1937/38-1939/40 平均	1941	1942	1943	1944	増加率（%）
北線 1	65,859	49,287	36,222	23,277	15,931	− 76
北線 2	37,462	37,942	21,977	18,083	7,538	− 80
北線 3	58,083	53,579	49,110	45,855	22,594	− 61
東北線 1	33,515	33,535	19,583	17,033	10,483	− 69
東北線 2	28,908	30,120	21,235	16,157	8,220	− 72
東北線 3	98,105	47,944	23,422	18,613	15,250	− 84
東線 1	13,087	46,805	9,739	6,225	4,211	− 68
バンコク（東）	711,487	804,409	461,195	469,019	115,509	− 84
バンコク（西）	73,309	72,502	39,396	43,315	42,178	− 42
南線 1	36,706	53,669	35,998	33,614	26,822	− 27
南線 2	12,869	17,318	12,044	57,667	13,143	2
南線 3	146,945	163,606	139,173	148,072	115,332	− 22
マラヤ	38,919	44,137	14,123	6,027	14,685	− 62
不明（東岸）	261,703	455,848	159,372	181,197	120,963	− 54
不明（西岸）	52,285	58,978	43,369	57,092	21,411	− 59
計	1,670,910	1,825,678	1,085,958	1,138,255	554,270	− 67

注 1：増加率は 1937/38-39/40 年平均値と 1944 年の間の増加率である。
注 2：泰緬区間は南線 1 区間に，クラ地峡（チュムポーン）は南線 2 区間にそれぞれ含む。
出所：附表 19 より筆者作成

とが分かる。

　戦前のタイの鉄道の主要な輸送は，外港～後背地間の輸送であった。すなわち，後背地の地方から米，豚，木材を中心とした一次産品が外港であるバンコクに送られ，バンコクに輸入された工業製品が後背地である地方に送られていた。発送，到着共にバンコクでも地方でも減少傾向が見られたということは，外港～後背地間の輸送が双方向で減少したことを意味している。

(2) 発着量の増えた駅と減った駅

　次に，主要駅の貨物発着量の変化について見てみよう。表 6-8 は貨物発送量の変化の大きかった主要駅を対象に，増加率が高かった 10 駅と減少率が高かった 10 駅を示している。これを見ると，最も発送量が増加した駅は東線 1 区間のチャチューンサオで，戦前の約 1,200 トンから 1944 年には約 3,500 トンと約 3 倍増加したことが分かる。以下，南線 3 区間のカンタン，

図 6-5　路線別貨物到着量の変化（1941～1944 年）（単位：トン）

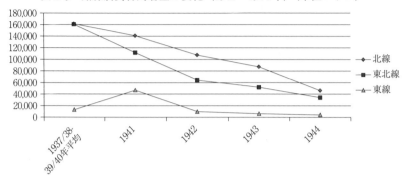

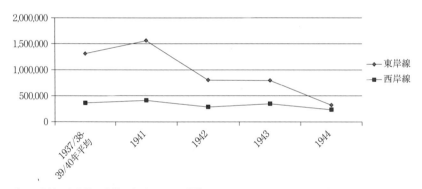

注1：北線，東北線，東線は主要駅のみの数値で，バンコク，バーンスー駅を除く。
注2：東岸線は北線，東北線，東線及びバンコク市内のチャオプラヤー川以東の各駅を，西岸線は南線及びバンコク市内のチャオプラヤー川以西の駅を含む。
出所：附表19より筆者作成

クラ地峡鉄道の分岐点となるチュムポーンと続いている。チャチューンサオを除いていずれも南線の駅であり，南線3区間が多くなっているのが特徴である。このうち，カンタンについては1943年には約2万4,000トンに達していたことから，1943年の時点で見れば最も増加率が高くなっていたはずである。なお，貨物輸送量全体が大きく減少していたことから，この間に発送量が増加していた駅は上位8駅に限られ，9位以降は減少していた。

一方，減少率の高かった駅については，最も減少が激しかったのが東北線2区間のブリーラムで，戦前の約7.5万トンが1944年にはわずか1,500トン

第6章　一般輸送への影響——鉄道輸送の変容 | 427

表6-8　貨物発送量の変化の大きい主要駅（1941〜1944年）（単位：トン）

駅	区間	1937/38-1939/40平均	1941	1942	1943	1944	増加率（%）
チャチューンサオ	東線1	1,207	1,703	2,133	3,163	3,561	195
カンタン	南線3	6,450	14,900	27,391	24,156	14,603	126
チュムポーン	南線2	2,563	4,912	7,424	11,291	5,411	111
トンブリー	バンコク（西）	12,539	39,959	13,305	15,830	26,226	109
パッタルン	南線3	4,472	4,943	8,833	10,356	7,309	63
ナコーンシータマラート	南線3	9,526	12,182	11,460	11,205	14,408	51
トラン	南線3	1,887	7,165	6,780	4,561	2,834	50
チャウアト	南線3	11,120	8,819	3,859	3,938	12,629	14
プラーンブリー	南線1	5,029	6,041	4,065	2,751	5,024	0
ポーターラーム	南線1	2,188	2,882	2,411	2,722	2,052	− 6
ラムプラーイマート	東北線2	18,103	17,773	5,887	2,041	1,490	− 92
クットラン	東北線3	13,987	8,702	1,063	6,100	999	− 93
チュムセーン	北線2	10,892	5,303	1,657	1,654	671	− 94
ノーンスーン	東北線3	13,572	4,191	1,059	5,621	805	− 94
ムアンポン	東北線3	21,044	15,195	2,031	4,137	1,154	− 95
コーンケン	東北線3	38,759	55,348	6,849	5,855	1,946	− 95
タープラ	東北線3	10,228	9,127	4,544	3,270	511	− 95
バーンモー	北線1	128,618	116,237	74,971	54,959	3,497	− 97
パーダンベサール	マラヤ	10,867	10,836	511	1,051	264	− 98
ブリーラム	東北線2	74,513	17,502	3,392	6,249	1,537	− 98

注：増加率は1937/38-39/40年平均値と1944年の間の増加率である。
出所：附表18より筆者作成

程度まで激減していたことが分かる。次いで，マラヤ国境のパーダンベサール，北線1区間のバーンモーと続いているが，その後はほとんどが東北線の駅となっており，全体的に東北線での減少率が高かった。北線1区間のバーンモーはバンコクにあったサイアム・セメント社（The Siam Cement Co. Ltd.）のバーンスー工場向けの泥灰土の発送駅であり，この発送量が大幅に減少したことが全体の減少率を高めた要因であった[11]。なお，東北線3区間のコーンケンについては，1941年6月にコーンケン〜ウドーンターニー間が開通して終着駅ではなくなったことが減少の要因であろう。

次の表6-9は，貨物到着量の変化の大きかった主要駅について，同様に増

加率が高かった 10 駅と減少率が高かった 10 駅を示している。最も到着量が増加したのはクラ地峡鉄道の分岐駅であるチュムポーンであり，戦前の約4,200 トンから約 9,700 トンへと 2 倍以上の増加となっている。ただし，この駅の到着量は 1943 年には 5 万トンを越えており，この年には戦前の約 12倍に到着量が増加していたことになる。それまでの数値と比較すると誤植も考えられるが，クラ地峡鉄道の建設が始まって到着量が急増した可能性も否定できない。次いで南線 3 区間のカンタン，南線 1 区間のプラーンブリーと並んでいるが，発送とは異なり南線にそれほど集中している様子は見られない。また，到着量についてもこの間に増加していたのは上位 7 駅に限られていた。

　到着量の減少率の激しかった駅についても，とくに特定の地域に集中している傾向は見られない。最も減少していたのは北線の終着駅チエンマイであり，戦前には約 1 万 8,000 トンあったものが 1944 年にはわずか 209 トンに激減している。1943 年については 1 万 4,000 トン程度あったことから，1944年に入ってからの連合軍による空襲がその主要な要因と思われる。次いで東北線 3 区間のコーンケンがあるが，これについても発送と同様に 1941 年のウドーンターニーまでの延伸が原因であろう。バーンスーについても，バーンモーの発送量の減少と同じく，泥灰土輸送の到着が減ったことによるものである。また，最大の到着駅であったバンコクの到着量も戦前の約 55 万トンから 1944 年の 9 万トン弱へと激減しており，とくに 1943 年から 1944 年にかけての減少が大きい。

　このような駅別の輸送量の変化から分かることは，戦前にタイの鉄道が担ってきた外港〜後背地間輸送の大幅な減少である。戦前のタイの鉄道の主要な任務は主に北部と東北部からバンコクへの一次産品の輸送であり，その主要な輸送品目は米，豚，木材であった [柿崎 2000b, 199–274]。中でも，

---

11)　サイアム・セメント社は 1915 年に操業を開始し，当初は北線のチョンケーからの泥灰土を使用したが，その後より輸送距離の短いバーンモーからの輸送にすべて切り替えていた [柿崎 2009, 242–246]。このため，タイの鉄道での泥灰土輸送は事実上バーンモー〜バーンスー間に限られていた。附表 20（567 頁）によると，1941 年の泥灰土輸送量が 11 万 5,633 トンであり，表6-8 のバーンモーの同年の発送量が 11 万 6,327 トンであることから，この駅からの発送はほとんどがこの泥灰土であったことが分かる。

表 6-9　貨物到着量の変化の大きい主要駅（1941～1944 年）（単位：トン）

駅	区間	1937/38-1939/40 平均	1941	1942	1943	1944	増加率（%）
チュムポーン	南線 2	4,193	6,780	5,505	53,330	9,694	131
カンタン	南線 3	32,327	26,413	54,541	68,293	58,831	82
プラーンブリー	南線 1	1,240	2,160	2,217	2,130	1,857	50
タープラ	東北線 3	469	610	607	158	629	34
ドーンムアン	バンコク（東）	11,493	73,634	47,624	9,339	13,633	19
デンチャイ	北線 3	7,387	7,094	4,703	4,618	8,718	18
チャウアト	南線 3	512	462	454	396	558	9
バーンポーン	南線 1	10,752	16,191	9,544	10,506	9,846	− 8
バーンモー	北線 1	2,029	3,226	4,879	3,911	1,809	− 11
スガイコーロック	マラヤ	12,948	13,212	5,185	4,169	11,289	− 13
ロップリー	北線 1	34,677	12,331	8,021	7,851	5,899	− 83
バンコク	バンコク（東）	549,609	571,985	322,111	388,909	88,948	− 84
サワンカローク	北線 2	19,332	10,868	7,116	5,847	2,924	− 85
パーダンベサール	マラヤ	25,971	30,925	8,938	1,858	3,396	− 87
コークポー	南線 3	7,524	9,312	2,642	2,102	891	− 88
ルーソ	南線 3	4,934	5,089	1,623	915	508	− 90
バーンスー	バンコク（東）	150,386	158,790	91,460	70,771	12,928	− 91
ロンピブーン	南線 3	7,934	5,402	770	757	326	− 96
コーンケン	東北線 3	80,747	22,664	4,218	3,975	3,028	− 96
チエンマイ	北線 3	18,164	17,547	16,573	14,103	209	− 99

注：増加率は 1937/38-39/40 年平均値と 1944 年の間の増加率である。
出所：附表 19 より筆者作成

　東北部とバンコクとの間には分水嶺の山脈が存在していたことから，この間の商品流通は事実上鉄道が生み出したものであった[12]。東北部はこれらの主要な輸送品目の発送地であり，1935/36 年には東北部からバンコクへ発送された貨物は家畜を除いて約 37 万トンであり，うち 30 万トンが米，3.5 万トンが木材であった［Ibid., 300］。このため，東北線の主要駅からの発送が激減したということは，これらの一次産品の発送が大幅に減少したことを意味した。そして，これらの一次産品の発送が激減したことから，到着地である

12)　ただし，後述するように牛と水牛は鉄道開通後も従来と同じように歩いて移動していた［柿崎 2000b, 299-301］。

バンコクでの到着量も激減したのである。

他方で，南線での発送量と到着量の増加は，貨物輸送面での南線の重要性が高まったことを意味している。戦前は南線での貨物輸送は非常に限定的であり，バンコク～南部間の長距離輸送よりもむしろ局地的な南部東海岸～西海岸間の輸送のほうが重要であった [Ibid., 310-318]。貨物輸送量全体が大幅に減少する中で南線の主要駅での発送量や到着量が増加傾向にあったことは，軍事輸送のみならず一般輸送においても南線が重視されていたことを意味するものである。とくに，旅客輸送と同じくカンタンの貨物発着量の増加が顕著であったことから，西海岸へ至る唯一の鉄道であるこの支線が旅客・貨物の両面において戦時中に重要な役割を担っていたことを示している。

(3) 輸送品目の変化

貨物輸送量が大幅に減少する中で，輸送品目別の輸送量もやはり減少傾向にあった。図6-6は主要輸送品目別の輸送量の推移を示している。上段は戦前において10万トン以上輸送量が存在した品目を，下段はそれ以外の主要品目を示している。これを見ると，小荷物を除いて多くの品目で開戦後に輸送量が減少していることが分かる。最大の輸送品目である米については1939/40年に70万トンを超えており，1941年にも約55万トン存在したが，その後1942年には約30万トンに減少し，翌年やや持ち直したものの1944年には約8万トンに減少している。上段で唯一増加傾向を示していたのは小荷物であり，1941年の約20万トンから1943年には約30万トンまで増加しており，その後減少したものの米を抜いて最大の輸送品目となっている。

一方，下段も大半の品目で似たような傾向を示しているが，1941年に輸送量が急増した品目に石炭・木炭と天然ゴムがあるのが注目される。このうち，天然ゴムについては南部からバンコクへの輸送が急増したことがその要因であった [柿崎 2009, 326][13]。また，野菜・果物と塩については1942年に

---

13) 南部の天然ゴムは従来ペナンやシンガポールに向けて輸出されており，鉄道は主に南部からパーダンベーサールの国境への輸送に用いられていたが，第2次世界大戦がヨーロッパではじまると政府が日本への輸出を奨励するようになり，輸出港をバンコクに限定した [柿崎 2009, 324-326]。このため，鉄道による天然ゴムの輸送量が急増したのである。

図 6-6　主要品目輸送量の推移（1937/38〜1945 年）（単位：トン）

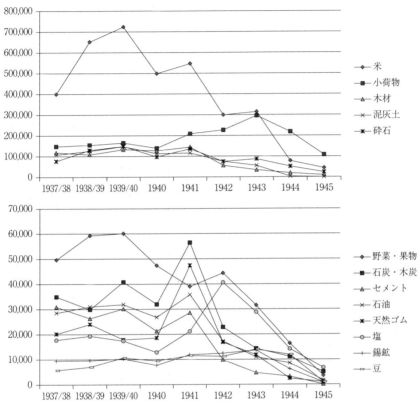

注：1939/40 年までは 4 月〜翌年 3 月，1940 年は 4〜12 月，1941 年以降は暦通りの数値である。
出所：附表 20 より筆者作成

輸送量が増加しており，とくに塩は開戦前の約 2 万トンから 1942 年には約 4 万トンと輸送量が倍増していることが分かる。後述するように，これは戦争が始まったことで生活必需品の輸送を優先した結果と考えられる。

　このような品目別の輸送量の変化を東岸線，西岸線に分けて示したものが表 6-10 となる。この表では戦前 3 年間の平均値を基準に指数で表示してある。最も大きな変化を示しているのは東岸線の錫鉱であるが，これは戦前の輸送量がほぼ皆無であったために数値が大きくなっているものである[14]。これを除くと西岸線の塩の輸送量の増加が顕著であり，1942 年には戦前の 7

表6-10　路線別主要品目輸送量の変化（1941～1944年）（単位：指数）

東岸線	1937/38-39/40 平均	1941	1942	1943	1944
豆	100	145	129	146	149
セメント	100	61	31	16	11
石炭・木炭	100	101	84	41	34
泥灰土	100	91	59	43	2
野菜・果物	100	87	80	64	42
石油	100	114	43	45	31
小荷物	100	145	157	219	110
米	100	86	46	50	7
塩	100	117	175	144	42
砕石	100	120	64	81	48
木材	100	113	44	23	13
錫鉱	100	955	15,905	23,449	16,931
西岸線	1937/38-39/40 平均	1941	1942	1943	1944
豆	100	259	604	1,210	283
セメント	100	449	58	19	8
石炭・木炭	100	202	52	40	30
野菜・果物	100	55	78	49	19
石油	100	124	82	19	23
小荷物	100	121	131	154	176
米	100	152	94	83	68
天然ゴム	100	229	81	57	12
塩	100	110	715	298	436
砕石	100	82	58	11	0
木材	100	167	60	59	34
錫鉱	100	121	98	96	31

注1：1937/38-39/40年平均値を100とした指数表示である。
注2：東岸線は北線，東北線，東線及びバンコク市内のチャオプラヤー川以東の各駅を，西岸線は
　　　南線及びバンコク市内のチャオプラヤー川以西の駅を含む。
出所：附表20より筆者作成

倍となっていることが分かる。しかし，附表20（567頁）から分かるように
戦前の塩輸送は東岸線が圧倒的に多かったことから，実際には1942年の時
点でも東岸線のほうが約1万トン多くなっていた。西岸線の豆の輸送量も急
増しているが，これも同じく戦前の輸送量が200トン程度と極めて少なかっ
たためである。

14）　東岸線での錫鉱の輸送は，戦前の3年間では1938/39年に55トン存在するのみであった。

第 6 章　一般輸送への影響──鉄道輸送の変容 | 433

　この表で注目すべきは，やはり米の輸送量の変化であり，東岸線と西岸線を比較すると東岸線での輸送量の減少が顕著であることが分かる。東岸線では 1942 年から 1943 年にかけては戦前の半分の輸送量であり，1944 年にはわずか 7％へと激減していることが分かる。一方で，西岸線では 1942 年から 1943 年にかけて戦前の 8～9 割を維持しており，1944 年でも 68％となっている。もちろんこの背景には東岸線と西岸線の間の大きな輸送量の格差があり，附表 20 から計算すると戦前 3 年間の平均値は東岸線で約 53 万トン，西岸線で約 6 万トンとおよそ 9 倍の差があった。しかし，東岸線の輸送量が最終的に激減した結果，1944 年の輸送量はそれぞれ 3 万 7,551 トン，3 万 9,792 トンと西岸線が若干上回るまでに至ったのである。すなわち，戦前にあった 9 倍の差が 1944 年には解消されてしまったのである。

　その他の品目を見ても，全体的に東岸線よりも西岸線のほうが指数の低下が少ないことがこの表から読み取られる。1944 年の各品目の指数の平均値を出すと，東岸線は 36 なのに対し西岸線では 81 であった[15]。図 6-4 で見たように，そもそも東岸線と西岸線では戦前の時点で 4 倍以上の輸送量の格差が存在したが，輸送品目別に見てもやはり東岸線のほうが減少率は高く，これが東岸線と西岸線の輸送量の格差を是正していたことになる。すなわち，米に代表されるように従来主に東岸線で輸送されていた主要品目の輸送量が東岸線で激減した結果，西岸線と東岸線の輸送量がほぼ同じレベルになったのである。

　最後に，主要輸送品目の中で唯一輸送量を増加させていた小荷物の輸送状況を表 6-11 で確認してみる。資料の関係で 1930 年代半ばの平均値と 1943 年以降の数値しか得られないが，1930 年代半ばと比べると 1943 年の小荷物全体の輸送量は 2 倍以上増加していることが分かる。この間に最も増加しているのは 10 倍以上増えた雑貨であり，米も約 7 倍，食料品も 3 倍以上増加している。雑貨の輸送量は 1944 年以降減少するが，米や食料品は 1945 年に至るまで高い比率を維持していた。この結果，1945 年には車扱い貨物で運ばれた米が計 4 万 3,284 トンであったのに対し，別に小荷物として運ばれた

───────────────
15)　ただし，指数が大きすぎる東岸線の錫鉱は除外してある。

表 6-11　小荷物の品目別輸送量の変化（1943〜1945 年）（単位：トン）

品目	1934/35-36/37 平均	1943	1944	1945
豆	475	5,013	3,064	1,693
衣服	5,125	881	542	377
空箱・空缶	-	4,593	1,635	624
水産物	10,089	9,610	4,969	1,525
果物	4,578	14,209	4,894	1,463
家財道具	24,223	47,709	40,567	17,194
家畜	4,739	5,010	3,702	1,768
食料品	15,392	49,327	62,730	29,287
米	5,255	36,534	32,867	22,445
精米	4,345	33,309	31,765	21,338
籾米	496	1,785	642	541
糠	413	1,440	460	566
天然ゴム	2,024	714	296	75
塩	242	1,573	2,284	3,236
砂糖	1,972	5,094	3,926	2,226
雑貨	3,805	41,397	7,304	5,352
野菜	5,596	8,135	9,379	2,202
その他	33,586	42,197	25,645	13,100
計	117,101	271,996	203,804	102,567

出所：ARA（1935/36），Table 15，ARA（1947），Table 15 より筆者作成

米が約半分の 2 万 2,445 トン存在していたことになる。

　小荷物の輸送量が増加したのは，戦争が始まって貨車が不足したため，一般商人が車扱い用の貨車の配車を申請しても得られなくなったためである[16]。開戦後の貨車の配車の優先順位は，①軍，②政府機関，③タイ米穀社（Barisat Khao Thai Chamkat）など公企業，④一般商人となっており，一般の商人が従来のように車扱いで貨物を輸送するのが非常に難しくなっていた[17]。実際に，表 5-3（360 頁）の 1943 年における貨車の使用状況に関する表では一般用の貨車使用数は計 1,112 両となっていたが，このうち小荷物輸送用が

---

16)　NA Bo Ko. Sungsut 2. 4. 1/38 "Banthuek Raingan Kan Prachum Khana Kammakan Phicharana Kan Chai Rotfai Banthuk Sinkha nai Phawa Songkhram Phuea Kan Setthakit Khrang thi 3. 1944/12/19"

17)　NA [2] So Ro. 0201. 98/20 "Raingan Kan Prachum Khana Kammakan Prasan-ngan Thahan-Phonlaruean Khrang thi 6/85. 1942/02/20"

678両と最も多く，他には家畜用185両，米用170両，塩用80両が指定されているに過ぎなかった[18]。このため，彼らは車扱いではなく小荷物扱いで貨物を輸送するようになり，これが小荷物輸送量の増加を招いたのであった。

第3節　食料輸送 —— 備蓄のための輸送の継続

（1）米

米はタイの鉄道の最大の輸送品目であり，戦前の主要な輸送ルートは東北部と北部からバンコクへの輸送であった。1935/36年の米輸送量は計64万2,059トンであり，このうち東北部からバンコクへの輸送量が計30万4,945トン，北部からバンコクへの輸送量が計7万5,554トンと，それぞれ全体の48％，12％を占めていた［柿崎2000b, 289, 300］[19]。また，量はそれほど多くはないものの南部への輸送も存在し，同年の時点でバンコクから南部へは1万2,006トンの米が送られ，他に南部東海岸から西海岸への輸送も1万2,470トン存在した［Ibid., 313, 317］。

戦争が始まると最初に問題となったのは，南部での米不足であった。南部には西海岸を中心に米不足県が多く，日常的に外部からの米の移入に依存していた。表6-12は1931年と1943年の南部各県の余剰米量を示したものである。1931年は米の生産量から推定消費量を除した推定値であり，1943年は各県の申告に基づいたものである。これを見ると，1931年の推計値では東海岸のヤラーと，西海岸のクラビー，サトゥーンを除いた各県が米不足県であり，1943年の数値でも余剰米がないと回答した県が計7県あったことが分かる。

18）　NA Bo Ko. Sungsut 2. 4. 1/21 "Raikan Rot Banthuk." ボギー車両は2軸車2両に換算した数値である。なお，この資料には用途別に車種別の両数が示されているが，それらの合計値は1,113両となり，表5-3の一般用の車両数とは1両ずれがある。

19）　これは籾米，精米，砕米，糠の合計値である。

表 6-12　南部各県の余剰米量（1931・1943 年）（単位：トン）

地域	県	1931	1943
東海岸	チュムポーン	6,550	－
	スラーターニー	6,255	－
	ナコーンシータマラート	29,795	99,118
	パッタルン	13,971	48,837
	ソンクラー	12,769	21,955
	パッターニー	1,419	7,933
	ヤラー	－ 397	669
	ナラーティワート	1,253	－
	計	71,615	178,512
西海岸	ラノーン	－ 715	945
	パンガー	－ 1,050	－
	プーケット	－ 3,258	480
	クラビー	357	－
	トラン	－ 1,216	－
	サトゥーン	1,338	－
	計	－ 4,544	1,425
	総計	67,071	179,937

注 1：1931 年は 1930/31 年の米生産量から人口，作付面積を基に算出した食料用と種籾用の米を除いた量を，1943 年は各県から報告された余剰米量を示す。
注 2：1943 年の数値は原資料が容積表示になっている場合があり，1 クウィアン（2,000 ℓ）を 1 トンに換算してある。
注 3：1931 年のランスアン県はチュムポーン県に，サーイブリー県はパッターニー県に，タクアパー県はパンガー県に含む。
出所：1931 年：柿崎 2000a, 281，1943 年：NA [3] So Ro. 0201. 29. 1/39 より筆者作成

　このため，開戦後南部各県から米の緊急支援の要求が相次いだ。1941 年
12 月 9 日にはヤラー県が精米を貨車 5 両分送ってほしいと早くも内務省に
要請していた[20]。12 月 11 日にはプーケット県からもカンタンからの米が届
かないとして支援の要請が内務省に入り，内務省はカンタンのあるトラン県
に対して，まもなく支援米がトランに到着するのでプーケット向けの米の発
送を許可するよう命じていた[21]。これまでは一般列車を利用して南部の米産

---

20)　NA Bo Ko. Sungsut 1. 13/3 "Phakdidamrongruet thueng Mahat Thai (Thoralek thi 52). 1941/12/09"

21)　NA Bo Ko. Sungsut 1. 13/6 "Thianprasitsan thueng Mahat Thai (Thoralek thi 182). 1941/12/11"，NA Bo Ko. Sungsut 1. 13/7 "Palat Krasuang Mahat Thai thueng Khaluang Pracham Changwat Trang (Thoralek thi 1401). 1941/12/12"

地であるナコーンシータマラート県やパッタルン県から運ばれてきた米が開戦によって到着しなくなったため，南部各地で米不足が発生したのである。

　これを受けて，バンコクから南部への軍用列車による支援米の輸送が開始された。鉄道局では日本軍と交渉して，12月13日バンコク発の軍用列車に精米を積んだ貨車を連結することを認めさせた[22]。これらの車両には「タイの貨物」と標識を付け，日本兵が日本軍の精米と誤解しないような措置を取ることとなった。この後も同様の措置が続いたことを示す記録はないが，少なくとも南線の一般列車の運行が再開されるまでは随時日本軍の軍用列車を用いた支援米の輸送がバンコクから行われたものと考えられる。

　他方で，北線と東北線での米輸送は細々としたものになってしまった。これは軍用列車の運行開始に伴う一般列車の本数削減によるものであり，先の図5-4（357頁）で見たように北線でのバーンスー〜ラムパーン間，東北線のバーンスー〜コーラート間のそれぞれ1往復の貨物列車以外は廃止されてしまったことから，輸送力が大幅に減少したのである。例えば東北部のスリンでは，タイと日本の軍事協力を記念して住民が精米115袋と牛60頭を県に寄付したため，県が貨車の配車を申請して到着次第バーンスーに向けて発送するとの報告が知事から軍最高司令官宛に送られてきた[23]。ところが，3ヶ月経っても貨車が配車されず，牛は痩せて1頭は死んでしまったのでバンコクに送ることを諦めるとの文書が，翌年3月にバンコクに届いていた[24]。

　輸送の問題は1943年に入っても解消されず，北部や東北部では余剰米が溜まっていた。1943年初めに北部の精米所の状況を視察したヨン・サマーノン（Yon Samanon）によると，ウッタラディットには貨車50両分の籾米が山積みになっているのに対し，貨車は月に10両しか配車されないとのことであった[25]。デンチャイでは1941年に貨車300両分の米を出荷したが，配車が月40両から25両に減って出荷が滞っており，チエンマイでも1年半前

---

22)　NA Bo Ko. Sungsut 2. 4. 1. 1/2 "Banthuek Kho Toklong nai Kan Prachum Rawang Chaonathi Fai Yipun kap Chaonathi Fai Krom Rotfai. 1941/12/11"

23)　NA Bo Ko. Sungsut 1. 12/35 "Khana Krommakan Changwat Surin thueng Phu Banchakan Thahan Sungsut. 1941/12/21"

24)　Ibid. "Khana Krommakan Changwat Surin thueng Senathikan Kongthap Sanam. 1942/03/02"　精米は県内の福祉局の事務所に，牛はタイ軍の部隊に寄贈された。

からの余剰米が計5,000トン溜まっている状況であった。このような状況の中で，前章で見たような日本軍の軍用列車の削減による米輸送列車の運行計画が浮上したのである。図6-6のように，米の輸送量は1943年に若干増加していることから，短期間とはいえ日本軍から米輸送列車を奪還できたことがこの年の米輸送量の微増につながったものと思われる。

1943年末から北部での連合軍による空襲が始まったことから，今後輸送手段が遮断されて生活必需品が不足する地域が出てくることが予想されるようになった[26]。このため，内務省では米などの食料品の統制を行うことになり，1944年1月14日付で米，干魚，卵，調理油，塩，肉，野菜・果物などの統制を始めた[27]。これによって食料品の価格統制を県ごとに行えるようにしたほか，県外への搬出の制限も必要に応じて行えるようになった。他方で，1944年には余剰米が150万トンに達すると見込まれたが，国内の輸送も国外への輸出も滞っていたことから，これを捌ける見込みはなかった[28]。このため，当面東北部の米は農民に保管させておき，中部の米を船で南部に輸送してマラヤ方面へ輸出するとともに，東北部からバンコクへの鉄道輸送力を南部での米輸送に転用する案も出ていた[29]。

その後，政府は米不足県での備蓄を行うことを検討し，1944年10月に中部の米を南部に運んで備蓄することに決めた[30]。具体的には，中部の米を鉄道でチュムポーンとカンタンへ，船でスラーターニーとソンクラーへ輸送することに決め，11月から輸送を開始した。鉄道での輸送量は分からないが，少なくともソンクラーへは1945年6月までに計1,712トンが船で送られて

---

25) NA [2] So Ro. 0201. 57. 1 /7 "Yon Samanon Kho Prathan sanoe Ratthamontri Wa Kan Kasuang Phanit." この文書の作成日は記載がないが，1943年1月に北部からの外国人の退去命令が出たことによる精米所への影響を調査するよう命じられたと記載していることから，1943年初めのものであると推測できる。

26) 開戦直後の空襲を除くと，最初の空襲は1943年12月20日のチエンマイでの空襲であったという［防衛研　陸軍―南西―泰仏印6「駐泰四年回想録　第一編　泰駐屯軍時代其の二」］。

27) NA [2] So Ro. 0201. 98. 6/4 "Banthuek Khwam Hen Rueang Singkhong thi Khuapkhum Tam Prakat Khana Kammakan Khuapkhum Khrueang Uppaphok Boriphok lae Khong Uenuen."

28) NA [3] So Ro. 0201. 29. 1/44 "Banthuek Rueang Khao thi Tokkhang Yu kae Ratsadon. 1944/03/29"

29) Ibid. "Prayun Yutthasatkoson thueng Lo Tho Ro. No. 1944/03/29"

30) NA [2] So Ro. 0201. 57/5 "Ratthamontri Wa Kan Krasuang Phanit thueng Lekhathikan Khana Ratthamontri. 1947/05/29"

いた[31]。スラーターニーとソンクラーに到着した米は鉄道でカンタンやパッターニー，ヤラー方面に送られることになっており，南部のナコーンシータマラートの米も同じく鉄道でカンタンに送られていた[32]。このような米備蓄のための輸送の存在があったからこそ，1944年の南線の米輸送量は戦前の約7割の水準を維持できたのである。

　米不足県以外については，政府はとくに米の備蓄を強制せず，各県の判断に任せていた。これは既に輸送が滞っており，県外への搬出禁止令を出さずとも米は各県内に留まるであろうとの判断であった[33]。このため，もはや政府には北部や東北部からの米輸送を推進しようとの考えはなく，1944年の北線や東北線での米輸送量が激減したのである。最終的に，同年に南線の米輸送量が東岸線の輸送量を上回ったのは，米余剰地域からバンコクへの米輸送を中止し，米不足地域への支援米輸送に重点を置いた結果であった。既に見てきたように，戦時中には日本軍も南線の軍用列車を用いてマラヤへの米輸送を行っていたことから，1944年には軍事輸送，一般輸送共に南線が最も重要な米輸送ルートとして機能していたことになる。

(2) 塩

　先に見たように，塩は開戦後に輸送量が増えた例外的な品目であった。タイでは海水から作る海塩と岩塩の2種類が存在し，1930年の生産量はそれぞれ15万6,787トン，2万2,782トンであった[34]。海塩を作る塩田は主にタイ湾北岸のペッブリーからチョンブリーに至る一帯に広まっており，ここが最大の塩の産地であった[35]。一方，岩塩はほとんどが東北部で生産されており，北部は完全に外部からの塩に依存していた。このため，鉄道輸送はバンコクから北部への輸送が中心となっており，1935/36年には総輸送量1万

31）　Ibid. "Palat Krasuang Phanit thueng Palat Krasuang Mahat Thai. 1946/02/12" ただし，これは1944年8月からの輸送量である。

32）　Ibid. "Ratthamontri Wa Kan Krasuang Phanit thueng Lekhathikan Khana Ratthamontri. 1947/05/29"

33）　NA［3］So Ro. 0201. 45. 2/11 "Banthuek Kan Prachum Rueang Sasom Khrueang Uppaphok Boriphok An Champen Wai Pongkan Kan Khat Khlaen. 1944/11/02" 政府が備蓄命令を出したのは南部西海岸の各県と，メーホンソーン，ペッチャブーン，ラーンチャーンの各県であった。

34）　NA Ko To. 67/167 "Note on the Salt Industry in Siam."

35）　1930年の海水塩の生産量のうち，全体の96％がタイ湾北岸で生産されていた。

1,386 トンのうち，バンコクから北部への輸送量が6,414 トンと半数以上を占め，東北部へも1,949 トンが送られていた［Ibid., 289, 300］。

このため，戦争が始まって最初に問題となったのは，北部向けの塩の輸送であった。1942 年2 月には塩の価格が北部で高騰しているとして問題となったが，鉄道局は日本軍がサワンカロークやラムパーンに向けて塩積車を使用しているために貨車が配車できないと回答していた[36]。塩の輸送の際には通常の有蓋車を使用すると金属の腐食が起こる懸念があるため，50 両存在した塩専用の特別な貨車を使用していた。しかし，これらの塩積車が日本軍の塩輸送に用いられた結果，一般用の塩輸送に支障が出たのであった。結局，鉄道局では通常の有蓋車を使った塩輸送を行うことで塩不足の解消に努めたようであり，1943 年の時点では塩輸送に使われていた計80 両の貨車のうち，44 両が通常の有蓋車であった[37]。なお，1942 年の塩輸送量は過去最高の約4 万トンに達していたが，その4 分の3 が東岸線での輸送であったことから，北部への輸送量が大幅に増加したためと思われる。その要因としては，タイ軍のシャン進軍に伴う塩需要の拡大があったものと推測される。

一方，この年には南線での塩輸送量も増加し，それまで2,000 トンに満たなかった輸送量が一気に1 万トン以上まで増加している。1936/37 年に南線で最も塩の発送が多かったのはチャウアトの910 トンであり，次いでトンブリーの264 トンとなっており，到着ではカンタンの411 トンが目立つ程度であった［ARA（1936/37），Table 9］。南部での塩生産は東海岸のパッターニー付近でごくわずかに行われていたに過ぎなかったことから，バンコク方面から南部へは船で塩輸送が行われていた。このため，1942 年に南線での塩輸送が増加したのは，水運からの転移であったものと考えられる。

東岸線で塩輸送量は1942 年に3 万トン弱に達し，翌年も2 万トン台を維持していたが，1944 年には7,016 トンに減少した。南線では1943 年に半減して約5,000 トンになったが，1944 年には逆に増加して7,163 トンになり，東岸線を上回ることになった。この要因は，備蓄のための南部とマレー4 州

---

36) NA［2］So Ro. 0201. 98/20 "Raingan Kan Prachum Khana Kammakan Prasan-ngan Thahan-Phonlaruean Khrang thi 5/85. 1942/02/16"

37) NA Bo Ko. Sungsut 2. 4. 1/21 "Raikan Rot Banthuk."

への塩輸送であったものと推測される。南部への輸送については，1944年11月の消費物資備蓄に関する会議で検討されていたもので，塩の不足する北部と南部で各世帯が年間12ℓの塩を消費するのに十分な量の塩を備蓄することが決められていた[38]。米については一部の米不足県を除いて備蓄の必要はないとの結論に達したが，塩は産地が限られているので米以上に備蓄が重視されていた。南部での備蓄場所は明記されていなかったが，北線沿線ではナコーンサワン，ピッサヌローク，ウッタラディットなど中部上部に備蓄しておき，適宜必要な場所へ配給すべきであるとされていた[39]。

　一方，マレー4州は日本と距離を置き始めたタイを味方に付けておくために，タイ軍が進軍していたシャン2州とともに「プレゼント」として1943年10月18日にタイに割譲された［Reynolds 1994, 154-160］。タイはこの地で軍政を施行し，物不足に悩む住民を懐柔するために生活必需品をタイから送ることになった。その中で，米とともに重視されたものが塩であった。実際に実行されたのかどうかは明らかではないが，1944年6月の時点で計画されていたマレー4州への塩輸送計画は以下のようなものであった[40]。すなわち，1ヶ月あたりクダー向けに貨車50両，ペルリス向けに19両，クランタン向けに21両をバンコクから発送することにし，船で発送できた場合はその分鉄道輸送を削減するというものであった。タイ側の見積もりではマレー4州で1ヶ月に必要な塩は約1,200トンであり[41]，貨車1両につき10トンを輸送すると計900トンが運ばれることから，鉄道輸送で必要量の4分の3が賄われる計算になった。南部への塩の備蓄輸送とマレー4州への塩輸送が行われた結果，1944年の南線の塩輸送量が増加に転じたものと考えるのが妥当であろう。

　このように，戦前はそれほど輸送量が多くなかった塩であるが，戦争が始まると産地が限られる生活必需品として北部と南部向けの輸送が増加し，タ

38）　NA［3］So Ro. 0201. 45. 2/11 "Banthuek Kan Prachum Rueang Sasom Khrueang Uppaphok Boriphok An Champen Wai Pongkan Kan Khat Khlaen. 1944/11/02"

39）　Ibid.

40）　NA［2］So Ro. 0201. 98. 3/13 "Banthuek Kan Prachum Rueang Kho Toklong Kan Patibat Kan Song Sinkha Champen nai Kan Khrong Chip Pai So Ro Mo. 1944/06/12"

41）　Ibid. "Sinkha thi 4 Rat Tongkan Phuea Prachachon Boriphok To 1 Duean. 1944/04/04"

イ軍のシャン出兵やマレー4州のタイへの割譲も加わって鉄道による塩輸送の重要性が高まった。とくに，マレー4州への塩輸送が加わり南線での塩輸送が続いたことから，最終的に東岸線よりも南線のほうが輸送量は多くなったのである。このような変化は，米の場合と全く同じ状況であった。

(3) 野菜・果物

　野菜・果物は生鮮食料品であり，鉄道での輸送量はそれほど多くはなかった。1935/36年の鉄道輸送量は5万3,767トンであり，北部からバンコク方面への輸送量が7,188トン，南部からバンコク方面が2,927トンとなっていた［柿崎 2000b, 289, 317］。1936/37年の輸送統計によると，発送量が最も多いのが南線1区間のナコーンパトムの8,174トンであり，以下バンコクの8,114トン，チエンマイの5,383トンが続いており，到着ではトンブリーの1万5,308トンを筆頭に，バンコク1万トン，カンタン2,576トンとなっていた［ARA（1936/37），Table 9］。とくに輸送が集中する区間はなく，例えば北部のラムパーンや東北部のコーラートは発送量よりも到着量が多いなど，局地的な輸送が中心であったことがうかがえる。

　野菜・果物輸送で比較的輸送量が多かったのは，北部チエンマイ周辺からの野菜輸送と南部ランスアンからの果物輸送であった。チエンマイ周辺から運ばれる野菜は主にニンニクやタマネギであり，戦争が始まると直ちに輸送が問題となった。このため，1942年2月からはロップリーからチエンマイへの牛輸送に使われている家畜車がロップリーに戻る際にこれらの野菜を積んでくることにし，実際に2月1日から20日までの間にチエンマイからの野菜を積んだ貨車がバンコクに20両到着していた[42]。これらの牛輸送はタイ軍向けと思われるが，その回送列車で野菜を運んでいたのである。

　野菜や果物は生鮮品であることから，車扱い貨物ではなく小荷物として運ばれる場合も多かった。とくに，速度の速い急行列車の小荷物として送られることが多く，急行列車に連結された荷物車は野菜・果物などの生鮮品の輸

---

42) NA [2] So Ro. 0201. 98/20 "Raingan Kan Prachum Khana Kammakan Prasan-ngan Thahan-Phonlaruean Khrang thi 5/85. 1942/02/16", "Raingan Kan Prachum Khana Kammakan Prasan-ngan Thahan-Phonlaruean Khrang thi 6/85. 1942/02/20"

送用と言っても過言ではなかった。1943年の時点では，北線の急行列車に野菜専用の荷物車が1両連結されており，野菜の入った籠300個を運ぶことができた[43]。実際に，表6-11のように小荷物としての野菜の輸送量は1943年に約8,000トンと戦前の水準を上回っており，翌年も9,000トン以上の輸送が行われていた。それでも，急行列車のみでは運びきれなかったことから，下り軍用列車の回送を用いた野菜の輸送はその後も行われており，1943年8月から12月までに計1,816トンのニンニクがバンコクに到着していた[44]。

　一方，南部のランスアンは果物の産地で，鉄道でのバンコクへの発送が以前から行われていた。1943年の果物の余剰状況の報告によると，ランスアンを含むチュムポーン県はドリアン，ランブータン，マンゴスチン，ココヤシなどの余剰があった[45]。ランスアンからの果物輸送について，鉄道局は1942年9月に運輸省に対して報告をしており，これによると毎日運行の混合列車の他，南線の急行列車にボギー有蓋車1両を連結し，これをランスアンで切り離して果物を積んでバンコクに運んでいるとのことであった[46]。さらに，日本軍の軍用列車の上り列車に空きがある場合はこれも利用しており，果物輸送に便宜を図っていると報告していた。急行列車による輸送もやはり小荷物扱いであったと思われ，表6-11の小荷物扱いの果物輸送量は1943年には約1万4,000トンと戦前の約3倍に増加していた。

　このように，軍用列車の回送も利用して野菜・果物輸送を行っていたが，鉄道輸送力の減少が顕著になると輸送量は大幅に低下していった。上述した1944年11月の消費物資備蓄に関する会議でも，野菜については各地で入手できることから備蓄の対象とはしないことに決まった[47]。すなわち，塩とは異なり野菜はどこでも調達可能であり，産地が限定されているわけではない

---

43) NA [3] So Ro. 0201. 68/67 "Banthuek Raingan Kan Prachum Rueang Phuet Phak Suan Khrua nai Changwat Phak Nuea. 1943/02/16"

44) Ibid. "Banthuek Raingan Kan Prachum Rueang Kan Khonsong Sinkha Pai Su Talat. 1944/01/16"

45) Ibid. "Banchi Sadaeng Pariman Phonlamai nai Changwat Tangtang."

46) Ibid. "Ratthamontri Wa Kan Kasuang Khamanakhom thueng Nayok Ratthamontri. 1942/09/14"

47) NA [3] So Ro. 0201. 45. 2/11 "Banthuek Kan Prachum Rueang Sasom Khrueang Uppaphok Boriphok An Champen Wai Pongkan Kan Khat Khlaen. 1944/11/02"

ことから，各県で入手可能な野菜で十分間に合うと考えられたのである。このため，野菜輸送はとくに優先されることもなく，1945年に入って輸送量が激減したのである。それでも，第2章で見たように日本軍は定期的にバンコクからチュムポーンに野菜を1日1～2両送っていたことから，局地的には野菜や果物などの生鮮品が不足していたことも事実であった。

第4節　家畜輸送 ── 主役の交代

(1) 豚

豚はタイの鉄道の主要な輸送品目の1つであり，主要ルートは北部と東北部からバンコクへの輸送であった。1935/36年の豚輸送頭数は計22万1,620頭であり，うち北部からバンコクへは7万4,248頭，東北部からバンコクへは9万1,943頭となっていた［柿崎2000b, 289, 300］。牛や水牛とは異なって豚は歩いての長距離移動が難しかったことから，このような長距離輸送は鉄道が開通して初めて実現したものであった。この豚輸送はタイの鉄道における家畜輸送の中で最も重要なものとなっており，表6-13のように戦前3年間の豚輸送量は平均約19万頭と，他の家畜を圧倒していたことが分かる。鉄道でバンコクに到着した豚は，バンコクで解体される豚の約7割を占めていた。1939年のバンコクにおける豚解体頭数は約22万頭であり［柿

表6-13　家畜輸送頭数の変化（1941～1945年）（単位：頭）

種類	1937/38-39/40 平均	1941	1942	1943	1944	1945
馬	666	606	213	49	122	20
牛	4,148	5,697	27,216	40,670	20,271	330
水牛	3,614	10,738	1,554	1,428	3,870	384
豚	194,406	268,719	155,867	107,386	70,576	41,055
その他	84	2	420	502	216	472
計	202,918	285,762	185,270	150,035	95,055	42,261

出所：1942年まで：SYB（1939/40-44），315，1943年以降：ARA（1947），Table 13 より筆者作成

崎 2009, 181]，鉄道でバンコクに到着していた豚の頭数は 1938/39 年の時点
で約 15 万頭であった ［SYB（1937/38–38/39），230］。

　戦争が始まると，鉄道による豚輸送にも影響が出るようになった。表 6–
13 のように，1942 年の豚の輸送量は約 15.5 万頭となり，その後年を追うご
とに輸送量が減少し，最終的に 1945 年には約 4 万頭まで減ったことが分か
る。家畜については東岸線と西岸線の輸送量が得られないため路線別の輸送
量の推移は分からないが，戦前には南線での豚輸送は非常に少なかったこと
から，全体の輸送量の減少は東北線と北線での輸送量の減少に起因したもの
と思われる。

　バンコクでの豚の解体頭数も，開戦直後に減少に転じていた。バンコク市
内の食肉工場を運営していた陸軍兵站局（Krom Phalathikan Thahan Bok）の統
計によると，1941 年 8 月～11 月の平均解体頭数は月 2 万 4,327 頭であった
が，12 月には 2 万 1,782 頭とやや減少し，1942 年 1 月には 1 万 7,524 頭にま
で減っていた[48]。豚の解体頭数が減った理由については不明であるが，おそ
らく日本軍の軍用列車の運行によって北線や東北線の貨物列車の本数が削減
された結果，豚輸送の貨車の到着が減ったためと思われる。その後，1942
年 2 月初めの段階で，豚輸送のための貨車は 2 月 17 日以降には通常通り配
車できると陸軍兵站局が説明しており，実際に 2 月末には豚輸送は問題なく
行われているとの報告がなされていた[49]。すなわち，開戦直後の鉄道輸送力
の落ち込みは，一時的な問題であったことになる。

　しかし，豚輸送量の減少は，鉄道輸送力の減少のみが要因ではなかった。
1942 年 6 月に入ると再びバンコクへの豚の供給が滞り，豚肉不足が発生す
るようになった。これは地方での豚価格の高騰でバンコクと豚価格の差がな
くなったことから，東北部から送られてくる豚が輸送費の節約のためにバン
コクよりも手前の駅で降ろされるようになったためであった[50]。このため，

48）　NA Bo Ko. Sungsut 2. 6. 2/11 "Sathiti Kan Kha Kho Krabue lae Sukon Pracham Duean chak So. Kho. 84
　　　thueng Mo. Kho. 85." 　陸軍兵站局はバンコク自治区から移管されたバンコク市内の食肉工場を
　　　1939 年から運営していた。

49）　NA [2] So Ro. 0201. 98/20 "Raingan Kan Prachum Khana Kammakan Prasan-ngan Thahan-Phonlaruean
　　　Khrang thi 2/85. 1942/02/07", "Raingan Kan Prachum Khana Kammakan Prasan-ngan Thahan-Phonlaruean
　　　Khrang thi 8/85. 1942/02/27"

バンコクでの豚の買い取り価格を引き上げることで対処したが，それでもバンコクへの豚の到着は芳しくなかった[51]。その理由は，東北部での産地から駅まで豚を運ぶための自動車輸送の問題であった。

　上述のように，豚は長距離を自ら歩行して移動することが困難であることから，駅までの豚輸送には主に自動車が用いられていた。しかし，戦争が始まると燃料不足により自動車の運行が難しくなり，産地から最寄駅までの輸送に支障が出てきたのであった。1942 年 8 月末の時点で，鉄道局は豚輸送に用いる貨車を 1 日 20 両確保していたが，実際には豚が思うように集まらず 6 両しか発送できない日もあったことから，食肉工場用の豚輸送の貨車の両数を 10 両に減らすことになった[52]。1943 年 1 月の時点では，東北部のローイエットから最寄駅のバーンパイまでの豚輸送費が，以前はトラック 1 台に 20 頭を積んで 20 バーツで輸送できたものの 120～130 バーツまで高騰しているとして，豚の買い取り価格を引き上げるよう県が要求していた[53]。

　この食肉工場用の豚輸送のための貨車 10 両の配車は，1944 年末の時点でも継続されていた。1944 年 12 月に開かれた戦時下貨車配車検討委員会（Khana Kammakan Phicharana Chai Rotfai Banthuk Sinkha nai Phawa Songkhram）では，食肉工場向けに鉄道局が 1 日 10 両の豚輸送の貨車を配車しているものの，実際には工場が豚の調達先を東北部から中部に代えているので 1 日 2 両しか必要としないとのことで，残る 8 両のうち 6 両を民間の商人の豚輸送用に廻し，2 両は豚以外の輸送に転用することに決めていた[54]。1944 年には潤滑油不足で列車の運行頻度が大幅に低下していたが，東北部からバンコクへの豚輸送力は 1 日 10 両分が維持されていたのである。このように，豚の場合は鉄道輸送力の減少もさることながら，駅までの自動車輸送の問題も輸送量の

50）　Ibid. "Raingan Kan Prachum Khana Kammakan Prasan-ngan Thahan-Phonlaruean Khrang thi 31/85. 1942/06/11"

51）　Ibid. "Raingan Kan Prachum Khana Kammakan Prasan-ngan Thahan-Phonlaruean Khrang thi 33/85. 1942/07/06"

52）　Ibid. "Raingan Kan Prachum Khana Kammakan Prasan-ngan Thahan-Phonlaruean Khrang thi 38/85. 1942/08/31"

53）　NA [2] So Ro. 0201. 98. 1/11 "Raingan Kan Prachum Khrang thi 2/2486. 1943/01/29"

54）　NA Bo Ko. Sungsut 2. 4. 1/38 "Banthuek Raingan Kan Prachum Khana Kammakan Phicharana Chai Rotfai Banthuk Sinkha nai Phawa Songkhram Phuea Kan Setthakit Khrang thi 3/2487. 1944/12/19"

減少に関係していたのであった。

(2) 牛・水牛

　牛と水牛は，戦争が始まるまではタイの鉄道の主要な顧客ではなかった。牛も水牛もタイ全土で飼育されており，前者は牛車の牽引など荷物輸送用に，後者は田起こしの際の犂の牽引などの農耕用に用いられてきた。中でも，東北部が牛と水牛の主要な産地であり，前者はバンコクに送られてからシンガポール方面に輸出され，後者は中部の稲作地帯で売却されていた［柿崎 2000b, 73-74］。このような東北部からバンコクや中部への牛や水牛の輸送は鉄道開通前から行われていたが，豚とは異なり牛や水牛は自分で長距離を歩くことが可能なことから，鉄道開通後も従来からの輸送方法に変わりはなかった。1935/36 年に東北部からバンコクへと鉄道で輸送された牛・水牛は皆無であったが，歩いて東北部からバンコク方面に向かった牛・水牛は約5 万頭存在した［Ibid., 300-301］。このため，牛や水牛の鉄道輸送は非常に少なく，豚が家畜輸送の主役であり続けたのであった。

　表 6-13 のように，戦前の牛と水牛の輸送量はそれぞれ 4,000 頭程度に過ぎず，豚の輸送量と比べてはるかに少なくなっていた。1936/37 年の輸送状況を確認すると，この年の牛輸送頭数は計 4,816 頭であり，そのうち発送量の最も多かったのは南線 1 区間のナコーンチャイシーの 1,508 頭であり，次いで同じ区間のトンサムローンの 1,090 頭，南線 3 区間のコークポーの 410 頭となっていた［ARA（1936/37），Table 10］。一方，到着はトンブリーの 2,673 頭が最も多く，次いでマラヤ国境のパーダンベーサールの 1,057 頭となっていた。長距離の輸送が行われていたとは考えにくいことから，ナコーンチャイシーなど南線 1 区間からの牛はトンブリーに，コークポーなど南線 3 区間の牛はパーダンベーサールに送られていたものと思われる。また，同じ年の水牛の輸送頭数は計 2,050 頭であり，発送が最も多かったのは南線 3 区間のチャナの 575 頭であり，次いで同じ区間のコークポー 541 頭，ハートヤイ 370 頭と続いており，到着はパーダンベーサールが 2,013 頭を占めていた［Ibid.］。このように，鉄道による牛・水牛の輸送は南線に偏っており，バンコク近郊からバンコクへの輸送と，南部からマラヤへの輸送がめぼしいもの

であった。

　ところが，表6-13のように牛の輸送量は1942年には約2.7万頭と急増し，翌年には4万頭を超えるまでに増加していた。一方，水牛のほうは1941年に1万頭を越えたものの翌年には1,500頭程度に減少していることから，戦時中の輸送は低調であった。このような牛輸送量の増加によって，牛輸送収入は初めて豚輸送収入を上回ることになった。1936/37年の家畜輸送収入は計46万9,814バーツであり，うち豚輸送収入は43万9,814バーツと全体の94％を占めていた［ARA（1936/37），Table 12］。ところが，1943年には豚輸送収入が23万7,074バーツにとどまったのに対し，牛輸送収入は27万2,452バーツと初めて豚輸送収入を上回るに至った［ARA（1947），Table 13］[55]。表6-13のように，輸送頭数で見る限り牛と豚の輸送頭数は1943年でも約2.5倍の開きがあった。しかし，牛のほうが豚よりも体が大きく，貨車1両に積載できる頭数は約15頭と，豚の50頭と比べてはるかに少なかった。このため，1頭当たりの運賃は牛のほうがはるかに高く，これが1943年の牛輸送の運賃収入が豚を上回った要因であった。

　開戦後に牛の輸送量が大幅に増加した要因の1つは，中部から北部への牛輸送の発生であった。上述のように，1942年2月にはロップリーからチエンマイへ向けて牛輸送が行われており，この列車がロップリーに戻る際に北部の野菜を積み込んでいた[56]。この輸送はシャンへの進軍の準備のために北部へ移動し始めたタイ軍兵士の食肉を確保するためのものであり，3月の時点で1日当たりチエンラーイ15〜20頭，パヤオ8〜10頭，ラムパーン8〜12頭，チエンマイ6〜8頭，ファーン8〜10頭が必要であると見積もられていた[57]。しかし，北部には肉用牛の飼育は少ないことから，余裕のある中部から牛を輸送したものと考えられる。

　もう1つの要因は，東北部からバンコクへの牛輸送の発生である。バンコ

55）　1937/36〜1942年の間の品目別収入は分からないが，家畜別の輸送頭数を見る限り牛輸送収入が豚を上回ることはなかったはずである。

56）　NA NA［2］So Ro. 0201. 98/20 "Raingan Kan Prachum Khana Kammakan Prasan-ngan Thahan-Phonlaruean Khrang thi 5/85. 1942/02/16"

57）　NA Bo Ko. Sungsut 2. 6/16 "Luang Yutthaphanthaborikan thueng Pho. Tho. Chai Prathipasen. 1942/03/20"

クの食肉工場では通常 1 日 80 頭程度の牛を解体していたが，1942 年 6 月に豚の供給が減った際には 1 日 140 頭の牛が解体されていた[58]。これは東北部からの鉄道による牛輸送が本格化したためであり，6 月には計 4 往復の牛輸送用の特別列車が東北線 3 区間のバーンパイからバンコクへ向けて運行されていた[59]。この列車は家畜車 40 両からなる特別列車で，東北部の牛 3,000 頭を輸送するために運行されていた。食肉工場は 7 月にも 5 往復の特別列車の運行を求めたが，鉄道局は北部と南部からの果物輸送に貨車を使うので余裕がないと回答していた[60]。このため，工場側は一般列車で牛輸送を継続するので，家畜車を多数バーンパイに配車するよう求めていた。東北部からの牛は 1944 年に入ってもバンコクに供給されており，同年 2 月の時点でバンコクの食肉工場では 1 日平均 100 頭の牛を解体しており，東北部からの老齢の役用牛が中心であった[61]。このように，東北部からバンコクへは従来の豚輸送に加えて，新たに牛輸送が発生したのである。

　東北部からの牛輸送が鉄道利用になった背景には，輸送時期の問題があった。従来の歩かせながらの牛の輸送は乾季に行われており，牛は乾季で干からびた水田を通りながら草を食べて長旅を行っていた。ところが，今回の輸送は 6 月から始まっており，ちょうど東北部では雨季に入って稲作が始まったばかりであり，水田で草を食べながらの移動が困難となった[62]。また，バンコクでの牛の需要は高まっており，迅速に必要量の牛を運ぶ必要があった。このため，これまでほとんど牛が利用したことがなかった東北線の列車に牛が乗車することになったのである。

　牛輸送の急増に伴い，東北線での家畜輸送の中心は豚から牛へと変わったものと思われる。1943 年の時点で東北部からの家畜輸送に使われる貨車は 1

58）　NA NA [2] So Ro. 0201. 98/20 "Raingan Kan Prachum Khana Kammakan Prasan-ngan Thahan-Phonlaruean Khrang thi 31/85. 1942/06/11"

59）　NA Bo Ko. Sungsut 2. 10/98 "Phu Raksa Ratchakan Thaen nai Nathi Athibodi Krom Rotfai thueng Phu Amnuaikan Rongngan Nuea lae Nom. 1942/06/27"

60）　NA Bo Ko. Sungsut 2. 10/103 "Phu Raksa Ratchakan Thaen nai Nathi Athibodi Krom Rotfai thueng Phu Amnuaikan Rongngan Nuea lae Nom. 1942/07/15"

61）　NA Bo Ko. Sungsut 2. 2/20 "Thongchai Sarikawanit sanoe. 1944/02/12"

62）　NA Bo Ko. Sungsut 2. 10/103 "Phu Amnuaikan Rongngan Nuea lae Nom thueng Khana Kammakan Phasom. 1942/08/22"

日 25 両となっていた[63]。1943 年の家畜輸送頭数は表 6-13 のように豚が約 10.7 万頭，牛・水牛が約 4.2 万頭であり，それぞれ貨車 1 両につき 50 頭，15 頭ずつ積んだとすると，必要な車両数は豚が 2,140 両，2,800 両と牛・水牛のほうが多くなっていた。このため，牛輸送量が最も多くなった 1943 年には牛を積んだ貨車のほうが豚を積んだ貨車よりも多くなっていたものと推測される。

　このバンコクへの牛輸送については，日本軍の駐屯による牛肉需要の増加が大きく影響していた。タイ国内を通過あるいは駐屯する日本兵のために，日本軍は大量の食肉を必要とし，タイ側に対してそのための家畜の調達を求めていた。1943 年 6 月の時点で，バンコクの日本軍は食肉用に 1 日牛 15 頭，豚 5 頭を必要としていた[64]。また，同年 9 月時点での日本軍が必要な食肉牛の数は，1ヶ月あたりバンコク 690 頭，泰緬鉄道沿線 9,010 頭，クラ地峡鉄道沿線 2,300 頭，チエンマイ 3,000 頭，計 1 万 5,000 頭であるとタイ側に伝え，タイ側は多すぎると回答していた[65]。国内で消費する以外に日本軍は国外へ輸出もしており，1943 年には年間牛 1 万 5,000 頭，水牛 7,000 頭を食肉として，月 300 頭を生体としてマラヤ向けに輸出することで合意していた[66]。

　他にも，日本軍は輸送用の役用牛も多数必要としており，牛を輸送用に用いていた。第 3 章で見たビルマ攻略作戦の際には物資輸送用に牛を多数調達しており，ナコーンサワン県では計 830 頭の牛を購入していた[67]。また，1943 年に入ってチエンマイ～タウングー間道路建設が始まると，道路建設の機材や食料の輸送用としてチエンマイ，ラムパーンで 5,000 台の牛車の雇用も求めていた[68]。牛はとくに自動車の通行が不可能な北部の山岳地帯での輸送にも好まれており，ビルマ攻略作戦の際にはターク～メーソート間の物

63）　NA Bo Ko. Sungsut 2. 4. 1/21 "Raikan Rot Banthuk."

64）　NA Bo Ko. Sungsut 2/110「義経第一五六号　獣肉類所要数量ノ件回答　1943/06/18」

65）　NA Bo Ko. Sungsut 2. 6. 2/5 "Phon To. rian Set Tho. Sanam. 1943/10"

66）　Ibid. 食肉としての輸出は 1943 年 4 月 14 日の合意に基づくとされており，正確な期間は書かれていないがおそらく年間の数量と思われる。

67）　NA Bo Ko. Sungsut 1. 13/34 "Banthuek. 1942/01/16"

68）　NA Bo Ko. Sungsut 2/169「泰陸武第三一四号　牛車借上方ノ件照会　1943/09/15」

第6章　一般輸送への影響——鉄道輸送の変容　451

資輸送に用いられていた。この間では，1945 年に入っても物資輸送のために 2,000 頭の役用牛の調達が日本側から申請されていた[69]。食肉牛の需要の高まりのみならず，このような輸送用の牛の需要も加わって，戦時中の牛の需要はかつてなく高まり，それに伴って牛の輸送も増加したのである。

(3) 家畜頭数の減少

　このような戦時中の家畜需要の急増は，国内の家畜頭数を減らす恐れもあったことから，日本軍が家畜の調達頭数を増やしていく中で，タイ側でも家畜の保護を模索する動きが出ていた。上述のように，1943 年に日本軍が月 1 万 5,000 頭の食肉牛の調達を求めた後，タイ側で日本側に引き渡すべき適切な頭数を検討した。その結果，1941 年の家畜頭数を調べたところ，同年の家畜の純増数は牛が 19 万 14 頭，水牛が 22 万 8,632 頭と，合せて約 40 万頭の牛・水牛が国内で増加していたことが分かった[70]。今後の家畜頭数の減少を予防するためにはこの増加分の半分程度は留保する必要があり，食肉に使用可能な牛・水牛は年間約 20 万頭と見積もられた。日本軍が要求していた牛の数は年間で国内消費分が牛 18 万頭，輸出分が牛・水牛 2 万 5,600 頭であったことから，タイ側の消費分約 11 万頭と合わせると明らかに供給可能な数を越えていた[71]。このため，牛の代わりに豚や家禽，魚の提供を増やすことで，計 5 万 8,604 頭の牛が節約できると試算していた[72]。

　実際に，タイの牛・水牛の数は減少傾向にあった。表 6-14 は国内の家畜頭数の変化を表したものである。これを見ると，戦前 3 年間の平均値は牛が約 580 万頭，水牛が約 570 万頭と同じ程度の頭数であったことが分かる。1941 年には水牛の頭数が大きく減少したが，1942 年にはどちらも 650 万頭程度と戦前のレベルよりも増加していた。しかし，その後どちらも減少し，1944 年には牛が約 490 万頭，水牛が約 540 万頭まで減ったことが分かる。馬も同様に 1943 年以降減少傾向にあり，タイ国内の家畜頭数が着実に減少

---

69)　NA Bo Ko. Sungsut 2. 9/34 "Pho. Ditsaphong rian Maethap Yai. 1945/06/19"

70)　NA Bo Ko. Sungsut 2. 6. 2/5 "Phon To. rian Set Tho. Sanam. 1943/10"

71)　1941 年のタイ国内での解体頭数は牛 9 万 3,799 頭，水牛 1 万 4,586 頭であった［NA Bo Ko. Sungsut 2. 6. 2/5 "Phon To. rian Set Tho. Sanam. 1943/10"］。

72)　NA Bo Ko. Sungsut 2. 6. 2/5 "Phon To. rian Set Tho. Sanam. 1943/10"

表6-14　家畜飼育頭数の変化（1941〜1944年）（単位：頭）

種類	1937/38-39/40 平均	1941	1942	1943	1944
馬	392,417	361,725	348,097	239,504	210,363
牛	5,844,852	6,384,404	6,661,882	5,310,851	4,919,827
水牛	5,731,196	3,309,967	6,546,543	5,740,171	5,418,755
豚	N.A.	N.A.	1,760,126	N.A.	N.A.
計	11,968,465	10,056,096	15,316,648	11,290,526	10,548,945

出所：SYB（1945-55），177 より筆者作成

していたことがこの表から読み取られる。

　このような畜産資源の減少は，タイにとっては非常に重要な問題であっ
た。タイではそもそも牛や水牛は役用牛としての意味合いが強く，とくに農
村部においては農耕に欠かせない存在であった。豊作で米がたくさん取れる
と水牛を購入し，水牛の形で貯蓄してきた。タイでは仏教による殺生の禁止
から食肉の摂取はそれほど多くはなく，家禽や魚介類がタンパク源の中心で
あった。このため，日本軍の駐屯によって食肉としての牛の需要が急速に高
まったことで，実際に国内の牛や水牛の数が減り始めていたのである。

　鉄道で輸送していた牛や水牛は基本的に食肉用のものであったことから，
牛や水牛の輸送量が増加したということはそれだけ食肉需要が高まったこと
を意味していた。そして，産地における牛や水牛の生産が増加しない限り，
鉄道輸送量の増加はそのまま産地における牛や水牛の数の減少に結びついて
いた。すなわち，戦時中の鉄道による牛輸送量の急激な増加は，国内の畜産
資源の減少をもたらしていたことになるのである。

　これまで見てきた米，塩，野菜や果物にしても，日本軍がタイ国内を通過
あるいは駐屯することによって需要が拡大していた。しかし，牛については
タイ国内での食肉需要をはるかに上回る量を日本軍は要求していたのであ
る。先に述べたように，1943年の時点で日本軍が要求した食肉用の牛の数
は20万頭を越えていたのに対し，タイ国内での食肉の需要はその半分程度
でしかなかった。第2次世界大戦中に日本軍が入ってきたことによって需要
が拡大した食料品は数多くあるが，牛肉ほど需要が拡大したものは存在しな
かった。従来豚輸送に専念してきた鉄道が急遽牛輸送に駆り出され，牛の輸

第6章　一般輸送への影響——鉄道輸送の変容 453

送量が過去最高を記録していた背景には，タイ国内の日本軍によるかつてない牛肉需要の発生が存在していたのである。

第5節　木材輸送 ── 一般輸送の壊滅

(1) 雑木

　米，豚とともに，木材は鉄道の三大輸送品目の1つであった。1935/36 年の木材輸送量は計9万4,322 トンであり，うち北部からバンコクへは1万3,924 トン，東北部からバンコクへは3万5,100 トンの木材が輸送されていた［柿崎 2000b, 289, 300］[73]。鉄道輸送の主役は東北部からバンコクへの輸送であり，中でもパノムドンラック山脈の北麓となるコーラート〜ウボン間の東北線2区間からバンコクへの輸送がその中心であった。また，同山脈の南麓を通り，他にさしたる輸送需要がなかった東線からの発送量も多く，1930年代前半には年間1〜1.5万トンの木材がバンコク方面に発送されていた。森林資源の多い北部からの発送量はそれほど多くなく，東線からの発送量と同じ程度となっていた。

　タイの主要な森林資源はチークであり，これは主に北部で伐採されていたが，チークの輸送は鉄道ではなく水運が主流であったことから，鉄道輸送の主力は東北部や東部からの雑木（Mai Benchaphan）の輸送であった［Ibid., 255-267］。その中心はフタバガキ科のマイ・ヤーンやマイ・テンランと呼ばれる木であり，鉄道の開通とともに初めて商品化されたものであった。また，北部から鉄道で輸送されていたのはカリン（マイ・プラドゥー）であり，チークの鉄道輸送はほぼ皆無であった。

　この鉄道による木材輸送は，戦争が始まるとその量を大きく減らすことになった。図6-6のように，木材輸送量は戦前には10万トン程度で推移していたが，1941年の約14.4万トンから翌年には約5.6万トンまで減少し，そ

---

73)　木材輸送量には板材（Plank）と材木（Timber）の輸送量を含む。

の後も減り続けて 1945 年には 1 万トンを切るまで減少した（567 頁附表 20
参照）。表 6-10 のように東岸線での落ち込みの方が西岸線よりも激しく，主
力の東北線からの木材輸送が大幅に減少したことが分かる。木材輸送量の落
ち込みは米と同様に顕著であり，しかもこの間一貫して減少していったのが
特徴的であった。

　このような木材輸送量の減少は，鉄道輸送力の削減がその最大の要因で
あった。東北線の貨物列車が大幅に削減されたことから，東北線を主役にし
ていた木材輸送は大きな打撃を受けた。また，木材輸送は食料品に比べて必
要性が低かったことから，貨車の配車が行われなくなった。戦争中は木材の
輸送の優先度は低いとみなされたことから，東北部からバンコクへの民需輸
送への貨車の配車は全く行われなかった[74]。このため，残る木材輸送は政府
機関の行うものに限られ，一般商人の木材輸送は事実上不可能となっていた
のである。

　また，木材輸送に用いられる貨車も事業用や日本軍用に多数用いられてお
り，これも木材輸送の減少に拍車をかけていた。先の表 5-3（360 頁）を見
ると，通常は木材輸送のみに用いられる材木車 22 両は事実上すべて日本軍
によって用いられており，数の上では 1,100 両存在する無蓋車も半数以上が
事業用に用いられ，一般輸送に使用可能な数はわずか 150 両しか存在しな
かったことが分かる[75]。また，1943 年の時点では日本軍の使用している無蓋
車は 187 両しかなかったが，開戦直後はタイの貨車の使用比率が非常に高く
なっており，自動車の輸送に無蓋車は欠かせない存在であった。このような
事情から，木材の一般輸送は戦争によって大きな打撃を受けたのであった。

　民需輸送が行えなくなったことから，戦時中に残っていた木材輸送は事実
上政府機関の輸送であった。この公務用の木材輸送もやはり鉄道輸送力不足
の影響を受けていたようであり，例えば 1942 年 1 月には道路局がバンコク
～ナコーンパトム間の道路建設について，この間には多数の橋を建設する必

---

74)　NA [2] So Ro. 0201. 58/32 "Rueang Kan Songsoem Achip Ratsadon Kiaokap Kan Tham Mai Fuen lae
　　　Lueai Mai."
75)　この事業用とは，鉄道の運営に必要な砕石，枕木，土砂，薪の輸送に用いられるものであっ
　　　た。

第 6 章　一般輸送への影響——鉄道輸送の変容 | 455

要があるものの，東北部からの木材輸送が滞っていて工事が遅れていると報告していた[76]。また，1943 年 5 月 28 日時点で東北部において公務関係の輸送で配車が滞っていた車両数は計 274 両分であり，ほとんどが無蓋車と有蓋高壁車であったことから，家畜と木材輸送向けだったものと思われる[77]。

　公務関係の輸送の詳細は不明であるが，1943 年末から 1944 年 2 月にかけてのタイ軍の軍用列車の運行に関する資料が存在し，その中に木材輸送が含まれていた。これをまとめたものが，表 6-15 である。この表を見ると，東北部のフアイクーンとタメーンチャイから主に中部上部のタパーンヒンに向けて 4〜5 日に 1 往復の頻度で木材輸送列車が運行されていたことが分かる。これは完全に 1 本の列車を用いて行われており，東北部と中部の間をピ

表 6-15　タイ軍用の木材輸送量の推移（1943 年 12 月〜1944 年 2 月）

年月日	発		着		両数
	発駅	区間	着駅	区間	
1943/12/31	フアイクーン	東北線 3	ノーンプリン	北線 2	19
1944/01/04	フアイクーン	東北線 3	タパーンヒン	北線 2	19
1944/01/08	フアイクーン	東北線 3	タパーンヒン	北線 2	19
1944/01/12	フアイクーン	東北線 3	タパーンヒン	北線 2	19
1944/01/16	フアイクーン	東北線 3	タパーンヒン	北線 2	19
1944/01/21	フアイクーン	東北線 3	タパーンヒン	北線 2	19
1944/01/26	フアイクーン	東北線 3	タパーンヒン	北線 2	19
1944/01/31	フアイクーン	東北線 3	タパーンヒン	北線 2	19
1944/02/04	タメーンチャイ	東北線 2	タパーンヒン	北線 2	19
1944/02/09	タメーンチャイ	東北線 2	タパーンヒン	北線 2	19
1944/02/13	タメーンチャイ	東北線 2	タパーンヒン	北線 2	19
1944/02/18	フアイクーン	東北線 3	タパーンヒン	北線 2	19
1944/02/23	フアイクーン	東北線 3	タパーンヒン	北線 2	19
1944/02/28	フアイクーン	東北線 3	タパーンヒン	北線 2	19
計					266

注 1：一部の車両は途中駅で連結あるいは解放される場合もある。
注 2：網掛けの日時は原資料には記載がないものの運行された可能性が高いものを指す。
出所：NA Bo Ko. Sungsut 1. 12/259 より筆者作成

---

76)　NA Bo Ko. Sungsut 1. 7/1 "Palat Krasuang Khamanakhom thueng Senathikan Kongthap Bok. 1942/01/21"
77)　NA Bo Ko. Sungsut 2. 4. 1/21 "Chamnuan Rot sueng Khang Chai nai Phak Isan thueng 28 Pho Kho 86." ボギー貨車は 2 両分で計算してある。

ストン輸送していた。タパーンヒンはピブーン首相が遷都計画を立てたペッ
チャブーンの最寄駅であったことから，これはペッチャブーンに軍が建設す
る施設のための資材輸送であったものと推測される。貨車 1 両につき 10 ト
ンずつ木材を積んだとすると，この間の輸送量は計 2,660 トンとなる。一般
商人による木材輸送が事実上不可能となる中で，戦時中に残った木材輸送は
このような政府機関による公務関係の輸送のみであった。

(2) チーク

　チークはタイで最も重要な森林資源であり，主要な輸出品目でもあった。
チークは主に北部の山地でヨーロッパの企業により伐採されており，1930
年の段階でイギリス企業 4 社，デンマーク企業 1 社，フランス企業 1 社が全
体の 85% を伐採していた［柿崎 2009, 199］。伐採されたチークの丸太は最寄
りの河川まで象や森林鉄道によって運ばれ，その後は川を下っていった[78]。
基本的には川の流域単位でチークの到着地が変わり，西から順にサルウィン
川流域はモールメイン，チャオプラヤー川流域はバンコク，メコン川流域は
サイゴンが到着地となっていた。これらの集散地に到着した丸太は各社の製
材所で材木に加工され，その後輸出されていた。川によるチーク丸太の輸送
は，時間はかかるものの費用が極めて安かったことから，鉄道でバンコクま
で運ばれるようなチークは皆無であった。
　チークの輸送については，サルウィン川にはモールメイン手前のカードー
に，チャオプラヤー川ではナコーンサワン（パークナームポー）に検材所が
設けられ，ここで免許料（Kha Phakluang）の徴収を行っていた。表 6-16 のよ
うに，戦前 3 年間の平均値ではサルウィン川経由が約 4 万トン，チャオプラ
ヤー川経由が約 16 万トン，メコン川経由が 1.5 万トンとなっていた。戦争
が始まると，チークの通過量は大幅に減少し，カードーは 1942 年をもって
数値がなくなり，パークナームポーでも 1942 年に 5 万トンまで減った後翌
年には 10 万トンまで回復するが，1944 年に入ると再び減少傾向にあったこ
とが分かる。

---

78)　これらの森林鉄道は各伐採業者が建設したもので，チークの伐採地から最寄りの河川を結ん
　　でいた［柿崎 2000b, 263-265］。

第 6 章　一般輸送への影響——鉄道輸送の変容 ｜ 457

表 6-16　検材所別丸太通過量の変化（1941〜1945 年）（単位：千トン）

河川	検材所	1937/38-39/40 平均	1941	1942	1943	1944	1945
サルウィン	カードー	40	17	6	–	–	–
チャオプラヤー	パークナームポー	161	121	48	97	55	38
メコン		15	–	–	–	–	–
	計	216	138	54	97	55	38

注：丸太通過量は原資料の体積表示を比重 0.7 で計算したものである。
出所：SYB（1937/38-38/39），485，SYB（1939/40-44），524，1945 年：SYB（1945-55），198-199 より筆者作成

　チーク輸送の停滞は，これまで見てきたような輸送手段側の問題ではなく，むしろ生産者側の問題が大きかった。開戦とともにイギリス，フランス企業のチーク伐採事業は中止され，1942 年 1 月に英米への宣戦布告を行ったことから，政府はイギリス企業のボンベイ・ビルマ社，ボルネオ社，アングロ・タイ社（Anglo-Thai Co.），ルイス・T・レオノウェンス社（Luis T. Leonowens Co.）社の伐採免許を廃止した[79]。これに伴い，政府はタイ木材社（Borisat Mai Thai Chamkat）を設立してこれらの会社の伐採業務と製材業務を引き継がせることにしたのである［Thiam 1971, 63］。タイ木材社が設立されたものの，直ちに従来と同じ規模での伐採を行うことは困難であったことから，チークの丸太の発送は減少した。1942 年の雨季に会社は計 2 万 5,701 本のチークを伐採して川に流したが，これは 1 本 1 トンとして換算しても 2.5 万トン分に過ぎなかった[80]。これが 1942 年の輸送量の大幅な落ち込みにつながっていたのである。

　チークは従来シンガポールや香港など各地に向けて輸出されていたが，戦争が始まると輸出は大幅に減少することになった。戦前の時点では，国内で生産されるチークのおよそ 3 分の 2 が輸出用であった[81]。このため，日本軍はタイのチークを利用して活用しようとした。イギリス企業が伐採したチー

---

79)　NA [2] So Ro. 0201. 98. 5/2 "Kham Sang Krasuang Kasettrathikan thi 10/2485 Rueang Yok Loek Sampathan Pa Mai Sak khong Chon Chat Sattru. 1942/02/21"

80)　NA Bo Ko. Sungsut 1/15 "Banthuek Borisat Mai Thai Chamkat Kiaokap Mai Sak thi Tham lae Khai. 1943/11/17"

81)　Ibid. "Naeo thi Khana Kammakan Sopsuan Kan Khai Mai Song Hai Krom Pamai Phicharana."

クはチャオプラヤー川沿いに多数存在しており，このうち日本軍はパークナームポーの検材所以南にある丸太を接収すると主張した。これはパークナームポーの検材所でチーク丸太に対する免許料を支払うまでは丸太の所有権がタイ政府から伐採業者に移っていないとの考えに基づくものであり，日本側はパークナームポー以南の丸太は免許料を払ってイギリス企業の所有になったものであるから，日本軍が接収する権利があると主張したのである。これに対し，タイ政府は実際には免許料を払う前に検材所からの発送を容認していたとし，1 立方メートル当たり 10 バーツの免許料の支払いを求めた[82]。結局日本側は支払いに応じ，1943 年 6 月に免許料と保管手数料を合わせて約 45 万バーツをタイ側に支払った[83]。これによって，日本側はパークナームポー以南にあった 4 万 7,927 本のチーク丸太を獲得したのである[84]。一方，パークナームポー以北の川沿いにある丸太約 8 万 6,000 本はタイ政府が敵性資産として接収し，一部をタイ木材社に売却した。

　次いで日本軍は，パークナームポー以北にあるチーク丸太のうち，4 万本を購入したいとタイ側に交渉した。タイ側で検討した結果，1943 年 8 月の時点ではパークナームポーにあるチーク丸太が 4.3 万本，タークやスコータイを出発した丸太が 2.5 万本あるものの，バンコクの製材所に 3 万本，パークナームポーの製材所に 1 万本，バンコクの民需用に 1 万本を配分すると1943 年中には 2 万本しか引き渡せないとの計算になった[85]。その後，日本側は必要本数を 3 万本に削減し，最終的にパークナームポーで 2 万本，アユッタヤーで 1 万本を引き渡すことで 1944 年 4 月にようやく合意に至った[86]。日本側はこれらのチークを用いて木造船を多数建造する計画を立てており，タイの造船会社に発注していた[87]。なお，価格についてはタイ側と日本側でなかなか折り合いがつかず，最終的に 1 立方メートルあたり 65 バーツ（ア

82）　NA Bo Ko. Sungsut 2. 9/8 "Banthuek Sonthana Rueang Ngoen Kha Thamniam Nam Rong Rueang Yutthopakon Rueang Khwam Tongkan Mai Sung. 1943/02/23"

83）　Ibid. "Banthuek Kan Prachum. 1943/06/29"

84）　NA Bo Ko. Sungsut 1/15 "Banthuek Khwam Hen khong Khana Kammakan. 1943/11/26"

85）　NA Bo Ko. Sungsut 2. 6. 2/64 "Athibodi Krom Pamai thueng Chao Krom Prasan-ngan Phanthamit. 1943/08/18"

86）　NA Bo Ko. Sungsut 2. 9/19 "Cho. Prathipasen rian Set. Tho. Sanam. 1944/04/02"

ユッタヤーは 67.5 バーツ）で決着した[88]。

　この後，日本軍が 1944 年分としてさらに 7 万本の購入を希望し，実際に
チーク丸太がどの程度あるかを調べるために同年 4 月から 5 月にかけてパー
クナームポー以北の各地をタイ側と合同で調査した[89]。その結果，6 万 2,254
本のチーク丸太が川沿いに存在していることが確認された。しかし，日本側
の要求している量が多いことから話は簡単にはまとまらず，同年 10 月には
現在残っている丸太は小柄なので容積で契約を行うようタイ側が提案し，計
9.5 万立方メートルとすることで話がまとまった[90]。これに対し，タイ側で
はとりあえず存在が確認できた 2 万本分のみを契約することに決めた[91]。最
終的に 1945 年 2 月にこの契約が結ばれ，同年 6 月 20 日までに第 1 期分の
2.4 万立方メートル分の引き渡しがほぼ完了していたことから，これが 2 万
本に相当するものと思われる[92]。

　最終的に，日本軍が手に入れたチーク丸太は敵性資産分が約 4.8 万本，購
入分が 5 万本の計 10 万本弱であったと思われる。表 6-16 の 1942～1945 年
にパークナームポーを通過した丸太の数を 1 トン当たり 1 本で換算すると，
この間に通過した丸太は計 23.8 万本となる。すなわち，日本軍は戦時中に
タイが生産したチーク丸太の約 4 割を手に入れたことになるのである。日本
軍が購入したチーク丸太も，タイ国内でのチーク輸送の継続に大きな意味を
持っていたのであった。

---

87)　NA Bo Ko. Sungsut 1/15 "Banthuek Rueang Khai Mai Sak khong Ratthaban Hai kae Borisat Suphan
　　Phanit kap Borisat Klang Chamkat nai Kan To Ruea Samrap Thahan Yipun 10 Lam Raek. 1943/11/17" タ
　　イの会社 2 社が日本軍の木造船建造計画のうち最初の 10 隻の建造を請け負うことになり，1943
　　年 1～2 月に政府に対して材料のチーク丸太の売却を求めてきた。

88)　NA Bo Ko. Sungsut 2. 9/19 "Cho. Prathipasen rian Set. Tho. Sanam. 1944/04/02"

89)　NA Bo Ko. Sungsut 2. 6. 2/64 "Banthuek Raingan Kan Doenthang Pai Samruat Mai Khon Sak Phrom
　　duai Khana Nai Thahan Yipun. 1944/05/08"

90)　NA Bo Ko. Sungsut 2. 9/28 "Chao Krom rian Maethap Yai. 1944/10/02" 通常チーク丸太 1 本から
　　1.5 立方メートルの木材を生産できるが，小柄な丸太が多いので 1.3 立方メートルで計算すると
　　7 万本は 9.1 万立方メートルとなった。日本側は切り上げて 10 万立方メートルにするよう求め
　　たが，タイ側が難色を示して最終的に 9.5 万立方メートルで決着した。

91)　NA Bo Ko. Sungsut 2. 6. 2/64 "Banthuek Kan Prachum Setthakit Pracham Sapda（Khrang thi 26）.
　　1945/01/03"

92)　Ibid.「泰陸武第三九九号 「チーク」原木引続キ売却相成度ノ件通牒 1945/06/20」

(3) 木炭

　木炭は薪とともにタイにおける重要な燃料であった。農村部で作られた木炭は農民の自家用として用いられるほか，都市へも発送されていた。木炭も薪も炊事用に用いられており，生活必需品であった。また，タイでは石炭がほとんど掘削されないことから薪や木炭は工業用にも用いられており，とくに薪は蒸気機関車の燃料としても重要な役割を果たしていた。タイの鉄道の輸送統計では石炭と木炭が一括して示されているが，タイ国内での石炭の生産は事実上存在しなかったことから，先の図6-6や表6-10の石炭・木炭の数値は，ほとんどが木炭の輸送量と考えてよかろう[93]。

　木炭は住民によって自作されていたことからその産地は全国に及んだはずであるが，鉄道輸送は特定の地域に集中していた。1936/37年の輸送状況を見ると，木炭の発送地は東北線2区間と南線1区間に集中していた。前者はヒンダート～スリン間に集中しており，この年の東北線2区間からの発送量は計8,096トンであった［ARA (1936/37), Table 9］。一方，後者はペッブリー～フアヒン間のノーンチョークからフアイサーイターイまでの各駅からの発送で，この間の発送量は計1万8,159トンに達していた。発送量が最も多かった駅はこの間のフアイサーイヌアで，計7,607トンであった［Ibid.］。到着については最も多いのがトンブリーの2万9,616トンであり，この年の総輸送量4万739トンの約4分の3を占めていた［Ibid.］。バンコク，バーンスーの各駅の到着量を合わせても3,558トンにしかならないことから，東北線からの木炭もトンブリー着が多かったことになる。なお，南線3区間のチャウアトから6,435トンが発送され，同じ区間のロンピブーンに6,028トンが到着していたことから，この輸送はロンピブーンの錫鉱山で用いる石炭であった可能性がある[94]。

　図6-6のように，石炭・木炭の輸送量は開戦前には3～4万トン程度で推

---

93)　タイでは戦前に北部のラムパーン県メーモと南部のクラビー県クローンカナーンに亜炭があることが確認されていたものの，本格的な開発は戦後のこととなった［柿崎 2009, 293］。

94)　チャウアトはパークパナン川と鉄道の交点に位置し，パークパナンの米もこの駅から発送されていたことから，輸入された石炭がここまで船で運ばれ，鉄道でロンピブーンに運ばれていた可能性がある。

第 6 章　一般輸送への影響——鉄道輸送の変容 | 461

移していたが，1941 年に輸送量が大きく増加した後は再び減少に転じて，
1942 年は 2 万トン程度まで落ち込んでいた。それまで石炭・木炭の輸送量
は東岸線よりも西岸線のほうが多くなっており，1941 年に輸送量が急増し
たのも西岸線での輸送量が倍増したためであるが，1942 年には一時的に東
岸線の輸送量のほうが多くなっていた（567 頁附表 20 参照）。その後は再び西
岸線の輸送量のほうが多くなり，最終的に 1945 年には全線合わせて 5,000
トンまで減っていた。木炭については木材ほど極端な開戦後の落ち込みがな
いことから，貨車の配車は続いていたものと思われるが，逆に特別に輸送が
優先された痕跡もないことから，鉄道輸送力の減少とともに輸送量は減少し
たものと考えられる。

　管見の限り，戦時中の木炭輸送で問題となったものはサイアム・セメント
社の燃料としての木炭輸送のみであった。サイアム・セメント社のバーン
スー工場では原料の泥灰土を鉄道輸送に依存していたが，この輸送が停滞し
たことで開戦後のセメント生産量は大幅に減っていた［柿崎 2009, 242-
247］。また，原料の 1 つである石膏と燃料の石炭は輸入に依存しており，こ
れらも開戦後に輸入が途絶えたことから生産に影響をもたらしていた。この
うち，石膏については北線のウッタラディットやラムパーン付近で手に入れ
たが，石炭は国内で入手できる望みはなかった［Ibid., 247］。

　サイアム・セメント社では当初木炭での製造はセメントの質の悪化を招く
として，その使用には否定的であった[95]。泰緬鉄道の建設に伴って日本軍が
大量のセメントを使用することになったことから，1942 年に代理店の三菱
商事と三井物産が計 5 万トンのセメントを購入したいと要求し，タイ側はそ
の代わりとして石炭 1 万トンを提供するよう求めたが，結局日本側は 1,655
トンしか石炭を渡せなかった[96]。このため，会社は木炭による生産を行わざ
るを得なくなり，1944 年 4 月の時点で東北線 2 区間，3 区間の駅に計 1,000
トンの木炭を準備していた[97]。折しもバーンスーの工場は 1943 年末の連合
軍による空襲で被災しており，操業を再開させるにあたって当面 1944 年中

95）　NA Bo Ko. Sungsut 2. 6. 2/40 "Sodon thun Rong Chao Krom Prasan-ngan. 1943/05/29"
96）　Ibid. "Sanoe Prathan Kammakan. 1944/10"
97）　Ibid. "Banthuek Rueang Simen. 1944/04/17"

の操業に必要な原料と燃料をあらかじめ工場まで運んでおこうと計画したのである。

この計画は戦時下貨車配車検討委員会で認められ，5月30日から運行されることになった[98]。実際に用意した木炭がすべて運ばれたのかどうかはわからないが，工場の操業も5月から再開されたことから，木炭を代替燃料とするセメント生産がようやく実現したものと思われる[Ibid.]。ただし，東北部からの木炭輸送は鉄道でしか行えないことから，委員会ではあくまでも一時的な措置とし，今後は鉄道に依存しない地域から木炭を入手するよう求めていた。セメント生産量は大幅に落ち込み，1943年には6万8,000トンを生産できていたが，1944年には2,000トンまで落ち込んでいた[Ibid., 244]。その要因は泥灰土を始め，石膏や木炭の輸送が滞っていたためであった。最終的に同年11月27日の空襲で工場は再び被災し[99]，その後終戦まで復旧することはなかった（写真23）。

このように，戦争中に石炭の代替として木炭輸送が行われてはいたが，他の生活必需品と比べると重要性は低かったことから，木炭輸送はあくまでも一時的なものに過ぎなかった。そして，セメント工場の操業停止とともに，工場の燃料としての木炭輸送の必要性も完全に消え去ったのであった。

第6節　石油輸送 —— 水運の限界

(1) 石油輸入の途絶

これまで見てきた輸送品目はいずれも後背地から外港へと運ばれていた一次産品であったが，石油については逆に外港から後背地へと輸送される品目であった。タイでは石油はほとんど生産されないことから，タイで消費される石油はほとんどが輸入されていた[100]。1940年に軍務省の燃料局がバンコ

---

98) Ibid. "Pho Ro Tho. thueng Set. Tho. Sanam. 1944/05/22"

99) Ibid. "Rong Cho. Po Pho. sanoe Phu Thaen Krasuang Kan Khlang, Phu Thaen Krasuang Phanit. 1944/12/05"

写真 23　空襲で被災したサイアム・セメント社バーンスー工場

出所：タイ国立公文書館

クのチョンノンシーに最初の石油精製工場を建設するまでは，タイにおいて原油から石油製品を精製することはできず，石油製品はすべて輸入に依存していた［Khuruchit et al. 1993, 28］。石油製品の大半はバンコクに輸入されていたが，南部で消費される石油は基本的にシンガポールやペナンから直接南部に輸入され，1930年代後半には輸入額全体の20〜30％を占めていた。

　このため，鉄道による石油輸送は外港から後背地への輸送に事実上限定されていた。鉄道局の貨物輸送統計では石油製品はガソリン，灯油，その他に分けられており，1936/37年の輸送量はそれぞれ8,471トン，1万3,702トン，7,572トン，計2万9,745トンとなっていた［ARA (1936/37), Table 9, Table 11］[101]。発送量が最も多いのはバンコクであり，同年の発送量は3種合わせて1万9,341トンと全体の65％を占めていた。次いでパーダンベーサー

---

100)　1918年に北部のファーンで油田が発見されたが，埋蔵量は少ないと判断されたため本格的な開発は行われなかった［柿崎 2009, 264］。
101)　この数値にはマラヤとの直通貨物扱いのガソリン81トン，灯油832トン，その他3,641トンを含む。

ル 5,708 トン，カンタン 2,810 トン，ハートヤイ 787 トンとなっており，マラヤから鉄道輸送されてきたり，カンタンに船で到着したりした石油が鉄道で発送されていたことが分かる。一方，到着が最も多いのは北線 3 区間のラムパーンの 3,174 トンであり，次いで南線 3 区間のナープラドゥー3,216 トン，北線 3 区間のチエンマイ 2,154 トンと続いていた［Ibid.］。バンコクから発送された石油は北線，東北線及び南線 1 区間へ，マラヤ国境や南部発の輸送は基本的に南部着の輸送であったものと思われるが，全体としてはバンコクから内陸部への輸送が最も多くなっていた。

　この鉄道による石油輸送は，戦争が始まると大きく減少した。図 6-6 のように，開戦前には年 3 万トン程度の石油が輸送され，1941 年には約 3.5 万トンに達したものの，翌年には約 1.7 万トンに半減し，その後も輸送量は減少の一途をたどっていたことが分かる。路線別では開戦直前には東岸線が約 2 万トン，西岸線が約 1 万トンとなっており，1942 年には東岸線の輸送量が急激に減って西岸線の輸送量が一時的に東岸線を上回ったが，1943 年には西岸線が大幅に減って再び東岸線のほうが多くなっていた（567 頁附表 20 参照）。最終的に 1945 年には両岸合わせて 1,635 トンにまで減少し，石油輸送がほぼ壊滅していたことが分かる。

　これまで見てきた輸送品目の輸送量の減少は，いずれも鉄道輸送力の減少によるものであったが，石油輸送の場合はそれよりも石油輸入量の減少によるところが大きかった。貿易統計によると，戦前のタイの石油輸入量は年間 13 万kℓ程度で推移していたが，1942 年には約 2.7 万kℓに激減し，1943 年に 4.1 万kℓに増えたものの翌年には 2 万kℓに戻っていた［柿崎 2009, 265］。タイの石油の輸入先は長らく蘭印が最も多くなっていたが，1930 年代後半からシンガポールからの輸入が増え，さらに 1939/40 年からアメリカからの輸入が急増して 1940 年には約 3 分の 2 を占めるに至った［Ibid., 268］。この理由は，ヨーロッパで第 2 次世界大戦が始まった後に，マラヤがタイへの石油輸出を制限したためであった[102]。

　ところが，戦争が始まるとアメリカからの輸入が止まり，シンガポールも

---

102)　NA Bo Ko. Sungsut 2. 6. 1/1 "Raingan khong Phanit Changwat Phak Tai Rueang Saphap Kan Khlueanwai Thang Kan Kha Rawang Prathet Thai lae Malayu."

蘭印も日本が占領したことから，タイの石油製品はすべてを日本に依存せざるを得なくなった。1942 年 1 月 23 日に合同委員会のチャイが必要な石油製品の量を守屋武官に知らせており，日本側でタイへの石油製品の供給について検討が行われていたようである[103]。その結果，2 月中に日本側との間で月に 8,950kℓ の石油製品をタイが購入することで合意が得られ，3 月から日本による石油の供給が始まった[104]。7 月までに得られた量は，計 1 万 2,954kℓ であった[105]。しかし，この量は月に 8,950kℓ との合意に比べてはるかに少なく，タイでは石油不足が深刻となっていった。

(2) シンガポールへの船派遣

タイ側は日本軍に対して合意した量の石油を送るよう求めたが，日本側はタンカーが不足しているのでタイ側にボルネオ島のミリかシンガポールまで引き取りに来るよう求めた[106]。これに対して，タイには燃料局の 1,500kℓ 積みのサムイ丸しかタンカーが存在せず，これを派遣する場合は距離の近いシンガポールにすることが妥当であろうとのことになった[107]。しかし，通常であればシンガポールまでの往復は 2 週間程度で行うことができたものの，戦争中で航海が危険なため，往復 1 ヶ月程度かかることも予想された。このため，タンカー以外に通常の貨物船も使用して石油輸送を行うことにし，その候補に挙がったのがタイ汽船社（Thai Steam Navigation Co. Ltd.）のスッターティップ丸とワライ丸であった。

タイ汽船はデンマークの東アジア社（East Asiatic Co. Ltd.）のサイアム汽船社（Siam Steam Navigation Co. Ltd.）の事業を継承する形で 1940 年に設立された

---

103) NA Bo Ko. Sungsut 2. 10/4 "Pho. Tho. Chai Prathipasen sanoe Prathan Kammakan. 1942/01/31"

104) NA Bo Ko. Sungsut 2. 6. 3/8 "Phon thi Prakot nai Kan Cheracha Sue Namman. 1942/07" この資料にはいつ合意が得られたのかは記されていないが，NA Bo Ko. Sungsut 2. 5/2 "Banchi Rap Namman Chak Kongthap Yipun tangtae Toklong cha Song Hai chonthueng Wan Ni." によると，3 月 3 日から日本からの石油が到着していることから，2 月中に合意が実現したものと考えられる。

105) Ibid.

106) Ibid. "Raingan Kan Prachum khong Khana Kammakan Tang Prathet Pracham Kasuang Kalahom. 1942/07/11"

107) Ibid. 他に海軍のタンカーとしてシーチャン丸とパガン丸の 2 隻存在したが，どちらも積載量は 300kℓ と少なく，海軍が提供してくれるかどうかも分からなかった。

国営企業で，スッターティップ丸とワライ丸は同社最大の船として戦前には
バンコクから南部東海岸の港を経由してシンガポールまでを往来しており，
それぞれ 1,300 トンの貨物積載量があった[108]。この 2 隻は貨物船であるた
め，石油缶に詰めた石油製品を輸送することになり，サムイ丸を含めた 3 隻
体制でシンガポールからの石油輸送を行うことになったのである。

　このシンガポールへの石油受け取りのための船の派遣は，1942 年 8 月か
ら始まった。表 6-17 は日本側が記録したシンガポールにおけるタイへの石
油売却量を示したものである。これを見ると，1942 年中の石油売却量は多
くても月に 2,500kℓ 程度であり，1943 年に入ってから売却量が増加して 1943
年 7 月に約 5,000kℓ と過去最高に達したことが分かる。しかし，その後売却
量の変動が激しくなり，1944 年に入ると 500kℓ しか売却できなかった月も出
現していた。種類別では重油が約 3 万 kℓ 弱と最も多く，次いで自動車の燃料
であったガソリンであったことが分かる。また，日本側の都合で石油製品の
みならず原油が提供されていたこともあった。

　1942 年中の輸送量がそれほど多くなかった理由は，石油缶の不足が要因
であった。タイ側ではスッターティップ丸とワライ丸を石油輸送用に準備し
たが，タイ側には使用可能な石油缶が 1.5 万缶しかなく，ワライ丸の就航は
遅れていた[109]。実際にワライ丸がシンガポールで石油を受け取ったのは
1943 年 1 月 17 日が最初となっており，それまではサムイ丸とスッター
ティップ丸のみが輸送を担当していた[110]。なお，次いで 2 月 3 日にはバーン
ナーラー丸も初めてシンガポールで石油を受け取っており，ここから 4 隻体
制で石油輸送を行うことになった[111]。この 2 月には 4 隻がそれぞれ 1 往復石
油輸送を行ったことから，表 6-17 のようにこの月の石油売却量は過去最高

---

108) NA [2] So Ro. 0201. 98. 7/33 "Banthuek Rueang Yo Rueang Borisat East Asiatic Chamkat Kho Sitthi
Bang Yang Laek Plian." タイ汽船社は政府が株式の 70% を保有する国営企業として設立されたが，
東アジア社が収入の 5% を受け取る代わりに運行を請け負うことになっていた。船の積載量につ
いては，NA Bo Ko. Sungsut 2. 6. 3/15 "Banchi Sadaeng Raikan Doen Ruea Fang Thale Tawan-Ok lae Tawan-
Tok." による。

109) NA Bo Ko. Sungsut 2. 5/2 "Banthuek Sonthana Rawang Pho. Tho. Momchao Phisit Ditsaphong
Ditsakun kap Phon Tri Moriya. 1942/10/28"

110) NA Bo Ko. Sungsut 2. 6. 3/8「タイ国向燃料数量」

111) バーンナーラー丸は積載量 900 トンと，スッターティップ丸，ワライ丸よりは小型であった。

表6-17 シンガポールでのタイ向け石油売却量の推移（1942年8月～1945年4月）（単位：kl）

年	月	航空燃料	ガソリン	灯油	ディーゼル油	重油	原油	計	金額（バーツ）
1942	8	—	—	—	—	—	1,549.20	1,549.20	221,040.28
	9	—	700.00	—	—	51.45	—	751.45	235,652.70
	10	—	72.60	427.10	260.00	98.85	1,673.92	2,532.47	397,276.20
	11	—	942.00	—	—	742.25	890.24	2,574.49	515,737.37
	12	200.00	700.00	36.30	—	1,767.10	—	2,703.40	513,705.71
1943	1	—	627.40	300.00	300.00	32.52	—	1,259.92	313,573.47
	2	300.00	700.40	800.40	—	239.59	1,582.63	3,623.02	708,478.22
	3	100.00	1,501.00	1,300.00	—	1,307.20	693.50	4,901.70	989,320.57
	4	100.00	1,100.00	700.00	—	1,367.54	—	3,267.54	683,018.45
	5	—	1,300.00	600.00	—	293.05	—	2,193.05	568,690.33
	6	160.00	1,860.00	300.00	—	2,159.94	—	4,479.94	962,464.65
	7	160.00	1,770.00	900.00	—	2,146.85	—	4,976.85	1,051,710.12
	8	—	1,412.60	—	—	298.64	—	1,711.24	496,615.31
	9	160.00	560.00	420.00	484.80	2,131.11	—	3,755.91	642,757.66
	10	—	1,060.00	802.00	500.00	2,143.86	—	4,205.86	762,061.19
	11	—	340.80	700.00	500.40	355.86	—	1,897.06	359,519.66
	12	200.00	400.00	700.00	200.40	337.95	—	1,838.35	424,750.20
1944	1	200.00	264.00	300.00	—	282.53	—	1,046.53	357,393.64
	2	—	380.00	—	—	75.00	—	455.00	133,027.80
	3	160.00	400.00	400.00	200.40	2,007.85	—	3,168.25	527,423.20
	4	160.00	755.40	126.00	0.40	2,067.42	—	3,109.22	563,172.99
	5	—	371.00	200.00	—	212.03	—	783.03	181,245.06
	6	—	760.00	270.00	—	620.08	1,415.13	3,065.21	510,010.87
	7	—	580.00	—	120.00	299.83	—	999.83	262,157.79
	8	240.00	400.00	60.00	—	2,014.48	—	2,714.48	467,632.40
	9	—	180.00	180.00	—	168.71	—	528.71	174,895.31
	10	—	765.20	282.20	439.62	1,517.78	—	3,004.80	534,992.26
	11	—	672.60	181.60	—	189.48	—	1,043.68	274,757.60
	12	160.00	844.60	427.86	—	1,626.24	—	3,058.70	605,014.36
1945	1	52.40	100.00	—	293.55	187.46	—	633.41	119,858.19
	2	—	500.00	—	—	181.59	—	681.59	178,823.28
	3	160.00	324.20	—	—	1,963.94	—	2,448.14	391,931.15
	4	40.00	408.00	170.00	—	623.25	—	1,241.25	250,777.45
計		2,552.40	22,751.80	10,583.46	2,999.57	29,511.43	7,804.62	76,203.28	15,379,485.44

注：原資料と合計値が一部異なる場合がある。
出所：NA Bo Ko. Sungsut 2. 6. 3/8 より筆者作成

の約 3,600kℓに達していた。

　タイ汽船社の 3 隻の船がシンガポールまで運行を始めた背景には，日本側との間でのタイ汽船社のタイ〜マラヤ間の航路の再開に関する合意があった。1942 年 11 月に日本軍が南部のナコーンシータマラートの米を購入したいと合同委員会に申請してきたが，タイ側では南部での米の供給に問題が生じる可能性があることからバンコクからの提供を考え，そのために当時運休していたタイ汽船社のタイ〜マラヤ間の定期航路を再開し，往路で日本軍の米を運ぶ代わりに復路でシンガポールからの石油を輸送しようと考えたのである[112]。このため，日本側と交渉して米輸送の運賃を決めたうえで，1943 年 1 月にバンコクを発つワライ丸から米輸送を開始した[113]。米輸送量についてはワライ丸 600 トン，バーンナーラー丸 400 トンとし，スッターティップ丸は毎回積載量が変わることになっていた[114]。

　しかし，この米輸送の存在はシンガポールにおけるタイの石油缶の不足問題に拍車をかけることになった。既にタイが所有している石油缶の数自体も少ないのみならず，石油空缶の返送を迅速に行わないと，せっかく船がシンガポールに向かっても積んでくる石油がないという事態になりかねなかった。空缶の輸送量については，スッターティップ丸とワライ丸が 1 回に 3,000 缶，バーンナーラー丸が 1,500 缶，サムイ丸が 1,000 缶に決まっていた[115]。この数はそれぞれ復路の石油製品の入った石油缶の数と同じであったが，実際にはこれだけの数を積み切れなかったようであり，1943 年 5 月の時点で 8,000 缶の空缶の返送が滞っていた[116]。

　タイ側では，規定量の石油を調達するためにタイ汽船社の 3 隻の船のバンコク〜シンガポール間直行化を行うことになった。これまでは南部東海岸の

---

112)　NA Bo Ko. Sungsut 1. 12/217 "Banthuek Rueang Fai Thahan Yipun Kho Sue Khao San Song Pai Chonan lae Kan Doen Ruea Pai Yang Dindaen thi Kongthap Yipun Yuet Dai. 1943/01/20"

113)　Ibid.

114)　NA Bo Ko. Sungsut 2. 5/2 "Banthuek Kan Sonthana Rawang Pho. Tho. Mo. Cho. Phisit lae Ro. Tho. Ichibachi haeng Nuai Ngi. 1943/02/10"

115)　Ibid. "Prathan Kammakan Phasom thueng Thut Fai Thahan Bok Yipun Pracham Prathet Thai. 1943/03/19"

116)　NA Bo Ko. Sungsut 2. 6. 1/3 "Banthuek Kan Prachum Cheracha Rueang Kan Setthakit lae Kankha Rawang Khaluang Setthakit Thai lae Yipun Khrang thi 15. 1943/05/07"

第6章　一般輸送への影響——鉄道輸送の変容 | 469

港に寄港していたために沿岸航路の貨物も積んでいたが，直行便にすれば復路は石油のみを積み込むことができるようになり，1往復につき輸送できる石油缶の本数はこれまでの3隻で計7,500缶から計1万3,600缶に引き上げることが可能となった[117]。また，直行化によって所要時間も短縮され，これまで3ヶ月に4往復していたのが1ヶ月に2往復，すなわち3ヶ月で6往復できることになり，この結果輸送力が従来の月2,000kℓから5,440kℓに増えることになった[118]。これにサムイ丸を月2往復させれば，月当たりの合意量に近い量の石油を手に入れることができると考えたのである[119]。

　この措置がいつから始まったのかは判別しないが，少なくとも1943年8月の時点でタイ側が日本側に対し，タイ汽船社の船が沿岸航路を運航する余裕がなく，沿岸航路用の船のために石炭が必要であると求めていたことから，この時点には上述の3隻は沿岸の各港に寄港しなくなっていたものと思われる[120]。これによってバンコクと南部の間を往来する船が減ったことから，タイ側では代わりに艀を運行していた[121]。しかし，従来と同じ輸送力が維持されていたとは思われず，バンコク〜南部間の水運に影響を与えたものと考えられる。そして，表6-17のようにタイ汽船社の3隻をバンコク〜シンガポール間の直行に変えてからも効果はなく，1943年後半にも月によっては売却量が2,000kℓに満たない場合もあった[122]。

（3）石油輸送の壊滅

　このように1943年中にシンガポールからの石油輸送は強化されたが，サ

---

117)　NA Bo Ko. Sungsut 2. 5/2 "Banthuek Rueang San-ya Kan Sue Namman Kho 5. 1943/05/29"

118)　石油缶1缶当たり200ℓの容量で計算した数値である。

119)　1943年1月の日本側との合意では，1ヶ月あたりの規定量は計7,860kℓ（他に潤滑油300kℓ）となっていた［NA Bo Ko. Sungsut. 2. 9/8 "Raksa Ratchakan Thaen Chao Krom Cho Pho. rian Palat Kasuang. 1943/06/11"］。

120)　NA Bo Ko. Sungsut 2. 9/15 "Banthuek Kan Prachum. 1943/08/06"

121)　Ibid. "Cho. Po. rian Set. Tho. Sanam. 1943/12/31"　これは小型の汽船に艀を牽引させて運行したものであり，主にバンコクに入港できない大型船がシーチャン島付近に停泊する際に，バンコク港との間で貨物の輸送を行っていた艀を使用したものであった。

122)　売却量が2,000ℓに達しない月はサムイ丸が受け取りに行っていない月となり，1943年後半では7月28日，9月26日，10月31日の計3回しかシンガポールに行ってなかった［NA Bo Ko. Sungsut 2. 6. 3/8「タイ国向燃料数量」］。

ムイ丸とタイ汽船社の3隻からなる輸送体制は1944年に入ると早くも崩れることとなった。この年の1月にワライ丸は敵が撒いた機雷に触れてチャオプラヤー川河口で沈み、使用可能な貨物船が1隻減ってしまった（写真24）[123]。この影響はシンガポールでの石油売却量の減少という形で現れており、表6-17のように1944年に入ると石油売却量が500kℓ程度に減少している月があることが分かる。他方で3,000kℓを越えている月もあるが、これらの月にはサムイ丸が受け取ったために多くなっていた。

1944年後半に入ると、戦況の悪化に伴いシンガポールからの石油輸送がさらに困難になることが予想されたことから、海軍が自らのパガン丸を派遣してシンガポールから石油輸送を行うことに決めた[124]。この船はタンカーであったが、積載能力は300kℓとサムイ丸に比べればはるかに小さかった。タイ側は1944年末からパガン丸による輸送を開始するとしていたが、実際にシンガポールで石油を受け取ったのは1945年1月が最初であった[125]。これによって、シンガポールからの石油輸送は再び4隻体制に戻った。

しかし、これも長くは続かなかった。1945年3月にシンガポールから石油を積んでバンコクに向かっていたサムイ丸が、トレンガヌ沖で潜水艦の攻撃を受けて沈没してしまったのである[126]。3月16日にシンガポールでサムイ丸が約2,000kℓの石油を受け取った記録があるので、これを輸送している最中に沈んだことになる。すなわち、表6-17に記された1945年3月の石油売却量は約2,500kℓあったが、その大半がバンコクには到着しなかったことになる。サムイ丸はタイが使用していた最大のタンカーであり、1回の輸送能力も高かったことから、この船の喪失はタイにとって致命傷となった。タイ側では残るタイ汽船社のスッターティップ丸とバーンナーラー丸を有効に使用するため、これらの船をシンガポール～ソンクラー間のみで運行し、バンコク～ソンクラー間は沿岸航路に用いている艀を使用して石油を輸送する

---

123) NA Bo Ko. Sungsut 2. 6. 3/17 "Chao Krom Prasan-ngan Phanthamit thueng Phana Thut Fai Thahan Bok Yipun Pracham Prathet Thai. 1944/02/17"

124) Ibid. "Thun Rong Chao Krom. 1944/11/22"

125) NA Bo Ko. Sungsut 2. 6. 3/8 「タイ国向燃料数量」

126) NA Bo Ko. Sungsut 2. 6. 3/1 "Banthuek Raingan Kan Prachum Rueang Kan Doen Ruea Pai Rap Namman thi Chonan Doi Yo. 1945/03/20"

写真24　機雷の被害を受けたワライ丸（1944年1月）

出所：タイ国立公文書館

計画を立てた[127]。

　この計画は実行に移され，1945年4月12日にシンガポールで石油を受け取ったスッターティップ丸はソンクラーに向かったが，ソンクラーには機雷で接岸できず，結局サッタヒープ沖まで来て停泊した[128]。スッターティップ丸が運んできた石油缶をバンコクに陸揚げするためには艀を出す必要があったが，チャオプラヤー川でも機雷が撒かれているので鉄製の艀が使用できず，木製の艀が通れるようになるまでしばらく待たねばならなかった。また，3月7日にシンガポールで石油を受け取ってバンコクに戻ったバーンナーラー丸も，機雷の影響で2ヶ月間バンコクから出られない状況であった[129]。これによって，1945年5月には石油の民間への配給を一時中止することになった[130]。このように，機雷の影響でタイ汽船社の残る2隻の船によ

---

127)　Ibid. "Sarup Phon Kan Prachum Rueang Kiaokap Kan Rap Namman Chueaphloeng lae Song Thang Plao Wai thi Songkhla."

128)　NA Bo Ko. Sungsut 2. 6. 3/17 "Banthuek Raingan Kan Prachum Doi Yo Rueang Kan Lamliang Namman Chueaphloeng. 1945/05/11"

129)　Ibid.

る石油輸送も滞り，表 6-17 のように 1945 年 4 月の石油売却をもってシンガ
ポールでの石油の引き渡しは中止されてしまった。

　タイ側の船が取りに行けなくなったことから，日本軍はシンガポールから
石油輸送船を派遣することになり，その一部がタイ側に融通されることに
なった。この船は日本のタンカーで，油槽を設けた艀と一緒に来て，到着後
に一旦艀に石油を積み替えてから石油缶に詰めて陸揚げするという手順を取
る計画であった[131]。実際には，200 トンの石油を積んだ艀がシンガポールを
出港し，当初の予定より 1 ヶ月遅れて 7 月 10 日に無事に到着した[132]。次い
で 2 隻目がシンガポールを発ったが，途中のランスアンで敵の襲撃を受けて
積んでいた石油 200 トンのうち 100 トンが流出し，一旦ソンクラーに向かっ
て修理を行った。その後再び北上したものの，油漏れが発生してチュムポー
ンで修理のために停泊していた[133]。バンコクまでは届かなかったものの，実
質的にこれがシンガポールからの最後の石油輸送となった。

　相次ぐ船の喪失や機雷による妨害のため，タイ側は日本軍に対して鉄道で
の石油輸送を求めていた。終戦直前の 8 月に入って，タイ側は石油が枯渇し
たのでシンガポールから石油を輸送するための軍用列車の運行を日本側に求
めており，日本側は検討すると回答していた[134]。第 2 章で見たように，日本
軍は軍用列車で石油を輸送していたことから，輸送力の余裕さえあればタイ
側の石油を運ぶことも可能であった。実際には先に終戦となり，軍用列車に
よる石油輸送は実現しなかったものと思われるが，戦争によって水運が破綻
してしまったことから，鉄道が最後の望みとなっていたことをうかがわせる。

　このように，タイにとっての「命の油」であったシンガポールからの石油
輸送は，最終的に水運の輸送力が大幅に低下したことで壊滅してしまった。
アメリカからの輸入が途絶えた代わりに日本はタイが必要な石油を供給する
と約束したものの，実際には規定量を受け取った月は一度もなく，タイの石

130）　Ibid.

131）　NA Bo Ko. Sungsut 2. 6. 3/35 "Ekkachai Itsarangkun Na Ayutthaya nam sanoe Cho. Po Pho. 1945/05/04"

132）　Ibid. "Ekkachai Itsarangkun Na Ayutthaya nam sanoe Chao Krom Cho Pho. 1945/07/17"

133）　Ibid.

134）　NA Bo Ko. Sungsut 2. 9/34 "Cho. Po Pho. rian Maethap Yai. 1945/08/14"

油は確実に枯渇していったのである。

第7節　一般輸送の変容

（1）貨物鉄道から旅客鉄道へ

　これまで見てきたように，第2次世界大戦中の一般輸送の全体的な傾向は
旅客輸送の大幅な拡大と貨物輸送の激減であった。開戦前の旅客輸送量は年
間500〜600万人程度であったが，1943年には初めて1,000万人を越え，翌
年には過去最高の1,109万人に達していたことから，この間に旅客輸送量は
ほぼ倍増したことになる。一方の貨物輸送量は戦前の150万トン程度から激
減し，1943年までは100万トンを何とか越えていたものの，1944年には約
56万トンと戦前の約3分の1の水準まで低下した。最終的に，空襲による
路線網の寸断と潤滑油不足による列車本数の削減から1945年には旅客輸送
量も減少に転じ，貨物輸送量も約23万トンまで減った。
　このような旅客と貨物での対照的な輸送量の変化の理由の1つは，旅客輸
送と貨物輸送の弾力性の違いであった。開戦後に日本軍の軍用列車の運行が
始まったことから，タイの一般輸送用の一般列車の本数は旅客・貨物ともに
減少していた。第5章で見たように，旅客列車の運行本数は開戦前の1日
110本から1943年には68本と約4割減っており，貨物列車も同じ期間に44
本から26本へと同じく4割減っていた。どちらも大幅な輸送力の削減が見
られたにもかかわらず，この間旅客輸送量は確実に増加していたのである
が，これが実現できたのは旅客の場合は定員よりも多くの乗客が乗車できた
ためであった。すなわち，旅客輸送の場合は無理をすれば同じ列車で通常の
2倍や3倍の利用者を乗せることが可能であり，定員をはるかに上回る数の
旅客を運ぶことができたのである。これに対し，貨物輸送の場合は貨車の積
載量の上限が決まっており，これを越えて貨物を運ぶことは不可能であっ
た。すなわち，貨物輸送の場合は輸送力の減少がそのまま貨物輸送量の減少
をもたらしていたのである。

また，旅客輸送量の増加は貨物輸送の減少にも起因していた。戦争が始まって民需用の貨物輸送量が大きく減少すると，各地でモノ不足が発生して価格が高騰した。このため，局地的な商品流通の需要が拡大し，「担ぎ屋」によるモノの輸送，すなわち旅客の手荷物の形による輸送が増加したのである。旅客の手荷物は規定以上の量を持ち込む場合には運賃を支払う必要があり，課金された手荷物の量は1941年の200トンから1943年には470トンと大幅に増加していた[135]。つまり，追加料金を払ってでも多くの荷物を随行しようとする旅客が増加していたのである。このため，本数の少なくなった旅客列車には，戦前よりも多くの旅客が押し寄せたのみならず，はるかに多くの手荷物もまたそこに積み込まれたのである。このような「担ぎ屋」による荷物輸送が，車扱い貨物輸送の激減の影響を幾分緩和していたのである。

　一方の車扱い貨物輸送は，軍用列車の運行による大幅な車両不足から民間への配車を制限し，政府機関の輸送に優先して配車されるようになった。中には木材のように民間人への配車が事実上不可能となった場合もあり，これが貨物輸送量の減少に大きな影響を与えていたのである。加えて，貨物の場合は不通区間を挟んだ積み替えも難しく，歩いたり船に乗ったりして不通区間を迂回できる旅客とは異なり，線路が寸断された区間での貨物の迂回輸送は極めて困難であった。このため，路線網が寸断される戦争末期になると，貨物輸送は旅客輸送よりも大きな影響を受けたのである。

　このような旅客輸送の増加と貨物輸送の減少の結果，タイの鉄道はそれまでの貨物鉄道から旅客鉄道へと変貌することになった。図6-7は旅客・貨物収入の推移を示したものである。鉄道局の統計では旅客，貨物収入それぞれについて運賃収入以外にその他という項目があり，旅客の場合は特別列車の運行がこれに含まれている。その他の収入額は開戦後に急増し，旅客の場合は1941年に約47万バーツであったものが翌年には約590万バーツに，貨物の場合は1942年に約84万バーツであったものが翌年には201万バーツとなっている［SYB（1945-55），332］。このうち，旅客については日本軍が支払った軍用列車運行費が含まれている可能性が高いことから，この図では運

---

135)　NA Bo Ko. Sungsut 2. 4. 1/13 "Banthuek Het thi Khabuan Rot Tong Lacha." 当時の手荷物の許容量は3等で1人当たり30kgであった。

第6章　一般輸送への影響——鉄道輸送の変容 | 475

図6-7　旅客・貨物収入の推移（1931/32～1945年）（単位：千バーツ）

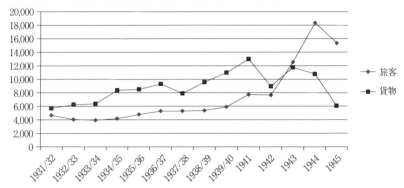

注：どちらも運賃収入のみを対象としている
出所：SYB（1945-55），332より筆者作成

賃収入のみを対象にしている。

　この図を見ると，1930年代は一貫して貨物収入のほうが旅客収入よりも多くなっていたが，1942年に貨物収入が大幅に減少し，1943年に旅客収入が急増したことで両者が逆転したことが分かる。その後，格差はさらに拡大し，1945年には両者の差は約900万バーツとなっていた。タイの鉄道では開業直後は旅客収入が貨物収入を上回っていたが，1922/23年に貨物収入が旅客収入を初めて上回ってからは約20年間貨物収入のほうが多くなっていた［柿崎 2000b, 178］。このため，1920年代以降タイの鉄道は貨物収入のほうが多い貨物鉄道としての側面を持っていたが，これが開戦後再び旅客鉄道に戻ったことになる。

(2) 外港～後背地間輸送の減少

　このような貨物鉄道から旅客鉄道への変化は，タイの貨物鉄道の主要な任務であった外港～後背地間輸送，とくに後背地から外港への輸送が大幅に減ったからに他ならなかった。戦前のタイの鉄道の主要な任務は後背地である北部や東北部からバンコクへの一次産品輸送であり，その中でも米，豚，木材の3つの品目が重要であった。とくに，東北部からバンコクへの輸送は鉄道のみに依存していた状況であり，東北部からバンコクへのこれらの一次

産品の輸送はまさに鉄道が生み出した商品流通であった。

　実際に，タイの鉄道が貨物鉄道として機能していた 1920 年代から 1930 年代にかけては，鉄道網が東北部で拡張される時期に一致していた。貨物収入が旅客収入を上回った 1922 年には北線がチエンマイに到達し，北線の北部への延伸が完了した［Ibid., 135］。この後，鉄道網の拡張は東北部の入口のコーラートで止まっていた東北線のウボンとウドーンターニーへの延伸が中心となり，1930 年にウボンまで，1941 年にウドーンターニーまでそれぞれ全通した［Ibid.］。この内陸部への延伸に伴って貨物輸送量も大きく増加し，1922/23 年には約 87 万トンであった輸送量は世界恐慌の直前の 1928/29 年には約 145 万トンまで増加していた［Ibid., 178］。世界恐慌で一旦は減少した輸送量は，1930 年代半ばに再び約 150 万トン程度まで回復した。

　ところが，戦争が始まって最初に打撃を受けたのが，この内陸部の後背地からバンコクへの一次産品の輸送であった。米輸送が典型例であるが，開戦後に東岸線，すなわち北線や東北線での輸送量が大幅に減少し，1944 年には西岸線，すなわち南線の輸送量のほうが多くなるまでに激減していったのである。東岸線における貨物輸送量の大幅な減少は，主に後背地から外港へと運ばれていた大量の一次産品輸送の激減に伴うものであり，タイの鉄道の最も重要な任務であった後背地から外港への輸送が衰退したからに他ならなかった。

　この衰退の最大の要因は，軍用列車の運行による車両不足であった。先の図 5-4（357 頁）のように，開戦後に北線と東北線の貨物列車が大幅に削減され，北線の貨物列車は区間によって 1 日 4 往復あったものが全線で 1 往復になり，東北線ではバンコク～コーラート間で 1 日 2 往復あったものが 1 往復に削減されたのみならず，コーラート以遠の貨物列車は全廃されていた。東北線で廃止された貨物列車こそが，鉄道の三大輸送品目であった米，豚，木材輸送の主役であったことから，これらの貨物列車の廃止が外港～後背地間の貨物輸送を大きく減らしたことは明らかである。そして，貨物列車が廃止された主要な理由は，貨物列車に用いていた大型機関車を使って，長距離を運行する日本軍の軍用列車を牽引するためであった。

　第 5 章でも確認したように，開戦直後の日本軍の軍用列車にはタイの機関

車とともに貨車も多数用いられていたが、その後のタイ側の粘り強い要求により、マラヤ残留の貨車はタイ側に返還され、軍用列車の主役はマラヤの貨車となった。しかしながら、機関車は相変わらずタイの機関車に依存しており、これが返還されない限り北線や東北線の貨物列車を復活させることはできなかった。1943年に入ってからタイは日本への米輸送を行うという名目で何とか軍用列車の1往復の削減を実現し、一時的ながら東北部からバンコクへの米輸送列車の運行に成功したが、これが開戦後に唯一実現した東北線の貨物列車の「復活」であった。

(3) 「生命線」としての南線

　外港～後背地間輸送が大幅に減少したことで東岸線の輸送量が大幅に減少したのに対し、西岸線、すなわち南線の輸送量の減少は相対的に少なかった。南線の貨物輸送量は元々少なく、東岸線との間には4倍以上の差があった。南線ではバンコクを外港、南部を後背地とするような輸送はそもそも少なく、バンコク～南部間の輸送の主役は水運であった。鉄道の任務は主に南部西海岸を発着する輸送であり、主として南部東海岸と西海岸の間の局地的な輸送が多くなっていた。このため、図5-4のように南線には定期運行の貨物列車は存在せず、臨時の貨物列車が2往復設定されているに過ぎなかった。この臨時の貨物列車は、1929年の時点ではペッブリー行が毎日運行、マラヤ直通のパーダンベーサール行が週3往復運行であった[136]。

　この南線の列車本数の少なさが、南線の貨物輸送量の減少が少なかった要因の1つであった。図5-4のように、南線の2往復の臨時貨物列車は開戦後も本数は変わらず、廃止された貨物列車は存在しなかった。また、旅客列車の削減も少なく、図5-2（355頁）と図5-3（356頁）を見比べても、南線の旅客列車はハートヤイ付近を除いてそれほど廃止されておらず、北線や東北線と比べて列車本数の減少が少なかったことが分かる。これらの旅客列車は急行、快速を除いて混合列車であり、貨車も連結していた。つまり、南線での貨物輸送力は少なくとも1944年に入って隔日運行が始まるまではそれほ

---

136)　NA Ro. 7 Pho. 5/24 "Memorandum on the Proposal to Electrify of Certain Sections on the Royal State Railways within the Bangkok District. 1929/04/08"

ど低下していなかったのである。

　南線の輸送力の低さは，東北線や北線とは異なり沿岸水運が利用可能であったことに起因していた。鉄道開通前からバンコク〜南部間の輸送は沿岸水運が担っており，鉄道が開通してもこの間の貨物輸送の主役は相変わらず水運であった［柿崎 2000b, 318］。確かに，旅客輸送の場合は輸送時間の短縮によって水運からの転移があったが，貨物輸送の場合は輸送費用面で依然として水運のほうが廉価であったことから，鉄道利用は非常に限定されていたのである。実際に，鉄道が開通してもバンコクからシンガポールへ輸出されていた米はすべて水運で輸送され続けていたのであった。

　しかし，他方で鉄道は南部西海岸と東海岸やバンコクを結ぶ重要な交通路であった。南部西海岸はマレー半島のインド洋側に位置していることから，水運を用いる場合はシンガポール経由の大幅な迂回路となった。このため，南部西海岸に到達していた唯一の鉄道であるカンタン支線が南部西海岸と他地域を結ぶうえで極めて重要な役割を果たしていたのである。確かに南部では道路整備が進み，他にもチュムポーン〜クラブリー間，パッタルン〜カンタン間，クアンニアン〜サトゥーン間の半島横断道路が存在していたが，貨物輸送面では鉄道が主役であった。

　戦争が始まると，他の輸送手段の機能低下によって南線の役割は大きく高められることになった。開戦直後にはバンコクと南部の間の沿岸航路で船を運行していたタイ汽船社も運休しており，1941 年 12 月 16 日から当面パークパナンまでに限定して再開した状況であったことから[137]，南部各地で発生した米不足に対応するためには迅速な輸送が可能な鉄道に依存せざるを得なかった。また，上述のようにタイ汽船社はシンガポールからバンコクへの石油輸送に駆り出され，バンコク〜南部間の輸送力は低下していた。一方，燃料不足や自動車の徴用で自動車輸送も停滞し，マレー半島を横断する輸送手段は事実上カンタン支線のみに限られるようになり，これが旅客面でのカンタン支線での利用者数や貨物発着量の急増の背景であった。

　このように，従来バンコクと南部，あるいは南部東海岸と西海岸を結んで

137）　NA［2］So Ro. 0201. 98. 1/2 "Rueang Kan Khonsong Thang Thale Rawang Krungthep kap Phak Tai. 1941/12/19"

いた交通手段が開戦後に輸送力を低下させたことで，南線の重要性は増加した
のである。加えて，南部では生活必需品である米不足が顕著であり，マ
レー4州を日本から引き継いだ後は塩不足にも対応せざるを得なくなった。
1944年の消費物資備蓄に関する会議で検討されたように，最終的には生活
必需品が不足する地域への備蓄のための輸送が優先されることになり，南線
での南部やマレー4州への米と塩の輸送がこれに該当していた。このため，
生活必需品を輸送する手段として南線は重要な役割を果たすことになり，こ
れが南線における貨物輸送量が大きく減少しなかった最大の要因であった。
すなわち，南線が南部やマレー4州にとっての「生命線」として機能したこ
とがその重要性を高めることになり，南線の貨物輸送量の減少を抑制してい
たのである。

コラム

戦争の痕跡⑦ チエンマイ～タウングー間道路

　チエンマイ～タウングー間道路は，泰緬鉄道を補完するためにクラ地峡鉄道とともに1943年に入ってから整備された道路である。当初はインパール作戦に進軍する部隊のために建設されたが，急峻な山岳地帯を越える道路整備は難航し，結局このルートで進軍する予定であった第15師団はラムパーン～ターコー間道路経由でビルマに向かっていた。その後も工事は細々と続き，1944年には一応メーホンソーンまでの工事が完了したが，自動車は途中までしか通行できなかった。そして，1945年に入るとこの道路はビルマからの日本兵の撤退ルートとなり，とくに傷病兵が多数このルートで逃れてきたことから，沿道では多数の犠牲者を出したのであった。

　日本軍が整備した道路は，現在パーイ経由でメーホンソーンに向かう国道1095号線のルートとほぼ一致するものと思われる。途中のチエンマイの北約35kmのメーマーラーイまでは当時すでに自動車の通行可能な道路が存在しており，ここで左折してからの山越えの道路が新たに建設された区間である。タイでも有数の山岳道路であり，カーブとアップダウンの続くこの道路は，チエンマイ～メーホンソーン間の最短ルート

山に囲まれた広がるパーイ盆地（2015年）

480

クンユアムのタイ日友好記念館にあるトラックの残骸（2015年）

となっている。当時日本兵が松里峠と呼んでいた峠を越えると，パーイ川の谷に降りて川を渡る。右手に古い鉄橋が残っており，戦時中に日本軍が作った鉄橋であると一般に言われているが，当時はここまで鉄橋の鋼材を運んでくることは不可能であり，戦後に作られたことは間違いない。日本兵がアンポパイと呼んだパーイはその後西洋人のバックパッカーが集まる観光地と化し，現在は中国人観光客であふれている。ちなみに，「アンポ」は郡という意味のタイ語「アムプー」に由来する。

　その先，ナムリン峠を越えると当時蓬莱峡と呼ばれていたと推定されるパーンマパーを過ぎ，再び高い峠を越える。この付近が当時金剛と呼ばれていた場所と思われ，標高約1,000mの頂上からは延々と連なる山々を遠望できる。この先は高い峠もなく，患者療養所のあったフアイパーを経てメーホンソーンに至る。四方を山に囲まれた狭い盆地に，ビルマ式の仏塔が特徴的な寺院が並ぶ美しい町である。日本軍が整備した道路はここまでであったが，この先クンユアムを経てサルウィン河畔のケマピューまでのルートが日本兵の敗退ルートとして用いられていた。クンユアムまでは現在の国道108号線とほぼ同じルートであると思われ，患者療養所があったとされるパーポーン，フアイポーンの村を経由している。

　ビルマから入ってきた日本兵が最初に到着したタイの町であるクンユアムには，タイ日友好記念館という戦争資料館がある。広い敷地内には周辺で発見された日本軍のトラックの残骸が残されており，ビルマから撤退してきた部隊の一部が自動車で困難な山道を越えてきたことを物語っている。館内にも周辺の村々から集められた日本兵の武器や日用品が多数展示され，タイ国内ではカーンチャナブリーに次ぐ本格的な戦争資料館となっている。なお，クンユアムの先にもこの山道の跡が一部残っているらしい。

第7章
日本軍による鉄道の戦時動員とタイ

本章では，これまで解明してきた3つの課題を基に，タイにおける日本軍による鉄道の戦時動員の実像を総括することを目的とする。開戦とともに始まった日本軍の軍事輸送は，平時において水運が担っていた国際輸送を代替する形で発生し，タイを中心にカンボジア，マラヤ，ビルマを結ぶ長距離輸送が大量に行われていた。このような軍事輸送の背景にはタイ国内で通過あるいは駐屯していた日本軍の存在があり，日本軍の移動ルートや駐屯箇所の変化に追随して軍事輸送の傾向も変化していた。そして，日本軍の軍事輸送を優先せざるを得ない中でタイ側も極力鉄道輸送力の奪還を試み，他方で日本側はタイの鉄道の管理を強化しようとしていた。しかしながら，日本軍に奪われた鉄道輸送力をすべて取り戻すことはできず，その影響を最小限に食い止めるためにタイは生活必需品の輸送を最優先したのであり，その結果，平時には最も輸送量の少なかった南線の重要性が高まったのであった。

このため，本章ではまず日本軍にとってのタイの鉄道の位置付けを，他の東南アジア諸国の鉄道と比較しながら確認する。序章で述べたように，タイでは日本軍が鉄道を直接支配することはなかったことから，日本軍が占領した他の東南アジア諸国と比べて軍事輸送への足枷は大きかったものと思われる。他方でタイは当初は後方，後に前線としても重要な役割を果たし，タイの鉄道による軍事輸送の重要性は徐々に高まっていった。このような日本軍にとってのタイの役割の変化の分析が，本章の第2の課題となる。そして，最終的にこの鉄道をめぐる両国間の駆け引きを，タイと日本の鉄道をめぐる争奪戦という側面から分析し，その結果を総括することで本章を締めくくることとする。

以下，第1節で日本軍にとってのタイ鉄道の位置付けの確認を行い，第2節で日本にとってのタイの役割の変化を検討する。そして，最後の第3節でタイと日本の間の鉄道争奪戦の結末を総括する。

第 1 節　日本軍にとってのタイ鉄道

(1) 鉄道の間接支配

　最初に指摘したように，タイにおける日本軍の軍事輸送は日本軍が占領し
て軍政を施行した他の東南アジア諸国で行われたものとは異なっていた。日
本軍が占領した地域においては，現地の植民地政庁を解体して軍政を施行し
たことから，鉄道事業を担当していた各国の組織も解体され，日本側が鉄道
を直接管理することになった[1]。このため，開戦と同時に日本軍は各地に鉄
道連隊や特設鉄道隊を派遣して占領した地域の鉄道を確保させ，列車運行が
可能になった区間から軍事輸送を開始した。その後，各国の占領が終了する
と，鉄道事業は軍政部に設置された陸輪総局に移管された[2]。なお，これら
の地域での鉄道事業の日本による管理については，基本的には旧宗主国人が
担っていた任務を日本人が代替する形で行われ，現地人の従業員はそのまま
継承されていた[3]。

　これに対し，仏印とタイについては日本軍の通過や駐屯を認めたために軍
政を施行しておらず，鉄道事業も戦前と同じ体制での運営が継続されてい
た。仏印については既に開戦前の 1940 年から北部への日本軍の進駐を開始
しており，仏印側も日本軍の軍事輸送に協力していたことから，日本軍によ
る鉄道の接収は行われなかった[4]。1941 年に入って南部にも進駐を始める
と，日本軍は開戦を目指して北部から南部への部隊の移動を開始し，1936
年に全線開通したばかりの仏印の南北縦貫鉄道もこの輸送に貢献すること
なった。このように，仏印は事前に日本軍の進駐を認めていたことから開戦
後も植民地政庁が温存され，鉄道事業もそのままフランス側の手によって担

---

1)　防衛研　陸軍─中央─全般鉄道 11「軍事鉄道記録　第五巻」(JACAR: C14020316400)
2)　ビルマについては西隣をインドに接していたことから軍政部への移管は行われず，軍の直営と
　　して第 5 特設鉄道隊が運行を担当していた [柴田 1995, 593]。
3)　このうち，マラヤの鉄道については太田 [2001]，ジャワについてはジャワ陸運総局史刊行会
　　[1976] が参考になる。
4)　防衛研　陸軍─中央─全般鉄道 11「軍事鉄道記録　第五巻」(JACAR: C14020316400)

第 7 章　日本軍による鉄道の戦時動員とタイ　487

われており，日本軍が軍事輸送を依頼するという形態が取られていた。しかし，1945 年 3 月の明号作戦によって仏印政庁が解体されると，鉄道事業も日本側が直接支配することとなり，このために派遣された鉄道第 10 連隊と第 5 特設鉄道隊の一部によって運営が引き継がれた[5]。

　タイの場合も，仏印と同じように日本軍の通過と駐屯を認めたことから，鉄道事業も従来通りタイ側が担い，日本側が軍事輸送を依頼するという形態をとっていた。このため，日本側はタイの鉄道を直接管理することはできず，当初は日本軍の鉄道部隊の任務は軍事輸送を計画してタイ側に依頼するという管理業務のみを行っていた。これがタイで通称「石田部隊」と呼ばれていた第 3 鉄道輸送司令部であった。なお，この第 3 鉄道輸送司令部は当初仏印とタイの鉄道による軍事輸送を担当したが，その後占領地域の拡大とともにマラヤ，スマトラと管轄区域も増えたことから，1942 年 5 月に第 3 野戦鉄道司令部へと改組されていた[6]。

　しかし，開戦直前においてはタイが日本軍の通過を認めて軍事輸送に便宜を図るかどうか分からなかったことから，日本軍はタイの鉄道を確保するために鉄道部隊を準備していた。これらは第 2 鉄道監部，鉄道第 5 連隊，第 4 特設鉄道隊，第 5 特設鉄道隊を中心とするものであり，主力は近衛師団とともに東部の仏印国境からタイに入り，一部はマレー半島各地に上陸して最寄りの鉄道駅を確保していた[7]。これは，タイが日本軍に協力しなかった際には，日本軍がタイの鉄道を直接支配して，マレー攻略作戦のための軍事輸送を行うことを目的としたものであった。実際には，タイは日本軍の通過を認め，鉄道による軍事輸送にも全面的に協力する姿勢を示したことから，これらの鉄道部隊がタイの鉄道を接収することはなく，すべての部隊はマラヤ鉄道の確保と復旧のために南下していったのであった。

　このように，タイにおいて日本軍は当初タイの鉄道の直接支配も念頭に置いてはいたものの，実際にはタイが日本軍の軍事輸送に協力したことから鉄道を直接支配することはなかった。ただし，これまで見てきたように日本側

---

5)　Ibid.（JACAR: C14020316700）
6)　Ibid.（JACAR: C14020316500）
7)　Ibid.（JACAR: C14020316400）

の要求する軍事輸送の規模は非常に大きく，これまでのタイの鉄道輸送量と比べると明らかに過剰であった。タイ側もその対応には苦慮しつつも，基本的には同盟国として日本軍の軍事作戦に協力するという原則の下で，可能な限り日本側の要求に応じていた。このため，日本軍がタイの鉄道を直接支配しなかったとはいえ，間接的には日本軍の圧力がタイの鉄道局に重くのしかかり，平時と同じレベルの一般輸送サービスを提供できなかったことは明らかである。日本軍は鉄道の直接支配は行わなかったものの，事実上は間接的な支配を行っていたのである。この点では，日本軍はタイにおいても鉄道の戦時動員にある程度成功したと言えよう。

(2) 軍事輸送の限界

　このように日本軍に間接的に支配されたタイの鉄道であったが，タイ側の尽力にもかかわらず，日本側は自らの思うままに軍事輸送を行えないといういらだちを常に抱えていた。第5章で見たように，タイ側は日本軍の軍事輸送によって大きく減らされた一般輸送の輸送力をどうにか回復しようと画策し，日本側に対して車両の返還を訴えていた。日本側も時には「同情」してタイ側に車両を返還することもあったが，日本側の「同情」の結果は最終的には軍事輸送能力の減少という形で日本側の不利益をもたらしていた。このため，日本軍が間接支配したタイの鉄道における軍事輸送は，おのずと限界があった。

　表7-1は1942年10〜11月の東南アジアの占領地における日本軍の軍事輸送量と一般輸送量を比較したものである。これを見ると，日本軍の軍事輸送が占める比率はビルマとマラヤで高く約7割となっており，スマトラとジャワでは2〜3割程度となっていたことが分かる。このような軍事輸送量の差は各占領地における軍事輸送の需要の多少と関係しており，ビルマやマラヤのほうが前線に近く，軍事輸送の需要が高かったことが軍事輸送比率の高さに反映されていたものと思われる。1942年10月の時点では，ビルマでは糧秣の約1万5,000トンが最も多く，以下石炭と鉛・銅がそれぞれ約1万1,000トン，自動車と燃料がそれぞれ5,000トンと続いており，マラヤではその他を除くと石炭の約2万8,000トン，糧秣の1万5,000トン，建築材料の1万

第7章　日本軍による鉄道の戦時動員とタイ | 489

表7-1　東南アジア占領地における軍事・一般輸送量（1942年10〜11月）
（単位：トン）

	ビルマ				マラヤ			
	軍事輸送	一般輸送	計	軍事輸送比率（%）	軍事輸送	一般輸送	計	軍事輸送比率（%）
10月	77,274	23,230	100,504	77	25,662	37,442	63,104	41
11月	76,322	43,099	119,421	64	130,646	23,527	154,173	85
平均	76,798	33,165	109,963	70	78,154	30,485	108,639	72
	スマトラ				ジャワ			
	軍事輸送	一般輸送	計	軍事輸送比率（%）	軍事輸送	一般輸送	計	軍事輸送比率（%）
10月	46,729	79,626	126,355	37	84,067	306,485	390,552	22
11月	51,150	133,457	184,607	28	95,603	309,024	404,627	24
平均	48,940	106,542	155,481	31	89,835	307,755	397,590	23

注：軍事輸送量には対日資源輸送量を含む。
出所：防衛研　中央—全般鉄道46より筆者作成

3,000トン，燃料の1万2,000トンが上位を占めていた[8]。

　これに対し，タイの鉄道における軍事輸送比率は，先の図1-4（74頁）から計算すると1942年の時点で46%，1943年には41%であった。1943年に軍事輸送比率が下がったのは，1942年初めの軍事輸送の繁忙期が終わって輸送量が減ったことと，タイ側が米輸送のために一時的ながらも車両を取り返した結果，この年の一般貨物輸送量が前年を若干上回ったことによる。このような数値はスマトラとジャワと比べれば依然として高いものの，ビルマとマラヤと比べれば明らかに低いものであった。既に見てきたように，タイの鉄道においても米を中心とした食料の輸送量が多く，タイからマラヤへの軍事輸送の中心は米の輸送であった。このため，日本側の希望する軍事輸送の需要は本来もっと高かったはずであり，ビルマやマラヤのように総輸送量の7割程度まで軍事輸送量を引き上げて，より多くの軍事輸送を行いたかっ

8）　防衛研　陸軍—中央—全般鉄道46「南方鉄道状況書綴」（JACAR: C14020337600）

たはずである。

　タイにおける軍事輸送比率がビルマやマラヤよりも低かったのは，タイが一般輸送を極力継続しようと尽力した結果に他ならなかった。日本軍が直接支配した鉄道であれば，理論的には日本軍が希望する軍事輸送は輸送力を越えない限り無尽蔵に増やすことが可能であったのに対し，タイの鉄道では日本軍はあくまでも顧客の1人に過ぎず，他の顧客をすべて犠牲にしてまで輸送力を独占することはできなかった。タイ側が軍用列車の本数削減を求める際には，日本では軍事輸送を優先するために一般輸送を制限しているとして，日本側は一般輸送の制限を行うよう何度も要請していた[9]。

　タイ側は極力一般輸送への影響を少なくしようと画策し，日本軍の軍事輸送に車両を奪われて輸送力が減りはしたものの，基本的には平時と同じサービスを維持しようとした。貨物輸送については，貨物列車の廃止や一般への配車制限によって一般輸送への影響が開戦当初から出ていたが，その分荷物を担いだ旅客が急増し，旅客輸送量は1944年まで増加していた。他方で旅客列車の本数も減少していたため，列車の混雑は平時よりも確実に激化していた。最終的に，潤滑油不足が深刻化して列車の隔日運行を開始した1944年4月から一般旅客輸送の制限を行い，列車の更なる混雑の激化を食い止めようとしていた[10]。

　また，そもそもタイの鉄道の輸送力が日本と比べて非常に低く，日本側が期待したような大量の軍事輸送を行うことが困難であったことも，タイにおける軍事輸送比率を低いものとしていた。タイの鉄道の輸送力の低さは，当時軍事輸送を担当していた日本人が皆嘆いていた。例えば，泰緬鉄道の建設に従事した広池は，最初にマレー侵攻作戦のためにバンコクからマラヤへの近衛師団の輸送を担当した際のことを以下のように回想していた［広池

---

9)　NA Bo Ko. Sungsut 1/8 "Banthuek Kan Prachum Phicharana Ha Thang Kaekhai Kho Khatkhong Kiaokae Kan Khat Khlaen Watsadu Uppakon nai Kitchakan Rotfai Rawang Anukammakan Rotfai kap Chaonathi Thahan Yipun. 1944/03/17"　日本では日中戦争の開始後徐々に輸送力不足が顕著となり，1941年には三等寝台車や食堂車の連結を廃止して座席車に代えたり，短距離客の急行列車利用を制限するなどの施策が行われていた［原田 1986, 166］。

10)　1944年4〜5月から急行列車への短距離利用者の乗車禁止，急行料金の引き上げ，切符販売枚数の制限，持ち込み手荷物量の制限などを開始した［NA Bo Ko. Sungsut 1/557 "Pho. Tho. Surachit Charaserani rian Set. Tho. Sanam. 1944/05/12"］。

1971, 63]。

> ……当時，タイの鉄道輸送力がいかに貧弱だったかは，特筆に値するものがあった。
> 試みに数字をあげてみても線路延長三千百キロに対し，車両数は機関車百九十七，
> 客車三百二十一，貨車三千四百九十一という次第である。機関車のカマ洗い，修繕，
> さては予備などを考えると全線を均してもせいぜい一日五個列車，日本軍にその半
> 分を提供するとしてせいぜい二列車半しか能力がないのであった……。

　鉄道の専門家でなくとも，タイの鉄道は「可愛らしい」ものと日本人の目
には映っていた。当時同盟通信社の従軍記者であった鈴木四郎は，1942 年 3
月にラムパーンからバンコクへ一般列車で向かった時の様子を以下のように
回想している［鈴木 1989, 99］。

> ……私の乗る一等車は一両，残りの四両の普通車はタイ人乗客で身動きできないほ
> ど満員。
> 　列車が動き出すと，開けっ放しの窓から火の粉がしきりに舞い込み，うかうかす
> ると服を焦がす。窓から首を出し前方を覗くと，機関車は，長い煙突から真っ黒な
> 煙を吐いており，山と積まれた焚木を釜につぎ込むたびに，燃える木片からハジキ
> 出された火の粉が，火事場の火の粉のように飛び散る。
> 　お伽列車そのものである。
> 　ラムパーン周辺は無人の原野。一帯は高さ一，二メートルの灌木疎林に覆われてい
> る。ピーピーと可愛い汽笛を鳴らし時速三〇キロ前後で走る機関車がばら撒く火の
> 粉のために，乾季でカラカラの枯れ葉でいっぱいの原野に火の粉が散り，火事を惹
> き起こす。列車はしばしば真っ赤に燃える火の塊りの原野を潜り抜け，炎の舌が窓
> 際ぎりぎりまで迫る。日本では想像もできない風景である……。

　薪を燃料にした蒸気機関車は日本人の目には珍しかったようであり，多く
の日本兵の回想に火の粉を飛ばしながら走るタイの列車が言及されている。
中には「軽便鉄道」でバンコクを目指したというような記述もあり，当時の
タイの鉄道は一般の日本人から見ても所詮軽便鉄道でしかなかったことが分
かる[11]。

---

11)　例えば，第 53 師団第 1 野戦病院の飯沼邦夫は，「翌日プノンペン王宮見学，ここで四野病衛
　　生隊三六部隊の一部が集結し，軽便鉄道で盤谷に向う。」と回想していた［東辻編 1975, 69］。

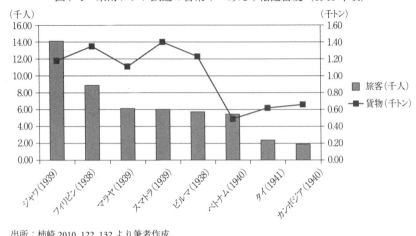

図 7-1 東南アジア鉄道の営業キロあたり輸送密度（1940年頃）

出所：柿崎 2010, 122, 132 より筆者作成

　タイの鉄道の輸送力の低さは，東南アジアの他国の鉄道と比べても明らかであった。図 7-1 は東南アジア各地の鉄道の営業キロあたりの旅客・貨物輸送密度を比較したものである[12]。これを見ると，旅客輸送ではタイの輸送密度は約 2,400 人とカンボジアに次いで 2 番に低く，最も高いジャワの約 6 分の 1 となっていることが分かる。貨物輸送のほうが差は少なくなるが，それでもタイは約 620 トンとベトナムに次いで 2 番目に低くなっている。カンボジアとの差はそれほどではないが，ビルマやマラヤと比べればタイの輸送密度の低さは歴然としており，インドシナ半島における日本軍の国際軍事輸送を行う上で，タイの輸送力の低さがネックになることは，平時における輸送量を比べれば簡単に予想できたのである。ちなみに，1940 年の時点での日本の官営鉄道における同様の数値を計算すると，旅客が約 10 万人，貨物で約 7,400 トンと，タイはもちろんのこと，東南アジア全体と比べてもはるかに高い輸送密度を誇っていた［運輸経済研究センター・近代日本輸送史研究会編 1979, 431, 437, 465］。日本の鉄道を見慣れた人からすれば，タイの列車がお伽列車や軽便鉄道に見えたのもしごく当然と言えよう。

---

12) 本来輸送密度は人キロやトンキロを用いて算出すべきであるが，一部の鉄道でそれらの数値が得られないことからここでは単に人数とトン数を営業キロで除してある。

実際に，先の図5-2（355頁）と図5-4（357頁）で見たように，戦前のタイの鉄道の列車本数は非常に少なく，バンコク近郊を除いて旅客，貨物合せても1日数往復しか列車が運行されていない区間が多数存在していた。とくに南線の列車本数が最も少なく，プラーンブリー〜チュムポーン間では毎日運行される列車は1日1往復の混合列車のみという状況であった。輸送量の多い日本の鉄道から見れば，タイの鉄道は全線が地方の閑散線のようなものであり，そこに日本軍の軍事輸送が突如発生したわけであるから，日本側が期待したような規模の軍事輸送はそもそも初めから不可能であった。図1-4（74頁）で見たように，1941年の一般貨物輸送量が約18.5万両分，言い換えれば約185万トンであったが，翌年には一般輸送，軍事輸送合わせて計20.5万両分に増加し，1943年には約19.6万両分と若干下がったものの，ほぼ20万両の大台を維持していた。すなわち，タイの鉄道の輸送能力は貨物輸送では年間約200万トンが限界であり，ただでさえ少ないそのパイを軍事輸送と一般輸送で分け合った結果が，先の40％台の軍事輸送比率となって現れていたのである。

(3) 直接支配の失敗

1943年までは何とか一般輸送のほうが軍事輸送よりも多い状態を保っては来たものの，1944年に入って潤滑油の枯渇から一般列車の運行頻度を毎日運行から隔日運行へと減らさざるを得なくなると，タイの鉄道における軍事輸送比率は高まっていった。先の図1-4から計算すると，1944年には軍事輸送量が一般輸送量を越えて全体の62％を占め，翌年にはその比率は79％へとさらに高まったのである。トンベースで見た場合は日本軍の軍事輸送量は年間8〜9万トンで推移しており，1945年にもほぼ前年と同じレベルを維持していた[13]。この結果，終戦直前にはタイの鉄道は事実上日本軍の軍用鉄道と化していたのである。

---

13) これは南線での橋梁破壊によって輸送が細切れとなったためであり，例えばバンコクからマラヤへ300トンの貨物を輸送したとすると，ナコーンチャイシーとラーチャブリーでの積替えによって列車の運行区間が3区間に分割され，それぞれ300トンずつの輸送が計上されることで統計上は計900トンの輸送となってしまう。これを防ぐためには，輸送密度を示すトンキロ（輸送量×輸送距離）で比較する必要がある。

このように，鉄道輸送力が低下しつつも日本軍の軍事輸送についてはこの間ほぼ同じ水準を維持していたが，日本軍にとってのタイの鉄道の重要性は戦争が終わりに近づくにつれてますます高まっていった。これはタイの役割が後方から前線へと変化してきたためであり，タイは単なる通過地から駐屯地へとその役割を変え，駐屯地を支える前線の鉄道としての機能を高めることになったのである。しかし，他方で1944年以降連合軍による鉄道施設への空襲が本格化し，日本軍もタイの鉄道を守るための防空計画を策定することになった。

第5章で見たように，日本側は1944年代末から防空のための部隊をタイの鉄道沿線に派遣し，タイ側でも鉄道防空委員会を設置してこれに対応していた。タイ側も防空対策や空襲後の復旧については日本側への依存度を高めていき，日本側のタイの鉄道への間接支配は徐々に強まっていった。1945年に入ると一般輸送のための列車の運行は微々たるものとなり，タイの鉄道の主要な任務は日本軍の軍事輸送へとほぼ特化され，主要駅や橋梁には日本の鉄道部隊が常駐して軍用列車の運行を見守っていた。

それでも，タイ側は最後まで列車運行を日本側に任せることはせず，鉄道局による列車運行という一線は決して日本側に譲らなかった。南線のナコーンチャイシーとラーチャブリーの橋梁が不通になり，この間の路線が孤立したことから，日本側は泰緬鉄道の運行を行っている自分達に運行を任せるよう提案したものの，結局タイ側の了承は得られず，日本軍による列車運行は最後まで実現しなかった。日本側は列車運行を行うための鉄道隊も派遣し，日本人の機関士が機関車に添乗までしていたが，日本人が運転を行うことはついに叶わなかったのである。すなわち，日本軍によるタイの鉄道の直接支配は失敗したのであった。

実際には，日本軍はタイの鉄道を直接支配する計画を策定しており，その準備も進めていた。1944年に入ると連合軍側の優勢が明白となり，仏印やタイが連合軍側に翻る可能性も出てきたことから，日本軍も仏印とタイを武力処理する計画を秘密裏に策定し，鉄道についてもその準備を進めたのであった[14]。南方軍は1944年2月に鉄道第10連隊と第11連隊の編成を命じ，どちらも同年4〜5月に日本を発ってシンガポールに上陸した［吉田編 1983,

20-22]。その後，しばらくは仏印，タイともに武力処理の必要はないとして，鉄道第 10 連隊は主に仏印鉄道の警備や補修に，第 11 連隊は泰緬鉄道の補修に従事していた。1945 年 3 月の明号作戦の際には仏印にあった鉄道第 10 連隊がこれに参加し，この部隊がその後終戦まで仏印鉄道の運営を行っていた[15]。他方で，タイの武力処理は最後まで行われなかったことから，鉄道第 11 連隊は 1945 年 4 月以降主に南線の防空や軍事輸送の処理を担当し，本来想定されていたタイ鉄道の運営業務は結局実現しなかった[Ibid., 22]。タイが仏印のように武力処理されれば，タイの鉄道も日本軍の直接支配下に置かれることになったはずであるが，終戦までタイの独立が守られたことで鉄道事業の独立もまた守られたのであった。

　しかし，このような状況は日本側にとって非常に歯がゆいものであった。防衛研究所に保管されている「軍事鉄道記録　第 5 巻」の中で鉄道防空について執筆した川村弁治は，タイの鉄道について以下のように述べている[16]。

> ……泰国は日本軍の同国内進駐当初より同盟関係に置かれその鉄道は軍事上これを利用し得るもこれを管理する程度には至らず僅かに軍事上の指導権を認めさせる範囲に止められた〈。〉作戦初期日本軍の戦況有利で戦場が緬甸，馬来「スマトラ」「ジヤワ」と逐次前方に移り単に後方兵站線の一部として利用していた当時は別状なかつたが戦争後半となつては日本軍の思ふように使用出来ざるのみならず防空的諸施設を実施しやうとしても事毎に日泰同盟事務局の手を経て取極めをなさなければ手が下せず第一線の戦況の不利は直ちにこの交渉面に影響し施すべき処置は頗る微温，緩慢，通常時機を失してむざ〳〵と大被害を被り至るところ輸送途絶を来たしこれが至急修理も泰国側の交渉遅延策により活発に実施することを得ず洵に切歯状態を以て終始する状態であつた……。

　彼は防空面からタイ鉄道を空襲から守るための様々な施策が円滑に行われなかったと主張しているが，日本軍の思うように使用できないという問題は，軍事輸送などすべての面で見られたことであった。もちろん，タイ側にとっても鉄道は非常に重要なものであったことから，タイ側が鉄道の空襲を

---

14)　防衛研　陸軍―中央―全般鉄道 11「軍事鉄道記録　第五巻」(JACAR: C14020316700)
15)　Ibid.
16)　Ibid.(JACAR C14020316900)

黙認していたわけではなかろうが，日本側から見るとタイ側の対策は極めて不十分であった。にもかかわらず，タイ側の了承が得られないと日本側は何も手を出すことはできなかったことから，彼を始め多くの日本人がもどかしい思いをしたのである。日本軍によるタイでの鉄道の戦時動員の実態は，このような自由の利かない限定されたものでしかなかった。

第2節　タイの役割の変化

(1) 通過地と駐屯地

　日本軍の軍事輸送は，日本軍にとってのタイの役割の変化にも影響を受けていた。これまで見てきたように，タイは当初通過地としての役割を重視されていたが，戦況の変化とともに徐々に駐屯地として傾向が強まり，最終的には10万人以上の日本兵が駐屯する場所へとその役割を変えていった。これに伴い，日本軍の軍事輸送にも変化が見られた。

　通過地としての側面が強かったのは，第1期の戦線拡大期と第3期の泰緬鉄道開通期であった。最初の第1期は日本軍の部隊がタイを経由してマラヤとビルマに向かう時期であり，約10万人の日本兵が通過していた。タイへの入国は主にサイゴン，プノンペン経由での仏印国境，バンコクへの上陸，ソンクラーなどマレー半島への上陸の3つのルートを介して行われた。このうち，仏印国境経由から入った部隊は東線，南線経由でマラヤを目指す部隊と東線，北線経由でビルマを目指す部隊があり，バンコク上陸部隊は北線でビルマへ，ソンクラー上陸部隊は南線か道路経由でマラヤへと向かって行った。とくに，開戦直後は日本軍の通過が認められたタイを経由してマラヤやビルマへ進軍するルートが最も確実であったことから，通過地としてのタイの機能は最も高かった。

　第3期については，インパール作戦向けにビルマへの部隊の輸送が活発化した時期であった。この時期には泰緬鉄道とクラ地峡鉄道が利用可能となったことから，ビルマ向け輸送の大半が泰緬鉄道経由となり，主にサイゴンか

らの東線と，マラヤからの南線を経由して輸送が行われ，少なくとも11万人の日本兵がタイを経由してビルマへと向かっていた。クラ地峡鉄道については主にシンガポールやマラヤからビルマを目指した日本兵が利用し，同じくシンガポールからビルマを目指したインド国民軍の兵士も主にこのルートを利用していた。これ以外にも，チエンマイ～タウングー間道路の建設に従事した部隊を中心に，ラムパーンからシャンへ道路で向かった日本兵も存在した。

　一方，駐屯地としての側面が強まったのは第2期の泰緬鉄道建設期と第4期の路線網分断期であった。第2期においては，開戦直後の日本軍の通過が終わったことから日本兵の駐屯箇所は少なくなり，軍事輸送量が最も少ない時期となっていた。しかし，この時期には泰緬鉄道やクラ地峡鉄道の建設が始まったことから，両鉄道沿線に鉄道建設のための部隊の駐屯が始まり，タイ国内に駐屯する日本兵の数は第1期よりもむしろ増加していた。このため，第2期の軍事輸送も鉄道建設現場への資材や捕虜・労務者などの労働力の輸送が中心となり，マラヤとバンコクから泰緬区間への輸送が中心となった。また，マラヤへの米輸送が活発化したことで，バンコクからマラヤへの軍事輸送量も第1期に引き続き多くなっていた。

　第4期には西のビルマから撤退してきた部隊がタイに大量に入ってきたのみならず，タイ国内に新たに駐屯する部隊が南や東からも流入し，軍事輸送はかつてなく複雑な動きを見せることになった。鉄道網が空襲によって寸断され，軍用列車の運行は最も停滞した時期ではあったが，タイ国内での部隊の移動は逆に最も活発化し，水運や自動車も用いながらタイ国内の各地に日本兵が入り込み，駐屯を始めていた。東北部のようにこれまで日本兵がほとんど立ち入らなかった地域にも日本兵は駐屯し，タイ国内での日本兵の存在感はかつてなく高まっていた。東線と南線が軍事輸送の主役ではあったが，新たに東北線でも軍事輸送が活発化し，一般輸送が大幅に落ち込んだことからタイの鉄道は事実上日本軍の軍用鉄道と化していた。

　このように，タイの位置付けが当初の通過地から駐屯地へと変化してきたことで，タイ国内の軍事輸送のルートも複雑化し，最終的に第4期には輸送ルートの数が最も増えていたのである。このため，日本軍にとって第4期は

タイにおける軍事輸送の必要性が最も増した時期であったものの，肝心の鉄道は連合軍の空襲と資材の欠乏によって過去最低のレベルまでその輸送力を低下させていたのであった。

(2) 中継点としてのタイ

既に見てきたように，日本軍の軍事輸送は国際輸送が多く，平時であれば水運が担うはずの輸送を鉄道に任せてきたのであったが，タイは日本軍の国際軍事輸送を担う上での中継点としての機能を果たしてきた。そして，この機能は泰緬鉄道の開通によりさらに強化され，末期になると中継点としてのタイの役割はさらに重要となっていった。

図7-2は第1章で確認した日本軍の鉄道による軍事輸送について，主要な輸送ルートに焦点を絞って示したものである。この図を見ると，中継点としてのタイの役割が実際に強化されてきた過程が把握できる。第1期からタイは仏印，ビルマ，マラヤを含めた4ヶ国各相互間の軍事輸送の結節点の役割を果たしており，仏印からタイを経由してマラヤやビルマへ至る輸送が存在していた。ただし，北線はビルマまでは到達していないことから，ビルマを目指した部隊はピッサヌロークやサワンカロークからは道路を用いて急峻な山岳地帯を抜けてビルマに入っていった。第2期には一旦ビルマ向けの輸送はなくなり，仏印とマラヤとの間の輸送に限定されていたが，この輸送の多くはタイとビルマを直接鉄道で結ぶための泰緬鉄道の建設のための資材や労働力の輸送であった。

泰緬鉄道が開通することで，第3期にはビルマへの主要ルートは第1期の北線経由からこの鉄道経由へと変わり，再び4ヶ国間の輸送が始まった。この時期にはインパール作戦のための部隊や軍需品の輸送が仏印とマラヤを起点にタイ経由で行われており，逆のタイから仏印，マラヤへの輸送は主に食料の輸送であった。第4期に入ると泰緬鉄道の役割は徐々に日本軍の撤退路へと変わったが，ビルマからタイを経由して仏印やマラヤに向かった部隊や，逆に各地からタイを目指して移動してきた部隊など，部隊の移動が非常に活発となった。そして明号作戦のころから東北線での軍事輸送も本格化し，タイの結節点としての機能はさらに強化されたのである。

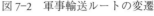

図 7-2　軍事輸送ルートの変遷

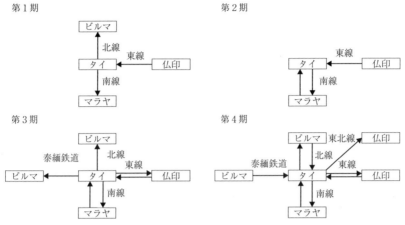

出所：筆者作成

　鉄道による国際軍事輸送の拡大は，バンコク港への日本船の入港が激減したこととも関係していた。図 7-3 はバンコク港に入港した日本船の数の推移を示したものである。これを見ると，開戦直後の第 1 期には月 30 隻程度の船が入港しており，最大トン数も 1942 年 1 月に 10 万トンを超えたが，その後減少して 1942 年末には一旦入港が途絶えていたことが分かる。その後，1943 年に入って再び増加し，1943 年末に第 2 のピークを迎えていた。第 1 期はバンコクに船で到着する日本軍の部隊が多かったために多数の船が入港しており，1943 年末に増加したのはインパール作戦のためにビルマに向かう兵の一部が船で到着していたためであった。しかし，1944 年に入るとバンコクへの入港は激減し，ほとんど船が到着していないことが分かる。これは連合軍の飛行機がチャオプラヤー川河口に機雷を撒いて船の出入りを妨害し始めたためであり，前述のようにこの年の 1 月にはシンガポールからの石油輸送に従事していたタイ汽船社のワライ丸が機雷によってチャオプラヤー河口で沈んでいた。日本軍の船不足も加わってバンコクに入港する日本の船はほとんどなくなり，わずかに到着する船も小型船ばかりとなった[17]。

---

17)　図 7-3 の原資料から判別する限りでは，日本からの船が最後にバンコクに到着したのは 1944 年 4 月のことであった。

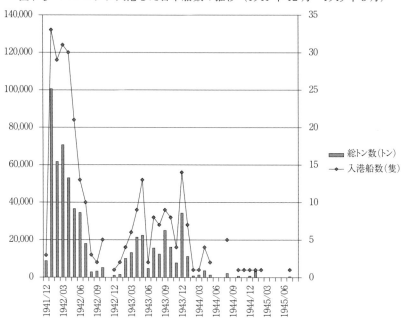

図 7-3　バンコクに入港した日本船数の推移（1941 年 12 月～1945 年 8 月）

出所：NA Bo Ko. Sungsut 2. 4. 2/2, NA Bo Ko. Sungsut 1. 12/55 より筆者作成

　このため，1944 年に入ると日本とタイとの間の往来はシンガポールかサイゴンを経由して行われることとなり，これらの 2 つの港がバンコクの外港の役割を果たすことになった。日本への所要距離ではサイゴン経由のほうが近いことから，サイゴンのほうがバンコクの外港としての機能は高く，バンコク～サイゴン間の輸送の主役となる東線が日本とタイの間の軍事輸送ルートとしても重視されるようになったのである。空襲による機雷散布に伴うバンコク港の外港としての機能低下は，日本軍の鉄道による国際軍事輸送への依存度をさらに高めることとなったのである。

　このような国際輸送の中継点としてのタイの存在は，第 2 次世界大戦から約 70 年を経た現在再び高まりつつある。第 2 次世界大戦の終了後，タイを除くインドシナ半島の各地で独立を巡る戦いやその後の冷戦構造の中の対立が続き，1980 年代半ばまで戦火が絶えない地域であった。その後，「戦場から市場へ」へのスローガンの下でインドシナ半島での経済発展のための協力

体制が模索され，最終的に 1992 年から始まった大メコン圏（Greater Mekong Subregion）という局地経済圏の構築という形で結実した［柿崎 2011, 18-20］。

　具体的には，図 7-4 のような 3 つの経済回廊を構成する国際交通網を整備し，沿線の経済開発を進めようというものであるが，タイは地理的にインドシナ半島の中心に位置していることから，大メコン圏の国際交通網の中継点としての機能を強化して，さらなる経済発展を進めようと模索しているのである。そして，例えば東西回廊と南北回廊の結節点となるピッサヌロークは「インドシナの十字路」を売り物にして，新たな投資を促そうとしている。しかしながら，先の図 7-2 に示されているように，日本軍の軍事輸送の中でタイは既に「インドシナの十字路」として機能していた。

　さらに，日本軍の軍事輸送が国際輸送を重視したことから，日本軍が整備したり利用したりしたルートも半世紀後に浮上した大メコン圏の経済回廊のルートと重複している。例えば，南北回廊のうちタイ国内の区間はビルマへの進軍やビルマからの撤退時に活用したルートであり，東西回廊のピッサヌローク～モールメイン（モーラミャイン）間は開戦直後のビルマ攻略作戦で使用した最重要ルートであった。南回廊に至っては，バンコク～サイゴン間のルートが開戦時から終戦に至るまで一貫して重要な軍事輸送ルートとして機能し，現在南回廊の西への延伸ルートとして注目を浴びているバンコク～タヴォイ（ダウェー）間は，かつての泰緬鉄道の再現とも言えよう。

　もちろん，当時構築された軍用鉄道や軍用道路はあくまでも日本軍の軍事輸送を目的としたものであり，実際に発生した輸送もほとんどが軍事輸送であった。一方で，大メコン圏の目的は経済発展であり，国際交通網を整備して投資を呼び込み，国際物流の拡大をもたらすことを期待している。にもかかわらず，両者が重視する国際交通路が似ているのは，どちらも陸上での国際輸送を前提としているからに他ならない。かつて日本兵や軍需品を輸送したが，今では東南アジア各地に進出した日系企業の物流ルートとして脚光を浴びつつある。言い換えれば，日本軍が重宝した「軍事回廊」が，70 年の月日を経て「経済回廊」へと変化してきているのである。

図 7-4 日本軍の主要な軍事輸送ルートと大メコン圏の経済回廊

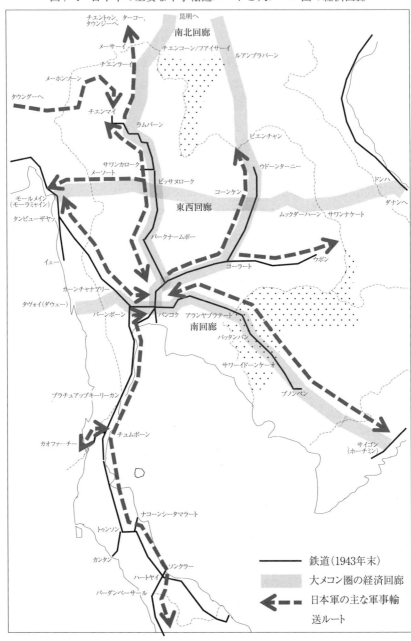

出所：筆者作成

第7章　日本軍による鉄道の戦時動員とタイ｜503

(3) 食料基地としてのタイ

　このような通過地や駐屯地としての役割の他に，タイにはもう1つ重要な役割があった。それは食料供給地としての役割である。タイは開戦前から年間約100～150万トンの米を輸出しており，東のベトナム，西のビルマと並ぶ東南アジアの主要な米輸出国であった。米以外にもチーク，天然ゴム，錫鉱などの一次産品の輸出も多く，また牛や水牛も輸出されていた。これらの豊富な一次産品，とくに食料が日本軍にとっては重要であり，日本軍はタイ国内の日本兵のみならず，国外での食料不足を回避するためにタイの食料を軍事輸送の一環として国外に運んでいた。このため，タイを発地とする軍事輸送もまた，日本軍の軍事輸送の中で重要な地位を占めていたのである。

　タイで生産される農産物の中で，日本軍が最も重要視したものはやはり米であった。第2章で見たように，米の輸送先はマラヤと仏印に二分され，マラヤ向けが最も多くなっていた。マラヤへの米輸送は1942年5月から開始され，少なくとも1日1往復設定されていたトンブリー発の軍用列車が一貫して米輸送を担当していた。これは，開戦当初行われていた南線の軍用列車での部隊や軍需品の輸送が一段落して輸送力の余裕が生じたために開始したものであり，この後1945年1月に南線の主要橋梁が空襲によって使用不可能となるまで続いた。他にも，南部のチャウアト発の米輸送も1943年中に見られ，合わせると1942年5月から1945年1月までの期間に約2万両分，1両に10トン積載すると仮定すると約20万トンの米がタイからマラヤへと輸送されていたことになる。図7-2で第2期にタイからマラヤへ向けた軍事輸送が示されているが，この主要な中身が米輸送であり，この傾向は少なくとも次の第3期まで続いていた。量は減ったはずであるが，第4期にも寸断された南線を利用してのタイからマラヤへの米輸送は行われていた[18]。

　一方，仏印への米の輸送も1942年から始まっており，1943年まではカンボジア北西部に当たる東線2区間からの輸送が中心であったが，1944年に

---

18)　NA Bo Ko. Sungsut 2. 1/12 "Raingan Hetkan Changwat Chumphon tae 12 Minakhom thueng Wan thi 2 Singhakhom 2488" によると，チュムポーンを通過する南線の軍用列車では，マラヤ方面からは石油や弾薬が，バンコク方面からは兵と精米が主に輸送されていたという。

はバンコクからの輸送も行われていた。そもそも，東線2区間は戦前からサイゴンの後背地に当たり，余剰米はバンコクではなくサイゴンへと輸送されていたことから，仏印方面への輸送は平時のものをそのまま継承したに過ぎなかった。1942年と1943年にはバンコク発の輸送は見られず，各年の9月から12月にかけて東線2区間の各駅から籾米の発送が行われていた。ところが，1944年1月からバンコク発の輸送が開始され，物資輸送報告から判別する限り，1944年8月までその輸送は続いたのである。物資輸送報告の対象期間がこの月で終わるため，この後の状況は不明であるが，東線にはこの後も終戦に至るまで1日1往復の軍用列車が確保されていたことから，おそらく米輸送はこの後も継続されていたものと思われる。

　仏印は米の輸出国であることから，平時においてタイから仏印に米が輸出されることはまずあり得なかった。しかし，開戦後はタイからの米の輸出が見られるようになり，1942年に約5,000トン，1943年に約5.5万トン，1944年に約4万トンの輸出が確認できる［SYB (1939/40-44), 280-281］。この理由は，上述の東線2区間からのサイゴン向けの輸送がタイからの輸出として見なされるようになったことと，仏印での米生産の減少が挙げられよう。また，上述のようにバンコクの外港としての機能が1944年以降著しく低下したことから，日本向けの米がサイゴンから輸出されるようになり，そのために東線を利用したバンコクからの米輸送が行われるようになったとも考えられる。岩武照彦の集計によると，タイから日本への米輸出量は1942年には約51万トンあったものの，1943年には17.6万トン，1944年には3.5万トンと減少の一途を辿っていた［岩武1981, 491］。1944年にバンコクに入港できた日本船の数は非常に少なかったことから，東線経由で運ばれた米の一部が日本や他の占領地に向けて輸送された可能性が高い。

　米以外にも，タイは様々な食料を発送しており，第2章で見たように食料・生鮮品の輸送でもバンコクから泰緬区間やマラヤへの輸送が見られた。泰緬区間への輸送量が最も多くなっていたことから，これらの食料は泰緬鉄道沿線やさらにその先のビルマへと送られていたものと考えられる。また，食肉のための家畜も多数提供しており，実際の軍事輸送の品目としては確認できないが，第6章で見たように1943年にはマラヤ向けに牛・水牛肉と生

第7章　日本軍による鉄道の戦時動員とタイ　505

体牛を輸出することでタイ側と合意していた。実際には，タイ国内各地での日本軍による食料調達はタイ側に様々な問題を与えていたが，それでもタイにおいては食料の調達は他の占領地に比べればはるかに容易であり，タイは東南アジア各地に展開した日本兵と住民のための食料供給地として，非常に重要な役割を果たしていた。このため，主にバンコクを発地とする食料輸送が，日本軍の軍事輸送の中でも大きな比率を占めていたのである。食料供給地としてのタイの役割は，開戦から終戦に至るまで一貫して維持され，周辺諸国の食料不足とともに，その役割は徐々に拡大していった。

第3節　鉄道争奪戦の結末

(1) 日本軍の一撃

　最後に，タイの鉄道をめぐるタイと日本の間の鉄道争奪戦の結果を総括してみよう。タイの鉄道は一部の民営鉄道を除いて官営鉄道であり，運輸省下に置かれた鉄道局が運営を行っていた。開戦とともに日本軍がタイに侵入したが，この時点ではタイが日本軍の通過を認めるか定かではなかったため，タイの鉄道を接収する準備も日本軍で手配していた。しかし，実際にはタイは即座に日本軍の通過を認め，日本軍の通過に便宜を図ることも約束した。その結果，日本軍が要求した軍用列車の運行も開戦翌日の1941年12月9日から開始され，タイの鉄道局の手による軍事輸送が始まったのであった。

　突然始まった日本軍の軍事輸送に対してタイ側は抵抗する術を持たず，事実上日本軍の言いなりに軍事輸送を行う意外に選択肢はなかった。タイが日本軍の移動に便宜を図ることを約束した以上，日本側の意向に従って軍用列車の運行を行わざるを得ず，軍用列車の運行区間は南線から始まって東線，北線とその範囲を拡大させた。上述のように，この開戦直後の軍用列車の運行はすべてタイ側の車両を用いて行われており，タイの一般列車の運行を中止して必要な車両の調達が行われていた。それでも，バンコクから南に下って行った列車が一向に戻ってこないことから，タイ側では軍用列車の運行開

始から約1週間で日本側に対して至急南から列車を戻すよう要求していた。

　一方，南部ではマレー半島各地に上陸した日本軍が勝手に鉄道を利用しており，少なくとも開戦直後においては日本兵がタイの列車を運行する事例も存在していた。第3章で見たように，1941年12月8日にソンクラーに上陸した日本軍の鉄道突進隊はソンクラー駅に停車中の列車を勝手に利用して進軍を試みたが，タイ側の攻撃に遭ってすぐに列車の使用を諦めていた。タイ側の抵抗が収まった後はタイ人による運行に切り替わったものと思われるが，泰緬鉄道を除けば日本兵がタイの列車を実際に運行したのはこの時が最初で最後であったはずである。バンコクではワンポン以南の鉄道の状況を把握しておらず，南線での一般列車の運行は12月末までほぼ全面的に取りやめとなっていた[19]。このため，第6章で見たように南部での米不足が深刻化し，日本軍の軍用列車を用いての米輸送も行われたのである。

　さらに，日本軍が南部からマラヤに進軍して行った際に，マラヤの鉄道を復旧させて軍事輸送に使用したが，そこにもタイ側の機関車や要員が駆り出されていた。これらはバンコクの了承を得ずに現地の日本軍が勝手に命令して行っていたことであり，日本側は南部を訪れた鉄道小委員に対してマラヤでの軍用列車の運行をタイ側に任せたいと正式に要求していた。機関車不足に悩まされていたタイはもちろん断ったが，マラヤの鉄道でも一時的ながら日本軍の命によってタイが運行を強制されていたのは事実であった。

　このように，日本軍の軍用列車の運行が突然開始されたことで，タイは鉄道の運営権こそ維持したものの，実際には日本軍の軍事輸送にその輸送力の大半を奪われ，事実上日本軍の軍用鉄道と化したのである。これは政府が日本軍に協力すると決めた以上不可避であり，しかも開戦直後で次から次へとタイ国内に日本兵が仏印国境，バンコク港，そしてソンクラーに到着していたことから，タイ側は最大限の犠牲を払ってこれらの日本軍の輸送に協力せざるを得なかった。日本側の期待していたような輸送力がないことが判明し

---

19) NA [2] So Ro. 0201. 98/12 "Luang Sawat Ronnarong kho prathan krap rian Phana Nayok Ratthamontri. 1941/12/30" によると，12月25日の時点でナコーンシータマラートではバンコクとの間の列車の運行が再開されたと書かれていることから，12月末までに南線の一般列車の運行が徐々に再開されていったものと考えられる。

第7章　日本軍による鉄道の戦時動員とタイ　507

ため，日本軍の軍事輸送は予定したほど円滑には進まなかったが，この第1期の軍事輸送はおおむね日本側には好意的に捉えられていた。すなわち，開戦直後においては日本軍の一撃が功を奏し，タイの手に軍用列車の運行は委ねられていたものの，その輸送力の許す限りにおいてタイの鉄道は日本軍の軍事輸送に専念せざるを得なかったのである。

(2) タイによる反撃とその限界

開戦直後にはほぼ日本側の言いなりになっていたタイであったが，マラヤとビルマ向けの部隊輸送が一段落すると軍事輸送の必要性も薄れ，タイ側は一般輸送の復活に乗り出すようになった。その動きは1943年に入ると加速し，一時は日本軍の軍用列車を削減させ，一時的ながら開戦後廃止されていた貨物列車の復活も実現させることになる。すなわち，タイは日本軍が軍事目的を理由に独占した鉄道輸送力の奪還に乗り出し，一時はそれが功を奏したのであった。

最初に行ったのは，マラヤ残留車両の返還要求であった。これは1942年3月から行われており，タイ側と日本側でマラヤに残留しているタイの車両の数が異なったことから，タイ側は徐々に日本側に対して強硬な姿勢を見せ，6月には日本軍の新たな軍事輸送の依頼について，残留車両の返還がなされなければ配車は難しいと事実上拒否する態度を見せた。最終的に，この問題は合同委員会のチャイと守屋武官の間で話し合われ，日本側にタイの車両を迅速な返還を約束させることで交渉が成立したのである。なお，このタイ側の返還要求もさることながら，日本軍がマラヤ全土を掌握してイギリスが南へと疎開させていたマラヤ鉄道の車両もすべて入手できたことから，この時期から軍用列車におけるタイの車両の使用比率は下がり，南線ではマラヤの貨車が軍事輸送の主役を担うようになった。

次いで，米輸送列車の運行のために，南線の軍用列車の1往復削減を要求した。これは1942年の水害による中部の米不作を利用したもので，余剰米の豊富にあるバッタンバンや東北部からの米輸送を行わないと日本と約束した量の米の引き渡しが実現せず，それを行うためには米輸送列車の運行のための軍用列車の削減が必要であるという論拠を用いて，日本側との交渉を

行ったのであった。この交渉は直接日本軍とは行わず，大使館経由で新納参事官を説得するという方法を用い，この論拠を認めた彼に軍用列車削減交渉を日本軍と行わせるという戦法を採った。その結果，1943年8月から日本軍の米輸送列車の運行が実現し，東北部からバンコクへ1日3往復の米輸送列車が運行されることになったのである。これは開戦後に1日1往復へと削減されていたバンコク～東北部間の貨物列車の復活であった。

　しかしながら，このようなタイの反撃も，日本側が米輸送よりも軍事輸送を優先することで，結局は失敗してしまった。タイ側は少しでも米を多く入手したいという新納の意向をうまく利用して間接的に日本軍の軍事輸送力を削ぐことに成功したのであるが，肝心の日本軍が北線と南線での軍事輸送の増強のために一旦タイ側に返還した車両を戻すよう主張したことで，米輸送列車も返還せざるを得なくなった。こうして，軍用列車の車両を奪還して行われた東北部からの米輸送は，わずか3ヶ月で終焉を迎えたのである。

　このように，開戦直後の軍事輸送が落ち着きを見せたことで，タイは日本軍に奪われた鉄道輸送力の奪還を試み，ある程度の成果を見せた。軍用列車へのマラヤや仏印の貨車の使用がその好例であり，タイの貨車は以後軍事輸送の主役ではなくなった。しかしながら，タイ国内の軍用列車運行には相変わらずタイの機関車を必要としていたことから，これを取り返すために米輸送の増強との交換での軍用列車の削減を求め，これも一時的には成功したのであった。ただし，日本側が軍事輸送の必要性を再び強く求めたことで，後者については結局返さざるを得なかったのである。

(3)「名」を取ったタイと「実」を取った日本

　その後，1944年に入ると潤滑油の枯渇からさらなる列車本数の削減が不可避となり，同年5月から一般列車の大半を毎日運行から隔日運行へと頻度を減らし，南線の軍用列車の本数を1日3往復から2往復へと削減した。さらに，タイ側は潤滑油の枯渇によって南線の軍用列車を1日1往復に削減せざるを得ないと脅し，日本側からの潤滑油の提供という成果を得た。この後もタイ側は頻繁に潤滑油が枯渇して列車を運休せざるを得なくなると脅し，そのたびに日本側から潤滑油を入手していた。潤滑油が不足していたのは事

実であるが，タイ側は日本側に脅しをかけながら潤滑油を手に入れ続け，何とか終戦まで列車運行を行うことができたのである。

　タイは日本軍の軍事輸送が主役となった鉄道の維持のために，日本軍への依存度を高めていった。潤滑油の入手も，完全に日本側に依存していた。連合軍の空襲の懸念が高まると，日本軍はタイの鉄道を防衛するために長大橋を中心に部隊を展開し，実際に空襲が起こった際には日本兵が橋梁や駅構内の復旧を支援していた。日本側による運行を想定して各地に駐屯を始めた鉄道隊は，タイの機関車の検修作業を手伝ったり，泰緬鉄道の工場でタイの機関車の修繕を行うなど，車両の維持も日本側に依存した。末期にはタイの鉄道とは名ばかりとなり，日本軍の軍用列車が沿線の日本兵に護衛されながら運行されるという日本軍用鉄道としての側面が非常に高まったのであった。

　しかしながら，タイは最後まで列車の運行自体は自ら行うことにこだわり，鉄道隊の日本兵に機関車への便乗までは認めたものの，運転までは認めなかった。列車運行権は最後の砦としてタイ側が守り抜き，たとえ泰緬鉄道に隣接する僅かな区間といえども，タイは日本側による運行を頑として認めなかった。既に指摘したように，日本側はタイの武力処理を行う暁には鉄道の運行も日本軍が接収することを想定していたが，実際にはタイの独立が最後まで守られたことから，鉄道の独立もまた最後まで守り抜かれたのである。末期には「日本軍のための」鉄道となったタイの鉄道ではあったが，「タイ人の手による」鉄道は最後まで維持されたのである。

　タイが鉄道運営権を最後まで日本側に譲らなかったことで，タイの一般輸送も主体的に行うことが可能となった。第6章で見たように，日本軍の軍事輸送に輸送力を割かれたことから，タイの一般輸送は貨物輸送面において大きく減少していた。潤滑油不足などで輸送力が低下すると，日本軍の軍事輸送の比率が高まっていったものの，タイ側は食料不足の解消目的など必要性の高い区間での輸送を優先させることで，限られた輸送力を最大限に活用しようとした。その結果，後背地から外港へと送られる余剰品の輸送が大幅に減ったのに対し，主に南部の食料不足地域への備蓄品輸送が優先され，南線の一般貨物輸送量の低下は相対的に少なくなった。鉄道運営権を確保し続けることによって，タイは自らの意志で「生命線」としての南線の輸送力を保

ち，一般輸送の停滞による国民への影響を最小限に食い止めることができた
のである。

　このように，タイが「名」を，日本が「実」を取ることで，タイの鉄道を
めぐる両者の争奪戦は結末を迎えた。タイにとっては自らのための輸送を満
足に行うことのできない鉄道になってしまったものの，タイが運行を行うと
いう「名」は最後まで維持し，タイの主権の存在を見せつけていた。日本に
とっては前線となったタイにおける軍事作戦を遂行するための動脈となった
鉄道であり，残された輸送力の大半を軍事輸送に向けることに成功し，その
点では占領地の鉄道と比べても遜色ないものとなった。もちろん，鉄道の防
衛力と軍事輸送の自由度を高めるために鉄道運行権という「名」も手に入れ
ようと日本側は画策したものの，結局その一線は越えられずに終わったので
ある。タイの鉄道は，最終的に「タイ人の手による日本軍のための」鉄道と
して，終戦を迎えたのであった。

　日本人の目からすれば「お伽列車」でしかなかったタイの鉄道ではある
が，タイにおいては最も重要な陸上交通手段であり，タイ経済や社会の変容
に大きな役割をはたしてきた。そして，戦時中は水運をはじめとする他の輸
送手段の利用が難しくなり，お伽列車への依存度はますます高まった。戦争
末期には線路があちこちで寸断され，お伽列車の輸送力も大幅に低下し，事
実上日本軍の軍用鉄道と化したものの，タイは最後までその運行だけは守り
抜いたのであった。

コラム

戦争の痕跡⑧　トランとカンタン

　トランとカンタンは南部西海岸の町である。トランが県庁所在地で，その20km南西に位置するカンタンはトランの外港であり，1917年にトランの町が現在地に移転するまでは，カンタンがトランを名乗っていた。トランを経由してカンタンまでは鉄道が伸びており，西海岸に到達する唯一の鉄道であったことから，カンタンはプーケットなど西海岸の町への玄関口として長らく機能してきた。トランには1943年に入って日本兵が駐屯を始め，やがて1944年に入るとカンタンにも常駐するようになった。

　トランには日本軍が使用に難色を示した休養御殿の跡地が残っている。この御殿はかつてラーマ6世が行幸した際に宿泊所として創られたものであったが，その後自治区（テーサバーン）が使っていたこともあったものの，荒廃していたようである。日本軍は市街地から遠いのと建物が古いことを理由に，市内の学校の使用を求めていたが，当時住民がこの御殿を「お化け屋敷」と呼んでいたことも理由であったものと思われる。この休養御殿の跡は，現在プラヤー・ラッサダーヌプラディット（許心美）記念公園となっており，彼の銅像が公園の中央に建てられている。プラヤー・ラッサダーヌプラ

トランの休養御殿跡（2015年）

511

カンタンの地下壕跡入口（2015 年）

　ディットは福建出身の中国人 2 世であり，トランの県知事に任命され，のちに西海岸一帯を管轄するプーケット州の州長となった。彼はタイに初めて天然ゴム（パラゴム）の木をもたらしたと言われており，その最初のゴムの木は当時のトラン，現在のカンタンの町の北側に現存している。

　その最初のパラゴムの木が植わる場所のすぐ南に位置する小山の中腹には，かつて日本軍が作った地下壕の跡が残っている。これはカンタンに駐屯した日本兵が，敵の襲撃に備えて作ったものと言われており，カンタンの町を眼下に見下ろす小山の中腹に陣地の跡が残っている。地下壕はコンクリートで壁を補強してあるが，日本兵の人形が立つ入口から中に入ってみると，曲がりくねった狭いトンネルを経て塹壕の跡に到達する。ほとんどが補強されて原型を失っているが，塹壕の下にある地下壕の出口のみが当時のままであると思われる。カンタンに日本兵が駐屯していた事実はほとんど知られていないが，このような塹壕の跡を整備して活用している例は珍しく，タイ国内では他に聞いたことがない。

　カンタン港はトラン川の河川港であり，港と駅の間に市街地が広がっている。現在はもちろんプーケット方面への定期船もないが，港にはマレーシア方面へ運ばれる海上コンテナが積まれており，港の機能は依然として維持されている。市街地にもマレーシアや南部西海岸でよく見られるコロニアル様式のショップハウス（長屋）が残っており，静かで落ちついた町の印象を高めている。かつては西海岸一帯への玄関口としてにぎわったカンタンの駅にも貨車の姿はなく，現在 1 日 1 往復しか列車が来ないが，開業以来の木造駅舎は近年観光資源としても活用されており，列車が来ない時間帯にも美しく整備された駅を目当てに観光客が訪れている。

終章
鉄道の戦時動員の実像と今後の課題

終章　鉄道の戦時動員の実像と今後の課題 515

（1）戦時動員の実像―同盟国間の鉄道争奪戦

　1941 年 12 月 8 日未明に日本軍がタイに侵入したことで，タイは第 2 次世界大戦に巻き込まれることになった。タイは即座に日本軍の通過を認めたことから，翌 9 日より日本軍の軍用列車の運行が開始され，以後終戦に至るまでタイ鉄道による日本軍の軍用列車の運行は続いた。本書はこの第 2 次世界大戦中の日本軍による鉄道の戦時動員の実像を解明し，それがタイに与えた影響を分析することを目的とした。このため，筆者は①日本軍による鉄道の戦時動員の全体像の構築，②タイ国内における日本軍の動向の解明，③タイの対応と一般輸送への影響の解明，という 3 つの課題を設定し，順を追ってこれらの課題の解明を試みた。

　日本軍の軍用列車の運行については，南線が 1 日 2～3 往復と最も多く，東線が開戦直後を除いて 1 日 1 往復とそれに追随していた。開戦直後の第 1 期には，バンコクから南線，北線への輸送が多く，それぞれマレー侵攻作戦，ビルマ攻略作戦の一環としての輸送であった。次の第 2 期には，輸送量自体が減少したものの，新たに泰緬鉄道の建設のためにバンコクとマラヤから泰緬鉄道に向けての輸送が発生した。泰緬鉄道開通後の第 3 期には，再び輸送量が増加し，泰緬鉄道向けの輸送が引き続き重要な地位を占めたのみならず，泰緬鉄道の補完としてのクラ地峡や北部向けの輸送も増加した。そして，第 4 期に入ると，輸送量自体はさらに増加したが，実際には路線網の寸断による短距離の区間輸送が増加した結果であった。

　最終的に，タイの鉄道による日本軍の軍事輸送の特徴は，①水運の代替としての長距離輸送，②ビルマ戦線の補給輸送，③部隊の移動と連動しないモノの輸送の存在，の 3 点に集約された。タイの鉄道による日本軍の軍事輸送は，開戦直後のマレー侵攻時を除けば，基本的にビルマ戦線への補給輸送が中心であった。このため，サイゴンやシンガポールに着いた部隊が鉄道を利用してタイ経由でビルマへと向かっており，軍事輸送は必然的に長距離の国際輸送となり，それは多分に水運の代替としての意味を持っていた。

　次いで，軍事輸送の質的な分析を行った。旅客輸送については，利用可能な資料の対象時期の影響もあり，泰緬鉄道方面への輸送が中心であった。日

本兵については，カンボジアからバンコクへと，泰緬区間からビルマ方面への輸送が多く，主にインパール作戦向けの部隊輸送が反映されていた。労務者の輸送については，バンコクから泰緬区間向けが最も多く，クラ地峡鉄道建設のためのタイ人労務者の輸送も確認された。捕虜については，バンコク経由の輸送に限定されたことから，泰緬区間発バンコク経由カンボジア着の輸送と泰緬区間からマラヤへの捕虜の返送が見られた。

　貨物輸送については，軍需品は資料の制約から南部〜マラヤ間の輸送が多くなっており，カンボジアからバンコクへの輸送がそれに次いでいた。移動手段については，自動車と軍馬で異なった傾向が見られ，自動車は泰緬区間からビルマ方面が圧倒的に多かったのに対し，軍馬については，大半がカンボジアからバンコクへと，バンコクから北線へ向けて輸送されており，シャン経由のビルマ進軍に用いられたことが確認できた。石油製品については，やはり泰緬区間からビルマへの輸送が最も多くなっていたが，泰緬区間からマラヤへの石油空缶の返送も少なからず存在していた。食料・生鮮品については，バンコクから泰緬区間への輸送が最も多く，バンコクからマラヤへの輸送が追随していた。米については，バンコクや南部からマラヤ方面への輸送が多かったものの，カンボジア方面への輸送も少なからず存在しており，戦前とは輸送経路は異なるものの，戦時中も米はタイの鉄道の主要な輸送品目であり続けたことが判明した。

　これらの軍事輸送の輸送品目を総括すると，兵と軍需品に限らず非常に多様な旅客や貨物が輸送されており，それは平時の一般輸送とは異なる特異なものであったことが確認された。また，日本軍による一般旅客列車の利用は，軍事輸送量の多い区間での利用が中心であったが，軍用列車が運行されていない区間での乗車も少なからず存在していたことから，一般旅客列車の使用は日本軍の軍用列車による軍事輸送を補完する役割を果たしていたと言えよう。

　次の課題であるタイ国内における日本軍の動向の解明については，第1期から第4期まで順を追って解明を行った。開戦とともに日本軍はマレー進攻作戦とビルマ攻略作戦の遂行のために，多くの部隊をタイ経由で前線に送っていた。マラヤを目指した部隊は，東部国境からバンコクを経由してマレー

半島を南下した部隊と，マレー半島に上陸してマラヤへ向かった部隊に大分された。ビルマ攻略作戦向けの部隊は，一部がマレー半島に上陸したものの，大半は東部国境から鉄道でタイに入るか船で直接バンコク港に到着し，北線のピッサヌロークやサワンカロークで下車した後，道路を経由してビルマに向かった。これらの部隊の通過に伴い，移動ルート上に日本兵の駐屯地ができたほか，ビルマ攻略作戦を支援するための航空部隊が北線沿線に置かれた。しかし，進軍の完了後は駐屯部隊の撤退が相次ぎ，タイ国内の日本兵の駐屯地も一旦減少に向かった。

ところが，第2期に入って泰緬鉄道の建設が始まると建設部隊が沿線に駐屯することになり，さらに1943年には泰緬鉄道を補完するためのクラ地峡鉄道とチエンマイ〜タウングー間道路の建設も始まったことから，建設部隊の数は増加していった。これらの軍用鉄道，軍用道路の建設現場では労働力として多数の連合軍捕虜やアジア人労務者も使用された。さらに，同年1月に泰国駐屯軍が設置されると，一旦タイ国内から撤退した警備部隊が復活することになり，国内各地で偵察活動を行ったほか，南部西海岸などで新たな警備部隊の駐屯を開始した。この結果，タイ国内の日本兵の駐屯地と兵の数は再び増加した。

次の第3期には，泰緬鉄道の開通に伴ってタイは再び通過地としての機能を高め，インパール作戦に参加する部隊を中心に数多くの日本兵や物資がタイを経由してビルマへと輸送されていった。通過する部隊が増えた一方で，軍用鉄道や軍用道路の建設が終了したことから建設部隊の駐屯は減り，タイ国内の日本兵の数が一旦減少した。しかし，各地での飛行場整備や新たな軍用道路の整備に伴い，日本軍の駐屯箇所数はむしろ増加する傾向にあった。

その後，ビルマでの戦局の悪化から，1944年12月には泰国駐屯軍が第39軍へと改組され，タイに駐屯する警備兵が再び増加することとなり，タイ国内の日本兵の数も増加に転じた。連合軍による反撃がタイに及ぶ可能性が高まったことから，ビルマからタイへ移動する部隊が相次ぎ，仏印やマラヤからタイに入ってくる部隊も増加していた。タイを通過する部隊も含め，最終的に約9万人の兵が周辺諸国からタイへと入ってきて，その多くがタイ国内に駐屯することになった。日本軍の駐屯地も拡大し，これまで日本兵がほと

んど存在しなかった東北部でも日本兵が急増したほか，タイ国内の各地で日本兵の数が増加していた。この結果，終戦時には約 12 万人の日本兵が駐屯するまでに日本軍の存在感が高まったのであった。

このような日本軍の軍事輸送に対し，タイは鉄道の奪還に挑むとともに，鉄道運営権を最後まで保持しようとした。開戦直後にはバンコクからマラヤへ向けて南下していった軍用列車が一向に戻ってこなかったことから，タイ側は直ちに車両不足に陥り，日本側に対してマラヤに残留している車両の迅速な返還を求め，軍用列車におけるタイの貨車への依存度を低下させることに成功した。次いで，タイ側は日本軍に引き渡すための米輸送を東北部と東部から行う必要があると主張し，日本側に南線の軍用列車 1 往復の削減を求め，最終的に日本軍が軍用列車の削減に応じたことから，一時的ではあったものの内陸部からの米輸送列車の復活に成功した。さらに，開戦後は列車運行に不可欠な潤滑油の不足が顕著となり，タイ側は潤滑油不足を理由に軍用列車の運行本数を削減すると繰り返し脅迫し，日本側からの潤滑油の獲得にも成功した。

他方で，日本側はタイ鉄道の運営を自ら行いたいと考え，マッカサン工場への日本人技師の派遣を求めてきた。これは失敗に終わったが，1944 年に入ると連合軍の空襲が増えたことから，日本側は鉄道防空計画を立てて日本兵を鉄道の主要橋梁に派遣し，橋梁の防衛と復旧を行わせることとした。実際に，空襲後の復旧の際にはこれらの日本兵が活躍し，タイの鉄道は日本軍への依存度を着実に高めていった。しかし，一部区間の日本軍による管理については難色を示し，日本軍の軍事輸送が主要な任務となったものの，最後まで列車運行権はタイ側が守り抜いたのであった。

日本軍の軍事輸送は，タイ側の一般輸送にも影響を与えた。旅客輸送については，輸送力が減ったにもかかわらず 1944 年まで輸送量は増加したものの，貨物輸送量は 1942 年以降大きく減った。旅客輸送ではとくに西岸線の輸送量の増加が多く，戦前の東岸線と西岸線の輸送量の差は解消された。一方，貨物輸送では東岸線での輸送量の減少が顕著であったのに対し，相対的に輸送量が少なかった西岸線での減少率は低く，結果として両者の間の格差が着実に減少していった。輸送品目別に見ると，食品輸送については欠乏が

終章　鉄道の戦時動員の実像と今後の課題 | 519

見込まれる地域への備蓄輸送が優先された。家畜については，豚輸送量が減ったのに対して牛・水牛の輸送量が増加し，運賃収入では後者が前者を上回った。木材輸送では鉄道による民需輸送がほぼ消滅したものの，チークの河川輸送は日本軍の需要によって存続した。そして，シンガポールからの水運に依存していた石油輸送も，船の喪失と機雷による妨害によって最終的にほぼ壊滅したのであった。

　このように，戦時中は貨物輸送が減少したのに対して旅客輸送量が増加したことから，タイの鉄道はそれまでの貨物鉄道から旅客鉄道とへとその機能を変容させることとなった。そして，従来の主要な役割であった内陸部からバンコクへの余剰一次産品の輸送を大幅に削減し，生活必需品の輸送を優先してマレー半島での物不足を補おうとした。この結果，戦時中のタイの鉄道の主役は，従来の東岸線から西岸線へと交代することになった。他方で，西岸線は日本軍の軍事輸送でも最も重要な役割を果たしていたことから，戦争中のタイの鉄道でも西岸線，すなわち南線の役割は過去最大のレベルにまで高まったのである。

　これまでの議論を総括すると，日本軍にとってタイの鉄道の重要性は徐々に高まり，タイの鉄道も日本軍の軍用鉄道化への道を着実に歩んではいたものの，タイは最後まで鉄道の運営にこだわり，日本軍が鉄道を直接支配することをついに認めなかったことが確認された。タイは独立国として日本軍の軍事輸送に協力したことから，鉄道の直接支配は行われなかった。しかし，タイの位置付けは当初の通過地から駐屯地へと変化し，食料供給地としての機能も高まっていったことから，軍事輸送を円滑に行うために日本軍は鉄道の直接支配を希求することとなった。これに対し，タイ側は最後まで鉄道運行権を維持することにこだわり，鉄道運営のために鉄道沿いに駐屯した日本兵もついに自ら列車の運行を行うことなく終戦を迎えたのである。

　最終的に，タイと日本の間の鉄道をめぐる争奪戦は，タイが「名」を取り日本が「実」を取る形で終結したのであった。日本側は「日本人の手による日本軍のための鉄道」に変わることを望んだが，タイ側は列車運行権を絶対に譲らず，最後は「タイ人による日本軍のための鉄道」として終戦を迎えたのであった。

(2) 戦時動員の全体像の解明に向けて

　本書はタイ国立公文書館に所蔵されていた第2次世界大戦中の軍事輸送に関する豊富な資料を用いて，戦時中の日本軍による鉄道の戦時動員の全体像の構築と，それに対するタイ側の対応を明らかにしてきた。序章で掲げた3つの課題についてはおおむね十分な答えが得られたと考えられるが，今後の課題として，さらに3点を指摘しておきたい。

　まず1点目は，タイの鉄道による日本軍向け以外の軍事輸送の解明である。本書では日本軍の軍事輸送にのみ焦点を当てたが，第2次世界大戦中にはタイ軍も軍事輸送を行っていた。その主要なものはシャンに進軍した部隊やそのための補給物資の輸送であり，第2章で使用した鉄道局報告には1942年4月〜12月に行われたタイ軍向けの軍事輸送についての記載も存在している[1]。日本軍の軍事輸送に比べればその規模ははるかに小さいが，一般輸送への影響も多少はあったものと考えられることから，タイ軍の軍事輸送についても解明する必要はある。また，タイ軍の軍事輸送については1940年の仏印紛争の際にも行われており，これについてはセーンが言及している［Saeng 1996, 166–174][2]。いずれも問題は資料面であるが，筆者がまだすべてを確認していない「軍最高司令部業務（NA Bo Ko. Sungsut 1.）」文書の中にその詳細を示す資料が存在する可能性はある。

　また，終戦後には連合軍による軍事輸送も存在していた。終戦後，タイには日本軍を武装解除するために英印軍が入ってきており，彼らの要請に基づく軍事輸送も行われていた。これについては既に若干の資料が見つかっているが，軍最高司令部文書の中には「平和維持部（Kong Amnuaikan Santiphap: NA Bo Ko. Sungsut 3.）」という区分があり，この中に連合軍による軍事輸送に関する情報が含まれている可能性がある[3]。こちらも日本軍の軍事輸送に比べれば輸送量は少ないはずであるものの，鉄道の疲弊が頂点に達した終戦直後に

1）　これは日本軍の軍用列車と同様に日時，発駅，着駅，車両数が示されており，主に兵の輸送を対象としたものと考えられる。

2）　セーンは仏印紛争に動員された部隊の輸送について触れており，例えば東部軍（Kongthap Burapha）のアランヤプラテートへの輸送には歩兵輸送用に3列車，砲兵輸送用に1列車を使用したと述べている［Saeng 1996, 171］。

終章　鉄道の戦時動員の実像と今後の課題 | 521

行われた連合軍の軍事輸送も，やはりタイの一般輸送に少なからぬ影響を与えた可能性がある。

　2点目としては，タイ国内の日本兵の動向の解明である。既に第3章，第4章でまとめたように，タイ国内に展開する日本兵の状況については十分明らかになった。とくに，1944年以降はタイ側が区レベルでの日本兵の人数の全国レベルの調査を何回か行い，その記録が残っていることから，どこにどの程度の日本兵がいたのかという点については，もはやこれ以上明らかにできることはない。しかしながら，各地に日本兵がそこで何をしていたのかについては，今後も解明の余地がある。とくに興味深いのは，日本兵と現地のタイ人との関係であり，これについては軍最高司令部文書の「同盟国連絡局（NA Bo Ko. Sungsut 2.）」の中に膨大な資料が存在する。

　この同盟国連絡局の下位区分には，「行政課（Phanaek Pokkhrong: NA Bo Ko. Sungsut 2. 7.）」というものがあり，ここにタイ人と日本兵の間で発生した窃盗，傷害，殺人などの様々な事件に関する資料が含まれている。この資料を用いれば，いつ，どこで，どのような事件が起きたのかを把握することができ，各地に駐屯していたタイ人と日本人の関係をより具体的に解明することができる。とくに，バンコクについては日本軍の憲兵隊と連携するために設置されたタイ・日本合同憲兵隊（Sarawat Phasom Thai-Yipun）の日報が保管されており，毎日のバンコク市内での日本兵に関する事件や事故が把握できる[4]。これらの資料は，戦闘や警備に携わる日本兵の本来業務とはまた別の姿を描き出すものと思われ，戦時中のタイと日本の関係の実像を把握する上でも重要な課題となる。

3）　例えば，NA［2］So Ro. 0201. 98. 4/15 は連合軍の軍事輸送費の請求に関する文書であり，日本軍の軍用列車の請求書と同じ体裁の請求書が何枚か保管されている。ただし，これはあくまでも連合軍による軍事輸送のごく一部でしかないと思われる。なお，平和維持部第3課（Phanaek 3）は終戦後，同盟国連絡局が廃止された後に業務を継承するために設置されたもので，課長はピシットであった。

4）　NA. Bo Ko. Sungsut 2. 7. 2. 2. はバンコク市内に設置されていた合同憲兵隊の日報であり，毎日の業務を報告するために合同委員会（同盟国連絡局）に提出されていたものと思われ，管見の限り 1942 年 7 月 31 日〜1945 年 8 月 16 日までの分が所蔵されている。なお，NA Bo Ko. Sungsut 1. 12. 1 にも 1942 年 1 月 8 日から 7 月末までの分が存在することから，1942 年 1 月から終戦までの期間が網羅されていることになる。

最後に 3 点目としては，他国における日本軍による鉄道の戦時動員との比
較である。タイの鉄道による日本軍の軍事輸送の中には，仏印，マラヤ，ビ
ルマといった周辺諸国との間の国際輸送が少なからず含まれていた。このた
め，周辺諸国における軍事輸送を解明すれば，少なくとも東南アジア大陸部
における日本軍の軍事輸送の状況を理解することができ，実際に水運の代替
機能を果たした鉄道網の重要性を証明できるものと思われる。問題は資料で
あるが，マラヤについては日本軍政側の資料が利用できる可能性がある[5]。
仏印は少なくとも明号作戦までの期間については，仏印鉄道側の資料が残さ
れている可能性はある。日本軍の鉄道隊が直接管理していたビルマについて
は資料が残っている可能性が一番低いが，もし利用可能なものがあれば，東
南アジア大陸部で行われていた鉄道による国際軍事輸送の全容が把握できる
ものと思われる[6]。

　第 2 次世界大戦が終結して 70 年が経過したが，いまだに戦争の全容は解
明されていない。その理由の 1 つは，敗戦直後に日本側が大量の文書を処分
してしまったためであるが，タイには軍最高司令部文書という戦争中の様々
な側面を描き出す貴重な資料が膨大な数残っている。これらの資料を使った
研究はまだ始まったばかりであり，軍事輸送面のみならず第 2 次世界大戦中
のタイの状況やタイと日本の関係を様々な角度から捉えることができるはず
である。今後この貴重な資料を活用した研究が続き，戦時中のタイやタイと
日本の関係の実像が明らかにされることを期待したい。

5）　既に倉沢がマラヤの日本軍政部の資料を用いて，タイから鉄道でマラヤに輸入された米の量を
　　明らかにしている［倉沢編 2001, 145］。
6）　先の表 7-1 の原資料が，今のところ日本側でビルマの軍事輸送について具体的な数値を記載し
　　た唯一の資料となっている。

コラム

戦争の痕跡⑨　ナコーンナーヨックとサラブリー

　ナコーンナーヨックとサラブリーは戦争末期に日本軍の駐屯が始まった場所である。ナコーンナーヨックはタイが前線となった際の防衛拠点として陣地を構築する場所に選ばれており，1944年末から本格的に建設が始まり，終戦時にはバンコクに次ぐ数の日本兵を擁する場所となっていた。そして，戦後はタイ国内で終戦を迎えた日本兵の多くがこの地に集結させられ，日本への帰還を待つ場所となった。一方，サラブリーはナコーンナーヨックの北西に位置し，1945年に入ってから日本軍が相次いで駐屯地の借用をタイ側に求めていた。

　ナコーンナーヨックの日本軍陣地の跡は，ナコーンナーヨックの町の北西に位置し，東北部と中部を隔てるドンパヤーイェン山脈から連なる山地の南端に位置している。山の南斜面から谷にかけて兵舎が連なり，周囲を日本兵が錦城山，春日山，大日山などと命名した山並みに囲まれた，最後の拠点としてふさわしい場所であったらしい。現在この一帯にはタイ軍の施設が並んでおり，陣地の中心部には陸軍士官学校が建っている。この陣地跡の背後の山並みを西に向かうとプラプッタチャーイ山やポーンレーン山に到

プラプッタチャーイ山からの眺め（2015年）

ワット・ケンコーイの空襲慰霊碑と日本人慰霊碑（2015年）

達し，その北側一帯がサラブリーの日本軍の駐屯地の跡と推定される。プラプッタチャーイは仏陀の影が現れた岩のことで，古くからの聖地であり参詣者が絶えない。サラブリーの町からは8kmほど南に位置し，町からプラプッタチャーイまでの間に広がっているタイ軍の軍用地が，おそらく戦時中に日本軍が借用した駐屯地を継承したものと思われる。

　サラブリーには，市街地の東側にも日本軍の駐屯地があり，戦後は各地から集まってきた日本兵の収容所として用いられていた。ノーンホイと呼ばれたこの収容所については日本兵の記録からサラブリーにあったことが分かっているものの，タイ側の記録にはこの名前が一切出てこない。実際には，サラブリーの三叉路から東に延びる国道2号線を3kmほど進むとノーンホイという小山があることから，このあたりが収容所の跡と思われる。ノーンホイという駅があったとの日本兵の回想もあるが，タイの鉄道にはそのような名称の駅が存在したことはない。しかし，当時サラブリーから砕石用の引込線がこのノーンホイ山の近くまで伸びていたので，その引込線を日本兵の輸送に用いた可能性はある。

　サラブリーから東12kmのケンコーイにかけても，日本軍は土地を借用していた。ケンコーイはドンパヤーイェン越を控えた鉄道の要衝であったことから，鉄道施設を狙った連合軍の空襲が1945年4月2日にあり，約100人の住民が犠牲になったという。駅近くの寺院ワット・ケンコーイには爆弾を配した慰霊碑が立っており，そこには空襲の直前に日本兵がケンコーイを去ったと書かれている。その隣には，19世紀末にコーラート線建設に従事して死亡した日本人移民の慰霊碑が立っているが，実際には鉄道建設現場で死亡した者はそれほど多くなかったようである。

附表

附表 1 日本軍の軍事輸送量（週平均）（第 1 期）（単位：両）

発＼着	北線1	北線2	北線3	東北線1	東北線2	東北線3	東線1	東線2	カンボジア	バンコク	南線1	泰緬	クラ地峡	南線2	南線3	マラヤ	計
北線1	–	4	1	–	–	–	–	–	–	–	–	–	–	–	–	–	5
北線2	–	11	18	–	–	–	–	–	–	79	–	–	–	–	–	–	108
北線3	–	2	2	–	–	–	–	–	–	50	–	–	–	–	–	–	54
東北線1	–	–	–	–	–	–	–	–	–	2	–	–	–	–	–	–	2
東北線2	–	–	–	–	–	–	–	–	–	–	–	–	–	–	–	–	–
東北線3	–	–	–	–	–	–	0	–	–	–	–	–	–	–	–	–	0
東線1	–	–	–	–	–	–	0	0	–	–	–	–	–	–	–	–	0
東線2	–	–	–	–	–	–	–	1	1	–	–	–	–	0	–	–	1
カンボジア	–	–	–	–	–	–	1	–	–	231	–	–	–	–	–	–	231
バンコク	1	390	54	–	–	–	0	1	227	55	1	17	1	0	371	–	1,119
南線1	–	–	–	–	–	–	–	–	–	1	0	–	–	0	1	–	3
泰緬	–	–	–	–	–	–	–	–	–	–	0	–	–	–	–	–	1
クラ地峡	–	–	–	–	–	–	–	–	–	1	–	–	–	–	1	–	2
南線2	–	–	–	–	–	–	–	–	–	1	–	–	0	0	2	–	2
南線3	–	–	–	–	–	–	–	–	–	129	–	10	1	0	423	559	1,121
マラヤ	–	–	–	–	–	–	–	–	–	–	–	–	2	0	143	0	143
計	1	407	76	0	–	0	0	2	228	549	1	26	2	0	940	559	2,791

注：対象期間を 29 週として換算してある。
出所：NA Bo Ko. Sungsut 2. 4. 1. 6/3, NA Bo Ko. Sungsut 2. 4. 1. 7 より著者作成

附表 2　日本軍の軍事輸送量（週平均）（第 2 期）（単位：両）

発＼着	北線1	北線2	北線3	東北線1	東北線2	東北線3	東線1	東線2	カンボジア	バンコク	南線1	泰緬	クラ地峡	南線2	南線3	マラヤ	計
北線1	–	–	0	–	–	–	–	–	–	0	–	–	–	–	–	–	0
北線2	–	–	–	–	–	–	–	–	–	7	–	–	–	–	–	–	7
北線3	–	0	0	–	–	–	–	–	–	4	–	–	–	–	–	–	5
東北線1	–	–	–	–	–	–	–	–	–	1	–	–	–	–	–	–	1
東北線2	–	–	–	–	–	–	–	–	0	0	–	–	–	–	–	–	0
東北線3	–	–	–	–	–	–	–	–	0	0	–	–	–	–	–	–	0
東線1	–	–	–	–	–	–	–	–	30	2	–	–	–	–	–	–	32
東線2	–	–	–	–	–	–	–	1	–	139	–	–	–	–	–	–	140
カンボジア	–	4	31	–	–	–	–	1	26	38	0	196	14	–	2	255	567
バンコク	0	–	–	–	–	0	–	–	–	0	–	28	1	–	0	2	30
南線1	–	–	–	–	–	–	–	–	–	8	–	0	5	0	0	15	29
泰緬	–	–	–	–	–	–	–	–	–	–	1	0	1	–	1	2	3
クラ地峡	–	–	–	–	–	–	–	0	–	–	0	1	0	0	1	6	7
南線2	–	–	–	–	–	–	–	–	–	–	0	0	0	0	1	1	2
南線3	–	–	–	–	–	–	–	1	–	4	0	2	0	0	0	25	32
マラヤ	–	–	–	–	–	–	–	–	–	49	0	144	64	0	8	37	302
計	0	4	32	–	–	0	–	3	56	252	1	370	85	0	12	342	1,157

注：対象期間を 70 週として換算してある。

出所：NA Bo Ko. Sungsut 2. 4. 1. 6/14、NA Bo Ko. Sungsut 2. 4. 1. 6/3、NA Bo Ko. Sungsut 2. 4. 1. 7 より筆者作成

附表 3　日本軍の軍事輸送量（週平均）（第 3 期）（単位：両）

発＼着	北線1	北線2	北線3	東北線1	東北線2	東北線3	東線1	東線2	カンボジア	バンコク	南線1	泰緬	クラ地峡	南線2	南線3	マラヤ	計
北線1	−	0	0	−	−	−	−	−	−	0	−	−	−	−	−	−	0
北線2	1	0	1	−	−	−	−	−	−	5	−	−	−	−	−	−	8
北線3	0	1	39	−	0	0	−	−	−	23	−	−	−	−	−	−	64
東北線1	−	−	−	0	−	0	−	−	−	0	−	−	−	−	−	−	0
東北線2	−	−	−	−	−	−	−	−	−	0	−	−	−	−	−	−	0
東北線3	−	−	−	−	−	−	−	−	−	0	−	−	−	−	−	−	0
東線1	−	−	−	−	−	−	−	−	0	0	−	−	−	−	−	−	0
東線2	−	−	−	−	−	−	−	−	34	4	−	−	−	−	−	−	38
カンボジア	−	−	−	−	−	−	−	−	−	168	−	−	−	−	−	−	169
バンコク	2	10	77	0	1	1	0	1	144	15	5	317	21	2	2	227	825
南線1	−	−	−	−	−	−	−	−	−	−	−	3	2	−	−	3	8
泰緬	−	−	−	−	−	−	−	−	−	29	7	−	2	−	3	82	121
クラ地峡	−	−	−	−	−	−	−	−	−	4	−	3	1	1	−	49	58
南線2	−	−	−	−	−	−	−	−	−	1	−	−	10	−	−	2	13
南線3	−	−	−	−	−	−	−	−	−	3	−	−	3	−	−	14	21
マラヤ	−	−	−	−	−	−	−	−	−	68	−	238	110	1	8	29	454
計	3	12	118	0	1	1	0	1	178	321	12	562	147	4	13	407	1,780

注：対象期間を 61 週として換算してある。

出所：NA Bo Ko. Sungsut 2. 4. 1. 6/14, NA Bo Ko. Sungsut 2. 4. 1. 6/25, NA Bo Ko. Sungsut 2. 4. 1. 7 より筆者作成

附表 4　日本軍の軍事輸送量（週平均）（第 4 期）（単位：両）

発＼着	北線1	北線2	北線3	東北線1	東北線2	東北線3	東線1	東線2	カンボジア	バンコク	南線1(北)	南線1(南)	泰緬	クラ地峡	南線2	南線3	マラヤ	計
北線1	0	–	–	0	–	–	–	–	–	2	–	–	–	–	–	–	–	2
北線2	0	2	5	–	–	–	–	–	–	1	–	–	–	–	–	–	–	8
北線3	–	5	5	–	–	–	–	–	–	–	–	–	–	–	–	–	–	10
東北線1	1	–	–	–	–	–	–	–	–	–	–	–	–	–	–	–	–	1
東北線2	1	–	–	–	–	–	–	–	–	–	–	–	–	–	–	–	–	1
東北線3	–	–	–	–	–	–	1	1	–	–	–	–	–	–	–	–	–	2
東線1	–	–	–	–	–	–	–	–	1	6	–	–	–	–	–	–	–	7
東線2	–	–	–	–	–	–	–	–	1	–	–	–	–	–	–	–	–	1
カンボジア	–	–	–	1	–	–	4	–	–	177	–	–	–	–	–	–	–	182
バンコク	11	8	–	–	28	6	34	10	168	–	112	–	2	–	–	1	1	382
南線1(北)	–	–	–	–	–	–	–	–	–	145	1	–	331	–	–	–	3	480
南線1(南)	–	–	–	–	–	–	–	–	–	–	0	8	–	–	10	4	12	275
泰緬	–	–	–	–	–	–	–	–	–	–	118	114	–	136	2	–	2	326
クラ地峡	–	–	–	–	–	–	–	–	–	–	210	–	–	0	21	3	33	214
南線2	–	–	–	–	–	–	–	–	–	–	133	–	–	45	32	19	39	136
南線3	–	–	–	–	–	–	–	–	–	–	–	–	–	7	8	42	75	170
マラヤ	–	–	–	–	–	–	–	–	–	–	–	28	2	11	40	60	28	121
計	13	15	10	1	29	6	39	11	170	335	575	164	335	175	126	125	191	2,318

注 1：対象期間を 37 週として換算してある。
注 2：南線 1 区間は泰緬区間を境に（北）、（南）に分けている。
出所：NA Bo Ko. Sungsur 2. 4. 1. 6/27, NA Bo Ko. Sungsur 2. 4. 1. 7 より筆者作成

附表5　品目・区間別旧日本軍用列車輸送量（物資輸送報告ベース）（1943 年 2 月～1944 年 8 月）

発地	着地	旅客（人）				貨物（両）															
		兵	労務者	捕虜	計	自動車	大砲	軍馬	食料	生鮮品	米	物資	軍需品	木材	薪	枕木	レール	石油	石油空缶	その他	計
カンボジア	クラ地峡	15	-	-	15	-	-	-	-	-	-	1	-	-	-	-	-	-	-	-	1
カンボジア	泰緬	1,441	7,850	-	9,291	4	-	-	102	-	16	176	17	-	-	-	-	-	-	88	1,862
カンボジア	バンコク	56,609	695	1,050	58,354	856	97	1,330	-	-	-	2,000	235	-	-	-	536	304	-	1,588	6,582
カンボジア	北線3	809	-	-	809	50	4	-	-	-	-	55	1	-	-	-	-	-	-	-	106
カンボジア	マラヤ	9,013	-	-	9,013	199	-	86	2	-	-	284	20	-	-	-	-	59	-	203	877
クラ地峡	カンボジア	4	-	-	4	-	-	-	-	-	-	-	-	384	-	656	-	-	-	-	-
クラ地峡	バンコク	294	-	-	294	3	-	-	-	-	-	-	-	6	-	30	18	-	-	-	4
泰緬	カンボジア	196	-	300	496	15	-	-	4	-	-	42	-	20	-	-	-	3	5	6	68
泰緬	バンコク	3,284	500	690	4,474	123	-	28	-	-	-	12	-	-	-	-	-	28	-	127	636
泰緬	マラヤ	20	-	-	20	-	-	-	-	-	-	321	-	-	-	-	-	-	-	-	5
東線2	泰緬	-	-	-	-	-	-	-	-	-	29	5	-	2	-	-	-	-	-	7	8
東線2	バンコク	10	-	-	10	1	-	-	-	-	-	28	-	-	-	-	-	-	-	1	29
東北線	バンコク	-	-	-	-	-	-	-	-	-	-	-	-	-	-	-	-	-	-	-	29
東北線	バンコク	10	-	-	10	1	-	-	1	-	-	2	-	-	-	-	-	-	-	1	-
南線1	バンコク	-	-	-	-	-	-	-	-	-	-	-	-	-	-	2	6	-	-	7	10
南線2	バンコク	-	-	-	-	-	-	-	-	-	-	-	-	-	-	-	-	-	-	-	-
南線3	バンコク	-	-	-	-	-	-	-	837	-	-	-	-	-	-	-	-	-	-	2	1
バンコク	クラ地峡	298	-	-	298	1	-	8	-	-	-	45	-	43	-	31	-	13	-	409	56
バンコク	カンボジア	13,298	224	2,100	15,622	200	-	-	2	114	3,588	449	83	201	-	57	-	14	8	263	4,787
バンコク	泰緬	5,152	133	-	5,285	47	-	350	37	37	57	225	1	646	-	-	4	45	-	1,359	990
バンコク	東線	37,122	19,178	600	56,900	418	103	-	-	-	55	1,167	115	-	753	-	-	-	-	1	5,954
バンコク	東北線2	24	-	-	24	-	-	-	13	-	-	13	-	8	-	-	-	-	-	6	1
バンコク	東北線2	302	-	-	302	15	-	-	-	-	-	8	-	-	-	-	-	-	-	1	34
バンコク	東北線3	17	-	-	17	-	-	-	2	-	-	2	-	-	-	-	-	-	-	2	9
バンコク	南線1	6	-	-	6	-	-	-	-	-	-	-	-	-	-	-	-	-	-	-	4
バンコク	南線2	31	-	-	31	1	-	-	-	-	-	7	13	-	-	1	-	1	-	22	16
バンコク	南線2	31	-	-	31	4	-	-	4	-	-	18	-	-	-	-	-	-	-	26	43
バンコク	南線3	1,537	-	-	1,537	4	-	32	-	-	-	121	-	-	-	-	-	26	-	19	71
バンコク	バンコク	762	-	-	762	17	2	-	-	-	-	-	-	-	-	-	-	-	-	-	217
バンコク	北線1	-	-	-	-	-	-	-	-	-	-	-	-	-	-	-	-	-	-	-	2
バンコク	北線2	-	-	-	-	-	-	-	-	-	-	-	-	-	-	-	-	-	-	15	-
バンコク	北線3	256	-	-	256	2	-	-	2	-	-	60	-	6	-	-	-	3	-	15	88
バンコク	マラヤ	18,289	115	-	18,404	649	76	835	40	-	10	840	188	36	-	1	-	131	264	791	3,597
北線2	バンコク	16,792	72	750	17,614	279	3	123	98	-	3,659	930	64	194	-	-	3	120	-	448	6,187
北線3	泰緬	92	-	-	92	12	-	-	-	-	-	4	-	-	-	-	-	2	2	8	26
北線3	カンボジア	-	-	-	-	-	-	-	-	-	-	4	8	-	-	-	-	-	-	-	4
マラヤ	泰緬	-	-	-	-	-	-	15	14	-	-	237	8	-	-	-	-	1	25	69	426
マラヤ	バンコク	1,884	-	-	1,884	57	-	21	-	-	-	133	-	-	-	-	-	31	-	53	266
マラヤ	カンボジア	4,497	-	60	4,557	28	1	219	-	-	-	590	1	-	-	-	-	235	14	3	3
北線3	バンコク	13,118	-	-	13,118	339	-	-	-	-	-	-	-	-	-	-	-	-	-	252	1,651
					10	-	-	-	-	-	-	-	-	-	-	-	-	-	-	-	10
計		185,220	28,767	5,550	219,537	3,335	286	3,047	1,158	152	7,418	7,781	746	1,546	753	778	567	1,018	317	5,772	34,674

出所：NA Bo Ko. Sungsut 2. 4. 1. 6/15 より筆者作成

附表6　品目・区間別日本軍用列車輸送量（運行予定表ベース）（1941年12月～1945年2月）（単位：両）

発地	着地	旅客				貨物									計
		兵	労務者	捕虜	計	自動車	米	物資	木材	干草	レール・枕木	石油	石油空缶	その他	
カンボジア	バンコク	-	-	-	-	-	-	-	-	-	-	20	-	-	20
クラ地峡	マラヤ	34	-	-	34	8	-	-	-	-	-	-	144	-	186
泰緬	マラヤ	2	62	305	369	-	-	-	-	-	-	-	537	22	928
東線2	カンボジア	-	-	-	-	-	140	-	-	-	-	-	-	-	140
東北線1	東線2	-	-	-	-	-	20	-	-	-	-	-	-	-	20
東北線3	バンコク	-	-	-	-	-	-	-	-	60	-	-	-	-	60
南線1	クラ地峡	-	-	-	-	-	-	-	-	-	-	-	-	6	6
南線1	マラヤ	-	24	-	24	-	-	-	-	-	-	-	-	13	37
南線3	クラ地峡	-	-	-	-	-	-	1	-	-	-	-	-	-	1
バンコク	カンボジア	-	114	-	114	-	-	-	-	-	-	-	-	-	114
バンコク	東北線2	-	-	-	-	3	-	-	-	-	-	-	-	4	7
バンコク	南線1	-	-	15	15	-	-	-	-	-	-	-	-	-	15
バンコク	バンコク	4	-	-	4	-	-	-	-	-	-	-	-	-	4
バンコク	北線3	-	-	-	-	-	-	-	-	-	-	25	-	14	39
マラヤ	マラヤ	22	-	-	22	-	-	-	-	-	-	-	-	-	22
北線2	バンコク	94	-	15	109	-	20	67	19	-	67	-	-	12	294
北線2	北線3	42	-	-	42	2	-	-	-	-	-	-	1	-	45
北線3	バンコク	1	-	-	1	-	-	-	-	-	-	-	-	-	1
北線3	バンコク	19	-	-	19	7	-	-	-	-	-	-	-	4	30
マラヤ	バンコク	-	-	-	-	-	-	-	-	-	-	16	-	-	16
計		218	200	335	753	20	180	68	19	60	67	61	682	75	1,985

出所：1941～42年：NA Bo Ko. Sungsut 2. 4. 1. 6/3.　1943年：NA Bo Ko. Sungsut 2. 4. 1. 6/14.　1944年：NA Bo Ko. Sungsut 2. 4. 1. 6/25.　1945年：NA Bo Ko. Sungsut 2. 4. 1. 6/27 より筆者作成

附表 7　品目・区間別日本軍用列車輸送量（請求書ベース）（1941 年 12 月〜1943 年 5 月）（単位：両）

発地	着地	兵	自動車	軍馬	米	天然ゴム	物資	金属類	軍需品	木材	干草	レール	石油	石油空缶	その他	計
カンボジア	バンコク	−	5	86	−	−	106	−	101	−	−	−	11	−	98	407
クラ地峡	泰緬	−	1	−	−	−	4	−	1	−	−	−	−	−	−	6
クラ地峡	南線1	−	−	−	−	−	1	−	1	−	−	−	−	−	−	2
クラ地峡	南線3	−	7	−	−	−	9	−	6	−	−	−	−	−	−	22
クラ地峡	バンコク	−	2	−	−	−	6	−	20	−	−	−	−	−	−	28
クラ地峡	マラヤ	−	−	−	−	5	−	−	−	−	−	−	−	−	−	5
泰緬	南線1	−	3	−	−	−	4	2	−	−	−	−	−	−	−	9
泰緬	バンコク	−	1	−	−	−	11	3	11	−	−	−	−	−	2	28
泰緬	北線2	−	−	−	−	−	10	−	−	−	−	−	−	−	−	10
泰緬	マラヤ	−	6	−	−	−	7	1	−	−	−	1	−	−	−	15
東線1	カンボジア	−	−	−	−	−	−	4	2	−	−	−	−	−	−	6
東線1	バンコク	−	−	−	−	−	3	−	16	−	−	−	−	−	−	19
東線1	東線1	−	1	−	−	−	−	−	3	−	−	−	−	−	−	4
東線2	カンボジア	−	−	−	390	−	−	−	−	−	−	−	−	−	−	390
東線2	バンコク	−	−	−	−	−	−	−	1	−	−	−	−	−	−	1
東北線1	バンコク	−	−	−	−	−	−	−	−	−	174	−	−	−	−	174
東北線1	北線2	−	−	−	−	−	−	−	6	−	−	−	−	−	−	6
東北線3	バンコク	−	1	−	−	−	−	−	2	−	−	−	−	−	−	3
南線1	クラ地峡	−	−	−	−	−	−	−	3	−	−	−	−	−	−	3
南線1	泰緬	−	−	−	−	−	−	−	−	−	−	−	−	−	59	59
南線1	南線1	−	3	−	−	−	1	−	−	−	−	−	−	−	−	4
南線1	南線3	−	2	−	−	−	3	−	7	−	−	−	−	−	−	12
南線1	バンコク	−	23	−	−	−	30	−	44	−	−	−	1	−	−	98
南線2	南線3	−	−	−	−	−	12	1	15	101	−	−	−	−	−	129
南線2	マラヤ	−	−	−	−	−	−	−	−	127	−	−	1	−	−	128
南線3	カンボジア	−	−	−	−	−	1	−	1	−	−	−	−	−	−	2
南線3	泰緬	−	−	−	−	−	5	−	−	−	−	−	−	−	−	5
南線3	南線3	−	21	−	10	31	78	−	871	1	−	−	3	−	34	1,049
南線3	北線2	−	3	−	−	−	−	−	−	−	−	−	−	−	−	3
南線3	バンコク	−	23	−	−	−	−	1	8	−	−	−	−	−	−	32
バンコク	マラヤ	−	45	−	206	21	38	1	1,042	26	−	−	14	−	36	1,429
バンコク	カンボジア	−	8	−	1	−	17	−	−	−	−	−	−	−	4	30

															計
パンコク	クラ地峡	—	—	—	—	—	2	—	—	—	—	—	—	—	2
パンコク	泰緬	—	1	—	—	—	4	—	2	—	—	—	—	—	—	7
パンコク	東北線1	—	1	—	—	—	3	—	—	—	—	—	—	—	—	4
パンコク	南線1	—	—	—	—	—	—	—	2	—	—	—	—	—	—	2
パンコク	南線2	—	—	—	—	—	—	2	1	—	—	—	—	—	—	1
パンコク	南線3	—	—	—	—	—	2	3	3	4	—	—	—	—	—	9
パンコク	パンコク	—	8	10	2	—	206	—	90	76	—	18	15	16	38	469
パンコク	北線1	—	—	—	—	—	1	—	1	—	—	—	—	—	—	5
パンコク	北線2	—	26	—	—	—	79	—	32	—	—	—	8	—	2	159
パンコク	北線3	—	34	—	—	—	95	—	16	—	—	—	6	—	33	184
パンコク	マラヤ	—	—	—	—	—	57	—	—	—	—	—	—	—	—	57
北線1	パンコク	—	12	—	—	—	6	—	2	—	—	—	—	—	—	20
北線1	北線1	—	14	—	8	—	43	—	—	1	—	—	1	—	—	43
北線1	北線2	—	7	—	—	—	7	—	41	—	—	—	—	—	—	63
北線2	パンコク	—	—	—	47	—	28	4	108	—	—	—	2	8	—	155
北線2	北線1	—	10	—	—	—	3	—	9	—	—	—	—	—	—	12
北線2	北線2	—	6	—	—	—	38	—	94	—	101	—	—	—	—	252
北線2	北線3	—	16	—	—	—	22	—	38	—	—	—	6	—	—	68
北線3	北線1	—	34	—	—	—	3	—	—	—	—	—	—	—	—	19
北線3	北線2	—	28	3	—	—	15	—	12	—	—	—	—	—	—	108
北線3	北線3	—	21	—	4	—	3	—	19	—	—	—	—	—	—	59
北線3	パンコク	—	2	—	—	—	2	—	23	—	—	—	—	28	—	74
マラヤ	クラ地峡	39	2	—	—	—	2	—	—	—	—	—	—	—	5	7
マラヤ	泰緬	—	27	—	—	—	21	—	158	—	—	—	—	—	49	294
マラヤ	南線2	—	—	—	—	—	1	—	—	—	—	—	—	—	—	1
マラヤ	南線3	—	1,003	—	—	174	534	104	1,033	34	14	87	349	71	125	3,532
マラヤ	パンコク	32	37	—	—	—	62	3	145	—	—	—	—	—	1	280
マラヤ	マラヤ	1	139	—	—	—	17	1	78	—	—	—	1	—	20	257
計		72	1,582	99	684	231	1,605	127	4,045	370	289	106	418	124	507	10,265

出所：NA Bo Ko. Sungsur 2.4.1.7 より筆者作成

附表 8　品目・区間別日本軍用列車輸送量（鉄道局報告ベース）（1942 年 4〜12 月）

発地	着地	旅客（人）				貨物（両）															
		兵	労務者	捕虜	計	軍馬（頭）	自動車	牛車・二輪車	食料	米	物資	軍需品	木材	建築機材	建築資材	枕木	レール	石油	石油空缶	その他	計
カンボジア	東線 2	−	−	−	−	−	−	−	−	−	−	−	−	−	−	−	−	−	−	2	2
カンボジア	バンコク	8,980	−	−	8,980	1	325	18	91	−	1,255	10	137	15	42	462	521	112	−	167	3,155
クラ地峡	マラヤ	3	−	−	3	−	−	−	−	−	10	−	−	−	−	−	−	−	−	−	10
泰緬	マラヤ	−	−	−	−	−	−	−	−	−	−	−	−	−	−	−	−	−	−	1	1
東線 1	バンコク	−	−	−	−	−	−	−	2	−	−	−	−	−	−	−	−	−	−	−	2
東線 2	バンコク	−	−	−	−	−	−	−	−	−	−	−	1	−	−	−	−	−	−	−	1
東線 2	カンボジア	−	−	400	400	−	−	−	−	1,056	28	−	−	−	−	−	−	−	−	−	1,084
泰緬	南線 1	−	−	−	−	−	−	−	−	−	−	−	−	−	−	−	−	−	−	−	0
南線 1	マラヤ	2	−	−	2	−	−	−	−	−	4	−	−	−	−	−	−	−	−	−	4
南線 3	バンコク	2	−	−	2	−	−	−	−	−	−	−	−	−	−	−	−	−	−	1	1
バンコク	カンボジア	3,956	8	49	4,013	15	340	5	11	−	243	16	6	2	−	−	−	109	−	49	781
バンコク	クラ地峡	12	−	−	12	−	−	−	2	3	6	−	−	−	−	−	−	−	−	−	11
バンコク	泰緬	3,136	−	−	3,136	−	170	11	132	52	181	−	311	114	129	451	504	45	−	131	2,231
バンコク	東線 2	20	−	−	20	21	−	−	−	−	−	−	−	−	−	−	−	−	−	26	26
バンコク	南線 2	−	−	−	−	−	−	−	−	−	4	−	−	−	−	−	−	−	−	−	4
バンコク	南線 2	−	−	−	−	−	−	−	−	−	2	−	−	−	−	−	−	−	−	−	2
バンコク	南線 3	305	−	−	305	−	−	−	1	−	12	−	8	−	−	−	−	−	−	−	21
バンコク	バンコク	614	−	−	614	−	16	4	−	−	70	35	−	10	8	−	−	94	40	178	455
北線 1	バンコク	1,577	−	−	1,577	−	107	−	−	−	68	−	−	−	−	−	−	14	−	55	244
北線 3	バンコク	696	−	−	696	−	66	−	−	−	122	−	−	−	−	−	−	13	−	50	251
マラヤ	マラヤ	14,093	11	−	14,104	970	721	67	311	4,207	2,383	122	5	41	164	−	−	251	225	394	8,891
北線 2	バンコク	1,397	−	−	1,397	108	136	25	33	61	634	61	19	−	−	−	−	99	27	124	1,219
北線 3	バンコク	1,563	−	−	1,563	−	269	7	15	−	448	−	4	−	−	−	−	88	7	96	934
マラヤ	バンコク	2,076	−	−	2,076	−	92	17	−	−	478	13	−	16	21	−	14	152	−	16	819
マラヤ	北線 2	100	−	−	100	138	12	−	−	−	6	−	−	−	−	−	−	−	−	−	18
計		38,532	19	449	39,000	1,253	2,254	154	598	5,379	5,954	257	491	198	364	913	1,039	977	299	1,290	20,167

出所：NA Bo Ko. Sungsur 1/134 より筆者作成

附表 9　日本軍の一般旅客列車利用者数（週平均）（第1期）（単位：人）

発＼着	北線1	北線2	北線3	東北線1	東北線2	東北線3	東線1	東線2	カンボジア	バンコク	南線1	泰緬	クラ地峡	南線2	南線3	マラヤ	計
北線1	4	9	-	-	-	-	0	-	-	10	-	0	-	-	-	-	23
北線2	6	86	38	-	-	0	0	-	-	169	0	0	-	-	-	-	300
北線3	0	56	54	-	-	0	0	-	-	41	0	-	0	-	-	1	152
東北線1	0	-	-	-	-	-	-	-	-	-	-	-	-	-	-	-	-
東北線2	0	-	-	-	-	-	-	-	-	-	-	-	-	-	-	-	-
東北線3	0	0	0	-	-	-	-	-	-	1	-	-	-	-	-	-	1
東線1	-	0	-	-	-	-	18	0	4	26	0	-	-	-	-	-	50
東線2	-	-	-	-	-	-	0	-	-	2	-	-	-	-	-	-	2
カンボジア	-	-	-	1	-	-	2	-	-	71	-	-	-	-	-	-	73
バンコク	8	73	28	-	-	-	12	3	12	59	4	15	1	0	2	-	218
南線1	-	0	0	-	-	-	0	-	-	23	1	1	1	-	0	-	26
泰緬	0	0	-	-	-	-	-	-	-	31	1	0	0	-	-	-	33
クラ地峡	-	-	0	-	-	-	-	-	-	16	1	4	-	0	1	-	22
南線2	-	-	-	-	-	-	-	-	-	0	-	-	0	1	4	-	6
南線3	-	-	-	-	-	-	-	-	-	10	-	-	1	4	31	33	79
マラヤ	-	-	1	-	-	-	-	-	-	0	-	-	-	-	40	3	43
計	18	225	120	1	-	1	32	3	16	460	7	21	4	5	79	37	1,029

注：対象期間を 29 週として換算してある。
出所：NA Bo Ko. Sungsur 2. 4. 1. 7 より筆者作成

附表 10　日本軍の一般旅客列車利用者数（週平均）（第 2 期）（単位：人）

発＼着	北線1	北線2	北線3	東北線1	東北線2	東北線3	東線1	東線2	カンボジア	バンコク	南線1	泰緬	クラ地峡	南線2	南線3	マラヤ	計
北線1	―	0	0	―	―	―	―	―	―	4	―	―	―	―	―	―	4
北線2	0	2	1	―	―	―	―	―	―	2	―	―	―	―	0	0	5
北線3	―	1	7	―	―	―	―	―	―	19	―	―	―	―	―	―	27
東北線1	―	―	―	―	―	0	―	―	―	0	―	―	―	―	―	―	0
東北線2	―	―	―	―	0	0	―	―	―	0	―	―	―	―	―	―	0
東北線3	―	―	―	―	―	―	2	6	―	5	―	―	―	―	―	―	13
東線1	―	―	―	―	―	―	2	4	―	7	―	―	―	―	―	―	12
東線2	―	―	―	―	―	―	―	―	―	―	―	―	―	―	―	―	0
カンボジア	5	3	19	―	―	―	5	―	2	8	1	116	―	―	2	―	160
バンコク	―	―	―	―	―	―	―	―	―	2	1	―	0	3	10	0	27
泰緬	―	―	―	―	―	―	―	―	―	147	21	2	0	―	0	0	171
クラ地峡	―	―	―	―	―	―	―	―	―	1	0	―	0	0	0	0	9
南線2	―	―	―	―	―	―	―	―	―	0	0	0	0	0	2	1	3
南線3	―	―	―	―	―	―	―	―	1	10	0	1	2	3	20	56	91
マラヤ	―	―	―	―	―	―	―	―	―	8	―	1	0	0	69	65	143
計	5	5	27	0	0	0	9	10	2	214	26	140	6	6	92	123	665

注：対象期間を 70 週として換算してある。
出所：附表 9 と同じ。より筆者作成

附表 11　日本軍の一般旅客列車利用者数（週平均）（第 3 期）（単位：人）

発＼着	北線1	北線2	北線3	東北線1	東北線2	東北線3	東線1	東線2	カンボジア	バンコク	南線1	泰緬	クラ地峡	南線2	南線3	マラヤ	計
北線1	0	4	0	-	0	0			-	5	-	-	-	-	-	-	9
北線2	7	20	38	-	-	-			-	33	-	-	-	-	-	-	99
北線3	0	16	114	0	-	-			-	68	-	-	-	-	-	-	198
東北線1	-	-	-	0	0	0			-	0	-	-	-	-	-	-	1
東北線2	-	0	-	0	-	0			-	2	-	-	-	-	-	-	3
東北線3	-	0	-	0	0	0		0	-	3	-	-	-	-	-	-	4
東線1	-	-	-	-	-	-	0	0	-	0	-	-	-	-	-	-	0
東線2	-	-	-	-	-	-	0	0	-	3	-	-	-	-	-	-	3
カンボジア	-	-	-	-	-	-	-	-	-	-	-	-	-	-	-	-	-
バンコク	8	49	34	1	1	2		2	6	3	6	186	0	-	0	-	300
南線1	-	-	-	-	-	-	-	-	1	6	2	6	0	-	0	-	15
泰緬	-	-	0	-	-	-	-	-	-	245	9	3	0	1	2	0	256
クラ地峡	-	-	-	-	-	-	-	-	-	3	1	1	1	1	0	-	8
南線2	-	-	-	-	-	-	-	-	-	2	2	0	1	0	0	-	1
南線3	-	-	-	-	-	-	-	-	-	2	2	0	2	1	63	18	86
マラヤ	-	-	-	-	-	-	-	-	-	2	2	1	2	1	31	6	42
計	16	90	187	1	2	3	0	2	6	375	18	198	6	2	96	24	1,025

注：対象期間を 61 週として換算してある。
出所：附表 9 と同じ。より筆者作成

附表 12　日本軍の一般旅客列車利用者数（週平均）（第 4 期）（単位：人）

発＼着	北線1	北線2	北線3	東北線1	東北線2	東北線3	東線1	東線2	カンボジア	バンコク	南線1（北）	南線1（南）	泰緬	クラ地峡	南線2	南線3	マラヤ	計
北線1	5	8	-	2	1	0	-	-	-	39	-	-	-	-	-	-	-	55
北線2	19	11	8	0	-	-	-	-	-	49	-	-	-	-	-	-	-	87
北線3	-	15	90	-	-	-	-	-	-	1	-	-	-	-	-	-	-	107
東北線1	1	-	-	0	6	8	-	-	-	6	-	-	-	-	-	-	-	21
東北線2	-	-	-	5	1	0	-	-	-	13	-	-	-	-	-	-	-	19
東北線3	-	-	-	26	0	0	-	-	-	3	-	-	-	-	-	-	-	29
東線1	-	-	-	-	-	-	0	0	-	1	-	-	-	-	-	-	-	2
東線2	-	-	-	-	-	-	0	0	-	1	-	-	-	-	-	-	-	1
カンボジア	-	-	-	-	-	-	-	-	-	-	-	-	-	-	-	-	-	-
バンコク	33	21	0	3	3	5	0	0	-	0	23	16	52	-	-	-	-	158
南線1（北）	-	-	-	-	-	-	-	-	-	14	3	1	1	-	-	-	1	19
南線1（南）	-	-	-	-	-	-	-	-	-	3	1	30	1	12	2	0	0	49
泰緬	-	-	-	-	-	-	-	-	-	23	-	10	-	-	-	0	2	33
クラ地峡	-	-	-	-	-	-	-	-	-	2	-	2	2	-	1	0	0	10
南線2	-	-	-	-	-	-	-	-	-	0	0	-	-	7	0	3	1	11
南線3	-	-	-	-	-	-	-	-	-	0	0	-	-	0	2	33	18	53
マラヤ	-	-	-	-	-	-	-	-	-	-	-	-	-	0	-	38	1	39
計	58	56	98	36	11	14	1	1	-	155	28	59	56	20	7	74	20	693

注 1：対象期間を 39 週として換算してある。
注 2：南線 1 区間は泰緬区間を境に（北）、（南）に分けている。
出所：附表 9 と同じ。より筆者作成

附表 13 タイ国内の日本兵・捕虜・労務者数（1944 年 6 月 30 日）

県	郡	兵					捕虜	労務者			
		日本人	インド人	マレー人	中国人	計		中国人	ケーク	ビルマ・モーン人	計
チェンライ	チェンライ	53	―	―	―	53	―	―	―	―	―
	メーホンソーン	221	―	―	―	221	―	―	―	―	―
	サンユアム	12	―	―	―	12	―	―	―	―	―
	パーイ	64	―	―	―	64	―	―	―	―	―
チェンマイ	チェンマイ	400	―	―	―	400	―	―	―	―	―
	メーテーン	400	―	―	―	400	―	―	―	―	―
	メーリム	250	―	―	―	250	―	―	―	―	―
	ランパーン	1,350	―	―	―	1,350	―	―	―	―	―
	ウッタラディット	18	―	―	―	18	―	―	―	―	―
	ピッサヌローク	99	―	―	―	99	―	―	―	―	―
	ターク	510	―	―	―	510	―	―	―	―	―
	ウドーンターニー	19	―	―	―	19	―	―	―	―	―
	ウボン	21	―	―	―	21	―	―	―	―	―
	パッタンバン	62	―	―	―	62	―	―	―	―	―
	ナコーンサワン	143	―	―	―	143	―	―	―	―	―
	ロッブリー	40	―	―	―	40	―	―	―	―	―
	サラブリー	5	―	―	―	5	―	―	―	―	―
	プラーチーンブリー	10	―	―	―	10	―	―	―	―	―
	シーチャン島	40	―	―	―	40	―	―	―	―	―
	チョンブリー	―	1,004	―	―	1,004	―	―	―	―	―
カーンチャナブリー	バーンポーン	7,100	―	―	―	7,100	1,600	1,800	1,700	―	5,100
	ターマカー	15	―	―	―	15	―	―	―	―	―
	タームアン	1,920	―	―	―	1,920	10,640	200	1,208	―	12,048
	カーンチャナブリー	2,069	―	―	―	2,069	20,400	1,245	5,004	―	26,649
	サイヨーク	1,820	―	―	―	1,820	930	2,115	3,840	―	6,885
	トーンパープーム	3,000	―	―	―	3,000	5,600	2,550	5,400	―	13,550
	サンクラブリー	1,500	―	―	―	1,500	8,200	1,500	102	2,430	12,232
ナコーンパトム	ナコーンパトム	368	―	―	―	368	3,100	―	―	―	―
	チュムポーン	2,100	300	―	―	2,400	―	1,500	―	―	1,500

注1：ケークはマレー人・ジャワ人労務者を指すものと考えられる。
注2：チュムポーン、クラブリーの中国人労働者数にはケーク労働者数も含む。
出所：NA Bo Ko. Sungsur 2. 1/20 より筆者作成

州・県	港	①	②	③	④	計	①	②	③	④	総計
ラノーン	ラノーン	187	–	–	–	187	–	300	–	–	300
	クラブリー	1,050	–	–	–	1,050	–	2,000	–	–	2,000
スラーターニー	プンピン	10	–	–	–	10	–	–	–	–	–
ソンクラー	ソンクラー	4	–	–	–	4	–	–	–	–	–
	ハートヤイ	159	–	–	–	159	–	–	–	–	–
サトゥーン	サトゥーン	147	–	–	–	147	–	–	–	–	–
トラン	トラン	2	–	–	–	2	–	–	–	–	–
	カンタン	435	–	–	–	435	–	–	–	–	–
クラビー	クラビー	202	–	–	–	202	–	–	–	–	–
プーケット	プーケット	16	–	–	–	16	–	–	–	–	–
	クラーン	315	–	–	–	315	–	–	–	–	–
クダー	クダー	72	–	–	–	72	–	–	–	–	–
	コタスター	50	200	–	–	250	–	250	–	–	–
	スガイパッターニー	925	50	120	50	1,145	–	1,145	–	–	–
	バーリン	35	–	10	–	45	–	45	–	–	–
	クリム	25	–	15	–	40	–	40	–	–	–
	チャトラー	–	100	–	–	100	–	100	–	–	–
クランタン	コタバル	79	24	–	–	103	–	103	–	–	–
	パシルプテー	15	–	–	–	15	–	15	–	–	–
	ウルクランタン	1,130	–	–	–	1,130	–	1,130	–	–	–
トレンガヌ	クアラトレンガヌ	61	–	–	–	61	–	61	–	–	–
	ドゥグン	13	–	–	–	13	–	13	–	–	–
	ケママン	52	–	–	–	52	–	52	–	–	–
計		28,593	1,678	145	50	30,466	50,470	13,210	17,254	2,430	80,264

附表 14　タイ国内の日本兵・捕虜・労務者数（1945 年 4 月 24 日）

県	郡	兵					捕虜	労務者				備考
		日本人	インド人	マレー人	中国人	計		中国人	ケーク	タイ人	計	
チエントゥン	チエントゥン	141	-	-	-	141	-	-	-	-	-	
チエンライ	ムアンビン	142	-	-	-	142	-	-	-	-	-	
	ムアンコー	200	-	-	-	200	-	-	-	-	-	
	チエンライ	56	-	-	-	56	-	-	-	-	-	
メーソーン	メーホンソーン	23	-	-	-	23	-	-	-	-	-	
	パーイ	27	-	-	-	27	-	-	-	-	-	
	クンユアム	19	-	-	-	19	-	-	-	-	-	
チエンマイ	チエンマイ	150	-	-	-	150	-	-	-	-	-	
	メーテーン	100	-	-	-	100	-	-	-	-	-	
	メーリム	125	-	-	-	125	-	-	-	-	-	憲兵
ナーン	ナーン	5	-	-	-	5	-	-	-	-	-	
ラムパーン	ラムパーン	950	-	-	-	950	-	-	-	-	-	
	ハンチャット	14	-	-	-	14	-	-	-	-	-	
ウッタラディット	ウッタラディット	30	-	-	-	30	-	-	-	-	-	
ピッサヌローク	ピッサヌローク	403	-	-	-	403	-	-	-	-	-	
ターク	ターク	129	-	-	-	129	-	-	-	-	-	
ウドーンターニー	ウドーンターニー	463	-	-	-	463	-	-	-	-	-	
	ウボン	821	-	-	-	821	2,150	-	-	-	-	
サコンナコーン	サコンナコーン	6	-	-	-	6	-	-	-	-	-	防空兵
コーラート	コーラート	110	-	-	-	110	-	-	-	-	-	
ナコーンサワン	ナコーンサワン	280	-	-	-	280	-	-	-	-	-	
	ターブリー	582	-	-	-	582	-	-	-	-	-	
ロッブリー	ロッブリー	564	-	-	-	564	-	-	-	-	-	
サラブリー	サラブリー	6	-	-	-	6	-	-	-	-	-	
	ノーンブリー	200	-	-	-	200	-	-	-	-	-	
	パーンナー	30	-	-	-	30	-	-	-	-	-	
バッタンバン	バッタンバン	163	-	-	-	163	-	-	-	-	-	
	モンコンブリー	30	-	-	-	30	-	-	-	-	-	
チャチューンサオ	チャチューンサオ	6	-	-	-	6	-	-	-	-	-	
	バーンナムアリアオ	80	-	-	-	80	-	-	-	-	-	
プラーチーンブリー	プラーチーンブリー	500	-	-	-	500	-	-	-	-	-	

県	郡								
チョンブリー	プランヤープラテート	19	–	19	–	–	–	–	–
	ナコーンナーヨック	11,337	–	11,337	1,500	–	–	–	–
	カビンブリー	65	–	65	–	–	–	–	–
	プラチンタカーム	220	–	220	–	–	–	–	–
	シーラーチャー	2	–	2	–	–	–	–	–
	シーコンブリー	12	–	12	–	–	–	–	–
	チョンブリー	–	206	206	–	–	–	–	–
	サッタヒープ	6	–	6	–	–	–	–	–
カーンチャナブリー	パーンポーン	1,055	160	1,215	–	–	50	–	50
	ターマカ	38	–	38	–	–	81	–	81
	タームアン	895	–	895	7,650	200	900	300	1,400
	カーンチャナブリー	367	–	367	2,200	–	265	–	265
	サイヨーク	538	–	538	880	1,230	1,750	570	3,550
	トーンパーブーム	467	–	467	50	120	1,120	–	1,240
	サンクラブリー	264	–	264	–	–	–	–	–
ナコーンパトム	ナコーンパトム	57	–	57	1,000	–	–	–	–
	ナコーンチャイシー	320	–	320	–	–	–	–	–
	サームプラーン	15	–	15	–	–	–	–	–
ラーチャブリー	ラーチャブリー	449	–	449	540	–	–	–	–
	ダムヌーンサドゥアク	108	–	108	–	–	–	–	–
	ボーターラーム	14	–	14	20	–	–	–	–
ペッブリー	ペッブリー	15	–	15	–	–	–	–	–
	チャアム	36	–	36	–	–	–	–	–
	ターヤーン	255	–	255	300	–	–	–	–
プラチュアップキーリーカン	プラチュアップキーリーカン	1,941	–	1,941	–	–	–	–	–
	バーンサパーン	162	–	162	924	–	–	–	–
チュムポーン	チュムポーン	7,260	300	7,560	–	1,300	1,300	–	1,300
	ランスアン	16	–	16	–	–	–	–	–
ラノーン	ラノーン	758	–	758	–	320	35	–	355
	クラブリー	525	–	525	–	375	–	–	375
	ラウン	200	–	200	–	–	–	–	–
ナコーンシータマラート	トゥンソン	524	25	549	210	–	–	–	–
	ナコーンシータマラート	25	–	25	–	–	–	–	–
	チャイワーン	32	–	32	100	–	–	–	–

注：ノーンサーラー飛行場。ケーク労務者含む。

スラーターニー	スラーターニー	54	–	–	–	54	–	–	–	–	–
	プンピン	82	–	–	–	82	–	–	–	–	–
ソンクラー	ソンクラー	722	–	–	–	722	–	–	–	–	–
	ハートヤイ	2,583	–	–	–	2,583	–	–	–	–	–
	サダオ	182	–	–	–	182	–	–	–	–	–
トラン	トラン	435	–	–	–	435	–	–	–	–	–
	カントン	57	–	–	–	57	–	–	–	–	–
サトゥーン	サトゥーン	34	–	–	–	34	–	–	–	–	–
パッタルン	パッタルン	98	–	–	–	98	–	–	–	–	–
クラビー	クラビー	311	–	–	–	311	–	–	–	–	–
プーケット	プーケット	81	–	–	–	81	–	–	20	–	20
	クラーン	1,049	–	–	–	1,049	–	–	–	–	–
クダー	コタスター	1,000	–	100	–	1,100	–	–	–	–	–
	スガイバッターニー	1,000	100	100	–	1,200	–	–	–	–	–
	ペドン	920	200	–	–	1,120	–	–	–	–	–
	パーリン	50	–	24	–	74	–	–	–	–	–
	クリム	50	–	24	–	74	–	–	–	–	–
	チットラー	30	800	–	–	830	–	–	–	–	–
クランタン	コタバル	599	–	15	150	764	–	–	–	–	–
	パシルプテ	270	–	–	–	270	–	–	–	–	–
	パーチョ	2	–	–	–	2	–	–	–	–	–
トレンガヌ	クアラトレンガヌ	65	–	–	–	65	–	–	–	–	–
計		44,026	1,766	288	150	46,230	17,524	3,545	4,221	870	8,636

注：ケークはマレー人・ジャワ人労務者を指すものと考えられる。
出所：附表13と同じ。より筆者作成

附表 15　終戦時の第 18 方面軍の駐屯状況（1945 年 8 月 25 日）

部隊名	所在地	通稱号	司令官	人員	（）内 人数
第 18 方面軍司令部	盤谷	義第 7970 部隊	中村中将	868	
盤谷防衛隊	盤谷	義第 17115 部隊	下永大佐	2,264	
独立歩兵第 162 大隊	盤谷	體第 15827 部隊	外池大佐	682	
歩兵第 225 連隊第 2 大隊	盤谷	冬第 3543 部隊久保田隊	久保田少佐	634	
歩兵第 226 連隊第 3 大隊	盤谷	冬第 3544 部隊富永隊	富永少尉	491	
野戦高射砲第 76 大隊第 3 中隊	盤谷	義第 10593 部隊大島隊	大島大尉	144	
独立混成第 29 旅団 15H1 小隊	盤谷	體第 15828 部隊福山隊	福山少尉	17	
第 37 師団					
第 37 師団司令部	ナコンナヨーク	冬第 3541 部隊	佐藤中将	706	
歩兵第 225 連隊（第 2 大隊欠）	ナコンナヨーク	冬第 3543 部隊	鎮目大佐	2,538	
歩兵第 227 連隊（第 1 大隊欠）	ナコンナヨーク	冬第 3545 部隊	河合大佐	1,677	
山砲兵第 37 連隊	ナコンナヨーク	冬第 3546 部隊	河野中佐	1,228	
工兵第 37 連隊	ナコンナヨーク	冬第 3547 部隊	遠藤中佐	543	
第 37 師団通信隊（無一分欠）	ナコンナヨーク	冬第 3548 部隊	丸田少佐	206	
輜重兵第 37 連隊	ナコンナヨーク	冬第 3549 部隊	米岡大佐	676	
第 37 師団兵器勤務隊	ナコンナヨーク	冬第 3550 部隊	深谷大尉	105	
第 37 師団患者収容所	ナコンナヨーク	冬第 3551 部隊			
第 37 師団野戦病院	ナコンナヨーク	冬第 3552 部隊	陸少佐	669	20
第 37 師団防疫給水部	ナコンナヨーク	冬第 3553 部隊	関中尉	110	
第 37 師団病馬廠	ナコンナヨーク	冬第 3554 部隊	阿部少佐	65	
第 5 工兵司令部	ノンポマリン	義第 12201 部隊	小林少佐	54	
歩兵第 61 連隊	ナコンナヨーク	淀第 4074 部隊	駒澤大佐	1,923	
野砲兵第 4 連隊（第 2 大隊第 8 中隊欠）	ナコンナヨーク	淀第 4077 部隊	森田中佐		
第 4 師団第 4 野戦病院半部	ナコンナヨーク	淀第 4094 部隊	森田少佐		
第 15 師団					
第 15 師団司令部	カンブリー	霧島第 7379 部隊	渡中将		
歩兵第 51 連隊	ワンポー	霧島第 7370 部隊	山内中佐		
歩兵第 60 連隊	ターモアン	霧島第 7368 部隊	北部大佐		

部隊名	部隊	部隊長	所在地	人員
歩兵第67連隊	霧島第7371部隊	滝口大佐	バンボン	4,024
野砲兵第21連隊	霧島第7378部隊	藤岡大佐	バンボン	
工兵第15連隊	霧島第7367部隊	千葉大佐	カンプリー	
第15師団通信隊	霧島第7363部隊	福永大佐	バンボン	
輜重兵第15連隊	霧島第7372部隊	小川中佐	バンボン	
第15師団衛生隊	霧島第7369部隊	古北中佐	バンボン	
第15師団第1野戦病院	霧島第7360部隊	網谷（軍医）少佐	バンボン	
第15師団第2野戦病院	霧島第7365部隊	弘中（軍医）少佐	バンボン	
第15師団病馬廠	霧島第7373部隊	瀬川（獣医）大尉	バンボン	
独立混成第29旅団				
独立混成第29旅団司令部	体第15822部隊	佐藤少将	プラチャッブキリカント	118
独立歩兵第159大隊	体第15824部隊	藤本大佐	メルギー	740
独立歩兵第160大隊	体第15825部隊	田村少佐	ニーヤ	835
独立歩兵第161大隊	体第15826部隊	照井大佐	プラチャッブキリカント	774
独立歩兵第671大隊	体第17111部隊	美並少佐	タボイ	1,048
独立混成第29旅団砲兵隊	体第15828部隊	小関少佐	プラチャッブキリカント	486
独立混成第29旅団工兵隊	体第15829部隊	鎌田少佐	プラチャッブキリカント	818
独立混成第29旅団通信隊	体第15830部隊	森大尉	プラチャッブキリカント	172
独立野戦高射砲第63中隊	義第17105部隊	増田中尉	カンプリー	119
特設自動車第14中隊	義第10428部隊	深瀬中尉	バンボン	58
野戦高射砲第70大隊第2中隊	義第10593部隊西岡隊	西岡中尉	メルギー	87
印度国民軍機関砲第3中隊		西守少尉	ノンプラドック	6
第133兵站病院	義第4046部隊	気賀沢少佐	カンプリー	
第18方面軍野戦物廠一部	義第17108部隊		バンボン	21
第223野戦郵便所第1分所	義第7853部隊野口隊	野口軍曹	バンボン	15
「タボイ」陸上勤務第94中隊第1小隊	義第8224部隊		タボイ	
第15軍				
第15軍司令部	富士第1611部隊	片村中将	ランパン	522
第4師団	淀第4066部隊		ランパン	
第4師団司令部	淀第4050部隊	木村中将	ランパン	428
歩兵第8連隊	淀第4072部隊	藤森中佐	ランパン	1,838
歩兵第37連隊	淀第4073部隊	櫛川大佐	モンレン	2,237

部隊名	通称号	部隊長	位置	人員
搜索第4連隊	淀第4075部隊	今村大佐	ランパン	434
野砲兵第4連隊第2大隊第8中隊	淀第4077部隊	横山大尉	モンレン	1,919
第4師団通信隊	淀第4080部隊	平松中佐	ランパン	221
工兵第4連隊	淀第4079部隊	矢野大佐	ビサヌローク	665
輜重兵第4連隊	淀第4081部隊	佐藤少佐	ランパン	22
第4師団兵器勤務隊	淀第4083部隊	辻少佐	ランパン	
第4師団衛生隊	淀第4084部隊		ランパン	313
第4師団第1野戦病院	淀第4091部隊	豊島（軍医）少佐	チエンマイ	178
第4師団第4野戦病院	淀第4094部隊	森田（軍医）少佐	ランパン	2,811
第4師団防疫給水部	淀第4096部隊	奴田原（軍医）少佐	ランパン	326
第56師団				
第56師団司令部	籠第6703部隊	松山中将	ケンタム	588
歩兵第113連隊	籠第6734部隊	大須賀大佐	ケンタム	1,251
歩兵第146連隊	籠第6735部隊	相原大佐	タシンギ	1,453
歩兵第148連隊	籠第6736部隊	今川大佐	ケマビュ	898
搜索第56連隊	籠第6737部隊	柳川大佐	タシンギ	310
野砲兵第56連隊	籠第6739部隊		ケマビュ	795
工兵第56連隊	籠第6741部隊	山口少佐	ケマビュ	204
輜重兵第56連隊	籠第6740部隊		ケマビュ	676
第56師団兵器勤務隊	籠第6742部隊	池田大佐	ケンタム	147
第56師団衛生隊	籠第6743部隊		ケマビュ	395
第56師団第1野戦病院	籠第6744部隊		ケマビュ	110
第56師団第2野戦病院	籠第6745部隊		ケンタム	220
第56師団第4野戦病院	籠第6746部隊		ケンタム	340
第56師団病馬廠	籠第6748部隊		ケンタム	32
第56師団防疫給水部	籠第6749部隊		ケマビュ	145
南方軍第2通信隊無線1分隊	籠第6747部隊		ランパン	15
南方軍第6通信隊無線1分隊			ランパン	10
陸上勤務第128中隊	義第17101部隊	門谷大尉	ランパン	42
特設自動車第37中隊	義第15806部隊	近藤中尉	ランパン	60
第105兵站病院	義第7131部隊		チエンマイ	1,131

部隊名	所在地	部隊番号	人員
第124兵站病院	メーホンソン	義第5224部隊	151
患者輸送第38小隊	チェンマイ	義第1357部隊	77
患者輸送第58小隊	チェンマイ	義第6948部隊	38
第18方面軍野戦兵器廠支廠	ランパン	義第17106部隊	31
第18方面軍野戦自動車廠支廠	ランパン	義第17107部隊	43
第18方面軍野戦貨物廠支廠	チェンマイ、ラーヘン、ビサヌローク	義第17108部隊	77
渡河材料第14中隊	メット	義第6263部隊	80
独立輜重第3連隊	ラーヘン	義第8613部隊	1,100
第227野戦郵便所	ランパン	義第4827部隊	31
水上勤務第33中隊	メッド		208
第56師団配属部隊			
歩兵第67連隊第3大隊	マプローセ	鷲第7371部隊	150
野砲兵第53連隊第1大隊一部	タンユアム	安第10027部隊	40
特別砲兵第3中隊	タンユアム		26
野戦高射機関砲第43中隊	タンユアム	義第8059部隊	78
第53兵站地区隊本部一部	タンユアム	義第6020部隊	203
兵站勤務第53中隊一部	タンユアム		
独立輜重第2連隊	タマビュ	義第5372部隊	813
第9師団第1架橋中隊	タマビュ	義第8132部隊	385
架橋材料第21中隊第1小隊	タマビュ	義第5885部隊	89
独立自動車第61大隊（1中欠）	タマビュ		465
独立自動車第237中隊	タマビュ	義第3006部隊	150
特設自動車第19中隊	タマビュ	義第10433部隊	33
特設自動車第21中隊	タマビュ	義第10435部隊	38
特設自動車第15中隊一部	タマビュ	義第10429部隊	26
第101野戦鉄道隊	タマビュ	義第6041部隊	125
陸上勤務第102中隊	タマビュ	義第5135部隊	64
第53建築第1小隊、第53建築隊製材班	タンユアム	義第6913部隊	94
南方軍第2通信無線1小隊	タマビュ		40
特設建築第28中隊1小隊	タマビュ	義第10399部隊	
緬甸方面軍野戦兵器廠東北支廠	タマビュ	義第10357部隊	241

緬甸方面軍野戦兵器廠ケービュ支廠	ケービュ	義第 10357 部隊		43
緬甸方面軍自動車廠東北支廠	サンユアム	義第 10358 部隊		242
緬甸方面軍自動車廠ケービュ支廠	ケービュ	義第 10358 部隊		126
緬甸方面軍貨物廠東北支廠	チェンマイ	義第 10359 部隊		353
昆獣医勤務隊	チェンマイ			111
第 13 兵站駒馬廠昆支廠	チェンマイ	義第 4632 部隊		78
第 17 軍駒馬防疫廠昆支廠	チェンマイ	義第 7055 部隊		34
第 2 野戦輸送隊		義第 10725 部隊		
第 2 野戦隊輸送司令部	チェンマイ	義第 1035 部隊	粕谷少将	94
独立自動車第 101 大隊	メーホンソン	義第 5865 部隊		693
独立自動車第 261 中隊		義第 6060 部隊		135
独立自動車第 334 中隊	メーホンソン	義第 12237 部隊		140
独立自動車第 335 中隊	サンユアム	義第 12238 部隊		165
特設自動車第 4 中隊	サンユアム	義第 10418 部隊		90
特設自動車第 8 中隊	サンユアム	義第 10422 部隊		86
臨時特設自動車第 1 中隊	サンユアム			100
臨時特設自動車第 3 中隊				104
山村自動車隊	メーホンソン			40
架橋材料第 21 中隊		義第 5885 部隊		110
輜重兵第 31 連隊第 1 中隊		烈第 10706 部隊		101
輜重兵第 53 連隊第 1 中隊	サンユアム	安第 10032 部隊		100
材料輸送監視隊				158
菊兵団輸送部隊	アンボパイ			85
第 20 野戦鉄道路隊	アンボパイ	義第 9357 部隊		73
独立自動車第 60 大隊	アンボパイ	義第 8554 部隊		45
臨時歩兵第 1 大隊	アンボパイ			160
臨時歩兵第 2 大隊	アンボパイ			150
臨時第 1 中隊	メーホンソン			100
臨時第 3 中隊	メーホンソン			56
第 53 兵站地区隊本部	チェンマイ	義第 6020 部隊		202
森兵站業務要員				10
建築勤務第 53 中隊一部		義第 9913 部隊		162

部隊名	部隊番号	指揮官	所在地	人員
陸上勤務第32中隊	義第10440部隊			27
患者輸送第72小隊	義第6032部隊		メーホンソン	62
患者輸送第84小隊			チェンマイ	30
患者輸送第94小隊			チェンマイ	54
患者輸送第95小隊	義第10282部隊		チェンマイ	87
第26野戦防疫給水部			チェンマイ	270
第29野戦防疫給水部	義第10357部隊		チェンマイ	54
緬甸方面軍野戦兵器廠支廠	義第10358部隊		チェンマイ	7
緬甸方面軍野戦自動車廠支廠	義第10359部隊		チェンマイ	68
緬甸方面軍野戦貨物廠支廠			チェンマイ	43
第2教育隊				
方面軍直轄部隊（航空、船舶、海軍部隊を除く）				
第22師団				
第22師団司令部	原第7949部隊	平田中将	盤谷	206
歩兵第85連隊	原第7934部隊	河野大佐	ウボン（1大隊ウドン）	
歩兵第86連隊（一大隊欠）	原第7935部隊	中川大佐	サバナケット（2大隊パクセ）	3,026
工兵第22連隊主力	原第7933部隊	高城少佐	ウドン	3,305
輜重兵第22連隊	原第7938部隊	瀬古中佐	ウドン	336
防疫給水部	原第7941部隊	兵野（軍医）中村	西貢	220
第33師団	弓第10722部隊			
第33師団司令部	弓第6820部隊	田中中将	ナコンパトム	
歩兵第213連隊	弓第6822部隊	河野大佐	ナコンパトム	
歩兵第214連隊	弓第6823部隊	林大佐	ノンプラドック	
歩兵第215連隊	弓第6824部隊	柄田大佐	ナコンパトム	
山砲兵第33連隊	弓第6825部隊	龍中佐	ノンプラドック（1、3大隊ナコンパトム）	
工兵第33連隊	弓第6826部隊	八木大佐	ナコンパトム	
師団通信隊	弓第6827部隊	宮鶴少佐	ナコンパトム	
輜重兵第33連隊	弓第6828部隊	松本少佐	バンポン	
衛生隊	弓第6830部隊	原田少佐	ナコンパトム	
第1野戦病院	弓第6831部隊	阿部少佐	ナコンパトム	

第2野戦病院	ナコンバトム	弓第6832部隊	大西大佐		784
南方軍第2憲兵隊	盤谷	泰派遣憲兵隊	徳田大佐		
第33師団病馬廠	ナコンバトム	弓第6833部隊	高橋大尉	3,893	
南方第16陸軍病院	盤谷	義第10498部隊	清野大佐		685
患者輸送第97小隊	盤谷	義第17112部隊	下志万大尉		62
日本赤十字社救護班第485, 337, 339, 340, 366, 365, 368班					
第148兵站病院	ナコンバトム	義第17104部隊	石村中佐		298
患者輸送第94小隊	ナコンバトム	義第12239部隊			
日本赤十字社救護班第492, 489, 367, 491班	ナコンバトム				
第34野戦防疫給水部本部	盤谷	義第17113部隊	山田少佐		263
南方軍野戦防疫給水部泰支部	盤谷	義第9420部隊	竹川少佐	105	104
第18方面軍兵站病馬廠	チャントラット	義第17109部隊	杉尾中佐		94
第18方面軍馬防疫廠	バンポン	義第17110部隊	村元中佐		16
第18方面軍戦兵器廠	盤谷	義第17106部隊	鍛治川大佐		343
第18方面軍戦自動車廠	盤谷	義第17107部隊	二宮大佐		305
第18方面軍戦貨物廠	盤谷	義第17108部隊	吉川中佐		377
陸上勤務第129中隊	盤谷	義第17102部隊	山下中佐		127
第89兵站地区隊本部	盤谷	義第17100部隊	下村中佐		149
陸上勤務第130中隊	盤谷	義第17103部隊	筒井中佐		83
臨時特設自動車第2中隊	盤谷	義第9717部隊	西澤大尉		47
建築勤務隊第47中隊第2小隊	盤谷	義第4013部隊	粕谷中尉		128
泰俘虜収容所	盤谷	泰俘虜収容所	菅澤大尉		1,118
南方軍通信調査部盤谷支部	盤谷	義第10483部隊	井上少佐		133
光機関	盤谷		磯田中将		156
森盤谷兵站	盤谷		嘉悦少佐		147
第223野戦郵便所	盤谷	義第7358部隊鈴木隊	鈴木大尉		79
「ウボン」連絡所	ウボン		与成少佐		
南方軍第6通信隊	盤谷	義第15923部隊	与河大尉		376
南方軍第2通信隊泰地区隊	盤谷	義第15918部隊	市川大尉		263
特設自動車第38中隊	盤谷	義第15807部隊	野鳥中尉		83
航空部隊					

第1航空地区司令部	義第9903部隊	ドムアン	塚本大佐	105
第17飛行場大隊	義第9127部隊	ロッブリー	豊島大尉	419
第19飛行場大隊	義第9613部隊	ナコンサワン	平井少佐	393
第90飛行場大隊	義第9648部隊	タックリー	臼井少佐	403
第92飛行場大隊	義第9870部隊	ペップリー	熊谷少佐	418
第9飛行場中隊	義第9934部隊	ランパン	矢島大尉	228
第12飛行場中隊	義第9935部隊	ドムアン	古川大尉	241
第17飛行場中隊	義第9936部隊	ラーヘン	佐藤大尉	154
第8野戦飛行場設定隊	義第9955部隊	ロッブリー	藤枝大尉	102
第121野戦飛行場設定隊(1/2)	義第10925部隊	タックリー		70
第67陸上勤務隊	義第3305部隊	ドムアン	菅野大尉	373
兵站自動車第86中隊	義第9893部隊	盤谷	山根中尉	209
野戦高射砲第36大隊	義第4811部隊	ドムアン	中島少佐	453
第13野戦航空補給廠第1支廠	義第11075部隊村上隊	盤谷	村上少佐	184
第5飛行師団経理部出張所	義第9637部隊	ドムアン		54
第7保安中隊	義第15915部隊	ラーヘン	宮坂少尉	68
第126飛行場大隊一部	義第18447部隊	ラーヘン		10
第4航空地区司令部	義第9905部隊	ウボン	穂積中佐	81
第75飛行場大隊	義第9645部隊	ウボン	泉永中佐	358
第85飛行場中隊	義第9368部隊	ウドン	佐藤大尉	12
第80陸上勤務一部	義第3030部隊	ウボン	渡辺中尉	167
独立自動車第35大隊2中	義第1388部隊	ウボン	森大尉	74
第112野戦飛行場設定隊主力	義第12204部隊	ドムアン	浅田中尉	1,406
第19飛行場航空修理廠	義第9324部隊	ドムアン	田中大佐	111
第1航空通信連隊一部	義第8361部隊	ドムアン	佐原見士	414
第3航空通信連隊主力	義第9616部隊	タックリー	三木大尉、市橋大尉	410
第2航空情報連隊	義第9617部隊	ドムアン	沼田大尉	180
第3気象連隊	義第11053部隊	ドムアン	永島中尉	16
第31対空無線隊一部	義第11084部隊	タックリー	友添軍曹	161
第32対空無線隊	義第11085部隊	ドムアン	林中尉	40
第17航測隊一部	義第9879部隊	ドムアン	安部曹長	17
南方航空輸送部楽支部	義第9326部隊	盤谷	田村司政官	

部隊名	所在地	通称号	指揮官	人員
第3航空軍通信調査部一部	盤谷	義第12903 部隊	山本少尉	20
鉄道関係部隊				
南方軍野戦鉄道司令部	盤谷	義第15801 部隊	桑折少将	393
第4特設鉄道隊	パンポン	義第5838 部隊	安達少将	
第42兵站地区隊	パンポン	義第1381 部隊	吉田中佐	
独立自動車第274中隊	カンブリー	義第3986 部隊	八木大尉	
陸上勤務第85中隊	パンポン	義第5732 部隊	岡崎大尉	42
第14師団第3建築勤卒隊一部	カンブリー	義第9359 部隊	中山軍曹	
第29野戦防疫給水部 (1/3)	カンブリー	義第10282 部隊	湊谷中尉	
患者輸送部第19班	カンブリー	義第9361 部隊	工藤大尉	
鉄道第10連隊材料廠	盤谷	義第2145 部隊	須藤少佐	168
第102停車場司令部	ノンプラドック	義第1393 部隊	仁櫃中佐	
鉄道第5連隊 (1大隊欠)	ペチャブリー	義第5804 部隊	橋本大佐	
独立工兵第3連隊第2中隊	ナコンパトム	義第5543 部隊	夏井大尉	111
第120停車場司令部	ラップリー	義第4001 部隊	日根中佐	24
第161停車場司令部	ナコンチャイシー	義第9735 部隊	葛西大佐	30
鉄道第7連隊主力	盤谷	義第2143 部隊	引地中佐	249
建築勤務第60中隊	盤谷	義第7044 部隊	竹井大尉	64
南方軍野戦鉄道廠	盤谷	義第15802 部隊	深山大佐	391
第1鉄道材料廠	盤谷	義第5806 部隊	矢部中佐	245
兵站自動車第188中隊	盤谷	義第10481 部隊	安東中尉	48
第121停車場司令部	盤谷	義第4002 部隊	磯野大佐	28
第143停車場司令部	バタナンポー	義第7117 部隊	山根中佐	
船舶関係部隊				
特設桟碇泊場司令部	盤谷	義第2944 部隊	倉塚中佐	268
第2野戦船舶廠第4移動修理班	盤谷	義第2944 部隊高橋隊	高橋少尉	84
海上輸送第3大隊	盤谷	義第6190 部隊	皆見少佐	329
船舶工兵第11連隊第2中隊	盤谷	義第2944 部隊安田隊	安田大尉	342
第10揚陸隊第1中隊第1小隊	盤谷	義第2944 部隊藤崎隊	藤崎中尉	38
第2野戦船舶廠第7支廠	盤谷	義第2944 部隊中岡隊	中岡中尉	111
海軍部隊				
第13根拠地隊司令部	盤谷		田中中将	

第13警備隊	盤谷		堀井大佐
第17警備隊	メルギー	9,156	常木大佐
総計		75,238	

注1：地名表記は原資料と同一にしてある。本書の地名表記との対応は以下の通りである。アンポパイ：パーイ，ウドン：ウドーンターニー，カンブリー：カーンチャナブリー，クンヤム：クンユアム，サバナケット：サワンナケート，タックリー：タックリー，タヴォイ：タヴォイ，ターモアン：ターモアン，ドムアン：ドーンムアン，ノンプラドック：ノーンプラードゥック，バタナンポ：パークナームポー，プラチュアップキリカン：プラチュアップキーリーカン，ペチャブリー：ペッブリー，メンド：メーンソート，モンレン：ムアンレーン，ラッブリー：ラーチャブリー，ラーヘン：ターク。なお，マプローゼはケンタビュー北方約60kmに位置するビルマ（ミャンマー）のカレンニー（カヤー）州内の地名であり，おそらく同州内の資料から確認できる。現在の正確な位置は判別しない。タンシもおそらく同州内の地名と推測される。ンンホアリンと思われ，サラブリー付近にあったことは日本側の資料から確認できるが，現在の正確な位置はノー語音をタイ語音に正確なタイ音訳される。

注2：（）内人数は患者数と推測される。
出所：NA Bo Ko. Sungsur 2. 1/15 より筆者作成

附表 16 主要駅の旅客乗車数の推移 (1937/38～1944 年) (単位：人)

駅	1937/38	1938/39	1939/40	1940	1941	1942	1943	1944
バンコク	400,548	439,220	503,853	431,354	531,234	585,294	929,924	900,120
バンスー	37,660	41,669	42,664	41,502	54,995	104,923	157,617	193,075
ドーンムアン	32,333	44,584	28,849	22,414	30,604	63,982	109,823	120,340
アユッタヤー	114,400	114,241	141,788	137,167	190,492	179,614	201,095	271,851
バーンモー	24,851	29,034	33,598	26,012	45,089	25,119	43,019	55,313
ロップリー	87,466	93,443	100,433	83,290	99,818	78,343	122,596	172,703
バーンミー	55,873	60,881	78,509	68,563	97,918	61,259	86,399	60,341
チョンケー	14,462	16,493	20,475	16,370	23,903	17,489	31,760	30,978
パークナームポー	52,200	44,685	64,268	60,089	80,766	60,420	97,244	89,052
チュムセーン	20,867	18,122	32,613	31,624	42,512	28,303	48,976	51,054
サワンカローク	28,014	27,035	33,026	24,992	29,152	33,266	57,396	50,003
ウッタラディット	28,178	25,503	31,508	31,154	38,791	45,115	69,885	48,107
デンチャイ	30,579	30,434	37,684	29,727	36,096	35,350	47,942	44,774
ラムパーン	41,982	40,506	46,967	44,186	49,764	50,296	86,249	53,368
ラムプーン	6,272	7,085	7,369	7,961	8,256	13,341	33,656	18,713
チエンマイ	17,513	19,082	23,821	22,397	28,007	35,276	65,679	20,703
サラブリー	50,409	54,293	69,896	60,008	85,033	59,389	69,483	107,419
シーキウ	27,710	29,418	35,601	27,777	37,603	31,897	39,997	40,962
コーラート	76,572	82,178	101,667	86,349	109,257	84,519	119,261	148,000
タノンチラ	47,522	57,121	62,928	51,741	62,162	52,449	81,499	57,304
ノーンスーン	12,664	21,384	22,650	16,911	19,063	21,989	32,484	26,757
ナットラン	11,002	17,581	19,191	14,281	22,813	15,457	21,122	19,157
ブアヤイ	14,517	20,445	26,348	26,246	39,834	33,955	46,678	39,189
ムアンポン	18,783	21,809	33,821	27,697	41,672	29,958	48,173	36,198
バーンパイ	28,324	23,445	42,307	40,618	46,938	47,089	65,802	65,372
ターブラ	8,629	10,575	9,346	5,717	4,528	9,956	16,401	14,038
コーンケン	26,597	32,456	31,934	22,311	33,554	53,537	75,606	73,321
ウドーンターニー					5,205	26,068	40,697	40,316
ラムプラーイマート	17,274	19,844	25,939	19,598	23,269	17,873	30,918	24,996
ブリーラム	20147	22448	29,930	23,904	28,954	22,913	36,363	30,421
スリン	22,041	23,122	30,247	21,699	35,461	32,228	44,832	35,113
シーコーラブーム	12,826	13,682	17,748	12,878	19,043	25,099	38,174	24,294

附表 | 555

シーサーケート	16,303	16,674	21,738	21,914	25,826	31,184	46,480	46,360

地名								
シーサーケート	16,303	16,674	21,738	21,914	25,826	31,184	46,480	46,360
ウボン	15,627	17,630	22,335	21,972	27,024	28,426	39,485	43,252
チャチューンサオ	95,255	90,165	115,844	109,816	130,360	70,799	87,983	113,793
プラーチーン	47,383	45,231	53,845	52,427	68,222	75,168	73,192	85,506
カビンブリー	19,943	19,296	25,388	30,163	29,527	31,887	46,610	36,246
アランヤプラテート	5,891	6,147	7,902	9,666	16,943	17,781	22,568	18,215
その他	1,308,682	1,359,849	1,732,901	1,465,013	1,978,339	1,759,903	1,868,397	2,240,933
東岸線計	2,897,299	3,066,810	3,766,931	3,247,508	4,278,027	3,996,914	5,181,465	5,547,657
トンブリー	89,390	91,528	98,703	84,409	126,571	125,267	130,172	405,332
ナコーンパトム	69,763	77,870	82,849	71,235	95,355	128,030	226,209	257,655
バーンポーン	77,535	66,078	84,861	74,204	79,904	114,265	236,888	234,160
ポーターラーム	42,197	39,506	49,778	45,255	47,864	59,275	137,180	161,475
ラーチャブリー	94,253	91,173	108,783	98,076	114,863	119,705	169,392	176,974
ペッブリー	52,834	52,207	65,400	64,520	63,029	70,569	121,025	143,865
カオタモーン	3,311	3,481	4,389	4,436	3,436	N.A.	31,116	N.A.
ノーンチョーク	N.A.	N.A.	N.A.	N.A.	3,436	3,947	N.A.	26,128
ノーンサーラー	9,160	8,915	N.A.	N.A.	N.A.	N.A.	N.A.	N.A.
ファイサーイヌア	4,466	4,218	N.A.	N.A.	N.A.	N.A.	N.A.	N.A.
フアヒン	17,601	16,247	23,797	24,652	20,875	31,898	56,081	67,595
ワンポン	N.A.	10,934	9,613	10,274	10,996	13,112	7,699	10,881
プラーンブリー	11,487	N.A.	13,618	12,622	15,284	21,930	31,376	34,702
プラチュアップキーリーカン	N.A.	N.A.	5,951	5,551	5,781	7,485	33,067	33,334
チュムポーン	34,734	35,132	40,354	27,636	37,124	39,501	66,933	76,012
ランスアン	25,643	24,200	34,802	29,147	30,918	29,585	37,728	44,056
スラーンポー	46,600	42,701	49,306	44,168	63,461	58,030	70,770	82,267
ターンボー	22,833	22,838	25,973	21,032	28,251	29,911	27,681	22,996
チャワーン	27,436	27,087	32,103	25,668	32,928	30,221	28,211	22,426
トゥンソン	68,126	62,774	77,963	60,640	81,947	84,929	97,863	103,166
トラン	12,282	12,272	17,732	15,982	23,406	84,300	125,036	151,007
カンタン	3,402	4,370	5,824	5,416	8,150	46,746	74,078	103,953
ロンピアブーン	38,745	43,015	48,404	34,000	48,058	31,907	33,155	32,283
ナコーンシータマラート	24,876	23,312	36,636	36,343	42,890	66,392	78,983	89,468
チャウアト	9,242	9,072	11,239	8,568	10,038	12,760	17,847	20,039
パッタルン	40,171	43,690	52,609	44,593	58,165	52,898	78,257	62,052

附表 | 557

N.A.	N.A.	16,681	19,071	21,531	14,414	27,622	21,228	クワンニアン
136,288	132,393	157,400	130,902	160,954	173,456	248,523	179,064	ハートヤイ
N.A.	N.A.	24,822	21,026	27,489	18,584	26,841	11,693	トゥンルン
N.A.	N.A.	19,136	17,114	19,936	13,103	46,232	21,683	クローンケ
14,571	13,467	11,411	8,128	6,929	9,078	30,427	19,293	バーダンベーサール
7,542	9,292	15,557	18,062	12,875	71,451	91,976	70,880	ソンクラー
17,466	14,048	N.A.	N.A.	N.A.	N.A.	N.A.	N.A.	ナームアン
20,905	20,996	N.A.	N.A.	N.A.	N.A.	N.A.	N.A.	チャナ
35,628	36,277	46,651	35,218	47,836	37,120	48,249	34,312	コークボー
15,575	15,561	N.A.	N.A.	N.A.	N.A.	N.A.	N.A.	ナーブラドゥー
70,929	77,127	100,158	88,469	134,537	73,483	85,695	63,435	ヤラー
58,384	57,048	73,291	57,327	87,360	28,656	27,571	23,076	ルーン
85,817	79,881	105,378	88,315	128,362	49,287	47,836	42,752	タンヨンマス
85,248	81,139	99,341	74,108	106,661	32,664	36,175	37,064	スガイパーディー
84,621	94,451	113,897	73,878	94,678	33,102	37,152	45,584	スガイコーロック
1,200,127	1,211,656	1,418,089	1,203,862	1,553,313	1,377,545	2,810,291	2,611,524	その他
2,659,188	2,655,956	3,182,499	2,683,907	3,451,755	3,194,606	5,481,337	5,543,414	西岸縦計
5,556,487	5,722,766	6,949,430	5,931,415	7,729,782	7,191,520	10,662,802	11,091,071	総計

注：1939/40 年までは 4 月～翌年 3 月，1940 年は 4～12 月，1941 年以降は暦通りの数値である。

出所：SYB（1937/38-38/39），214-217．SYB（1939/40-44），318-321 より筆者作成

附表 17　主要駅の平均乗車距離の推移（1937/38～1944 年）（単位：km）

駅	1937/38	1938/39	1939/40	1940	1941	1942	1943	1944
バンコク	151	154	160	174	172	144	167	114
バーンスー	44	47	60	61	59	43	41	45
ドーンムアン	18	18	22	24	24	17	19	21
アユッタヤー	55	56	54	59	57	63	63	68
バーンモー	20	18	21	22	20	28	35	36
ロッブリー	54	44	55	58	56	66	77	63
バーンミー	34	33	40	38	36	35	35	58
チョンケー	32	29	33	33	33	34	30	39
バーンナームポー	122	122	103	103	105	111	99	119
チュムセーン	55	52	53	46	51	62	56	59
サワンカローク	101	104	101	112	100	82	58	59
ウッタラディット	70	75	73	70	71	63	58	61
デンチャイ	86	92	91	98	93	91	85	98
ラムパーン	134	140	140	139	139	149	129	168
ラプーン	98	108	115	119	115	73	49	100
チエンマイ	243	267	257	266	245	214	276	192
サラブリー	56	54	53	45	53	86	56	87
シーキウ	33	31	33	34	33	35	35	43
コーラート	105	100	100	103	99	107	113	130
タノンチラ	59	56	58	60	68	64	72	71
ノーンスーン	29	27	29	30	33	38	36	40
ケッドラン	35	32	36	36	41	40	46	49
プアヤイ	52	53	55	62	62	64	63	69
ムアンポン	52	51	50	48	50	55	46	67
バーンパイ	82	85	95	131	123	109	95	130
ターワ	28	27	34	43	53	42	45	64
コーンケン	106	95	124	165	160	90	81	99
ウドーンターニー	39	40	40	44	219	158	149	156
ラムプラーマート	46	48	51	49	44	49	56	60
ブリーラム	63	69	57	61	52	59	57	67
スリン	70	73	69	70	70	71	72	81
シーコーラープーム	43	41	48	58	47	49	52	72

シーサケート	69	72	92	102	97	79	72	88
ウボン	165	186	195	228	216	202	204	230
チャチューンサオ	49	51	50	48	47	58	48	58
プラーチーン	60	65	68	70	81	121	77	167
カビンブリー	40	39	40	36	42	36	31	40
アランヤプラテート	143	135	117	108	146	90	61	68
その他	32	31	33	34	33	40	71	74
東岸線計	63	63	65	69	67	70	89	84
トンブリー	47	47	47	45	47	72	54	81
ナコーンパトム	40	41	43	47	52	44	37	38
バーンポーン	48	49	52	52	58	48	50	38
ポーターラーム	27	27	30	30	30	31	28	27
ラーチャブリー	40	39	41	47	47	47	50	50
ペッブリー	65	67	71	72	85	85	72	97
カオタモーン	21	22	N.A.	N.A.	N.A.	N.A.	N.A.	N.A.
ノーンチョーク	N.A.	N.A.	20	20	22	22	26	35
ノーンサーク	20	20	N.A.	N.A.	N.A.	N.A.	N.A.	N.A.
ファイサーイヌア	30	29	N.A.	N.A.	N.A.	N.A.	N.A.	N.A.
プラビン	89	104	102	110	96	92	73	84
ワンポン	N.A.	N.A.	21	20	22	21	36	50
プラチュアップアップキーリーカン	46	47	45	46	46	46	38	55
チュムポーン	N.A.	N.A.	27	30	28	25	65	70
ランスアン	89	84	96	120	104	117	156	184
スラーターニー	50	51	50	48	43	53	79	92
チャヤーン	86	78	82	86	80	92	103	106
トゥンソン	19	20	22	23	22	24	33	37
トラン	22	24	28	31	26	26	35	44
カンタン	38	38	37	46	43	54	74	88
ロンピブーン	96	124	130	143	145	65	59	52
ナコーンシータンマラート	189	191	186	212	200	65	70	60
チャヤウト	48	51	50	54	57	37	34	50
パッタルン	110	115	115	129	116	109	119	139
ハートヤイ	43	41	41	38	36	40	40	39
パダンベサール	59	61	65	67	50	47	59	62

クアンニニアン	42	39	28	33	30	41	N.A.	N.A.
ハートヤイ	124	107	94	83	88	78	68	63
トゥンルン	25	17	31	27	31	32	N.A.	N.A.
クローンケ	37	24	18	14	16	16	N.A.	N.A.
バーダンベーサール	101	68	46	259	257	263	306	290
ソンクラー	94	89	54	101	114	114	141	130
ナームアン	N.A.	N.A.	N.A.	N.A.	N.A.	N.A.	14	15
チャナ	N.A.	N.A.	N.A.	N.A.	N.A.	N.A.	30	31
コークボー	96	100	90	86	93	78	82	74
ナープラドゥー	N.A.	N.A.	N.A.	N.A.	N.A.	N.A.	38	36
ヤラー	80	61	70	52	58	51	49	46
ルーン	40	34	37	27	30	28	27	28
タンヨンマス	66	61	49	31	34	32	32	31
スガイバーディー	48	38	36	20	20	18	18	18
スガイコーロック	107	99	57	29	31	30	34	36
その他	20	17	25	22	23	22	22	21
西岸線計	48	40	46	40	42	39	38	37
総計	66	64	60	55	57	53	51	51

注：1939/40 年までは 4 月～翌年 3 月．1940 年は 4 ～12 月．1941 年以降は暦通りの数値である。
出所：附表 16 と同じ．より筆者作成

附表 18　主要駅の貨物発送量の推移（1937/38〜1944 年）（単位：トン）

駅	1937/38	1938/39	1939/40	1940	1941	1942	1943	1944
バンコク	166,696	188,191	175,348	135,942	189,127	123,176	106,633	32,112
バンスー	34,757	31,478	37,273	29,752	39,190	9,985	14,172	9,111
ドーンムアン	1,714	2,065	1,355	1,603	2,060	104	105	197
アユッタヤー	3,358	3,064	8,936	8,772	10,915	4,940	4,320	4,482
パークモー	109,194	127,091	149,568	113,809	116,237	74,971	54,959	3,497
ロップリー	8,037	7,047	3,736	2,560	4,635	2,596	2,931	1,485
バンミー	18,565	62,064	117,731	89,012	140,778	53,070	36,941	21,372
チョンナン	73,240	81,331	119,355	85,376	97,287	56,778	54,546	37,097
パークナームポー	7,518	10,450	13,810	5,008	16,601	7,020	11,439	6,607
チュムセーン	4,283	13,885	14,509	5,236	5,303	1,657	1,654	671
サワンカローク	8,181	5,738	15,727	10,766	11,057	8,802	8,550	6,288
ウッタラディット	6,152	7,062	11,510	10,606	9,212	4,356	4,080	2,721
デンチャイ	8,993	14,329	13,382	11,316	14,573	6,135	8,731	4,340
ラムパーン	27,896	41,842	56,259	43,278	68,908	25,853	24,803	10,099
ラムプーン	6,055	10,623	13,292	10,560	14,419	5,469	5,074	4,174
チエンマイ	20,978	28,831	31,516	32,582	38,789	22,359	24,582	297
サラブリー	8,238	5,592	31,468	20,082	10,476	4,162	18,078	12,501
シーキウ	11,400	15,871	17,876	12,143	8,532	4,206	6,641	3,099
コーラート	13,844	19,726	22,928	13,714	13,890	6,729	7,867	5,733
タノンチラ	4,512	4,428	4,774	4,100	6,194	4,394	1,866	836
ノンチーク	7,109	16,586	17,020	7,448	4,191	1,059	5,621	805
クットラン	9,418	15,828	16,715	9,715	8,702	1,063	6,100	999
ブアサイ	14,994	18,570	20,718	21,548	16,070	3,460	4,375	2,841
ムアンポン	14,022	21,264	27,847	18,324	15,195	2,031	4,137	1,154
バーンパイ	6,354	11,722	18,976	11,908	17,610	5,862	5,052	1,519
ターブラ	9,164	13,325	8,194	4,415	9,127	4,544	3,270	511
コーンケン	28,055	42,046	46,176	56,899	55,348	6,849	5,855	1,946
ウドーンターニー					18,635	11,293	11,593	6,674
ラムプラーイマート	12,945	18,854	22,510	17,657	17,773	5,887	2,041	1,490
ブリーラム	65,965	50,646	106,927	48,555	17,502	3,392	6,249	1,537
スリン	12,879	18,742	20,374	8,766	10,946	6,730	12,615	1,702
シーコーラプーム	9,726	11,356	10,950	4,002	6,011	6,682	19,259	1,355

シーサート	6,789	8,470	7,031	2,881	6,127	4,666	7,687	1,300
ウボン	17,465	21,298	18,142	14,989	25,618	16,185	19,391	5,892
チャチューンサオ	939	1,189	1,492	1,935	1,703	2,133	3,163	3,561
プラーチーン	3,415	2,820	5,406	4,237	4,421	2,389	2,919	2,450
カビンブリー	2,514	4,509	6,031	5,152	16,708	8,053	906	372
アランヤプラテート	7,129	5,696	4,026	4,635	21,182	11,877	4,528	2,390
その他	290,497	402,813	458,871	293,571	339,454	274,411	283,297	118,302
東岸線計	1,062,990	1,366,442	1,677,759	1,182,854	1,430,506	805,328	806,030	323,519
トンブリー	12,115	10,766	14,735	45,590	39,959	13,305	15,830	26,226
ナコーンパトム	7,236	8,198	9,604	6,256	5,738	5,856	6,056	4,788
バーンポーン	13,319	19,974	27,319	18,729	16,907	8,734	6,066	5,180
ポーターラーム	1,879	1,971	2,714	1,965	2,882	2,411	2,722	2,052
ラーチャブリー	3,311	5,288	8,458	7,918	11,527	4,476	5,324	3,748
ペッブリー	10,511	12,477	12,723	14,208	12,935	19,758	16,857	9,380
カオタモーン	5,239	12,106	N.A.	N.A.	N.A.	N.A.	N.A.	N.A.
ノーンチョーク	N.A.	N.A.	14,321	4,146	5,052	6,926	514	912
ノーンサーラー	2,438	1,738	N.A.	N.A.	N.A.	N.A.	N.A.	N.A.
フアイサーイヌア	3,278	1,108	N.A.	N.A.	N.A.	N.A.	N.A.	N.A.
フアヒン	6,264	3,279	2,770	2,439	5,145	1,961	1,564	2,979
ワンポン	N.A.	N.A.	3,084	4,145	4,875	678	330	1,073
プラーンブリー	5,368	4,718	5,002	4,770	6,041	4,065	2,751	5,024
プラチュアップキーリーカン	N.A.	N.A.	1,386	1,705	4,249	1,019	2,207	1,391
チュムポーン	2,818	2,694	2,176	3,690	4,912	7,424	11,291	5,411
ランスアン	5,038	845	7,178	3,122	1,400	5,082	3,093	3,700
スラーターニー	13,583	13,086	12,685	16,250	21,391	16,829	15,141	10,182
ターンポー	2,901	2,556	2,436	2,413	2,598	2,008	1,907	1,436
チャイワーン	2,691	2,342	3,568	2,192	4,252	1,647	1,222	992
トゥンソン	5,664	5,382	6,193	3,467	4,502	2,608	4,662	4,811
トラン	1,524	1,883	2,254	2,818	7,165	6,780	4,561	2,834
カンタン	5,731	7,467	6,151	4,742	14,900	27,391	24,156	14,603
ロンピブーン	2,454	1,541	1,888	1,281	1,483	896	1,009	758
ナコーンシータマラート	12,233	8,468	7,878	7,627	12,182	11,460	11,205	14,408
チャヤウァト	11,752	10,608	10,999	7,547	8,819	3,859	3,938	12,629
パッタルン	4,695	4,748	3,972	3,646	4,943	8,833	10,356	7,309

グアンニーアン	N.A.	N.A.	931	643	955	381	1,554	585
ハートトイ	14,799	14,983	12,258	12,415	21,245	15,632	21,323	9,748
スクルン	N.A.	N.A.	781	1,036	1,448	217	1,589	766
クローンチ	N.A.	N.A.	548	493	375	262	4,437	1,639
バーダンベーサール	10,010	12,878	9,712	7,945	10,836	511	1,051	264
ソンクラー	15,421	11,699	8,992	10,594	14,692	14,347	19,595	9,975
ナームアン	501	377	N.A.	N.A.	N.A.	N.A.	N.A.	N.A.
チャナ	751	714	N.A.	N.A.	N.A.	N.A.	N.A.	N.A.
コークポー	3,371	3,607	3,102	3,183	5,251	2,403	2,042	1,219
ナーブラドゥー	1,348	1,430	N.A.	N.A.	N.A.	N.A.	N.A.	N.A.
ヤラー	7,338	7,754	6,844	5,600	11,760	7,566	7,390	5,697
ルーン	3,597	4,848	3,523	2,308	3,260	1,228	805	690
タンヨンマス	4,117	4,854	4,851	4,372	8,621	3,453	3,146	2,175
スガイバーディー	3,122	3,261	3,073	2,916	1,629	2,145	1,676	904
スガイコーロック	6,195	6,813	5,496	4,478	8,434	2,130	1,863	2,155
その他	78,160	84,603	84,098	76,346	102,809	66,349	112,992	53,108
西岸鐵計	290,772	301,064	313,703	302,995	395,172	280,630	332,225	230,751
総計	1,353,762	1,667,506	1,991,462	1,485,849	1,825,678	1,085,958	1,138,255	554,270

注：1939/40 年までは 4 月～翌年 3 月. 1940 年は 4～12 月. 1941 年以降は暦通りの数値である。
出所：SYB (1937/38-38/39), 214-217. SYB (1939/40-44), 322-325 より筆者作成

附表 19　主要駅の貨物到着量の推移 （1937/38～1944 年）（単位：トン）

駅	1937/38	1938/39	1939/40	1940	1941	1942	1943	1944
バンコク	374,094	553,216	721,516	506,858	571,985	322,111	388,909	88,948
バーンスー	121,362	151,368	178,427	141,908	158,790	91,460	70,771	12,928
ドーンムアン	9,142	10,092	15,244	8,168	73,634	47,624	9,339	13,633
アユッタヤー	9,296	7,855	18,002	39,176	17,991	10,497	2,804	2,236
バーンモー	2,232	1,476	2,378	1,553	3,226	4,879	3,911	1,809
ロッブリー	44,797	37,313	21,921	15,164	12,331	8,021	7,851	5,899
バーンミー	5,448	5,639	6,976	5,703	6,713	3,975	3,595	1,743
チョンケー	1,356	1,500	1,483	1,199	1,349	1,145	1,070	641
パークナームポー	8,932	8,847	10,926	10,748	14,596	8,933	7,522	2,376
チャムセーン	2,427	2,534	2,806	1,937	3,690	1,954	1,703	538
サワンカローク	6,729	44,384	6,883	6,860	10,868	7,116	5,847	2,924
ウッタラディット	5,199	4,747	7,971	8,440	8,788	3,974	3,011	1,700
デンチャイ	8,875	6,892	6,393	5,379	7,094	4,703	4,618	8,718
ラムパーン	32,549	27,051	26,931	18,601	26,674	25,557	24,929	11,331
ラムプーン	2,491	4,605	3,970	1,392	2,264	2,277	2,205	2,336
チェンマイ	16,829	19,226	18,438	14,218	17,547	16,573	14,103	209
サラブリー	4,067	9,484	16,355	15,923	7,677	7,705	4,046	3,603
シーキウ	4,182	3,537	5,976	3,706	3,269	1,923	1,779	1,106
コーラート	22,540	23,385	20,406	14,914	25,864	11,752	8,823	6,877
タンブンチラ	6,380	8,079	6,061	4,771	4,402	5,908	6,431	2,500
ノーンスーン	1,479	2,637	2,508	1,610	1,628	1,939	1,133	454
ケッドラン	1,086	1,630	1,555	1,242	1,926	802	490	311
ブアヤイ	2,960	3,499	3,183	3,233	4,913	2,765	2,017	1,041
ムアンポン	3,443	3,581	3,760	2,791	3,684	1,778	1,128	1,178
バーンパイ	6,545	6,071	6,730	5,741	8,520	5,589	4,334	4,432
ターケー	628	306	473	177	610	607	158	629
コーンケン	74,358	56,720	111,162	56,416	22,664	4,218	3,975	3,028
ウドーンターニー	2,961	2,563	2,427	1,928	2,880	5,724	5,378	4,177
ラムプラーイマート	4106	3880	3,220	2,655	3,402	2,673	1,338	1,087
ブリーラム	5,990	10,477	6,887	4,515	8,790	2,255	1,611	736
スリン						5,778	4,233	2,479
シーコーラープーム	1,925	1,571	1,214	921	2,178	1,887	1,438	418

シーサーケート	2,793	2,515	2,534	1,919	2,851	3,124	2,617	1,100
ウボン	9,660	10,558	11,443	8,548	10,019	5,518	4,920	2,400
チャチューンサオ	4,581	3,434	4,914	2,612	2,338	1,643	1,685	1,719
プラーチーン	6,746	6,851	5,317	5,755	4,894	2,784	2,692	1,403
カビンブリー	1,193	1,442	1,223	1,105	1,569	1,206	877	603
プランヤプラテート	1,157	1,048	1,354	6,967	38,004	4,106	971	486
その他	182,761	255,692	346,657	210,053	455,848	159,372	181,197	120,963
東岸線計	1,003,299	1,305,705	1,615,624	1,144,806	1,559,469	801,855	795,459	320,699
トンブリー	76,177	70,858	72,892	45,595	72,502	39,396	43,315	42,178
ナコーンパトム	8,697	8,753	8,272	6,332	9,023	6,220	4,454	3,419
バーンポン	10,423	8,298	13,535	11,987	16,191	9,544	10,506	9,846
ポーターラーム	1,632	1,300	1,987	1,550	6,529	3,086	1,416	964
ラーチャブリー	2,782	3,035	3,536	3,916	3,976	3,467	3,665	1,927
ペッブリー	5,912	6,182	6,249	5,373	9,997	7,383	5,364	3,457
カオタモーン	183	308	N.A.	N.A.	N.A.	N.A.	N.A.	N.A.
ノーンチョーク	N.A.	N.A.	202	176	199	107	444	253
ノーンサーラー	816	464	N.A.	N.A.	N.A.	N.A.	N.A.	N.A.
プラィサーイヌア	523	397	N.A.	N.A.	N.A.	N.A.	N.A.	N.A.
フアヒン	4,368	3,574	3,802	3,126	3,911	3,278	3,081	2,707
ワンポン	N.A.	N.A.	503	997	1,088	290	326	1,127
プラーンブリー	1,638	945	1,138	1,223	2,160	2,217	2,130	1,857
プラチュアップキーリーカン	N.A.	N.A.	664	435	595	406	2,228	1,265
チュムポーン	3,545	3,309	5,726	7,673	6,780	5,505	53,330	9,694
ランスアン	1,155	939	1,525	1,617	1,635	1,365	946	551
ターラーニー	5,439	4,580	3,200	1,914	5,523	3,058	1,823	2,195
ターンボン	1,439	1,513	1,366	1,072	1,541	997	851	401
チャイヤー	1,599	1,615	1,657	1,422	1,839	1,119	717	302
トゥンソン	6,697	6,736	6,516	4,110	5,141	3,740	5,066	5,681
トラン	6,674	7,646	10,398	10,178	11,316	12,428	8,077	6,425
カンタン	31,300	31,924	33,756	26,441	26,413	54,541	68,293	58,831
ロンビアーン	7,800	7,042	8,961	5,091	5,402	770	757	326
ナコーンシータマラート	11,358	11,379	9,289	14,269	12,945	7,714	4,607	2,937
チャイウアト	392	476	669	259	462	454	396	558
パッタルン	3,284	3,786	3,865	2,948	4,047	5,010	3,627	2,685

N.A.	N.A.	1,747	555	1,439	251	2,766	736
20,910	21,940	20,776	18,069	22,917	23,687	26,860	18,360
N.A.	N.A.	1,335	1,382	1,683	316	848	720
N.A.	N.A.	664	470	748	176	3,331	4,338
25,304	29,805	22,804	50,150	30,925	8,938	1,858	3,396
10,549	11,327	13,111	16,482	16,613	6,625	7,790	4,398
623	609	N.A.	N.A.	N.A.	N.A.	N.A.	N.A.
1,210	1,114	N.A.	N.A.	N.A.	N.A.	N.A.	N.A.
6,511	7,454	8,606	9,291	9,312	2,642	2,102	891
4,004	4,338	N.A.	N.A.	N.A.	N.A.	N.A.	N.A.
8,879	13,370	18,557	15,493	21,899	11,352	7,662	4,375
4,491	5,537	4,775	3,719	5,089	1,623	915	508
6,853	8,793	10,123	6,884	11,136	4,908	2,928	2,477
4,020	4,034	4,628	4,274	7,044	2,936	2,047	1,086
10,307	12,365	16,173	12,096	13,212	5,185	4,169	11,289
52,969	51,056	52,831	44,473	58,978	43,369	57,092	21,411
350,463	356,801	375,838	341,042	410,210	284,103	345,787	233,571
1,353,762	1,662,506	1,991,462	1,485,848	1,969,679	1,085,958	1,141,246	554,270

行ラベル
クアンニニアン
ハートヤイ
トゥンカルン
クローンナ
バーダンベーサール
ソンクラー
ナームアン
チャナ
コークポー
ナーブラドゥー
ヤラー
ルーン
タンヨンマス
スガイバーディー
スガイコーロック
その他
両岸額計
総計

注：1939/40 年までは4 月～翌年3 月．1940 年は4～12 月．1941 年以降は暦通りの数値である。
出所：附表 18 と同じ．より筆者作成

附表 20　路線別主要貨物輸送量の推移（1937/38〜1945 年）（単位：トン）

東岸線	1937/38	1938/39	1939/40	1940	1941	1942	1943	1944	1945
豆	5,559	6,720	10,256	9,209	10,917	9,719	10,980	11,196	N.A.
セメント	28,208	21,314	29,389	20,848	15,977	8,166	4,136	2,963	N.A.
石炭・木炭	15,282	12,255	15,711	12,758	14,523	12,063	5,982	4,941	N.A.
泥灰土	107,206	125,066	147,360	112,682	115,633	74,799	54,707	2,879	N.A.
野菜・果物	20,887	30,229	24,887	25,714	21,942	20,283	16,133	10,570	N.A.
石油	17,653	18,647	23,268	19,409	22,558	8,549	8,898	6,109	N.A.
小荷物	80,143	85,643	90,077	76,598	123,741	134,001	187,206	94,001	N.A.
米	353,004	582,539	663,903	413,720	458,149	244,385	265,880	37,751	N.A.
糖	24,888	34,667	30,956	16,749	20,393	4,081	1,439	146	N.A.
籾米	146,192	262,308	325,329	193,583	172,283	151,616	202,177	11,244	N.A.
精米	181,924	285,564	307,618	203,388	265,473	88,688	62,264	26,361	N.A.
天然ゴム					20	16			N.A.
塩	16,057	17,741	15,774	11,776	19,379	28,841	23,877	7,016	N.A.
砕石	69,429	116,601	130,819	90,389	126,358	67,359	85,130	50,679	N.A.
錫鉱	100,029	91,778	112,304	103,724	114,426	44,769	23,264	13,136	N.A.
木材			55	121	175	2,916	4,299	3,104	N.A.
その他	247,014	245,011	413,956	285,906	370,262	152,067	131,298	88,848	N.A.
計	1,060,471	1,353,544	1,677,759	1,182,854	1,414,060	807,933	821,790	333,193	N.A.

西岸線	1937/38	1938/39	1939/40	1940	1941	1942	1943	1944	1945
豆	123	270	355	176	645	1,507	3,018	705	N.A.
セメント	2,671	5,004	728	389	12,569	1,629	532	232	N.A.
石炭・木炭	19,620	17,596	25,078	19,133	41,913	10,750	8,318	6,161	N.A.
泥灰土						12			N.A.
野菜・果物	28,778	29,015	35,156	21,608	17,044	24,044	15,326	5,791	N.A.
石油	10,834	12,319	8,556	7,344	13,138	8,664	2,031	2,432	N.A.
小荷物	67,206	68,881	74,989	62,810	84,864	92,439	108,406	124,047	N.A.
米	46,211	68,688	59,382	85,077	88,189	54,587	48,341	39,792	N.A.
糖	4,578	6,432	2,525	10,028	10,754	5,057	1,511	818	N.A.
籾米	13,961	17,017	9,764	11,026	15,932	7,090	5,662	2,584	N.A.
精米	27,672	45,239	47,093	64,023	61,503	42,440	41,168	36,390	N.A.
天然ゴム	20,150	24,010	17,892	18,555	47,412	16,804	11,821	2,382	N.A.
塩	1,708	1,584	1,635	1,078	1,812	11,748	4,902	7,163	N.A.
砕石	6,793	12,410	17,280	6,438	9,975	7,026	1,346	54	N.A.
木材	17,738	16,510	20,026	22,852	30,203	10,916	10,643	6,128	N.A.

	1937/38	1938/39	1939/40	1940	1941	1942	1943	1944	1945
錫鉱	9,441	9,539	10,164	7,563	11,718	9,533	9,357	3,023	N.A.
その他	61,008	43,136	42,462	49,972	73,245	44,150	109,405	33,376	N.A.
計	292,281	308,962	313,703	302,995	432,727	293,809	333,446	231,286	N.A.

総計	1937/38	1938/39	1939/40	1940	1941	1942	1943	1944	1945
豆	5,682	6,990	10,611	9,385	11,562	11,226	13,998	11,901	995
セメント	30,879	26,318	30,117	21,237	28,546	9,795	4,668	3,195	68
石炭・木炭	34,902	29,851	40,789	31,891	56,436	22,813	14,300	11,102	5,002
泥灰土	107,206	125,066	147,360	112,682	115,633	74,811	54,707	2,879	40
野菜・果物	49,665	59,244	60,043	47,322	38,986	44,327	31,459	16,361	3,514
石油	28,487	30,966	31,824	26,753	35,696	17,213	10,929	8,541	1,635
小荷物	147,349	154,524	165,066	139,408	208,605	226,440	295,612	218,048	107,567
米	399,215	651,227	723,285	498,797	546,338	298,972	314,221	77,543	43,284
糠	29,466	41,099	33,481	26,777	31,147	9,138	2,950	964	331
籾米	160,153	279,325	335,093	204,609	188,215	158,706	207,839	13,828	10,812
精米	209,596	330,803	354,711	267,411	326,976	131,128	103,432	62,751	32,141
天然ゴム	20,150	24,010	17,892	18,555	47,432	16,820	11,821	2,382	1,014
塩	17,765	19,325	17,409	12,854	21,191	40,589	28,779	14,179	6,710
砕石	76,222	129,011	148,099	96,827	136,333	74,385	86,476	50,733	23,309
木材	117,767	108,288	132,330	126,576	144,629	55,685	33,907	19,264	9,139
錫鉱	9,441	9,539	10,219	7,684	11,893	12,449	13,656	6,127	917
その他	361,060	348,011	512,549	384,356	535,585	277,301	308,957	156,813	38,588
計	1,352,752	1,662,506	1,991,462	1,485,849	1,846,787	1,101,742	1,155,236	564,479	232,146

注：1939/40 年までは 4 月〜翌年 3 月、1940 年は 4〜12 月、1941 年以降は暦通りの数値である。

出所：1937/38・38/39 年：SYB（1937/38-38/39）、212-213、1939/40-44 年：SYB（1939/40-44）、316-317、1945 年：ARA（1947）、Table 13 より筆者作成。

引用資料

（1）防衛省防衛研究所（防衛研）

陸軍一般資料　中央—軍事行政編制
　　　　　　　中央—全般鉄道
　　　　　　　中央—部隊歴史全般
　　　　　　　南西—泰仏印
　　　　　　　南西—ビルマ
　　　　　　　南西—マレー・ジャワ

（2）タイ国立公文書館資料（National Archives of Thailand: NA）

外務省文書（Ekkasan Krasuang Kan Tang Prathet, เอกสารกระทรวงการต่างประเทศ）（Ko To., กต.）

軍最高司令部文書（Ekkasan Kong Banchakan Thahan Sungsut, เอกสารกองบัญชาการทหารสูงสุด）（Bo Ko. Sungsut, บก. สูงสุด）

国王官房文書ラーマ7世王期（Ekkasan Krom Ratchalekhathikan, Ratchakan thi 7, เอกสารกรมราชเลขาธิการ, รัชกาลที่ 7）（Ro. 7, ร. 7）

　商業運輸省ファイル（Krasuang Phanit lae Khamanakhom, ชุดกระทรวงพาณิชย์และคมนาคม）（Ro. 7 Pho., ร. 7 พ.）

内閣官房文書（Ekkasan Samnak Lekhathikan Khana Ratthamontri, เอกสารสำนักเลขาธิการคณะรัฐมนตรี）（[2] So Ro., [2] สร., [3] So Ro., [3] สร.）

（3）年次報告書・逐次刊行物

Annual Report on the Administration of the Royal State Railways（ARA）.

Statistical Year Book, Siam（SYB）.

Raingan Pracham Pi Krom Thang（*รายงานประจำปี กรมทาง*）（RKT）.［Annual Report of the Department of Way.］

（4）新聞・雑誌

Prachachat（*ประชาชาติ*）（PCC）.

引用文献

(1) タイ語

Anan Phibunsongkhram (อนันต์ พิบูลสงคราม) [1997] *Chomphon Po. Phibun Songkhram* (จอมพล ป. พิบูลสงคราม). 2 Vols. Bangkok: Trakun Phibunsongkhram. [Field Marshal Phibun Songkhram.]

Anuson Phontri Chai Prathipasen: Nueang nai Ngan Phraratchathan Phloeng Sop Phontri Chai Prathipasen (อนุสรณ์ พลตรี ไชย ประทีปะเสน: เนื่องในงานพระราชทานเพลิงศพ พลตรี ไชย ประทีปะเสน). [1962] Bangkok: Cremation Volume for Chai Prathipasen.

Chainarong Phanpracha (ชัยณรงค์ พันธ์ประชา) [1987] "Kan Sang Thang Rotfai Sai Morana: Phon Krathop To Phumiphak Tawan-tok khong Prathet Thai (การสร้างทางรถไฟสายมรณะ: ผลกระทบต่อภูมิ ภาคตะวันตกของประเทศไทย)." Bangkok: Unpublished M.A. Thesis, Sinlapakon University. [The Construction of the Death Railway: Its Impact upon the Western Region of Thailand.]

Chan Angsuchot ed. (ชาญ อังศุโชติ) [1997] *Chomphon Po. Phibun Songkhram Khrop Rop Sattawat 14 Karakkadakhom 2540* (จอมพล ป. พิบูลสงคราม ครบรอบศตวรรษ ๑๔ กรกฎาคม ๒๕๔๐). Bangkok: Munlanithi Chomphon Po. Phibunsongkhram lae Than Phuying Laiat Phibunsongkhram. [100th Anniversary of Field Marshal Phibun Songkhram.]

Chanwit & Nimit Kasetsiri (ชาญวิทย์-นิมิตร เกษตรศิริ) [2014] *Ban Pong kap Pho lae Mae: Khrang Nueng Nan Ma Laeo* (บ้านโป่งกับพ่อและแม่: ครั้งหนึ่งนานมาแล้ว). Ban Pong. [Once upon a Time in Ban Pong.]

Chiraphon Sathapanawatthana (จิราภรณ์ สถาปนะวรรธนะ) [2007] *Khwam Samphan Chao Mueang Nuea Lang kap Thahan Yipun Samai Songkhram Lok Khrang thi 2 (Pho. So. 2484– Pho. So. 2488)* (ความ สัมพันธ์ชาวเมืองเหนือล่างกับทหารญี่ปุ่นสมัยสงครามโลกครั้งที่ 2 (พ.ศ. 2484-พ.ศ. 2488)). Phitsanulok: Naresuwan University. [Relation between People of the Lower North and the Japanese Army during Worl War II.]

Direk Chainam (ดิเรก ชัยนาม) [1970] *Thai kap Songkhram Lok Khrang thi 2* (ไทยกับสงครามโลกครั้งที่ 2). Bangkok: Thai Watthana Phanit. [Thailand and World War II.]

Khuruchit Nakhonthap et al. (คุรุจิต นาครทรรพ และอื่นๆ) [1993] *Pitroliam Mueang Sayam: Wiwatthanakan khong Utsahakam Pitroliam nai Prathet Thai* (ปิโตรเลียมเมืองสยาม: วิวัฒนา การของอุตสาหกรรมปิโตรเลียมในประเทศไทย). Bangkok: Sathaban Pitroliam haeng Prathet Thai. [Petroleum in Thailand.]

Kongthap Akat (กองทัพอากาศ) [1982] *Prawat Kongthap Akat Thai nai Songkhram Maha Echia Burapha Pho. So. 2484-2488* (ประวัติกองทัพอากาศไทยในสงครามมหาเอเชียบูรพา พ.ศ. 2484-2488). Bangkok: Kongthap Akat. [History of Royal Thai Air Force during the Great East Asia War, 1941-1945.]

Kowit Tangtrongchit (โกวิท ตั้งตรงจิตร) [2000] *Lao Khwam Lang Khrang Songkhram* (เล่าความหลัง ครั้งสงคราม). Bangkok: Sathaphon Books. [Narrative of Truth during the War.]

Kramon Thongthammachat et al. (กระมล ทองธรรมชาติ และอื่นๆ) [1994] *Nangsue Rian Sangkhom Sueksa Rai Wicha So 306: Prathet khong Rao 4* (หนังสือเรียนสังคมศึกษา ส 306: ประเทศของเรา 4). Bangkok: Akson Charoenthat. [Textbook of Social Studies S306: Our Country.]

Murashima, Eiji & Nakharin Mektrairat tr. (เออิจิ มูราชิม่า & นครินทร์ เมฆไตรรัตน์) [2003] *Phu

Banchakan Chao Phut: Khwam Songcham khong Naiphon Nakamura Kiaokap Mueang Thai Samai Songkhram Maha Echia Burapha (ผู้บัญชาการชาวพุทธ: ความทรงจำของนายพลนากามูระเกี่ยวกับเมือง ไทยสมัยสงครามมหาเอเชียบูรพา). Bangkok: Matichon. [Buddhist Commander: Memory of General Nakamura regarding to Thailand during the Great East Asia War.]

Nonglak Limsiri (นงลักษณ์ ลิ้มศิริ) [2006] *Khwam Samphan Yipun-Thai Samai Songkhram Lok Khrang thi 2* (ความสัมพันธ์ญี่ปุ่น-ไทย สมัยสงครามโลกครั้งที่ 2). Bangkok: Chulalongkon University. [Japanese-Thai Relations during the Second World War.]

Phanit Ruamsin (ผาณิต รวมศิลป์) [1978] "Nayobai Kan Phatthana Setthakit Samai Ratthaban Chomphon Po. Phibun Songkhram Tangtae Pho. So. 2481 Thueng Pho. So. 2487 (นโยบายการพัฒนาเศรษฐกิจ สมัยรัฐบาลจอมพล ป. พิบูลสงคราม ตั้งแต่ พ.ศ. 2481 ถึง พ.ศ. 2487)." Bangkok: Unpublished M.A. Thesis, Chulalongkon University. [Field Marshal P. Pibulsonggram's Policy of Economic Development from 1938 to 1944.]

Phuangthip Kiatsahakun (พวงทิพย์ เกียรติสหกุล) [2004] *Kong Thap Yipun kap Thang Rotfai Sai Tai khong Thai Samai Songkhram Maha Echia Burapha Rawang Pho. So. 2484–2488* (กองทัพญี่ปุ่นกับทางรถไฟ สายใต้ของไทยสมัยสงครามมหาเอเชียบูรพาระหว่าง พ.ศ. 2484–2488). Bangkok: Unpublished Ph.D. Dissertation, Chulalongkon University. [The Japanese Army and Thailand's Southern Railways during the Greater East Asia War, 1941–1945.]

Phuangthip Kiatsahakun (พวงทิพย์ เกียรติสหกุล) [2011] *Thang Rotfai Sai Tai nai Ngao Athit Uthai* (ทาง รถไฟสายใต้ในเงาอาทิตย์อุทัย). Nakhon Pathom: Sinlapakon University. [The Southern Railways in the Shadow of the Rising Sun.]

Piyanat Bunnak (ปิยนาถ บุนนาค) [1999] *Senthang Rotfai Senthang Chiwit Prasong Nikhrotha: Thi Raluek nai Ngan Phraratchathan Phloengsop Nai Prasong Nikhrotha* (เส้นทางรถไฟ เส้นทางชีวิต ประสงค์ นิโครธา: ที่ระลึกงานพระราชทานเพลิงศพนายประสงค์ นิโครธา). Bangkok. [Cremation Volume for Prasong Nikhrotha.]

Piyanat Bunnak (ปิยนาถ บุนนาค) [2009] "Khon Rotfai Thai Kongthap Yipun kap Senthang Rotfai nai Chuang Songkhram Maha Echia Burapha (คนรถไฟไทย กองทัพญี่ปุ่น กับเส้นทางรถไฟใน ช่วงสงครามมหาเอเชียบูรพา)." In *Warasan Ratchabandittayasathan*. Vol. 34–3 pp. 500–542 [State Railway of Thailand Officers, the Japanese Army, and Railway Lines during the Great East Asia War Period.]

Saeng Chulacharit (แสง จุละจาริตต์) [1996] *Krom Rotfai kap Karani Phiphat Indochin Farangset lae Songkhram Maha Echia Burapha* (กรมรถไฟกับกรณีพิพาทอินโดจีนฝรั่งเศสและสงครามมหาเอเชียบูรพา). Bangkok. [Royal Railway Department under the Franco-Thai Conflict and the Great East Asia War.]

Saiyut Koetphon (สายหยุด เกิดผล) [2007] *Mong Yipun Mong Thai nai Songkhram Lok Khrang thi 2* (มอง ญี่ปุ่น มองไทยในสงครามโลกครั้งที่ 2). Bangkok. [Japan and Thailand during World War II.]

Sorasak Ngamkhachonkunkit (สรศักดิ์ งามขจรกุลกิจ) [2012] *Tamnan Mai khong Khabuankan Seri Thai: Rueang Rao khong Kan Tosu Phuea Ekkarat Santiphap lae Prachathippatai Yang Thaeching* (ตำนานใหม่ของ ขบวนการเสรีไทย: เรื่องราวของการต่อสู้เพื่อเอกราช สันติภาพ และประชาธิปไตยอย่างแท้ จริง). Bangkok: Chulalongkon University. [New Legend of Free Thai Movement: Its Struggle for Independence, Peace, and True Democracy.]

Sorasan Phaengsapha (สรศัลย์ แพ่งสภา) [1996] *Wo: Chiwit Thai nai Fai Songkhram Lok Khrang thi 2* (หวอ: ชีวิตไทยในไฟสงครามโลกครั้งที่ ๒). Bangkok: Sarakhadi. [Lives of Thais in the Fire of World War

II.]

Sorasan Phaengsapha (สรศัลย์ แพ่งสภา) [2000] *Songkhram Muet Wan Yipun Buk Thai* (สงครามมืด วันญี่ปุ่นบุกไทย). Bangkok: Sarakhadi. [Dark War on the Day When Japan Invaded Thailand.]

Suphaphon Chindamanirot (สุภาภรณ์ จินดามณีโรจน์) [2010] "Songkhram Maha Echia Burapha chak Khwam Songcham khong Chao Ban Bu lae Chao Pak Khlong Bangkok Noi (สงครามมหาเอเชีย บูรพาจากความทรงจำของชาวบ้านบุ และชาวปากคลองบางกอกน้อย)." in *Warasan Aksonrasat Mahawitthayalai Sinlapakon*. Vol. 32-1 pp. 248-281 [The Greater East Asa War: Memories of the People of Bang Bu and the Pakklong Bangkok Noi Community.]

Suphot Dantrakun (สุพจน์ ด่านตระกูล) [2003] *Yipun Khuen Mueang* (ญี่ปุ่นขึ้นเมือง). Bangkok: Sathaban Witthayasat Sangkhom. [Japan Controlled the Country.]

Thaemsuk Numnon (แถมสุข นุ่มนนท์) [2005] *Muang Thai Samai Songkhram Lok Khrang thi Song* (เมืองไทยสมัยสงครามโลกครั้งที่สอง). Bangkok: Sai Than. [Thailand during World War II.]

Thatsana Thatsanamit (ทัศนา ทัศนมิตร) [2010] *Samurai Krahai Lueat: Poet Banthuek Songkhram Yipun Buk Sayam* (ซามูไรกระหายเลือด: เปิดบันทึกสงครามญี่ปุ่นบุกสยาม). Bangkok: Sayam Banthuek. [Samurai Famishing for Blood: Record of War That Japan Invaded Siam.]

Thawi Thirawongseri (ทวี ธีระวงศ์เสรี) [1981] *Samphanthaphap Thang Kan Mueang Rawang Thai kap Yipun* (สัมพันธภาพทางการเมืองระหว่างไทยกับญี่ปุ่น). Bangkok: Thai Watthana Phanit. [The Political Relation between Thailand and Japan.]

Thiam Khomkrit (เทียม คมกฤส) [1971] *Kan Pamai nai Prathet Thai* (การป่าไม้ในประเทศไทย). Bangkok: Cremation Volume for Thiam Khomkrit. [Forestry in Thailand.]

Thiamchan Amwaeu (เทียมจันทร์ อ่ำแหวว) [1978] "Botbat Thang Kan Mueang lae Kan Pokkhrong khong Chomphon Po. Phibun Songkhram (Pho. So. 2475-Pho. So. 2487) (บทบาททางการเมืองและ การปกครองของจอมพล ป. พิบูลสงคราม (พ.ศ. ๒๔๗๕ - พ.ศ. ๒๔๘๗))." Bangkok: Unpublished M.A. Thesis, Chulalongkon University. [The Role of Field Marshal Pibul Songgram in Thai Politics (A.D. 1932-1944).]

Wichitwong Na Ponphet (วิชิตวงศ์ ณ ป้อมเพชร) [2003] *Tamnan Seri Thai* (ตำนานเสรีไทย). Bangkok: Saengdao. [The Free Thai Legend.]

Yoshikawa, Toshiharu (โยชิกาวา โทชิฮารุ) [2007] *San-ya Maitri Yipun-Thai Samai Songkhram* (สัญญา ไมตรีญี่ปุ่น-ไทยสมัยสงคราม). Bangkok: Matichon. [Japan-Thai Friendship Treaty during the War.]

Yutthasueksa Thahan, Krom (กรมยุทธศึกษาทหาร) [1997] *Prawat Kan Rop khong Thahan Thai nai Songkhram Maha Echia Burapha* (ประวัติการรบของทหารไทยในสงครามมหาเอเชียบูรพา). Bangkok: Krom Yutthasueksa Thahan. [History of Thai Army during the Great East Asia War.]

Yutthasueksa Thahan, Krom (กรมยุทธศึกษาทหาร) [1998] *Prawat Kan Rop khong Thahan Thai Karani Phiphat Indochin Farangset* (ประวัติการรบของทหารไทยกรณีพิพาทอินโดจีนฝรั่งเศส). Bangkok: Krom Yutthasueksa Thahan. [History of Thai Army during the Franco-Thai Conflict.]

(2) 外国語

足立基他編 [1983]『命ある限り　ビルマ派遣第五十四師団第一野戦病院出征記録』淡月会

明石陽至編 [2001]『日本占領下の英領マラヤ・シンガポール』岩波書店

Aldrich, Richard J. [1993] *The Key to the South: Britain, the United States, and Thailand during the Approach of the*

Pacific War, 1929–1942. Kuala Lumpur: Oxford University Press.

Angevine, Robert G.［2004］*The Railroad and the State: War, Politics, and Technology in Nineteenth-Century America*. Stanford: Stanford University Press.

荒川憲一［2011］『戦時経済体制の構想と展開　日本陸海軍の経済史的分析』岩波書店

ビルマ五八会編［1985］『鉄道省ビルマ派遣第五特設鉄道管理隊史』ビルマ五八会

防衛研修所戦史室［1966］『マレー進攻作戦』朝雲新聞社

防衛研修所戦史室［1967］『ビルマ攻略作戦』朝雲新聞社

防衛研修所戦史室［1968］『インパール作戦　―ビルマの防衛―』朝雲新聞社

防衛研修所戦史室［1969a］『イラワジ会戦　―ビルマ防衛の破綻―』朝雲新聞社

防衛研修所戦史室［1969b］『シッタン・明号作戦―ビルマ戦線の崩壊と泰・仏印の防衛―』朝雲新聞社

防衛研修所戦史室［1970］『南方進攻陸軍航空作戦』朝雲新聞社

防衛研修所戦史室［1972］『ビルマ・蘭印方面第三航空軍の作戦』朝雲新聞社

防衛研修所戦史室［1976］『南西方面陸軍作戦』朝雲新聞社

Brett, C.C.［2006］"Burma-Siam Railway" in Kratoska ed. *The Thailand-Burma Railway, 1942–1946: Documents and Selected Writings*. Vol. I pp. 168–216

Clarke, Hugh V.［1986］*A Life for Every Sleeper: A Pictorial Record of the Burma-Thailand Railway*. Sydney: Allen & Unwin.

Clarl Jr., Jhon E.［2001］*Railroads in the Civil War: the Impact of Management on Victory and Defeat*. Baton Rouge: Louisiana State University Press.

第三中隊戦記編纂委員会編［1979］『歩兵第二一五聯隊第三中隊戦記』第三中隊戦記編纂委員会

Direk Jayanama［2008］*Thailand and World War II*. Chiang Mai: Silkworm Books.

独立自動車第百一大隊編集委員会編［1985］『ビルマ戦線　わだちの跡』独自一〇一会

江口萬［1999］『ビルマ戦線敗走日記』新風書房

Fay, Peter Ward［1995］*The Forgotten Army: India's Armed Struggle for Independence 1942–1945*. Ann Abor: The University of Michigan Press.

藤田豊［1980］『夕日は赤しメナム河　第三十七師団大陸縦断戦記』第三十七師団戦記出版会

「二つの河の戦い」編集委員会編［1969］『二つの河の戦い　歩兵六十聯隊の記録〈ビルマ篇〉』六〇会

義部隊司令部［1945a］『泰国兵要地誌　第一部』義部隊司令部

義部隊司令部［1945b］『泰国兵要地誌　第二部』義部隊司令部

ゴードン，E.［1981］『死の谷をすぎて―クワイ河収容所』新地書房

原田勝正［1988］「戦時下の交通・運輸　鉄道」山本編『交通・運輸の発達と技術革新　歴史的考察』pp. 164-170

原田勝正編［1988］『大東亜縦貫鉄道関係書類』不二出版

原田勝正［2001］『日本鉄道史―技術と人間―』刀水書房

ハーディ，ロバート［1993］『ビルマータイ鉄道建設捕虜収容所　医療将校ロバート・ハーディ博士の日誌』而立書房

長谷川三郎編［1978］『鉄路の熱風　鉄道第五連隊第三大隊戦闘記録』鉄道第五連隊第三大隊戦友会

東辻寿次郎編［1975］『悪夢の四年—ビルマ派遣第五十三師団第一野戦病院の記録—』一親会

疋田康行編［1995］『「南方共栄圏」戦時日本の東南アジア経済支配』多賀出版

広池俊雄［1971］『泰緬鉄道　戦場に残る橋』読売新聞社

久本隆夫編［1979］『独立歩兵第百三十八大隊戦史』独立歩兵第百三十八大隊戦史編集委員会

歩兵第五十一聯隊史編集委員会［1970］『歩兵第五十一聯隊史（中支よりインパールへ）』歩兵第
　　五十一聯隊史編集委員会

歩三七会編［1976］『大阪歩兵第三十七聯隊史』歩三七会

Hooper, Colette & Michael Portillo［2014］*Railways of the Great War.* London: Bantam Press.

市川健二郎［1987］『日本占領下タイの抗日運動　自由タイの指導者たち』勁草書房

石田栄一・栄助編［1999］『泰緬鉄道建設第三代司令官　石田栄熊遺稿集』私家版

石井常雄［1986］「植民地経営と鉄道」野田他編『日本の鉄道　成立と展開』pp. 125-132

石井米雄他監修［2008］『新版　東南アジアを知る事典』平凡社

岩武照彦［1981］『南方軍政下の経済政策—マライ・スマトラ・ジャワの記録』私家版

ジャワ陸輸総局史刊行会［1976］『ジャワ陸輸総局史』ジャワ陸輸総局史刊行会

情報局編［1942］『寫眞週報』第 226 号　内閣印刷局

貝塚佗編［1972］『あ、ビルマ　第二十六野戦防疫給水部記録』美鴨会

柿崎一郎［2000a］「戦前期タイにおける米の生産と輸送—1930/31 年の米の国内流通状況の推定
　　—」『横浜市立大学論叢　人文科学系列』第 51 巻第 3 号 pp. 271-311

柿崎一郎［2000b］『タイ経済と鉄道　1885〜1935 年』日本経済評論社

柿崎一郎［2002］「戦前期タイ鉄道の旅客輸送」『鉄道史学』第 20 号 pp. 1-19

柿崎一郎［2007］『物語タイの歴史』中央公論新社

柿崎一郎［2009］『鉄道と道路の政治経済学　—タイの交通政策と商品流通の変容　1935〜1975 年
　　—』京都大学学術出版会

柿崎一郎［2010］『王国の鉄路—タイ鉄道の歴史—』京都大学学術出版会

柿崎一郎［2011］『東南アジアを学ぼう—「メコン圏」入門—』筑摩書房

加藤篤二編［1980］『私たちのビルマ戦記　「安」歩兵第一二八連隊回想録』一二八ビルマ会

キンビグ，クリフォード［1975］『戦場にかける橋—泰緬鉄道の栄光と悲劇』サンケイ出版

岸野愿［2006］『野戦の想い出』知玄舎

Kobkua Suwannathat-pian［1995］*Thailand's Durable Premier: Phibun through Three Decades 1932-1957.* Kuala
　　Lumpur: Oxford University Press.

小池滋・青木栄一・和久田康雄編［2010］『鉄道の世界史』悠書館

小島新吾・西村清編［1956］『パゴダの鐘　特設鉄道隊の裸像』ビルマ会

工兵第三十三聯隊戦記編纂委員会編［1980］『工兵第三十三聯隊戦記』工兵第三十三聯隊戦記編纂
　　委員会

Kratoska, Paul H. ed［2006］*The Thailand-Burma Railway, 1942-1946: Documents and Selected Writings.* 6 Vols.
　　London: Routledge.

倉沢愛子［1995］「日本占領下の米経済の変容」疋田編『「南方共栄圏」戦時日本の東南アジア経済
　　支配』pp. 645-672

倉沢愛子編［2001］『東南アジア史のなかの日本占領　新装版』早稲田大学出版部

倉沢愛子他編［2006］『支配と暴力』（岩波講座　アジア・太平洋戦争 7）岩波書店

倉沢愛子［2012］『資源の戦争　「大東亜共栄圏」の人流・物流』岩波書店

弓錦会編［1987］『第三十三師団病馬廠史』弓錦会

林采成［2005］『戦時経済と鉄道運営　「植民地」朝鮮から「分断」韓国への歴史的経路を探る』東京大学学術出版会

林采成［2016］『華北交通の日中戦争史　中国華北における日本帝国の輸送戦とその歴史的意義』日本経済評論社

増淵幹男編［1974］『歩兵第二百十四聯隊戦記』歩兵第二百十四聯隊戦記編纂委員会

松井道昭［2013］『普仏戦争　籠城のパリ 132 日』春風社

松永和生［2010］「ドイツ　オーストリア」小池・青木・和久田編『鉄道の世界史』pp. 49-94

松永和生［2012］「ドイツにおける鉄道の中央集権化と領邦　一統一に向かって線路は続く」湯沢他『鉄道（近代ヨーロッパの探求 14）』pp. 197-269

三森政治［2006］『ビルマ潰走記　鳥取第百二十一連隊の悲劇』新風書房

南満州鉄道株式会社編［1974］『満州事変と満鉄』原書房（復刻）

未里周平［2009］『隠れた名将飯田祥二郎　南部仏印・タイ・ビルマ進攻と政戦略』文芸社

Mitchell, Allan［2000］*The Great Train Race: Railways and the Franco-German Rivalry, 1815-1914*. New York: Berghahn Books.

森高繁雄編［1954］『大東亜戦争写真集 6：南方攻守編』富士書苑

村嶋英治［1996］『ピブーン　独立タイ王国の立憲革命』岩波書店

村嶋英治［1999］「タイの歴史記述における記念顕彰本的性格―1942-43 年におけるシャン州外征の独立救国物語化をめぐって―」『上智アジア学』第 17 巻 pp. 34-57

中村明人［1958］『ほとけの司令官　駐タイ回想録』日本週報社

Neilson, Keith & T.G. Otte［2006］"'Railpolotik' An Introduction." in Otte & Neilson ed. *Railways and International Politics: Paths of Empire, 1848-1945*. pp. 1-20

野田正穂他編［1986］『日本の鉄道　成立と展開』日本経済評論社

野田繁夫［1981］『鉄路の彼方に　一私の泰緬鉄道従軍記―』私家版

老川慶喜［1986］「鉄道敷設法の成立とその意義」野田他編『日本の鉄道　成立と展開』pp. 59-66

沖浦沖男編［1985］『ビルマ助っ人兵団　上』狼第 49 師団戦史記念刊行会

御田重宝［1977］『人間の記録　マレー戦　前編』現代史出版社

大崎鋭一［1978］『感状部隊第五第二大隊　かく戦えり』泰緬会

太田弘毅［2001］「日本占領下のマラヤにおける鉄道運営事情」明石編『日本占領下の英領マラヤ・シンガポール』pp. 155-187

太田常蔵［1967］『ビルマにおける日本軍政史の研究』吉川弘文館

Otte, T.G. & Keith Neilson ed.［2006］*Railways and International Politics: Paths of Empire, 1848-1945*. Abingdon: Routledge.

Reynolds, E. Bruce［1994］*Thailand and Japan's Southern Advance 1940-1945*. Basingstoke: MacMillan.

Reynolds, E. Bruce［2005］*Thailand's Secret War: OSS, SOE, and the Free Thai Underground during World War II*. Cambridge: Cambridge University Press.

陸戦史研究普及会編［1966］『マレー作戦（陸戦史集 2）』原書房

陸戦史研究普及会編［1968］『ビルマ進攻作戦（陸戦史集 7）』原書房

Rowland, Robin［2007］*A River Kwai Story: The Sonkrai Tribunal*. Crows Nest: Allen & Unwin.

Schram, Albert［1997］*Railways and the Formation of the Italian State in the Nineteenth Century.* Cambridge: Cambridge University Press.

柴田善雅［1995］「「大東亜共栄圏」における運輸政策」疋田編『「南方共栄圏」戦時日本の東南アジア経済支配』pp. 553-613

清水寥人編［1978］『写真集泰緬鉄道　「遠い汽笛」別冊』あさを社

Showalter, Dennis E.［2006］"Railroads, the Prussian Army, and the German Way of War in the Nineteenth Century." in Otte & Neilson ed. *Railways and International Politics: Paths of Empire, 1848-1945.* pp. 21-44

Stowe, Judith A.［1991］*Siam Becomes Thailand: A Story of Intrigue.* Honolulu: University of Hawaii Press.

菅建彦［2010］「フランス　ベネルクス」小池・青木・和久田編『鉄道の世界史』pp. 95-134

鈴木四郎［1989］『南溟の空　ルソン・タイ・ビルマ従軍期』未來社

立川京一［2000］『第二次世界大戦とフランス領インドシナ―日仏協力の研究―』彩流社

高橋泰隆［1995］『日本植民地鉄道史論　台湾, 朝鮮, 満州, 華北, 華中鉄道の経営史的研究』日本経済評論社

竹内正浩［2010］『鉄道と日本軍』筑摩書房

田村政司［1988］『第 7 野戦補充隊の編成・行動の概要（改訂版）』私家版

Turner, George Edgar［1992］*Victory Rode the Rails: The Strategic Place of the Railroads in the Civil War.* Lincoln: University of Nebraska Press.

運輸経済研究センター・近代日本輸送史研究会編［1979］『近代日本輸送史―論考・年表・統計―』成山堂書店

渡邊源一郎［1943］『南方圏の交通』国際日本協会

Westwood, John［1981］*Railways at War.* La Jolla: Howell-North Book.

Whyte, B.R.［2010］*The Railway Atlas of Thailand, Laos and Cambodia.* Bangkok: White Lotus.

ウォルマー, クリスティアン［2012］『世界鉄道史　血と金の世界変革』河出書房新社（Christian Wolmar［2009］*Blood, Iron, and Gold: How the Railways Transformed the World.*）

Wolmar, Christian［2012］*Engines of War: How Wars were Won and Lost on the Railways.* London: Atlantic Books.（クリスティアン・ウォルマー『鉄道と戦争の世界史』中央公論新社）

野砲兵第四聯隊史編纂委員会［1982］『野砲兵第四聯隊並びに関連諸部隊史』信太山砲四会

山崎志郎［2016］『太平洋戦争期の物資動員計画』日本経済評論社

山本弘文編［1986］『交通・運輸の発達と技術革新　歴史的考察』国際連合大学

山本有造［2011］『「大東亜共栄圏」経済史研究』名古屋大学出版会

柳井潔編［1962］『戦うビルマ鉄道隊』乙三ビルマ会

米田精吉編［1982］『歩兵第二百十三聯隊戦誌』歩兵第二百十三聯隊戦誌編さん委員会

吉田釼他編［1983］『鉄道兵回想記　鉄道部隊創立八十八周年記念号』鉄葉会

吉川利治［1994］『泰緬鉄道　機密文書が明かすアジア太平洋戦争』同文館

吉川利治［2001］「日タイ同盟下のタイ駐留軍」倉沢編『東南アジア史のなかの日本占領　新装版』pp. 417-450

吉川利治［2008］「泰緬鉄道」石井他監修『新版　東南アジアを知る事典』p.261

吉川利治［2010］『同盟国タイと駐留日本軍―「大東亜戦争」期の知られざる国際関係―』雄山閣

湯沢威他［2012］『鉄道（近代ヨーロッパの探求 14）』ミネルヴァ書房

湯沢威［2014］『鉄道の誕生　イギリスから世界へ』創元社

あとがき

　本書は筆者が 2000 年代後半から資料を集め始め，2012 年から本格的に取り組んできた第 2 次世界大戦中のタイにおける日本軍の軍事輸送に関する研究をまとめたものである。筆者にとっては前著『タイ経済と鉄道──1885〜1935 年』，『鉄道と道路の政治経済学──タイの交通政策と商品流通　1935〜1975 年』，『都市交通のポリティクス　バンコク　1886〜2012 年』に次ぐ4 番目の学術書となる。しかしながら，本書は筆者が当初から計画していたタイの交通史に関する研究には含まれておらず，途中で新たに加わったいわば「想定外」の研究であった。

　そもそも，この研究の発端はタイ国立公文書館での資料の「発見」であった。筆者がこの国立公文書館での資料収集を始めてかれこれ 25 年になり，この間 19 世紀末のラーマ 5 世王期の資料から始め，最も新しい 1970 年代までの交通関係の文書は一通り目にしたが，その過程で軍最高司令部文書の存在に気付いた。目録を見ると，この文書が主に第 2 次世界大戦期の文書であることが分かり，分類の中には鉄道という項目もあった。ちょうど戦時中の鉄道については資料が乏しいことから，この中の鉄道関係の資料には早くから関心を持っていた。しかしながら，何回か閲覧申請書に記入してカウンターに出したものの，鉄道関係の文書は軍最高司令部が引き上げていったという理由で閲覧が叶わず，目録を眺めながらどのような資料があるのかを想像するだけの日々が続いた。

　ところが，2005 年 9 月 3 日のことであったが，それまで見ていた文書の閲覧が一区切りしたことから，久々にこれまで何度も失敗していた軍最高司令部文書の鉄道関係の文書の閲覧申請書を出してみたところ，初めて現物が出てきたのである。これが筆者の軍最高司令部文書との出会いであり，この研究の出発点なのである。当時は別のテーマの資料収集を行っていたことから，この後少しずつ軍最高司令部文書を読んでいくことになったが，その過程でこの文書には当初筆者が知りたかったタイの鉄道による一般輸送に関す

る資料はそれほど多くないものの，日本軍の軍事輸送に関する資料が非常に充実していることが判明してきた。

　とりわけその中でも目を引いたのが，本書の中でも主要な資料として使用した運行予定表であった。すでに述べたように，この資料は戦争期間中のほぼ毎日の日本軍の軍用列車の運行情報が記載されており，軍用列車の運行状況のみならず，軍事輸送の輸送量も判別することが分かった。その後も物資輸送報告，請求書とさらなる資料を見つけ，これまでの『鉄道局年報』から得られるものよりも詳細な軍事輸送の情報が入手できることが判明した。もっとも，いずれの資料も膨大な数の「紙の山」であり，コピーができないことからひたすらパソコンに入力する作業は極めて骨の折れる作業ではあったが，ひとたびデータベース化が完了すると，当時の日本軍の軍事輸送の様々な側面が見えてくることになった。これが，筆者が日本軍の軍事輸送研究を始めるに至ったきっかけであった。

　しかしながら，当初は単に日本軍による鉄道輸送の解明というこれまでの鉄道輸送研究の延長線上に捉えていたこの研究は，実際には単なる鉄道輸送の話ではなく，当時のタイと日本の関係を考える上でも重要な軍事史研究でもあることに気が付いた。軍事輸送に関するデータベースが完成して軍事輸送の実像が見えてくると，次にその背景を探るために当時どこにどの程度の日本兵がいたのかを追求した。こちらも先行研究では満足の行くような情報は得られず，結局タイ国立公文書館や防衛省防衛研究所の一次資料を元に自ら解明していくことになった。

　その結果，タイ国内の実に様々な場所を日本兵が通過したり駐屯したりしていたことが判明したのであった。筆者はタイ国内の大半の場所の「土地勘」はあるが，かつて通ったことのある道を日本兵が通過していたり，以前行ったことのある町にも日本兵が駐屯したりしていたとはこれまで全く知らず，正直驚きであった。現在タイには数多くの日本人がいるが，当時それよりも多くの日本兵がバンコクのみならずタイ国内各地にいたという事実は，単にタイを「親日国」として捉えがちな我々日本人が重く受け止めるべきことである。

　これまで軍にはほとんど興味がなかったことから，軍の組織や軍人の階級

などが当初全く分からず，理解するのにかなりの時間を要した。最初は師団とは何か，連隊とは何かといった軍隊の組織を全く理解しておらず，例えば師団がどのような構成になっているのかも分かってなかった。軍人の階級もしかりであり，兵から大将まで至る階層的な序列の存在もなかなか理解できなかった。とくに，軍の組織や軍人の階級を示すタイ語の略称が難関であり，今でこそすぐに判別できるようになったものの，最初は何のことを指しているのか全く分からなかった。いずれにせよ，これまで軍事史研究など門外漢であったことから，筆者が誤解している箇所も多々あると思われるので，ご教唆いただければ幸いである。

　本書は 2012 年度から 4 年間，日本学術研究振興会の科学研究費補助金を受給できたことから，最終年度の 2015 年度末に研究成果報告書をまとめることで研究に一区切りをつけることにした。本書はこの研究成果報告書をベースとしたものであり，それまでに発表した以下の拙稿がその基礎となっている。

「第二次世界大戦中のタイ鉄道による日本軍の軍事輸送——軍事列車運行予定表の分析」『東南アジア　歴史と文化』第 39 巻（2010 年）：第 1 章第 1，3〜4 節

「第 2 次世界大戦中の日本軍の軍事輸送品目——タイの鉄道で何を運んでいたのか」『横浜市立大学論叢』人文科学系列第 64 巻第 2 号（2013 年）：第 2 章（第 4 節以外）

「第 2 次世界大戦中の日本軍によるタイの一般旅客列車の利用——日本軍への請求書の分析」『年報タイ研究』第 14 号（2014 年）：第 2 章第 4 節

「第 2 次世界大戦中の日本軍のタイ国内での展開——通過地から駐屯地へ（上）（下）」『横浜市立大学論叢』人文科学系列第 65 巻第 2・3 号，第 66 巻第 1 号（2014 年）：第 3 章

「第 2 次世界大戦中の日本軍のタイ国内での展開②——後方から前線へ（上）（下）」『横浜市立大学論叢』人文科学系列第 66 巻第 2，3 号（2015 年）：第 4 節

「第 2 次世界大戦下の鉄道をめぐる日タイ間の攻防——タイはいかにして

列車運行を奪還・維持したか」『東南アジア研究』第 52 巻第 2 号（2015年）：第 5 章第 1～3 節
「第二次世界大戦中のタイ鉄道の民需輸送——西岸線の役割強化」『東南アジア　歴史と文化』第 45 号（2016 年）：第 6 章第 1～2 節

　また，第 1 章，第 2 章のそれぞれ一部に関する発表を東南アジア学会（2009，2011，2013 年）にて報告し，頂戴した有益なご教示を参考にさせていただいた。

　本書をこのような形で出版するにあたっては，多くの方々のお世話になった。毎回のことで恐縮ではあるが，筆者が学生時代にお世話になった東京外国語大学名誉教授の斉藤照子先生，同学元学長の池端雪浦先生，学習院大学国際社会科学部長の末廣昭先生の三人の先生方のお名前は挙げさせていただかねばならない。思い返せば，筆者が初めて本格的に第 2 次世界大戦期のタイに関する勉強をしたのは大学院時代の池端ゼミであり，先生の鋭い質問に毎回四苦八苦していたのを思い出す。また鉄道の研究ですかと，先生方にもそろそろ呆れられる頃であったことから，今回若干幅の広がった研究成果を披露できたことで，少しは学恩に報いることができたのではないかと思っている。

　さらに，筆者が多用した軍最高司令部文書を最初に本格的に使用して泰緬鉄道に関する研究をされた大阪外国語大学名誉教授の故吉川利治先生にも，大変お世話になった。筆者が鉄道の研究をしているということで，先生から鉄道用語に関する質問を受けるようになり，筆者も先生から資料の所在や研究動向に関するご教唆を多数いただいた。この研究を進めるにあたって先生に啓発された面も少なくなかったことから，先生に本書を読んでいただけないのが残念である。なお，第 2 次世界大戦期のタイに関する研究では筆者の先輩である愛知大学の加納寛氏には，公開されたばかりのアメリカ議会図書館所蔵の『泰国兵要地誌』（義部隊司令部 [1945a]，[1945b]）を快く提供していただいた。この場を借りて謝意を表したい。

　いつものことではあるが，バンコクでの資料収集の際にはタイ国立公文書館およびタイ研究評議会（National Research Council of Thailand）の方々にも大変

お世話になった。また，今回は防衛省防衛研究所史料室にも頻繁に通い，貴重な資料を閲覧させていただいた。現在筆者はさらに鉄道から離れて第2次世界大戦中の日タイ関係に関する研究を進めており，相変わらず毎年2回，計2ヶ月弱の資料収集を続けている。このような継続的な調査を可能としているのは，勤務先の横浜市立大学，同僚の先生方や学生諸君，そして妻の千代と二人の子供の理解があるからに他ならない。お世話になったすべての方々のお名前を挙げることはとてもできないが，みなさまに改めて御礼申し上げたい。

　本書の元となった研究に対しては，日本学術研究振興会の平成24〜27年度科学研究費助成事業（基盤研究（C）「第二次世界大戦中の日本軍の軍事輸送に関する研究（課題番号24510351）」）を，本書の刊行にあたっては平成29年度科学研究費補助金（研究成果公開促進費，課題番号17HP5268）をそれぞれ頂くことができた。ここに謝意を表したい。最後に，出版事情の厳しい中で本書の出版と編集の労をとっていただいた京都大学学術出版会の鈴木哲也氏に深く御礼申し上げたい。

2017年11月

柿崎　一郎

索　引

■事項索引

＊鉄道，交通，軍，政府・民間組織に関わる関連事項は，それぞれ小項目を設けて掲載した。

一般事項

イギリス軍（英軍）　8, 107, 186, 195, 208, 344
イギリス人　127-128
インド国民軍　82, 118, 224, 274, 497
インド兵　118, 223-224, 271, 274
ヴィシー政権　5, 306
援蒋ルート　5
オーストラリア人　127
オランダ人　127
関税　167
機雷　471-472, 499-500
空襲　83-84, 90, 93, 161, 165, 268, 282, 300, 380-
　　381, 385-387, 390-393, 397, 401-403, 416,
　　428, 438, 461-462, 494, 497-500, 503, 509,
　　518, 524
軍政　79, 306, 441, 486, 522
警察／警察官　96-97, 181-182, 185, 188, 190,
　　231, 282-283, 404
抗日運動　14
コレラ　217-218
「失地」回復　36, 239
ジャワ人　124, 221
水害　59, 65, 167, 354, 361-362, 364, 398, 507
枢軸国　3, 5
スマトラ兵　224
製材所　458
青年義勇兵　188, 190, 404
精米所　437
遷都計画　282, 322, 456
タイ人　4, 16, 125, 170, 201, 217, 227, 231, 234,
　　252, 323-324, 345, 395, 403, 506, 521
タイ兵→「タイ政府機関・組織・民間事業者」
　　欄参照
大タイ主義　4, 40
大東亜会議　282

大東亜共栄圏　12-13, 92, 242, 362
大メコン圏　501
中国軍　314
中国人　119, 121-124, 221, 224, 512
敵性資産　458
日泰共同作戦要綱　197
日本人　238, 243-244, 371, 383, 385, 397, 402,
　　486, 496, 510, 518, 524
日本兵→「日本軍」欄参照
バーンポーン事件　77, 231, 234, 238, 252,
　　282, 323
ビルマ人　121
仏印軍　308
仏印政庁　44, 306, 309, 487
仏印総督　307
物資動員計画　12
ポツダム宣言　318
捕虜　7, 12-13, 79-80, 104, 110, 113-114, 121,
　　125-129, 142, 213-221, 252, 279, 291-292,
　　304, 307-308, 338, 497, 516-517
捕虜収容所　127, 216, 231, 234, 292
マラリア　218
マレー人　113, 121, 124, 221
モーン族　339
ラノーン事件　283, 324
連合国　5
連合軍　4, 15-16, 52, 80, 83-84, 93, 216, 258-
　　259, 264, 300, 306, 319, 339, 380, 385-386,
　　393, 395, 397, 401-403, 428, 438, 461, 494,
　　498-499, 509, 517-518, 520-521, 524
労務者　12, 69, 79, 104, 110, 113-114, 120-127,
　　142, 201, 207, 213-218, 221, 223-229, 251-
　　252, 271, 279, 289-290, 295, 405, 497, 516-
　　517

一般輸送

家畜輸送　138, 168-169, 444-450
　　牛輸送　442, 447-452
　　豚輸送　138, 168-169, 444-448, 452, 476,
　　　519
小荷物輸送　434-435
自動車輸送　168
食料輸送　435-444
　　果物輸送　442-443, 449

米輸送　90, 106, 361-367, 435-439, 476-
　　477, 489, 506-508, 518
塩輸送　432, 440-442
野菜輸送　442-444
石油輸送　462-472, 519
木材輸送　169, 453-462
　　チーク輸送　457-459
　　木炭輸送　461-462

軍事作戦・戦役・戦闘

イタリア独立戦争　8
イラワジ会戦　309
インパール作戦　25, 80, 83, 93, 116, 132-133,
　　137, 159, 264, 275, 278, 282, 323, 368, 480,
　　496, 498-499, 516-517
クリミア戦争　8
シベリア出兵　11
シャン進軍　14, 16, 440
西南戦争　10
第1次世界大戦　9-11
南北戦争　8
日露戦争　10-11
日清戦争　10
日中戦争　5, 12

ビルマ攻略作戦　39, 71, 93, 135, 194, 204, 207,
　　245-246, 515-517
ビルマ戦線　76-77, 80-82, 91-93, 118, 141-
　　142, 209
ビルマ輸送作戦　208
仏印紛争　4, 15, 520
普墺戦争　9
普仏戦争　9
マレー侵攻作戦　71, 93, 135, 180-181, 185,
　　188, 195, 245, 344, 487, 515-516
マレー戦線　74, 77, 91, 194, 245
満州事変　12
明号作戦　84, 87, 94, 129, 304-308, 310, 318,
　　487, 495, 498, 522

軍事輸送

馬輸送　135-138, 168-169, 516
軍需品輸送　130-132, 193, 516
自動車輸送　132-135, 168-169, 488, 516
食料輸送　141-144, 221, 505, 516
　　米輸送　14, 17, 77, 89-90, 144-149, 167,
　　　169, 193, 349-354, 398, 400, 468, 497,
　　　503-504, 516
　　塩輸送　440

石油輸送　138-141, 169, 516
日本兵輸送　116-120, 149-166, 201, 315, 516,
　　520
捕虜輸送　80, 113-114, 125-129, 213-214, 307,
　　497, 516
木材輸送　109, 455-456, 516
労務者輸送　113-114, 120-125, 213-214, 223-
　　224, 271, 497, 516

タイ政府機関・組織・民間事業者

アジア石油社　140
アングロ・タイ社　457
運輸省　351, 361, 443
外務省　239
灌漑局　291
国立競技場　29-30
軍務省　462
合同委員会　41, 43-44, 48, 52, 102, 239, 351-

352, 398, 400, 465, 521 →同盟国連絡局
　　合同小委員会　42
　　鉄道小委員会　42, 45-46, 345-349, 359, 362,
　　　370, 374, 398, 400
港湾局　389
サイアム汽船社　465
サイアム・セメント社　358, 427, 461
自治土木局　197

索引 585

自由タイ　3-5, 15-16, 94
森林局　389
戦時下貨車配車検討委員会　446, 462
タイ汽船社　465-471, 478, 499
タイ軍　14, 40, 48, 76, 169, 185, 188-191, 302,
　　306, 359, 404, 440, 448, 455, 520, 523-524
　海軍　465, 470
　空軍　15, 96, 286, 288, 291
　軍最高司令部　14, 23, 44, 110
　タイ・日本合同憲兵隊　521
　タイ兵　185, 188-191, 283
　平和維持部第3課　521
　陸軍　286
タイ国有鉄道　14, 24　→鉄道局
タイ国立公文書館　14, 17, 19-21, 24, 520
　軍最高司令部文書　13-14, 17, 19-21, 23-
　　24, 520, 522
　　運行予定表　14, 21, 23, 36-39, 41-42,
　　　55, 58, 65, 68, 74, 80, 86, 88, 95,
　　　102-105, 108, 119-120, 125, 129,
　　　133, 146, 148, 240, 367
　　請求書　22-23, 35-37, 39, 46, 48, 51-
　　　54, 68, 86, 105-107, 127, 130-
　　　133, 144-150, 173, 521
　　鉄道局報告　23, 110-112, 116, 130,
　　　133-137, 142-148, 520
　　物資輸送報告　14, 21-22, 102-105,

116-120, 124-130, 133, 141-148,
227, 238, 504
タイ米穀社　434
タイ木材社　457-458
中華総商会　30, 124, 217, 221, 231
鉄道局　14, 22-23, 34-36, 40, 42, 45, 48-49, 63,
　　102, 107, 121, 161, 165, 212, 351-353, 370-
　　380, 383, 394-397, 400-401, 437, 440, 443,
　　446, 449, 463, 488, 505
　鉄道局年報　24, 133, 138
鉄道防空委員会　389, 394-395, 402, 494
同盟国連絡局　21, 23, 43-44, 52, 146, 238, 240,
　　244, 353, 366, 372, 389, 393, 395, 397, 521
道路局　198, 295, 454
チュラーロンコーン大学　29
チュラーロンコーン病院　29
ナーンルーン競馬場　29, 181, 234
内務省　125, 181, 184-185, 191, 224, 436
燃料局　370-371, 462, 465
バンコク港　30, 57, 59, 129, 169, 304, 499, 506,
　　517
東アジア社　30, 465-466
ボルネオ社　206, 457
ボンベイ・ビルマ社　206, 457
陸軍兵站局　445
ルイス・T・レオノウェンス社　457

鉄道施設・資材など

貨車軌道　7
狭軌　10
近郊列車　354, 374
橋梁　83-84, 86, 165, 300, 325, 344, 381, 387-
　　389, 391-393, 402-403, 493-494, 503, 509,
　　518
　クウェーヤイ川橋梁　115, 258, 259
　ターチーン川橋梁　84, 165, 300, 387
　タービー川橋梁　387
　ナーン川橋梁　83, 387
　メークローン川橋梁　34, 84, 300, 387
　ラーマ6世橋　19, 84, 161, 165, 300, 385,
　　387, 391-393, 412, 423
軍用鉄道　9-11, 210-212, 251-252, 257, 259,
　　324, 384, 497, 506, 510, 517

軽便鉄道　10, 491-492
牽引定数　47, 367, 373
広軌　10
市内軌道　151
潤滑油　113, 369, 370-372, 374-381, 383, 399,
　　493, 508-509, 518
鉄道防空計画　396, 494, 518
配車　169, 349-351, 398, 434, 437, 446, 449, 454-
　　455, 461-462, 474, 490, 507
標準軌　10
薪　105, 125, 366, 369, 491
枕木　105-107, 112
レール　7, 36, 79, 105-109, 112, 115, 135, 213,
　　218, 223, 258, 329-330, 339, 364, 367, 405

鉄道車両・列車

2軸車　46-47, 69

4軸車　58

回送列車　35, 37, 57, 80, 104, 442
快速列車　158, 165, 373
貨車　37-38, 46-47, 57-59, 63, 69, 79-80, 112,
　　119-120, 125-128, 135, 140, 142, 167-170,
　　240, 345-366, 373, 434, 436-437, 440-442,
　　445-446, 449-450, 454, 477, 507-508, 512,
　　518
　　家畜車　133, 138, 169, 447, 450
　　高壁有蓋車　455
　　材木車　135, 169, 454
　　塩積車　440
　　無蓋車　135, 169, 348, 352, 365, 454-455
　　有蓋車　115, 138, 144, 169, 348-349, 352,
　　　400, 440, 443
貨物列車　57, 354, 358, 361, 365, 367, 374, 445,
　　454, 473, 476-477, 490, 508
機関車　37-38, 46-47, 52, 58-59, 63-65, 345-
　　348, 354-359, 363-369, 373-374, 383-385,
　　390, 394-396, 400-403, 476-477, 491, 494,
　　506, 509
　　蒸気機関車　7-8, 358, 369-370, 405, 460,

491
　　C56 型蒸気機関車　52, 63, 339, 368
　　C58 型蒸気機関車　52
　　ディーゼル機関車　369, 372
客車　34, 38, 46-47, 58-59, 63, 69, 119, 170, 345,
　　384
　　寝台車　170
　　荷物車　34, 442-443
急行列車　161, 170-171, 354, 367, 372, 374, 386,
　　415, 419, 442-443, 490
混合列車　40, 165, 358, 415, 420, 477, 493
車　両（タイ）　51, 59-63, 193, 346-348, 350,
　　353, 358, 363, 398, 505, 507
車両（仏印）　59-61, 169, 346
車両（マラヤ）　59-61, 348, 350, 366, 398
車両奪還計画　354-368, 401
ボギー車　46, 47
マラヤ残留車両　346, 348-353, 358, 398, 400,
　　507
旅客列車　23, 149-151, 158-161, 165, 169-173,
　　216, 241, 354, 374, 381, 473, 477, 490, 516

鉄道路線

安奉線　10
イェー線　79, 339
華中鉄道　12
華北鉄道　12
カンタン支線　19, 149, 241, 420, 478
クラ地峡鉄道　80, 105, 118, 142, 166, 235, 238,
　　404-405
　　（軍事輸送）　270-274, 323, 329-330, 428,
　　　496-497
　　（建設）　105, 124-125, 222-226, 251-253,
　　　367-368, 384, 516-517
クムパーワピー～ナコーンパノム線　92, 242
京義線　10
サワンカローク支線　19, 39, 40, 201
シベリア鉄道　10
湘桂鉄道　92
西岸線　→南線
ソンクラー支線　19, 420
タイ～仏印間鉄道　241-242, 244
大東亜縦貫鉄道　92, 242
泰緬鉄道　7, 12-15, 51-52, 80, 84, 87, 90-94,
　　105, 156, 159-161, 251, 282, 291-292, 299,
　　302-304, 320, 323, 325, 329, 334, 338-339,
　　384-385, 394, 396, 402, 495-498, 509
　　（軍事輸送）　22, 112-129, 132-133, 140-

　　144, 264-268, 309-312, 515
　　（建設）　77-80, 105, 109, 210-221, 231-234,
　　　358, 461, 515, 517
タンアップ～ターケーク線　92, 242
滇越鉄道　5
東岸線　19, 412-414, 416, 423-424, 431-433,
　　439-442, 454, 461, 464, 476, 518-519　→
　　北線，東北線，東線
東線　19, 86, 267, 397, 500
　　（一般輸送）　412-416, 423-424, 453
　　（一般列車）　354, 358, 373
　　（軍事輸送）　69, 77-79, 82, 87, 91, 94, 132,
　　　148-150, 155-156, 169, 171-172, 182,
　　　329, 496-497, 503-504
　　（軍用列車）　36-38, 46, 55-57, 61-65, 346,
　　　381, 515
東北線　19, 92, 397
　　（一般輸送）　149, 169, 412-414, 416, 423-
　　　427, 445, 449, 454, 464, 476
　　（一般列車）　40-41, 354, 358, 361, 365-367,
　　　373-374, 437, 476-477
　　（軍事輸送）　87, 94, 129, 163, 166, 497-498
　　（軍用列車）　57, 381
ナコーンシータマラート支線　19, 149
南線　14, 18-19, 91, 296, 318, 325, 387, 391, 395-

索引 587

397, 402, 405, 493-495, 519
　（一般輸送）412-433, 439-443, 447, 476-
　　479, 509
　（一般列車）170-171, 358, 373, 381, 385-
　　386, 477, 506
　（軍事輸送）65-69, 74-87, 108-109, 118,
　　124, 130-135, 140, 144-150, 155-165,
　　169, 267, 300, 323, 329, 503
　（軍用列車）34-35, 38, 46-47, 55-63, 193-
　　194, 246, 344-346, 350, 361-365, 367-
　　368, 373-374, 381-383, 393, 437-439,
　　496-497, 503, 505, 507-508, 515, 518
西海岸線（マラヤ）156, 344
パークナーム線　151, 156
バーンポームーン支線　19
東海岸線（マラヤ）79, 130, 159, 162, 223,
　　344, 367, 405
仏印鉄道　495, 522
北線　19, 209, 387-390, 397, 461, 505, 508, 515-

517
　（一般輸送）412-416, 422-424, 427-428,
　　439, 441, 445, 464
　（一般列車）170, 358, 373, 381, 437, 443,
　　476-477
　（軍事輸送）74-77, 82-88, 91, 93, 105, 109-
　　110, 132-137, 141-144, 150, 155-166,
　　193, 286, 349, 496, 498, 508, 516-517
　（軍用列車）38-40, 46, 55-57, 61, 65-69,
　　149-150, 200, 227, 246, 366-367, 505,
　　515
マラヤ鉄道　107, 345, 354, 507
マルタバン線　310
ミッチーナー線　310
南満州鉄道　12
メーナーム貨物線　19, 29
ラーショー線　310
ラングーン～マンダレー線　79
リヴァプール・マンチェスター鉄道　8

道　路

国道　39-40, 76, 174-175, 198, 222, 295, 405,
　　480-481, 524
道路　76-79, 93, 133, 158, 168, 184, 193, 195,
　　222, 270, 292-293, 318, 322, 404-405, 420-
　　421, 478
　ウドーンターニー～ナコーンパノム間道
　　路　293
　サートーン通り　231
　サワンカローク～スコータイ～ターク間
　　道路　198
　スクムウィット通り　30
　ターク～メーソート間道路　76, 197-198,
　　202, 207-208, 226, 235, 293
　チエンマイ～タウングー間道路　83,

137, 162, 226-229, 251-252, 274, 277-
　　278, 295, 299, 311-314, 316, 320, 329,
　　366, 450, 480, 497
　チャイウィブーン通り　322
　チャルーンクルン通り　30
　バンコク～ハートヤイ間道路　293-296,
　　300
　プラチャーティパット通り　181, 289
　プラチュアップキーリーカン～メルギー
　　間道路　97, 293, 299
　ラムパーン～ターコー間道路　226, 229,
　　274-275, 278, 314, 320, 323, 480
軍用道路　210, 251-252, 257, 283, 292-296, 324-
　　325, 517

日本軍

騎兵　230, 241
警備部隊　77, 94, 195, 230-231, 240-241, 246,
　　252, 278, 299, 301, 324, 517
憲兵隊　29, 128, 234, 239-241, 246, 335, 521
航空部隊　135, 174, 204-207, 209, 227, 234,
　　246, 286, 312, 517
　第4飛行団　205
　第5飛行集団　204-205, 283
　第7飛行団　204-205, 209
　第10飛行団　204-205

工兵　83, 216, 227-228, 277-278, 318
自動車部隊　300
師団・旅団・連隊など
　近衛師団　37, 76-77, 93-94, 155, 180-184,
　　192-194, 230, 245-246, 487, 490
　第2師団　82, 84-86, 266-267, 309, 312,
　　317
　第4師団　84-86, 300-301, 303-304, 307,
　　311, 317, 320-322, 330
　第5師団　35, 181, 184, 186, 230, 245

第 7 野戦補充隊　277, 320

第 15 師団　83-84, 90, 94, 137, 227-228, 274-277, 312, 320, 334, 480

第 18 師団　91, 185, 245

第 18 独立守備隊　279, 283

第 21 師団　83, 227, 231, 277

第 22 師団　84, 316, 318-320, 335

第 31 師団　253, 257

第 33 師団　77, 86, 90, 192, 198, 200-202, 208, 230, 245-246, 311-312, 320, 334

第 37 師団　84, 86, 316-318, 320, 334

第 48 師団　297

第 49 師団　82, 268, 323

第 53 師団　82, 90, 120, 267-268, 314, 322, 491

第 54 師団　257, 271, 320

第 55 師団　77, 84-86, 188, 192, 195, 198-202, 208, 230, 245-246, 311-312

第 56 師団　208, 314, 316, 320, 335

第 94 師団　297, 301, 324, 334, 404

東北部泰防衛部隊　94, 320

独立混成第 24 旅団　297

独立混成第 29 旅団　95, 278-279, 282, 320, 324, 334

独立混成第 70 旅団　317

独立混成第 4 連隊　77, 230, 241, 246

盤谷防衛隊　320

大本営　80, 112, 216, 218, 230, 319

通信部隊　239

鉄道部隊（鉄道隊）　11, 239, 310, 312, 334-335, 387, 397, 486-487, 494, 509, 522

石田部隊　45, 51, 243, 351, 354, 362, 370, 376, 393, 487

第 2 鉄道隊　44

第 2 鉄道監部　210, 487

第 3 鉄道輸送司令部　44-45, 218, 487　→石田部隊

第 3 野戦鉄道司令部　44-45, 487　→石田部隊

南方軍鉄道隊　44, 55, 230, 345

南方軍野戦鉄道司令部　45

第 4 特設鉄道隊　44, 210, 216, 487

第 5 特設鉄道隊　44, 210, 216, 274, 310, 395, 486, 487

中部泰鉄道管理隊　310, 395

鉄道第 5 連隊　44, 210, 310, 487

鉄道第 7 連隊　310

鉄道第 9 連隊　44, 210, 216, 222, 226

鉄道第 10 連隊　487, 494-495

鉄道第 11 連隊　494-495

南方軍　192, 210, 226-227, 230, 275, 297-299, 302, 309, 311, 317-319

日本兵　4-7, 15-19, 96-97, 142, 169-173, 175, 181, 191, 197, 201, 206, 209, 213-258, 264, 271-283, 287-290, 302-309, 323-338, 393, 404-405, 437, 480-481, 496-497, 505-506, 509, 511-512, 517-518, 521, 523-524

兵站　7, 29, 216, 231, 234, 246, 297, 302-304

歩兵　35, 90-91, 94, 137, 180-182, 186-188, 192, 195, 198, 202, 228, 230-231, 267, 271, 276, 278-279, 299, 301, 303-304, 307-308, 311-314, 317-320, 323-324

砲兵　94, 230, 278, 320

方面軍・軍

印度支那駐屯軍　306　→第 38 軍

第 15 軍　40-42, 44, 180, 184, 192, 194-195, 200, 207, 230, 264, 275-276, 311-312, 319-320

第 18 方面軍　318-320, 330, 335

第 25 軍　44, 180, 184, 192, 200

第 29 軍　279-283, 299, 302, 318, 324, 335

第 38 軍　306, 310

第 39 軍　297, 302, 319, 517　→第 18 方面軍

泰国駐屯軍　24, 29-30, 77, 226, 230-234, 252, 278-283, 295, 297, 323-324, 377, 517　→第 39 軍

緬甸方面軍　80, 309, 319

馬来軍政部　223

野戦病院／兵站病院　90, 216, 267, 315, 491

野砲兵　192, 303

陸軍武官　42, 231, 240, 297, 372, 398

日本政府機関・組織・民間事業者

アジア歴史資料センター　25

外務省　47

大東亜省　44

日本大使館　42, 361-362

防衛省防衛研究所　13, 24-25, 495

三井物産　371, 461

三菱商事　461

輸送手段・施設（鉄道以外）

牛車 133, 447, 450

自動車　29, 37, 39, 76, 83, 86, 93, 175, 181-190, 193-202, 209, 217, 226, 270-271, 276-277, 293, 300-301, 308, 314, 322, 335-337, 391, 420-421, 446, 480-481, 497
　トラック　227, 446
　バス　235

水運　84-86, 89-93, 133, 141, 148-149, 197, 222, 242, 303, 364, 472, 477-478, 497, 515, 519

飛行機　133, 180, 195, 207, 499

飛行場　39, 87, 129, 165, 174-175, 184, 186-188, 195, 204-207, 209, 229, 241, 246, 251, 253, 283-284, 287-292, 306-307, 319-320, 325, 404, 517

飛行場整備計画　174, 253, 283, 290

船　8, 12, 59, 86, 90-93, 112, 133, 137, 165, 185, 193, 197, 200, 208, 245, 274, 300, 308, 352, 362, 366, 391, 438, 440-441, 458-460, 464, 466-468, 471-472, 474, 478, 499
　軍用船　167
　蒸気船　7
　潜水艦　239, 300, 470
　タンカー　465, 470, 472
　日本船　59, 499-500, 504
　艀　469, 470-472
　輸送船　184, 188, 200, 208, 239, 300, 465-466, 470, 472

輸送品目

家畜
　牛　138, 168, 202, 429, 437, 442, 447-452, 503, 519
　馬　8, 132, 138, 168-169, 197, 202-204, 228, 314
　水牛　429, 447-448, 450-452, 503, 519
　豚　138, 168-169, 425, 428, 444-446, 448, 450-451, 475-476, 519

軍需品
　大砲　104
　弾薬　7, 113, 130, 132, 204, 227, 304, 503

小荷物　430, 433-435, 442-443

米　14, 59, 77-79, 89-90, 104, 106, 144-149, 167-169, 193, 349-350, 354, 361-368, 398, 400-401, 425, 428-439, 468, 475-479, 489, 497, 503-504, 506-508, 516, 518, 522

塩　430-432, 438-441, 479

食料　7, 113-115, 141-144, 167, 191, 197, 204, 264, 270, 316, 433, 450, 504-505, 516

生鮮品　141-144, 270, 504, 516
　果物　430, 438, 442-444

鮮魚　142
　野菜　142, 430, 438, 442-444

錫鉱　431-432, 503

石炭　7, 12, 430, 460-461, 488

石油　113, 115, 138, 140-141, 167, 169, 191, 227, 304, 462-472, 503, 516

石油空缶　106, 138-140, 169, 309, 468, 516

石膏　461-462

セメント　461-462

泥灰土　358, 427-428, 461-462

天然ゴム　109, 430, 503, 512

干草　107-109, 138

豆　432

木材　105-109, 115, 135, 259, 389-390, 425, 428-429, 453, 456, 475
　カリン　453
　チーク　453, 456-459, 503, 519
　マイ・テンラン　453
　マイ・ヤーン　453
　木炭　430, 460-462

■人名索引

荒川憲一　12
安藤忠雄　186
飯田祥二郎　180, 207
諫山春樹　41
石黒貞蔵　279, 283
石田榮熊　45, 218, 352, 362, 374, 394-396

入江増彦　210
岩畔豪雄　180
岩武照彦　504
宇野節　188, 190, 195
江口萬　91, 119, 268
沖作蔵　195

鎌田昌樹　228
カムペーンペット親王　88
川村弁治　495
岸波喜代二　377
岸野愿　91
クアン・アパイウォン　5, 283, 308
倉沢愛子　12
佐伯静夫　185
サック・セーナーナロン　171, 238, 283
佐藤賢了　317
沢井武三　267
サワットロンナロン，ルアン　185, 188
下田宣力　158, 210, 218
蒋介石　5
シラ・ユックタセーウィー　389
鋤柄政治　222-224, 362, 370
鈴木四郎　491
スパーボーン・チンダーマニーロート　15
セーニー・プラーモート　4
セーン・チュラチャーリット　14, 23, 102,
　　110, 520
高崎祐政　218
高橋泰隆　12
竹内寛　202
田波昇三郎　315
田村浩　42
チットチャノック・クリダーコーン　208
チャイ・プラティーパセーン　42-43, 47,
　　212, 350-352, 370, 377, 384, 400, 465, 507
チャイナロン・パンプラチャー　21
チャルーン・ラッタナクン・セーリールーン
　　ルット　351, 353, 370
チラ，ウィチットソンクラーム　41
チラーポーン・サターパナワッタナ　15
ディレーク・チャイナーム　15
テームスック・ヌムノン　16
永野亀一郎　231
中村明人　24-25, 226-227, 231, 235, 283, 287-
　　288, 293-297, 302, 317, 335, 386

新納克己　362-364, 401, 508
ハーディ，R.　127
服部暁太郎　44, 210
濱田平　297, 378
原口康雄　300
ハリス，S. H.　217
ピシットディッサポン・ディッサクン　372,
　　521
ピブーンソンクラーム，ルアン　3-5, 15-16,
　　40, 180-181, 191, 239, 282-283, 287, 293-
　　295, 337, 351, 370, 456
平野正路　120
広池俊雄　210, 345, 490
ブアンティップ・キアットサハクン　14-17,
　　91
フェイ，P. W.　274
プラストートシー・チャヤーンクーン　102,
　　118, 395
プラソン・ニクローター　121
プリーディー・パノムヨン　4-5, 16
ブレット，C. C.　79, 82, 113-115, 121, 124,
　　128-129, 132, 142, 214, 217
正木宣儀　192
マンコーン・プロムヨーティー　399
牟田口廉也　275
村嶋英治　16
守屋精爾　42, 231, 350, 352, 370, 465, 507
八原博通　184
山内正文　275
山田国太郎　224, 229, 231, 240, 297, 372, 377,
　　384, 386
山本有造　12, 202
吉川利治　13, 15, 21, 42, 80, 121, 125, 144, 216
吉田勝　182
ヨン・サマーノン　437
和気稲四郎　395
渡辺信雄　314
ワニット・パーナノン　362-364, 371, 401

■地名索引

アーントーン　121
アイルランド　8
アキャブ　80
アメリカ　4, 8-9, 351-353, 464
アユッタヤー　165, 381, 458
アランヤプラテート　36-38, 93, 155, 172,
　　181, 242, 424, 520

アロースター　193, 301, 344
アンダマン・ニコバル諸島　301
イギリス　4, 8-9, 76, 127, 162, 206, 344, 346,
　　352, 456-457
イタリア　8
イポー　348
インド　80, 264, 302, 339, 486

インドシナ　88, 316-317, 320, 329, 334
インドシナ半島　311, 492, 500-501
インド洋　97, 208, 241, 478
インパール　80, 264
ウィッタユ　151, 156
ヴィン　319
ウッタラディット　284, 290, 367, 390, 397, 437, 441, 461
ウドーンターニー　87, 94, 129, 166, 172, 243, 286-291, 304-308, 318-320, 334, 427-428, 476
ウボン　41, 87, 94, 129, 244, 284-292, 304-308, 319-320, 334-335, 476
ウントー　276
大阪　271
オーストリア　8
オスマン・トルコ　8
オランダ領東インド　→蘭印
ガーオ　301
カードー　456
カーンチャナブリー　28, 43, 76, 79, 121, 158, 195-197, 210-217, 221, 231, 245-246, 258-259, 279, 299, 302, 311, 322, 330, 339
カオディン　396
カオファーチー　222, 271-274, 279, 329-330, 405
ガダルカナル　253, 266
カチン　80
カビンブリー　155, 172
カムラン湾　185, 268
カロー　314
カンタン　163, 240-241, 416-420, 425-430, 436, 438-440, 442, 464, 511-512
カンボジア　3, 74, 77-79, 82, 87-93, 104-105, 109-112, 116-120, 124-125, 128-129, 132-137, 140-148, 151-159, 168-169, 213, 304, 317-318, 329, 492, 503, 516
クアラルンプール　44-45, 76, 345, 349
クウェーノーイ（駅）　389-390
クウェーノーイ川　197, 259, 338
クウェーヤイ川　259
クダー　344, 441
グマス　162, 345
クムパワーピー　242, 244
クラ地峡　80-82, 92-93, 105-107, 118-119, 124-125, 140-142, 195, 224-226, 253, 270-274, 301, 515
クラビー　43, 279, 301-302, 460
クラブリー　195, 224, 271, 330, 404-405

クラブリー川　222, 405
クラン川　181
クランタン　159, 162-163, 441
クリミア半島　8
クローンタン　386
クローントゥーイ　30, 57, 151
クローンラウン川　222, 405
クンユアム　315-316, 334, 481
ケーマラート　244
ケマピュー　311, 314, 316, 330, 334, 481
ケンコーイ　524
紅河　316
コーカレイッ　175
コークポー　447
コーラート　166, 172, 230, 241-242, 288, 319-322, 335, 358, 374, 397, 442, 476
コーンケン　319, 427-428
コカー　284, 290
コタバル　130, 162, 184, 188, 245, 345
昆明　5
サームセーン　162
サイゴン　36-37, 82, 90, 93, 105, 110-112, 118, 124, 128, 132-133, 137, 141, 182, 198, 208, 213, 231, 242, 267-271, 277, 307, 317, 456, 496, 500-501, 504, 515
サイヨーク　197
サコンナコーン　319, 335
サダオ　192, 238
サッタヒープ　471
サトゥーン　301-302
サムヌア　318
サムローン運河　184
サラブリー　39, 304-306, 320, 523-524
サルウィン川　202, 311, 314, 456, 481
サワーイドーンケオ　36, 38, 102, 119, 124, 128, 180-181
サワンカローク　39, 76, 86, 88, 119, 151, 155, 174-175, 193, 198-202, 209, 245-246, 284-286, 301, 319, 349, 440, 498, 517
サワンナケート　319
サンクラブリー　339
三仏塔峠　339
シーソーポン　3, 181
シーチャン島　469
シーラーチャー　277
ジェノヴァ　8
シエムリアップ　180-181
シエンクワーン　318
シッタン川　320

シボー 277, 314
ジャワ 12-13, 121, 127, 257, 267, 486, 488-489
シャン 5, 40, 118, 137, 162, 277, 284, 301, 311,
    314, 441-442, 448, 497, 516, 520
上海 90, 200
重慶 5
シンガポール 79-82, 89, 93, 116-119, 127-129,
    144, 193, 208, 214-217, 223-224, 267-274,
    279, 299-300, 348-352, 361-362, 430, 447,
    457, 463-472, 497-500, 519
シンブリー 284
スガイコーロック 130, 158-59, 162, 223, 346,
    417-418
スガイバーディー 418
スガイパッターニー 334
スコータイ 39-40, 43, 175, 198, 201, 208-
    209, 458
スパンブリー 121
スマトラ 86, 127, 300, 303, 307, 317, 330, 487-
    489
スラーターニー 188-191, 289-291, 295, 301,
    344, 390, 393, 438-439
スラサック（駅） 30
スリン 437
ソンクラー 35-36, 43, 74-76, 184-188, 191-
    192, 230, 245, 284-286, 290, 295, 301, 344-
    345, 418-420, 438-439, 471-472, 496, 506
タ ー ク 39-40, 43, 76, 83, 174-175, 195, 198,
    202-204, 207-208, 245, 268, 284-286, 290-
    291, 301, 319, 337, 458
タークリー 165, 284-286, 291
タークーク 242-244, 319
タービー川 190
ターペート 184, 186
ターマカー 253, 325
タームアン 253, 325
ターヤーン 292
タールア 389
タイ
    中部 15, 59, 71, 87, 169, 204, 246, 297, 354,
        361-362, 364, 398, 438, 441, 447-448,
        455, 507
    東部 5, 34, 37, 180, 182, 354, 516-518
    東北部 41, 87, 94, 166-169, 172, 241-244,
        304-307, 319-320, 325, 334-335, 354,
        361-367, 428-429, 435-449, 453-455,
        462, 475-477, 507-508, 518
    南部 35-38, 42, 68, 87-89, 108-109, 146,
        162, 234, 238-241, 279-283, 296-302,

324, 334-335, 404, 418-419, 430, 435-
    443, 447, 463-469, 477-479, 503, 509,
    516
    西海岸 163, 239, 241, 279, 293, 302,
        430, 435, 439, 477-478, 511-512,
        517
    東海岸 34, 180, 293, 302, 430, 435,
        440, 466, 468, 477-478
    北部 39, 68-69, 87, 90, 148, 168, 204, 209,
        226, 246, 301, 311, 334-335, 362, 367,
        428, 435, 438-442, 444, 448, 453, 456,
        460, 463, 475, 515
タイピン 310, 348
太平洋 97
タイ湾 277, 439
台湾 11
タヴォイ 76, 195, 197, 230, 245, 297, 299, 501
タウングー 83, 162
タウンジー 83, 162, 314
タノンチラ 166
タパーンヒン 455-456
タムクラセー 258-259
タメーンチャイ 455
タンアップ 242
タンビューザヤッ 79, 210-212, 218, 312, 339
タンヨンマス 418-419
チエントゥン 40, 83, 162, 284-286, 290, 301
チエンマイ 39, 43, 83, 135-137, 161-162, 204-
    209, 226-229, 234, 247, 253, 274-286, 299,
    301, 314-316, 325, 334-335, 349, 366-367,
    428, 437-438, 442, 448, 450, 464
チエンラーイ 83, 448
地中海 8
チャアム 291
チャイバーダーン 335
チャイヤプーム 335
チャウアト 146, 440, 460, 503
チャオプラヤー川 15, 30, 39, 57, 89, 174, 302,
    456, 470-471, 499
チャオプラヤー・デルタ 89, 361
チャチューンサオ 172, 354, 381, 425-426
チャトゥラット 335
チャナ 447
チャントゥック 107, 109
中国 5, 11, 77, 92, 137, 192, 200, 253, 318
チュムポーン 57, 80, 142, 188-190, 195, 222-
    224, 230-238, 270-274, 279-282, 293-301,
    304, 324, 329, 334-335, 367, 387-393, 397,
    404-405, 426, 428, 438, 443-444, 472

朝鮮　82, 268
朝鮮半島　10-12
チョン・カオカート　338
チョン・シンコーン峠　97, 293
チョンケー　428
チョンノンシー　463
チョンブリー　439
テーパー　186
テナセリム　230, 279, 297-299, 302, 312, 320,
　　329
テナセリム山脈　90, 175, 222
デンチャイ　437
デンマーク　456
ドイツ　3, 9-11
東京　3, 15, 46-47
東南アジア　11-12, 486, 488, 492, 503, 505, 522
トゥムパット　162
トゥンソン　163, 301
トーンパープーム　218, 282, 334
ドーンムアン　39, 109, 181, 200-205, 283-286,
　　291, 325, 349, 420-421
トラン　163, 238-241, 279, 301-302, 418-420,
　　436, 511-512
トレンガヌ　470
トンサムローン　447
ドンダン　318
ドンパヤーイェン山脈　302, 523
トンブリー　15, 79, 104, 144-148, 161, 385-
　　386, 390-393, 395, 412-413, 416-417, 423,
　　440, 442, 447, 460, 503
トンレサップ湖　180
ナーサーン　190
ナープラドゥー　464
ナーン　335
ナコーンサワン　43, 151, 204-207, 209, 246,
　　253, 284-286, 290-291, 322, 441, 450
ナコーンシータマラート　146, 171, 188-191,
　　437, 439, 468, 506
ナコーンチャイシー　84-86, 300, 381, 383,
　　387, 393-394, 447, 493-494
ナコーンナーヨック　84-86, 292, 300, 302-
　　304, 317-318, 320-322, 330, 334, 523
ナコーンパトム　121, 292, 312, 334, 395-396
ナコーンパノム　242-244
ナムトック　258-259, 338
南京　90
ニーケ　268
日本　5, 10, 47, 129, 371, 492, 504
ノーンカーイ　308

ノーンサーラー　291, 292
ノーンチョーク　460
ノーンプラードゥック　14, 22, 57, 79, 113-
　　114, 116-119, 121, 127-128, 135, 158, 161,
　　212-216, 218, 221, 258-259, 264-266, 393,
　　396, 402
ノーンプリン　109, 151, 155, 165, 205-207,
　　286, 349
ノーンホイ　524
ノルマンディー　306
パーアン　202
パーイ　278, 314, 316, 480-481
パークサン　318
パークセー　3, 308
パークトー　288
パークナーム　151, 182
パークナームチュムポーン　235
パークナームポー　151, 155, 165, 387-390,
　　397, 456-459
パークパナン　146, 460, 478
パーサオ　161-162
パーサック川　390
パーダンベーサール　14, 35, 57, 102, 119, 128,
　　135, 146, 155-159, 162-163, 192, 238, 344-
　　346, 353, 427, 430, 447, 463, 477
ハートヤイ　34-37, 68, 74-76, 109, 128, 130,
　　135, 155-162, 170, 184-185, 192, 234, 239,
　　246, 279, 300-301, 334-335, 345, 351, 387-
　　389, 397, 417-420, 447, 464, 477
パーヤーンルーン　161-162
パーレックバン　130, 162
バンスー　109, 366, 393, 420-421, 427-428,
　　437, 460-461
バンダーラー　39, 83, 387-390
バンナー　306
バーンパーチー　387, 390, 397
バーンパイ　446, 449
バーンプー　34, 182
バーンポーン　13, 15, 57, 69, 79, 124, 127-128,
　　158, 195, 210-217, 221, 231, 282, 299, 302,
　　311, 324, 330
バーンマパー　481
バーンモー　427-428
ハイフォン　5, 198, 210
パシルマス　162
パッターニー　184, 186-188, 191, 439-440
パッタルン　293, 437
バッタンバン　3, 36, 181, 239, 242, 302, 365,
　　397-398, 507

ハノイ 308
パノムドンラック山脈 453
パヤオ 448
パリ 9
バンガー 43
バンコク 29-30, 102-104, 109-110, 151, 156,
181, 231, 234, 253, 279, 282, 299, 302-304,
320-322, 325, 330, 417-420, 427, 444-450,
458, 463, 504, 521
ハンチャット 206, 289
ビエンチャン 308, 318
ビクトリアポイント 195, 230, 279-282, 301,
330, 405
ピチット 284-286
ピッサヌローク 15, 39-40, 43, 76, 86, 109, 119,
132, 151, 155, 165, 174-175, 193-207, 230,
245-246, 253, 284-286, 290, 300-301, 322,
337, 349, 374, 387, 441, 498, 501, 517
ピブーンソンクラーム 180-181
ビルマ 5, 39-40, 71-84, 90-93, 113-121, 127,
132-142, 151, 174, 193-217, 224-226, 230,
245-246, 257-258, 264-283, 310-335, 414,
480-481, 486-492, 496-504, 516-517, 522
ピン川 174, 198
ヒンコーン 181
ファーン 448, 463
フアイクーン 455
フアイサーイターイ 460
フアイサーイヌア 460
フアヒン 158
フアラムポーン（バンコク駅） 29, 102, 158,
161-162, 412
フィリピン 11, 82, 204, 266-267, 306, 309, 414
プーケット 43, 163, 239-241, 279, 301-302,
436, 511-512
釜山 268
仏印 3-5, 11, 36-38, 44, 71-74, 84, 105, 121-
124, 127-129, 192-193, 198-200, 242-245,
306-309, 317-318, 349, 486, 494-496, 498,
503-504, 508, 517, 522
プノンペン 36-37, 77, 86, 90, 93-94, 110, 137,
155, 181-182, 200, 242, 267-271, 310-311,
317, 496
プラーチーンブリー 86, 155, 172, 181, 303-
304
プラーンブリー 428
プライ 257, 274, 345, 348
プラカノーン 30, 300, 302
プラチュアップキーリーカン 35, 96-97, 188,

284-286, 290, 292, 295-296, 299, 322, 397
フランス 3, 5, 8-10, 42, 239, 456-457
フランス領インドシナ →仏印
ブリーラム 426
プレー 284, 290
プロイセン 9
プローンアーカート 172
プンピン 290
ベートン 186, 188, 192
ペッチャブーン 282, 335-337, 439, 456
ペップリー 121, 288, 291-292, 310, 439, 477
ベトナム 92, 316, 318, 492, 503
ペナン 88-90, 109, 184, 271, 345, 430, 463
ベルギー 9
ペルリス 441
ホート 315
ポーントーン 308
ポックピアン 195
ボルネオ島 465
香港 89, 457
ボンティー 197
馬公 200
マッカサン 109, 383-386, 396-397, 518
マニラ 268
マラヤ 11-14, 68-93, 105-112, 116-148, 156-
163, 182-193, 213-224, 230, 245-253, 266-
274, 279, 301, 310, 317-329, 344-354, 450,
486-490, 496-498, 503-508, 515-518, 522
マリワン 195
マルセイユ 8
マレー4州 162, 302, 440-442, 479
マレーシア 512 →マラヤ
マレー半島 5, 34, 71, 89-90, 93-94, 96-97, 180-
181, 184, 188, 191, 193-195, 245-246, 279,
293, 296, 300-302, 317, 344, 478, 496, 506,
517, 519
満州 11-13, 92
マンダレー 40, 137, 309
マンチェスター 8
ミッタ 197
ミヤワッディ 175, 202
ミャンマー 97, 175, 339 →ビルマ
ミリ 465
ムアンカオ 308
ムアンパーン 162
ムアンレーン 301
ムーイ川 174-175, 202
ムックダーハーン 318
ムドン 204-205

メイティーラー　309, 314
メークローン川　115
メーサリアン　315
メーソート　39-40, 71, 76, 83, 93, 151, 175,
　201-202, 208, 245-246, 268, 301, 322
メーター　390
メーチャーン　390
メーテーン　226, 314-315
メーナーム（駅）　141, 384
メーホンソーン　229, 278, 314-316, 439, 480-
　481
メーモ　289, 460
メコン川　3, 5, 87, 90, 243-244, 302, 306-308,
　318-319, 456
メコン・デルタ　90
メルギー　97, 274, 297
モールメイン　39, 91, 109, 112, 137, 151, 194-
　195, 202, 212, 268, 309, 311-312, 322, 456,
　501
モックチャウ　318
モンコンブリー　3, 38, 181
ヤラー　186, 192-193, 435-436, 439
ヨーロッパ　7-9, 306, 430, 464
ラーショー　314
ラーチャブリー　34, 84, 287-288, 291, 300, 381,
　383, 393-394, 493, 494
ラーンチャーン　439
ラウン　222

ラオス　3, 87, 92, 306, 318-319, 329
ラノーン　43, 222, 282, 301-302, 405
ラムパーン　39, 43, 83, 118, 135-137, 155, 161-
　162, 165, 204-209, 226-234, 247, 253, 275-
　279, 284-291, 299-301, 311, 320-337, 349,
　440, 442, 448, 450, 461, 491, 497
ラヨーン　235
蘭印　464-465
ラングーン　91, 200, 208, 246, 257, 271, 309-
　310, 319
ランスアン　443, 472
ランソン　318
リヴァプール　8
ルアンプラバーン　3, 308
ルーソ　417
ルソン島　266
ルムピニー公園　29, 181
ロイコー　314
ローイエット　446
ロシア　10
ロップリー　165, 181, 204, 246, 253, 284-286,
　290, 442, 448
ロンピブーン　460
ワット・コチャン　172
ワンチョムプー　335-337
ワンポー　268, 311
ワンポン　34-35, 374, 395, 506
ワンヤイ　299

[著者紹介]

柿崎 一郎（かきざき いちろう）
横浜市立大学国際総合科学部教授
1971 年生まれ。1999 年，東京外国語大学大学院地域文化研究科博士後期課程修了。横浜市立
国際文化学部専任講師，同助教授，同国際総合科学部准教授を経て，2015 年より現職。博士
（学術）。第 17 回大平正芳記念賞（『タイ経済と鉄道　1885〜1935 年』），第 2 回鉄道史学会住
田奨励賞（『鉄道と道路の政治経済学　タイの交通政策と商品流通　1935〜1975 年』），第 40
回交通図書賞（『都市交通のポリティクス　バンコク　1886〜2012 年』），第 30 回大同生命地
域研究奨励賞を受賞。
主要著書　『タイ経済と鉄道　1885〜1935 年』（日本経済評論社，2000 年），*Laying the Tracks:
The Thai Economy and its Railways, 1885-1935*（Kyoto University Press，2005 年），『鉄道と道路の政治
経済学　タイの交通政策と商品流通　1935〜1975 年』（京都大学学術出版会，2009 年），『都
市交通のポリティクス　バンコク　1886〜2012 年』（京都大学学術出版会，2014 年），*Trams,
Buses, and Rails: The History of Urban Transport in Bangkok*（Silkworm Books，2014 年）など。

タイ鉄道と日本軍
——鉄道の戦時動員の実像 1941〜1945 年　　©I. Kakizaki 2018

2018 年 1 月 17 日　初版第一刷発行

著　者　　柿　崎　一　郎

発行人　　末　原　達　郎

発行所　　京都大学学術出版会

京都市左京区吉田近衛町69番地
京都大学吉田南構内（〒606 - 8315）
電話（075）761 - 6182
FAX（075）761 - 6190
Home page http://www.kyoto-up.or.jp
振替 01000 - 8 - 64677

ISBN 978-4-8140-0131-6

Printed in Japan

印刷・製本　亜細亜印刷株式会社
装幀　谷なつ子

定価はカバーに表示してあります

本書のコピー，スキャン，デジタル化等の無断複製は著作権法上での例外を除
き禁じられています。本書を代行業者等の第三者に依頼してスキャンやデジタ
ル化することは，たとえ個人や家庭内での利用でも著作権法違反です。